U0265650

A Tutorial of Mathematical Logic

数理逻辑

基础教程

张峰　编著

清華大学出版社
北　京

内容简介

本书对数理逻辑的基础知识进行了系统介绍。全书共8章，第1章介绍了数理逻辑的基本思想以及后面各章所用到的预备数学知识，第2～6章分别介绍了命题逻辑和谓词逻辑，构造了它们的形式系统，并讨论了它们的系统性质，进而引入了包含数学理论的形式系统，前6章是本书核心内容；后2章介绍了哥德尔的不完全性定理、算法可计算性，这部分相对于前6章而言是扩展内容。

本书论述深入浅出，脉络清晰，每章均配有一定数量的习题，适合自学使用。本书不需要读者具有较多专门的数学知识，具备高中数学知识基础的读者也可以掌握本书的绝大部分内容，只需要读者多思考即可。本书适合作为高等院校工科相关专业本科生的数理逻辑教材，也可作为数学专业、逻辑学专业、语言学专业相关领域科研工作者的参考书。

图书在版编目（CIP）数据

数理逻辑基础教程 / 张峰编著. -- 北京 ：清华大学出版社，2025. 1.

ISBN 978-7-302-68240-0

Ⅰ. O141

中国国家版本馆 CIP 数据核字第 2025HC0369 号

责任编辑：文　怡
封面设计：王昭红
责任校对：申晓焕
责任印制：沈　露

出版发行：清华大学出版社
网　　址：https://www.tup.com.cn，https://www.wqxuetang.com
地　　址：北京清华大学学研大厦A座　　**邮　　编**：100084
社 总 机：010-83470000　　**邮　　购**：010-62786544
投稿与读者服务：010-62776969，c-service@tup.tsinghua.edu.cn
质量反馈：010-62772015，zhiliang@tup.tsinghua.edu.cn
课件下载：https://www.tup.com.cn，010-83470236
印 装 者：三河市龙大印装有限公司
经　　销：全国新华书店
开　　本：185mm×260mm　　**印　　张**：22　　**字　　数**：396千字
版　　次：2025年3月第1版　　**印　　次**：2025年3月第1次印刷
印　　数：1～1500
定　　价：79.00元

产品编号：108554-01

前言

逻辑是研究推理的学问，而数理逻辑是以数学的方法研究推理，特别是研究数学中的推理的学问。由于数理逻辑研究推理本身，必然要涉及推理所使用的语言。数理逻辑采用形式语言或者说符号语言研究推理，并构造形式推理系统，这使得推理在某种程度上"可以使用眼睛机械地完成，而不需要使用头脑"，从而使得本身起源于数学推理的数理逻辑，又成为计算机学科中程序语言设计、机器推理、人工智能的理论基础。因此，作为"基础中的基础"的数理逻辑，值得每一位打算理性思考的人学习和掌握。

编者的研究领域虽然是信号与信息处理这种偏重于应用的领域，但是在研究过程中越来越感觉到夯实基础理论知识对于"从 0 到 1"这种原始创新研究工作的重要意义。编者面向全校开设了"集合论"的公选课，在这门课程会涉及一些数理逻辑的基础知识，不少学生对此产生了浓厚的兴趣。虽然编者编写的教材《集合论基础教程》中的前两章是数理逻辑的知识，但该教材是讲授集合论而非数理逻辑的，所以有些学生希望编者能编写一本专门讲授数理逻辑的教材，这就促使编者产生了编写数理逻辑教材的想法。

本书在第 1 章的 1.1 节介绍了数理逻辑的基本思想，期望不具备任何数理逻辑基础的读者能对数理逻辑形成一个直观上的整体感觉。后面几节介绍了本书后面章节所用到的数学知识，特别是 1.6 节对归纳法证明和归纳法定义进行了介绍，希望读者认真体会和掌握。

第 2～6 章是数理逻辑的核心内容。在介绍命题逻辑和谓词逻辑时，都是首先从语义出发进行介绍，以方便初学者在直观上容易把握，然后引入语法上的相关内容。理解形式系统是掌握命题逻辑和谓词逻辑的关键，本书在介绍形式系统时，引入了自然推理系统和公理推理系统，并重点讨论了形式系统的整体性质。其中，哥德尔的完备性定理是一个难点。5.4 节在介绍哥德尔的完备性定理时，采用了易于理解的亨金的证明方法。此外，还介绍了几种重要数学理论的形式系统，包括算术形式系统。

前言

第 7 章和第 8 章相对于前面几章是扩展的内容。第 7 章对哥德尔的第一不完全性定理进行了详细介绍，这也是本书中最难理解的部分。初学者刚开始不要注重证明的细节，先形成一个整体上的、直观上的感觉。哥德尔的不完全性定理本身就不容易理解，希望读者不要因为理解上的困难而对自己的理解能力产生怀疑。第 8 章介绍了与计算机领域密切相关的丘奇论题和图灵机。

与《集合论基础教程》一样，本书也不需要读者具有较多专门的数学知识，具有高中数学知识的读者也可以掌握本书的绝大部分内容，只需要读者多思考即可。本书的内容都是数理逻辑最基本的内容，讲解通俗易懂，特别适合初学者的学习与掌握。编写本书也是为了帮助初学者夯实数理逻辑基础，以便于后续的学习。本书每章都配有一定数量的习题，便于初学者自我测试。

本书前 6 章内容可以供数理逻辑课程一个学期使用，后 2 章可以结合具体教学情况选用。

本书可以与《集合论基础教程》(ISBN：9787302575115)配套使用，有助于相互促进对于集合论和数理逻辑知识的理解。

由于编者水平有限，书中难免会有不足之处，敬请读者批评指正。

张　峰

2024 年 12 月

目录

目录

目录

第1章 绪论

数理逻辑就是用数学的方法去研究逻辑,特别是数学中使用的逻辑。逻辑和数学的联系非常紧密,特别是在数学的基础部分会更多地使用逻辑;历史上曾出现过试图将数学基础建立在逻辑之上,进而可以从逻辑导出全部数学的研究。因而,1.1 节会对数理逻辑的思想进行介绍。由于采用数学方法对数学中使用的逻辑进行研究,所以本章的后面几节介绍了数理逻辑中用到的数学方法和工具。

1.1　数理逻辑的思想

逻辑是研究推理的一门学科。推理是由前提和结论组成的,推理就是从前提出发推导出结论的过程。下面是日常生活中推理的一个例子。

前提:今天是星期一,或者今天是星期二。

　　　今天不是星期一。

结论:今天是星期二。

在这个例子中,前面两个语句是推理的前提,第三个语句是推理的结论。可以直觉上感受到,这个推理中的结论确实可以从其前提推导出来。而这个直觉来源于上述推理的前提发生时,结论必然发生,也就是说,当接受推理的前提为真时,就必须接受推理的结论也为真。

观察上述的推理可以发现,之所以当前提为真时,结论必然为真,是因为,前提中的第一个语句由连接词“或者”连接的两个子语句组成,其前一子语句和后一子语句分别给出了两种发生的可能,而前提中的第二个语句是具有否定含义的语句,它把第一个语句中的前一子语句发生的可能给排除掉了,因而,可以得出第一个语句中的后一子语句必然发生的结论。这说明,整个推理过程的成立是依赖于如下的形式:

前提:p 或者 q。

　　　不是 p。

结论:q。

正是由于使得推理成立的是这种形式而非具体内容,因而当把符号 p 和 q 换成其他具有真假的语句时推理依然是成立的。比如,下面的推理也是成立的。

前提:这个签字笔是蓝色的,或者这个签字笔是黑色的。

　　　这个签字笔不是蓝色的。

结论:这个签字笔是黑色的。

再举一个数学中推理的例子。

前提：若 a 是偶数，则 a 可以被 2 整除。

a 是偶数。

结论：a 可以被 2 整除。

在这个推理中，前提中的第一个语句由连接词“如果……，则……”连接的两个子语句组成，其前一子语句是后一子语句的充分条件，也就是说，若前一子语句发生，则后一子语句一定会发生。现在前提中的第二个语句表明第一个语句中的前一子语句发生了，因而可以得出第一个语句中的后一子语句也必然发生的结论。类似前一个例子，整个推理过程的成立依赖于如下形式：

前提：如果 p，则 q。

p。

结论：q。

因而，下面的推理也是成立的。

前提：如果 $a>3$，则 $a^2>9$。

$a>3$。

结论：$a^2>9$。

可以看出，逻辑实质上是研究“形式”的学科，其将与推理无关的具体内容舍去，而只保留了推理的形式。

数理逻辑是逻辑的现代表现。根据其字面含义，数理逻辑就是把数学的理论方法应用到逻辑上，也就是以数学中所采用的方法去研究推理过程。而数学方法中最基本的特点就是引入和使用符号来表示和描述数学对象。比如，“$x=\sum_{n=1}^{10}\left(\frac{1}{3}\right)^n$”，“圆 $x^2+(y-1)^2=1$”，“$\triangle ABC\cong\triangle DEF$”。从前面推理的例子中可以看出，在推理的形式中已经使用了符号 p 和 q。但是这还不够，数理逻辑中需要将承载和表达推理的语言全部符号化。这样做除了简洁之外，还具有如下优点：

第一，表达上精确、无歧义。不同于之前在中学所接触的是关于“数”与“形”的数学对象，现在面对的对象是推理，而推理是用“自然语言”承载和表达的。通俗地说，自然语言就是人们日常生活中使用的语言，优点是使用自然而且丰富，缺点是容易模糊、产生歧义，存在一词多义和多词一义的现象。比如，自然语言中的连接词“或者”就存在多义性。前面第一个例子中的推理形式“p 或者 q”为真，是 p 和 q 不能同时为真的。而“今天气温高于 30℃，或者明天气温高于 30℃”这句话描述的情形发生时，可能是今天和明天的气温都高于 30℃，也就是说，当其形式“p 或者 q”为真时，语句 p 和 q 可以同时为真。可见，“或者”这个词会出现多个含义。此外,自然语言中存在用其他连接词的语句,甚至不用连接词的语句,在推理上起到的作用和前面出现连接词“或者”的语句是相同的。比如,“要么明天刮大风,要么后天刮大风”“坐火车去,坐飞机去,都可以提前到达”。为了避免这些语言表述上的问题,可以把在推理方面想要表达两种情况至少其中一种发生的含义采用符号进行表示。比如,用符号“$\vee$”表示可以同时发生的“或者”,也就是说,把 $p \vee q$ 定义成为真时,当且仅当 p 和 q 中至少有一个为真。这样,符号“$\vee$”和符号串 $p \vee q$ 就在逻辑表达上有了精确的含义。此时,想要表示逻辑上的“p 或者 q 至少一个为真”,现在可以完全采用符号 $p \vee q$ 准确地表示出来了,这也和以往使用符号去表示数学对象一致起来。换句话说,可以将符号 $p \vee q$ 看作一个数学对象,比如看作一个数学运算的表达式,进而为可以使用数学中的方法对逻辑加以严格的处理提供了可能。将这种全部采用符号表示的语言称为形式语言。由于数理逻辑是完全采用符号表示的逻辑,所以有时也称为符号逻辑。

第二,语言分层更加清晰,避免混淆。现在,承载推理功能的语言成为人们的研究对象。那么,采用数学的方法描述推理时也需要一种语言。这样就出现了两种层次的语言:作为研究对象的推理,其所使用的语言称为对象语言;而表达和描述推理这个对象时,所使用的语言称为元语言。当把推理这个对象完全符号化之后,对象语言采用的是形式语言。对于形式语言中所采用的符号,虽然已经去除了具体的推理内容,但是符号本身还是具有一些含义的,并没有把它们纯粹地看作符号,比如,符号 p 和 q 分别代表了某个语句。还可以进一步地将形式语言中符号的含义完全去掉,只留下其形状,也就是说符号已没有了任何含义,成为纯粹的符号,此时的形式语言在形式这方面也更加纯粹。“形式”,通俗地说就是在纸上看到的样子。这样的话,形式语言就变成由特定符号组成的符号串,而符号串完全是由使用符号的形状和位置决定。比如,符号串“$p \vee q$”与“$q \vee p$”不同,是符号 p、$\vee$、q 的形状彼此不同,并且它们在这两个符号串中所占据的位置也不同造成的。现在,对象语言采用的是形式语言,可以看作没有任何含义的纯粹形式对象;而对推理进行讨论时使用的元语言是自然语言,具有一定含义。比如,按照前面所说的,如果符号串“$p \vee q$”是从推理的前提“p 或者 q”进行符号化表示得到的,符号串“$p \vee q$”就属于对象语言,它是我们研究的对象;而“当 p 和 q 分别表示某个语句时,$p \vee q$ 也表示一个语句”这句话本身就属于元语言,因为它是描述研究对象“$p \vee q$”所使用的语言。对象语言采用形式语言,描述对象语言的元语言采用自然语言,这样就把对象语言和元语言区分开了,避免了“语言描述语言”容易带来的混淆,使得对研究对象的推理描述更加严格、清晰,也更加便于采用数学方法对推理进行研究。对象语言和元语言的这种语言分层现象之前也接触过，只是很少注意。事实上，当讨论一个对象时总会使用一种语言，无非现在感兴趣的对象恰好又是语言而已。比如，当学习英语这门外文语言时，英语就是对象语言，所描述英语的汉语就是元语言；再如，当学习文言文时，文言文就是对象语言，描述文言文时所使用的白话文就是元语言。

第三，便于系统性地研究数学。虽然可以将数学中的方法用于研究日常生活中的推理，但数理逻辑更多的是将数学中的方法用于研究数学中的推理，也就是说，数理逻辑更多关注于数学中的推理。在数学中，结论体现于命题，而推理是以证明的方式出现的。在数学的某个具体领域中，并非独立地对待每一个命题，而是会把该领域中的命题整理在一起，各个命题之间依赖推理相互组织和联系形成一个条理清晰、结构严密的系统。这就引入了"公理化"方法：在领域中选择出一些命题作为推理的出发点，称为公理；然后根据推理规则，从公理推导出新的命题，称为定理；在推导中，公理和已得出的定理可以使用，也就是说，新的命题仅依赖之前已推导出的命题。在公理化方法下，各个命题之间由推理相互组织在一起构成了一个命题系统，称为公理系统。历史上第一个数学公理系统是公元前300年左右，由古希腊欧几里得(Euclid)所著的《几何原本》(*Elements*)。在这本著作中，欧几里得系统地总结并精心安排了当时关于几何学的知识，其中的关键是采用了从已知命题推导出新命题的逻辑推理方法。这种方法使得如果承认已知命题是正确的，就必然会承认所推导出的新命题也是正确的。直至今天，我们中学所学的平面几何和立体几何知识内容还是来源于《几何原本》。在《几何原本》中，欧几里得选择了10条命题作为推理的出发点，并把它们区分为公理和公设，即公理是适用于一般科学的，公设则仅对几何学有效。这10个命题如下：

公理1：等于同量的量相等。

公理2：等量加等量，其和相等。

公理3：等量减等量，其差相等。

公理4：能重合的相等。

公理5：整体大于部分。

公设1：从任意一点到另外任意一点可作一直线。

公设2：直线可以无限延长。

公设3：以任意点为心可作半径等于任意长的圆。

公设4：凡直角都相等。

公设5：一直线与两直线相交，若同侧所交的两内角之和小于两直角，则两直线在这一侧相交。

从这些看起来“显然的”10 个命题出发，欧几里得一个接着一个地共证明了 400 多个命题。比如，命题 32 是“三角形内角和是 180°”，如图 1.1.1(a)所示。为了证明当前这个命题，除了用到了 10 个命题中的若干公理、公设，还要用到之前已经证明出的命题 29，即“一直线与两条平行直线相交，则所成的内错角相等，同位角相等”，如图 1.1.1(b)所示。

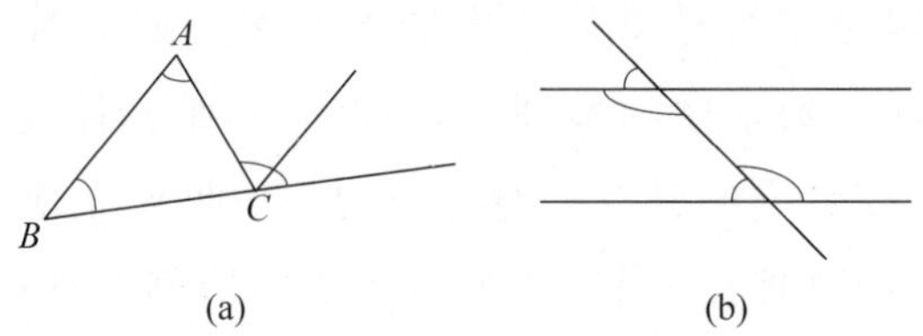

图 1.1.1 《几何原本》中命题 32 的证明示意图和命题 29 的证明示意图

命题 29 除了用到了 10 个命题中的若干公理、公设，还要用到其之前已经证明出的命题 13 和命题 15。如此下去，按照这样一步步地溯源，就会使得命题 32 完全可以由 10 个命题证明出来。中间用到的命题，比如命题 29，在命题 32 证明过程中起到了简化证明的作用，因为使用命题 29 相当于省略了从公理、公设到命题 29 的证明过程。单独列出命题 29，是由于这个中间命题 29 具有一定的几何意义，在其之后的命题可能还会用到。正如我们在中学所看到的那样，这些命题及其证明都是采用自然语言进行描述的。而自然语言带有语义，我们看到一个词时，会根据已有的经验和知识去确定这个词的含义，再根据此含义联想一些看似正确的事实，从而形成一种直观，并无意识地带入证明过程中。比如，在几何命题中，当看到“圆”这个词时，脑海中可能会呈现出一条线围成的一个圆圈，进而会认为这个圆圈是连续的、不间断的，因为线就是连续的、不间断的，然后把这种直观不自知地带入到命题的证明过程中。比如，《几何原本》中的命题 1，即“可在给定线段上作等边三角形”，该命题的主要证明过程是根据公设 3，分别以 A 为心、以 AB 为半径作圆，以 B 为心、以 BA 为半径作圆，两圆的交点记为 C，则 $\triangle ABC$ 即为所求，如图 1.1.2 所示。在证明过程中，只有认为所作的圆是连续的，才会得出两圆有交点；然而，由 10 个命题是推导不出这些内容的，这些都是由我们的直观所引入的。

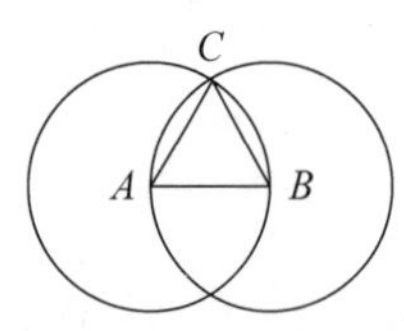

图 1.1.2 《几何原本》中命题 1 的证明示意图

为了避免直观带来的影响，应该舍弃用自然语言表达的几何对象的直观含义，而仅仅把它们看成抽象的事物，整个证明过程只能按照逻辑推理的方式进行，不能加入任何其他的东西。比如,由命题“如果△ABC 是等腰三角形,则△ABC 的两个底角相等”,命题“△ABC 是等腰三角形”,可以推导得出命题“△ABC 的两个底角相等”。这个推理过程中,无须知道什么是等腰三角形,什么是底角。正如与前面第二个推理例子所展示的那样,整个推理过程的成立是由推理形式决定的,而跟推理中所涉及的这些几何对象是什么无关。正是沿着这样的思路,希尔伯特(D. Hilbert)于 1899 年在所著的《几何基础》(*Foundations of Geometry*)中建立了逻辑上严格的几何学公理系统。希尔伯特形象地说:“我们可以不用点、线、面,而说桌子、椅子、酒杯。”由于表达几何对象的词已没有了含义,那么这些词实质上就起到了符号的作用。此时的公理系统向着“形式化”方向迈进,虽然其中所使用的语言还是自然语言。通俗地说,形式化就是符号化。只有当公理化系统中所有的语句都用符号表示后,并进一步去除符号的全部含义,纯粹把它们看作具有一定形状并占据一定位置的形式对象,公理系统才达到了完全的形式化,此时的公理系统称为形式系统。也就是说,形式系统是完全用形式语言描述的公理系统。形式系统中,作为公理的命题是用符号表达的符号串,而从一个命题到另一个命题的推理规则也变成一个符号串到另一个符号串的变形规则。与推理相关的一切内容都被抽象掉,只剩下形式。可以看出,在形式系统中符号已没有任何含义,其所有的性质完全由公理和变形规则决定。虽然可以在形式系统的“外部”对符号赋予某种语义,使得推理具有一定的含义,并且符号还可以被赋予不同的语义,使得形式系统还可以具有不同的含义;但是,在形式系统中绝不能对符号产生任何的联想,符号不代表任何对象,不具有任何含义,仅仅是符号而已。只有这样,推理的每一个步骤用到了哪些公理、采用了哪些推理规则都是异常清晰的。进而,才可以使用数学方法严格地对形式化的公理系统进行“系统层面”上的研究。将整个形式系统作为研究对象是形式化方法的重点,其中的首要问题是,从该形式系统的公理出发,依据推理规则进行推理,是否会推导出一对形式上互为矛盾的命题,这称为形式系统的无矛盾性问题。如果该形式系统不满足无矛盾性,即可以推导出一对形式上互为矛盾的命题,那么这个形式系统就没有任何意义。一个形式系统是否是无矛盾的,这个命题本身是将形式系统作为研究对象的。形式系统是数理逻辑的研究对象。下面举一个形式系统的简单例子:

符号:$p,q,\#$

公理:$x\#qxp\#$,其中 x 是仅由“#”组成的有限长符号串。

变形规则:由 $xqypz$,可以得出 $x\#qypz\#$,其中 x,y,z 是仅由#组成的有限长符号串。

至此，构造完成了一个形式系统，该系统所使用的符号只有 3 个，即 p、q、#；公理以模式的方式给出，x 不是对象语言而是元语言中的符号，采用符号 x 是为了方便表示由"#"组成的不同长度的符号串。比如，若 x 表示一个 #，则 ##q#p# 就是一个公理；若 x 表示两个 #，则 ###q##p# 也是一个公理；以此类推。根据公理和推理规则，在该系统中可以证明许多定理。比如，之所以 ####q#p### 是一个定理，是因为有如下的证明过程：

##q#p#	由公理得出，其中 x 为 #
###q#p##	对上一步得到的符号串，应用变形规则，其中 x 为 ##，y 为 #，z 为 #
####q#p###	对上一步得到的符号串，应用变形规则，其中 x 为 ###，y 为 #，z 为 ##

至此，得到了定理 ####q#p###。可以看出，在形式系统中定理是从公理出发严格利用变形规则得到的符号串。整个证明过程完全是符号串的变形操作，没有任何含义，因而，一个符号串是否是形式系统内部的定理完全由公理和推理规则决定。然而，在形式系统的外部可以通过对符号赋予一定的语义，使得这个形式系统具有含义。比如，可以把 q 赋予"等于"的语义，p 赋予"加法"的语义，一个 # 赋予自然数"1"的语义，两个 ## 赋予自然数"2"的语义，等等。这样理解的话，公理就是 $(n+1)=n+1$，推理规则就是由 $n=m+k$ 可以得出 $(n+1)=m+(k+1)$，所证明的定理就是 $4=1+3$。当然，形式系统可以被赋予不同的含义。比如，可以把 q 赋予"减法"的语义，把 p 赋予"等于"的语义，一个 # 赋予自然数"1"的语义，两个 ## 赋予自然数"2"的语义，等等。这样理解的话，此时的公理就是 $(n+1)-n=1$，推理规则就是由 $n-m=k$ 可以得出 $(n+1)-m=(k+1)$，所证明的定理就是 $4-1=3$。可见，在赋予含义之后，加法或减法的一些性质可以通过纯粹符号串上的操作得出。相对于加法或减法这个数学对象，符号串可是实在的具体对象，只有形状、没有含义，因而其上的操作也成为"机械的"操作。

当然，具有研究意义的形式系统不会是这么简单的。通过这么一个简单的形式系统例子可以看出，虽然能在形式系统外部"人为地"赋予形式系统不同的含义，但是形式系统内部的推理不具有任何内容，完全是纯形式的，因而就保证了推理描述上的严格性，进而为后续采用数学方法进行系统层面的研究做了铺垫。

推理天然就是仅由其形式决定。在数学中经常地由于研究对象的抽象性，使得关于该对象的命题理解起来非常抽象。然而，相对于内容上的抽象，描述该对象的语句在形式上却是具体的，可以将用自然语言描述的语句采用形式化的表示。这样的话，数学中抽象命题的表述和证明就可以不通过自然语言而是通过形式语言完成。如果关于抽象对象的命题通过自然语言的推导可以得出，而通过形式语言的推导不能得出，那么一定是对该抽象对象的描述在自然语言上并不全面，进而在自然语言转换为形式语言之后，无法在形式语言中完全地把握住该抽象对象。因为在形式推理时需要哪些前提、采用哪些推理规则都是清清楚楚、非常具体的。那些在采用自然语言进行推理时，不仅仅根据已有的公理和定理，还不自知地借助自然语言中一些词的直观含义，带入推导过程中的问题，会通过采用形式语言的形式推理过程而被一一检查出来。从这个角度看，形式语言相对于自然语言就好比显微镜相对于肉眼，因而推理过程中微小的逻辑漏洞都会被发现。通过对推理的形式化，在与推理相关的方面将"抽象"部分具体化，通过语言的"外在形式"把握了语言的"内在含义"。

1.2 集合的基本概念

1.1节曾提到过，数理逻辑是以数学的方法去研究推理，特别是数学中的推理。采用数学的方法当然也会使用推理。这样就会出现"使用推理去研究推理"，或者"使用逻辑去研究逻辑"。乍一看，似乎有循环之嫌。我们感觉有循环，是由于把逻辑看作一个整体。如果把逻辑进行分层，就好比上一节中语言分为对象语言与元语言，可以把逻辑划分为对象逻辑(object logic)和元逻辑(metalogic)。对象逻辑就是作为我们研究对象的逻辑，一般还是以逻辑称谓；元逻辑是我们研究对象逻辑时所使用的逻辑及所得出的结果。使用元逻辑的数学称为元数学(metamathematics)，这是元理论(metatheory)，以区别于作为研究对象的那部分数学。一般地，当我们在做理论研究时，作为所研究的理论本身称为对象理论(object theory)，而研究对象理论时所使用的方法以及所得出的结果，它们形成的理论称为该对象理论的元理论。就目前所关注的数学中的逻辑理论而言，需要考虑用于逻辑研究的元数学中所能使用的方法和工具，因为这决定我们可以使用哪些方法和工具去讨论数学中的逻辑。然而，这个事情本身却是一个哲学课题，因为它是涉及"起点"的事情。举一个通俗的例子，我们学习大学的数学知识需要高中的数学知识，而高中的数学知识又需要以初中的数学知识为基础，就这样一直溯源下去，会到达一个数学知识的起点，这个起点的数学知识不会再有前置的数学知识，那么这个数学知识就是来源于我们"直觉的""直观的"经验和感受。由于起点的数学知识没有前置的数学知识可以进行推导，所以可能会因人而异，可能会有不同的见解，每种见解也没有绝对的“对”与“错”之分。类似地，就元数学而言，可能会出现使用不同的方法和工具，而这些使用不同方法和工具的元数学决定了可以使用的不同的“数学强度”。在数理逻辑的基础部分，元数学是来自直觉的数学，符合人们的直观感觉，也就是说，元数学中所使用的方法和工具应该是直觉上可以被接受的。具体地说，元数学所能使用的数学方法和工具包括朴素集合论(naive set theory)和初等数论(elementary number theory)的一些知识。从这一节开始介绍后面章节所用到的朴素集合论和初等数论知识。

把具有某种共同性质的对象放在一起组成一个整体，这个整体就称为集合(set)，或(简称集)，而组成集合的对象称为这个集合的元素(member, element)。关于集合与元素的这个描述来源于我们的直觉感受。比如生活中，一个班级里所有同学组成一个集合，新华字典里所有汉字组成了一个集合。我们更多地关注数学里集合的例子，比如，全体自然数组成的集合，二维平面上全体点组成的集合。通常地，用大写字母表示集合，用小写字母表示元素。依照习惯，采用$\mathbb{N}$表示自然数集合，$\mathbb{Z}$表示整数集合，$\mathbb{Q}$表示有理数集合，$\mathbb{R}$表示实数集合。

对于一个集合A，当给定一个对象a时，能够判断出这个对象a是否是集合A的元素。如果对象a是集合A的元素，就称a属于A，记为$a\in A$；如果对象a不是集合A的元素，就称a不属于A，记为$a\notin A$。

表示一个集合，可以把它的所有元素列出来，比如，若集合A是由a,b,c三个元素组成的集合，则可以将A表示为$A=\{a,b,c\}$。考虑到集合是由具有共同性质的对象所组成，那么也可以利用该性质去表示集合。若记$P(x)$表示语句“x具有性质P”，则集合可以表示为$\{x\mid P(x)\}$，也就是说，集合是由所有具有性质P的对象x组成。比如，集合$\{x\mid x^2=1, x\in\mathbb{R}\}$表示方程$x^2=1$的实数解所组成的集合，集合$\{x\mid x=2n, n\in\mathbb{Z}\}$表示偶数集合，这两个例子中的$P(x)$分别指的是“$x^2=1, x\in\mathbb{R}$”和“$x=2n, n\in\mathbb{Z}$”。当然，为方便起见，这种集合表示方法会有一些小的变化，比如，前面两个集合也可以写作$\{x\in\mathbb{R}\mid x^2=1\}$和$\{2n\mid n\in\mathbb{Z}\}$。

给定两个集合A和B，若A的每个元素也都是B的元素，则称集合A是集合B的子集(subset)，也可以说集合A包含于集合B，或者集合B包含集合A，记为$A\subset B$。若集合A不是集合B的子集，则记为$A\not\subset B$。显然，对于任意的集合A，有$A\subset A$。此外，由$A\subset B$和$B\subset C$，结合子集的定义可得$A\subset C$。

给定两个集合A和B，如果有$A\subset B$，且还有$B\subset A$，则称集合A等于集合B，记为$A=B$。可见，两个集合相等说明它们具有相同的元素。也就是说，若有

$a \in A$，则必然有 $a \in B$，同时，若有 $a \in B$，则必然也有 $a \in A$。比如，$\{x \mid x^2 = 1, x \in \mathbb{R}\} = \{1, -1\}$。若集合 A 不等于集合 B，则记为 $A \neq B$。两个集合相等说明它们是同一个集合。这就表明，集合完全由其元素所决定，与其他方面无关。从而可以得出：集合的元素是没有顺序的；而且，如果某元素在集合表示中出现多次，那么该元素按出现一次对待。比如，$\{a, b, c\} = \{c, a, b\}$，$\{a, a, b, c, c\} = \{a, b, c\}$。

给定两个集合 A 和 B，若有 $A \subset B$，且还有 $A \neq B$，则称集合 A 为集合 B 的真子集(proper subset)，记为 $A \subsetneq B$。显然，对于任意的集合 A，有 $A \subsetneq A$。

不含任何元素的集合称为空集(empty set)，记为 $\varnothing$。由于空集不含任何元素，所以其是任意集合的子集。并且，利用集合相等的定义还可以得出空集是唯一的。

给定一个集合 A，其所有子集组成的集合称为 A 的幂集(power set)，记为 $\mathscr{P}(A)$。比如，对于集合 $A = \{a, b, c\}$，其幂集为 $\mathscr{P}(A) = \{\varnothing, \{a\}, \{b\}, \{c\}, \{a, b\}, \{b, c\}, \{a, c\}, \{a, b, c\}\}$。

给定两个集合 A 和 B，属于 A 或者属于 B 的元素组成的集合称为 A 与 B 的并集(union)，记为 $A \cup B$；既属于 A 又属于 B 的元素组成的集合称为 A 与 B 的交集(intersection)，记为 $A \cap B$；属于 A 但是又不属于 B 的元素组成的集合称为 A 与 B 的差集，记为 $A - B$。

当所讨论的集合都是某一个特定集合 X 的子集时，那么差集 $X - A$ 也称为集合 A 关于集合 X 的补集(complement)，记为 A^c。

若 $A \cap B = \varnothing$，则称集合 A 和 B 是不相交的(disjoint)。

两个集合的并集、交集、差集都可以看作两个集合之间的运算(有简称并运算、交运算、差运算)，这些都是集合的最基本运算。这些基本运算也满足一定的运算规律，如交换律、结合律、分配律。其中，集合的并运算和交运算可以推广到大于两个集合的情形。设 $A_1, A_2, \cdots, A_n$ 是 n 个集合，对于集合的并运算，有 $A_1 \cup A_2 \cup A_3 = (A_1 \cup A_2) \cup A_3$，$A_1 \cup A_2 \cup A_3 \cup A_4 = (A_1 \cup A_2 \cup A_3) \cup A_4$，等等；对于集合的交运算也类似。把 $A_1 \cup A_2 \cup \cdots \cup A_n$ 记为 $\bigcup_{i=1}^{n} A_i$，把 $A_1 \cap A_2 \cap \cdots \cap A_n$ 记为 $\bigcap_{i=1}^{n} A_i$。进一步，设有一列集合 $A_1, A_2, \cdots, A_n, \cdots$，记 $\bigcup_{i \in \mathbf{N}} A_i$ 为 $A_1 \cup A_2 \cup \cdots$，记 $\bigcap_{i \in \mathbf{N}} A_i$ 为 $A_1 \cap A_2 \cap \cdots$。

1.3 关系

在中学的解析几何中，平面直角坐标$\langle x, y\rangle$是由两个实数组成的"有序对"(ordered pair)。之所以称其为有序对，是由于它由一对实数组成，并且这一对实数还有顺序之分，这从$\langle 1,2\rangle \neq \langle 2,1\rangle$可以看出。在集合论中，需要给出有序对的集合定义。当然，直接定义$\langle x, y\rangle$为$\{x, y\}$是不行的，因为集合里的元素是无序的。定义$\langle x, y\rangle$为$\{\{x\},\{x, y\}\}$。可以验证，有序对$\langle x, y\rangle$具有如下重要性质：$\langle x, y\rangle = \langle u, v\rangle$，当且仅当$x=u$并且$y=v$。给定有序对$\langle x, y\rangle$，$x$称为有序对的第一元素，$y$称为有序对的第二元素。在有序对的基础上，还可以引入有序多元组(ordered n-tuples)：$\langle x_1, x_2, x_3\rangle = \langle\langle x_1, x_2\rangle, x_3\rangle$，$\langle x_1, x_2, x_3, x_4\rangle = \langle\langle\langle x_1, x_2, x_3\rangle, x_4\rangle$，等等。当然，有序多元组也具有与有序对类似的性质：$\langle x_1, \cdots, x_n\rangle = \langle y_1, \cdots, y_n\rangle$，当且仅当$x_1 = y_1, \cdots, x_n = y_n$。

给定两个集合A和B，那些以A中元素作为第一元素，以B中元素作为第二元素的有序对所组成的集合，称为A与B的笛卡儿积(Cartesian product)，记为$A\times B$。也就是说，

$$A \times B = \{\langle x, y\rangle \mid x \in A, y \in B\}$$

有时也将集合A与B的笛卡儿积称为A与B的积集(product set)，当$A=B$时，将$A\times B$记为A^2。

若一集合的元素均为有序对，则称该集合为一个二元关系(binary relation)。

有时为了讨论方便，对二元关系加以一定的约束，引入如下概念：给定两个集合A和B，其笛卡儿积$A\times B$的任意子集，即$R\subset A\times B$，称为A到B的二元关系；特别地，当$A=B$时，$A\times B$的任意子集$R\subset A^2$，称为A上的二元关系。可以看出，A到B的二元关系R是由A与B的笛卡儿积$A\times B$的子集所确定，当然也是有序对的集合。

对于A到B的二元关系R，若$\langle x, y\rangle \in R$，则称$x$、$y$是$R$相关的或者具有$R$关系，记为$R(x, y)$，习惯上也使用$xRy$标记；若$\langle x, y\rangle \notin R$，则称$x$、$y$是$R$不相关的或者不具有$R$关系，记为$x\not R y$。

给定A到B的二元关系R，那么从集合A中任取一个元素x，从集合B中也任取一个元素y，就可以根据$\langle x, y\rangle$是否属于R得出x与y之间是否具有R关系。

在中学数学中我们接触的二元关系大多是一个集合上的二元关系，比如，自

然数集$\mathbb{N}$上的大于关系、小于关系、大于或等于关系,非零整数集上的整除关系。事实上,我们的确会对一个集合上的二元关系特别感兴趣。一个集合 A 上的恒等关系(identity relation)是一个值得关注的特殊关系,其定义为$\{\langle x,y\rangle \mid x=y, x\in A, y\in A\}$,记为 I_A。

对于一些常见的二元关系,会使用专门的符号而非一般的符号 R 去表示这些二元关系。比如,采用“$>$”去表示$\mathbb{N}$上的大于关系,此时$>$为有序对的集合$\{\langle x,y\rangle \mid x>y, x\in\mathbb{N}, y\in\mathbb{N}\}$。由于$\langle 2,1\rangle\in>$,所以按照 xRy 写法应该写为 $2>1$,这是与以往常用写法是一样的。

给定一个 A 到 B 的二元关系R,集合 A 中所有那些与集合 B 中某元素具有 R 关系的元素所组成的集合称为R 的定义域,记为 $\mathrm{dom}(R)$,集合 B 中所有那些存在集合A 中某元素能与之具有R 关系的元素所组成的集合称为R 的值域,记为 $\mathrm{ran}(R)$。可以看出,R 的定义域就是R 中所有有序对的第一元素所组成的集合,R 的值域就是R 中所有有序对的第二元素所组成的集合。显然有 $\mathrm{dom}(R)\subset A$,$\mathrm{ran}(R)\subset B$。

给定 A 到 B 的二元关系R,那么 B 到 A 的二元关系$\{\langle y,x\rangle \mid \langle x,y\rangle\in R\}$记为 R^{-1},称为二元关系 R 的逆(inverse)。可以看出,R^{-1} 就是把 R 中有序对的第一元素和第二元素互换一下,因而,$\mathrm{dom}(R^{-1})=\mathrm{ran}(R)$,$\mathrm{ran}(R^{-1})=\mathrm{dom}(R)$。

也可以定义多于两个的集合的笛卡儿积。设 $A_1,A_2,\cdots,A_n$ 是n 个集合,其中 $n>2$,则这个集合的笛卡儿积为

$$A_1\times\cdots\times A_n=\{\langle x_1,\cdots,x_n\rangle \mid x_1\in A_1,\cdots,x_n\in A_n\}$$

当$A_1=\cdots=A_n=A$ 时,将 $A_1\times\cdots\times A_n$ 记为A^n。类似地,若 $R\subset A^n$,则称 R 为 A 上的n 元关系;且若$\langle x_1,\cdots,x_n\rangle\in R$,则称 $x_1,\cdots,x_n$ 是R 相关的或者具有R 关系,记为$R(x_1,\cdots,x_n)$。需要指出,对于A 上的n 元关系,前面只是定义了$n\geqslant 2$ 的情况。若 $n=1$,则 $A^n=A$,此时 $R\subset A^n$ 就成为$R\subset A$。这也就是说,A 上的一元关系就是A 的子集,这也相当于定义了$\langle x\rangle=x$。集合由具有共同性质的对象组成,所以一个集合代表了一个性质。现在 A 上的一元关系R 是A 的一个子集,那么$\langle x\rangle$是否具有一元 R 关系就变成x 是否属于A 的子集R,这也就是 x 是否具有组成子集R 的对象的那个共同性质。因而,A 上一元关系也就是A 中元素的某个性质。因而,“性质是关系的特殊情况”。这在后面谓词逻辑里是会遇到的。

给定 A 上的二元关系R,若对于任意的 $x\in A$,均有$\langle x,x\rangle\in R$,则称 R 在A 上是自反的(reflexive);若对于任意的 $x\in A$,均有$\langle x,x\rangle\notin R$,则称 R 在A 上是

反自反的(antireflexive)；若对于任意的 $x,y\in A$，当 $\langle x,y\rangle\in R$ 时，必然有 $\langle y,x\rangle\in R$，则称 R 在 A 上是对称的(symmetric)；若对于任意的 $x,y\in A$，当 $\langle x,y\rangle\in R$ 并且 $\langle y,x\rangle\in R$ 时，必然会有 $x=y$，则称 R 在 A 上是反对称的(antisymmetric)；若对于任意的 $x,y,z\in A$，当 $\langle x,y\rangle\in R$，且 $\langle y,z\rangle\in R$ 时，必然会有 $\langle x,z\rangle\in R$，则称 R 在 A 上是传递的(transitive)。

若 A 上的二元关系 R 是自反的、对称的、传递的，则称 R 为 A 上的等价关系(equivalence relation)，通常用"$\sim$"来表示等价关系。若 $\langle x,y\rangle\in\sim$，则称 x、y 是等价的，记为 $x\sim y$。当在讨论集合 A 上等价关系时，默认 A 不是空集。

显然，任意集合 A 上的恒等关系 I_A 一定是 A 上的等价关系。若 $A=\{0,1,\cdots,9\}$，容易验证，A 上的模 3 同余关系是 A 上的等价关系，其中，两个整数模 3 同余是指这两个整数被 3 除之后的余数相同；对于欧几里得平面上所有直线组成的集合，直线之间的平行关系是其上的等价关系。

给定 A 上的等价关系$\sim$，对于任意的 $a\in A$，称集合 $\{x\in A\mid x\sim a\}$ 为 a 在等价关系$\sim$下的等价类(equivalence class)(简称 a 的等价类)。可见，a 的等价类是集合 A 中所有与 a 等价的元素所组成的集合，该集合简记为 $[a]$。称 a 为等价类 $[a]$ 的代表元(representative)。显然，$a\in[a]$，$[a]\subset A$。

等价类具有如下重要性质：

【命题 1.3.1】 对于 A 上的等价关系$\sim$，有：

(1) 对于任意的 $a\in A$，有 $[a]\neq\varnothing$。

(2) 对于任意的 $a,b\in A$，$a\sim b$，当且仅当 $[a]=[b]$。

(3) 对于任意的 $a,b\in A$，$a\nsim b$，当且仅当 $[a]\cap[b]=\varnothing$。

证明：(1) 对于任意的 $a\in A$，由于 $a\in[a]$，所以 $[a]\neq\varnothing$。

(2) 当 $a\sim b$ 时，任取 $x\in[a]$，根据等价类的定义有 $x\sim a$，而已知 $a\sim b$，利用等价关系的传递性可得 $x\sim b$，所以 $x\in[b]$，因而 $[a]\subset[b]$。类似地，可证 $[b]\subset[a]$，因而 $[a]=[b]$。当 $[a]=[b]$ 时，由于 $a\in[a]$，所以 $a\in[b]$，这就说明了 $a\sim b$。

(3) 当 $a\nsim b$ 时，假设 $[a]\cap[b]\neq\varnothing$，即存在 $x\in[a]\cap[b]$，可得 $x\sim a$ 且 $x\sim b$。利用等价关系的对称性和传递性，可得 $a\sim b$，产生了矛盾，所以，有 $[a]\cap[b]=\varnothing$。当 $[a]\cap[b]=\varnothing$ 时，根据(1)中结论，由于 $[a]$，$[b]$ 皆不为空集，所以 $[a]\neq[b]$。再根据(2)中结论可得 $a\nsim b$。

■

根据命题 1.3.1 中的(2)，等价类 $[a]$ 中的每个元素都可以作为该等价类的代表元。根据命题1.3.1中的(1)，任一等价类$[a]$至少含有元素a，那么，所有等价类的并集是一定包含集合A的。另一方面，由于每个等价类一定是集合A的子集，所有等价类的并集也包含于集合A。以上说明了集合A恰为所有等价类的并。再根据命题1.3.1中的(2)和(3)可知，各个等价类之间不是相等就是不相交。可见，集合A上的等价关系把集合A划分为了若干两两不相交的划分块，其中的每一个划分块为一个等价类。

对于A上的等价关系$\sim$，由所有该等价关系下的等价类作为元素所组成的集合，称为A关于等价关系$\sim$的商集(quotient set)，记为$A/\sim$。比如，$A=\{0,1,\cdots,9\}$，A上的模3同余关系是A上的等价关系，等价类$[0]=\{0,3,6,9\}$，$[1]=\{1,4,7\}$，$[2]=\{2,5,8\}$，商集$A/\sim=\{\{0,3,6,9\},\{1,4,7\},\{2,5,8\}\}$。

给定集合A上的一种等价关系，就可以对集合A中的元素进行一种分类。如果想对集合A中的元素进行排序，就需要引入集合上的另一种重要关系——偏序关系(partial order relation)。

若A上的二元关系R是自反的、反对称的、传递的，则称R为A上的偏序关系。采用$\leqslant$来表示偏序关系，并将集合A连同其上的偏序关系$\leqslant$称为偏序集(partially ordered set)，记为$\langle A,\leqslant\rangle$。若$\langle x,y\rangle\in\leqslant$，则表示元素$x$或者在元素$y$的前面，或者$x$和$y$是同一个元素；按照二元关系的一般记法，将$\langle x,y\rangle\in\leqslant$简记为$x\leqslant y$。对于偏序集$\langle A,\leqslant\rangle$，其中的元素$x$与$y$称为可比较的(comparable)，如果$x\leqslant y$或者$y\leqslant x$。

整数集合上通常意义的小于或等于关系是一个偏序关系，自然数集合上的整除关系也是一个偏序关系。

对于偏序集$\langle A,\leqslant\rangle$，有可能会出现其中的元素$x$和$y$既不满足$x\leqslant y$也不满足$y\leqslant x$的情况，这说明它们之间“不可比较”。事实上，偏序就是部分序的意思，也就是说，只要集合中的部分元素之间存在次序，不要求偏序集中任意两元素之间一定存在次序。若偏序集$\langle A,\leqslant\rangle$中任意两元素之间是可以比较的，即对于任意的$x,y\in A$，一定有$x\leqslant y$或者$y\leqslant x$，则称偏序关系$\leqslant$为集合$A$上的全序关系(total order relation)，并称$\langle A,\leqslant\rangle$为全序集(total order set)。

整数集合上通常意义的小于或等于关系就是一个全序关系，当然，整数集合上通常意义的大于或等于关系也是一个全序关系。

对于偏序关系$\leqslant$，$x\leqslant y$中含有$x=y$的情形，如果去除这种情形，就引入了严格偏序关系(strict partial order relation)。如果A上的二元关系R是反自反的和传递的，则称R为A上的严格偏序关系。采用符号$<$表示严格偏序关系。整

数集合上通常意义的小于关系就是一个严格偏序关系。A 上的严格偏序关系 $\prec$ 一定是反对称的，因为如果 $x \prec y$，那么一定有 $y \nprec x$，否则根据 $\prec$ 在 A 上是传递的，就可以得出 $x \prec x$，而这与 $\prec$ 在 A 上是反自反的要求相矛盾。可见，A 上的严格偏序关系 $\prec$ 在 A 上是满足反自反的、反对称的、传递的，相对于偏序关系 $\preccurlyeq$ 而言，严格偏序关系只是把偏序关系中表示 $x \preccurlyeq x$ 的自反性换成了表示 $x \nprec x$ 的反自反性，所以，$x \prec y$ 可以定义为 $x \preccurlyeq y$ 且 $x \neq y$。如果用严格偏序关系描述全序关系，就成为了对于任意的 $x, y \in A$，一定有 $x \prec y$ 或者 $x = y$ 或者 $y \prec x$。

1.4 映射

函数在数学中占有重要的地位，现在把函数的概念在集合论中推广到映射的情形，以适应更多的场合。

设 f 为一个二元关系，如果根据 xfy 和 xfz 可以得出 $y=z$，那么称该二元关系 f 为映射(mapping)。从映射的这个定义可以看出，相对于二元关系而言，映射要求二元关系具有单值性：同 x 有关系的 y 只能有一个，即唯一一个。可见，映射是一种特殊的二元关系，当然也是集合。因而，两个映射 f 与 g 是否相等，直接按照判断两个集合 f 与 g 是否相等，即只需判断 $f \subset g$ 和 $g \subset f$。

类似于二元关系，为了讨论方便，也对映射加以约束，引入如下概念：设 f 是一个集合 A 到集合 B 的二元关系，如果对于任意的 $x \in A$，都存在唯一的 $y \in B$，使得 xfy，那么称二元关系 f 是集合 A 到集合 B 的映射，记为 $f: A \to B$。显然，对于 A 到 B 的映射 f 而言，有 $\mathrm{dom}(f)=A$，$\mathrm{ran}(f) \subset B$。对于 $f: A \to B$ 与 $g: A \to B$，若 $f=g$，则称"A 到 B 的映射 f"与"A 到 B 的映射 g"是同一个"A 到 B 的映射"。

给定映射 $f: A \to B$，若有 xfy，则称 y 为映射 f 在 x 处的值(value)，记为 $y=f(x)$，也记为 $f: x \mapsto y$。为了方便，对于有序 n 元组 $\langle x_0, x_1, \cdots, x_{n-1} \rangle \in A$ 的情形，有时将 $f(\langle x_0, x_1, \cdots, x_{n-1} \rangle)$ 简记为 $f(x_0, x_1, \cdots, x_{n-1})$。

映射 $f: A^n \to A$ 称为集合 A 上的 n 元运算(operation)。比如，实数集合 $\mathbb{R}$ 上通常的加法运算是 $\mathbb{R}$ 上的二元运算。采用通常的符号"$+$"表示这个二元运算时，加法运算就是映射 $+: \mathbb{R}^2 \to \mathbb{R}$，其中，$+(\langle x, y \rangle) = x + y$。

给定映射 $f: A \to B$，如果集合 A 和 B 都是关于数的集合，那么映射 f 就成为我们在中学所接触的函数(function)了。比如，中学所学过的实数集上的平方函数为 $f: \mathbb{R} \to \mathbb{R}$，其中，$f(x)=x^2$。由于映射是有序对的集合，所以有 $f=\{\langle x,$

$x^2\rangle \mid x\in\mathbb{R}\}$。

对于映射 $f: A\to B$，设 $C\subset A$，$D\subset B$，称集合 $\{f(x)\mid x\in C\}$ 为集合 C 在 f 下的像(image)，记为 $f[C]$；称集合 $\{x\in A\mid f(x)\in D\}$ 为集合 D 在 f 下的原像(preimage)，记为 $f^{-1}[D]$。显然，$f[C]\subset \mathrm{ran}(f)\subset B$，$f^{-1}[D]\subset A$；且 $f[A]=\mathrm{ran}(f)$，称 $f[A]$ 为映射 f 的像，也记为 $\mathrm{img}(f)$。

给定映射 $f: A\to B$，若 $\mathrm{ran}(f)=B$，则称 A 到 B 的映射 f 是 A 到 B 的满射(surjection)；若对于每一个 $y\in \mathrm{ran}(f)$，存在唯一的 $x\in A$，使得 xfy，则称 A 到 B 的映射 f 是 A 到 B 的单射(injection)；若 A 到 B 的映射 f 既是 A 到 B 的单射又是 A 到 B 的满射，则称 A 到 B 的映射 f 是 A 到 B 的双射(bijection)。可以看出，若 $f: A\to B$ 是满射，则对于任意的 $y\in B$，都存在 $x\in A$ 使得 $f(x)=y$；若 $f: A\to B$ 是单射，则对于集合 A 中任意的 x_1, x_2，根据 $x_1\neq x_2$ 可以得出 $f(x_1)\neq f(x_2)$。显然，集合 A 上的恒等关系 I_A 不仅是一个 A 到 A 的映射，还是一个 A 到 A 的双射。

对于映射 $f: A\to B$ 和 $g: C\to B$，若 $C\subset A$，且对于任意的 $x\in C$，均有 $f(x)=g(x)$，则称映射 g 为映射 f 在 C 上的限制(restriction)，记为 $g=f\upharpoonright C$，也称映射 f 为映射 g 在 A 上的扩张(extension)。显然，从集合的包含关系上看，有 $f\upharpoonright C\subset f$。

给定映射 $f: A\to B$ 和 $g: B\to C$，构造 A 到 C 的映射 $h: A\to C$，其中，对于任意的 $x\in A$，有 $h(x)=g(f(x))$，则称映射 h 为映射 f 和映射 g 的复合(composition)，记为 $h=g\circ f$。由定义，$(g\circ f)(x)=g(f(x))$。对于 $f: A\to B$，$g: B\to C$，$h: C\to D$，容易验证，映射的复合满足结合律，即 $(h\circ g)\circ f=h\circ(g\circ f)$。此外，也容易验证，映射的复合保持映射的单、满、双。也就是说，给定映射 $f: A\to B$ 和 $g: B\to C$，若 $f: A\to B$ 和 $g: B\to C$ 均为单射，则 $g\circ f: A\to C$ 也为单射；若 $f: A\to B$ 和 $g: B\to C$ 均为满射，则 $g\circ f: A\to C$ 也为满射。因而，若 $f: A\to B$ 和 $g: B\to C$ 均为双射，则 $g\circ f: A\to C$ 也为双射。

对于映射 $f: A\to B$，显然有 $I_B\circ f=f\circ I_A=f$。特别地，若 $A=B$，则有 $I_A\circ f=f\circ I_A=f$。这可以看作恒等映射 I_A 在映射的复合运算下相当于运算的单位元。这就自然联想到运算的逆元，即考虑满足 $g\circ f=f\circ g=I_A$ 的映射 $g: A\to A$。更一般地，不要求 $A=B$ 的条件下，对于 $f: A\to B$，考虑满足 $g\circ f=I_A$，且 $f\circ g=I_B$ 的映射 $g: B\to A$。对于映射 $f: A\to B$，因为其为 A 到 B 的关系，所以 f^{-1} 是 B 到 A 的关系。当映射 f 是 A 到 B 的单射时，f^{-1} 是 $\mathrm{ran}(f)$ 到 A 的映射，而且还是双射，但其并不是 B 到 A 的映射。只有当映射 f 是 A 到 B 的双射时，f^{-1}

才是 B 到 A 的映射，而且还是双射。容易验证，此时 $f^{-1}\circ f=I_A$，且 $f\circ f^{-1}=I_B$。这说明，当映射 f 是 A 到 B 的双射时，是可以找到满足 $g\circ f=I_A$ 且 $f\circ g=I_B$ 的映射 $g: B\to A$ 的。容易验证，对于映射 $f: A\to B$ 和 $g: B\to A$，如果有 $g\circ f=I_A$，那么可得，f 是 A 到 B 的单射，g 是 B 到 A 的满射。根据这个结论可以得出，对于 $f: A\to B$，如果要求 $g\circ f=I_A$ 且 $f\circ g=I_B$，那么 f 一定是 A 到 B 的双射。可以得到如下重要命题：

【命题 1.4.1】 对于给定的映射 $f: A\to B$，存在映射 $g: B\to A$，满足 $g\circ f=I_A$ 且 $f\circ g=I_B$，当且仅当 $f: A\to B$ 是双射。

当然，很容易说明满足 $g\circ f=I_A$ 且 $f\circ g=I_B$ 的映射 g 还是唯一的。若存在 $h: B\to A$，也满足该条件，则有 $(g\circ f)\circ h=I_A\circ h=h$，$g\circ(f\circ h)=g\circ I_B=g$。再根据映射复合的结合律，可得 $h=g$。鉴于此，当 f 是 A 到 B 的双射时，把双射 f^{-1} 称为 f 的逆映射。

1.5 等势

对于有限集而言，其元素个数多少是一个一个“数”出来的。比如，集合 $A=\{x,y,z\}$，通过“数”的过程得出元素个数是 3，可以理解为在 A 和集合 $\{0,1,2\}$ 之间建立一一对应后得出的。可见，在集合 A 和集合 $\{0,1,2\}$ 之间可以建立双射。如果对于另一个集合 B，其元素个数也是 3，那么 B 与 $\{0,1,2\}$ 之间也可以相互建立双射。进而，集合 A、B、$\{0,1,2\}$ 两两之间都是可以建立双射的。把可以建立双射这个关键因素抽取出来，引入集合等势的概念。

对于集合 A、B，若存在一个 A 到 B 的双射，则称 A 与 B 之间是等势的(equinumerous)，记为 $A\approx B$。

根据双射的逆映射也是双射，以及双射的复合还是双射，可以得出，对于任意的集合 A、B、C，有 $A\approx A$；若 $A\approx B$，则 $B\approx A$；若 $A\approx B$，$B\approx C$，则 $A\approx C$。

记 $M_n=\{0,1,\cdots,n-1\}$，其中 n 为自然数，规定 $M_0=\varnothing$。给定一个集合 A，若存在某个 n，使得 $A\approx M_n$，则称集合 A 是有限的(finite)；若一个集合不是有限的，则称该集合是无限的(infinite)。规定空集为有限集。

【命题 1.5.1】 对于任意的自然数 n，M_n 不会与其真子集等势。

证明：由于这个命题是关于自然数的命题，采用数学归纳法。当 $n=0$ 时，$M_0=\varnothing$，其没有真子集，也就不会有真子集与其等势。假设对于自然数 n 来说，命题成立。考察自然数 $n+1$ 的情况。采用反证法，假设对于 M_{n+1} 存在某个真

子集 A 与其等势。根据等势的定义，设 $f: M_{n+1} \to A$ 为双射。注意到 M_{n+1} 比 M_n 仅多出了一个元素 n，则 $f \upharpoonright M_n$ 为 M_n 到 $A-\{f(n)\}$ 的双射。若 $n \notin A$，则 A 是 M_n 的子集，进而 $A-\{f(n)\}$ 必为 M_n 的真子集，这就说明则 $f \upharpoonright M_n$ 为 M_n 到其真子集的双射，这就与假设矛盾；若 $n \in A$，根据 A 是 M_{n+1} 的真子集，则可得 $A-\{n\}$ 是 M_n 的真子集，因而，若 $f(n)=n$，则 $A-\{f(n)\}$ 就是 $A-\{n\}$，也就是 M_n 的真子集，从而 $f \upharpoonright M_n$ 又成为 M_n 到其真子集的双射，这就与假设又矛盾；若 $n \in A$ 而且 $f(n) \neq n$，根据 $f: M_{n+1} \to A$ 为双射，可得必存在 $k \in M_{n+1}$ 使得 $f(k)=n$，则可以通过交换 $f(n)$ 和 $f(k)$，构造出双射 $g: M_{n+1} \to A$ 满足

$$g(l)=\begin{cases} f(k), & l=n \\ f(n), & l=k \\ f(l), & l \in M_{n+1}-\{n,k\} \end{cases}$$

此时 $g(n)=n$，就与前一种情形相同。综上可得，对于自然数 $n+1$ 的情况，命题也成立。

■

根据命题 1.5.1 和有限集的定义容易得出有限集不会与其真子集等势。并且我们还可以得出给定一个有限集 A，存在唯一的自然数 n，使得 $A \approx M_n$。

【命题 1.5.2】 对于无限集 A，其必与它的某个真子集等势。

证明：因为空集为有限集，所以 A 必然不是空集，那么可以从 A 中任取一个元素，记为 a_0；因为 A 为无限集，所以 $A-\{a_0\}$ 也不为空集，否则其就与 M_1 等势，因而可以从 $A-\{a_0\}$ 中再取一个元素，记为 a_1；继续下去，可以从 A 中取出一列元素 $a_0, a_1, \cdots$。令集合 $C=A-\{a_0, a_1, \cdots\}$，其为 A 的子集。作 A 的真子集 $B=C \cup \{a_1, a_2, \cdots\}$。作映射 $f: A \to B$，其中：当 $x \in C$ 时，$f(x)=x$；当 $x \notin C$ 时，$f(x)=f(a_n)=a_{n+1}$。容易看出，f 是 A 到 B 的双射。

■

根据命题 1.5.1 和命题 1.5.2，集合 A 为无限集，当且仅当 A 与其真子集等势；集合 A 为有限集，当且仅当 A 不与其真子集等势。因此，也可以将无限集定义为能与其真子集等势的集合，将有限集定义为不能与其真子集等势的集合。

由于自然数集可以与其真子集等势，自然数集 $\mathbb{N}$ 是无限集。对于集合 A，若 $A \approx \mathbb{N}$，则称集合 A 是可列的(countable)。当然，$\mathbb{N}$ 是可列的。

若集合 A 为可列集，设 f 为 $\mathbb{N}$ 到 A 的双射，则对于集合 A 中的任意元素 a，存在唯一的 $n \in \mathbb{N}$ 满足 $f(n)=a$，因而，集合 A 中的所有元素可以写成 $f(0)$，$f(1)$，$\cdots$ 这种无限序列的样子，按照习惯将 $f(0)$，$f(1)$，$\cdots$ 记为 $a_0, a_1, \cdots$。若一

个集合的元素可以写成无限序列的样子，则建立了这个集合到自然数集的一个双射，进而也说明这个集合为可列集。当然，由于 f 为双射，$m\neq n$ 蕴涵着 $a_m\neq a_n$。

当然，不是所有的无限集都具有像可列集这样能将其元素都一一列出。能“一一列出”所有元素的特性是非常重要的性质，因而需要将具有这个性质的无限集同其他不具有这个性质的无限集区分开来，这也是引入可列集的原因。

从命题 1.5.2 的证明过程中可以看出，对于任意的无限集，都会包含一个“具有无限序列样子”的集合 $\{a_0,a_1,\cdots\}=\{a_n\mid n\in\mathbb{N}\}$。由于该子集是可列集，这就说明了可列集是“最小的”无限集。

给定一可列集 $A=\{a_0,a_1,\cdots\}$。考虑其子集 $B\subset A$。若 B 为空集，则其为有限集；若 B 不为空集，则其元素由于也是 A 中元素，B 可以表示为 $B=\{a_{n_0},a_{n_1},\cdots\}$，也就是说，根据 A 中元素可以排成一个无限序列，则 B 中元素为该序列的子序列。若该子序列是有限的，则 B 为有限集；若该子序列是无限的，则 B 为无限集，显然，由于此时其元素可以排成一个无限序列，所以 B 当然是可列集。这说明，当可列集的子集为无限集时，其必为可列的。

给定集合 A、B，若 A 为有限集，B 为可列集，考虑 $A\cup B$ 是否为可列集。由于 $A\cup B=A\cup(B-A)$，即 $A\cup B$ 总是可以分解为两个不相交的集合的并，所以只需考虑 $A\cap B=\varnothing$ 的情况。由于 A 为有限集，B 为可列集，所以 A、B 可以表示为 $A=\{a_0,a_1,\cdots,a_n\}$，$B=\{b_0,b_1,\cdots\}$。那么，$A\cup B$ 可以表示为 $A\cup B=\{a_0,a_1,\cdots,a_n,b_0,b_1,\cdots\}$。可见，其元素排成了一个无限序列，所以 $A\cup B$ 是可列集。

如果 A、B 均为可列集，则 $A\cup B$ 还是可列集。类似前面，还是只需考虑 A、B 不相交时的情况。由于 A、B 均为可列集，A、B 可以表示为 $A=\{a_0,a_1,\cdots\}$，$B=\{b_0,b_1,\cdots\}$。那么，$A\cup B$ 就可以表示为 $A\cup B=\{a_0,b_0,a_1,b_1,\cdots,a_n,b_n,\cdots\}$。可见，$A\cup B$ 还是可列集。

根据 $A\cup B\cup C=(A\cup B)\cup C$ 可得，当 A、B、C 均为可列集时，$A\cup B\cup C$ 也为可列集。进一步还可知，有限个可列集的并还是可列集。当然，如果把有限个集合均为可列集这个条件，改为有限个集合或者是可列集，或者是有限集，且至少有一个为可列集时，根据前面的结论，容易得出它们的并还是可列集。再进一步，有如下命题：

【命题 1.5.3】 可列个可列集的并还是可列集。

证明：令这可列个集合为 $A_0,A_1,\cdots,A_n,\cdots$。与之前一样，仅考虑它们之间两两不相交的情况。由于各个 A_n 均为可列集，它们可以表示为

$$A_0=\{a_{00},a_{01},a_{02},\cdots,a_{0n},\cdots\}$$

$$A_1=\{a_{10},a_{11},\cdots,\cdots,a_{1n},\cdots\}$$
$$A_2=\{a_{20},\cdots,\cdots,\cdots,a_{2n},\cdots\}$$
$$\cdots$$

可以将各个 a_{nm} 按照 $n+m$ 的大小从小到大进行排列，那么 $\bigcup\limits_{n\in\mathbf{N}}A_n$ 的所有元素就可以排成如下的无限序列形式：

$$a_{00};\ a_{10},a_{01};\ a_{20},a_{11},a_{02};\ \cdots,a_{nm},\cdots$$

所以 $\bigcup\limits_{n\in\mathbf{N}}A_n$ 为可列集。

■

给定可列集 A、B，考虑 $A\times B$ 是否为可列集。集合 A、B 可以分别表示为 $A=\{a_0,a_1,a_2,\cdots\}$，$B=\{b_0,b_1,b_2,\cdots\}$。根据集合笛卡儿积的定义，$A\times B$ 的元素为 $\langle a_n,b_m\rangle$ 的样子。类似于命题 1.5.2 中的方法，可以将各个 $\langle a_n,b_m\rangle$ 按照 $n+m$ 的大小从小到大进行排列，那么 $A\times B$ 的所有元素也可以排成如下的无限序列形式：

$$\langle a_0,b_0\rangle;\ \langle a_1,b_0\rangle,\langle a_0,b_1\rangle;\ \langle a_2,b_0\rangle,\langle a_1,b_1\rangle,\langle a_0,b_2\rangle;\ \cdots,\langle a_n,b_m\rangle,\cdots$$

可见，$A\times B$ 是可列集。

根据 $A\times B\times C=(A\times B)\times C$ 可得，当 A、B、C 均为可列集时，$A\times B\times C$ 也为可列集。进一步还可知，有限个可列集的积集还是可列集，即若集合 $A_0,A_1,\cdots A_n$ 均为可列集，则 $A_0\times A_1\times\cdots\times A_n$ 也为可列集。特别地，若 $A_0=A_1=\cdots=A_n=A$，即这 $n+1$ 个可列集相等，为同一个可列集 A，则 A^{n+1} 为可列集，其中 $n\in\mathbb{N}$。在此基础上，再进一步，对于可列集 A 而言，$A^1,A^2,A^3,\cdots,A^n,\cdots$ 均为可列集；如果记 $A^0=\{\varnothing\}$，那么根据命题 1.5.3 可知，$\bigcup\limits_{n\in\mathbf{N}}A^n$ 为可列集。若将 A 中的元素记为 $a_0,a_1,a_2,\cdots$，则当 $1\leqslant n$ 时，集合 A^n 的元素是有序 n 元组 $\langle a_{i_1},a_{i_2},\cdots,a_{i_n}\rangle$，其中，$i_1,i_2,\cdots,i_n\in\mathbb{N}$。而 $\langle a_{i_1},a_{i_2},\cdots,a_{i_n}\rangle$ 与取自 A 的有限序列 $a_{i_1},a_{i_2},\cdots,a_{i_n}$ 是一一对应的，所以有如下命题：

【命题 1.5.4】 对于可列集 A，所有由 A 的元素构成的有限序列之集为可列集。

虽然有限集 $\{a_{i_1},a_{i_2},\cdots,a_{i_n}\}$ 不像有限序列 $a_{i_1},a_{i_2},\cdots,a_{i_n}$ 那样具有顺序，然而，由于 $i_1,i_2,\cdots,i_n\in\mathbb{N}$，它们总是可以按照自然数大小顺序进行排序，使得 $\{a_{i_1},a_{i_2},\cdots,a_{i_n}\}=\{a_{j_1},a_{j_2},\cdots,a_{j_n}\}$，其中 $j_1<j_2<\cdots<j_n$。那么，通过将 $\{a_{i_1},a_{i_2},\cdots,a_{i_n}\}$ 对应有序 n 元组 $\langle a_{j_1},a_{j_2},\cdots,a_{j_n}\rangle$，容易得出：对于可列集 A，其有限子集之集也为可列集。

当然，不是所有的无限集都是可列的。有如下重要结论：

【命题 1.5.5】 对于任意的集合 A，其一定与其幂集 $\mathscr{P}(A)$ 不等势。

证明：采用反证法。假设 $A\approx\mathscr{P}(A)$，设 $f: A\to\mathscr{P}(A)$ 为双射，因而，对应每一个 $a\in A$，都一一对应着一个 A 的子集 $f(a)\subset A$。既然 $a\in A$，而 $f(a)$ 又为 A 的子集，那么 A 的元素 a 与 A 的子集 $f(a)$ 之间就会存在 $a\in f(a)$ 和 $a\notin f(a)$ 两种情况。把 A 中所有满足 $a\notin f(a)$ 的元素放在一起，构成集合 $B=\{a\in A\mid a\notin f(a)\}$。由于 B 为 A 的子集，存在 A 中元素 b 与之一一对应，即 $f(b)=B$。考虑 b 与 B 的关系：如果 $b\in B$，根据 B 的定义，有 $b\notin f(b)=B$，矛盾；如果 $b\notin B$，根据 $f(b)=B$ 可得 $b\notin f(b)$，根据 B 的定义，有 $b\in B$，还是矛盾。所以，不会存在 A 到 $\mathscr{P}(A)$ 的双射。

■

对于可列集而言，其幂集一定是无限集，再根据命题 1.5.5 可知，可列集的幂集一定不是可列集。特别地，自然数集 $\mathbb{N}$ 的幂集 $\mathscr{P}(\mathbb{N})$ 是无限不可列集。

【命题 1.5.6】 对于任意的集合 A，有 $\mathscr{P}(A)\approx\{0,1\}^A$，其中 $\{0,1\}^A$ 表示集合 A 到集合 $\{0,1\}$ 的所有映射构成的集合。

证明：构造 $\mathscr{P}(A)$ 到 $\{0,1\}^A$ 的映射，$f: \mathscr{P}(A)\to\{0,1\}^A$，$B\mapsto\chi_B$，其中 χ_B 为集合 A 到 $\{0,1\}$ 的映射，满足

$$\chi_B(a)=\begin{cases}1, & a\in B\\ 0, & a\notin B\end{cases}$$

可以看出，对于 A 的不同子集 $B_1,B_2\subset A$，由于 $B_1\neq B_2$，因而 $B_1-B_2\neq\varnothing$ 或者 $B_2-B_1\neq\varnothing$。不失一般性，假设 $B_1-B_2\neq\varnothing$，则必存在元素 $a\in B_1$ 且 $a\notin B_2$，进而根据映射 χ_B 的定义，映射 χ_{B_1} 和映射 χ_{B_2} 在元素 a 处的值不同，因而 $\chi_{B_1}\neq\chi_{B_2}$，所以 f 为单射。此外，对于任意的 $g\in\{0,1\}^A$，构造 A 的子集 $B_g=\{x\in A\mid g(x)=1\}$，则有 $f(B_g)=\chi_{B_g}=g$，这也就是说，映射 f 为满射，所以 f 为双射。

■

命题 1.5.6 证明中出现的映射 χ_B 称为集合 B 的特征函数（characteristic function）。

1.6 自然数

自然数及其性质是初等数论的主要内容。在直觉上，自然数是最原始的数学对象，不存在更原始的数学对象可以把它推导出来。对于自然数的使用，我们太

熟悉了，这反而会对抽取出自然数的本质这件事造成一定的困难。1889年，意大利数学家、逻辑学家皮亚诺(G. Peano)给出了自然数的公理化描述，称为皮亚诺公设(Peano's postulates)。通过皮亚诺公设，可以清晰地看出自然数的本质。

皮亚诺公设将自然数集$\mathbb{N}$定义为满足如下条件的集合：

(1) $0\in\mathbb{N}$；

(2) 对于任意的$n\in\mathbb{N}$，有其后继$n^+\in\mathbb{N}$；

(3) 对于任意的$n\in\mathbb{N}$，有$n^+\neq 0$；

(4) 对于任意的$m,n\in\mathbb{N}$，若$m\neq n$，则有$m^+\neq n^+$；

(5) 对于任意的$A\subset\mathbb{N}$，若A满足如下两个条件：①$0\in A$；②对于任意的$n\in A$，有$n^+\in A$；则有$A=\mathbb{N}$。

公设(1)和公设(3)表明，0是自然数集的起始元素。公设(2)表明，每一个自然数都有一个后继元素，而后继运算$(\cdot)^+$实质上是从$\mathbb{N}$到$\mathbb{N}$的映射，再结合公设(3)，说明了这个映射的值域不包括0。公设(4)表明后继映射是一个单射。

直观上的自然数集是这样的，从起始元素0开始一个接着一个地不重复地生成自然数的序列：

$$0,0^+,0^{++},0^{+++},\cdots$$

前4条公设可以很容易地从自然数集的这种直观印象中提炼出来，它们都是平凡的。对于公设(5)，它不是平凡的，其被称为数学归纳法原理(principle of mathematical induction)。我们在中学所学到的数学归纳法是以数学归纳法原理为基础的，可以从数学归纳法原理导出数学归纳法。在数学归纳法中，设$P(n)$表示“自然数n具有性质P”，如果证明$P(n)$对所有的自然数n都成立，只需证明如下两点：①$P(0)$成立；②对于任意的自然数n，$P(n)$成立蕴涵了$P(n^+)$也成立。之所以如此，是因为，如果令$A=\{n\in\mathbb{N}\mid P(n)\}$，显然$A\subset\mathbb{N}$；当条件①和条件②都满足时，有$0\in A$，且由$n\in A$，可以得出$n^+\in A$，进而利用数学归纳法原理(5)，有$A=\mathbb{N}$，即对于任意的自然数$n$，$P(n)$均成立。

也可以从数学归纳法导出数学归纳法原理(5)。具体地，在数学归纳法中，令$P(n)$具体化为“$n\in A$”。则，A满足条件“①$0\in A$；②对于任意的$n\in A$，有$n^+\in A$”，就成为“①$P(0)$成立；②对于任意的自然数n，$P(n)$成立蕴涵了$P(n^+)$也成立”，因而，根据数学归纳法可得，$P(n)$对于任意的自然数n均成立，即对于任意的自然数n，有$n\in A$。这说明了$\mathbb{N}\subset A$。又由于$A\subset\mathbb{N}$，可得$A=\mathbb{N}$，即(5)成立。

数学归纳法与数学归纳法原理可以相互推导出，说明它们是等价的。所以，皮亚诺公设中的(5)可以换成数学归纳法(6)：

(6) 设 $P(n)$ 表示"自然数 n 具有性质 P"，如果：①$P(0)$成立；②对于任意的自然数 n，$P(n)$ 成立蕴涵了 $P(n^+)$ 也成立；则对于任意的自然数 n，$P(n)$ 都成立。

这也就是说，皮亚诺公设的(1)～(5)可以换为(1)～(4)、(6)。

以上是用公理方法(axiomatic method)给出了自然数的描述。还可以采用归纳定义(inductive definition)的方法给出自然数的构造方法(constructive method)描述。自然数的归纳定义起源于前述中对于自然数的直观印象：从 0 开始一个接着一个地生成自然数的序列 $0,0^+,0^{++},0^{+++},\cdots$。因而，自然数的归纳定义如下：

(7) 0 是自然数；

(8) 如果 n 是自然数，那么 n^+ 也是自然数；

(9) 只有由(7)和(8)给出的才是自然数。

可以看出，(7)和(8)同前面的(1)和(2)是等价的，只是换了一种说法而已。其中，(7)先直接确定了自然数 0，而(8)则由已确定的自然数生成另一个自然数。再通过(9)表明了自然数只能由(7)和(8)确定，将其他排除，这样才将自然数的全体确定下来。

归纳定义中的(7)～(9)同公设中的(1)、(2)、(6)是等价的，即它们可以相互推导出。这里因为首先，(7)和(8)同前面的(1)和(2)是等价的。根据(7)～(9)，所有的自然数都是通过(7)和(8)生成的：$0,0^+,0^{++},0^{+++},\cdots$。根据(6)的假设条件①，$P(0)$ 成立；再反复利用(6)的假设条件②，$P(0^+)$ 成立，$P(0^{++})$ 成立，……。可见，对于所有的自然数 n，$P(n)$ 都成立，即(6)的结论成立。反之，从(1)、(2)、(6)也可以导出(7)～(9)。具体地，令(6)中的 $P(n)$ 表示"n 由(7)和(8)生成"。那么，(1)说明了(6)的假设条件①成立，(1)和(2)说明了(6)的假设条件②成立，因而，(6)的结论成立，即对于任意的自然数 n，$P(n)$ 都成立。根据 $P(n)$ 的含义，这说明了所有的自然数均由(7)和(8)生成，也就是说，只有满足(7)和(8)的才是自然数，此即为(9)。

从证明中可以看出，当自然数通过归纳定义后，所有的自然数就是从 0 开始，并不断地应用后继生成。因此，数学归纳法(6)的假设条件①和②，会使得性质 P 随着归纳生成自然数的同时也得以保留。可见，一旦有了归纳定义，就会有相应的归纳证明方法与之配合使用。

当然，仅根据归纳定义中的(7)～(9)是得不出各个自然数互不相同这个性质的，这就需要在(7)～(9)的基础上增加(3)和(4)。比如，考虑前 3 个自然数时，根据(3)，$0^+\neq 0$，再根据(4)，$(0^+)^+\neq 0^+$，而又由(3)，$(0^+)^+\neq 0$，所以，$0,0^+,0^{++}$互不相同。若令数学归纳法(6)中的 $P(n)$ 表示"n 的后继 n^+ 与它之前生成的自然数 $0,1,\cdots,n$ 互不相同"，则容易看出，(3)和(4)就是使得(6)的假设条件①和②均成立，因而，(6)的结论成立，即对于任意的自然数 n，$P(n)$都成立。根据 $P(n)$的含义可知各个自然数互不相同。

从上面的讨论可以看出，自然数的描述无论是采用公理方法还是构造方法，其都可以分为两个部分，一部分是关于整体上的归纳，另一部分是关于个体上的互异。

在中学时，除了数学归纳法，我们还学过另一种数学归纳法——第二数学归纳法(second mathematical induction)，也称为强数学归纳法(strong mathematical induction)。第二数学归纳法与自然数集的良序性(well ordering)密切相关。下面说明数学归纳法、第二数学归纳法、自然数集的良序性是相互等价的。

自然数集$\mathbb{N}$上通常大小次序的含义，直观上是指自然数可以按照从小到大的顺序排列成 $0,0^+,0^{++},0^{+++},\cdots$的样子。$\mathbb{N}$ 的良序性是指任何$\mathbb{N}$ 的非空子集都有最小元，即对于任意的 $A\subset\mathbb{N}$ 且 $A\neq\varnothing$，A 必有最小元。

采用数学归纳法证明自然数集$\mathbb{N}$ 的良序性。令(6)中的 $P(n)$表示"若$\mathbb{N}$ 的子集 A 含有小于或等于n 的自然数，则 A 必有最小元"。对于 $P(0)$时的情况，若 A 含有小于或等于 0 的自然数，由于 0 是最小的自然数，就有 $0\in A$，当然 0 也是 A 的最小元，这说明了(6)的假设条件①成立。当 $P(n)$成立时，考虑 $P(n^+)$时的情况。当$\mathbb{N}$ 的子集 A 含有小于或等于n^+的自然数时，为了利用 $P(n)$，考虑 A 是否含有小于 n^+的自然数。若 A 不含有小于n^+的自然数，则 n^+是 A 的最小元；若 A 含有小于n^+的自然数，则 A 含有小于或等于n 的自然数，根据 $P(n)$的成立可知 A 含有最小元。可见，当 $P(n)$成立时，$P(n^+)$总是成立的，这说明了(6)的假设条件②成立。因而，对于任意的自然数 n，$P(n)$都成立，即对于任意的自然数 n，若$\mathbb{N}$ 的子集 A 含有小于或等于n 的自然数，则 A 必有最小元。对于$\mathbb{N}$ 的任意非空子集 A，其一定含有某个自然数 n，进而，其必有最小元。

根据自然数集$\mathbb{N}$ 的良序性可以推导出第二数学归纳法。第二数学归纳法可以表述为如下形式：

设 $P(n)$表示"自然数 n 具有性质 P"，如果：①$P(0)$成立；②对于任意的自然数 n，所有小于 n 的自然数 m 都使得 $P(m)$成立时，可以得出 $P(n)$也成立；则对于任意的自然数 n，$P(n)$都成立。

需要指出，第二数学归纳法表述中的条件①是可以省略的，因为条件②蕴涵了条件①，这是由于当 $n=0$ 时，没有比 0 小的自然数，$P(0)$必须为真，这是需要单独验证的，因而这里没有省略条件①。下面根据自然数集$\mathbb{N}$的良序性证明第二数学归纳法，也就是在自然数集具有良序性的前提下，当第二数学归纳法的条件①和条件②均成立时，证明第二数学归纳法的结论也成立。具体地，令 $Q(n)$表示“自然数 n 不具有性质 P”，构造集合 $A=\{n\in\mathbb{N}\mid Q(n)\}$。注意到 $A\subset\mathbb{N}$，若 $A\neq\varnothing$，利用$\mathbb{N}$的良序性，则 A 必有最小元，记为 m。由于 $m\in A$，$Q(m)$成立，即自然数 m 不具有性质 P。另外，由于 m 是 A 的最小元，所有小于 m 的自然数不会属于集合 A，进而也就具有性质 P。根据数学归纳法中的条件①，$0\notin A$，因而 m 大于 0；根据第二数学归纳法中的条件②，从所有小于 m 的自然数都具有性质 P，可以得出 m 也具有性质 P。而这与前面的 m 不具有性质 P 矛盾。所以 A 必为空集，即所有的自然数都具有性质 P。

下面再用第二数学归纳法去证明数学归纳法(6)。具体地，根据数学归纳法，设 $P(n)$表示“自然数 n 具有性质 P”。如果数学归纳法中的条件：①$P(0)$成立；②对于任意的自然数 n，$P(n)$成立蕴涵了 $P(n^+)$也成立。现在需要利用第二数学归纳法推导出结论“对于任意的自然数 n，$P(n)$都成立”。首先，数学归纳法中的条件①也是第二数学归纳法中的条件①；其次，关于第二数学归纳法中的条件②，对于任意的自然数 n，所有小于 n 的自然数 m 都使得 $P(m)$成立时，需要得出 $P(n)$也成立，进而第二数学归纳法的条件①和条件②都满足，那么，结论“对于任意的自然数 n，$P(n)$都成立”也就满足。而这是显然的，因为取 $m=n-1$，由于 m 小于 n，根据第二数学归纳法的条件②，$P(n-1)$成立，再根据数学归纳法中的条件②，$P((n-1)^+)$成立，也即 $P(n)$成立。

前面已经使用数学归纳法证明了自然数集的良序性，又利用自然数集$\mathbb{N}$的良序性证明了第二数学归纳法，接着又利用了第二数学归纳法证明了数学归纳法。这说明，数学归纳法、自然数集的良序性、第二数学归纳法之间彼此等价。当然，也可以直接证明它们之间相互等价。

此外，需要说明的是，数学归纳法和第二数学归纳法也可以推广到证明关于自然数 n 的命题 $P(n)$对任意的 $m\leqslant n$ 也成立的情形，其中 $0<m$。此时，应用它们只需把验证 $P(0)$成立改为验证 $P(m)$成立即可，这里不再赘述。

作为应用数学归纳法和第二数学归纳法证明命题的例子，下面讨论数学中关于括号使用的一些性质。

在数学中需要考虑多个数学对象之间如何结合的时候会用到括号。比如，在

公式 $a\times(b+c)$ 中，b 先与 c 结合进行运算，然后运算结果再与 a 结合，如果这里不加括号，b 就会先与 a 结合进行运算，然后运算结果再与 c 结合。这是一个简单的情形，只使用了一种形状的括号。对于复杂的情形，为了方便理解会使用不同形状的括号。比如，公式 $[(a+b)\times(c+d)+a]\times(b+c)$ 使用了两种形状的括号。当然，该公式也可以仅使用一种形状的括号，比如可以写成 $((a+b)\times(c+d)+a)\times(b+c)$，而不会带来任何表达上的混淆，也就是说，即使仅采用一种形状的括号，比如这里的“()”，还是会知道哪个左括号“(”会与哪个右括号“)”形成一个配对(pairing)。有些读者根据自己已有的经验，隐约地感觉到，对于其他的公式也可以仅使用一种形状的括号确定哪个左括号与哪个右括号配对。事实确实是这样，下面给出这个结论的证明。

由于这里考虑的是括号的配对问题，与公式中其他符号没有关系，仅需要把括号单独拿出。比如上面例子中的 $((a+b)\times(c+d)+a)\times(b+c)$，就可以写作 $(()())()$。如果把互为配对的一对括号标记同样的数字，按照从左到右的书写顺序，前述例子就可以写作 $(_1(_2)_2(_3)_3)_1(_4)_4$。分析得出这个配对结果的原因，就会发现我们已经根据通常的习惯在使用默认的一种配对规则：①每个左括号与且仅与一个右括号配对，每个右括号也与且仅与一个左括号配对；②左括号仅与其右边的右括号配对，或者等价地，右括号仅与其左边的左括号配对；③任何两组配对的括号之间不是互相隔开的，两组配对的括号之间相互隔开是指它们的配对成 $(_n(_m)_n)_m$。根据规则①可知，公式中左括号的数目与右括号的数目一样多。配对规则①和规则②都是显然的；对于规则③，使用一对括号将若干对象结合起来，形成一个结合后的对象，可以与其他对象进行再结合，这种利用括号将对象结合起来的，一定是由一对括号来完成，不会在一对括号中间仅出现一个左括号或者一个右括号。符合上述三个特点的配对称为合适的。以往所默认的括号配对都是合适的配对。

对于由 n 个左括号和 n 个右括号组成的合适配对，其中 $0<n$，当去除任何一对配对后，由于去除操作并不会影响合适配对的三条规则，如果剩余的括号不空，则在原来的配对下仍然满足三条规则，进而还是合适的配对。

对于由 n 个左括号和 n 个右括号组成的合适配对，其中 $0<n$，其某一对配对括号 $(_m)_m$ 之间的任意一个括号是不能与 $(_m)_m$ 之外的任意一个括号进行配对的，否则就会影响合适配对规则③。这就说明了，配对括号 $(_m)_m$ 之间的括号在原来的配对下仍然满足三条规则，所以还是合适的配对。

【命题 1.6.1】 对于由 n 个左括号和 n 个右括号组成的合适配对，其中 $0<$

n，其必有一对最内层的配对括号，即该最内层配对括号之间没有其他的括号。

证明：当 $n=1$ 时，仅有一个左括号$(_1$ 和一个右括号$)_1$，它们之间由于没有其他的括号，当然它们之间的配对是最内层的配对。对于任意的自然数 n，假设对于所有大于 0 且小于 n 的自然数 m，由 m 个左括号和 m 个右括号组成的合适配对中必有最内层的配对括号，即命题在 $1\leqslant m<n$ 时成立。那么，考虑命题在 n 时的情况。在由 n 个左括号和 n 个右括号组成的合适配对中，首先，这 $2n$ 个括号中最左边的括号一定是左括号$(_k$，如果其与它的配对$)_k$ 就是最内层的一对配对括号，这说明命题在 n 时也成立；如果$(_k$ 与它的配对$)_k$ 不是最内层的一对配对括号，那么它们之间必有不空的括号，根据前面所述，它们之间的括号在原来的配对下仍然是合适的，由于这些括号至多有 $n-1$ 个左括号和 $n-1$ 个右括号，因为 $n-1<n$，所以根据假设，$(_k$ 与$)_k$ 之间有最内层的配对括号，这也说明了命题在 n 时成立。可见，若命题在所有大于 0 且小于 n 的自然数 m 时都成立，则必然会使得命题在 n 时也成立。根据第二数学归纳法可得命题对任意的自然数 $1\leqslant n$ 均成立。

■

【命题 1.6.2】 对于由 n 个左括号和 n 个右括号组成的合适配对，其中 $0<n$，这个合适配对必是唯一的，即这 $2n$ 个括号中的每个括号的配对都是唯一确定的。

证明：当 $n=1$ 时，仅有一个左括号$(_1$ 和一个右括号$)_1$，它们的配对方法是唯一的。对于任意的自然数 n，假设命题成立。考虑命题在 $n+1$ 时的情况，有 $n+1$ 个左括号和 $n+1$ 个右括号组成的合适配对，根据命题 1.6.1 这些配对中必有一对最内层的配对括号。当去掉这一最内层的配对时，根据前面所讨论的，剩余的括号在原来的配对下还是合适的。由于去除了最内层的配对，括号数目变成命题在自然数 n 时的 $2n$ 个，进而根据假设，此时的合适配对是唯一的。最内层的那个配对不会与其外面的其他括号形成配对，否则会影响合适配对规则③。因此，当把这个最内层配对再加入到有唯一合适配对的 $2n$ 个括号中的原有位置时，全部 $2n+2$ 个括号的合适配对还是唯一的。这说明了命题在 $n+1$ 时也成立。根据数学归纳法可知，命题对任意的自然数 $1\leqslant n$ 均成立。

■

命题 1.6.2 的证明过程中也给出了寻找公式中括号合适配对的方法：找到最内层的括号，它们是合适配对的，然后去除它们，从剩余的括号中再寻找最内层的括号，这样下去，直到所有的括号均配对完成。

归纳定义作为一种重要的构造性方法在数学中会经常遇到。下面对归纳定义这种方法做一些介绍。

从自然数的这种归纳定义方法中可以提炼出其关键的思想，用于其他数学对象的构造性定义中。自然数的归纳定义包括三方面：第一，元素是“一步接着一步”逐步生成的；第二，有一个初始元素，它被视为第一个已生成的元素；第三，有一个生成规则或者生成机制，使得在当前步中可以根据之前步中已生成的元素按照规则生成下一个元素。其中，第一方面是使用归纳定义方法进行数学对象构造的固有属性。由于整个生成过程中元素是逐步生成的，使用归纳定义方法除了生成全体元素外，实际上也生成了一个定义域为自然数集的映射。第二方面和第三方面是归纳定义方法的具体实施部分。对第二方面和第三方面采用数学语言进行基本的描述：首先对于一个集合 A，给定一个初始元素 $a_0\in A$；其次给定一个 A 到 A 的映射 g。那么，通过令 $a_1=g(a_0)$，$a_2=g(a_1)$，等等，就可以逐步得到所生成的全体元素。可以看出，映射 g 起到了元素生成规则的作用。全体元素采用序列 $a_0,a_1,a_2,\cdots$进行描述，说明了归纳定义也生成了映射 $f:\mathbb{N}\to A$，其中，$a_n=f(n)$。如果采用映射 f 描述上述两方面，就是 $f(0)=a_0\in A$，且对于给定的 $g:A\to A$，有 $f(n^+)=g(f(n))$，其中 $n\in\mathbb{N}$。在前面的自然数归纳定义中，集合 A 为自然数集$\mathbb{N}$，a_0 为 0，映射 g 就是后继映射$(\cdot)^+:\mathbb{N}\to\mathbb{N}$。需要指出，归纳定义也可以类似自然数的定义那里，再增加一条“初始元素和利用生成规则生成的元素是全体元素”，这一条也称为排除规则(exclusion rule)。有时，归纳定义默认含有排除规则，所以并不显式写出。

归纳定义的这种方法也可以用于其他序列或者映射的定义上。比如，给定一个整数 $a\in\mathbb{Z}$，$a^n(n\in\mathbb{N})$可以通过下面的方法定义：首先定义初始元素 $a^0=1$；然后定义生成规则 $a^{n+1}=a\times a^n(0\leqslant n)$。通过这种方式可依次得到 $a^0,a^1,a^2,\cdots$。这里，g 为$\mathbb{Z}$到$\mathbb{Z}$的映射，满足 $g(x)=a\times x$。若将 a^n 视为 $f(n)$，则生成规则为 $f(n+1)=g(f(n))$。

以上给出的是归纳定义方法最基本的情形，它还有一些推广的情形。当希望定义$\mathbb{N}$上的加法 $m+n$ 或者乘法 $m\times n$ 时，可以把 m 暂时看作固定的参数，此时，$m+n$ 可以表示为序列 $m+0,m+1,m+2,\cdots$，$m\times n$ 可以表示为序列 $m\times 0,m\times 1,m\times 2,\cdots$。通过将 $m+0$ 视为初始元素 a_0，生成规则表示为 $m+n^+=(m+n)^+$，就完成了加法的归纳定义；通过将 $m\times 0$ 视为初始元素 a_0，生成规则表示为 $m\times n^+=m\times n+m$，就完成了乘法的归纳定义。以上两种情形中，映射 g 推广为带有参数 m 的表示 g_m，其中，在加法处 $g_m(x)=x^+$，在乘法处 $g_m(x)=x+m$。

如果分别将 $m+n$ 和 $m\times n$ 视为 $f_m(n)$，则加法和乘法的生成规则均可表示为 $f_m(n^+)=g_m(f_m(n))$。当把参数 m 再取遍所有自然数时，也就得到了 m、n 为任意自然数的情形。

有些归纳定义中，在生成当前步的元素 a_{n+1} 时，除了需要之前已生成的元素，还需要用到之前已完成的步数 n。比如，定义$\mathbb{N}$上的阶乘运算 $n!$ 时，按照归纳定义的步骤，首先定义初始元素 $0!=1$，然后定义生成规则 $(n+1)!=n!\times(n+1)$。此时，映射 g 应该推广为映射 $g: A\times\mathbb{N}\to A$。在 $n!$ 的上述定义中，$g(x,n)=x\times(n+1)$。若将 $n!$ 视为 $f(n)$，则生成规则可表示为 $f(n+1)=g(f(n),n)$。也可以将 $g(f(n),n)$ 写作 $g(n,f(n))$，实质上它们是一样的，由于 $g(n,f(n))$ 是 $g(\langle n,f(n)\rangle)$ 的一种简写，$g(n,f(n))$ 就等于 $g(f\upharpoonright\{n\})$，$f(n+1)=g(n,f(n))$ 就可以表示为 $f(n+1)=g(f\upharpoonright\{n\})$。

上述的归纳定义中，生成当前步的元素 a_{n+1} 时，仅需要前一步生成的元素 a_n。有些归纳定义中，生成 a_{n+1} 时会需要之前多个步骤中生成的元素。举个简单的例子，对于集合 S，其上有二元运算$\circ$，归纳定义一列元素 $a_0,a_1,a_2,\cdots,a_n,\cdots$ 如下：首先定义初始有两个元素 $a_0,a_1\in S$，然后定义生成规则 $a_{n+1}=a_n\circ a_{n-1}$。此种情况下，若还将 a_n 视为 $f(n)$，则映射 g 难以确定。此时，可以把有限序列 a_0,a_1 视为初始元素，然后将生成的 $a_2=a_0\circ a_1$ 添加到序列 a_0,a_1 中生成序列 a_0,a_1,a_2，接着再生成序列 a_0,a_1,a_2,a_3，等等。这说明，可以将有限序列 $a_0,a_1,\cdots,a_{n+1}$ 作为第 n 步生成的对象，其中 $n\in\mathbb{N}$。注意，无论是有限序列 $a_0,a_1,\cdots,a_n$，还是无限序列 $a_0,a_1,a_2,\cdots,a_n,\cdots$，实质上它们都是映射，若将它们表示成集合，分别为$\{\langle 0,a_0\rangle,\langle 1,a_1\rangle,\cdots,\langle n,a_n\rangle\}$，$\{\langle 0,a_0\rangle,\langle 1,a_1\rangle,\cdots,\langle n,a_n\rangle,\cdots\}$。这是不同于集合$\{a_0,a_1,\cdots,a_n\}$和$\{a_0,a_1,a_2,\cdots,a_n,\cdots\}$的，因为这种集合表示中已经没有序列之间的顺序。生成规则 $a_{n+1}=a_n\circ a_{n-1}$ 就是根据$\{\langle n-1,a_n\rangle,\langle n,a_n\rangle\}$得出 $a_{n+1}=a_n\circ a_{n-1}$ 的，所以为了用序列的集合样子去表示这种关系，令集合 $\bigcup_{n\in\mathbf{N}}S^n=A$，映射 $g: A\to S$，且 g 满足 $g(\{\langle 0,a_0\rangle,\langle 1,a_1\rangle,\cdots,\langle n,a_n\rangle\})=a_n\circ a_{n-1}$，这里，考虑到有限序列与有序对的一一对应性，将有序对$\langle a_0,a_1,\cdots,a_n\rangle$与有限序列 $a_0,a_1,\cdots,a_n=\{\langle 0,a_0\rangle,\langle 1,a_1\rangle,\cdots,\langle n,a_n\rangle\}$视为等同。令 $G: A\times\mathbb{N}\to A$，其中，当 $A\times\mathbb{N}$ 中元素$\langle\langle x_0,x_1,\cdots,x_{k-1}\rangle,l\rangle$的 $l=k-2$ 时，$G(\langle x_0,x_1,\cdots,x_{k-1}\rangle,l)=\langle x_0,x_1,\cdots,x_{k-1}\rangle\cup\{\langle k,g\{\langle x_0,x_1,\cdots,x_{k-1}\rangle\}\rangle\}$。根据 $g(\{\langle 0,a_0\rangle,\langle 1,a_1\rangle,\cdots,\langle n,a_n\rangle\})=a_n\circ a_{n-1}$，可得 $G(\langle a_0,a_1,\cdots,a_{n+1}\rangle,n)=\langle a_0,a_1,\cdots,a_{n+2}\rangle$。所以，若令 $F: \mathbb{N}\to A$，其中，$F(n)=a_0,a_1,\cdots,a_{n+1}=\{\langle 0,a_0\rangle,\langle 1,a_1\rangle,\cdots,\langle n+1,a_{n+1}\rangle\}$，则 $a_0,a_1,\cdots,a_{n+2}=\{\langle 0,a_0\rangle,\langle 1,a_1\rangle,\cdots,\langle n+2,a_{n+2}\rangle\}=(a_0,a_1,\cdots,$

$a_{n+1}\rangle\cup\langle n+2, a_{n+2}\rangle$可以表示为$F(n+1)=G(F(n),n)$。可见，这种情形又写为与上一种情形一样的生成规则表示。

从上面所举的例子可以看出，归纳定义具体实施的两个环节：一是给定一个初始元素；二是根据给定的生成规则，利用已生成元素，去生成新的元素。这正好对应了归纳证明方法中的条件①和条件②。所以，当想去证明利用归纳定义构造生成的全体元素$\{a_0, a_1, a_2, \cdots\}$中的每一个元素$a_n$均具有性质$P$时，可以通过验证"①$a_0$具有性质$P$；②对于任意的自然数$n$，$a_n$具有性质$P$蕴涵了$a_{n+1}$也具有性质$P$"来完成证明。实质上，这是将数学归纳法中的$P(n)$表示为"$a_n$具有性质$P$"，再利用数学归纳法来完成证明。由于生成规则用来生成新的元素，映射g在使得全体元素具有性质P这方面具有重要的作用，只要初始元素具有性质P，并且映射g使得性质P可以从已生成的元素传递到新的元素上，所有生成的元素当然也就具有性质P。

可以归纳定义的数学对象不限于上面例子中的自然数数或者序列，有些情形下会对集合也进行这种归纳定义。当然，集合的归纳定义也分为类似之前的两个环节：一是给定一个包含若干元素的初始集合；二是根据给定的生成规则，利用集合中已生成元素，去生成新的元素，并添加到集合中。比如，对于集合X，其上具有二元运算$\circ$，令$S_0\subset X$为初始集合，那么可以归纳定义一个集合S如下：一是$S_0\subset S$；二是对于任意的$a,b\in S$，有$a\circ b\in S$。可以看出，上述第二条是在利用S中已知的元素去生成新的元素。此外，第二条也表明集合X上的二元运算$\circ$在集合$S\times S$上的限制$\circ\upharpoonright(S\times S)$，也是所定义集合$S$上的二元运算。若考虑归纳定义所默认的那一条排除规则，则说明集合S是包含初始集合S_0且能使$\circ\upharpoonright(S\times S)$为其上二元运算的"最小集合"。

由于集合是归纳定义的，其上也有相应的归纳法证明。此时，会引入"结构归纳法"。以当前的例子为例，为了证明归纳定义的集合S中所有元素都具有性质P，只需要证明：①初始集合S_0中的元素都具有性质P；②对于任意的$a,b\in S$，如果a,b具有性质P，那么$a\circ b$也具有性质P。利用数学归纳法很容易导出这种方法。具体地，令$P(n)$表示为"集合S中利用二元运算$\circ$小于或等于n次所生成的元素，均具有性质P"，那么，结构归纳法中的条件①表明了$P(0)$成立；根据集合S归纳定义的第二条，结构归纳证明方法中的条件②表明了如果$P(n)$成立，那么$P(n+1)$也成立。所以，根据数学归纳法可知$P(n)$对所有的自然数n均成立。由于S中所有元素均是通过n次二元运算生成的，其中$0\leqslant n$，可知结构归纳法是有效的。

如果像之前定义序列那样“逐步地”生成集合 S，那么也可以对集合 S 归纳定义：首先令 $S_0 \subset X$ 为初始集合；然后通过令 $S_1 = S_0 \cup \{a \circ b \mid a, b \in S_0\}$，$S_2 = S_1 \cup \{a \circ b \mid a, b \in S_1\}$，等等，就可以得到要定义的集合 $S = \bigcup_{n \in \mathbf{N}} S_n$。同样也可以根据这个定义去说明结构归纳法的有效性。具体地，如果令 $P(n)$ 表示为“S_n 中的元素均具有性质 P”，那么，结构归纳法中的条件①表明了 $P(0)$ 成立；由于 S_{n+1} 中的元素是由 S_n 中的元素和所有的 $a \circ b$ 构成，其中 $a, b \in S_n$，因而，结构归纳法中的条件②表明了如果 $P(n)$ 成立，那么 $P(n+1)$ 也成立。所以，根据数学归纳法可知 $P(n)$ 对所有的自然数 n 均成立，进而可知结构归纳法是有效的。

在上面的归纳定义例子中只出现了一个运算。如果集合上有多个运算，那么结构归纳法也是有效的。后面经常遇到这种归纳定义集合的情形，并采用相应的结构归纳法去证明集合上的一些性质。

习题

1. 证明：空集 $\varnothing$ 是唯一的。

2. 证明：$A-(B \cup C)=(A-B) \cap (A-C)$，$A-(B \cap C)=(A-B) \cup (A-C)$
$(A \cup B)-C=(A-C) \cup (B-C)$，$(A \cap B)-C=(A-C) \cap (B-C)$
$(A-B) \cap C=(A \cap C)-(B \cap C)$。

3. 证明：$A-B=A \cap B^c$。

4. 证明：$\mathscr{P}(A) \cap \mathscr{P}(B)=\mathscr{P}(A \cap B)$。

5. 证明：$\langle x, y\rangle=\langle u, v\rangle$，当且仅当 $x=u$ 并且 $y=v$。

6. 写出非零整数集上的整除关系，自然数集上的大于或等于关系的集合表示式。

7. 判断 $A_1 \times A_2 \times \cdots \times A_n$ 是否等于 $(A_1 \times \cdots \times A_{n-1}) \times A_n$，并说明原因，其中 n 为某个自然数。

8. 证明：对于 A 上的二元关系 R，其在 A 上是自反的，当且仅当 $I_A \subset R$。

9. 验证：整数集合 $\mathbb{Z}$ 上的模 7 同余关系是等价关系。

10. 如果 R 为集合 A 上的偏序关系，证明 R^{-1} 也为集合 A 上的偏序关系。

11. 证明：对于 $f: A \to B$，$g: B \to C$，$h: C \to D$，有 $(h \circ g) \circ f=h \circ (g \circ f)$。

12. 证明：给定映射 $f: A \to B$ 和 $g: B \to C$，若 $f: A \to B$ 和 $g: B \to C$ 均为单射，则 $g \circ f: A \to C$ 也为单射；若 $f: A \to B$ 和 $g: B \to C$ 均为满射，则 $g \circ f: A \to C$ 也为满射。

13. 证明：对于映射 $f: A \to B$，有 $I_B \circ f = f \circ I_A = f$。

14. 证明：当映射 f 是 A 到 B 的双射时，f^{-1} 是 B 到 A 的双射；且满足 $f^{-1} \circ f = I_A$，$f \circ f^{-1} = I_B$。

15. 证明：对于映射 $f: A \to B$ 和 $g: B \to A$，如果有 $g \circ f = I_A$，那么可得，f 是 A 到 B 的单射，并且 g 是 B 到 A 的满射。

16. 证明：对于双射 $f: A \to B$ 和双射 $g: B \to A$，有 $(g \circ f)^{-1} = f^{-1} \circ g^{-1}$。

17. 证明：有限集不会与其真子集等势。

18. 证明：给定一个有限集 A，存在唯一的自然数 n，使得 $A \approx M_n$。

19. 证明：对于集合 $A_0, A_1, \cdots A_n$，当它们是可列集，或者是有限集，且至少有一个为可列集时，$\bigcup_{i=1}^{n} A_i$ 是可列集。

20. 证明：对于可列集 A，其所有有限子集之集为可列集。

21. 根据自然数的皮亚诺公设描述，证明各个自然数互不相同。

22. 利用数学归纳法原理证明自然数集的良序性。

23. 根据自然数集的良序性证明数学归纳法。

第2章 命题逻辑的基本概念

命题逻辑(propositional logic)是数理逻辑的最基础内容,它以命题(proposition)或者语句(sentence)作为最小的讨论单元,推理的前提和结论都是从语句的角度去看待,而不再深入语句的内部结构,因而命题逻辑又称为语句逻辑(sentential logic)。本章将从命题的真值语义(semantics)角度给出命题逻辑的一些基本概念和性质,为下一章从语法的角度讨论命题逻辑打下基础。

2.1 连接词

在1.1节中曾谈到过,为了精确地表达推理,数理逻辑需要将承载推理的自然语言全部符号化,采用形式语言去分析推理。从前提到结论的推理过程,采用自然语言在表述上,是以语句或者句子的方式表现出来。推理中出现的句子当然都是陈述句。数理逻辑关注的是非真即假的陈述句。把这种可以判断真假的陈述句称为命题。命题这个概念虽然更多地出现在数学中,却不限于数学方面,其他学科包括日常生活中,凡是可以判断真假的陈述句都是命题。比如,“地球是太阳系的一颗行星”“熊猫是哺乳动物”“2023年5月22日是星期三”,都是命题。

对于命题,其为真或者为假的结果称为真值(truth value)。当一个命题的真值为真(true)时,称为真命题;当一个命题的真值为假(false)时,称为假命题。当然,一个命题的是真是假判断结果依赖该命题相关的学科知识。比如,根据天文学的知识可以得出命题“地球是太阳系的一颗行星”的真值为真。在数理逻辑中,我们关注的是命题的真值,至于真值为何是真或者是假,这是与命题相关的具体学科知识,不是数理逻辑所讨论的。

为了将自然语言符号化,首先将命题和表示命题的真值符号化。用小写英文字母 p、q、r、s 等表示上述命题;用数字1表示真,用数字0表示假。比如,用 p 表示命题“地球是太阳系的一颗行星”,用 q 表示命题“熊猫是哺乳动物”,用 r 表示命题“2023年5月22日是星期三”,从而,命题 p 和命题 q 的真值为1,命题 r 的真值为0。

以上所举的例子中,作为命题的陈述句都是自然语言中的简单句,也就是说,它们不能再分解为更简单的陈述句,这样的命题称为原子命题(atomic proposition)。然而,在推理过程中经常遇到的命题是复合陈述句,它们采用连接词(connective)将简单陈述句连接起来,这样的命题称为复合命题(compound proposition)。换句话说,复合命题是由原子命题通过连接词连接而成的命题。比如,命题“如果今天是星期一,那么明天就是星期二”是一个复合命题,它是由原子命题"今天是星期一"和原子命题"明天是星期二",通过连接词"如果……,那么……"连接而成的。复合命题作为命题,自然也有真值,复合命题的真值取决于组成该复合命题的原子命题的真值,以及所使用的连接词。对于确定的复合命题,其所使用的连接词是确定了的,其真值完全由其原子命题的真值决定,而非还需要什么其他学科知识。这说明,连接词反映了复合命题与其原子命题在真值方面的联系,因而也将连接词称为真值连接词(truth-functional connective)。为了将推理过程完全符号化,也需要将连接词采用一定的符号进行表示。下面介绍命题逻辑中使用的连接词。

1. 否定连接词

对于命题 p,用符号 $\neg p$ 表示自然语言中"非 p""不是 p"这类命题。其中,符号"$\neg$"称为否定(negation)连接词,命题 $\neg p$ 称为命题 p 的否定式。对于 $\neg p$ 和 p 的真值关系,规定:$\neg p$ 为真,当且仅当 p 为假。

比如,令 p 表示命题"这部手机的品牌是华为",那么,命题"这部手机的品牌不是华为"就可以表示为 $\neg p$。

表 2.1.1 否定真值表

p	$\neg p$
1	0
0	1

为了更加直观地表现 $\neg p$ 与 p 的真值关系,可以作出一个表,如表 2.1.1 所示。由于命题 p 的真值只可能有 1 和 0 这两种,所以这个表仅有两行。从表中可以看出:当 p 为真时,$\neg p$ 就为假;当 p 为假时,$\neg p$ 就为真。将这种用来表示命题之间真值关系的表称为真值表(truth table)。

2. 合取连接词

对于命题 p 和命题 q,用符号 $p \wedge q$ 表示自然语言中"p 与 q""p 并且 q"这类命题。其中,符号"$\wedge$"称为合取(conjunction)连接词,命题 $p \wedge q$ 称为命题 p 和 q 的合取式。对于 $p \wedge q$ 和 p、q 的真值关系,规定:$p \wedge q$ 为真,当且仅当 p、q 同时为真。

比如,令 p 表示命题"明天上午有语文课",q 表示命题"明天上午有数学课",那么,命题"明天上午有语文课,并且明天上午还有数学课"就可以表示为 $p \wedge q$。

命题 $p \wedge q$ 和命题 p、q 的真值关系如表 2.1.2 所示。由于命题 p、q 的真值情况共有 4 种组合,所以,命题 $p \wedge q$ 的真值表有 4 行。从表中可以看出:只有当 p、q 同时为真时,$p \wedge q$ 才为真;其他情况时,$p \wedge q$ 均为假。需要指出的是,数理逻辑仅关注命题的真值,而不关注诸如命题所暗示的内容、命题所表达的观点、命题所传达的情感这些非逻辑相关的因素。因此，自然语言中的命题“虽然 p，但是 q”和“不但 p，而且 q”都符号化为 $p \wedge q$，虽然第一个命题含有转折的意思，第二个命题含有递进的意思。比如，自然语言中“虽然今天刮风了，但是天还是热”，这句话是说，今天刮风了并且今天还热。如果用 p 表示命题“今天刮风了”，用 q 表示命题“今天天热”，那么，这句话就应该符号化为 $p \wedge q$。

表 2.1.2　合取真值表

p	q	$p \wedge q$
1	1	1
1	0	0
0	1	0
0	0	0

3. 析取连接词

对于命题 p 和命题 q，用符号 $p \vee q$ 表示自然语言中“p 或 q”这类命题。其中，符号“$\vee$”称为析取(disjunction)连接词，命题 $p \vee q$ 称为命题 p 和 q 的析取式。对于 $p \vee q$ 和 p、q 的真值关系，规定：$p \vee q$ 为假，当且仅当 p、q 同时为假。换句话说，命题 p、q 中，至少有一个命题为真时，$p \vee q$ 也为真。

命题 $p \vee q$ 和命题 p、q 的真值关系如表 2.1.3 所示。从表中可以看出：只有当 p、q 同时为假时，$p \vee q$ 才为假；其他情况时，$p \vee q$ 均为真。

表 2.1.3　析取真值表

p	q	$p \vee q$
1	1	1
1	0	1
0	1	1
0	0	0

需要指出，自然语言中的“或”有两种理解：一种是“可兼(inclusive)或”，另一种是“不可兼(exclusive)或”。比如，在 1.1 节中的例子，“今天气温高于 30℃，或者明天气温高于 30℃”就是一个“可兼或”的用法，因为可以是今天的气温和明天的气温都高于 30℃；而 1.1 节中的另一个例子，“今天是星期一，或者今天是星期二”就是一个“不可兼或”的用法，因为今天不能既是星期一又是星期二。在数学中，更多地使用“可兼或”，在证明命题“p 或者 q”为真时，只需要证明命题 p、q 中有一个为真即可，不用再去考虑它们不能同时为真。因此，数理逻辑中采用“可兼或”，即 $p \vee q$ 为真表示“或者 p 为真，或者 q 为真，或者 p、q 均为真”，这在表 2.1.3 中已体现出来。

4. 蕴涵连接词

对于命题 p 和命题 q，用符号 $p\to q$ 表示自然语言中"如果 p，那么 q""因为 p，所以 q"这类命题。其中，符号"$\to$"称为蕴涵(implication)连接词，命题 $p\to q$ 称为命题 p 和 q 的蕴涵式，并且 p 称为蕴涵式的前件(antecedent)，q 称为蕴涵式的后件(descendent，consequent)。对于 $p\to q$ 和 p、q 的真值关系，规定：$p\to q$ 为假，当且仅当 p 为真，同时 q 为假。蕴涵式有时也称为条件式。

比如，令 p 表示命题"现在室外的温度低于0℃"，q 表示命题"现在院子里的水会结冰"；那么，命题"如果现在室外的温度低于0℃，那么现在院子里的水会结冰"就可以表示为 $p\to q$。

命题 $p\to q$ 和命题 p、q 的真值关系如表2.1.4所示。从表中可以看出：只有当 p 为真，且 q 同时为假时，$p\to q$ 才为假；其他情况时，$p\to q$ 均为真。

表 2.1.4 蕴涵真值表

p	q	$p\to q$
1	1	1
1	0	0
0	1	1
0	0	1

需要指出的是，当 p 为假时，无论 q 的真值为真还是为假，蕴涵式 $p\to q$ 均为真。关于这一点，或许有些读者感觉不习惯，他们会认为当 p 为假时，命题 $p\to q$ 没有什么意义。事实上，蕴涵式 $p\to q$ 重在强调 p 是 q 的充分条件，或者等价地，q 是 p 的必要条件；当 p 为假时，并没有破坏"当 p 成立时，q 必然会成立"这一逻辑上的关系。蕴涵式 $p\to q$ 的这种真值定义方式同数学中的推理是一致的。比如，考虑数学命题"如果自然数 a 是偶数，那么自然数 $a+1$ 是奇数"。相信读者一定会认为这个命题是真的，无论 a 是奇数还是偶数。当这个命题中的 a 为奇数时，如 a 为11，则该命题"如果自然数11是一个偶数，那么自然数11+1是一个奇数"也为真。此外，数理逻辑中的连接词是真值连接词，仅考虑命题的真值，不考虑命题的具体内容、命题内容间的关联等其他非逻辑因素，所以蕴涵连接词可以连接自然语言中在内容上没有联系的命题。比如，命题"如果3+5=6，那么地球是一颗行星"可以用蕴涵式来表示，并且其真值为真。

5. 等价连接词

对于命题 p 和命题 q，用符号 $p\leftrightarrow q$ 表示自然语言中"p 当且仅当 q""p 等价

于q”这类命题。其中，符号“$\leftrightarrow$”称为等价(equivalence)连接词，命题$p\leftrightarrow q$称为命题p和q的等价式。对于$p\leftrightarrow q$和p、q的真值关系，规定：$p\leftrightarrow q$为真，当且仅当p、q同时为真或者同时为假。等价式有时也称为双向蕴涵式或者双向条件式。

比如，令p表示命题“a是偶数”，q表示命题“a可以被2整除”，那么，命题“a是偶数，当且仅当a可以被2整除”就可以表示为$p\leftrightarrow q$。

命题$p\leftrightarrow q$和命题p、q的真值关系如表2.1.5所示。从表中可以看出：当p、q具有相同的真值时，$p\leftrightarrow q$为真；当p、q具有不同的真值时，$p\leftrightarrow q$为假。

表2.1.5 等价真值表

p	q	$p\leftrightarrow q$
1	1	1
1	0	0
0	1	0
0	0	1

等价式$p\leftrightarrow q$是想表达命题p、q互为充分条件和必要条件，也就是说，等价式$p\leftrightarrow q$在逻辑上与“$p\rightarrow q$并且$q\rightarrow p$”是一样的，等价连接符采用双向箭头、蕴涵连接符采用单向箭头也暗示这种联系。因而，可以将$p\leftrightarrow q$看作$(p\rightarrow q)\land(q\rightarrow p)$的简写。虽然采用$(p\rightarrow q)\land(q\rightarrow p)$也可以表达命题$p$、$q$等价的含义，但是由于等价关系，在数学证明过程中经常用到，引入$p\leftrightarrow q$，以将等价关系直接给出。

前面使用小写英文字母p、q、r、s等表示一个个具体的原子命题，再利用连接词的符号就可以表示具体的复合命题。此时，由于p、q、r、s等与自然语言中的原子命题一一对应，它们相当于代数中的“常量”。由1.1节可知，研究推理的逻辑是仅与诸如$p\lor q$、$p\rightarrow q$这样的形式表示有关，而与符号p、q具体表示哪一个命题无关。因此，不应该专注于具体的命题表示。基于这种考虑，p、q、r、s等不再表示具体的原子命题，而是可以表示自然语言中的任意一个原子命题，此时称这样表示的符号为命题变元(propositional variable)。可以看出，命题变元相当于代数中的“变量”，这就好比用n表示某个不确定的自然数一样。

前面曾提到过，逻辑不关注命题的具体内容，仅关注命题的真值情况。具体地，逻辑关注由连接词连接而成的复合命题，与其原子命题之间在真值方面的关系，这也是引入“真值”连接词的原因。由于仅需要考虑命题的真值，而不用考虑其具体内容，那么就可以将命题变元视为真值变元。也就是说，可以将命题变元p、q、r、s等视为取值为1或者0的变元。可见，尽管命题的内容千变万化，但是在做逻辑讨论时，从命题真值的角度上看，只有真命题和假命题两种。其实，在前面介绍连接词时，用来表示原子命题和复合命题真值关系的真值表已经暗示了这种看法，其中的原子命题 p、q 以真值 1 和 0 进行表示。在这种观点下，真值表中表示原子命题 p 的那一列或者表示原子命题 p、q 的那两列，可以看作一元有序对的集合或者二元有序对的集合，其中有序对的第一元素和第二元素均为真值；而真值表中复合命题的那一列给出了有序对集合中每个有序对所对应的真值。比如：表 2.1.3 中表示 p、q 的那两列，写作二元有序对的集合就是 $\{\langle 1,1\rangle,\langle 1,0\rangle,\langle 0,1\rangle,\langle 0,0\rangle\}$；$p\vee q$ 那一列表示有序对 $\langle p,q\rangle$ 分别取有序对集合中的某一个有序对时，$p\vee q$ 所对应的真值。这些说明了 5 个真值连接词可以看作 $\{1,0\}\to\{1,0\}$ 或者 $\{1,0\}^2\to\{1,0\}$ 的映射。由于这些映射的定义域和值域都与真值集合 $\{1,0\}$ 有关，这些映射称为真值映射（truth function）。由 1.4 节中可知，映射 $f: A^n\to A$ 为 A 上的 n 元运算。所以，以上命题连接词就可以看作一元或者二元命题运算符，进而，诸如 $p\vee q$、$p\to q$ 这样的复合命题的符号表示就可以看作一种"运算表达式"或"运算公式"。这就好比在代数学中，如果令 m、n 表示自然数变量，那么 $-m$、$m+n$、$m\times n$ 等就表示代数运算表达式或运算公式。既然连接词可以看作关于命题的运算符，连接词就应该不仅可以连接原子命题，还应该可以连接复合命题。换句话说，5 个连接词不仅可以连接符号 p、q、r、s，还可以连接诸如 $p\vee q$、$p\to q$ 这样的表达式。基于以上分析，引入"命题公式"（proposition formula）的概念。

【定义 2.1.1】 命题公式是关于命题变元和连接词的表达式，可以通过使用如下两条规则来构造：

(1) 任意的命题变元是命题公式，称为原子命题公式；

(2) 如果 A、B 是命题公式，则 $(\neg A)$、$(A\wedge B)$、$(A\vee B)$、$(A\to B)$、$(A\leftrightarrow B)$ 也是命题公式。

可以看出，命题公式的这种定义方法正是在 1.6 节中介绍的归纳定义方法。为了给出所有命题公式所构成的集合，首先给定命题变元作为这个集合的初始元素，然后根据这些命题变元，利用一元命题运算符 $\neg$ 和二元命题运算符 $\wedge$、$\vee$、$\to$、$\leftrightarrow$ 去逐步生成新的命题公式。这种定义也与我们在直观上对于复合命题的构造相吻合：任意有限长的复合命题总是可以从命题变元开始，"逐步地"通过使用连接词来完成构造。比如，之所以说表达式 $(((p\wedge q)\to r)\to((\neg p)\vee r))$ 是命题公式，是因为根据定义 2.1.1：首先，p、q、r 是命题公式；然后，$(p\wedge q)$ 和 $(\neg p)$ 是命题公式；接着，$((p\wedge q)\to r)$ 和 $((\neg p)\vee r)$ 是命题公式；最后，$(((p\wedge q)\to r)\to((\neg p)\vee r))$ 是命题公式。当然，就像在 1.6 节中指出那样，归纳定义默认含有排除规则，因而上述归纳定义也可以加上排除规则。在这里，排除规则可以描述为

“只有使用规则(1)和(2)得到的表达式才是命题公式”。

在定义命题公式时,出现了括号和符号 A、B。在 1.6 节中对于括号的使用已有一般性的说明,在这里,当命题公式中出现多个连接词时,为了避免运算顺序的混乱,需要使用括号。符号 A、B 是在 1.1 节中所提到的元语言,具体地说,是元语言中所使用的符号,它们是为了表示、指称(denote)具体命题公式的,可以认为是具体命题公式的“名称”(name);在命题逻辑中,具体的命题公式是我们所讨论的对象,它们是对象语言,原子命题符号、连接词符号、括号是对象语言所使用的符号,它们可以被元语言所指称,比如,A 可以指称命题公式$((p \wedge q) \rightarrow r)$。

由于命题公式是按照定义逐步构造出来的,在构造命题公式的过程中,从原子命题开始,构造过程中会出现越来越复杂的公式。比如,对于命题公式$((p \wedge (\neg q)) \rightarrow ((\neg p) \rightarrow (q \vee r)))$,首先根据规则(1)可知,$p$、$q$、$r$ 是命题公式,视为起始;然后对起始中的某些命题公式第一次应用规则(2),可得$(\neg q)$、$(\neg p)$、$(q \vee r)$是命题公式,视为第一步;接着是对起始中和第一步所得的某些命题公式,第二次应用规则(2),可得$(p \wedge (\neg q))$、$((\neg p) \rightarrow (q \vee r))$是命题公式,视为第二步;最后是对起始中和第一、二步所得的某些命题公式,第三次应用规则(2),可得$((p \wedge (\neg q)) \rightarrow ((\neg p) \rightarrow (q \vee r)))$是命题公式,视为第三步。可以看出,这与 1.6 节中“逐步地生成集合”或者等价地“逐步生成集合中的新元素”是一样的过程,在这里,第 n 步会利用该步之前的已有命题公式,第 n 次应用规则(2)生成新的命题公式。随着构造步数的增加,生成的命题公式越来越复杂,因此,对于某命题公式而言,可以把生成该命题公式需要的构造步数作为其复杂度的衡量标准,从而引入命题公式层次的概念。

【定义 2.1.2】 (1) 若命题公式 A 为原子命题公式,则称 A 为第 0 层命题公式;

(2) 如果命题公式 A 为$(\neg B)$的形式(其中 B 为第 n 层命题公式,$0 \leqslant n$)或者 A 为$(B \circ C)$的形式(其中 B 和 C 分别为第 k 层和第 l 层命题公式,$0 \leqslant k, l$ 且 k, l 的最大值为 n,$\circ$为二元连接词$\wedge$、$\vee$、$\rightarrow$、$\leftrightarrow$中的某个连接词),那么,称 A 为第 $n+1$ 层命题公式。

如果 A 为第 n 层命题公式,则称 A 的层次为 n。可以看出,前面所举例中的命题公式$((p \wedge (\neg q)) \rightarrow ((\neg p) \rightarrow (q \vee r)))$,其层次为 3;而构造过程中所出现的命题公式$(p \wedge (\neg q))$、$((\neg p) \rightarrow (q \vee r))$的层次为 2,$(\neg q)$、$(\neg p)$、$(q \vee r)$的层次为 1。

从定义 2.1.2 可以看出，命题公式的层次也是采用归纳定义的方法，它是同定义 2.1.1 相“配合的”，它把命题公式构造过程中每一步生成的公式都赋予一个层次 n，其中 $n \in \mathbb{N}$。由于命题公式是按照定义一步一步构造生成的，每个命题公式都会有一个层次 n。此外，给定任意的一个命题公式，都可以将此命题公式一步步“拆成”更短的命题公式，直到遇到原子命题公式为止，进而也就得到了该命题公式的生成过程；而且在直观上，我们所得到的该命题公式的生成过程还是唯一的。比如，前面的两个例子，一个是命题公式 $(((p \wedge q) \rightarrow r) \rightarrow ((\neg p) \vee r))$，另一个是命题公式 $((p \wedge (\neg q)) \rightarrow ((\neg p) \rightarrow (q \vee r)))$，它们都是第 3 层命题公式，这个结果的得出是由于它们有之前所列出具体的唯一生成过程。这个“唯一性”的生成过程是得益于命题公式中“括号”的使用。根据定义 2.1.1，每个原子命题公式不会出现括号；而每次连接词的出现，无论其是一元连接词还是二元连接词，都会在命题公式中引入一对相互配对的括号。因而，可以利用相互配对的括号来确定做一元运算或者二元运算的是何层次的命题公式，进而得出运算后的命题公式的层次。根据 1.6 节中括号的介绍，命题公式中每一个括号的配对都是唯一确定的，因而，每个命题公式也可以根据这唯一确定的括号配对得出其唯一的生成过程。例如，对于命题公式 $((p \wedge (\neg q)) \rightarrow ((\neg p) \rightarrow (q \vee r)))$，其中的原子命题公式 p、q、r 的层次为 0；然后根据 1.6 节的括号介绍，可以找到最内层配对的括号，进而找出使用最内层配对括号的命题公式，比如 $(\neg q)$、$(\neg p)$、$(q \vee r)$，它们的层次皆为 1；将它们作为命题公式分别看作一个整体，比如可以分别记为 A、B、C，此时原命题公式变成 $((p \wedge A) \rightarrow (B \rightarrow C))$，再找出此时的最内层配对的括号及使用它们的命题公式，这次是 $(p \wedge A)$ 和 $(B \rightarrow C)$，由于命题公式 A、B、C 的层次皆为 1，根据定义 2.1.2 可知，它们的层次皆为 2；再将它们看作一个整体，分别记为 D 和 E，此时命题公式变为 $(D \rightarrow E)$，由于 D 和 E 的层次皆为 2，根据定义 2.1.2 可知，$(D \rightarrow E)$ 的层次为 3，此即为原命题公式的层次。如果回溯这个过程，那么原命题公式的最后一步，也就是第三步，一定为 $(D \rightarrow E)$ 的形式，而不可能是应用其他几个连接词形成的命题公式；然后是第二步，对命题公式 D 和 E 进行分析，它们分别是 $(p \wedge A)$ 和 $(B \rightarrow C)$ 的形式，而不可能是其他形式；然后是第一步，直到起始步中的命题公式都是原子命题公式。由于每一个命题公式的生成过程是唯一的，其层次也是唯一的。

对于命题公式 A，想知道当 A 中所含命题变元取各种不同的真值时，命题公式 A 的取真值情况。这类似于根据算术表达式 $(x+y) \times (x-y)$，希望得到 x、y

取不同数值时表达式的值。由于命题公式是从命题变元开始一步步构造生成的，命题公式 A 的真值也应该从 A 所含有的命题变元的真值开始一步步得出生成过程中各个命题公式的真值，进而得到 A 的真值。若把命题公式 A 生成过程中逐步出现的各个命题公式的真值，随命题变元真值变化的情况列在一个表中，则该表称为命题公式 A 的真值表。由于真值表的最后一列给出了命题公式 A 的命题变元在不同真值情况下 A 的真值变化，也可以在 A 的真值表中仅列出 A 的真值这一列，而把生成 A 的过程中出现的中间命题公式的真值不再列出，此时的真值表是一种简化了的真值表，也称为 A 的真值表。由于命题公式中所含的命题变元一定是有限个，同时，命题变元的真值只能取 1 和 0 这两种，可以列出命题变元取值的各种情形。需要指出，在前面 5 个连接词的真值表中，是对命题变元 p、q 进行取值的；由于真值连接词可以看作关于命题真值的运算符，与该真值来源哪个命题无关，那么，关于连接词的真值表就应该一般化为针对任意命题公式取值的情形，而非是仅针对命题变元。比如，蕴涵连接词可以看作二元真值运算，其运算规则为 $1\rightarrow1=1$，$1\rightarrow0=0$，$0\rightarrow1=1$，$0\rightarrow0=1$，其中的真值 1 和 0 可以是任意命题公式的真值，包括原子命题公式即命题变元。所以，蕴涵连接词的真值表中采用命题公式符号 A、B 表示将更具一般性，如表 2.1.6 所示。下面给出命题公式真值表的几个例子。

表 2.1.6　蕴涵连接词真值表

A	B	$A\rightarrow B$
1	1	1
1	0	0
0	1	1
0	0	1

【例 2.1.1】　构建命题公式 $((p\vee q)\rightarrow(\neg p))$ 的真值表。

解：此命题公式含有 p、q 两个命题变元，为了更加方便地看出命题公式的真值随命题变元的真值变化规律，不再单独将命题变元 p、q 的真值分开，而是将它们一起放在表的第一列。命题变元 p、q 的所有真值情况为 11、10、01、00 这 4 种，所以真值表共有 4 行。然后，按照命题公式生成过程中出现的中间命题公式的层次从低到高依次排列，并求出它们的真值，直至求出命题公式本身的真值。在本例题中，中间的命题公式为 $(p\vee q)$ 和 $(\neg p)$，它们均为第 1 层命题公式，它们在表的第二列和第三列。根据连接词 $\vee$、$\neg$ 的真值表可以得出 $(p\vee q)$ 和 $(\neg p)$ 的真值，然后根据连接词 $\rightarrow$ 的真值表得到最后一列命题公式的真值。最后得到的真值表如表 2.1.7 所示。

表 2.1.7 例 2.1.1 的真值表

p q	$(p\vee q)$	$(\neg p)$	$((p\vee q)\to(\neg p))$
1 1	1	0	0
1 0	1	0	0
0 1	1	1	1
0 0	0	1	1

■

在上例的求解过程中，真值表的第一列显示了出现在命题公式中的命题变元 p、q 的各种真值组合。在这里，命题变元的真值是直接指定给它们的，称为命题变元的“真值指派”(assignment of truth values)。命题公式中所有命题变元的真值指派称为命题公式的真值指派。可见，命题变元的真值指派实际上就是把命题变元看作原子命题公式的真值指派。当然，如果对命题变元 p、q 给予某种“解释”(interpretation)，即将 p、q 分别解释为某个命题，那么也可以间接获得 p、q 的真值。比如，可以将 p 解释为“明天有数学课”，q 解释为“今天是星期一”，然后通过运用相关知识获得 p、q 的一组真值。数理逻辑仅关注命题的真值，不关注命题为何是真、为何是假，所以，对命题变元进行解释以获得真值的情形，本质上还是对命题变元的真值指派。

在本例中，当 p、q 的真值分别为 11 和 10 时，命题公式的真值为 0，此时 p、q 的这两种真值指派称为命题公式的成假指派；当 p、q 的真值分别为 01 和 00 时，命题公式的真值为 1，此时 p、q 的这两种真值指派称为命题公式的成真指派。

【例 2.1.2】 构建命题公式 $((p\wedge q)\to(p\vee r))$ 的真值表。

解：此命题公式含有 p、q、r 三个命题变元，因而它们共有 $2^3=8$ 种不同的真值组合，所以真值表共有 8 行。最后得到的真值表如表 2.1.8 所示，从表可以看出，对命题变元的所有真值指派均为命题公式的成真指派。

表 2.1.8 例 2.1.2 的真值表

p q r	$(p\wedge q)$	$(p\vee r)$	$((p\wedge q)\to(p\vee r))$
1 1 1	1	1	1
1 1 0	1	1	1
1 0 1	0	1	1
1 0 0	0	1	1
0 1 1	0	1	1
0 1 0	0	0	1
0 0 1	0	1	1
0 0 0	0	0	1

■

在例 2.1.1 中，命题公式只有两个命题变元 p、q，因而共有 $2^2=4$ 种不同的真值组合，也就是真值表只有 4 行，每一行对应一组命题变元的真值指派；而对于命题变元的每一组真值指派，命题公式也只有 1 或 0 这两种真值可能，所以命题公式在这 4 组命题变元的真值指派下，总的真值可能是 $2^4=16$ 种，也就是说，真值表的最后一列的所有可能的真值组合共 16 种。这说明，对于仅含有两个命题变元的命题公式而言，只能得到 16 种不同的真值表。然而，利用 p、q 这两个命题变元，通过多次利用连接词，可以得到理论上无限多个不同的命题公式，如 $(\neg(p\wedge q))$、$(\neg(\neg(p\wedge q)))$、$(\neg(\neg(\neg(p\wedge q))))$、$(p\rightarrow q)$、$((p\rightarrow q)\rightarrow q)$、$(((p\rightarrow q)\rightarrow q)\rightarrow q)$等。因而，必然会有很多不同的命题公式具有相同的真值表。下面举例说明。

【例 2.1.3】 构建命题公式$(\neg((p\vee q)\wedge p))$的真值表。

解：此命题公式含有 p、q 两个命题变元，因而共有 $2^2=4$ 种不同的真值组合。对 p、q 指派不同的真值组合，可得命题公式的真值表如表 2.1.9 所示。

表 2.1.9 例 2.1.3 的真值表

p q	$(p\vee q)$	$((p\vee q)\wedge p)$	$(\neg((p\vee q)\wedge p))$
1 1	1	1	0
1 0	1	1	0
0 1	1	0	1
0 0	0	0	1

■

对比例 2.1.1 和例 2.1.3 的真值表最后一列可以看出，这两个命题公式的真值表最后一列完全相同，这说明了上述两个命题公式在任意的真值指派下具有相同的真值，因而它们具有相同的真值表。

在例 2.1.2 中，命题公式真值表的最后一列全为 1，这说明无论对该命题公式进行哪一组真值指派，或者对该命题作何解释，该命题公式总是真的。这种类型的命题公式就好比“逻辑真理”一般，体现了逻辑上的规律。例 2.1.1 中的命题公式 A 和例 2.1.3 中的命题公式 B 真值表相同，如果令 C 为$(A\leftrightarrow B)$，那么命题公式 C 的真值表的最后一列也会全为 1。这说明确实可以用真值表最后一列全为 1 的命题公式来表达一些逻辑上的规律。因此，对这种类型的命题公式特别感兴趣。与之对应的另一种情况刚好相反，如果一个命题公式真值表的最后一列全为 0，这说明无论对该命题公式进行哪一组真值指派，或者对该命题作何解释，该命题公式总是假的。我们对真值表最后一列全为 1 或者全为 0 的命题公式给予专门的名称。

【定义 2.1.3】 若命题公式对于出现在其中的命题变元的各种真值指派下其真值均为 1,则称该命题公式为重言式(tautology);若命题公式对于出现在其中的命题变元的各种真值指派下其真值均为 0,则称该命题公式为矛盾式(contradiction)。

根据定义可知,重言式和矛盾式互为否定式。也就是说,如果命题公式 A 为重言式,那么命题公式$(\neg A)$就为矛盾式;反之亦然。比如,根据例 2.1.2 的真值表可知,命题公式$(\neg((p \wedge q) \rightarrow (p \vee r)))$就是一个矛盾式。我们重点关注重言式,重言式反映了命题逻辑中的规律,是命题逻辑的核心和关键。

为了方便起见,可以减少命题公式中括号的使用数量,使得命题公式看起来更加简单明了。规定:首先,可以去除命题公式最外层的括号,比如命题公式$((p \vee q) \rightarrow p)$,可以写作$(p \vee q) \rightarrow p$;其次,规定连接词的优先级从高到低依次为$\neg$、$\wedge$、$\vee$、$\rightarrow$、$\leftrightarrow$,并且同一优先级的连接词使用时,按照从左到右的顺序进行结合,比如命题公式$(((\neg p) \vee (\neg q)) \rightarrow r)$可以写作$\neg p \vee \neg q \rightarrow r$。

前面类比代数中的“演算”去讨论命题公式的真值,比如,命题变元类比代数中的变量,命题连接词类比代数中的运算,命题公式类比代数中的表达式,因此,也可以将命题逻辑理解为“命题演算”(propositional calculus)。然而,命题演算和代数演算还是有区别的。在计算命题真值时,将命题变元视为取值为 1 或 0 的真值,但命题变元还有表示命题的这层含义。两个命题公式具有相同的真值表,只是说明它们在逻辑上是等价的,并非它们本身是完全相同的公式。所以,例 2.1.1 中的命题公式 A 和例 2.1.3 中的命题公式 B,尽管它们的真值表相同,也不会将它们写作 $A=B$。用 $A=B$ 表示命题公式 A、B 是完全相同的命题公式。

2.2 重言等价式

在上一节曾提到过,对于命题公式 A、B,如果它们真值表的最后一列相同,通过等价连接词$\leftrightarrow$连接 A、B 所得到的命题公式 $A \leftrightarrow B$ 就会是重言式。我们对这种等价式 $A \leftrightarrow B$ 为重言式的情形特别感兴趣,因为这说明了命题公式 A、B 所代表的命题互为充分必要条件,而这是在数学证明中经常会遇到的论述。把 $A \leftrightarrow B$ 为重言式的情况专门列出来加以定义。

【定义 2.2.1】 对于命题公式 A、B,若命题公式 $A \leftrightarrow B$ 为重言式,则称 A 是重言等价于 B 的,或者 A、B 是重言等价的,记为 $A \Leftrightarrow B$。

定义中使用的符号$\Leftrightarrow$是元语言符号,它在元语言中表示“重言等价于”的意思。有时也把元语言中的 $A\Leftrightarrow B$ 看作一个“式子”，称为重言等价式。

对于命题公式 $A\leftrightarrow B$ 而言，其生成过程的最后一步是通过等价连接词↔连接命题公式 A、B 完成的，所以将 $A\leftrightarrow B$ 称为等价式。上一节在引入等价连接词那里时，也称 $p\leftrightarrow q$ 为等价式，可以看出这种情况是 A、B 均为原子命题公式时的特例。类似地，根据命题公式生成过程的最后一步所使用连接词的种类，也可以称 $\neg A$、$A\wedge B$、$A\vee B$、$A\rightarrow B$ 分别为否定式、合取式、析取式、蕴涵式。

对于给定的两个命题公式 A、B，判断它们是否是重言等价的直接方法是做出它们的真值表，并根据真值表进行判断，如果它们的真值表相同，它们就是重言等价的命题公式。

【例 2.2.1】 验证 $(p\rightarrow q)\Leftrightarrow(\neg p\vee q)$。

解：将命题公式 $(p\rightarrow q)$ 和 $(\neg p\vee q)$ 的真值表列在一张表中，如表 2.2.1 所示。可以看出，对于命题变元 p、q 的各种真值指派，命题公式 $(p\rightarrow q)$ 和 $(\neg p\vee q)$ 均具有相同的真值，所以它们是重言等价的，即 $(p\rightarrow q)\Leftrightarrow(\neg p\vee q)$。

表 2.2.1 例 2.2.1 的真值表

p q	$(p\rightarrow q)$	$\neg p$	$(\neg p\vee q)$
1 1	1	0	1
1 0	0	0	0
0 1	1	1	1
0 0	1	1	1

■

在上例中，命题公式所含有的命题变元只有两个，列出该命题公式的真值表当然简单。但是，随着命题公式中出现的命题变元个数的增多，通过真值表去判断两个命题公式是否是重言等价的方法就会变得工作量巨大。下面分析重言等价式的一些性质，以期望可以找到方便地判断两个命题公式是否是重言等价的方法。

对于任意的命题公式 A、B、C，显然有：$A\Leftrightarrow A$；若 $A\Leftrightarrow B$，则 $B\Leftrightarrow A$。假设 $A\Leftrightarrow B$ 且 $B\Leftrightarrow C$，此时，将 A、B、C 的真值表列在一起，对于它们所含有的命题变元的任何真值指派，由于 A 与 B、B 与 C 均是重言等价的，A 与 B、B 与 C 都具有相同的真值，因而 A 与 C 也就具有相同的真值。这说明了 $A\Leftrightarrow C$。可以看出，重言等价满足自反性、对称性、传递性。如果将两个命题公式重言等价看作反映命题公式之间一种关系，这种关系就是等价关系。

很容易看出命题公式 $(p\vee q)$ 和 $(q\vee p)$ 是重言等价的，即 $(p\vee q)\Leftrightarrow(q\vee p)$。如果把 $(p\vee q)$ 和 $(q\vee p)$ 中所有的命题变元 p 都换成命题公式 $(\neg p\wedge r)$，那么可得

$((\neg p\wedge r)\vee q)$和$(q\vee(\neg p\wedge r))$，通过真值表容易验证，此时的这两个命题公式也是重言等价的。事实上，把上面两个命题公式中的命题变元 p 都换成任意的命题公式 A，所得到的命题公式$(A\vee q)$和$(q\vee A)$也一定是重言等价的，因为在直觉上，“一个命题 A 或者另一个命题 B”是在真值意义上等价于“一个命题 B 或者另一个命题 A”的，无论 A 与 B 代表的是原子命题还是复合命题。可见，对于重言的等价式$(p\vee q)\leftrightarrow(q\vee p)$，当把其中的命题变元 p 都换成任意的命题公式 A 时，新得到的等价式$(A\vee q)\leftrightarrow(q\vee A)$也是重言式。

把命题公式 A 中的某个命题变元记为 p，该命题变元 p 在命题公式 A 中的每一处出现都换成命题公式 B，该操作称为“用 B 代入 A 中的 p”(简称代入)。当然，代入也可以同时对命题公式中的多个命题变元进行，比如，可以将命题公式 A 中命题变元 p、q、r 的每一处出现都同时换成命题公式 B、C、D。关于代入操作有如下命题：

【命题 2.2.1】 对于给定的命题公式 A，其含有命题变元 $p_1,p_2,\cdots,p_n$。令 $C_1,C_2,\cdots,C_n$ 是任意给定的命题公式。将命题公式 A 中命题变元 $p_1,p_2,\cdots,p_n$ 的每一处出现都换成 $C_1,C_2,\cdots,C_n$ 后，得到命题公式 B。如果命题公式 A 为重言式，那么命题公式 B 也是重言式。

证明：对于命题公式 B 中命题变元的任意一个真值指派，只需要关注在该真值指派下，把 $C_1,C_2,\cdots,C_n$ 的真值分别指派给 $p_1,p_2,\cdots,p_n$ 之后，命题公式 A 的取值。因为 A 的这个取值就是 B 在该真值指派下的真值，理由在于，命题公式 B 是用 $C_1,C_2,\cdots,C_n$ 代入 A 中的 $p_1,p_2,\cdots,p_n$ 的结果，命题公式 B 和 A 其他部分是相同的，所以，当把 $C_1,C_2,\cdots,C_n$ 的真值分别指派给 $p_1,p_2,\cdots,p_n$ 之后，命题公式 A 在此时的真值就是 B 的真值。由于 A 为重言式，也就是说，A 的真值恒为 1，所以 B 在任意的真值指派下，其真值也为 1。这说明了 B 也为重言式。

■

命题 2.2.1 的这个有关代入的结果，可以类比在代数中关于恒等式变形的结果。比如，代数中有恒等式$(x+y)^2=x^2+y^2+2xy$，可以把其中的变量 x、y 的每一处出现都换成其他表达式，恒等式依然成立。比如，把 x 换成 e^x、把 y 换成 $\sin(x+y)$，可得$(\mathrm{e}^x+\sin(x+y))^2=(\mathrm{e}^y)^2+(\sin(x+y))^2+2(\mathrm{e}^x)\sin(x+y)$。依照这种类比，发现还可以有一些简单的方法得到恒等式。比如，$x^2+y^2+2xy=x^2+y^2+2yx$ 就是把表达式中的 $2xy$ 换成 $2yx$ 得到的，其中利用了 $2xy=2yx$。这个和代入操作不同，它是将表达式换成表达式，而非将变量换成表达式。这种操作称为“置换”，以区分上面的“代入”。从上面的例子可以看出，在关于恒等式变形方面，代入就是有一个表达式为恒等式，而恒等说明了该表达式对其所含有的变量，在任意的取值下均还保持相等，所以，当把该表达式中任意的变量换成任意的表达式之后，相等关系依然保持；而置换是一个表达式中含有某个"子表达式"，当把表达式中的该子表达式换成与之相等的另一个子表达式之后，新表达式与原表达式相等。当然，置换和代入联系紧密，置换可以用代入表示。比如，对于表达式 x^2+y^2+z，用 $2xy$ 代入其中的 z 得到 x^2+y^2+2xy，用 $2yx$ 代入其中的 z 得到 x^2+y^2+2yx，由于 $2xy=2yx$，有 $x^2+y^2+2xy=x^2+y^2+2yx$，此即为前面直接用 $2yx$ 置换 x^2+y^2+2xy 中 $2xy$ 的结果。代数中的置换体现在命题公式上，就是对于命题公式 A 中所含有的某命题公式 C，把 A 中所含有 C 的一处或多处出现换成命题公式 B，该操作称为"用 B 置换 A 中的 C"(简称置换)。比如，对于命题公式 $(p\wedge q)\to r$，用 $(q\wedge p)$ 置换命题公式中的 $(p\wedge q)$，得到命题公式 $(q\wedge p)\to r$。由于 $(q\wedge p)$ 重言等价于 $(p\wedge q)$，可以用真值表验证，$(p\wedge q)\to r$ 确实重言等价于 $(q\wedge p)\to r$。对于置换操作的一般结果，有如下命题：

【命题 2.2.2】 对于给定的命题公式 A，其含有命题公式 C。令 B 是把 A 中所含有 C 的一处或多处出现换成命题公式 D 之后所得到的命题公式。若 C 重言等价于 D，则 A 重言等价于 B。

证明：对于命题公式 A、B 中所含命题变元的任意一个真值指派，由于 C 重言等价于 D，在该真值指派下，C 的真值和 D 的真值相同。而 A、B 的不同仅体现在几处 C 和 D 的不同上，其他部分都是相同的，所以 A、B 在该真值指派下具有相同的真值。根据该真值指派的任意性可知，A 重言等价于 B。

■

从命题 2.2.1 和命题 2.2.2 可以看出，代入操作和置换操作还是有一定区别的。对重言式 A 进行代入操作，是把 A 中的命题变元 p 换成任意的命题公式 C，而且是对 p 在 A 中的每一处出现都换成 C；而对命题公式 A 进行置换操作，是把 A 中所含有的命题公式 C 换成与之重言等价的 D，其中被换的命题公式 C 可以是命题变元，而且不要求对 C 在 A 中的每一处出现都换成 D，可以只换若干处。但是不管怎样，利用命题 2.2.1 和命题 2.2.2 判断两个命题公式是否重言等价时，都需要先有一些重言等价式可供使用。表 2.2.2 和表 2.2.3 列出了一些常见的基础重言等价式，这些都可以通过真值表进行验证。其中，表 2.2.2 是涉及连接词 $\neg$、$\wedge$、$\vee$ 的重言等价式，表 2.2.3 是涉及连接词 $\to$、$\leftrightarrow$ 的重言等价式，把这些基础的重言等价式分开列出是为了方便记忆。

表 2.2.2 常用的重言等价式(1)

幂等律(idempotent law)	$p\wedge p\Leftrightarrow p, p\vee p\Leftrightarrow p$
交换律(commutative law)	$p\wedge q\Leftrightarrow q\wedge p, p\vee q\Leftrightarrow q\vee p$
结合律(associative law)	$(p\wedge q)\wedge r\Leftrightarrow p\wedge(q\wedge r), (p\vee q)\vee r\Leftrightarrow p\vee(q\vee r)$
分配律(distributive law)	$p\wedge(q\vee r)\Leftrightarrow(p\wedge q)\vee(p\wedge r), p\vee(q\wedge r)\Leftrightarrow(p\vee q)\wedge(p\vee r)$
双重否定律(double negation law)	$\neg(\neg p)\Leftrightarrow p$
德·摩根律(De Morgen's law)	$\neg(p\wedge q)\Leftrightarrow\neg p\vee\neg q, \neg(p\vee q)\Leftrightarrow\neg p\wedge\neg q$
同一律(identity law)	$p\wedge 1\Leftrightarrow p, p\vee 0\Leftrightarrow p$
支配律(domination law)	$p\wedge 0\Leftrightarrow 0, p\vee 1\Leftrightarrow 1$
排中律(excluded middle law)	$p\vee(\neg p)\Leftrightarrow 1$
矛盾律(contradiction law)	$p\wedge(\neg p)\Leftrightarrow 0$

表 2.2.3 常用的重言等价式(2)

1	$p\rightarrow q\Leftrightarrow(\neg p)\vee q$
2	$p\rightarrow q\Leftrightarrow(\neg q)\rightarrow(\neg p)$
3	$p\leftrightarrow q\Leftrightarrow q\leftrightarrow p$
4	$p\leftrightarrow q\Leftrightarrow(p\rightarrow q)\wedge(q\rightarrow p)$
5	$p\leftrightarrow q\Leftrightarrow(\neg p)\leftrightarrow(\neg q)$
6	$p\leftrightarrow q\Leftrightarrow(p\wedge q)\vee(\neg p\wedge\neg q)$

需要指出,在表中出现了恒为真和恒为假的命题公式“1”和“0”,符号 1 和 0 在本书中只是用来表示真与假这两个真值,表中的 1 和 0 是元语言符号,分别表示命题公式是重言式和矛盾式,可以将表中的 1 和 0 理解为命题公式 $p\vee(\neg p)$ 和 $p\wedge(\neg p)$。

【例 2.2.2】 验证 $(\neg(\neg p\vee q))\vee r\Leftrightarrow(p\rightarrow q)\rightarrow r$。

解:根据表 2.2.3 中的第 1 条重言等价式,用 $p\rightarrow q$“置换”$(\neg(\neg p\vee q))\vee r$ 中的 $(\neg p\vee q)$,可得

$$(\neg(\neg p\vee q))\vee r\Leftrightarrow(\neg(p\rightarrow q))\vee r$$

还是根据表 2.2.3 中的第 1 条重言等价式,用 $p\rightarrow q$、r 分别“代入”$p\rightarrow q\Leftrightarrow(\neg p)\vee q$ 中的 p、q,可得

$$(p \to q) \to r \Leftrightarrow (\neg (p \to q)) \vee r$$

再根据重言等价的对称性和传递性，可得

$$(\neg (\neg p \vee q)) \vee r \Leftrightarrow (p \to q) \to r$$

■

从上例可以看出，利用代入和置换操作可以很方便地判断两个命题公式是否是重言等价的。熟记基本的重言等价式之后，会对使用代入和置换操作变得熟练，以至于在利用它们时甚至是无意识的。下面的例题中不再说明具体使用的是代入还是置换操作，只标明所使用的重言等价式。

【例 2.2.3】 验证$(p \to q) \vee (p \to r) \Leftrightarrow p \to (q \vee r)$。

解：根据表 2.2.3 中的第 1 条重言等价式，可得

$$(p \to q) \vee (p \to r) \Leftrightarrow (\neg p \vee q) \vee (\neg p \vee r)$$

根据表 2.2.2 中的交换律，可得

$$(\neg p \vee q) \vee (\neg p \vee r) \Leftrightarrow (q \vee \neg p) \vee (\neg p \vee r)$$

根据表 2.2.2 中的结合律，可得

$$(q \vee \neg p) \vee (\neg p \vee r) \Leftrightarrow q \vee (\neg p \vee (\neg p \vee r)) \Leftrightarrow q \vee ((\neg p \vee \neg p) \vee r)$$

根据表 2.2.2 中的幂等律，可得

$$q \vee ((\neg p \vee \neg p) \vee r) \Leftrightarrow q \vee (\neg p \vee r)$$

根据表 2.2.2 中的交换律和结合律，可得

$$q \vee (\neg p \vee r) \Leftrightarrow (q \vee \neg p) \vee r \Leftrightarrow (\neg p \vee q) \vee r \Leftrightarrow \neg p \vee (q \vee r)$$

根据表 2.2.3 中的第 1 条重言等价式，可得

$$\neg p \vee (q \vee r) \Leftrightarrow p \to (q \vee r)$$

再根据重言等价的传递性，可得

$$(p \to q) \vee (p \to r) \Leftrightarrow p \to (q \vee r)$$

■

由上面两例可以看出，由于利用代入操作和置换操作在进行重言等价式的判断时很像代数中的演算操作，有时也将从基础的重言等价式到复杂的重言等价式的变换过程称为“重言等价演算”。

2.3 析取范式与合取范式

在 2.1 节中曾谈到过，连接词可以看作真值映射，而它们的真值表则给出了该真值映射在定义域的每一个取值下该真值映射的值。比如，对于二元连接词$\vee$，其对应的真值映射记为$f_{\vee}:\{1,0\}^2 \to \{1,0\}$，其中$\langle p,q \rangle \mapsto p \vee q$。连接词$\vee$

的真值表的前两列对应映射的定义域$\{1,0\}^2=\{\langle 1,1\rangle,\langle 1,0\rangle,\langle 0,1\rangle,\langle 0,0\rangle\}$，真值表的最后一列对应映射的取值 $f_\vee(\langle p,q\rangle)=f_\vee(p,q)=p\vee q$，其中$\langle p,q\rangle\in\{1,0\}^2$。这也就是说，实质上真值表给出了真值映射 $f_\vee$ 的一种表格表示，因而，真值表反映了真值映射的全部信息。如果继续这种理解，那么每一个命题公式也可以看作一个真值映射，该命题公式的真值表也给出了所对应真值映射的一种表格表示，无非就是命题公式所对应的真值映射和真值表，比连接词所对应的真值映射和真值表复杂一些。当把命题公式看作真值映射时，连接词所对应的真值映射为"基本的"真值映射，命题公式所对应的真值映射是"复合的"真值映射，即是基本真值映射的复合，命题公式的生成过程可以看作真值映射的复合过程，命题公式的层次表明了复合的层次。以命题公式 $A=p\rightarrow(q\vee r)$ 为例说明，该命题公式含有 p、q、r 三个命题变元，对于这三个命题变元的每一个真值指派，命题公式 A 都会有一个真值，因而，命题公式 A 对应一个真值映射 $f_A:\{1,0\}^3\rightarrow\{1,0\}$，其中$\langle p,q,r\rangle\mapsto(p\rightarrow(q\vee r))$。命题公式 A 所对应的真值映射 f_A 可以写成二元连接词$\vee$所对应的真值映射 $f_\vee$ 与二元连接词$\rightarrow$所对应的真值映射 $f_\rightarrow$ 的复合，即 $f_A(p,q,r)=f_\rightarrow(p,f_\vee(q,r))$。从这个映射复合表达式中可以清晰地看出，$f_A$ 在$\langle p,q,r\rangle$取值的确定是先确定映射 $f_\vee$ 在$\langle q,r\rangle$的取值，此为第一层映射；然后确定映射 $f_\rightarrow$ 在$\langle p,f_\vee(q,r)\rangle$的取值，此为第二层映射。命题公式 A 的真值表如表 2.3.1 所示，左边由 p、q、r 三列合成的一列表示了$\langle p,q,r\rangle$的所有可能取值，这些所有可能的取值也组成了真值映射的定义域$\{1,0\}^3=\{\langle p,q,r\rangle\mid p,q,r\in\{1,0\}\}$，右边的一列给出了真值映射在定义域的每个取值$\langle p,q,r\rangle$时，真值映射的值 $f_A(p,q,r)$，这些真值映射的取值组成了真值映射的值域。所以，命题公式的真值表就是其所对应真值映射的真值表。可见，连接词的真值表和命题公式的真值表都是真值映射的表格表示，都是真值映射的真值表。

表 2.3.1　命题公式 $A=p\rightarrow(q\vee r)$ 的真值表

p q r	$A=p\rightarrow(q\vee r)$
1 1 1	1
1 1 0	1
1 0 1	1
1 0 0	0
0 1 1	1
0 1 0	1
0 0 1	1
0 0 0	1

给定一个命题公式，可以作出其真值表。现在，考虑相反的问题：根据一个真值表如何作出与之对应的命题公式。为了简单起见，以仅含有两个命题变元的真值表为例。设有一个命题公式 A 的真值表如表 2.3.2 所示。从该真值表可以看出，命题公式 A 的真值为 1 的情况出现在真值表的第一行和第四行。也就是说，命题公式 A 存在两个成真指派：在第一行命题变元 p、q 的真值指派下，A 的

真值为 1；在第四行命题变元 p、q 的真值指派下，A 的真值为 1。可见，A 的真值为 1，当且仅当这两个成真指派中某一个发生。当然，这两个真值指派不会同时发生。把这两个真值指派单独各自拿出，使它们各自作为命题公式的唯一成真指派，从而形成两个命题公式 A_1 和 A_2 及它们的真值表：A_1 的真值表中只有在第一行的命题变元真值指派下，A_1 的真值才为 1，如表 2.3.3 所示；A_2 的真值表中只有在第四行的命题变元真值指派下，A_2 的真值才为 1，如表 2.3.4 所示。那么 A 为真，当且仅当 A_1 为真或 A_2 为真，因而有 $A \Leftrightarrow A_1 \vee A_2$。表 2.3.5 中将 A_1、A_2、$A_1 \vee A_2$、A 的真值表列在一起，可见 $A \leftrightarrow (A_1 \vee A_2)$ 确实是重言式。

表 2.3.2　命题公式 A 的真值表

p　q	A
1　1	1
1　0	0
0　1	0
0　0	1

表 2.3.3　命题公式 A_1 的真值表

p　q	A_1
1　1	1
1　0	0
0　1	0
0　0	0

表 2.3.4　命题公式 A_2 的真值表

p　q	A_2
1　1	0
1　0	0
0　1	0
0　0	1

表 2.3.5　命题公式 A_1、A_2、$A_1 \vee A_2$、A 的真值表

p　q	A_1	A_2	$A_1 \vee A_2$	A
1　1	1	0	1	1
1　0	0	0	0	0
0　1	0	0	0	0
0　0	0	1	1	1

再把 A_1、A_2 表示成关于命题变元 p、q 的命题公式。由于 A_1、A_2 的真值表中命题公式真值为 1 的真值指派只剩下一行，所以它们的命题公式将会非常简单。具体地，从真值中可以看出，A_1 为真，当且仅当 p 为真且 q 也为真，因而可以将 A_1 认为是 $p \wedge q$，这本来也是连接词 $\wedge$ 所表达的意思；A_2 为真，当且仅当 $\neg p$ 为真且 $\neg q$ 也为真，因而可以将 A_2 认为是 $(\neg p) \wedge (\neg q)$。综上，$A \Leftrightarrow (p \wedge q) \vee (\neg p \wedge \neg q)$。由于重言等价的命题公式具有相同的真值表，可以将 A 认为就是命题公式 $(p \wedge q) \vee (\neg p \wedge \neg q)$。

以上是关注表 2.3.2 中成真指派的行，得到了该真值表所对应的命题公式 A。由于真值是二元的，非 1 即 0，也可以关注该真值表中成假指派的行，去推导该真值表所对应的命题公式。由于命题公式的真值指派不是成真指派就是成假指派，表 2.3.2 中作为成真指派的第一行和第四行含有真值表的全部信息，同时，作为成假指派的第二行和第三行也含有真值表的全部信息。因此，表 2.3.2 中真值表可以简化为只把成真指派或者成假指派的行单独拿出，如表 2.3.6 和表 2.3.7

所示，而不会丢失原真值表的任何信息。

表 2.3.6　命题公式 A 的成真指派真值表

p　q	A
1　1	1
0　0	1

表 2.3.7　命题公式 A 的成假指派真值表

p　q	A
1　0	0
0　1	0

由于命题公式 A 为假的情况出现在表 2.3.2 的第二行和第三行，即命题公式 A 存在两个成假指派：在第二行命题变元 p、q 的真值指派下，A 的真值为 0；在第三行命题变元 p、q 的真值指派下，A 的真值为 0。可见，A 的真值为 0，当且仅当这两个成假指派中某一个发生。也把这两个真值指派单独拿出，使它们各自作为命题公式的唯一成假指派，从而形成两个命题公式 A_3 和 A_4 及它们的真值表：A_3 的真值表中只有在第二行的真值指派下，A_3 的真值才为 0，如表 2.3.8 所示；A_4 的真值表中只有在第三行的真值指派下，A_4 的真值才为 0，如表 2.3.9 所示。那么 A 为假，当且仅当 A_3 为假或 A_4 为假，因而有 $A \Leftrightarrow A_3 \wedge A_4$。

表 2.3.8　命题公式 A_3 的真值表

p　q	A_3
1　1	1
1　0	0
0　1	1
0　0	1

表 2.3.9　命题公式 A_4 的真值表

p　q	A_4
1　1	1
1　0	1
0　1	0
0　0	1

需要指出，“A_3 为假或 A_4 为假”中的“或”是针对“假”而言的“或”，而不是针对“真”而言的“或”。所以，$A_3 \wedge A_4$ 中使用连接词“$\wedge$”而非“$\vee$”去表达这个“或”。之前在定义连接词 $\wedge$ 和 $\vee$ 时，都是从“真”的角度去描述它们的。比如：$p \wedge q$ 为真，当且仅当 p 为真且 q 为真；$p \vee q$ 为真，当且仅当 p 为真或 q 为真。如果从“假”的角度去描述，就变成：$p \wedge q$ 为假，当且仅当 p 为假或 q 为假；$p \vee q$ 为假，当且仅当 p 为假且 q 为假。所以，前面“A_3 为假或 A_4 为假”应该表示为 $A_3 \wedge A_4$。如果将 A_3、A_4、$A_3 \wedge A_4$、A 的真值表列在一起，可见 $A \leftrightarrow (A_3 \wedge A_4)$ 确实是重言式，这从表 2.3.10 可以看出。

表 2.3.10　命题公式 A、A_3、A_4、$A_3 \wedge A_4$ 的真值表

p　q	A_3	A_4	$A_3 \wedge A_4$	A
1　1	1	1	1	1
1　0	0	1	0	0
0　1	1	0	0	0
0　0	1	1	1	1

接着把 A_3、A_4 表示成关于命题变元 p、q 的命题公式。还是从“假”的角度去描述，具体地，A_3 为假，当且仅当 $\neg p$ 为假且 q 也为假，因而可以将 A_3 认为是 $\neg p \vee q$；A_4 为真，当且仅当 p 为假且 $\neg q$ 也为假，因而可以将 A_4 认为是 $p \vee \neg q$。综上，$A \Leftrightarrow (\neg p \vee q) \wedge (p \vee \neg q)$。由于重言等价的命题公式具有相同的真值表，可以将 A 认为是命题公式 $(\neg p \vee q) \wedge (p \vee \neg q)$。

也可以从“真”的角度去描述成假指派及 A_3、A_4。具体地，A 为假，当且仅当 $\neg A$ 为真，$\neg A$ 为真，当且仅当 $\neg A_3$ 为真或 $\neg A_4$ 为真，故有 $\neg A \Leftrightarrow (\neg A_3 \vee \neg A_4)$。根据 $\neg A_3$ 为真，当且仅当 p 为真且 $\neg q$ 也为真，因而可以将 $\neg A_3$ 认为是 $p \wedge \neg q$；$\neg A_4$ 为真，当且仅当 $\neg p$ 为真且 q 也为真，因而可以将 $\neg A_4$ 认为是 $\neg p \wedge q$。所以，$\neg A \Leftrightarrow (p \wedge \neg q) \vee (\neg p \wedge q)$。对上式进行重言等价演算可得 $A \Leftrightarrow \neg((p \wedge \neg q) \vee (\neg p \wedge q))$，进而又有 $A \Leftrightarrow (\neg p \vee q) \wedge (p \vee \neg q)$。可见，从“真”的角度去描述与从“假”的角度去描述是完全等价的。此外，利用重言等价演算可得 $(\neg p \vee q) \wedge (p \vee \neg q) \Leftrightarrow (p \wedge q) \vee (\neg p \wedge \neg q)$，这说明从成真指派去推导 A 与从成假指派去推导 A 也是等价的。

从上面例子可以注意到两件事情：一是从真值表中每一行的真值指派入手去推导 A，可有多种不同的方法；二是在 A 用上述方法得到命题公式过程中，有一些命题公式存在某种“对偶性”，如 $(\neg p \vee q) \wedge (p \vee \neg q)$ 与 $(p \wedge \neg q) \vee (\neg p \wedge q)$ 具有一定的对偶性。下面对这两件事情做一些分析。首先看第二件事情。

命题公式 $B_1 = (\neg p \vee q) \wedge (p \vee \neg q)$ 与 $B_2 = (p \wedge \neg q) \vee (\neg p \wedge q)$ 都只含有 $\neg$、$\wedge$、$\vee$ 这三个连接词，而且，若把 B_1 中的 $\vee$ 换成 $\wedge$，$\wedge$ 换成 $\vee$，把各命题变元换成其否定式，则 B_1 就变成 B_2，其中若出现关于命题变元 p 或 q 的双重否定式 $\neg\neg p$ 或 $\neg\neg q$，则根据基础重言等价式中的双重否定律可将 $\neg\neg p$ 或 $\neg\neg q$ 分别视为 p 或 q。一般地，对于仅含有连接词 $\neg$、$\wedge$、$\vee$ 的命题公式 A，若将其中的 $\vee$ 换成 $\wedge$，$\wedge$ 换成 $\vee$，把各命题变元换成其否定式，所得到的命题公式记为 A^*，A^* 称为 A 的对偶(dual)。关于命题公式 A 与其对偶 A^* 之间的关系，有如下命题：

【命题 2.3.1】 $A^* \Leftrightarrow \neg A$

证明： 由于命题公式 A 所含连接词的个数 n 是自然数，施归纳于这个 n。当 $n=0$ 时，A 为原子命题公式，即 A 为某命题变元，记为 p，则 $A^* = \neg p$。所以 $A^* = \neg A$，当然有 $A^* \Leftrightarrow \neg A$。假设对于任意的 $0 \leqslant m < n$，命题成立，现在考虑命题在 n 时的情况。由于命题公式 A 中仅会使用连接词有 $\neg$、$\wedge$、$\vee$ 三种，A 必然具有如下三种情形之一：①$A = \neg B$；②$A = B \wedge C$；③$A = B \vee C$。其中，B、C 为

所含连接词数目小于 n 的命题公式。

对于情形①，由于 B 中所含连接词数目小于 n，根据假设有 $B^* \Leftrightarrow \neg B$。而 $A^* = \neg B^*$，将 $\neg B$ 置换 $\neg B^*$ 中的 B^*，可得 $\neg B^*$ 重言等价于 $\neg\neg B$。由于 $\neg A = \neg\neg B$，$\neg B^*$ 重言等价于 $\neg A$，即 A^* 重言等价于 $\neg A$。

对于情形②，由于 B、C 为所含连接词数目小于 n，根据假设有 $B^* \Leftrightarrow \neg B$ 和 $C^* \Leftrightarrow \neg C$。而 $A^* = B^* \vee C^*$，将 $\neg B$ 和 $\neg C$ 分别置换 $B^* \vee C^*$ 中的 B^* 和 C^*，可得 $B^* \vee C^*$ 重言等价于 $\neg B \vee \neg C$。根据重言等价式中的德·摩根律可知，$\neg B \vee \neg C$ 重言等价于 $\neg(B \wedge C)$。所以 $A^* = B^* \vee C^*$ 重言等价于 $\neg(B \wedge C) = \neg A$。

对于情形③，由于 B、C 为所含连接词数目小于 n，根据假设有 $B^* \Leftrightarrow \neg B$ 和 $C^* \Leftrightarrow \neg C$。而 $A^* = B^* \wedge C^*$，将 $\neg B$ 和 $\neg C$ 分别置换 $B^* \wedge C^*$ 中的 B^* 和 C^*，可得 $B^* \wedge C^*$ 重言等价于 $\neg B \wedge \neg C$，进而重言等价于 $\neg(B \vee C)$。所以 $A^* = B^* \wedge C^*$ 重言等价于 $\neg(B \vee C) = \neg A$。

可见，对于含有 n 个连接词的命题公式 A，无论哪种情形，命题在归纳假设下都是成立的，根据第二数学归纳法可知，对于任意含有 n 个连接词的命题公式 A，命题均成立。

■

根据命题 2.3.1，若分别考虑 $A = p_1 \wedge p_2 \wedge \cdots \wedge p_n$ 和 $A = p_1 \vee p_2 \vee \cdots \vee p_n$ 时的情况，其中 $p_1, p_2, \cdots, p_n$ 为 n 个命题变元，则有

$$\neg p_1 \vee \neg p_2 \vee \cdots \vee \neg p_n \Leftrightarrow \neg(p_1 \wedge p_2 \wedge \cdots \wedge p_n)$$

$$\neg p_1 \wedge \neg p_2 \wedge \cdots \wedge \neg p_n \Leftrightarrow \neg(p_1 \vee p_2 \vee \cdots \vee p_n)$$

若再将任意的 n 个命题公式 $A_1, A_2, \cdots, A_n$ 去代入上面两式左右两边的 $p_1, p_2, \cdots, p_n$，则有

$$\neg A_1 \vee \neg A_2 \vee \cdots \vee \neg A_n \Leftrightarrow \neg(A_1 \wedge A_2 \wedge \cdots \wedge A_n) \tag{2.3.1}$$

$$\neg A_1 \wedge \neg A_2 \wedge \cdots \wedge \neg A_n \Leftrightarrow \neg(A_1 \vee A_2 \vee \cdots \vee A_n) \tag{2.3.2}$$

可以看出，式(2.3.1)和式(2.3.1)是基础重言等价式中德·摩根律的推广。

下面看第一件事情。表 2.3.2 中真值表所对应的命题公式 A 的两种写法：一种是从关注真值表中成真指派的行得出的，$A = (p \wedge q) \vee (\neg p \wedge \neg q)$；另一种是从关注真值表中成假指派的行得出的，$A = (\neg p \vee q) \wedge (p \vee \neg q)$。它们中一个是由两个合取式 $(p \wedge q)$ 和 $(\neg p \wedge \neg q)$ 通过析取连接词构成的析取式；另一个是由两个析取式 $(\neg p \vee q)$ 和 $(p \vee \neg q)$ 通过合取连接词构成的合取式。从真值映射的角度看，表 2.3.2 中真值表所对应的真值映射是唯一的，其所对应的命题公式的不同写法实质上是该真值映射有不同的基本真值映射的复合表示。其中，映

射复合表示的一种是 $f_A(p,q)=f_\vee(f_\wedge(p,q),f_\wedge(f_\neg(p),f_\neg(q)))$，另一种是 $f_A(p,q)=f_\wedge(f_\vee(f_\neg(p),q),f_\vee(p,f_\neg(q)))$，当然，这两种映射复合的表示是相等的，重言等价从真值映射的角度上看，说的就是两个命题公式对应同一个真值映射这件事。

仅由命题变元及其否定式构成的析取式称为基本析取式，仅由命题变元及其否定式构成的合取式称为基本合取式。比如，p、$\neg p$、$\neg p\vee q$、$\neg p\vee p$、$p\vee\neg q\vee\neg r$、$\neg p\vee q\vee\neg q$ 均为基本析取式，p、$\neg p$、$p\wedge\neg q$、$p\wedge\neg p$、$\neg p\wedge q\wedge r$、$p\wedge\neg p\wedge r$ 均为基本合取式。若基本析取式，同时含有某命题变元及其否定式，则其必为重言式；若它不同时含有任一命题变元及其否定式，通过将不带否定连接词的命题变元指派真值为 0，带否定连接词的命题变元指派真值为 1，则该基本析取式的真值为 0。可见，判断一个基本析取式是否为重言式，只需看它是否同时含有某命题变元及其否定式。比如，$p\vee\neg p\vee\neg r$ 是重言式，$\neg p\vee\neg q\vee r$ 不是重言式。类似地，若基本合取式同时含有某命题变元及其否定式，则其必为矛盾式；若它不同时含有任一命题变元及其否定式，通过将不带否定连接词的命题变元指派真值为 1，带否定连接词的命题变元指派真值为 0，则该基本合取式的真值为 1。可见，判断一个基本合取式是否为矛盾式，只需看它是否同时含有某命题变元及其否定式。比如，$p\wedge q\wedge\neg q$ 是矛盾式，$p\wedge q\wedge\neg r$ 不是矛盾式。

由基本合取式通过析取连接词构成的析取式为析取范式，由基本析取式通过合取连接词构成的合取式为合取范式。比如，$(p\wedge q)\vee(\neg p\wedge\neg q\wedge r)$ 是析取范式，$p\wedge(q\vee\neg r)\wedge(\neg p\vee\neg q\vee r)$ 是合取范式。由于析取范式生成的最后一步是由析取连接词完成，若它为矛盾式，则构成它的每个基本合取式必为矛盾式。由前面分析可知，每个基本合取式必同时含有某命题变元及其否定式，反之亦然。类似地，由于合取范式生成的最后一步是由合取连接词完成，若它为重言式，则构成它的每个基本析取式必为重言式。由前面分析可知，每个基本析取式必同时含有某命题变元及其否定式，反之亦然。

表 2.3.2 所举例子中，$A=(p\wedge q)\vee(\neg p\wedge\neg q)$ 是析取范式，$A=(\neg p\vee q)\wedge(p\vee\neg q)$ 是合取范式。观察后发现，这两个析取范式和合取范式不是一般的析取范式和合取范式。对于 $(p\wedge q)\vee(\neg p\wedge\neg q)$ 而言，构成它的基本合取式的构造来自命题公式 A 的成真指派这一行，而每个真值指派中各个命题变元及其否定式两者不会同时出现，且两者之一必出现而且仅出现一次。类似地，对于 $(\neg p\vee q)\wedge(p\vee\neg q)$ 而言，构成它的基本析取式的构造来自命题公式 A 的成假指派这一行，而每个真值指派中各个命题变元及其否定式两者不会同时出现，且

两者之一必出现而且仅出现一次。析取范式称为主析取范式,若构成它的基本合取式均满足:该基本合取式中,无论是否带有否定连接词,每个命题变元均出现且仅出现一次,而且各命题变元按顺序依次出现。类似地,合取范式称为主合取范式,若构成它的基本析取式均满足:该基本析取式中,无论是否带有否定连接词,每个命题变元均出现且仅出现一次,而且各命题变元按顺序依次出现。

表 2.3.2 所举的例子表明,可以根据真值表中的成真指派和成假指派,得出所对应的主析取范式和主合取范式,因而有如下的命题:

【命题 2.3.2】 每个不是矛盾式的命题公式均存在着一个与其重言等价的主析取范式。

证明:任意给定一个命题公式 A,设其含有 n 个命题变元 $p_1,p_2,\cdots,p_n$。若其不是矛盾式,则其必存在着成真指派。对于其任意一个成真指派,采用如下方法构造与该成真指派对应的基本合取式:若该真值指派对 p_i 指派的真值为 1,则基本合取式中第 i 个位置取 p_i;若该真值指派对 p_i 指派的真值为 0,则基本合取式中第 i 个位置取 $\neg p_i(1\leqslant i\leqslant n)$。可见,在该真值指派下,构造的基本合取式为真。注意,该真值指派是使得构造的基本合取式为真的唯一真值指派。然后,把每个成真指派按照上述方法所构造出的基本合取式通过析取连接词进行连接,构成一个析取范式 B。可以说命题公式 B 是一个主析取范式,且 B 重言等价于A。这是因为:首先,通过上述方法构造得出的基本合取式中,每个命题变元 $p_1,p_2,\cdots,p_n$ 无论是否带有否定连接词,均出现且仅出现一次,而且还是按照顺序出现的。其次,对于 A 的任一真值指派,若该真值指派是 A 的成真指派,按照上述构造基本合取式的方法,B 中有一基本合取式在该真值指派下也为真,进而使得析取式 B 也为真;若该真值指派为 A 的成假指派,则 B 中就不会包含用该真值指派所构造出的基本合取式,且该真值指派使得 B 中其他基本合取式均为假,所以 B 在该真值指派下也为假。可见,A 的成真指派也是 B 的成真指派,A 的成假指派也是 B 的成假指派,所以,A 与 B 是重言等价的。

■

从命题 2.3.2 的证明中可以看出,该证明是构造性的证明,给出了与一个给定命题公式重言等价的主析取范式的构造性方法。利用该方法可以很容易求得给定命题公式的主析取范式。下面举例说明。

【例 2.3.1】 求与命题公式 $p\rightarrow(q\rightarrow r)$重言等价的主析取范式。

解:作出题目中命题公式的真值表,如表 2.3.11 所示。从其真值表可见,该命题公式的成真指派有 7 个,分别是 111、101、100、011、010、001、000。按照

表 2.3.11 命题公式 $A=p\to(q\to r)$ 的真值表

p q r	$p\to(q\to r)$
1 1 1	1
1 1 0	0
1 0 1	1
1 0 0	1
0 1 1	1
0 1 0	1
0 0 1	1
0 0 0	1

命题 2.3.2 证明中给出的方法，这 7 个成真指派所对应的基本合取式分别为 $p\wedge q\wedge r$、$p\wedge\neg q\wedge r$、$p\wedge\neg q\wedge\neg r$、$\neg p\wedge q\wedge r$、$\neg p\wedge q\wedge\neg r$、$\neg p\wedge\neg q\wedge r$、$\neg p\wedge\neg q\wedge\neg r$。然后通过析取连接词将它们依次连接在一起，形成主析取范式：

$$(p\wedge q\wedge r)\vee(p\wedge\neg q\wedge r)\vee(p\wedge\neg q\wedge\neg r)\vee(\neg p\wedge q\wedge r)\vee(\neg p\wedge q\wedge\neg r)\vee(\neg p\wedge\neg q\wedge r)\vee(\neg p\wedge\neg q\wedge\neg r)$$

该主析取范式即为所求的与命题公式 $p\to(q\to r)$ 重言等价的主析取范式。

■

从命题 2.3.2 的证明中还可以看出，当命题公式为矛盾式时，由于没有成真指派，就没有与真值指派所对应的基本合取式可以构造，进而该命题公式就不会有主析取范式。此外，容易看出，与给定命题公式重言等价的主析取范式还是唯一的。因为，假如 B_1 和 B_2 均是同命题公式 A 重言等价的主析取范式，那么 B_1 和 B_2 必然也是重言等价的。作为主析取范式的 B_1 和 B_2，它们的不同只能体现在所含有的基本合取式不同，而每个基本合取式对应唯一的使得该基本合取式为真的真值指派，那么 B_1 和 B_2 的不同必然会造成存在某一个真值指派，使得 B_1 和 B_2 中的一个为真，另一个为假，而这是与 B_1 和 B_2 是重言等价的相矛盾。可见，如果 B_1 和 B_2 均为同命题公式 A 重言等价的主析取范式，那么必然有 $B_1=B_2$。

构造给定命题公式的重言等价主析取范式是从命题公式真值表的成真指派出发的，类似地，也可以从命题公式真值表的成假指派出发去构造与命题公式重言等价的主合取范式。表 2.3.2 所举的例子中已经表明了这一点。有如下命题：

【命题 2.3.3】 每个不是重言式的命题公式均存在着一个与其重言等价的主合取范式。

证明：任意给定一个非重言的命题公式 A，则 $\neg A$ 就不是一个矛盾式。根据命题 2.3.2 可知，$\neg A$ 重言等价于主析取范式 $A_1\vee A_2\vee\cdots\vee A_n$，其中，$A_i$ 为满足主析取范式定义中的基本合取式($1\leqslant i\leqslant n, n\in\mathbb{N}$)。根据基本重言等价式 $p\leftrightarrow\neg\neg p$，将 A 代入其中的 p，有 A 重言等价于 $\neg(\neg A)$。由于 $\neg A$ 重言等价于 $A_1\vee A_2\vee\cdots\vee A_n$，用 $A_1\vee A_2\vee\cdots\vee A_n$ 置换 $\neg(\neg A)$ 中的 $\neg A$，可得 A 重言等价于 $\neg(A_1\vee A_2\vee\cdots\vee A_n)$。根据式(2.3.2)可进一步得到 A 重言等价于

$(\neg A_1)\wedge(\neg A_2)\wedge\cdots\wedge(\neg A_n)$。由于 A_i 为基本合取式，对于每一个 $\neg A_i$，利用式(2.3.1)，将 A_i 之前的否定连接词 $\neg$ 放入 A_i 中每一个命题变元或者每一个命题变元的否定式之前。最后，若某命题变元前面出现两次否定连接词，则利用 $p\leftrightarrow\neg\neg p$，可将该命题变元前面的两个否定连接词全部去除。此时，便得出与 A 重言等价的主合取范式。

■

【例 2.3.2】 求与命题公式 $(p\to q)\to r$ 重言等价的主合取范式。

解：作出命题公式 $\neg((p\to q)\to r)$ 的真值表，如表 2.3.12 所示。从其真值表可见，该命题公式的成真指派有 3 个，分别是 110、010、000。所以，与命题公式 $\neg((p\to q)\to r)$ 重言等价的主析取范式为

$$(p\wedge q\wedge\neg r)\vee(\neg p\wedge q\wedge\neg r)\vee(\neg p\wedge\neg q\wedge\neg r)$$

表 2.3.12 命题公式 $A=\neg((p\to q)\to r)$ 的真值表

p q r	$\neg((p\to q)\to r)$
1 1 1	0
1 1 0	1
1 0 1	0
1 0 0	0
0 1 1	0
0 1 0	1
0 0 1	0
0 0 0	1

那么，$(p\to q)\to r$ 就重言等价于 $\neg((p\wedge q\wedge\neg r)\vee(\neg p\wedge q\wedge\neg r)\vee(\neg p\wedge\neg q\wedge\neg r))$。根据式(2.3.2)可得，$(p\to q)\to r$ 就重言等价于

$$(\neg(p\wedge q\wedge\neg r))\wedge(\neg(\neg p\wedge q\wedge\neg r))\wedge(\neg(\neg p\wedge\neg q\wedge\neg r))$$

进而，重言等价于

$$(\neg p\vee\neg q\vee\neg\neg r)\wedge(\neg\neg p\vee\neg q\vee\neg\neg r)\wedge(\neg\neg p\vee\neg\neg q\vee\neg\neg r)$$

再用 p、q、r 置换上式中的 $\neg\neg p$、$\neg\neg q$、$\neg\neg r$，可得 $(p\to q)\to r$ 重言等价于

$$(\neg p\vee\neg q\vee r)\wedge(p\vee\neg q\vee r)\wedge(p\vee q\vee r)$$

该主合取范式即为所求的与命题公式 $(p\to q)\to r$ 重言等价的主合取范式。

■

同主析取范式的情况，与给定命题公式重言等价的主合取范式也是唯一的。与命题公式重言等价的主析取范式和主合取范式，实质上是给出了该命题公式所对应真值映射的诸多映射复合的表示中具有“代表性的”两种标准映射复合表示。

2.4 连接词的完备集

在引入重言等价定义时曾谈到过，给定一个真值表，会有不同的命题公式与之对应，它们之间是重言等价的。比如，给定如表 2.4.1 所示的真值表，其所对应的命题公式可以为$\neg p \vee q$、$(\neg p \vee q) \vee (\neg(\neg p \vee p))$、$p \to q$。虽然命题公式$\neg p \vee q$与命题公式$(\neg p \vee q) \vee (\neg(\neg p \vee p))$不同，但它们用到的连接词是相同的，即都只用到了否定连接词和析取连接词；而命题公式 $p \to q$ 用到的连接词与前两个命题公式不同，它用到的是蕴涵连接词。可以看出，在表示表 2.4.1 的真值表时，可以用连接词$\neg$、$\vee$去表示，也可以用连接词$\to$去表示。也就是说，在表示表 2.4.1 的真值表这件事上，不必将$\neg$、$\vee$、$\to$这三个连接词全部用上，仅用这三个中的某些连接词即可。从真值映射的角度上看，表 2.4.1 所对应的真值映射不仅有“不同的真值映射复合表示”这一方面，还有“使用哪些基本真值映射进行复合表示”另一方面。

表 2.4.1 某命题公式 A 的真值表

p	q	A
1	1	1
1	0	0
0	1	1
0	0	1

现在将这件事情推广，不限于表 2.4.1 这一个真值表所对应的真值映射，考察各种不同的真值表能用哪些连接词进行表示的问题，或者说，各种不同的真值映射能用哪些基本真值映射进行复合表示的问题。引入如下的定义：

【定义 2.4.1】 令 L 是一个由连接词构成的集合，若任意的真值映射均可仅用 L 中连接词所形成的命题公式进行表示，则称该连接词集合为连接词的完备集(adequate set)，或者连接词集合是完备的。

从连接词完备集的定义可以看出，任意的真值映射都可以仅由连接词完备集中的连接词所对应的真值映射进行映射复合而得到。

命题 2.3.2 是从一个非矛盾式的命题公式出发，去说明存在一个主析取范式与其重言等价。在该命题的证明过程中，是根据该命题公式的成真指派构造出主析取范式的。由于给定一个命题公式相当于给定一个真值映射，命题公式的真值表为所对应真值映射的表格表示，而成真指派就是真值表中使得命题公式为真的那一行真值指派，这说明可以直接从真值映射的角度出发，根据真值映射的真值表中的成真指派去构造出相应的主析取范式。在上一节中已经这样做过。这说明命题 2.3.2 的结论也可以表达为如下方式：对于一个非恒取值为 0 的真值映射，其一定可由一个主析取范式去表示。若一个真值映射是恒取值为 0 的真值映射，则其可以用 $\neg p \wedge p$ 表示。可见，对于任意的真值映射，可以仅用连接词 $\neg$、$\vee$、$\wedge$ 所形成的命题公式进行表示，所以连接词集合 $\{\neg, \vee, \wedge\}$ 是完备的。

从定义 2.4.1 可以得出，对于连接词集合 L、K，如果 $L \subset K$ 且 L 是完备的，那么 K 一定也是完备的；如果 $L \subset K$ 且 K 是不完备的，那么 L 一定也是不完备的。可见，本章开始引入的 5 个连接词所构成的集合 $\{\neg, \vee, \wedge, \rightarrow, \leftrightarrow\}$ 是完备的。下面考查还有哪些 $\{\neg, \vee, \wedge, \rightarrow, \leftrightarrow\}$ 的子集是连接词的完备集，哪些子集不是连接词完备集。

之所以说连接词集 $\{\vee, \wedge, \rightarrow, \leftrightarrow\}$ 不是完备的，是因为对于命题公式 $p \vee q$、$p \wedge q$、$p \rightarrow q$、$p \leftrightarrow q$ 而言，当命题变元 p、q 的真值指派为 11 时，这些命题公式的真值均为 1，进而，当命题变元增多，并通过这 4 个连接词形成命题公式时，对于命题变元都取值为 1 的真值指派，命题公式的真值还是为 1，因而，恒取值为 0 的真值映射就不能仅由这 4 个连接词形成的命题公式进行表示，所以 $\{\vee, \wedge, \rightarrow, \leftrightarrow\}$ 不是连接词的完备集。当然，$\{\vee, \wedge, \rightarrow, \leftrightarrow\}$ 的任意子集也必然不是连接词的完备集，所以只能从含有否定连接词 $\neg$ 的子集中寻找连接词的完备集。

【命题 2.4.1】 连接词集合 $\{\neg, \vee\}$ 和 $\{\neg, \wedge\}$ 都是连接词的完备集。

证明：根据德·摩根律，对于任意的命题公式 A、B，有 $A \wedge B \Leftrightarrow \neg(\neg A \vee \neg B)$，可见，连接词 $\wedge$ 形成的命题公式均重言等价于仅用连接词 $\neg$、$\vee$ 形成的命题公式，那么，利用置换操作，每个由 $\neg$、$\vee$、$\wedge$ 形成的命题公式也就重言等价于仅由连接词 $\neg$、$\vee$ 形成的命题公式。由于 $\{\neg, \vee, \wedge\}$ 是连接词的完备集，即任意的真值映射都可以仅由该连接词集合中的连接词所形成的命题公式去表示，进而也就可以仅由连接词 $\neg$、$\vee$ 形成的命题公式去表示，这说明 $\{\neg, \vee\}$ 是连接词的完备集。

类似地，根据德·摩根律，对于任意的命题公式 A、B，有 $A \vee B \Leftrightarrow \neg(\neg A \wedge \neg B)$，所以，连接词 $\vee$ 形成的命题公式均重言等价于仅用连接词 $\neg$、$\wedge$ 形成的命题公式，那么，利用置换操作，每个由 $\neg$、$\vee$、$\wedge$ 形成的命题公式也就重言等价于仅由连接词 $\neg$、$\wedge$ 形成的命题公式。这说明 $\{\neg、\wedge\}$ 也是连接词的完备集。

■

从命题 2.4.1 的证明中可以看出，由于相互重言等价的命题公式是同一个真值映射的不同表示，当连接词的完备集中连接词形成的所有命题公式都可以与另外几个连接词形成的命题公式重言等价时，那么另外几个连接词构成的集合也为连接词的完备集。

【命题 2.4.2】 连接词集合 $\{\neg, \rightarrow\}$ 是连接词的完备集。

证明：根据表2.2.3中的基础重言等价式 $p\rightarrow q\Leftrightarrow\neg p\vee q$，可得对于任意的命题公式 A,B，有 $A\rightarrow B\Leftrightarrow(\neg A)\vee B$，进而有 $A\vee B\Leftrightarrow(\neg A)\rightarrow B$。另外，根据 $A\wedge B\Leftrightarrow\neg(\neg A\vee\neg B)$ 和 $A\rightarrow(\neg B)\Leftrightarrow(\neg A)\vee(\neg B)$，有 $A\wedge B\Leftrightarrow\neg(A\rightarrow(\neg B))$。可见，由连接词∨、∧分别形成的命题公式均重言等价于仅用连接词¬、→形成的命题公式，那么，利用置换操作，每个由¬、∨、∧形成的命题公式也就重言等价于仅由连接词¬、→形成的命题公式。由于{¬，∨，∧}是连接词的完备集，{¬，→}也是连接词的完备集。

■

根据命题2.4.1和命题2.4.2，对于每个主析取范式或者主合取范式，可以求得与之重言等价的且仅由连接词¬、∨或者¬、∧或者¬、→所形成的命题公式。比如，对于主析取范式 $(p\wedge\neg q\wedge r)\vee(\neg p\wedge q\wedge\neg r)$，若要导出与之重言等价的且仅由连接词¬、∨形成的命题公式，可以采用如下步骤：

$$
\begin{aligned}
&(p\wedge\neg q\wedge r)\vee(\neg p\wedge q\wedge\neg r)\\
\Leftrightarrow&((\neg(\neg p\vee q))\wedge r)\vee((\neg(p\vee\neg q))\wedge\neg r)\\
\Leftrightarrow&(\neg((\neg p\vee q)\vee\neg r))\vee(\neg((p\vee\neg q)\vee r))
\end{aligned}
$$

若要导出与之重言等价的且仅由连接词¬，∧形成的命题公式，可以采用如下步骤：

$$
\begin{aligned}
&(p\wedge\neg q\wedge r)\vee(\neg p\wedge q\wedge\neg r)\\
\Leftrightarrow&\neg((\neg(p\wedge\neg q\wedge r))\wedge(\neg(\neg p\wedge q\wedge\neg r)))
\end{aligned}
$$

若要导出与之重言等价的且仅由连接词¬、→形成的命题公式，可以采用如下步骤：

$$
\begin{aligned}
&(p\wedge\neg q\wedge r)\vee(\neg p\wedge q\wedge\neg r)\Leftrightarrow(\neg(p\wedge\neg q\wedge r))\rightarrow(\neg p\wedge q\wedge\neg r)\\
\Leftrightarrow&(\neg(\neg((p\wedge\neg q)\rightarrow\neg r)))\rightarrow(\neg((\neg p\wedge q)\rightarrow\neg\neg r))\\
\Leftrightarrow&((p\wedge\neg q)\rightarrow\neg r)\rightarrow(\neg((\neg p\wedge q)\rightarrow r))\\
\Leftrightarrow&((\neg(p\rightarrow q))\rightarrow\neg r)\rightarrow(\neg((\neg(\neg p\rightarrow\neg q))\rightarrow r))
\end{aligned}
$$

虽然否定连接词¬和∨、∧、→中任一个连接词搭配，就可以组成连接词的完备集，但{¬，↔}不是连接词的完备集。

【命题2.4.3】 连接词集合{¬，↔}不是连接词的完备集。

证明：设命题公式 A 含有两个命题变元 p、q，且仅使用了连接词¬、↔。我们说 A 的真值表中使得 A 取值为1的真值指派的个数一定是偶数，即 A 的成真指派个数一定是偶数。命题公式 A 的这个性质采用数学归纳法去证明。对 A 中所含连接词的个数 n 进行归纳。具体地，当 $n=0$ 时，A 为原子命题公式，A 为 p 或者 q，因而对于4种真值指派11、10、01、00，A 的成真指派个数为2个。假设当

$0\leqslant m<n$ 时,含有 m 个连接词的命题公式 A 的真值表中,A 的成真指派个数为偶数,现在考虑 n 时的情形。由于命题公式 A 仅使用连接词 $\neg$、$\leftrightarrow$,A 必然会具有如下两种情形之一:①$A=\neg B$,②$A=B\leftrightarrow C$。其中,B、C 为所含连接词数目小于 n 的命题公式。

对于情形①,由于命题公式 B 所含连接词的数目小于 n,根据假设,B 的成真指派个数为偶数,因而 B 的成假指派个数也为偶数。由于 A 取值为 1,当且仅当 B 取值为 0,所以 A 的成真指派个数为偶数。

对于情形②,由于命题公式 B、C 所含连接词数目小于 n,根据假设,B、C 的成真指派个数为偶数。在 4 种真值指派下,B、C 的取值组合也只有 11、10、01、00 这 4 种可能。设 B、C 取值为 11、10、01、00 的次数分别为 k_1、k_2、k_3、k_4,其中 $0\leqslant k_i\leqslant 4$,且 $k_1+k_2+k_3+k_4=4$。由于 B、C 的成真指派个数都为偶数,k_1+k_2 为偶数,k_1+k_3 也为偶数。再根据

$$(k_1+k_2)+(k_1+k_3)+(k_1+k_4)=2k_1+(k_1+k_2+k_3+k_4)=2k_1+4$$

为偶数可知,k_1+k_4 必为偶数。而 k_1+k_4 为 $B\leftrightarrow C$ 的成真指派个数,所以 A 的成真指派个数为偶数。

根据数学归纳法可知,A 的成真指派个数确实是偶数。然而,任意含有两个命题变元 p、q 的命题公式存在着成真指派的个数为奇数的情形,比如 $p\rightarrow q$ 的成真指派个数为 3。可见,仅用连接词 $\neg$、$\leftrightarrow$ 是无法表示所有真值映射的,所以 $\{\neg,\leftrightarrow\}$ 不是连接词的完备集。

■

从命题 2.4.3 可以得出,单独由一个否定连接词构成的集合 $\{\neg\}$ 不是连接词的完备集。根据 $\{\vee,\wedge,\rightarrow,\leftrightarrow\}$ 不是连接词的完备集,可知其任意子集也都不是连接词的完备集。而 $\{\neg,\vee,\wedge,\rightarrow,\leftrightarrow\}$ 的任意子集 K,如果 $\{\neg,\vee\}\subset K$,或者 $\{\neg,\wedge\}\subset K$,或者 $\{\neg,\rightarrow\}\subset K$,$K$ 就是连接词的完备集。至此,$\{\neg,\vee,\wedge,\rightarrow,\leftrightarrow\}$ 的任意子集是否是连接词的完备集就清楚了。

定义两个新的二元连接词,或者说二元真值映射,记为 $\downarrow$ 和 $\uparrow$,其真值表分别如表 2.4.2 和表 2.4.3 所示。

表 2.4.2 $\downarrow$ 的真值表

p q	$p\downarrow q$
1 1	0
1 0	0
0 1	0
0 0	1

表 2.4.3 $\uparrow$ 的真值表

p q	$p\uparrow q$
1 1	0
1 0	1
0 1	1
0 0	1

根据它们的真值表可见，$(p \downarrow q) \Leftrightarrow \neg(p \vee q)$ 和 $(p \uparrow q) \Leftrightarrow \neg(p \wedge q)$。进而有

$$\neg p \Leftrightarrow \neg(p \vee p) \Leftrightarrow (p \downarrow p) \tag{2.4.1}$$

$$\begin{aligned}(p \wedge q) &\Leftrightarrow (\neg\neg p \wedge \neg\neg q) \Leftrightarrow \neg(\neg p \vee \neg q)\\ &\Leftrightarrow \neg((p \downarrow p) \vee (q \downarrow q)) \Leftrightarrow (p \downarrow p) \downarrow (q \downarrow q)\end{aligned} \tag{2.4.2}$$

$$\neg p \Leftrightarrow \neg(p \wedge p) \Leftrightarrow (p \uparrow p) \tag{2.4.3}$$

$$\begin{aligned}(p \vee q) &\Leftrightarrow (\neg\neg p \vee \neg\neg q) \Leftrightarrow \neg(\neg p \wedge \neg q)\\ &\Leftrightarrow \neg((p \uparrow p) \wedge (q \uparrow q)) \Leftrightarrow (p \uparrow p) \uparrow (q \uparrow q)\end{aligned} \tag{2.4.4}$$

从式(2.4.1)和式(2.4.2)可以看出，仅使用连接词 $\downarrow$ 的"命题公式"重言等价于使用连接词 $\neg$、$\wedge$ 的命题公式，所以连接词集 $\{\downarrow\}$ 是完备的。类似地，从式(2.4.3)和式(2.4.4)可以看出，仅使用连接词 $\uparrow$ 的"命题公式"重言等价于使用连接词 $\neg$、$\vee$ 的命题公式，所以连接词集 $\{\uparrow\}$ 也是完备的。不过，虽然仅采用 $\downarrow$ 或者 $\uparrow$ 可以表示任意一个真值映射，但是它们的直观含义并不如 $\{\neg, \vee, \wedge, \rightarrow, \leftrightarrow\}$ 中的连接词。比如，蕴涵连接词 $\rightarrow$ 在逻辑上是直观的，若用 $\uparrow$ 去表示这个含义，则有

$$(p \rightarrow q) \Leftrightarrow (\neg p \vee q) \Leftrightarrow ((p \uparrow p) \vee q) \Leftrightarrow ((p \uparrow p) \uparrow (p \uparrow p)) \uparrow (q \uparrow q)$$

可见，仅采用 $\uparrow$ 去表示蕴涵的意思会增加一定的复杂度，当然，直观性也随之减少。

对于二元连接词 $\circ$，或者其所对应的二元真值映射 $f_\circ$，其所含有的两个命题变元 p、q 的真值指派共有 11、10、01、00 这 4 种，而在每个真值指派下，$p \circ q = f_\circ(p,q)$ 的真值有 1 和 0 两种取值可能，所以，二元连接词或者二元真值映射共有 $2^4=16$ 个，将它们的真值表一并列于表 2.4.4 中，分别记为 $f_1, f_2, \cdots, f_{16}$。

表 2.4.4　16 个二元真值映射的真值表

p q	f_1	f_2	f_3	f_4	f_5	f_6	f_7	f_8	f_9	f_{10}	f_{11}	f_{12}	f_{13}	f_{14}	f_{15}	f_{16}
1 1	1	1	1	1	1	1	1	1	0	0	0	0	0	0	0	0
1 0	1	1	1	1	0	0	0	0	1	1	1	1	0	0	0	0
0 1	1	1	0	0	1	1	0	0	1	1	0	0	1	1	0	0
0 0	1	0	1	0	1	0	1	0	1	0	1	0	1	0	1	0

从表 2.4.4 中可以看出，首先，f_2、f_5、f_7、f_8 分别是基础的二元连接词 $\vee$、$\wedge$、$\rightarrow$、$\leftrightarrow$，f_9 和 f_{15} 是二元连接词 $\uparrow$ 和 $\downarrow$。

表 2.4.4 中 $f_1, f_2, \cdots, f_8$ 这 8 个连接词真值表的第一行均为 1，说明了 $p \circ q = f_\circ(p,q)$ 在真值指派 11 时，其真值为 1，这里的 $f_\circ$ 为 $f_1, f_2, \cdots, f_8$ 中的任一个二元连接词。因而，由 $f_1, f_2, \cdots, f_8$ 中二元连接词形成的命题公式在命题变元都取 1 的真值指派下，其真值还是为 1，因而无法表示恒取值为 0 的真值映射，所以

$\{f_1,f_2,\cdots,f_8\}$不是连接词的完备集，当然，$\{f_1,f_2,\cdots,f_8\}$的任意子集也不会是连接词的完备集。

同理，由f_{10}、f_{12}、f_{14}、f_{16}这4个连接词真值表的第四行均为0，说明了$p\circ q=f_\circ(p,q)$在真值指派00时，其真值为0，这里的$f_\circ$为f_{10}、f_{12}、f_{14}、f_{16}中的任一个二元连接词。因而，由f_{10}、f_{12}、f_{14}、f_{16}中二元连接词形成的命题公式在命题变元都取0的真值指派下，其真值还是为0，因而无法表示恒取值为1的真值映射，所以$\{f_{10},f_{12},f_{14},f_{16}\}$不是连接词的完备集，进而，其任意子集也不会是连接词的完备集。

对于二元连接词f_{11}和f_{13}，根据它们的真值表，当$f_\circ$为f_{11}时，有$p\circ q\Leftrightarrow\neg q$；当$f_\circ$为$f_{13}$时，有$p\circ q\Leftrightarrow\neg p$。由于否定连接词构成的集合$\{\neg\}$不是连接词的完备集，$\{f_{11},f_{13}\}$也不是连接词的完备集。

综上可见，16个二元连接词中，只有↑和↓可以各自单独构成连接词的完备集。这两个连接词分别是由美国逻辑学家H. M. Sheffer和C. S. Peirce引入的。

2.5 重言蕴涵式

在2.2节中引入了重言等价式$A\Leftrightarrow B$，即等价式$A\leftrightarrow B$为重言式。等价连接词↔对应了数学证明中的充分必要条件，是双向的。这一节考虑单向的条件，即充分条件或者必要条件，这需要采用蕴涵式$A\rightarrow B$去描述。类似于考虑等价式为重言式的情况，也考虑蕴涵式为重言式的情况，因为这也是反映了逻辑规律。

【定义2.5.1】 对于命题公式A、B，若蕴涵式$A\rightarrow B$为重言式，则称A是重言蕴涵B的，记为$A\Rightarrow B$。

上述定义中使用的符号⇒也是元语言符号，它在元语言中表示“重言蕴涵于”的意思。也把元语言中的$A\Rightarrow B$看作一个“式子”，称为重言蕴涵式。

从定义2.5.1可以看出，判断命题公式A是否重言蕴涵命题公式B，最直接的方法就是作出蕴涵式$A\rightarrow B$的真值表，然后根据其真值表进行判断。

【例2.5.1】 验证$(p\wedge q)\Rightarrow(p\vee q)$。

解：作出命题公式$(p\wedge q)\rightarrow(p\vee q)$的真值表，如表2.5.1所示。可以看出，对于命题变元p、q的各种真值指派，命题公式$(p\wedge q)\rightarrow(p\vee q)$的真值均为1，所以有$(p\wedge q)\Rightarrow(p\vee q)$。

表 2.5.1 命题公式 $(p \wedge q) \rightarrow (p \vee q)$ 的真值表

p q	$(p \wedge q)$	$(p \vee q)$	$(p \wedge q) \rightarrow (p \vee q)$
1 1	1	1	1
1 0	0	1	1
0 1	0	1	1
0 0	0	0	1

■

蕴涵式 $A \rightarrow B$ 为重言式，当且仅当对于任意的真值指派，当 A 的真值为 1 时，B 的真值也为 1。至于当 A 的真值为 0 时，B 的真值可以为 1，也可以为 0。所以，当用真值表法去判断 $A \rightarrow B$ 是否为重言式时，可以仅关注那些使得 A 为 1 的真值指派，也就是 A 的成真指派。若那些 A 的成真指派也是 B 的成真指派，则 $A \rightarrow B$ 一定为重言式，否则就不是重言式。比如，为了判断是否有 $(p \vee q) \rightarrow r \Rightarrow (p \wedge q) \rightarrow r$，则可以列出 $(p \vee q) \rightarrow r$ 和 $(p \wedge q) \rightarrow r$ 的真值表如表 2.5.2 所示。从表中可以看出，$(p \vee q) \rightarrow r$ 的成真指派是表 2.5.2 中的第 1、3、5、7 行，在这些行中，由于 $(p \wedge q) \rightarrow r$ 的真值也为 1，就有 $(p \vee q) \rightarrow r \Rightarrow (p \wedge q) \rightarrow r$。

表 2.5.2 命题公式 $(p \vee q) \rightarrow r$ 和 $(p \wedge q) \rightarrow r$ 的真值表

p q r	$(p \vee q) \rightarrow r$	$(p \wedge q) \rightarrow r$
1 1 1	1	1
1 1 0	0	0
1 0 1	1	1
1 0 0	0	1
0 1 1	1	1
0 1 0	0	1
0 0 1	1	1
0 0 0	0	1

虽然采用真值表的方法可以完成 $A \rightarrow B$ 是否是重言式的判断，但是，当命题公式 A 和 B 所含的命题变元数目较多时，真值表会变得冗长。注意到，判断蕴涵式 $A \rightarrow B$ 是否重言，相当于判断 $A \rightarrow B$ 是否重言等价于 1，也就是判断等价式 $(A \rightarrow B) \leftrightarrow 1$ 是否是重言式，因而，可以借助于重言等价演算的方法进行判断。

【例 2.5.2】 采用重言等价演算的方法，验证 $(p \wedge q) \Rightarrow (p \vee q)$。

解：根据表 2.2.3 中的第 1 条重言等价式，以及表 2.2.2 中的德·摩根律、结合律、交换律，可以得到如下重言等价演算步骤：

$$(p \wedge q) \rightarrow (p \vee q)$$
$$\Leftrightarrow \neg (p \wedge q) \vee (p \vee q)$$
$$\Leftrightarrow (\neg p \vee \neg q) \vee (p \vee q)$$

$$\Leftrightarrow(\neg p \vee p) \vee (\neg q \vee q)$$
$$\Leftrightarrow 1 \vee 1$$
$$\Leftrightarrow 1$$

可以看出，$(p \wedge q) \to (p \vee q)$ 为重言式，所以有 $(p \wedge q) \Rightarrow (p \vee q)$。

■

也可以类似之前建立基础重言等价式，这里也可以建立基础重言蕴涵式，然后从这些基础重言蕴涵式出发，去推导复杂的重言蕴涵式。表 2.5.3 列出了常用的基础重言蕴涵式。

表 2.5.3 常用的基础重言蕴涵式

合取律 (conjunction law)	$(p) \wedge (q) \Rightarrow p \wedge q$
附加律 (addition law)	$p \Rightarrow p \vee q$
简化律 (simplification law)	$p \wedge q \Rightarrow p$
假言推理 (modus ponens)	$(p \to q) \wedge p \Rightarrow q$
假言推理拒取式 (modus tollens)	$(p \to q) \wedge (\neg q) \Rightarrow \neg p$
析取三段论 (disjunctive syllogism)	$(p \vee q) \wedge (\neg p) \Rightarrow q$
假言三段论 (hypothetical syllogism)	$(p \to q) \wedge (q \to r) \Rightarrow p \to r$
等价三段论 (equivalent syllogism)	$(p \leftrightarrow q) \wedge (q \leftrightarrow r) \Rightarrow p \leftrightarrow r$

对于任意的命题公式 A、B、C，若有 $A \Rightarrow B$ 且 $B \Rightarrow C$，可以将 A、B、C 的真值表列在一起，对于它们所含有的命题变元的任意真值指派，由于 $A \Rightarrow B$，则当 A 的真值为 1 时，B 的真值也为 1，而又由于 $B \Rightarrow C$，从 B 的真值为 1 又可以得出 C 的真值也为 1。因而，对于任意的真值指派，当 A 的真值为 1 时，C 的真值也为 1，所以蕴涵式 $A \to C$ 为重言式，即 $A \Rightarrow C$。可见，重言蕴涵具有传递性。此外，对于任意的命题公式 A 和 B，显然有 $A \Rightarrow A$；并且，由于 $A \leftrightarrow B \Leftrightarrow (A \to B) \wedge (B \to A)$，所以当 $A \leftrightarrow B$ 为重言式时，当且仅当 $(A \to B) \wedge (B \to A)$ 为重言式，进而，当且仅当 $A \to B$ 和 $B \to A$ 均为重言式，可见，$A \Leftrightarrow B$，当且仅当 $A \Rightarrow B$ 且 $B \Rightarrow A$。所以，从每个重言等价式中可以得到两个重言蕴涵式。

由于 $A \Rightarrow B$ 表明 $A \to B$ 为重言式，代入操作对“重言性的保持”这个性质，对于重言蕴涵式依然有效。比如，对于任意的命题公式 A 和 B，用 A 和 B 分别代入

表 2.5.3 中简化律 $p \wedge q \Rightarrow p$ 中的 p 和 q，可得 $A \wedge B \Rightarrow A$。

利用基础的重言蕴涵式，以及重言蕴涵式的上述性质，可以证明一些较为复杂的重言蕴涵式。

【例 2.5.3】 采用基础的重言蕴涵式，验证 $(p \wedge q) \Rightarrow (p \vee q)$。

解：根据表 2.5.3 中的简化律和附加律，可以得到如下步骤：

$$\begin{aligned} & p \wedge q \\ \Rightarrow & p \\ \Rightarrow & p \vee q \end{aligned}$$

然后利用重言蕴涵具有传递性，可得 $(p \wedge q) \Rightarrow (p \vee q)$。

■

前面曾提到过，$A \to B$ 为重言式说明了，A 的成真指派也必然是 B 的成真指派，而对于 A 的成假指派而言，其可以是 B 的成假指派，也可以是 B 的成真指派。可见，只有 A 的成假指派才可能是 B 的成假指派，或者说，B 的成假指派一定是 A 的成假指派。所以，判断 $A \to B$ 是否为重言式时，也可以仅关注 $A \to B$ 的真值表中那些 B 的成假指派，如果 B 的成假指派都是 A 的成假指派，$A \to B$ 就为重言式。可以按照 2.3 节中采用的方法，从成假指派入手，采用主合取范式去判断 $A \to B$ 是否为重言式。由于与命题公式重言等价的主合取范式中的每一个基本析取式是根据命题公式的成假指派得到的，只要与 B 重言等价的主合取范式中的基本析取式，都是与 A 重言等价的主合取范式中的基本析取式，那么，B 的成假指派一定是 A 的成假指派，进而有 $A \to B$ 为重言式。下面仍以判断是否有 $(p \vee q) \to r \Rightarrow (p \wedge q) \to r$ 为例进行说明。首先，求得与 $(p \vee q) \to r$ 和 $(p \wedge q) \to r$ 重言等价的主合取范式。在具体求一个与命题公式 A 重言等价的主合取范式时，例 2.3.2 中采用了先求与 $\neg A$ 重言等价的主析取范式，再利用重言等价的性质得到了主合取范式。也可以从 A 的成假指派出发，直接求得与 A 重言等价的主合取范式。在 $(p \vee q) \to r$ 的成假指派中，每一个成假指派对应了一个基本析取式，这是因为每一个成假指派使得 $(p \vee q) \to r$ 为假，这对应着每个基本析取式为假，使得作为基本析取式的合取的主合取范式也必然为假。所以，$(p \vee q) \to r \Leftrightarrow A_1 \wedge A_2 \wedge A_3 \wedge A_4$，其中，$A_1$、$A_2$、$A_3$、$A_4$ 分别为表 2.5.2 中第 2、4、6、8 行的真值指派所对应的基本析取式。而 $A_1 = \neg p \vee \neg q \vee r$，这是由 A_1 为假，当且仅当第 2 行的成假指派中 $\neg p$、$\neg q$、r 均为假得出的。类似地，可以求得基本析取式 $A_2 = \neg p \vee q \vee r$，$A_3 = p \vee \neg q \vee r$，$A_4 = p \vee q \vee r$。所以，与 $(p \vee q) \to r$ 重言等价的主合取范式为

$$(\neg p \vee \neg q \vee r) \wedge (\neg p \vee q \vee r) \wedge (p \vee \neg q \vee r) \wedge (p \vee q \vee r)$$

类似地，根据$(p \wedge q) \to r$的成假指派是表2.5.2中第2行的真值指派，可以求得与$(p \wedge q) \to r$重言等价的主合取范式为

$$(\neg p \vee \neg q \vee r)$$

可以看出，与$(p \wedge q) \to r$重言等价的主合取范式中的基本析取式都是与$(p \vee q) \to r$重言等价的主合取范式中的基本析取式，所以有$(p \vee q) \to r \Rightarrow (p \wedge q) \to r$。

从上面采用主合取范式去描述$A \to B$是否为重言式的方法中可以求出，对于一个给定的命题公式A，会有多少个可能的命题公式B，满足$A \Rightarrow B$。还是以$A = (p \vee q) \to r$为例进行说明。因为$(p \vee q) \to r \Leftrightarrow A_1 \wedge A_2 \wedge A_3 \wedge A_4$，其中$A_1$、$A_2$、$A_3$、$A_4$分别为与$A$重言等价的主合取范式中的基本析取式，若要使得$(p \vee q) \to r \Rightarrow B$，那么与$B$重言等价的主合取范式中的基本析取式必须从$A_1$、$A_2$、$A_3$、$A_4$这4个基本析取式中去选，因而共有$C_4^1 + C_4^2 + C_4^3 + C_4^4$种可能的$B$，其中$C_n^k$表示从$n$个对象中取出$k$个对象的组合数。前面所得到的$B = (p \wedge q) \to r$就是从$A_1$、$A_2$、$A_3$、$A_4$中仅选择一个基本析取式$A_1$去构成主合取范式的结果，其他的诸如$B \Leftrightarrow A_2 \wedge A_3 \wedge A_4$，$B \Leftrightarrow A_1 \wedge A_4$，也都满足$A \Rightarrow B$。需要指出，这里不考虑重言式作为可能的$B$，因为若$B$为重言式，则对于任意的命题公式$A$，均有$A \Rightarrow B$。

2.6 有效推理

在1.1节中曾谈到过推理，它是从前提得到结论的过程。一个推理可能是有效的或正确的，也可能是无效的或不正确的。1.1节中所举的推理例子都是有效的，因为在那些推理中，当它们的前提为真时，它们的结论必然为真。这符合我们对有效推理的直观理解。根据本章的知识，现在可以把推理符号化。比如，1.1节中的一个例子：前提是“若a是偶数，则a可以被2整除”和“a是偶数”，结论是“a可以被2整除”；可以将前提符号化为$p \to q$和p，结论符号化为q，其中p表示“a是偶数”，q表示“a可以被2整除”。这个例子的前提为真，说明$p \to q$和p均为真，进而$(p \to q) \wedge p$为真；结论为真，说明q为真。若将p和q均看作命题变元，则当前提$(p \to q) \wedge p$为真时，根据连接词$\wedge$和$\to$的真值表，可得q也为真。这说明，无论p和q做何种解释，当前提$(p \to q) \wedge p$为真时，结论q必为真。换句话说，采用自然语言描述的关于命题推理有效性的成立，本质上是符号化之后的逻辑必然结果，与命题的具体含义无关。由于p和q均为命题变元，也会存在p和q的某些真值指派，使得前提$(p \to q) \wedge p$为假。当前提$(p \to q) \wedge p$为假时，

由于没有破坏前提为真时，结论必然为真的这种蕴涵关系，仍然认为此时的推理是有效的。即当前提为假时，无论结论为真还是为假，都认为推理是有效的。因而，有如下的推理有效性定义：

【定义 2.6.1】 设 $A_1,A_2,\cdots,A_n$ 以及 B 均为命题公式，若对于它们的任意真值指派，可以得到 $A_1\wedge A_2\wedge\cdots\wedge A_n$ 为假，或者 $A_1\wedge A_2\wedge\cdots\wedge A_n$ 为真时，B 也为真，则称从前提 $A_1,A_2,\cdots,A_n$ 到结论 B 的推理是有效的，否则称从前提 $A_1,A_2,\cdots,A_n$ 到结论 B 的推理是无效的。

从定义 2.6.1 可以看出，从前提 $A_1,A_2,\cdots,A_n$ 到结论 B 的推理是有效的，或者，从前提 $A_1,A_2,\cdots,A_n$"推出"结论 B 的推理是有效的，是指"从真的前提 $A_1\wedge A_2\wedge\cdots\wedge A_n$ 只能推出真的结论 B"；反之，从前提 $A_1,A_2,\cdots,A_n$ 到结论 B 的推理若是无效的，则只可能是前提 $A_1\wedge A_2\wedge\cdots\wedge A_n$ 为真且结论 B 为假。可见，从前提 $A_1,A_2,\cdots,A_n$ 到结论 B 的推理有效与否，正好符合蕴涵连接词$\rightarrow$的真值表特点。因此，可以采用蕴涵连接词去表示推理的有效性，即前提 $A_1,A_2,\cdots,A_n$ 到结论 B 的推理是有效的，当且仅当 $A_1\wedge A_2\wedge\cdots\wedge A_n\rightarrow B$ 是重言式。若令 $A=A_1\wedge A_2\wedge\cdots\wedge A_n$，即让 A 代表了所有的前提，则从前提到结论的有效性可以用蕴涵式 $A\rightarrow B$ 为重言式来描述，进而可以用重言蕴涵式 $A\Rightarrow B$ 来描述。因此，判断从前提 $A_1,A_2,\cdots,A_n$ 到结论 B 的推理是否有效，就可以采用上一节中所介绍的方法进行判断。

采用上一节所介绍的判断 A 是否重言蕴涵 B 的方法去判断从前提 A 到结论 B 的推理是否有效时，可以发现，其中的真值表方法和重言等价演算的方法相对于采用基本重言蕴涵式的方法而言过程较为烦琐，这可以从例 2.5.1、例 2.5.2、例 2.5.3 中可以看出。当命题公式 A 和 B 所含的命题变元增多时，前两种方法的过程也会显得更加烦琐。对于采用基本重言蕴涵式的方法，当 A 和 B 所含的命题变元增多时，也会变得不能直接使用。此时采用基本重言蕴涵式的方法，需要分步使用。比如，前提 A_1、A_2、A_3 分别为 $p\rightarrow q$、$q\rightarrow r$、p，结论是 r。需要判断蕴涵式$((p\rightarrow q)\wedge(q\rightarrow r)\wedge p)\rightarrow r$ 是否为重言式。直观上，判断过程可以采用如下步骤：第一步，根据"前提"A_1、A_3，利用假言推理可得$(p\rightarrow q)\wedge p\Rightarrow q$，即 q 是第一步的"前提"A_1、A_3 的"结论"；第二步，将第一步的"结论"q 和 A_2 作为当前推理的"前提"，再次利用假言推理可得$(q\rightarrow r)\wedge q\Rightarrow r$，即 r 是第二步"前提"q 和 A_2 的"结论"。这里的前提和结论加引号是为了说明它们是判断过程中中间的每一步推理临时认为的"前提"和"结论"，以区分原先的前提 A_1、A_2、A_3 和结论 r。由于 q 是 A_1、A_3 推出的结论，当 q 和 A_2 一起作为"前提"推出"结论"r 时，直观上

也认为结论 r 可以由前提 A_1、A_2、A_3 一并推出。

从上面的直观说明可以看出,采用基本重言蕴涵式的方法进行推理有效性判断时,不仅整个判断过程会相对简单,而且会有"重言蕴涵演算"或者"推理演算"的一步步过程。这个推理演算的过程很像数学命题的证明过程,一步步地从前提得出结论,步骤清晰,易于理解。在证明时会引入前提,也会引入中间步骤的结论加以使用。

为了将上述直观的说明在理论上加以严格,需要对推理做进一步的分析。从前提 $A_1,A_2,\cdots,A_n$ 到结论 B 的推理,与前提 $A_1,A_2,\cdots,A_n$ 的顺序无关,因而,采用集合 $\{A_1,A_2,\cdots,A_n\}$ 进行表示会更加合适。若记 $\Gamma=\{A_1,A_2,\cdots,A_n\}$,当 $A_1,A_2,\cdots,A_n$ 到结论 B 的推理有效时,即 $A_1\wedge A_2\wedge\cdots\wedge A_n\Rightarrow B$,由于 Γ 为集合而非命题公式,所以不能写成 $\Gamma\Rightarrow B$,我们写成 $\Gamma\vDash B$,即 $\{A_1,A_2,\cdots,A_n\}\vDash B$。若从 $A_1,A_2,\cdots,A_n$ 到结论 B 的推理是无效时,则记为 $\Gamma\nvDash B$。有时,为了方便起见,会将 $\{A_1,A_2,\cdots,A_n\}\vDash B$ 简记为 $A_1,A_2,\cdots,A_n\vDash B$。

由于 $A_1\wedge A_2\wedge\cdots\wedge A_n\rightarrow A_i$ 为重言式,其中 $1\leqslant i\leqslant n$,所以有 $\{A_1,A_2,\cdots,A_n\}\vDash A_i$。这是与我们的直观相吻合的。若 $\{A_1,A_2,\cdots,A_n\}\vDash B$,即 $A_1\wedge A_2\wedge\cdots\wedge A_n\Rightarrow B$,则对任意的命题公式 C,有 $A_1\wedge A_2\wedge\cdots\wedge A_n\wedge C\Rightarrow B$,即 $\{A_1,A_2,\cdots,A_n\}\cup\{C\}\vDash B$。这说明了若 $\Gamma\vDash B$,则在前提 Γ 中再加入任意一个前提 C 后,会有 $\Gamma\cup\{C\}\vDash B$。这也是与我们的直观相吻合的。

对于 $\Gamma\vDash B_1,\Gamma\vDash B_2,\cdots,\Gamma\vDash B_m$,也可以把同一个前提 Γ 下所推出的各个结论放在一起,采用集合的写法记为 $\Gamma\vDash\Gamma_1$,其中 Γ_1 为 $\{B_1,B_2,\cdots,B_m\}$。

若 $\Gamma\vDash\Gamma_1$,且 $\Gamma_1\vDash\Gamma_2$,其中 $\Gamma=\{A_1,A_2,\cdots,A_n\}$,$\Gamma_1=\{B_1,B_2,\cdots,B_m\}$,$\Gamma_2=\{C_1,C_2,\cdots,C_k\}$。由 $\Gamma\vDash\Gamma_1$,即 $\Gamma\vDash B_1,\Gamma\vDash B_2,\cdots,\Gamma\vDash B_m$,再写成重言蕴涵式,有

$$A_1\wedge A_2\wedge\cdots\wedge A_n\Rightarrow B_1,\cdots,A_1\wedge A_2\wedge\cdots\wedge A_n\Rightarrow B_m \qquad (2.6.1)$$

同理,$\Gamma_1\vDash\Gamma_2$ 也可以写成重言蕴涵式,即

$$B_1\wedge B_2\wedge\cdots\wedge B_m\Rightarrow C_1,\cdots,B_1\wedge B_2\wedge\cdots\wedge B_m\Rightarrow C_k \qquad (2.6.2)$$

对于 Γ、Γ_1、Γ_2 中所有命题公式的所含命题变元的任意真值指派,当 $A_1\wedge A_2\wedge\cdots\wedge A_n$ 为真时,由式(2.6.1)可得 $B_1,B_2,\cdots,B_m$ 均为真,进而 $B_1\wedge B_2\wedge\cdots\wedge B_m$ 也为真,再由式(2.6.2)可得 $C_1,C_2,\cdots,C_k$ 也为真。可见,当 $A_1,A_2,\cdots,A_n$ 为真时,$C_1,C_2,\cdots,C_k$ 必为真,所以有 $\Gamma\vDash C_1,\Gamma\vDash C_2,\cdots,\Gamma\vDash C_k$,即 $\Gamma\vDash\Gamma_2$。此结论可视为重言蕴涵具有传递性的推广,说明了推理也具有传递性。

有了推理的传递性,那么前面的 $((p\rightarrow q)\wedge(q\rightarrow r)\wedge p)\rightarrow r$ 为重言式的说明,就会变得很显然。具体地,$\{p\rightarrow q,q\rightarrow r,p\}\vDash\{p\rightarrow q,p\}$,而由假言推理可得

$\{p\to q, p\}\vDash q$，所以根据推理的传递性就有$\{p\to q, q\to r, p\}\vDash q$；又由于$\{p\to q, q\to r, p\}\vDash q\to r$，即$\{p\to q, q\to r, p\}\vDash\{q, q\to r\}$，而又由假言推理可得$\{q, q\to r\}\vDash r$，再次根据推理的传递性有$\{p\to q, q\to r, p\}\vDash r$，这也就是$((p\to q)\land(q\to r)\land p)\Rightarrow r$。

上述推理演算的步骤中，推理的传递性实质上可以理解为，推理演算过程的中间结论可以作为后继推理演算的前提加以使用，有时称为“结论引入规则”。由于推理是在给定的前提 $p\to q$、$q\to r$、p 下求得推出结论 r 的过程，可以仅写出每一步推理演算所推出的中间结论。上述推理演算过程就可以写成如下步骤：

(1) $p\to q$	前提引入
(2) p	前提引入
(3) q	对(1)、(2)利用假言推理得出
(4) $q\to r$	前提引入
(5) r	对(3)、(4)利用假言推理得出

上述推理演算过程步骤中，步骤(1)、(2)、(4)使用了“前提引入规则”，其来源于有效的推理$\{A_1, A_2, \cdots, A_n\}\vDash A_i$，$1\leqslant i\leqslant n$；步骤(3)使用了假言推理基本蕴涵式或者“假言推理规则”得出的中间结论；步骤(5)使用了假言推理基本蕴涵式或者假言推理规则得出的最终结论。可见，除了使用前提引入规则和结论引入规则外，每一个基本重言蕴涵式对应一个推理规则。比如，表 2.5.1 中的析取三段论对应“析取三段论规则”，即$\{p\lor q, \neg p\}\vDash q$，根据该规则，可以从 $p\lor q$，$\neg p$ 推出 q。这些来自基本重言蕴涵式的推理规则称为“基本推理规则”。而利用基本推理规则所得出的重言蕴涵式或者有效的推理，比如这里的$((p\to q)\land(q\to r)\land p)\Rightarrow r$ 或者$\{p\to q, q\to r, p\}\vDash r$，也可以作为推理规则使用，它们称为“导出推理规则”。使用导出推理规则时，实际上是把它看作一段仅使用基本推理规则的推理演算过程的缩写。

【例 2.6.1】 构造$\{p\to q, r\to s, p\lor r\}\vDash q\lor s$ 的推理演算过程。

解：推理演算过程如下。

(1) $p\lor r$	前提引入
(2) $\neg p\to r$	对(1)利用等值置换得出
(3) $r\to s$	前提引入
(4) $\neg p\to s$	对(2)、(3)利用假言三段论得出
(5) $\neg s\to p$	对(4)利用等值置换得出
(6) $p\to q$	前提引入
(7) $\neg s\to q$	对(5)、(6)利用假言三段论得出

(8) $s \vee q$　　对(7)利用等值置换得出

(9) $q \vee s$　　对(8)利用等值置换得出

■

【例 2.6.2】 构造$\{p \rightarrow q, r \rightarrow s, \neg q \vee \neg s\} \vdash \neg p \vee \neg r$的推理演算过程。

解：推理演算过程如下。

(1) $\neg q \vee \neg s$　　前提引入

(2) $q \rightarrow \neg s$　　对(1)利用等值置换得出

(3) $p \rightarrow q$　　前提引入

(4) $p \rightarrow \neg s$　　对(2)、(3)利用假言三段论得出

(5) $r \rightarrow s$　　前提引入

(6) $\neg s \rightarrow \neg r$　　对(5)利用等值置换得出

(7) $p \rightarrow \neg r$　　对(4)、(6)利用假言三段论得出

(8) $\neg p \vee \neg r$　　对(7)利用等值置换得出

■

在例 2.6.1 和例 2.6.2 中，利用重言等价式 $p \rightarrow q \Leftrightarrow \neg p \vee q$，$p \rightarrow q \Leftrightarrow \neg q \rightarrow \neg p$，$\neg \neg p \Leftrightarrow p$，$p \vee q \Leftrightarrow q \vee p$；而每个重言等价式会对应两个重言蕴涵式，进而可以导出两个有效的推理规则。所以，采用等值置换相当于使用了一定的推理规则。

【例 2.6.3】 构造$\{p \rightarrow (q \vee r), q \leftrightarrow s, p \wedge \neg s\} \vdash r$的推理演算过程。

解：推理演算过程如下。

(1) $p \wedge \neg s$　　前提引入

(2) p　　对(1)利用简化律得出

(3) $\neg s$　　对(1)利用简化律得出

(4) $p \rightarrow (q \vee r)$　　前提引入

(5) $q \vee r$　　对(2)、(4)利用假言推理得出

(6) $q \leftrightarrow s$　　前提引入

(7) $(q \rightarrow s) \wedge (s \rightarrow q)$　　对(6)利用等值置换得出

(8) $q \rightarrow s$　　对(7)利用简化律得出

(9) $\neg q$　　对(3)、(8)利用假言推理拒取式得出

(10) r　　对(5)、(9)利用析取三段论得出

■

上述基本推理规则和导出推理规则中，推理的前提和结论都是明确的命题公式或者命题公式的集合。在推理演算过程中使用它们时，已默认使用了推理的传

递性。比如，在前面的对于$\{p\to q,q\to r,p\}\vDash r$的推理演算过程中，步骤(1)、(2)是在前提$\{p\to q,q\to r,p\}$下得出的结论，而步骤(3)的$q$得出，是在前提$\{p\to q,p\}$下应用假言推理规则得出的结论，此时的前提已有变化，但因为有推理传递性的保证，步骤(3)的q还是作为前提$\{p\to q,q\to r,p\}$的结论，而可以继续写在推理演算的第3行。如果把推理规则做一些改变，就可以将推理的传递性直接融入推理规则中。比如，假言推理规则可以写作：若$\Gamma\vDash(p\to q)$，且$\Gamma\vDash p$，则$\Gamma\vDash q$。合取律推理规则可以写作：若$\Gamma\vDash p$，且$\Gamma\vDash q$，则$\Gamma\vDash(p\wedge q)$。简化律推理规则可以写作：若$\Gamma\vDash(p\wedge q)$，则$\Gamma\vDash p$，且$\Gamma\vDash q$。推理规则的这种写法已将推理的传递性融入推理规则之中，比如，因为有$\{p\to q,p\}\vDash q$，所以借助推理的传递性，才会有：当$\Gamma\vDash(p\to q)$且$\Gamma\vDash p$时，$\Gamma\vDash q$。从这些推理规则中可见，相对于之前的推理规则而言，现在的推理规则中的Γ并不明确写出，可以是任意有限个命题公式的集合，因而使用起来就会更加灵活。此外，这种推理规则的表达方式是在假设已有的有效推理下得出新的有效推理，这看起来相当于由已有的有效推理"运算"出新的有效推理，而又由于其中的Γ是任意的命题公式集合，这种有效推理的"运算"是以"归纳的"方式进行。比如，新的假言推理规则"若$\Gamma\vDash(p\to q)$，且$\Gamma\vDash p$，则$\Gamma\vDash q$"，可以类比1.6节元素的生成规则$a_{n+2}=a_{n+1}\circ a_n$中，若a_n和a_{n+1}已得出，则a_{n+2}也可得出。

之前的推理规则是直接给出有效的推理，比如假言推理规则$\{p\to q,p\}\vDash q$，这种推理规则称为"直接推理规则"。而现在新的推理规则是根据已有的有效推理，得出新的有效推理，比如，新的假言推理规则为：若$\Gamma\vDash(p\to q)$，且$\Gamma\vDash p$，则$\Gamma\vDash q$，所以，新的推理规则称为"间接推理规则"。若使用间接推理规则，则$\{p\to q,q\to r,p\}\vDash r$的推理演算过程就会如下所示：

(1) $\{p\to q,q\to r,p\}\vDash p\to q$　　前提引入

(2) $\{p\to q,q\to r,p\}\vDash p$　　前提引入

(3) $\{p\to q,q\to r,p\}\vDash q$　　对(1)、(2)利用假言推理得出

(4) $\{p\to q,q\to r,p\}\vDash q\to r$　　前提引入

(5) $\{p\to q,q\to r,p\}\vDash r$　　对(3)、(4)利用假言推理得出

上述使用间接推理规则的推理演算步骤也是5步完成，但是已不再需要推理的传递性。同时，虽然每一步推理演算由于都带着前提$p\to q$、$q\to r$、p，看起来略显烦琐，但是在有些推理演算中可以用来在推理演算过程中改变前提。为了说明这一点，引入如下命题：

【命题 2.6.1】 $\Gamma\cup\{p\}\vDash q$，当且仅当 $\Gamma\vDash(p\to q)$。

证明：对于必要性，假设 $\Gamma\cup\{p\}\vDash q$。对于任意使得 Γ 中命题公式均为真的真值指派，若它使得 $p\to q$ 也为真，则有 $\Gamma\vDash(p\to q)$。下面对此进行验证，若该真值指派使得 p 为假，则 $p\to q$ 为真；若该真值指派使得 p 为真，则说明 $\Gamma\cup\{p\}$ 为真，而根据假设，当 $\Gamma\cup\{p\}$ 为真时，q 也为真，这说明在该真值指派下 $p\to q$ 也为真，所以 $\Gamma\vDash(p\to q)$。

对于充分性，假设 $\Gamma\vDash(p\to q)$。对于任意使得 Γ 中命题公式和 p 均为真的真值指派，由假设知当 Γ 为真时，$p\to q$ 也为真，而现在 p 又为真，所以 q 为真，这说明了 $\Gamma\cup\{p\}\vDash q$。

■

从该命题可以得出一条间接推理规则：若 $\Gamma\cup\{p\}\vDash q$，则 $\Gamma\vDash(p\to q)$。称之为"蕴涵引入"规则。注意，这条推理规则中的两个有效推理的前提是不同的，因而在推理演算中可用来改变推理的前提。

【例 2.6.4】 构造 $p\vDash(q\to p)$ 的推理演算过程。

解：推理演算过程如下。

(1) $p,q\vDash p$ 前提引入

(2) $p\vDash(q\to p)$ 对(1)利用蕴涵引入得出

■

【例 2.6.5】 构造假言三段论 $\{p\to q,q\to r\}\vDash p\to r$ 的推理演算过程。

解：推理演算过程如下。

(1) $\{p\to q,q\to r,p\}\vDash p\to q$ 前提引入

(2) $\{p\to q,q\to r,p\}\vDash p$ 前提引入

(3) $\{p\to q,q\to r,p\}\vDash q$ 对(1)、(2)利用假言推理得出

(4) $\{p\to q,q\to r,p\}\vDash q\to r$ 前提引入

(5) $\{p\to q,q\to r,p\}\vDash r$ 对(3)、(4)利用假言推理得出

(6) $\{p\to q,q\to r\}\vDash p\to r$ 对(5)利用蕴涵引入得出

■

设 $\Gamma=\{A_1,A_2,\cdots,A_n\}$，则有效推理 $\Gamma\vDash B$ 即为 $\{A_1,A_2,\cdots,A_n\}\vDash B$，也即 $A_1\land A_2\land\cdots\land A_n\vDash B$。根据推理有效的定义，它即为 $A_1\land A_2\land\cdots\land A_n\Rightarrow B$，即 $A_1\land A_2\land\cdots\land A_n\to B$ 为重言式。而对 $A_1\land A_2\land\cdots\land A_n\vDash B$ 应用蕴涵引入规则，有 $\varnothing\vDash A_1\land A_2\land\cdots\land A_n\to B$。可见，无须任何前提的结论，实际上就是重言式。在对 $A_1\land A_2\land\cdots\land A_n\vDash B$ 进行推理演算时，若已得出 $\varnothing\vDash A_1\land A_2\land\cdots\land$

$A_n \to B$ 的演算过程，则 $A_1 \wedge A_2 \wedge \cdots \wedge A_n \vDash B$ 的演算过程就可以写作：

(1) $A_1 \wedge A_2 \wedge \cdots \wedge A_n \vDash A_1 \wedge A_2 \wedge \cdots \wedge A_n$　　前提引入

(2) $A_1 \wedge A_2 \wedge \cdots \wedge A_n \vDash (A_1 \wedge A_2 \wedge \cdots \wedge A_n \to B)$　　增加前提规则

(3) $A_1 \wedge A_2 \wedge \cdots \wedge A_n \vDash B$　　对(1)、(2)利用假言推理得出

其中步骤(2)应用了对有效推理可以增加任意前提的规则：如果 $\Gamma \vDash B$，则对于任意的命题公式 C，有 $\Gamma \cup \{C\} \vDash B$，其中，$\Gamma = \varnothing$，$C = A_1 \wedge A_2 \wedge \cdots \wedge A_n$。所以，把 $\varnothing \vDash A_1 \wedge A_2 \wedge \cdots \wedge A_n \to B$ 的演算步骤加入步骤(2)中，就可以得出整个推理演算过程。可见，对于任意的推理演算而言，总是可以转化为 $\varnothing \vDash A_1 \wedge A_2 \wedge \cdots \wedge A_n \to B$，而 $A_1 \wedge A_2 \wedge \cdots \wedge A_n \to B$ 是重言式，所以，对于任意的有效推理的讨论，都可以转化为对重言式的讨论，这是一般性的思路与方法。比如，对于有效推理 $\neg p \vDash (p \to q)$。若采用 $\Gamma \vDash B$ 这种有前提的推理演算方法，则有 $\neg p \vDash \neg p \vee q$，而由于 $\neg p \vee q \Leftrightarrow p \to q$，就有 $\neg p \vDash (p \to q)$。现在将该有效推理转化为无前提的推理 $\varnothing \vDash (\neg p \to (p \to q))$，因而只需要给出重言式 $(\neg p \to (p \to q))$ 的推理演算过程。此时，若事先给出一些重言式作为推理演算的出发点，就可以从这些已有的重言式出发进行推理演算。比如，由重言等价式 $(p \to q) \Leftrightarrow (\neg q \to \neg p)$ 可知 $(\neg q \to \neg p) \to (p \to q)$ 为重言式，所以有

$$\varnothing \vDash (\neg q \to \neg p) \to (p \to q) \tag{2.6.3}$$

而由例 2.6.4，再利用命题 2.6.1 有 $\varnothing \vDash (p \to (q \to p))$。用 $\neg p$ 和 $\neg q$ 代入其中的 p 和 q，可得

$$\varnothing \vDash (\neg p \to (\neg q \to \neg p)) \tag{2.6.4}$$

对式(2.6.3)和式(2.6.4)应用假言三段论规则，即可得 $\varnothing \vDash (\neg p \to (p \to q))$。

习题

1. 作出下列命题公式的真值表：

(1) $(p \to q) \leftrightarrow (\neg q \to \neg p)$；

(2) $(p \wedge q) \to (p \vee q)$；

(3) $(p \to q) \to p$；

(4) $q \to (q \to p)$；

(5) $p \to (q \vee r)$；

(6) $(p \wedge q) \to r$。

2. 采用真值表的方法，证明下列命题公式是重言等价的：

(1) $(p\to q)\wedge(p\to r)$与 $p\to(q\wedge r)$；

(2) $(p\to r)\wedge(q\to r)$与$(p\vee q)\to r$。

3. 采用重言等价演算的方法，证明下列重言等价式：

(1) $(p\to r)\vee(q\to r)\Leftrightarrow(p\wedge q)\to r$；

(2) $(\neg p)\to(q\to r)\Leftrightarrow q\to(p\vee r)$；

(3) $\neg(p\leftrightarrow q)\Leftrightarrow p\leftrightarrow(\neg q)$；

(4) $\neg(p\leftrightarrow q)\Leftrightarrow(\neg p)\leftrightarrow q$。

4. 求与下列命题公式重言等价的主析取范式：

(1) $p\to q$；

(2) $(p\vee q)\vee r$；

(3) $p\wedge q\to r$；

(4) $(p\leftrightarrow q)\to r$；

(5) $(\neg p\vee q)\to r$。

5. 求与下列命题公式重言等价的主合取范式：

(1) $p\to q$；

(2) $(p\wedge q)\wedge r$；

(3) $p\to(q\wedge r)$；

(4) $(p\leftrightarrow q)\to r$；

(5) $(p\wedge\neg q)\vee r$。

6. 求与下列命题公式重言等价的且仅使用连接词$\neg$，$\vee$的命题公式：

(1) $p\wedge q\to r$；

(2) $(p\leftrightarrow q)\wedge r$；

(3) $\neg p\to(\neg q\wedge r)$。

7. 求与下列命题公式重言等价的且仅使用连接词$\neg$、$\wedge$的命题公式：

(1) $p\vee q\to r$；

(2) $(p\leftrightarrow q)\vee r$；

(3) $p\to(q\vee\neg r)$。

8. 求与下列命题公式重言等价的且仅使用连接词$\neg$、$\to$的命题公式：

(1) $p\wedge q\wedge r$；

(2) $p\vee q\vee r$；

(3) $(p\wedge q)\vee(p\wedge r)$。

9. 证明如下的重言等价式：

(1) $p \wedge q \Leftrightarrow (p \uparrow q) \uparrow (p \uparrow q)$；

(2) $p \vee q \Leftrightarrow (p \downarrow q) \downarrow (p \downarrow q)$。

10. 求与 $p \rightarrow q$ 重言等价的且仅使用连接词 $\downarrow$ 的命题公式。

11. 采用真值表的方法证明下列重言蕴涵式：

(1) $(p \vee q) \wedge ((p \vee q) \rightarrow q) \Rightarrow q$；

(2) $((p \rightarrow q) \wedge (q \rightarrow (p \wedge r))) \Rightarrow (p \rightarrow (p \wedge r))$；

(3) $(\neg p \wedge ((q \rightarrow r) \vee p)) \Rightarrow (q \rightarrow r)$；

(4) $(p \leftrightarrow (q \rightarrow r)) \Rightarrow (p \wedge (q \rightarrow r)) \vee (\neg p \wedge \neg (q \rightarrow r))$。

12. 采用重言等价演算的方法证明下列重言蕴涵式：

(1) $(p \rightarrow (q \vee p)) \wedge (p \rightarrow (r \rightarrow p)) \Rightarrow p \rightarrow ((q \vee p) \wedge (r \rightarrow p))$；

(2) $(p \rightarrow (q \wedge p)) \wedge ((p \vee r) \rightarrow (q \wedge p)) \Rightarrow (p \vee r) \rightarrow (q \wedge p)$；

(3) $\neg (p \vee r) \rightarrow (q \rightarrow r) \Rightarrow q \rightarrow (p \vee r)$；

(4) $((p \vee r) \vee (q \rightarrow r)) \wedge \neg (p \vee r) \Rightarrow (q \rightarrow r)$。

13. 采用主合取范式的方法证明下列重言蕴涵式：

(1) $p \Rightarrow (q \rightarrow p)$；

(2) $p \rightarrow (q \rightarrow r) \Rightarrow (p \rightarrow q) \rightarrow (p \rightarrow r)$。

14. 采用有前提的推理演算方法给出下列有效推理的演算过程：

(1) $\{p \rightarrow q\} \models (p \rightarrow p \wedge q)$；

(2) $\{p \rightarrow (q \rightarrow r), p \wedge q\} \models r$；

(3) $\{p \rightarrow r, q \rightarrow s, p \wedge q\} \models r \wedge s$；

(4) $\{p \wedge q \rightarrow r, s \rightarrow p, q\} \models (s \rightarrow r)$。

第3章 命题逻辑的形式系统

第 2 章中对命题逻辑中推理的分析是借助于语义的,本章将从纯形式的语法角度对推理进行分析。首先是引入命题逻辑的形式系统,包括自然推理系统和公理推理系统。然后再引入语义,以整个命题逻辑形式系统为研究对象,建立起命题逻辑形式系统语法与语义之间的联系。对形式系统进行系统层面上的整体研究是建立形式系统的初衷。对形式系统的整体研究是属于元理论的层面,采用的方法是基于第 1 章中的数学归纳法和集合的基本知识。本章中所介绍的命题逻辑形式系统的知识,将为后面更加复杂的谓词逻辑形式系统的研究打下基础。

3.1 语言

在 1.1 节中曾提到过形式系统,并给出了一个形式系统的简单例子。现在引入命题逻辑的形式系统。命题逻辑形式系统的一般性描述由符号表集合、合式公式集合、公理集合、推理规则集合四部分组成。其中,符号表集合和合式公式集合给出了形式系统所使用的形式语言,公理集合和推理规则集合给出了在形式系统中采用形式语言进行"形式推理演算"时的源头和依据。在"形式推理演算"上加引号是为了强调,在形式系统中的推理演算是"形式上的",因为在形式系统内部符号及符号串不具有任何含义,当然也就无所谓真与假的概念,只具有形状,因而形式系统内部的推理演算就成为依照一定符号变形规则进行操作的机械化行为。这是不同于第 2 章中从真值语义出发导出的推理演算过程。

命题逻辑形式系统分为自然推理系统和公理推理系统两类。这两类形式系统的差别主要体现在与推理相关的部分,也就是公理集合和推理规则集合这两部分;在语言相关的部分,即符号表集合和合式公式集合这两部分上基本相同。本节对命题逻辑形式系统的语言做一些讨论。

命题逻辑形式系统的符号表集合和合式公式集合如下:

1. 符号表集合

(1) $p_1, p_2, p_3, \cdots$;

(2) $\neg, \wedge, \vee, \rightarrow, \leftrightarrow$;

(3) (,)。

2. 合式公式集合

合式公式是由符号表集合中的符号按照如下两条形成规则形成的有限长符

号串；此外，无其他合式公式。

(1) 对于任意的 $n\in\mathbb{N}$，$1\leqslant n$，p_n 为合式公式；

(2) 若 A、B 为合式公式，则 $(\neg A)$、$(A\wedge B)$、$(A\vee B)$、$(A\rightarrow B)$、$(A\leftrightarrow B)$ 也为合式公式。

符号表集合由三部分组成：第一部分是一个符号序列，因而它是一个可列集；第二部分和第三部分共 7 个符号，所以整个符号表集合为一个可列集。虽然在对形式系统进行解释后，第一部分会被解释为命题变元，第二部分会被解释为连接词，但是在解释之前它们并没有任何含义，仅为具有不同形状的符号而已。第三部分是括号，与通常意义下括号的用法相同，是为了消除阅读中的模糊，在 1.6 节谈到过括号的用法及性质。

由合式公式集合可以看出，在对形式系统做出解释之后，合式公式是可以解释为第 2 章中命题公式的。这是正常的，因为建立命题逻辑形式系统就是为了在形式上模仿、反映命题逻辑中的推理。由于不是任意有限长符号串都可以解释成命题公式的，需要把"有意义的"有限长符号串限定为满足"语法"要求的有限长符号串，从而排除掉诸如 $p_1\rightarrow\vee)p_2$ 这种不满足语法要求，进而解释后也不是命题公式的有限长符号串。可见，两条形成规则起到了形式系统中对象语言的语法作用。而"合式公式"就是满足语法规则的有限长符号串。

形成规则中的符号 A、B 不在形式系统的符号表集合中，因而不是对象语言，而是元语言。作为元语言，A、B 是有含义的，它们是指称形式系统中的有限长符号串。在这一点上，元语言和对象语言对比鲜明，比如 $p_1\vee p_2$ 是对象语言，就不具有任何含义，不指称任何对象。

两条形成规则是以归纳定义的方式构造性地给出了合式公式的概念：第一条形成规则直接将 p_n 确定为合式公式，称为原子合式公式(atomic well-formed formula)，这些被视为初始元素；第二条形成规则给出了合式公式的生成机制，使得在当前步中可以根据已经生成的合式公式生成新的合式公式。若采用 1.6 节提到的集合的归纳定义写法，则有 $S_0=\{p_1,p_2,p_3,\cdots\}$，$S_{n+1}=S_n\cup\{(\neg A)\mid A\in S_n\}\cup\{(A\circ B)\mid A,B\in S_n\}$，$n\in\mathbb{N}$，其中$\circ$为符号 $\wedge$、$\vee$、$\rightarrow$、$\leftrightarrow$ 中的某一个，所有合式公式的集合就是 $S=\bigcup_{n\in\mathbf{N}}S_n$。

与合式公式的归纳法定义相伴的有归纳法证明。根据 1.6 节中所提到的结构归纳法，为了证明所有的合式公式均具有性质 P，只需要证明如下两点：①所有的原子合式公式均具有性质 P；②对于任意的合式公式 A、B，若 A、B 具有性质 P，那么，$(\neg A)$、$(A\wedge B)$、$(A\vee B)$、$(A\rightarrow B)$、$(A\leftrightarrow B)$ 也具有性质 P。

比如,在直观上任意合式公式的左括号数目和右括号数目相等。对于这个命题,采用结构归纳法的证明步骤:首先,对于原子合式公式,它们均无左、右括号,所以它们的左括号数目和右括号数目均为0,即是相等的;其次,对于任意的合式公式A、B,假设A、B的左括号数目等于右括号数目,则对于$(\neg A)$、$(A\wedge B)$、$(A\vee B)$、$(A\rightarrow B)$、$(A\leftrightarrow B)$,它们都是在A、B的基础上增加一对配对的括号,它们的左括号数目和右括号数目分别在A、B的左括号数目和右括号数目上各增加1,因而根据归纳假设可得,它们的左括号数目和右括号数目还是相等的。由结构归纳法可知,对于任意的合式公式,其左括号数目和右括号数目相等。

关于合式公式的括号方面还有一条直观上显然的性质:合式公式任意真前段(proper initial segment)的左括号数目一定大于右括号数目。其中,真前段是指对于有限长符号串$a_1a_2\cdots a_n$而言,其前面的子串$a_1a_2\cdots a_m$为它的真前段,其中$1\leqslant m<n$。该性质看起来显然,是因为对于原子合式公式,由于其仅含有一个符号p_n,所以其不存在真前段;对于非原子合式公式,其必然是以左括号开始,并以右括号结束,而已得到合式公式的左括号数目和右括号数目相等,所以其真前段所含左括号的数目一定大于右括号的数目。采用结构归纳法的证明步骤:首先,对于原子合式公式,其不存在真前段,所以满足该性质。其次,对于任意的合式公式A、B,假设它们的任意真前段的左括号数目大于右括号数目,则对于$(\neg A)$,其所有可能的真前段为:①$($;②$(\neg$;③$(\neg A_1$。其中,A_1为A的真前段。对于情形①和②,符号串的左括号数目为1,右括号数目为0,满足左括号数目大于右括号数目;对于情形③,由归纳假设,A_1的左括号数目大于右括号数目,所以情形③中符号串的左括号数目比A_1的左括号数目增加1,而右括号数目等于A_1的右括号数目,因而情形③中符号串的左括号数目依然大于右括号数目。对于$(A\circ B)$,其中$\circ$为符号$\wedge$、$\vee$、$\rightarrow$、$\leftrightarrow$中的某一个,其所有可能的真前段为:①$($,②$(A_1$,③$(A$,④$(A\circ$,⑤$(A\circ B_1$,⑥$(A\circ B$。其中,A_1、B_1分别为A、B的真前段。对于情形①,左括号数目为1,右括号数目为0;对于情形②和⑤,根据归纳假设,A_1和B_1作为真前段,它们的左括号数目大于右括号数目,而合式公式的左括号数目又等于右括号数目,所以这两种情形中符号串的左括号数目大于右括号数目;对于情形③、④、⑤,由于合式公式的左括号数目等于右括号数目,这几种情形中符号串的左括号数目比右括号数目大1。综上,由结构归纳法可知,合式公式的真前段的左括号数目一定大于右括号数目。考虑到合式公式的左括号数目和右括号数目必然是相等的,因而这说明了合式公式的真前段一定不是合式公式。

按照两条形成规则，可以从原子合式公式开始一步步得到更复杂的合式公式。比如，根据第一条形成规则，p_1、p_2、p_3 为合式公式；根据第二条形成规则，$(\neg p_1)$、$(\neg p_3)$为合式公式；再根据第二条形成规则，$((\neg p_1)\wedge p_2)$为合式公式；再次利用第二条形成规则，$(((\neg p_1)\wedge p_2)\rightarrow(\neg p_3))$为合式公式。应用了一次第一条形成规则，三次第二条形成规则，从符号 p_1、p_2、p_3 出发逐步生成了合式公式$(((\neg p_1)\wedge p_2)\rightarrow(\neg p_3))$。现在的问题是，对于该合式公式是否只有这一种生成方法。一般化该问题就是，给定一个合式公式，把它分解为直到原子合式公式的方法是否唯一。下面命题给出了该问题的肯定回答：

【命题 3.1.1】 对于任意的合式公式 A，会满足且仅满足下述某一条：

(1) A 为原子合式公式；

(2) $A=(\neg A_1)$，其中 A_1 为合式公式；

(3) $A=(A_1\wedge A_2)$，其中 A_1、A_2 为合式公式；

(4) $A=(A_1\vee A_2)$，其中 A_1、A_2 为合式公式；

(5) $A=(A_1\rightarrow A_2)$，其中 A_1、A_2 为合式公式；

(6) $A=(A_1\leftrightarrow A_2)$，其中 A_1、A_2 为合式公式。

此外，在情形(2)～(6)中，合式公式 A_1、A_2 还是唯一确定的。

证明：首先证明对于任意的合式公式 A，其至少会满足其中一种情形。采用结构归纳法证明：首先，任意的原子合式公式满足情形(1)；其次，假设对于任意的合式公式 A、B，它们至少会满足其中一种情形，那么，$(\neg A)$满足情形(2)；$(A\wedge B)$、$(A\vee B)$、$(A\rightarrow B)$、$(A\leftrightarrow B)$分别满足情形(3)、(4)、(5)、(6)。因而，由结构归纳法可知，对于任意的合式公式，其至少会满足其中一种情形。

然后证明对于任意的合式公式 A，其至多会满足其中一种情形。首先，若 A 满足情形(1)，则一定不会再满足情形(2)～(6)，因为，作为有限长符号串的合式公式 A，若它满足情形(1)，它的第一个符号为 p_n，而情形(2)～(6)中第一个符号为左括号(。其次，若 A 满足情形(2)，除了已得出的不会满足情形(1)之外，一定不会再满足情形(3)～(6)。采用反证法，假设 A 满足情形(2)，即 $A=(\neg A_1)$，且 A 还满足情形(3)～(6)中某一个，以满足情形(3)为例进行说明，即 $A=(A_2\wedge A_3)$。从而有$(\neg A_1)=(A_2\wedge A_3)$。由于两个有限长符号串的相等表示它们的长度相同，且每一位上符号均相同，删除上述等式左、右两边的左括号，有 $\neg A_1)=A_2\wedge A_3)$，由于上式等号左边第一位为符号 $\neg$，A_2 为合式公式，上式等号右边第一位为符号(，这就出现了矛盾。最后，若 A 满足情形(3)～(6)中某一个情形，则除了不会满足前面已得出的情形(1)、(2)之外，它一定不会再满足情形(3)～(6)

中其他某个情形。还是采用反证法。以 A 同时满足情形(3)、(4)为例进行说明，即 $A=(A_1 \wedge A_2)$ 且 $A=(A_3 \vee A_4)$，因而有 $(A_1 \wedge A_2)=(A_3 \vee A_4)$，删除第一位上的左括号(，得到 $A_1 \wedge A_2)=A_3 \vee A_4)$，这说明了若 $A_1 \neq A_3$，必然会有 A_1 为 A_3 的真前段或者 A_3 为 A_1 的真前段，而由于合式公式的真前段不会是合式公式，只能是 $A_1=A_3$，可以对等式两边进一步删除 A_1 和 A_3，得出 $\wedge A_2)=\vee A_4)$，这就出现了矛盾，因为由上述等式可以得出符号 ∧ 等于符号 ∨。综上可得，对于任意的合式公式 A，其至多会满足其中一种情形。

最后证明，若合式公式 A 满足情形(2)～(6)，则 A_1，A_2 还是唯一确定的。还是采用反证法。首先考虑情形(2)。假设 A 满足情形(2)，但是 A_1 不唯一，即 $A=(\neg A_1)$，且还有 $A=(\neg A_2)$，则有 $(\neg A_1)=(\neg A_2)$，对等式两边同时删除符号(和 ¬，可得 $A_1)=A_2)$。与前述讨论的一样，由于合式公式的真前段一定不是合式公式，$A_1=A_2$，可见，若 A 满足情形(2)，则 A_1 一定是唯一确定的。再考虑情形(3)～(6)。若 A 满足情形(3)～(6)中某个情形，以情形(3)为例进行说明。假设 A 满足情形(3)且 A_1，A_2 不唯一，设 $A=(A_1 \wedge A_2)$ 且 $A=(A_3 \wedge A_4)$，则有 $(A_1 \wedge A_2)=(A_3 \wedge A_4)$，对等式两边同时删除符号(，可得 $A_1 \wedge A_2)=A_3 \wedge A_4)$，同前述讨论的一样，可得 $A_1=A_3$，进而再删除 A_1 和 A_3，得出 $\wedge A_2)=\wedge A_4)$，进一步删除符号 ∧，可得 $A_2=A_4$。可见，若 A 满足情形(3)，则 A_1、A_2 一定是唯一确定的。

■

该命题称为命题逻辑中的唯一可读性定理(unique readability theorem)，在命题逻辑的语法分析中是基础的且重要的。

根据唯一可读性定理，对于前面例子中的合式公式 $(((\neg p_1) \wedge p_2) \to (\neg p_3))$，首先它只能分解为 $(A_1 \to A_2)$，其中 $A_1=((\neg p_1) \wedge p_2)$，$A_2=(\neg p_3)$；其次对 A_1、A_2 应用唯一可读性定理，可得 A_1，A_2 只能分解为 $A_1=(A_3 \wedge A_4)$，$A_2=(\neg A_5)$，其中 $A_3=(\neg p_1)$，$A_4=p_2$，$A_5=p_3$。A_4、A_5 已经为原子合式公式，不可再分解，而 A_3 还可以再分解为 $A_3=(\neg A_6)$，其中 $A_6=p_1$，此时已分解到原子合式公式，不再进行分解。可见，对于合式公式 $(((\neg p_1) \wedge p_2) \to (\neg p_3))$ 应用唯一可读性定理，其分解过程恰为从 p_1、p_2、p_3 开始逐步生成合式公式 $(((\neg p_1) \wedge p_2) \to (\neg p_3))$ 的逆过程。换句话说，该合式公式有且仅有这一种生成方法。

在 2.1 节中，定义了命题公式以及命题公式的层次。事实上，从合式公式的定义可以看出，命题公式的定义可以去除“命题”这个语义解释，从纯语法的角度给出定义。而命题公式的层次是由于有了唯一可读性定理的保证，使得命题公式只会具有唯一的层次，进而这个概念才有了意义。在 2.1 节中将命题公式一步步拆成更短的命题公式，实际上是借助了唯一可读性定理的直观性。现在有了唯一可读性定理，可以严格地给出合式公式层次的定义。对于任意合式公式 A，若它属于集合 S_n，但是不属于集合 S_m，对于任意的 $0 \leqslant m < n$，那么 A 的层次就是 n。通过这个定义可得：第 0 层公式集合 $S_0 = \{p_1, p_2, p_3, \cdots\}$，第 1 层合式公式集合 $S_1 - S_0 = \{(\neg p_1), (\neg p_2), \cdots, (p_1 \wedge p_2), (p_1 \wedge p_3), \cdots, (p_1 \vee p_2), \cdots, (p_1 \rightarrow p_2), \cdots, (p_1 \leftrightarrow p_2), \cdots\}$，等等。这种从集合的角度定义合式公式层次的方式也可以换成 2.1 节中归纳的定义方式，那就是原子合式公式的层次为 0；若合式公式 A 为 $(\neg B)$，其中 B 的层次为 n，或者 A 为 $(B \wedge C)$、$(B \vee C)$、$(B \rightarrow C)$、$(B \leftrightarrow C)$ 中的某一个，其中 B、C 的最大层次为 n，那么 A 的层次为 $n+1$。可见，每一个合式公式都具有唯一的层次，各个层次合式公式集合之间互不相交。有了合式公式层次的概念，也可以对合式公式的层次 n 使用数学归纳法。

此外，正是有了唯一可读性定理的保证，在第 2 章中才可以严格地称命题公式 $(\neg A)$ 为 A 的否定式，$(A \wedge B)$、$(A \vee B)$、$(A \rightarrow B)$、$(A \leftrightarrow B)$ 分别为 A 和 B 的合取式、析取式、蕴涵式、等价式。

由于有了唯一可读性定理，也可以采用类似 2.1 节中对于命题公式的括号进行适当减少的方法把合式公式中的括号也适当地减少，只要不产生模糊就行。比如，合式公式 $(((\neg p_1) \vee p_2) \rightarrow p_3)$ 可以简写为 $\neg p_1 \vee p_2 \rightarrow p_3$。

3.2 自然推理系统

自然推理系统是命题逻辑形式系统的一类，在这一类中也有一些具体不同的自然推理系统。当然，这些不同的自然推理系统在模仿、反映逻辑推理上是相互等价的。下面选择其中一个进行介绍，记其为 L。

在 2.6 节中采用 $\Gamma \vDash B$ 表示数学证明或日常推理中前提 Γ 和结论 B 之间的推理关系。命题逻辑的自然推理系统 L 就是在形式上模仿、反映命题逻辑中这种“自然的”推理关系。自然推理系统 L，其形式语言部分同 3.1 节中介绍的那样，其形式推理部分规定了若干条形式推理规则，利用这些形式推理规则可以得到形式系统 L 中的形式推理关系。

设 Γ 表示有限的合式公式集合，即 $\Gamma = \{A_1, A_2, \cdots, A_n\}$，$B$ 为合式公式，用符号 $\Gamma \vdash B$ 或者 $A_1, A_2, \cdots, A_n \vdash B$ 表示形式前提(formal premise) $A_1, A_2, \cdots, A_n$ 与形式结论(formal conclusion) B 之间存在着形式上的推理关系，即在形式系统

L 中,由 $A_1,A_2,\cdots,A_n$ 或 Γ 可推出 B。

有了由 Γ 可推出 B 的符号记法 $\Gamma\vdash B$,可以使用这种符号记法方便地给出形式系统 L 中的形式推理规则集合。形式系统 L 中共有如下 10 条形式推理规则(formal rule of inference):

($\in$):$A_1,A_2,\cdots,A_n\vdash A_i,1\leqslant i\leqslant n,i\in\mathbb{N}$。

($\neg-$):若 $\Gamma\cup\{(\neg A)\}\vdash B$,且 $\Gamma\cup\{(\neg A)\}\vdash(\neg B)$,则 $\Gamma\vdash A$。

($\wedge-$):若 $\Gamma\vdash(A\wedge B)$,则 $\Gamma\vdash A$,且 $\Gamma\vdash B$。

($\wedge+$):若 $\Gamma\vdash A$,且 $\Gamma\vdash B$,则 $\Gamma\vdash(A\wedge B)$。

($\vee-$):若 $\Gamma\cup\{A\}\vdash C$,且 $\Gamma\cup\{B\}\vdash C$,则 $\Gamma\cup\{(A\vee B)\}\vdash C$。

($\vee+$):若 $\Gamma\vdash A$,则 $\Gamma\vdash(A\vee B)$,且 $\Gamma\vdash(B\vee A)$。

($\rightarrow-$):若 $\Gamma\vdash(A\rightarrow B)$,且 $\Gamma\vdash A$,则 $\Gamma\vdash B$。

($\rightarrow+$):若 $\Gamma\cup\{A\}\vdash B$,则 $\Gamma\vdash(A\rightarrow B)$。

($\leftrightarrow-$):若 $\Gamma\vdash(A\leftrightarrow B)$,且 $\Gamma\vdash A$,则 $\Gamma\vdash B$;若 $\Gamma\vdash(A\leftrightarrow B)$,且 $\Gamma\vdash B$,则 $\Gamma\vdash A$。

($\leftrightarrow+$):若 $\Gamma\cup\{A\}\vdash B$,且 $\Gamma\cup\{B\}\vdash A$,则 $\Gamma\vdash(A\leftrightarrow B)$。

对于符号 $\Gamma\vdash B$ 或者 $A_1,A_2,\cdots,A_n\vdash B$,其就是满足上述 10 条形式推理规则的序列 Γ,B 或者 $A_1,A_2,\cdots,A_n;B$,或者通俗地说,给定有顺序的两个对象,第一个是 $A_1,A_2,\cdots,A_n$,第二个是 B,根据上述 10 条形式推理规则确定这两个对象是否适用于 $A_1,A_2,\cdots,A_n\vdash B$。如果用符号$(A_1,A_2,\cdots,A_n)$表示合式公式的序列 $A_1,A_2,\cdots,A_n$,那么序列 Γ,B 或者 $A_1,A_2,\cdots,A_n;B$ 可以理解为$((A_1,A_2,\cdots,A_n),B)$,$((A_1,A_2,\cdots,A_n),B)$称为合式公式的矢列,以区别于合式公式的序列$(A_1,A_2,\cdots,A_n,B)$或 $A_1,A_2,\cdots,A_n,B$。可以看出,矢列可以视为只有两项的序列,第一项为合式公式序列 $A_1,A_2,\cdots,A_n$,第二项为单独一个合式公式 B。符号 $\Gamma\vdash B$ 的引入是为了在形式上模仿、反映推理关系 $A_1,A_2,\cdots,A_n\models B$ 的。其中,符号$\models$是在有限个命题公式之后,而在一个命题公式之前,所以给定合式公式的序列 $A_1,A_2,\cdots,A_n,B$,如果它代表一个推理关系,那么可以很清楚地知道这个序列的前 n 个命题公式 $A_1,A_2,\cdots,A_n$ 是该推理关系的前提,而最后一个命题公式 B 是该推理关系的结论。当然,推理的前提 $A_1,A_2,\cdots,A_n$ 之间是没有顺序的,但是前提 $A_1,A_2,\cdots,A_n$ 和结论 B 之间是有顺序的,所以视 $A_1,A_2,\cdots,A_n$ 的不同顺序导致的不同$((A_1,A_2,\cdots,A_n),B)$为同一个矢列。可以看出,合式公式的矢列是由 $n+1$ 个合式公式 $A_1,A_2,\cdots,A_n,B$ 组成,如果该合式公式的矢列满足上述 10 条形式推理规则,该矢列就被确认为形式系统 L 中的一个形式推理关系，记为 $A_1, A_2, \cdots, A_n \vdash B$ 或者 $\Gamma \vdash B$，并且该矢列的前 n 项为形式推理关系的形式前提，该矢列的最后一项为形式推理关系的形式结论。

从这些形式推理规则可以看出，每一条形式推理规则实质上是形式推理关系 $\Gamma \vdash B$ 之间的“变形规则”(transformation rule)，它指出了如何由满足条件的形式推理关系“变形”到另外的形式推理关系。采用名称“变形”，是考虑到合式公式是纯粹的、满足语法要求的有限长符号串，不具有任何含义，而形式推理关系又是一个由有限个合式公式构成的矢列，因此，对于矢列也就谈不上推理这个概念了。当然，形式系统是为了在形式上模仿、反映推理的，因而这些形式推理关系是模仿、反映推理关系的，这些针对形式推理关系的变形规则也是模仿、反映推理规则的。当把合式公式解释为命题公式后，Γ 到 B 的形式推理关系 $\Gamma \vdash B$ 就成为 2.6 节中的推理关系 $\Gamma \vDash B$，进而可以验证，这些变形规则就成为 2.6 节中的推理规则。比如，($\wedge +$)规则就对应了 2.6 节中的合取律规则：若 $\Gamma \vDash p$，且 $\Gamma \vDash q$，则 $\Gamma \vDash (p \wedge q)$。需要指出，10 条变形规则中的第一条相对于其他 9 条变形规则而言没有使用的条件，所以在有的文献中会把形式系统 L 中的第一条变形规则单独拿出作为形式系统 L 的公理。事实上，形式公理可以认为是特殊的变形规则：它是可以被直接使用的规则，不需要使用的条件。

这 10 条形式推理规则中，第一条直接给出了形式前提 Γ 到形式结论 B 的形式推理关系，它对应了 2.6 节中的直接推理规则；第二条到第十条都具有表述格式“若……，则……”，它们规定了可由怎样的已有形式推理关系生成怎样新的形式推理关系，它们对应了 2.6 节中的间接推理规则。如同在 2.6 节中所提到的，这种变形规则是以“归纳的”方式进行表述，即由已有的形式推理关系生成新的形式推理关系，而新的形式推理关系又可用来再生成其他新的形式推理关系。这就好比合式公式的第二条形成规则中由已有的合式公式生成新的合式公式。在形式系统 L 的形式语言部分，合式公式为研究对象，形成规则的第一条直接给出了原子合式公式，形成规则的第二条给出了合式公式的生成机制，根据该生成机制，可由已有的合式公式生成新的合式公式；在形式系统 L 的形式推理部分，形式推理关系为研究对象，变形规则的第一条直接给出了形式推理关系 $A_1, A_2, \cdots, A_n \vdash A_i$，变形规则的第二条到第十条给出了形式推理关系的生成机制，根据该生成机制，可由已有的形式推理关系生成新的形式推理关系。

在形式系统 L 的形式语言部分，采用构造性的归纳定义方法给出了合式公式的定义。而目前在形式系统 L 的形式推理部分只是给出了变形规则，并没有给出形式推理关系的归纳定义。下面给出形式推理关系的归纳定义。

【定义 3.2.1】 形式系统 L 中的形式推理关系 $\Gamma \vdash B$ 由 10 条变形规则生成，它要么是由第一条变形规则直接生成，要么是由已有的形式推理关系通过一步步地应用第二条到第十条变形规则中的某一条变形规则所生成。此外，无其他的生成方法。

可见，形式系统 L 的两大部分，即形式语言部分和形式推理部分都是采用归纳定义的方法去描述有关的概念。虽然形式推理关系 $\Gamma \vdash B$ 与合式公式都是采用构造性的归纳定义方法，但形式推理关系的归纳定义较之合式公式的归纳定义而言还是要更复杂一些。给定形式系统 L 中一个有限长符号串 X，若它是一个合式公式，则可以根据形成规则一步步地生成该合式公式，该生成过程也给出该有限长符号串 X 为合式公式的构造性证明。同理，给定形式系统 L 中的一个合式公式矢列$((A_1,A_2,\cdots,A_n),B)$，若该矢列具有形式推理关系 $A_1,A_2,\cdots,A_n \vdash B$，则可以根据变形规则一步步地生成该形式推理关系，该生成过程也给出了该合式公式矢列$((A_1,A_2,\cdots,A_n),B)$具有形式推理关系 $A_1,A_2,\cdots,A_n \vdash B$ 的构造性证明。当然，构造形式推理关系 $A_1,A_2,\cdots,A_n \vdash B$ 的生成过程比构造合式公式 A 的生成过程复杂，但是也更为重要。下面给它一个专门的定义。

【定义 3.2.2】 对于形式系统 L 中的有限个合式公式矢列所构成的序列 $S_1,S_2,\cdots,S_n$，如果其中每个 S_i，要么它直接满足第一条变形规则，要么是由它之前的某些 $S_j(j<i)$通过满足第二条到第十条变形规则中的某一条变形规则的使用条件得出它满足该条变形规则的结果，那么，序列 $S_1,S_2,\cdots,S_n$ 称为形式系统 L 中的一个形式证明(formal proof)，n 称为这个形式证明的长度。该形式证明也称为 S_n 在形式系统 L 中的形式证明。

从定义 3.2.2 可以看出，若合式公式矢列所构成的序列 $S_1,S_2,\cdots,S_n$ 为形式系统 L 中的一个形式证明，那么对于任意的 $k<n$，序列 $S_1,S_2,\cdots,S_k$ 也是形式系统 L 中的一个形式证明；并且，根据定义 3.2.1 可知，序列 $S_1,S_2,\cdots,S_n$ 中每个 S_i 都是 L 中的形式推理关系，因而，$S_1,S_2,\cdots,S_n$ 就是形式推理关系的序列 $\Gamma_1 \vdash B_1,\Gamma_2 \vdash B_2,\cdots,\Gamma_n \vdash B_n$，同时它是形式推理关系 $\Gamma_n \vdash B_n$ 在形式系统 L 中的一个形式证明，也就是 $\Gamma_n \vdash B_n$ 在形式系统 L 中的生成过程。

【例 3.2.1】 给出$\{A\to B,B\to C,A\}\vdash C$ 的形式证明。

解：$\{A\to B,B\to C,A\}\vdash C$ 的形式证明如下所示。

(1) $\{A\to B,B\to C,A\}\vdash A\to B$ $\qquad$ $(\in)$

(2) $\{A\to B,B\to C,A\}\vdash A$ $\qquad$ $(\in)$

(3) $\{A\to B,B\to C,A\}\vdash B$ $\qquad$ (1)(2)$(\to-)$

(4) $\{A\to B, B\to C, A\}\vdash B\to C$ (∈)

(5) $\{A\to B, B\to C, A\}\vdash C$ (3)(4)(→−)

■

10 条变形规则中所涉及的符号 Γ、A_i、A、B、C、$\vdash$ 都是元语言符号，不是形式系统 L 符号表集合中的符号。其中，Γ 是形式系统 L 中任意有限个合式公式的集合，A_i、A、B、C 是形式系统 L 中任意的合式公式，$\vdash$ 表示 $\Gamma\vdash B$ 中的 Γ 与 B 之间具有形式推理关系。所以，10 条变形规则中每一条都不是针对某一个特定合式公式的单独一条变形规则，而是包含无限条具体变形规则实例(instance)，是这些具体变形规则实例的共同"模式"(schema)。也就是说，10 条变形规则是以"模式的"方式给出的，是 10 条变形规则模式(transformation rule schema)。比如，若 $\Gamma\vdash(p_1\to p_2)$，且 $\Gamma\vdash p_1$，则 $\Gamma\vdash p_2$，若 $\Gamma\vdash(p_1\to(p_2\wedge p_3))$，且 $\Gamma\vdash p_1$，则 $\Gamma\vdash(p_2\wedge p_3)$，这些都是变形规则(→−)的具体实例。同样的，例 3.2.1 中的形式推理关系也是以模式的方式给出，它是 2.6 节中推理关系 $\{p\to q, q\to r, p\}\vDash r$ 在形式系统 L 中的反映；此外，例 3.2.1 中的形式证明也是以模式的方式给出。

10 条变形规则都有一定的符号简写名称，标于变形规则的左侧括号内。除了第一条变形规则外，第二条到第十条变形规则的简写名称中都含有"−"或者"+"，以表示这条变形规则是消去(elimination)或者引入(introduction)某个连接词符号。这里所说的消去某个连接词符号，是指变形规则中由已有的形式推理关系所生成新的形式推理关系时，该连接词在新生成的形式推理关系的形式结论中被消去了。比如，在(∧−)规则中已有的形式推理关系 $\Gamma\vdash(A\wedge B)$ 的形式结论 $(A\wedge B)$ 中是含有连接词符号 ∧ 的，而在新生成的形式推理关系 $\Gamma\vdash A$ 和 $\Gamma\vdash B$ 的形式结论中已经没有了连接词符号 ∧，可认为消去了连接词符号 ∧。类似地，这里所说的引入某个连接词符号，是指变形规则中由已有的形式推理关系所生成新的形式推理关系时，该连接词在新生成的形式推理关系的形式结论中被引入了。比如，在(∨+)中已有的形式推理关系 $\Gamma\vdash A$ 的形式结论 A 中是没有连接词符号 ∨ 的，而在新生成的形式推理关系 $\Gamma\vdash(A\vee B)$ 和 $\Gamma\vdash(B\vee A)$ 的形式结论中出现了连接词符号 ∨，可认为引入了连接词符号 ∨。

在形式推理关系的形式证明中，如果某一步形式推理关系是根据第一条变形规则得出，就在这一步的右侧写下该变形规则的符号简写名称(∈)；如果某一步形式推理关系是根据第二条到第十条的某一条变形规则得出，该步一定是对它之前已有的形式推理关系使用了该变形规则，就在这一步的右侧写下所用到的之前的步骤号码，以及其所使用的变形规则的符号简写名称。在例 3.2.1 中的形式证明中已经采用了这种标记方法，使得每一步形式证明过程都有依据。

【例 3.2.2】 给出下列各形式推理关系的形式证明：

(i) $\{A\} \vdash A$；

(ii) $\{A \to B, A\} \vdash B$；

(iii) $\{A\} \vdash (B \to A)$；

(iv) $\{A \to B, B \to C\} \vdash (A \to C)$；

(v) $\{A \to (B \to C), A \to B\} \vdash (A \to C)$。

解：(i)的形式证明如下所示。

(i) $\{A\} \vdash A$ (∈)

(ii)的形式证明如下所示。

(1) $\{A \to B, A\} \vdash (A \to B)$ (∈)

(2) $\{A \to B, A\} \vdash A$ (∈)

(3) $\{A \to B, A\} \vdash B$ (1)(2)(→−)

(iii)的形式证明如下所示。

(1) $\{A, B\} \vdash A$ (∈)

(2) $\{A\} \vdash (B \to A)$ (1)(→+)

(iv)的形式证明如下所示。

(1) $\{A \to B, B \to C, A\} \vdash C$ (例 3.2.1)

(2) $\{A \to B, B \to C\} \vdash (A \to C)$ (1)(→+)

(v)的形式证明如下所示。

(1) $\{A \to (B \to C), A \to B, A\} \vdash (A \to (B \to C))$ (∈)

(2) $\{A \to (B \to C), A \to B, A\} \vdash A$ (∈)

(3) $\{A \to (B \to C), A \to B, A\} \vdash (B \to C)$ (1)(2)(→−)

(4) $\{A \to (B \to C), A \to B, A\} \vdash (A \to B)$ (∈)

(5) $\{A \to (B \to C), A \to B, A\} \vdash B$ (2)(4)(→−)

(6) $\{A \to (B \to C), A \to B, A\} \vdash C$ (3)(5)(→−)

(7) $\{A \to (B \to C), A \to B\} \vdash (A \to C)$ (6)(→+)

■

在例 3.2.2 中(iv)的形式证明里直接使用了例 3.2.1 的结果，所以，若按照定义 3.2.2 来说，这个形式证明已经不是严格意义下的形式证明。但是，若把例 3.2.1 的整个形式证明替换例 3.2.2 中(iv)的形式证明的第(1)步，就会得到完整严格的形式证明，如下所示：

(1) $\{A\to B, B\to C, A\}\vdash A\to B$ (∈)

(2) $\{A\to B, B\to C, A\}\vdash A$ (∈)

(3) $\{A\to B, B\to C, A\}\vdash B$ (1)(2)(→−)

(4) $\{A\to B, B\to C, A\}\vdash B\to C$ (∈)

(5) $\{A\to B, B\to C, A\}\vdash C$ (3)(4)(→−)

(6) $\{A\to B, B\to C\}\vdash (A\to C)$ (1)(→+)

可见,例 3.2.1 中已得出的结果可以作为一个新的变形规则使用,该新的变形规则相当于 2.6 节中的导出推理规则,称为导出变形规则(derived transformation rule)。由于导出变形规则就是根据 10 条基本变形规则得到的,使用导出变形规则相当于一段仅使用基本变形规则的形式证明的缩写。这个观点在 2.6 节提到过。使用导出变形规则可以简化形式推理关系的证明过程。

为了方便起见,引入一些关于形式推理关系 $\Gamma\vdash B$ 的记法。若 $\Gamma=\{A_1, A_2, \cdots, A_n\}$,则将 $\{A_1, A_2, \cdots, A_n\}\vdash B$ 记为 $A_1, A_2, \cdots, A_n\vdash B$,将 $\Gamma\cup\{B\}\vdash C$ 记为 $\Gamma, B\vdash C$。对于 $\Gamma\vdash B_1, \Gamma\vdash B_2, \cdots, \Gamma\vdash B_n$,记为 $\Gamma\vdash B_1, B_2, \cdots, B_n$;若令 $\Gamma_1=\{B_1, B_2, \cdots, B_n\}$,则 $\Gamma\vdash\Gamma_1$ 就是 $\Gamma\vdash B_1, B_2, \cdots, B_n$。

【例 3.2.3】 给出下列各形式推理关系的形式证明:

(i) $\neg A\vdash (A\to B)$;

(ii) $\neg\neg A\vdash A$。

解:(i)的形式证明如下所示。

(1) $A, \neg A, \neg B\vdash A$ (∈)

(2) $A, \neg A, \neg B\vdash (\neg A)$ (∈)

(3) $A, \neg A\vdash B$ (1)(2)(¬−)

(4) $\neg A\vdash A\to B$ (3)(→+)

(ii)的形式证明如下所示。

(1) $\neg\neg A, \neg A\vdash (\neg A)$ (∈)

(2) $\neg\neg A, \neg A\vdash (\neg\neg A)$ (∈)

(3) $\neg\neg A\vdash A$ (1)(2)(¬−)

■

【例 3.2.4】 给出下列各形式推理关系的形式证明:

(i) $A\wedge B\vdash B\wedge A$;

(ii) $(A\wedge B)\wedge C\vdash A\wedge (B\wedge C)$。

解:(i)的形式证明如下所示。

(1) $A \wedge B \vdash A \wedge B$　　(∈)

(2) $A \wedge B \vdash A$　　(1)(∧−)

(3) $A \wedge B \vdash B$　　(1)(∧−)

(4) $A \wedge B \vdash B \wedge A$　　(3)(2)(∧+)

(ii)的形式证明如下所示。

(1) $(A \wedge B) \wedge C \vdash (A \wedge B) \wedge C$　　(∈)

(2) $(A \wedge B) \wedge C \vdash (A \wedge B)$　　(1)(∧−)

(3) $(A \wedge B) \wedge C \vdash C$　　(1)(∧−)

(4) $(A \wedge B) \wedge C \vdash A$　　(2)(∧−)

(5) $(A \wedge B) \wedge C \vdash B$　　(2)(∧−)

(6) $(A \wedge B) \wedge C \vdash (B \wedge C)$　　(5)(3)(∧+)

(7) $(A \wedge B) \wedge C \vdash A \wedge (B \wedge C)$　　(4)(6)(∧+)

■

根据例 3.2.4 中(i)和(ii)的形式证明过程，也可以类似地得到如下形式推理关系：

(i) $B \wedge A \vdash A \wedge B$；

(ii) $A \wedge (B \wedge C) \vdash (A \wedge B) \wedge C$。

【例 3.2.5】 给出下列各形式推理关系的形式证明：

(i) $A \vee B \vdash B \vee A$；

(ii) $(A \vee B) \vee C \vdash A \vee (B \vee C)$。

解：(i)的形式证明如下所示。

(1) $A \vdash A$　　(∈)

(2) $A \vdash B \vee A$　　(1)(∨+)

(3) $B \vdash B$　　(∈)

(4) $B \vdash B \vee A$　　(3)(∨+)

(5) $A \vee B \vdash B \vee A$　　(2)(4)(∨−)

(ii)的形式证明如下所示。

(1) $C \vdash C$　　(∈)

(2) $C \vdash B \vee C$　　(1)(∨+)

(3) $C \vdash A \vee (B \vee C)$　　(2)(∨+)

(4) $A \vdash A$　　(∈)

(5) $A \vdash A \vee (B \vee C)$　　(4)(∨+)

(6) $B \vdash B$	(∈)
(7) $B \vdash B \vee C$	(6)(∨+)
(8) $B \vdash A \vee (B \vee C)$	(7)(∨+)
(9) $A \vee B \vdash A \vee (B \vee C)$	(5)(8)(∨−)
(10) $(A \vee B) \vee C \vdash A \vee (B \vee C)$	(9)(3)(∨−)

■

同上一个例题，根据例 3.2.5 中(i)和(ii)的形式证明过程也可以类似地得到如下形式推理关系：

(i) $B \vee A \vdash A \vee B$；

(ii) $A \vee (B \vee C) \vdash (A \vee B) \vee C$。

定义 3.2.1 是形式推理关系的归纳定义，类似于合式公式的归纳定义会伴随有归纳法证明，形式推理关系的归纳定义也会伴随有归纳法证明。这个归纳法证明也是结构归纳法，只是这个结构归纳法关于形式推理关系生成机制的归纳，即关于形式推理关系的结构归纳。为了证明形式系统 L 中所有的形式推理关系均具有性质 P，只需要证明两点：①由第一条变形规则直接生成的所有形式推理关系 $\Gamma \vdash B$ 均具有性质 P；②对于任意的 $\Gamma \vdash B$，若它是由已有的形式推理关系应用第二条到第十条变形规则中的某一条变形规则所生成，则当已有的形式推理关系具有性质 P 时，所生成的形式推理关系 $\Gamma \vdash B$ 也具有性质 P。

当然，这个关于形式推理关系的结构归纳法等价于对形式推理关系的形式证明长度的数学归纳法，因为根据定义 3.2.2，每一个形式推理关系 $\Gamma \vdash B$ 都存在一个形式证明 $\Gamma_1 \vdash B_1, \Gamma_2 \vdash B_2, \cdots, \Gamma_n \vdash B_n$，其中 $\Gamma_n \vdash B_n$ 就是 $\Gamma \vdash B$，而每一个 $\Gamma_i \vdash B_i$，要么由第一条变形规则直接生成，要么是由它之前已有的形式推理关系应用第二条到第十条变形规则中的某一条变形规则所生成。

下面给出关于形式推理关系的结构归纳法的一个应用例子。

【命题 3.2.1】 若 $\Gamma \vdash B$，则对任意的合式公式 C，均有 $\Gamma, C \vdash B$。

证明：该命题表明，对于任意的 $\Gamma \vdash B$，均有性质 P：$\Gamma, C \vdash B$。对它采用关于形式推理关系的结构归纳法。首先，若 $\Gamma \vdash B$ 是由第一条变形规则直接生成，则有 $B \in \Gamma$，所以也就有 $B \in \Gamma \cup \{C\}$，因而由第一条变形规则有 $\Gamma, C \vdash B$。

其次，依次验证，若 $\Gamma \vdash B$ 是由已有的形式推理关系应用第二条到第十条变形规则中的某一条变形规则所生成，则当已有的形式推理关系具有该性质 P 时，所生成的形式推理关系 $\Gamma \vdash B$ 也具有该性质 P。只验证变形规则(¬−)、(∧−)、(∨−)、(→+)，其他的变形规则可以类似验证。

对于变形规则(¬−)，$\Gamma \vdash B$ 由 $\Gamma, \neg B \vdash D$ 和 $\Gamma, \neg B \vdash \neg D$ 应用(¬−)规则得出。若 $\Gamma, \neg B, C \vdash D$，且 $\Gamma, \neg B, C \vdash \neg D$，则由(¬−)变形规则，有 $\Gamma, C \vdash B$。

对于变形规则(∧−)，$\Gamma \vdash B$ 由 $\Gamma \vdash A \wedge B$ 或者 $\Gamma \vdash B \wedge A$ 应用(∧−)规则得出。若 $\Gamma, C \vdash A \wedge B$ 或者 $\Gamma, C \vdash B \wedge A$，则由(∧−)变形规则，均有 $\Gamma, C \vdash B$。

对于变形规则(∨−)，$\Gamma \vdash B$ 由 $\Gamma_1, D_1 \vdash B$ 和 $\Gamma_1, D_2 \vdash B$ 应用(∨−)规则得出，其中 $\Gamma = \Gamma_1 \cup \{D_1 \vee D_2\}$。若 $\Gamma_1, D_1, C \vdash B$，且 $\Gamma_1, D_2, C \vdash B$，则由(∨−)变形规则，有 $\Gamma_1, C, D_1 \vee D_2 \vdash B$，此即为 $\Gamma, C \vdash B$。

对于变形规则(→+)，$\Gamma \vdash B$ 由 $\Gamma, D_1 \vdash D_2$ 应用(→+)规则得出，其中 $B = D_1 \to D_2$。若 $\Gamma, D_1, C \vdash D_2$，则由(→+)变形规则，有 $\Gamma, C \vdash D_1 \to D_2$，此即为 $\Gamma, C \vdash B$。

因而，由关于形式推理关系的结构归纳法可知，对于任意的形式推理关系 $\Gamma \vdash B$，均有性质 P：$\Gamma, C \vdash B$。

■

可以看出，命题 3.2.1 也是一种变形规则，它是一种导出变形规则，但是该导出变形规则相对于之前例题中的导出变形规则又不同，它和基本变形规则中的第二条到第十条变形规则类似，具有表述格式“若……，则……”，所以，这种导出变形规则是一种“间接导出变形规则”，而之前例题中的导出变形规则为“直接导出变形规则”。将命题 3.2.1 的导出变形规则记为(P+)。

关于连接词符号的 9 条基本变形规则都是以间接变形规则的方式给出，因而就像在 2.6 节中所提到的间接推理规则那样，使用间接变形规则已将形式推理关系的传递性融入变形规则中。确实，形式系统 L 中形式推理关系的传递性是满足的。

【命题 3.2.2】 若 $\Gamma \vdash B_1, B_2, \cdots, B_n$，且 $B_1, B_2, \cdots, B_n \vdash B$，则有 $\Gamma \vdash B$。

证明：由已知条件 $B_1, B_2, \cdots, B_n \vdash B$，对其使用(→+)规则，可得

$$B_1, B_2, \cdots, B_{n-1} \vdash B_n \to B$$

再次使用(→+)规则，可得

$$B_1, B_2, \cdots, B_{n-2} \vdash B_{n-1} \to (B_n \to B)$$

一直这样下去，使用(→+)规则 n 次，可得

$$\varnothing \vdash (B_1 \to (B_2 \to \cdots \to (B_n \to B) \cdots)$$

根据导出变形规则(P+)，可得

$$\Gamma \vdash (B_1 \to (B_2 \to \cdots \to (B_n \to B) \cdots)$$

由已知条件 $\Gamma \vdash B_1$，再结合上式应用(→−)变形规则，可得

$$\Gamma \vdash (B_2 \to (B_3 \to \cdots \to (B_n \to B)\cdots)$$

再由已知条件 $\Gamma \vdash B_2$，并结合上式应用(→−)变形规则，可得

$$\Gamma \vdash (B_3 \to (B_4 \to \cdots \to (B_n \to B)\cdots)$$

一直这样下去，使用(→−)规则 n 次，可得 $\Gamma \vdash B$。

■

命题 3.2.2 的证明也可以类比形式证明的方式，给出如下证明。

(1) $B_1, B_2, \cdots, B_n \vdash B$	(已知)
(2) $B_1, B_2, \cdots, B_{n-1} \vdash B_n \to B$	(1)(∨+)
⋮	
$(n+1)$ $\varnothing \vdash (B_1 \to (B_2 \to \cdots \to (B_n \to B)\cdots)$	(n)(→+)
$(n+2)$ $\Gamma \vdash (B_1 \to (B_2 \to \cdots \to (B_n \to B)\cdots)$	$(n+1)$(P+)
$(n+3)$ $\Gamma \vdash B_1$	(已知)
$(n+4)$ $\Gamma \vdash (B_2 \to (B_3 \to \cdots \to (B_n \to B)\cdots)$	$(n+2)(n+3)$(→−)
⋮	
$(n+2+2n)$ $\Gamma \vdash B$	$(n+2+(2n-1))(n+2+(2n-2))$(→−)

这个证明不能算是严格意义上的形式证明，因为这里直接使用了命题中的已知条件。但是，由于已知条件作为一个形式推理关系，说明其存在着一个形式证明，所以，当把已知条件的形式证明替换上述证明中右侧标记"(已知)"的步骤后，上述证明就成为完整严格的形式证明。后面会用"(已知)"标记，说明、代替已知条件存在一个形式证明。

命题 3.2.2 作为一个导出变形规则，记为(Tr)。

【命题 3.2.3】 若 $\Gamma, A \vdash B$，且 $\Gamma, A \vdash \neg B$，则有 $\Gamma \vdash \neg A$。

证明：形式证明如下所示。

(1) $\Gamma, \neg\neg A \vdash \Gamma$	(∈)
(2) $\neg\neg A \vdash A$	(例 3.2.3 的(2))
(3) $\Gamma, \neg\neg A \vdash A$	(2)(P+)
(4) $\Gamma, A \vdash B$	(已知)
(5) $\Gamma, \neg\neg A \vdash B$	(1)(3)(4)(Tr)
(6) $\Gamma, A \vdash \neg B$	(已知)
(7) $\Gamma, \neg\neg A \vdash \neg B$	(1)(3)(6)(Tr)
(8) $\Gamma \vdash \neg A$	(5)(7)(¬−)

■

命题 3.2.3 作为一个导出变形规则，由于它在新生成的形式推理关系 $\Gamma \vdash \neg A$ 的形式结论中引入了连接词符号¬，这条导出变形规则记为(¬+)。

【例 3.2.6】 给出下列各形式推理关系的形式证明：

(i) $A \vdash \neg\neg A$；

(ii) $A \to B \vdash \neg B \to \neg A$。

解：(i)的形式证明如下所示。

(1) $A, \neg A \vdash A$	(∈)
(2) $A, \neg A \vdash \neg A$	(∈)
(3) $A \vdash \neg\neg A$	(1)(2)(¬+)

(ii)的形式证明如下所示。

(1) $A \to B, \neg B, A \vdash A \to B$	(∈)
(2) $A \to B, \neg B, A \vdash \neg B$	(∈)
(3) $A \to B, \neg B, A \vdash A$	(∈)
(4) $A \to B, \neg B, A \vdash B$	(1)(3)(→−)
(5) $A \to B, \neg B \vdash \neg A$	(2)(4)(¬+)
(6) $A \to B \vdash \neg B \to \neg A$	(5)(→+)

■

如同 2.6 节曾提到过的，通过推理的传递性可以将直接推理规则变成间接推理规则，现在也可以利用(Tr)变形规则将本节例题中的直接导出变形规则变成间接导出变形规则。比如，例 3.2.3 的(ii) $\neg\neg A \vdash A$ 可以变为：若 $\Gamma \vdash \neg\neg A$，则有 $\Gamma \vdash A$。其证明过程如下所示。

(1) $\Gamma \vdash \neg\neg A$	(已知)
(2) $\neg\neg A \vdash A$	(例 3.2.3 的(ii))
(3) $\Gamma \vdash A$	(1)(2)(Tr)

类似地，例 3.2.6 的(ii) $A \to B \vdash \neg B \to \neg A$ 可以变为：若 $\Gamma \vdash A \to B$，则有 $\Gamma \vdash \neg B \to \neg A$。其证明过程如下所示。

(1) $\Gamma \vdash A \to B$	(已知)
(2) $A \to B \vdash \neg B \to \neg A$	(例 3.2.6 的(ii))
(3) $\Gamma \vdash \neg B \to \neg A$	(1)(2)(Tr)

若不采用变形规则(Tr)，则可以把例题中的形式证明过程以另一种方式融入新的形式证明中。比如，若 $\Gamma \vdash \neg\neg A$，则有 $\Gamma \vdash A$。这个间接导出规则不采用变形规则(Tr)的证明过程如下所示。

(1) $\Gamma \vdash \neg\neg A$ (已知)

(2) $\Gamma, \neg A \vdash \neg\neg A$ (1)(P+)

(3) $\Gamma, \neg A \vdash \neg A$ (∈)

(4) $\Gamma \vdash A$ (2)(3)(¬－)

在形式系统 L 中,由于涉及连接词符号的 9 条基本变形规则都是间接变形规则,它们蕴涵着形式推理关系的传递性,由它们可以得到变形规则(Tr),在形式系统 L 中,一个形式推理关系的形式证明采用或者不采用(Tr)变形规则都是可以的,只是若采用变形规则(Tr)会更简单一些。但是,若 9 条涉及连接词的基本变形规则不全是以间接变形规则的方式给出,而是有些以直接变形规则的方式给出,则此时形式系统的基本变形规则中就应该将变形规则(Tr)作为一条基本变形规则纳入其中。在本节一开始提到过,自然推理系统这一类中有一些具体不同的形式系统,尽管它们在模仿、反映逻辑推理上是相互等价的。比如,有的自然推理系统的基本变形规则部分,如下所示:

(∈): $A_1, A_2, \cdots, A_n \vdash A_i, 1 \leqslant i \leqslant n, i \in \mathbb{N}$。

(Tr): 若 $\Gamma \vdash B_1, B_2, \cdots, B_n$,且 $B_1, B_2, \cdots, B_n \vdash B$,则 $\Gamma \vdash B$。

(¬－): 若 $\Gamma \cup \{(\neg A)\} \vdash B$,且 $\Gamma \cup \{(\neg A)\} \vdash (\neg B)$,则 $\Gamma \vdash A$。

(∧－): $A \land B \vdash A, B$。

(∧+): $A, B \vdash (A \land B)$。

(∨－): 若 $\Gamma \cup \{A\} \vdash C$,且 $\Gamma \cup \{B\} \vdash C$,则 $\Gamma \cup \{(A \lor B)\} \vdash C$。

(∨+): $A \vdash (A \lor B), (B \lor A)$。

(→－): $A, A \to B \vdash B$。

(→+): 若 $\Gamma \cup \{A\} \vdash B$,则 $\Gamma \vdash (A \to B)$。

(↔－): 若 $\Gamma \vdash (A \leftrightarrow B)$,且 $\Gamma \vdash A$,则 $\Gamma \vdash B$; 若 $\Gamma \vdash (A \leftrightarrow B)$,且 $\Gamma \vdash B$,则 $\Gamma \vdash A$。

(↔+): 若 $\Gamma \cup \{A\} \vdash B$,且 $\Gamma \cup \{B\} \vdash A$,则 $\Gamma \vdash (A \leftrightarrow B)$。

可见,相对于形式系统 L,这个形式系统的基本变形规则部分把其中的四条变形规则(∧－)、(∧+)、(∨+)、(→－)由间接方式改为直接方式,并增加了变形规则(Tr)。当然,把形式系统 L 中 9 条涉及连接词符号的基本变形规则中的其他若干条变形规则也做这样的改动,所得到的基本变形规则部分也是可以的。

还有的自然推理系统,其基本变形规则部分仅使用了 5 个连接词符号 ¬、∧、∨、→、↔ 中的一部分。比如,下面是一个自然推理系统的基本变形规则部分:

(∈): $A_1, A_2, \cdots, A_n \vdash A_i, 1 \leqslant i \leqslant n, i \in \mathbb{N}$。

(¬−)：若 $\Gamma\cup\{(\neg A)\}\vdash B$，且 $\Gamma\cup\{(\neg A)\}\vdash(\neg B)$，则 $\Gamma\vdash A$。

(→−)：若 $\Gamma\vdash(A\rightarrow B)$，且 $\Gamma\vdash A$，则 $\Gamma\vdash B$。

(→+)：若 $\Gamma\cup\{A\}\vdash B$，则 $\Gamma\vdash(A\rightarrow B)$。

这当然也是可以的，因为根据2.4节可知，$\{\neg,\rightarrow\}$为连接词的完备集，所以仅采用涉及连接词符号¬、→的基本变形规则也足以模仿、反映命题逻辑中的推理。由于该形式系统仅使用了连接符符号¬、→，其形式语言部分也应该做相应的改动，符号表集合和合式公式集合如下所示：

1. 符号表集合

(1) $p_1,p_2,p_3,\cdots$；

(2) ¬，→；

(3) (，)。

2. 合式公式集合

合式公式是由符号表集合中的符号，按照如下两条形成规则所形成的有限长符号串(此外，无其他合式公式)：

(1) 对于任意的 $n\in\mathbb{N}$，$1\leqslant n$，p_n 为合式公式；

(2) 若 A、B 是合式公式，则$(\neg A)$和$(A\rightarrow B)$也是合式公式。

形式系统的形式语言部分相对于形式推理部分要简单，所以可以把形式语言部分的改动视为没有变化。

对于这个仅使用连接词符号¬、→的自然推理系统，如果其基本变形规则中的某几条变形规则改为直接变形规则，比如，将(→−)规则改为

(→−)：$A,A\rightarrow B\vdash B$。

那么，该形式系统的基本变形规则中，就应该增加变形规则(Tr)。

由于连接词的完备集不止$\{\neg,\rightarrow\}$和$\{\neg,\wedge,\vee,\rightarrow,\leftrightarrow\}$这两个，还有$\{\neg,\wedge\}$、$\{\neg,\wedge,\vee\}$等完备集，也可以将自然推理系统的形式语言部分和形式推理部分都改为仅由这些连接词符号所表示。比如，若采用$\{\neg,\wedge\}$，则自然推理系统的基本变形规则为

(∈)：$A_1,A_2,\cdots,A_n\vdash A_i$，$1\leqslant i\leqslant n$，$i\in\mathbb{N}$。

(Tr)：若 $\Gamma\vdash B_1,B_2,\cdots,B_n$，且 $B_1,B_2,\cdots,B_n\vdash B$，则 $\Gamma\vdash B$。

(¬−)：若 $\Gamma\cup\{(\neg A)\}\vdash B$，且 $\Gamma\cup\{(\neg A)\}\vdash(\neg B)$，则 $\Gamma\vdash A$。

(∧−)：$A\wedge B\vdash A,B$。

$(\wedge+)$：$A,B\vdash(A\wedge B)$。

3.3 公理推理系统

在2.6节中提到过，对于任意的推理关系 $A_1,A_2,\cdots,A_n\vDash B$，总是可以转换为$\varnothing\vDash A_1\wedge A_2\wedge\cdots\wedge A_n\to B$，这也就是说，关于任意有效推理的讨论都可以转换为关于重言蕴涵式 $A_1\wedge A_2\wedge\cdots\wedge A_n\to B$ 的讨论。即使不考虑真值语义，仅从纯语法的角度去考察推理关系，也会得出同样的结论：在形式系统 L 中，若 $A_1,A_2,\cdots,A_n\vdash B$，则有$\varnothing\vdash A_1\wedge A_2\wedge\cdots\wedge A_n\to B$。其具体的形式证明如下所示。

(1) $A_1\wedge A_2\wedge\cdots\wedge A_n\vdash A_1\wedge A_2\wedge\cdots\wedge A_n$ $(\in)$

(2) $A_1\wedge A_2\wedge\cdots\wedge A_n\vdash A_1$ (1)$(\wedge-)$

(3) $A_1\wedge A_2\wedge\cdots\wedge A_n\vdash A_2$ (1)$(\wedge-)$

⋮

$(n+1)$ $A_1\wedge A_2\wedge\cdots\wedge A_n\vdash A_n$ (1)$(\wedge-)$

$(n+2)$ $A_1,A_2,\cdots,A_n\vdash B$ (已知)

$(n+3)$ $A_1\wedge A_2\wedge\cdots\wedge A_n\vdash B$ (2)…$(n+1)(n+2)$(Tr)

$(n+4)$ $\varnothing\vdash A_1\wedge A_2\wedge\cdots\wedge A_n\to B$ $(n+3)(\to+)$

公理推理系统就是以重言蕴涵式为讨论对象的形式系统，因而公理推理系统也称为重言式推理系统。由于重言蕴涵式是逻辑规律，是推理的“核心”，公理推理系统考虑的是推理的核心，从这个角度上看，它比自然推理系统要精练。基于这个原因，公理推理系统是着重讨论的。

与自然推理系统一样，公理推理系统这一类中也有一些具体不同的公理推理系统，并且它们在模仿、反映逻辑推理上也是相互等价的。下面选择其中一个进行介绍，记其为 L^*。

形式系统 L^* 的形式语言部分如下所示。

1. 符号表集合

(1) $p_1,p_2,p_3,\cdots$；

(2) $\neg,\to$；

(3) (,)。

2. 合式公式集合

合式公式是由符号表集合中的符号，按照如下两条形成规则所形成的有限长

符号串(此外,无其他合式公式):

(1) 对于任意的$n\in\mathbb{N}$,$1\leqslant n$,p_n为合式公式;

(2) 若A、B是合式公式,则$(\neg A)$和$(A\to B)$也是合式公式。

可见,形式系统L^*中仅使用了连接词符号$\neg$、$\to$。如同上一节最后所提到的,由于$\{\neg,\to\}$为连接词的完备集,所以形式系统L^*仅采用连接词符号$\neg$、$\to$是完全可以的。由于连接词符号的数目减少了,进而可以有效地减少形式系统L^*中的形式推理部分(若还使用其他连接词符号,就得在形式系统L^*中的形式推理部分加入关于该连接词符号的内容)。仅使用两个连接词符号的形式系统L^*在获得紧凑性的同时,也避免了仅使用一个连接词符号$\downarrow$或$\uparrow$所引起的可理解性降低的问题。如同上一节最后所述,虽然仅使用了连接词符号$\neg$、$\to$,但还是可以将形式系统L^*的形式语言部分视为与3.1节中的形式语言部分相同。

形式系统L^*的形式推理部分如下所示(其中A、B、C为任意的合式公式)。

3. 公理集合

$(\to_1)$:$A\to(B\to A)$;

$(\to_2)$:$(A\to(B\to C))\to((A\to B)\to(A\to C))$;

$(\to\neg)$:$(\neg A\to\neg B)\to(B\to A)$。

4. 推理规则集合

(MP):由A和$(A\to B)$,可以得出B。

形式系统L^*中的公理和推理规则也都是形式上的公理和推理规则,形式推理规则也是有限长符号串之间的"变形规则",它将合式公式A和$(A\to B)$"变形"为合式公式B。与形式系统L中的变形规则是以模式的方式给出一样,形式系统L^*中的公理和变形规则也都是以模式的方式给出,其包含了无限多条具体的公理实例和变形规则实例。

可以验证,如果把合式公式理解为命题公式,那么,形式系统L^*中的公理都是重言式,变形规则就是假言推理规则。根据假言推理规则,如果命题公式A和$(A\to B)$都是重言式,那么命题公式B也是重言式。因而,从公理集所给出的重言式出发,应用假言推理规则所得到的命题公式都是重言式。而这正是我们构建公理推理系统所想要完成的事情:在形式系统L^*中生成所有的重言式,并且也只能生成重言式。

虽然重言式是形式系统L^*所关注的对象,但是还不能从纯语法的角度在形

式系统 L^* 中谈及重言式，因为重言式是语义上的概念。类比在 1.1 节所谈到的古典公理系统中，把从公理出发应用推理规则所得到的命题称为定理，把从形式系统 L^* 的三条公理出发应用变形规则(MP)所得到的合式公式称为定理。需要指出，变形规则(MP)换种表述方式就是“若已得出 A 和 $(A \to B)$，则可以得出 B”。可见，变形规则(MP)也是以“归纳的方式”进行的：在形式系统 L^* 中，公理直接给出了定理，因为公理就是特殊的定理，而变形规则给出了定理的生成机制，根据该生成机制，可以由已有的定理生成新的定理。下面给出形式系统 L^* 中定理的归纳定义。

【定义 3.3.1】 形式系统 L^* 中的定理是由形式系统 L^* 中的公理和变形规则所生成，它要么是形式系统 L^* 中的公理，要么是由已有的定理应用变形规则(MP)所生成。此外，无其他定理。

从定义 3.3.1 可以看出，从归纳定义的视角，形式系统 L^* 中的公理相当于形式系统 L 中的第一条直接变形规则，它给出了归纳定义的初始步；形式系统 L^* 中的变形规则(MP)相当于形式系统 L 中第二条到第十条的间接变形规则，它给出了归纳定义的生成机制。

与定义 3.3.1 中关于定理的归纳定义相伴随的有归纳法证明，这个归纳法证明是关于定理的结构归纳。为了证明形式系统 L^* 中所有的定理均有性质 P，只需要证明如下两点：①每一条公理都具有性质 P；②若定理 A 和定理 $(A \to B)$ 都具有性质 P，则 B 也具有性质 P。

给定形式系统 L^* 中的一个合式公式，若它是形式系统 L^* 中定理，则可以从公理出发，根据变形规则，一步步地生成该定理，该定理的生成过程同时也给出了该合式公式是形式系统 L^* 中定理的构造性证明。下面给它一个专门的定义。

【定义 3.3.2】 对于形式系统 L^* 中有限长的合式公式序列 $A_1, A_2, \cdots, A_n$，如果其中每个 A_i 要么是 L^* 中的公理，要么是由它之前已有的两个合式公式应用变形规则(MP)所生成，那么该有限长合式公式序列 $A_1, A_2, \cdots, A_n$ 称为形式系统 L^* 中的一个形式证明，n 称为这个形式证明的长度。该形式证明也称为 A_n 在形式系统 L^* 中的形式证明。

从定义 3.3.2 可以看出，若合式公式序列 $A_1, A_2, \cdots, A_n$ 为形式系统 L^* 中的一个形式证明，那么对于任意的 $k<n$，序列 $A_1, A_2, \cdots, A_k$ 也是形式系统 L^* 中的一个形式证明；并且，根据定义 3.3.1 可知，序列 $A_1, A_2, \cdots, A_n$ 中每个 A_i 都是 L^* 中的定理，因而，$A_1, A_2, \cdots, A_n$ 就是定理的序列，同时它也是定理 A_n 在形式系统 L^* 中的一个形式证明。

形式证明可以简称为证明。可以看出，形式系统 L^* 中的定理就是 L^* 中特殊的合式公式，定理在形式系统 L^* 中的一个证明就是 L^* 中的一个特殊的合式公式序列；形式系统 L^* 中定理 A 的生成过程就是 L^* 中的合式公式 A 被确认为定理 A 的过程，是合式公式的变形过程，这个变形过程从 L^* 中作为公理的合式公式出发，依据变形规则，一步步变形成作为定理的合式公式 A 的过程。因而，给定形式系统 L^* 中合式公式 A，当从作为公理的合式公式出发，应用变形规则(MP)，经过 n 步 $A_1, A_2, \cdots, A_n$ 变形到合式公式 A，那么 A 就是形式系统 L^* 的定理，而整个合式公式变形过程 $A_1, A_2, \cdots, A_n$ 就是定理 A 在 L^* 中的一个证明。

对比形式系统 L 中的形式证明和形式系统 L^* 中的形式证明可以看出，形式系统 L 中的形式证明是形式推理关系的有限长序列，因为它所证明的是形式系统 L 中的形式推理关系；而形式系统 L^* 中的形式证明是定理的有限长序列，因为它所证明的是形式系统 L^* 中的定理。

【例 3.3.1】 给出 $(p_1 \to p_2) \to (p_1 \to p_1)$ 在形式系统 L^* 中的一个证明。

解：证明如下所示。

(1) $p_1 \to (p_2 \to p_1)$ $(\to_1)$

(2) $(p_1 \to (p_2 \to p_1)) \to ((p_1 \to p_2) \to (p_1 \to p_1))$ $(\to_2)$

(3) $(p_1 \to p_2) \to (p_1 \to p_1)$ (1)(2)(MP)

■

【例 3.3.2】 对于形式系统 L^* 中任意的合式公式 A、B，证明下列各合式公式为形式系统 L^* 中的定理。

(i) $A \to A$；

(ii) $\neg B \to (B \to A)$。

证明：只要给出合式公式在形式系统 L^* 中的证明过程，就可以说，该合式公式为 L^* 中的定理。对于(i)，有：

(1) $A \to ((B \to A) \to A)$ $(\to_1)$

(2) $(A \to ((B \to A) \to A)) \to ((A \to (B \to A)) \to (A \to A))$ $(\to_2)$

(3) $(A \to (B \to A)) \to (A \to A)$ (1)(2)(MP)

(4) $A \to (B \to A)$ $(\to_1)$

(5) $A \to A$ (3)(4)(MP)

对于(ii)，有：

(1) $(\neg A \to \neg B) \to (B \to A)$ $(\to\neg)$

(2) $((\neg A \to \neg B) \to (B \to A)) \to (\neg B \to ((\neg A \to \neg B)$

$\rightarrow(B\rightarrow A)))$ $(\rightarrow_1)$

(3) $\neg B\rightarrow((\neg A\rightarrow\neg B)\rightarrow(B\rightarrow A))$ (1)(2)(MP)

(4) $(\neg B\rightarrow((\neg A\rightarrow\neg B)\rightarrow(B\rightarrow A)))\rightarrow((\neg B$

$\rightarrow(\neg A\rightarrow\neg B))\rightarrow(\neg B\rightarrow(B\rightarrow A)))$ $(\rightarrow_2)$

(5) $(\neg B\rightarrow(\neg A\rightarrow\neg B))\rightarrow(\neg B\rightarrow(B\rightarrow A))$ (3)(4)(MP)

(6) $\neg B\rightarrow(\neg A\rightarrow\neg B)$ $(\rightarrow_1)$

(7) $\neg B\rightarrow(B\rightarrow A)$ (5)(6)(MP)

■

由于使用了元语言符号，例 3.3.2 中的合式公式与证明均是以模式的方式给出，而例 3.3.1 中的合式公式与证明不是以模式的方式给出。对比它们发现，使用模式或者不使用模式没有实质上的区别。

在例 3.3.2 中存在着“两个证明”：一个证明是形式系统 L^* 之内关于 L^* 的定理 $A\rightarrow A$ 和 $\neg B\rightarrow(B\rightarrow A)$ 在 L^* 中的证明；另一个证明是例题本身的证明，即证明 $A\rightarrow A$ 和 $\neg B\rightarrow(B\rightarrow A)$ 为 L^* 中的定理。第二个证明不是形式系统 L^* 之内的证明，而是关于形式系统 L^* 本身的命题的证明，这个对 L^* 本身的命题是在形式系统之外而非在形式系统之内，是采用元语言表述的。这两个证明处于不同的层次，一个属于对象理论，另一个属于元理论。

3.4 推演定理

根据 3.3 节的内容，一个合式公式是否为形式系统 L^* 中的一条定理，只能通过给出该合式公式的变形过程来加以确认。从例 3.3.2 可以看出，这个过程中所涉及的 L^* 中的证明相对于形式系统 L 中的证明而言并不总是简单的、直观的，多少显得不自然。形式系统 L^* 考虑的是推理的核心，相对于形式系统 L 而言，它在得到形式系统精练性的同时，也失去了推理的自然性。可以类比形式系统 L 中通过使用导出变形规则去简化证明，也考虑在形式系统 L^* 中去使用相应的导出变形规则。观察形式系统 L 中的变形规则发现，变形规则使得 L 中的形式推理关系可以方便地引入形式前提和消去形式前提，比如，如果已经在 L 中得出形式推理关系 $A\vdash B$，那么通过应用 L 中的变形规则可得 $\varnothing\vdash A\rightarrow B$，反之亦然，而 $A\rightarrow B$ 正是形式系统 L^* 中所要证明的定理。因此，有必要在 L^* 中引入 $\Gamma\vdash B$ 这个概念。

【定义 3.4.1】 设 Γ 为形式系统 L^* 中合式公式的集合，对于形式系统 L^* 中有限长的合式公式序列 $A_1, A_2, \cdots, A_n$，如果其中每个 A_i 要么是 L^* 中的公理，要么是 Γ 中的合式公式，要么是由它之前已有的两个合式公式应用变形规则(MP)所生成，那么该有限长合式公式序列 $A_1, A_2, \cdots, A_n$ 称为形式系统 L^* 中从 Γ 的一个形式推演(deduction)。该形式推演也称为 A_n 在形式系统 L^* 中从 Γ 的一个形式推演或者一个从 Γ 到 A_n 的形式推演，并且称 A_n 从 Γ 可形式推演出(deducible)，记为 $\Gamma \vdash A_n$。

记号 $\Gamma \vdash B$ 也可以称为从 Γ 可形式推演出 B，把 Γ 中的合式公式称为可形式推演的前提，B 称为可形式推演的结论。形式推演可以简称为推演。

类似于形式证明那里，对于形式推演而言，若合式公式序列 $A_1, A_2, \cdots, A_n$ 为形式系统 L^* 中从 Γ 的一个形式推演，则对于任意的 $k<n$，序列 $A_1, A_2, \cdots, A_k$ 也是形式系统 L^* 中从 Γ 的一个形式推演。

从定义 3.4.1 可以看出，从 Γ 的一个形式推演相当于把 Γ 中的合式公式临时看作公理而进行的一个"形式证明"。这说明了证明是推演的特殊情况：证明是一个从空集的形式推演。因而，若 B 为形式系统 L^* 中的一条定理，则有 B 从 $\varnothing$ 可形式推演出，即 $\varnothing \vdash B$，简记为 $\vdash B$。

事实上，对于形式系统 L^* 中定理 B 的一个证明，一方面，它给出了定理 B 的生成过程，即合式公式 B 被确认为定理 B 的过程；另一方面，它可以看作从公理集到 B 的一个推演。从真值语义的角度看，将形式系统 L^* 中的合式公式理解为命题公式，将 $\vdash$ 理解为 $\vDash$，定理 B 就是重言式，而重言式作为推理的结论是不需要任何推理前提的，所以可以写作 $\varnothing \vDash B$，这在 2.6 节已经使用过。不需要任何前提的推理说明可以从任何前提推理出，所以对于任意的前提集合 Γ，均有 $\Gamma \vDash B$，包括 Γ 为 L^* 中的公理集合。

此外，对于形式系统 L^* 中的从 Γ 可推演出 B，即 $\Gamma \vdash B$，若将 Γ 去除其所含公理或者定理后的子集记为 Γ_1，则有 $\Gamma_1 \vdash B$。这是因为对于任意的从 Γ 到 B 的推演 $A_1, A_2, \cdots, A_n$ 来说都可以含有共同的部分：A_i 或是 L^* 中的公理，或是由它之前已有的公理通过应用变形规则(MP)生成。类似地，也从真值语义的角度去考虑，对于有效推理 $\Gamma \vDash B$ 而言，可以将前提 Γ 中的重言式去除，而不会影响整个推理的有效性。

【例 3.4.1】 对于形式系统 L^* 中任意的合式公式 A、B，证明如下命题。

(i) $\{A, A \to B\} \vdash B$；

(ii) $\{A\} \vdash B \to A$。

证明：只要给出具体的推演即可。对于(i)，有：

(1) A (前提)

(2) $A \to B$ (前提)

(3) B (1)(2)(MP)

对于(ii),有:

(1) A (前提)

(2) $A \to (B \to A)$ ($\to_1$)

(3) $B \to A$ (1)(2)(MP)

■

【例 3.4.2】 对于形式系统 L^* 中任意的合式公式 A、B、C,证明$\{A, B \to (A \to C)\} \vdash B \to C$。

证明:

(1) A (前提)

(2) $A \to (B \to A)$ ($\to_1$)

(3) $B \to A$ (1)(2)(MP)

(4) $B \to (A \to C)$ (前提)

(5) $(B \to (A \to C)) \to ((B \to A) \to (B \to C))$ ($\to_2$)

(6) $(B \to A) \to (B \to C)$ (4)(5)(MP)

(7) $B \to C$ (3)(6)(MP)

■

为了方便起见,可以在形式系统 L^* 中引入一些关于从 Γ 可形式推演出 B 的记法,这些关于 $\Gamma \vdash B$ 的记法同 3.3 节里形式系统 L 中 $\Gamma \vdash B$ 的记法。比如,在形式系统 L^* 中将 $\Gamma \cup \{B\} \vdash C$ 记为 $\Gamma, B \vdash C$。根据从 Γ 可形式推演出 B 的定义,若 $A \in \Gamma$,则有 $\Gamma \vdash A$;若已知 $\Gamma_1 \vdash B$,则对于任意的合式公式 A,有 $\Gamma_1, A \vdash B$,进而可得对于任意满足$\Gamma_1 \subset \Gamma$ 的 Γ,有 $\Gamma \vdash B$。

从定义 3.4.1 可以看出,形式系统 L^* 中的"A_n 从 Γ 可推演出",或者"从 Γ 可推演出的结论",可以归纳地定义为:它要么是 L^* 中的公理,要么是 Γ 中的合式公式,要么是由它之前已有的从 Γ 可推演出的结论应用变形规则(MP)所生成。此外,无其他从 Γ 可推演出结论的方法。根据此归纳定义可以得出关于"从 Γ 可推演出的结论"的结构归纳法。对于给定的合式公式集合 Γ,为了证明所有从 Γ 可推演出的结论均具有性质 P,或者说,为了证明所有满足 $\Gamma \vdash B$ 的合式公式 B 均具有性质 P,只需要证明如下三点:①每一条公理都具有性质 P;②每一个 Γ 中的合式公式都具有性质 P;③若从 Γ 可推演出的 A 和$(A \to B)$都具有性质 P,

则 B 也具有性质 P。利用该结构归纳法可以得出如下重要命题。

【命题 3.4.1】 对于形式系统 L^* 中任意的合式公式集合 Γ 以及合式公式 A、B，如果 $\Gamma, A \vdash B$，那么 $\Gamma \vdash A \to B$。

证明：对于该命题换一种说法，即对于 L^* 中任意的合式公式集合 Γ 与合式公式 A，以及任意满足 $\Gamma, A \vdash B$ 的合式公式 B，均有 $\Gamma \vdash A \to B$。可以任取 Γ 与 A，只需证明在此 Γ 与 A 下，对于所有满足 $\Gamma, A \vdash B$ 的合式公式 B，均有 $\Gamma \vdash A \to B$；而此又等价为，在任意给定的 Γ 与 A 下，对于所有满足 $\Gamma, A \vdash B$ 的合式公式 B，均具有性质 P：$\Gamma \vdash A \to B$。采用关于"从 $\Gamma \cup \{A\}$ 可推演出的结论"的结构归纳法。

若 B 为一条公理，则下列步骤是从 Γ 到 $A \to B$ 的一个推演：

(1) B （公理）

(2) $B \to (A \to B)$ $(\to_1)$

(3) $A \to B$ (1)(2)(MP)

因此有 $\Gamma \vdash A \to B$。

若 B 为 $\Gamma \cup \{A\}$ 中的任一合式公式，则又分为两种情况：

一种是 $B \in \Gamma$，下列步骤是从 Γ 到 $A \to B$ 的一个推演：

(1) B （前提）

(2) $B \to (A \to B)$ $(\to_1)$

(3) $A \to B$ (1)(2)(MP)

因此也有 $\Gamma \vdash A \to B$。

另一种是 $B = A$，此时，由于在例 3.3.2(i)中已经给出了 $\vdash A \to A$ 的证明，那么该证明也是从 Γ 到 $A \to A$ 的一个推演，因而也有 $\Gamma \vdash A \to B$。

若 $\Gamma, A \vdash C$，$\Gamma, A \vdash C \to B$，且 C 和 $(C \to B)$ 满足性质 P，即 $\Gamma \vdash A \to C$，以及 $\Gamma \vdash A \to (C \to B)$。则利用从 Γ 到 $A \to C$ 的推演以及从 Γ 到 $A \to (C \to B)$ 的推演，可以构造出一个从 Γ 到 $A \to B$ 的推演，如下所示：

(1) ……

(⋮) ⋮

(n) $A \to C$

($n+1$) ……

(⋮) ⋮

(m) $A \to (C \to B)$

($m+1$) $(A \to (C \to B)) \to ((A \to C) \to (A \to B))$ $(\to_2)$

(m+2) $(A\to C)\to(A\to B)$ (m)(m+1)(MP)

(m+3) $A\to B$ (n)(m+2)(MP)

其中,前 n 步是从 Γ 到 $A\to C$ 的推演,从第 $n+1$ 步到第 m 步是从 Γ 到 $A\to(C\to B)$ 的推演。

根据"从 $\Gamma\cup\{A\}$ 可推演出的结论"的结构归纳法,命题得证。

■

上述命题的逆命题也是成立的。

【命题 3.4.2】 对于形式系统 L^* 中任意的合式公式集合 Γ 以及合式公式 A、B,如果 $\Gamma\vdash A\to B$,那么 $\Gamma,A\vdash B$。

证明:根据从 Γ 到 $A\to B$ 的推演,可构造如下一个从 $\Gamma\cup\{A\}$ 到 B 的推演:

(1) ……

(⋮) ⋮

(n) $A\to B$

(n+1) A (前提)

(n+2) B (n)(n+1)(MP)

其中,前 n 步是从 Γ 到 $A\to B$ 的推演。

■

命题 3.4.1 称为形式系统 L^* 中的推演定理(deduction theorem),它对应了 L 中 10 条基本变形规则中的(→+)规则,是 L^* 中的导出变形规则,且是间接导出变形规则。在推演定理中,原 $\Gamma,A\vdash B$ 中的前提 A 在结果 $\Gamma\vdash A\to B$ 的前提中消去了,使得采用推演定理可以简化在 L^* 中的证明,因为证明 $\Gamma,A\vdash B$ 比直接证明 $\Gamma\vdash A\to B$ 要简单,毕竟多了一个新前提 A 可以使用。

【例 3.4.3】 使用推演定理重新证明:$\vdash\neg B\to(B\to A)$。

证明:根据推演定理,只需证明 $\neg B\vdash B\to A$。下面是从 $\neg B$ 到 $B\to A$ 的一个推演:

(1) $\neg B\to(\neg A\to\neg B)$ $(\to_1)$

(2) $\neg B$ (前提)

(3) $\neg A\to\neg B$ (1)(2)(MP)

(4) $(\neg A\to\neg B)\to(B\to A)$ (→¬)

(5) $B\to A$ (3)(4)(MP)

■

对比例 3.4.3 与例 3.3.2 的(ii)可以明显看出,使用推演定理后证明变得简洁。

形式系统 L^* 中除了推演定理这种间接型导出变形规则，还可以引入直接型导出变形规则，在这点上同形式系统 L。下面为一个直接型导出变形规则。

【例 3.4.4】 对于形式系统 L^* 中任意的合式公式 A、B、C，证明：$A\to B, B\to C\vdash A\to C$。

证明：根据推演定理，只需证明 $\{A\to B, B\to C, A\}\vdash C$。下面是一个从 $\{A\to B, B\to C, A\}$ 到 C 的推演：

(1) $A\to B$ （前提）

(2) $B\to C$ （前提）

(3) A （前提）

(4) B (1)(3)(MP)

(5) C (2)(4)(MP)

■

例 3.4.4 的结果对应了表 2.5.3 中的假言三段论，作为一个直接型导出变形规则(HS)。使用直接导出变形规则也可以简化 L^* 中的证明。在使用直接导出变形规则时，若该直接导出变形规则具有 $\vdash A$ 的形状，则可以把定理 A 直接写入一段证明或者推演中(因为它可以扩充为一段从公理出发，使用(MP)规则的证明)。若该直接导出变形规则具有 $A_1, A_2, \cdots, A_n\vdash B$ 的形状，则在一段证明或者推演中，若已出现了 $A_1, A_2, \cdots, A_n$，则在此段证明或者推演中，可以直接在 $A_1, A_2, \cdots, A_n$ 之后写上 B(因为它可以扩充为一段从 $A_1, A_2, \cdots, A_n$ 和公理出发，使用(MP)规则的推演)。

【例 3.4.5】 使用直接导出变形规则(HS)重新证明：$\vdash \neg B\to(B\to A)$。

证明：合式公式 $\neg B\to(B\to A)$ 在 L^* 中的证明如下所示。

(1) $\neg B\to(\neg A\to\neg B)$ ($\to_1$)

(2) $(\neg A\to\neg B)\to(B\to A)$ ($\to\neg$)

(3) $\neg B\to(B\to A)$ (1)(2)(HS)

■

【例 3.4.6】 对于形式系统 L^* 中任意的合式公式 A，证明：$\vdash(\neg A\to A)\to A$。

证明：根据推演定理，只需证明 $\neg A\to A\vdash A$。下面是一个从 $\neg A\to A$ 到 A 的推演：

(1) $\neg A\to(A\to\neg(\neg A\to A))$ (例 3.3.2(ii))

(2) $(\neg A\to(A\to\neg(\neg A\to A)))\to((\neg A\to A)$

$\rightarrow(\neg A\rightarrow\neg(\neg A\rightarrow A)))$ $(\rightarrow_2)$

(3) $(\neg A\rightarrow A)\rightarrow(\neg A\rightarrow\neg(\neg A\rightarrow A))$ (1)(2)(MP)

(4) $\neg A\rightarrow A$ (前提)

(5) $\neg A\rightarrow\neg(\neg A\rightarrow A)$ (3)(4)(MP)

(6) $(\neg A\rightarrow\neg(\neg A\rightarrow A))\rightarrow((\neg A\rightarrow A)\rightarrow A)$ $(\rightarrow\neg)$

(7) $(\neg A\rightarrow A)\rightarrow A$ (5)(6)(MP)

(8) A (4)(7)(MP)

■

类似于形式系统 L 那里，例 3.4.6 的证明中直接使用了例 3.3.2(ii)的结果，把形式系统 L^* 中的定理直接加入推演中，所以这个从 $\neg A\rightarrow A$ 到 A 的推演已不是形式系统 L^* 中严格意义下的从 $\neg A\rightarrow A$ 的推演。但是，若把例 3.3.2(ii)的整个证明替换例 3.4.6 中从 $\neg A\rightarrow A$ 的推演的第(1)步，就会得到完整严格的从 $\neg A\rightarrow A$ 的推演。

除了推演定理，形式系统 L^* 中还有其他的间接导出变形规则。

【命题 3.4.3】 对于形式系统 L^* 中任意的合式公式集合 Γ 以及合式公式 A、B，如果 $\Gamma,\neg A\vdash B$ 并且 $\Gamma,\neg A\vdash\neg B$，那么 $\Gamma\vdash A$。

证明：首先证明 $\Gamma\vdash\neg A\rightarrow A$。利用推演定理，只需证明 $\Gamma,\neg A\vdash A$。根据已知条件，存在从 $\Gamma\cup\{\neg A\}$ 到 B 的推演以及从 $\Gamma\cup\{\neg A\}$ 到 $\neg B$ 的推演，利用这两个推演可以构造出一个从 $\Gamma\cup\{\neg A\}$ 到 A 的推演，如下所示：

(1) ……

(⋮) ⋮

(n) B

($n+1$) ……

(⋮) ⋮

(m) $\neg B$

($m+1$) $\neg B\rightarrow(B\rightarrow A)$ (例 3.3.2(ii))

($m+2$) $B\rightarrow A$ (m)($m+1$)(MP)

($m+3$) A (n)($m+2$)(MP)

其中，前 n 步是从 $\Gamma\cup\{\neg A\}$ 到 B 的推演，从第 $n+1$ 步到第 m 步是从 $\Gamma\cup\{\neg A\}$ 到 $\neg B$ 的推演。现在已经证明了 $\Gamma\vdash\neg A\rightarrow A$，下面可以利用从 Γ 到 $\neg A\rightarrow A$ 的推演，构造从 Γ 到 A 的推演：

(1) ……

(⋮) ⋮

(k) $\neg A \to A$

$(k+1)$ $(\neg A \to A) \to A$ （例 3.4.6）

$(k+2)$ A $(k)(k+1)$(MP)

这说明了有 $\Gamma \vdash A$。

■

命题 3.4.3 对应了形式系统 L 中十条基本变形规则中的（¬ −）规则，是 L^* 中的间接导出变形规则。它将原 $\Gamma, \neg A \vdash B$ 和 $\Gamma, \neg A \vdash \neg B$ 中的前提 $\neg A$ 在结果 $\Gamma \vdash A$ 的前提中消去，因而也可以用来简化在 L^* 中的证明。将该间接导出变形规则记为（¬ −）。

【例 3.4.7】 对于形式系统 L^* 中任意的合式公式 A、B，证明：$\vdash (\neg A \to \neg B) \to ((\neg A \to B) \to A)$。

证明：应用一次推演定理，只需证明 $\neg A \to \neg B \vdash (\neg A \to B) \to A$，再次应用推演定理，进而只需证明 $\{\neg A \to \neg B, \neg A \to B\} \vdash A$。如果把 $\neg A$ 加入前提集中，就会发现可以从 $\{\neg A \to \neg B, \neg A \to B, \neg A\}$ 同时推演出 $\neg B$ 和 B。具体过程如下：

(1) $\neg A \to \neg B$ （前提）

(2) $\neg A \to B$ （前提）

(3) $\neg A$ （前提）

(4) $\neg B$ (1)(3)(MP)

(5) B (2)(3)(MP)

可见，$\{\neg A \to \neg B, \neg A \to B, \neg A\} \vdash B$ 且 $\{\neg A \to \neg B, \neg A \to B, \neg A\} \vdash \neg B$，因而，根据（¬ −）规则可得 $\{\neg A \to \neg B, \neg A \to B\} \vdash A$。

■

根据命题 3.4.3 容易得出 $\neg\neg A \vdash A$。把 $\neg A$ 加入前提集中，可以从 $\{\neg\neg A, \neg A\}$ 同时推演出 $\neg\neg A = \neg(\neg A)$ 和 $\neg A$：

(1) $\neg\neg A$ （前提）

(2) $\neg A$ （前提）

即 $\{\neg\neg A, \neg A\} \vdash \neg\neg A$ 且 $\{\neg\neg A, \neg A\} \vdash \neg A$，进而，根据（¬ −）规则可得 $\neg\neg A \vdash A$。根据推演定理，进一步有 $\vdash \neg\neg A \to A$。

【命题 3.4.4】 对于形式系统 L^* 中任意的合式公式集合 Γ 以及合式公式 A、B，如果 $\Gamma, A \vdash B$ 并且 $\Gamma, A \vdash \neg B$，那么 $\Gamma \vdash \neg A$。

证明：根据已知条件，存在从 $\Gamma\cup\{A\}$ 到 B 的推演。由于在推演中 A 可以利用变形规则(MP)从 $\neg\neg A\to A$ 和 $\neg\neg A$ 得到，而据前面的讨论，$\vdash\neg\neg A\to A$，也就是说 $\neg\neg A\to A$ 是一个定理，当把从 $\Gamma\cup\{A\}$ 到 B 的推演中出现的 A 统统换成 $\neg\neg A\to A$ 和 $\neg\neg A$ 之后，就得出了从 $\Gamma\cup\{\neg\neg A\}$ 到 B 的推演，即有 $\Gamma\cup\{\neg\neg A\}\vdash B$。

同理，根据已知条件，存在从 $\Gamma\cup\{A\}$ 到 $\neg B$ 的推演，也可得出从 $\Gamma\cup\{\neg\neg A\}$ 到 $\neg B$ 的推演，即有 $\Gamma\cup\{\neg\neg A\}\vdash\neg B$。

根据($\neg$－)规则，由已得出的 $\Gamma\cup\{\neg\neg A\}\vdash B$ 和 $\Gamma\cup\{\neg\neg A\}\vdash\neg B$，可得 $\Gamma\vdash\neg A$。

■

类似于命题 3.4.3，根据命题 3.4.4 容易得出 $A\vdash\neg\neg A$。把 $\neg A$ 加入前提集中，可以从 $\{A,\neg A\}$ 同时推演出 A 和 $\neg A$：

(1) A　　(前提)

(2) $\neg A$　　(前提)

即 $\{A,\neg A\}\vdash A$ 且 $\{A,\neg A\}\vdash\neg A$，进而，根据命题 3.4.4 可得 $A\vdash\neg\neg A$。根据推演定理，进一步有 $\vdash A\to\neg\neg A$。

【命题 3.4.5】 对于形式系统 L^* 中任意的合式公式集合 Γ 以及合式公式 $B_1,B_2,\cdots,B_n$，若 $\Gamma\vdash B_1,B_2,\cdots,B_n$，且 $B_1,B_2,\cdots,B_n\vdash B$，则有 $\Gamma\vdash B$。

证明：根据已知条件 $B_1,B_2,\cdots,B_n\vdash B$，使用推演定理一次，可得

$$B_1,B_2,\cdots,B_{n-1}\vdash B_n\to B$$

再次使用推演定理，可得

$$B_1,B_2,\cdots,B_{n-2}\vdash B_{n-1}\to(B_n\to B)$$

一直这样下去，使用推演定理 n 次，可得

$$\vdash(B_1\to(B_2\to\cdots\to(B_n\to B)\cdots)$$

根据已知中的 $\Gamma_1\vdash B_1,\Gamma_2\vdash B_2,\cdots,\Gamma_n\vdash B_n$，说明存在从 Γ 到 B_1 的推演，从 Γ 到 B_2 的推演，……，从 Γ 到 B_n 的推演。利用这 n 个推演可以构造一个从 Γ 到 B 的推演，如下所示：

(1) ……

(⋮) ⋮

(N_1) B_1

(N_1+1) ……

(⋮) ⋮

(N_2) B_2

(⋮) ⋮

$(N_{n-1}+1)$ ……

(⋮) ⋮

(N_n) B_n

(N_n+1) $(B_1\to(B_2\to\cdots\to(B_n\to B)\cdots)$

(N_n+2) $(B_2\to(B_3\to\cdots\to(B_n\to B)\cdots)$ $\quad$ $(N_1)(N_n+1)$(MP)

(N_n+3) $(B_3\to(B_4\to\cdots\to(B_n\to B)\cdots)$ $\quad$ $(N_2)(N_n+2)$(MP)

(⋮) ⋮

(N_n+n+1) B $\quad$ $(N_n)(N_n+n)$(MP)

其中,前 N_1 步是从 Γ 到 B_1 的推演,第 N_1+1 步到第 N_2 步是从 Γ 到 B_2 的推演,……,第 $N_{n-1}+1$ 到第 N_n 步是从 Γ 到 B_n 的推演。

■

命题 3.4.5 作为一个间接导出变形规则,记为(Tr)。

【例 3.4.8】 对于形式系统 L^* 中任意的合式公式 A、B,证明:$A\to B\vdash\neg B\to\neg A$。

证明:根据推演定理,只需证明$\{A\to B,\neg B\}\vdash\neg A$。把 A 加入前提集中,可以从$\{A\to B,\neg B,A\}$同时推演出 $\neg B$ 和 B:

(1) $A\to B$ $\quad$ (前提)

(2) $\neg B$ $\quad$ (前提)

(3) A $\quad$ (前提)

(4) B $\quad$ (1)(3)(MP)

可见,$\{A\to B,\neg B,A\}\vdash B$ 且$\{A\to B,\neg B,A\}\vdash\neg B$,因而,根据命题 3.4.4 可得$\{A\to B,\neg B\}\vdash\neg A$。

■

【命题 3.4.6】 对于形式系统 L^* 中任意的合式公式集合 Γ 以及合式公式 A、B,如果 $\Gamma,A\vdash B$ 并且 $\Gamma,\neg A\vdash B$,那么 $\Gamma\vdash B$。

证明:首先从$\{A\to B,\neg A\to B,\neg B\}$同时推演出 $\neg\neg A$ 和 $\neg A$:

(1) $A\to B$ $\quad$ (前提)

(2) $\neg B\to\neg A$ $\quad$ (1)(例 3.4.8)

(3) $\neg A\to B$ $\quad$ (前提)

(4) $\neg B\to\neg\neg A$ $\quad$ (3)(例 3.4.8)

(5) $\neg B$ (前提)

(6) $\neg A$ (2)(5)(MP)

(7) $\neg\neg A$ (4)(5)(MP)

因而,根据($\neg -$)规则,有$\{A\to B, \neg A\to B\}\vdash B$。而由已知条件$\Gamma, A\vdash B$与$\Gamma, \neg A\vdash B$,应用推演定理,有$\Gamma\vdash A\to B$,且$\Gamma\vdash\neg A\to B$,也就是$\Gamma\vdash\{A\to B, \neg A\to B\}$。对上式以及$\{A\to B, \neg A\to B\}\vdash B$应用变形规则(Tr),有$\Gamma\vdash B$。

■

3.5 自然推理系统与公理推理系统的等价性

前面曾提到过,命题逻辑中的自然推理系统和公理推理系统都是模仿、反映逻辑推理的,这也是构建这两类形式系统的初衷,所以,尽量它们有各自的特点,但是在模仿、反映逻辑推理这件事上理应是等价的。通过本章前面几节的讨论可以看出,当把这两类形式系统中的合式公式都看作命题公式后,L中的形式推理关系$\Gamma\vdash B$就成为推理关系$\Gamma\models B$,L^*中的从Γ到B的推演$\Gamma\Vdash B$也成为推理关系$\Gamma\models B$。本节将L^*中的从Γ到B的推演"$\Gamma\vdash B$"用记号"$\Gamma\Vdash B$"表示,以与L中的形式推理关系$\Gamma\vdash B$加以区分。此外,前面几节所得出的关于形式系统L中一些结果,不管是例题还是命题,当把$\Gamma\vdash B$视为$\Gamma\Vdash B$后,就成为形式系统L^*中相对应的结果,反之亦然。所以,从以上的分析可见,应该有$\Gamma\vdash B$,当且仅当$\Gamma\Vdash B$。

【命题 3.5.1】 对于形式系统L^*中任意的合式公式集合$\Gamma=\{A_1, A_2, \cdots, A_n\}$,以及任意的公理$D$,它们在形式系统$L$中均满足$\Gamma\vdash D$。

证明:L^*中的公理D只可能为($\to_1$)、($\to_2$)和($\to\neg$)。下面依次证明它们均满足$\varnothing\vdash D$。

对于公理($\to_1$),有:

(1) $\{A\}\vdash(B\to A)$ (例 3.2.2(iii))

(2) $\varnothing\vdash A\to(B\to A)$ (1)($\to+$)

对于公理($\to_2$),有:

(1) $\{A\to(B\to C), A\to B\}\vdash(A\to C)$ (例 3.2.2(v))

(2) $\{A\to(B\to C)\}\vdash(A\to B)\to(A\to C)$ (1)($\to+$)

(3) $\varnothing\vdash(A\to(B\to C))\to((A\to B)\to(A\to C))$ (2)($\to+$)

对于公理($\to\neg$),有:

(1) $\{\neg A \to \neg B, B, \neg A\} \vdash \neg A \to \neg B$　　(∈)

(2) $\{\neg A \to \neg B, B, \neg A\} \vdash B$　　(∈)

(3) $\{\neg A \to \neg B, B, \neg A\} \vdash \neg A$　　(∈)

(4) $\{\neg A \to \neg B, B, \neg A\} \vdash \neg B$　　(1)(3)(→−)

(5) $\{\neg A \to \neg B, B\} \vdash A$　　(2)(4)(¬−)

(6) $\{\neg A \to \neg B\} \vdash B \to A$　　(5)(→+)

(7) $\varnothing \vdash (\neg A \to \neg B) \to (B \to A)$　　(6)(→+)

可见，对于任意 L^* 中的公理 D，当把它们看作 L 中的合式公式后，均可在 L 中得出 $\varnothing \vdash D$。然后，对 $\varnothing \vdash D$ 在 L 中使用(P+)规则 n 次，可得 $\{A_1, A_2, \cdots, A_n\} \vdash D$，即 $\Gamma \vdash D$。

■

【命题 3.5.2】 对于形式系统 L^* 中任意的合式公式集合 $\Gamma = \{A_1, A_2, \cdots, A_n\}$ 以及合式公式 B，如果 $\Gamma \Vdash B$，那么 $\Gamma \vdash B$。

证明： 此命题即为，在 L^* 中任意给定 $\Gamma = \{A_1, A_2, \cdots, A_n\}$，对于所有满足 $\Gamma \Vdash B$ 的合式公式 B，均具有性质 P：$\Gamma \vdash B$。在 L^* 中采用关于"从 Γ 可推演出的结论"的结构归纳法去证明该命题。

若 B 为 L^* 中的一条公理，则由命题 3.5.1 可知，$\Gamma \vdash B$。

若 B 为 Γ 中的任一合式公式，即 $B \in \Gamma$，则由 L 中的(∈)规则可得，$\Gamma \vdash B$。

若 $\Gamma \Vdash C$，$\Gamma \Vdash C \to B$，且 C 和 $(C \to B)$ 满足性质 P，即 $\Gamma \vdash C$，以及 $\Gamma \vdash C \to B$，则可以构造如下在形式系统 L 中的证明：

(1) $\Gamma \vdash C$　　(已知)

(2) $\Gamma \vdash C \to B$　　(已知)

(3) $\Gamma \vdash B$　　(1)(2)(→−)

根据"从 Γ 可推演出的结论"的结构归纳法，命题得证。

■

在试图证明命题 3.5.2 的逆命题之前，发现形式系统 L 中使用了 5 个连接词符号 $\{\neg, \wedge, \vee, \to, \leftrightarrow\}$，而在形式系统 L^* 中，仅使用了连接词符号 $\{\neg, \to\}$，所以，给定 L 中的某个合式公式不一定是 L^* 中的合式公式。比如，L 中的合式公式 $p_1 \wedge p_2$，就不是 L^* 中的合式公式。但是，可以将 L 中的合式公式看作命题公式，然后将它转换成只用 $\{\neg, \to\}$ 表示的、与之重言等价的命题公式，再将该命题公式的语义去除，从而就可以视其为 L^* 中的合式公式。这个过程可以通过将含有连接词符号 $\wedge$、$\vee$、$\leftrightarrow$ 的合式公式视为如下统一的缩写来完成：将 $A \vee B$ 视为

$\neg A \to B$ 的缩写，将 $A \wedge B$ 视为 $\neg(A \to \neg B)$ 的缩写，将 $A \leftrightarrow B$ 视为 $(A \to B) \wedge (B \to A)$、进而视为 $\neg((A \to B) \to (\neg(B \to A)))$ 的缩写。这个过程也可以看作符号 $A \vee B$、$A \wedge B$、$A \leftrightarrow B$ 定义为 L^* 中合式公式的过程。可见，符号 $A \vee B$、$A \wedge B$、$A \leftrightarrow B$ 都是元语言符号，它们代表了 L^* 中的合式公式。通过这样的一个过程，就可以将 L 中的合式公式视为 L^* 中的合式公式。

【命题 3.5.3】 对于形式系统 L 中任意的合式公式集合 $\Gamma = \{A_1, A_2, \cdots, A_n\}$ 以及合式公式 B，如果 $\Gamma \vdash B$，那么 $\Gamma \Vdash B$。

证明：此命题即为，在 L 中任意给定 $\Gamma = \{A_1, A_2, \cdots, A_n\}$，对于所有满足 $\Gamma \vdash B$ 的合式公式 B，均具有性质 P：$\Gamma \Vdash B$。这次在 L 中采用关于形式推理关系的结构归纳法去证明该命题。

首先，若 $\Gamma \vdash B$ 是由第一条变形规则直接生成，则有 $B \in \Gamma$，此时，单个序列 B 就是从 Γ 到 B 的一个推演，因而有 $\Gamma \Vdash B$。

其次，依次验证，若 $\Gamma \vdash B$ 是由已有的形式推理关系应用第二条到第十条变形规则中的某一条变形规则所生成，则当已有的形式推理关系具有该性质 P 时，所生成的形式推理关系 $\Gamma \vdash B$ 也具有该性质 P。类似于命题 3.2.1 的证明，这里还是只验证变形规则($\neg-$)、($\wedge-$)、($\vee-$)、($\to+$)，其他的变形规则可以类似验证。

对于变形规则($\neg-$)，$\Gamma \vdash B$ 由 $\Gamma, \neg B \vdash D$ 和 $\Gamma, \neg B \vdash \neg D$ 应用($\neg-$)规则得出。若 $\Gamma, \neg B \Vdash D$ 且 $\Gamma, \neg B \Vdash \neg D$，则根据推演定理可得，$\Gamma \Vdash \neg B \to D$ 且 $\Gamma \Vdash \neg B \to \neg D$，也就是 $\Gamma \Vdash \{\neg B \to D, \neg B \to \neg D\}$。根据例 3.4.7 可得，$\{\neg B \to D, \neg B \to \neg D\} \Vdash B$。利用变形规则(Tr)可得，$\Gamma \Vdash B$。

对于变形规则($\wedge-$)，$\Gamma \vdash B$ 由 $\Gamma \vdash A \wedge B$ 或者 $\Gamma \vdash B \wedge A$ 应用($\wedge-$)规则得出。若 $\Gamma \Vdash A \wedge B$ 或者 $\Gamma \Vdash B \wedge A$，由于在 L^* 中，$A \wedge B$ 就是 $\neg(A \to \neg B)$，$B \wedge A$ 就是 $\neg(B \to \neg A)$，因而有 $\Gamma \Vdash \neg(A \to \neg B)$ 或者 $\Gamma \Vdash \neg(B \to \neg A)$。由 L^* 中公理($\to_1$)，有 $\Vdash \neg B \to (A \to \neg B)$；由例 3.3.2 可得，$\Vdash \neg B \to (B \to \neg A)$。利用例 3.4.8 的结果可得

$$\neg B \to (A \to \neg B) \Vdash \neg(A \to \neg B) \to \neg\neg B$$

$$\neg B \to (B \to \neg A) \Vdash \neg(B \to \neg A) \to \neg\neg B$$

利用变形规则(Tr)可得，$\Vdash \neg(A \to \neg B) \to \neg\neg B$ 和 $\Vdash \neg(B \to \neg A) \to \neg\neg B$。根据命题 3.4.2 可得，$\neg(A \to \neg B) \Vdash \neg\neg B$ 和 $\neg(B \to \neg A) \Vdash \neg\neg B$。利用结果 $\neg\neg B \Vdash B$ 和变形规则(Tr)可得，$\neg(A \to \neg B) \Vdash B$ 和 $\neg(B \to \neg A) \Vdash B$。可见，对于 $\Gamma \Vdash \neg(A \to \neg B)$ 或者 $\Gamma \Vdash \neg(B \to \neg A)$，应用变形规则(Tr)均有 $\Gamma \Vdash B$。

对于变形规则(∨－)，$\Gamma \vdash B$ 由 $\Gamma_1, D_1 \vdash B$ 和 $\Gamma_1, D_2 \vdash B$ 应用(∨－)规则得出，其中 $\Gamma = \Gamma_1 \cup \{D_1 \vee D_2\}$。若 $\Gamma_1, D_1 \Vdash B$，且 $\Gamma_1, D_2 \Vdash B$，对 $\Gamma_1, D_2 \Vdash B$ 应用推演定理，有 $\Gamma_1 \Vdash D_2 \to B$。因为 $\Gamma_1 \subset \Gamma$，所以有 $\Gamma, D_1 \Vdash B$，且 $\Gamma \Vdash D_2 \to B$。同时，因为 $D_1 \vee D_2 \in \Gamma$，且 $D_1 \vee D_2$ 在形式系统 L^* 中为 $\neg D_1 \to D_2$，所以有 $\Gamma \Vdash \neg D_1 \to D_2$。再根据已有 $\Gamma \Vdash D_2 \to B$，就有 $\Gamma \Vdash \{\neg D_1 \to D_2, D_2 \to B\}$。根据变形规则(HS)可得，$\{\neg D_1 \to D_2, D_2 \to B\} \Vdash \neg D_1 \to B$，应用变形规则(Tr)可得，$\Gamma \Vdash \neg D_1 \to B$。根据命题 3.4.2 可得，$\Gamma, \neg D_1 \Vdash B$，再结合已有的 $\Gamma, D_1 \Vdash B$，并根据命题 3.4.6 可得，$\Gamma \Vdash B$。

对于变形规则(→＋)，$\Gamma \vdash B$ 由 $\Gamma, D_1 \vdash D_2$ 应用(→＋)规则得出，其中 $B = D_1 \to D_2$。若 $\Gamma, D_1 \Vdash D_2$，则根据推演定理可得，$\Gamma \Vdash D_1 \to D_2$，此即为 $\Gamma \Vdash B$。

因而，由关于形式推理关系的结构归纳法可知，对于任意的 Γ 与 B，若 $\Gamma \vdash B$，则 $\Gamma \Vdash B$。

■

由命题 3.5.2 和命题 3.5.3 可知，$\Gamma \vdash B$ 当且仅当 $\Gamma \Vdash B$。特别地，当 $\Gamma = \varnothing$ 时，$\vdash B$ 当且仅当 $\Vdash B$。可见，自然推理系统与公理推理系统，在模仿、反映逻辑推理这件事上确实是等价的。这说明，形式系统 L 与形式系统 L^* 中的 $\Gamma \vdash B$ 从"形状上"看是完全一样的。考虑到公理推理系统相比于自然推理系统的精练性，以公理推理系统为主要讨论对象。

3.6 形式系统的整体性质

本章前面几节在引入命题逻辑形式系统之后，主要讨论了与形式系统内部的证明或者推演相关的内容。除这些内容之外，在 1.1 节谈到过，建立形式系统之后，还应该以整个形式系统为研究对象，对其进行"系统层面上的整体研究"。建立形式系统的初衷就是希望通过研究形式化的推理去研究逻辑推理，以获得关于逻辑推理的性质和结果。那么就需要衡量形式化的推理在模仿、反映逻辑推理这件事上的效果如何。希望语法概念下的 $\vdash$ 与语义概念下的 $\vDash$ 相互等价。当然，形式系统中的符号串以及符号串之间的变形是没有任何语义的，为了建立形式系统在语法和语义方面之间的联系，需要对形式系统赋予语义。对于命题逻辑形式系统而言，语义表现为真值语义的方式。

对于形式系统 L^* 的形式语言部分，采用 3.1 节中的记法，令 $S_0 = \{p_1, p_2, p_3, \cdots\}$，$S_{n+1} = S_n \cup \{(\neg A) \mid A \in S_n\} \cup \{(A \to B) \mid A, B \in S_n\}$，则 $S = \bigcup_{n \in \mathbf{N}} S_n$ 为全

体合式公式的集合。

【定义 3.6.1】 形式系统 L^* 的一个真值指派(truth assignment)是 S_0 到 $\{0,1\}$ 的映射 f,即 $f: S_0 \to \{0,1\}$。形式系统 L^* 的一个真值赋值(truth valuation)是 S 到 $\{0,1\}$ 的映射 $\tilde{f}$,即 $\tilde{f}: S \to \{0,1\}$,并且对于 L^* 中的任意合式公式 A、B,满足如下条件:

(1) $\tilde{f}(A) \neq \tilde{f}(\neg A)$;

(2) $\tilde{f}(A \to B)=0$,当且仅当 $\tilde{f}(A)=1$ 同时 $\tilde{f}(B)=0$。

根据定义 3.6.1,直观上看,L^* 的真值指派是给 L^* 中的每个原子合式公式 $A=p_i$ 一个真值 $f(A)=f(p_i)$;L^* 的真值赋值是给 L^* 中的每个合式公式 A 一个真值 $\tilde{f}(A)$,当然也包括原子合式公式。此外还可以看出,合式公式 $\neg A$ 和 $A \to B$ 的真值与 A、B 的真值关系,与把合式公式看作命题公式时,$\neg A$ 和 $A \to B$ 的真值与 A、B 的真值关系是一样的。

由于合式公式是以归纳的方式定义的,在直观上,任意给定一个 L^* 的真值指派 f,总是可以据此真值指派 f"归纳地"生成 L^* 的一个真值赋值 $\tilde{f}$。具体地,对于任意 S 中的合式公式 A,若其为原子合式公式 p_i,即 $A=p_i \in S_0$,则令 $\tilde{f}(A)=f(p_i)$;若 A 不为原子合式公式,则必然存在合式公式 A_1、A_2,使得 $A=\neg A_1$ 或者 $A=A_1 \to A_2$,那么,当 $A=\neg A_1$ 时,可以令 $\tilde{f}(\neg A_1) \neq \tilde{f}(A_1)$,当 $A=A_1 \to A_2$ 时,可以令 $\tilde{f}(A_1 \to A_2)=0$,当且仅当 $\tilde{f}(A_1)=1$ 同时 $\tilde{f}(A_2)=0$。事实确实是这样的,有如下命题。

【命题 3.6.1】 对于形式系统 L^* 的任意给定真值指派 f,必存在唯一的真值赋值 $\tilde{f}$,满足 $\tilde{f} \restriction S_0 = f$。

证明:首先是存在性。对于任意给定的真值指派 f,注意到 f 与 $\tilde{f}$ 的差别来源于定义域的不同,而 $\tilde{f}$ 的定义域 $S=\bigcup_{n \in \mathbf{N}} S_n$ 是以归纳的方式定义的,所以也可以据此归纳地定义出真值赋值 $\tilde{f}: S \to \{0,1\}$。具体地,对于任意的 $A \in S$,则必存在唯一的 $n \in \mathbb{N}$,使得 A 为第 n 层合式公式。

(1) 若 A 为第 0 层合式公式,即 $A \in S_0$,则可以令 $\tilde{f}(A)=f(A)$;

(2) 若 A 为第 n 层合式公式,其中 $0<n$,即 $A \in S_n - S_{n-1}$,则根据 3.1 节中的唯一可读性定理,必然会出现下述两种情况之一:

一种是$(\neg A_1)$为第 $n-1$ 层合式公式,使得 $A=\neg A_1$,此时令 $\tilde{f}(A)=\tilde{f}(\neg A_1) \neq \tilde{f}(A_1)$;

另一种是 A_1、A_2 为最大层次 $n-1$ 的合式公式，使得 $A=A_1\to A_2$，此时令 $\tilde{f}(A)=\tilde{f}(A_1\to A_2)=0$，当且仅当 $\tilde{f}(A_1)=1$ 且 $\tilde{f}(A_2)=0$。

由于每个合式公式都具有唯一的层次，而且各个层次合式公式的集合之间互不相交，因而，上述归纳定义映射的方式是合理的，同时也使得对于任意的 $A\in S$，有 $\tilde{f}(A)\in\{0,1\}$，即 $\tilde{f}$ 是 S 到 $\{0,1\}$ 的映射。根据前面证明中的(1)可知 $\tilde{f}\upharpoonright S_0=f$，再根据前面证明中的(2)可知，所定义的 $\tilde{f}$ 满足定义 3.6.1 中的条件(1)和(2)。综上可知，$\tilde{f}$ 为形式系统 L^* 的一个真值赋值。

其次是唯一性。假设还有真值赋值 g，满足 $g\upharpoonright S_0=f$。下面证明对于任意的 $A\in S$，一定有性质 P：$g(A)=\tilde{f}(A)$。这样就说明了 $g=\tilde{f}$。采用关于合式公式的结构归纳法：首先，对于原子合式公式 A，有 $g(A)=g\upharpoonright S_0(A)=f(A)=\tilde{f}\upharpoonright S_0(A)=\tilde{f}(A)$。其次，假设对于任意的合式公式 A_1、A_2，有 $g(A_1)=\tilde{f}(A_1)$，$g(A_2)=\tilde{f}(A_2)$，则有：

(1) 对于 A 为 $\neg A_1$ 的情形，由于 g 为真值赋值，可得 $g(\neg A_1)\neq g(A_1)$。类似地，由于 $\tilde{f}$ 为真值赋值，可得 $\tilde{f}(\neg A_1)\neq\tilde{f}(A_1)$。根据假设 $g(A_1)=\tilde{f}(A_1)$，可得 $g(\neg A_1)\neq\tilde{f}(A_1)$，而由于 g 和 $\tilde{f}$ 的值域是 $\{0,1\}$，可得 $g(\neg A_1)=\tilde{f}(\neg A_1)$。

(2) 对于 A 为 $A_1\to A_2$ 的情形，由于 g 为真值赋值，可得 $g(A_1\to A_2)=0$，当且仅当 $g(A_1)=1$ 同时 $g(A_2)=0$。类似地，由于 $\tilde{f}$ 为真值赋值，可得 $\tilde{f}(A_1\to A_2)=0$，当且仅当 $\tilde{f}(A_1)=1$ 同时 $\tilde{f}(A_2)=0$。由假设 $g(A_1)=\tilde{f}(A_1)$ 且 $g(A_2)=\tilde{f}(A_2)$，又由于 g 和 $\tilde{f}$ 的值域是 $\{0,1\}$，可得 $g(A_1\to A_2)=\tilde{f}(A_1\to A_2)$。

因而，根据关于合式公式的结构归纳法可知，对于任意的 $A\in S$，有 $g(A)=\tilde{f}(A)$。唯一性得证。

■

从命题 3.6.1 可以看出，每有一个形式系统 L^* 的真值指派，就可以生成唯一的真值赋值。这说明了不同的真值指派会生成不同的真值赋值，真值指派唯一决定了真值赋值；反之，不同的真值赋值对应了不同的真值指派。

把形式系统 L^* 中的合式公式看作命题公式，也会有 2.1 节里的“真值指派”。然而，相对于 2.1 节中的真值指派而言，现在采用映射这个数学对象对真值指派进行了描述，就会在讨论上更加严格，而不像 2.1 节中说成对命题变元指定真值。这从命题 3.6.1 的证明中可以看出。

由于合式公式都是有限长的符号串，对于任意的合式公式 A，总会存在 $n\in$

$\mathbf{N}$，使得合式公式 A 中所出现的符号 $p_i \in \{p_1, p_2, \cdots, p_n\}$。从集合 $T_0 = \{p_1, p_2, \cdots, p_n\}$ 出发，也可以归纳地生成集合 $T_{n+1} = T_n \cup \{(\neg A) \mid A \in T_n\} \cup \{(A \to B) \mid A, B \in T_n\}$，进而可得 $T = \bigcup_{n \in \mathbf{N}} T_n$ 为全体所使用的符号 p_i 均来自集合 $T_0 = \{p_1, p_2, \cdots, p_n\}$ 的合式公式组成的集合。类似地，也有与其相伴的结构归纳法。为了证明集合 T 中所有的合式公式均具有性质 P，只需要证明两点：①所有原子合式公式 p_i 均具有性质 P，其中 $1 \leqslant i \leqslant n$；②对于任意集合 T 中的合式公式 A、B，若 A、B 具有性质 P，则 $(\neg A)$、$(A \to B)$ 也具有性质 P。

【命题 3.6.2】 设合式公式 $A \in T$，对于形式系统 L^* 的真值赋值 $\tilde{f}_1$ 和 $\tilde{f}_2$，如果 $\tilde{f}_1 \upharpoonright T_0 = \tilde{f}_2 \upharpoonright T_0$，那么 $\tilde{f}_1(A) = \tilde{f}_2(A)$。

证明：使用关于合式公式 $A \in T$ 的结构归纳法。首先，根据 $\tilde{f}_1 \upharpoonright T_0 = \tilde{f}_2 \upharpoonright T_0$，也就是对于任意的原子合式公式 $A = p_i \in \{p_1, p_2, \cdots, p_n\}$，均有 $\tilde{f}_1(p_i) = \tilde{f}_2(p_i)$。其次，对于任意的集合 T 中的合式公式 A_1、A_2，假设 $\tilde{f}_1(A_1) = \tilde{f}_2(A_1)$ 且 $\tilde{f}_1(A_2) = \tilde{f}_2(A_2)$，则有：

(1) 对于 A 为 $\neg A_1$ 的情形，由于 $\tilde{f}_1$ 为真值赋值，可得 $\tilde{f}_1(\neg A_1) \neq \tilde{f}_1(A_1)$。类似地，由于 $\tilde{f}_2$ 为真值赋值，可得 $\tilde{f}_2(\neg A_1) \neq \tilde{f}_2(A_1)$。根据假设 $\tilde{f}_1(A_1) = \tilde{f}_2(A_1)$，可得 $\tilde{f}_1(\neg A_1) \neq \tilde{f}_2(A_1)$。由于 $\tilde{f}_1$ 和 $\tilde{f}_2$ 的值域是 $\{0, 1\}$，可得 $\tilde{f}_1(\neg A_1) = \tilde{f}_2(\neg A_1)$。

(2) 对于 A 为 $A_1 \to A_2$ 的情形，由于 $\tilde{f}_1$ 为真值赋值，可得 $\tilde{f}_1(A_1 \to A_2) = 0$，当且仅当 $\tilde{f}_1(A_1) = 1$ 且 $\tilde{f}_1(A_2) = 0$。类似地，由于 $\tilde{f}_2$ 为真值赋值，可得 $\tilde{f}_2(A_1 \to A_2) = 0$，当且仅当 $\tilde{f}_2(A_1) = 1$ 且 $\tilde{f}_2(A_2) = 0$。由假设 $\tilde{f}_1(A_1) = \tilde{f}_2(A_1)$ 且 $\tilde{f}_1(A_2) = \tilde{f}_2(A_2)$，又由于 $\tilde{f}_1$ 和 $\tilde{f}_2$ 的值域是 $\{0, 1\}$，可得 $\tilde{f}_1(A_1 \to A_2) = \tilde{f}_2(A_1 \to A_2)$。

因而，根据关于合式公式 $A \in T$ 的结构归纳法可知，对于任意的 $A \in T$，有 $\tilde{f}_1(A) = \tilde{f}_2(A)$。

■

从命题 3.6.2 可以看出，给定形式系统 L^* 的真值赋值 $\tilde{f}$，则对于任意的合式公式 $A \in T$，其真值 $\tilde{f}(A)$ 仅依赖 $\tilde{f}$ 在 $p_1, p_2, \cdots, p_n$ 的真值 $\tilde{f}(p_1), \tilde{f}(p_2), \cdots, \tilde{f}(p_n)$，或者说，$\tilde{f}(A)$ 仅由 $\tilde{f}$ 所对应的真值指派 f 在 A 所含符号 $p_1, p_2, \cdots, p_n$ 处的真值 $f(p_1), f(p_2), \cdots, f(p_n)$ 决定。可见，通过命题 3.6.1 将真值赋值 $\tilde{f}$ 在

合式公式 A 处的真值确定转换为真值指派 f 在 $p_1,p_2,p_3,\cdots$ 处的真值确定，再通过命题 3.6.2 进一步转换为真值指派 f 在 A 所含符号 $p_1,p_2,\cdots,p_n$ 处的真值确定。考虑到 $f(p_i)\in\{0,1\}$，所以 $f(p_1),f(p_2),\cdots,f(p_n)$ 所有真值组合的可能性有 2^n 种，也就是说，对于符号 $p_1,p_2,\cdots,p_n$ 来说，只可能存在 2^n 个不同的真值指派 f，因而就可以使用表把这些真值组合可能性一一列出，进而计算 $\tilde{f}(A)$ 在每一种真值组合 $f(p_1),f(p_2),\cdots,f(p_n)$ 时的真值。这就是第 2 章中所采用的真值表方法。

下面给出形式系统 L^* 中重言式的概念。

【定义 3.6.2】 形式系统 L^* 中的合式公式 A 称为重言式，如果对于任意的真值赋值 $\tilde{f}$，均有 $\tilde{f}(A)=1$。

若 A 为重言式，则采用重言式的记法，将其记为 $\vDash A$。

利用命题 3.6.2，给定形式系统 L^* 中的合式公式 A，为了判断其是否为重言式，不需要根据定义 3.6.2 考虑所有的真值赋值 $\tilde{f}$，或者是考虑所有的真值指派 f，而是仅需要考虑 2^n 个不同的真值指派 f，或者说仅需要考虑 2^n 个不同的真值指派 f 在 A 所含符号 $p_1,p_2,\cdots,p_n$ 处的真值。因为对于任意的真值赋值 $\tilde{f}$，$\tilde{f}(A)$ 仅由 A 所含符号 $p_1,p_2,\cdots,p_n$ 处的真值 $f(p_1),f(p_2),\cdots,f(p_n)$ 所决定。这就与第 2 章中判断一个命题公式 A 是否是重言式所采用的方法一致。有了重言式的定义，就可以在形式系统 L^* 中定义重言等价、重言蕴涵、有效推理等概念，这些都是与第 2 章中的相关概念一致的，无非现在描述的更严格一些，不再赘述。

类似地，也可以定义矛盾式和可满足式(satisfiable formula)。形式系统 L^* 中的合式公式 A 称为矛盾式，如果对于任意的真值赋值 $\tilde{f}$，均有 $\tilde{f}(A)=0$；形式系统 L^* 中的合式公式 A 称为可满足式，如果存在真值赋值 $\tilde{f}$，使得 $\tilde{f}(A)=1$。根据定义 3.6.1 和定义 3.6.2 可得，合式公式 A 为重言式，当且仅当合式公式 $\neg A$ 称为矛盾式；若合式公式 A 为重言式，则其一定也为可满足式。

【命题 3.6.3】 对于形式系统 L^* 中的合式公式 A，若 $\vdash A$，则 $\vDash A$。

证明：此命题即为，L^* 中所有的定理均为重言式，也就是，所有的定理均具有性质 P：$\vDash A$。采用关于形式系统 L^* 中定理的结构归纳法：首先，可以采用第 2 章的真值表方法，也可以采用定义 3.6.2 的方法，去验证 L^* 中的每一条公理均为重言式；其次，假设定理 A 和定理 $A\to B$ 均为重言式，而根据 2.6 节中的假言推理 $(p\to q)\wedge p\Rightarrow q$ 可知，当合式公式 A 和 $A\to B$ 均为重言式时，B 也为重言式。因而，由关于 L^* 中定理的结构归纳法可知，L^* 中的每一个定理均为重言式。

■

命题 3.6.3 称为形式系统 L^* 的可靠性定理(soundness theorem)。可靠性定理表明形式系统 L^* 在模拟、反映逻辑推理上是可靠的,因为它从公理出发,采用纯形式上的变形,所生成的形式定理确实在语义上是重言式,是真值永远为真的合式公式。

命题 3.6.3 的逆命题证明相对复杂,因为在形式系统 L^* 中证明合式公式 A 为一个定理本身就不是简单的事情,需要做一些准备工作。

希望证明:在形式系统 L^* 中,若 $\vDash A$,则 $\vdash A$。在这个命题中,首先是语义上有 $\vDash A$,然后是语法上有 $\vdash A$。而该命题等价于其逆否命题:若 $\nvdash A$,则 $\nvDash A$。这也就是,若合式公式 A 不是定理,则 A 必不是重言式。此时的命题中,首先是语法上有 $\nvdash A$,然后是语义上有 $\nvDash A$。这样就与命题 3.6.3 中语法和语义的顺序上一致。对于语义上的 $\nvDash A$,说明存在真值赋值 $\tilde{f}$,使得 $\tilde{f}(A)=0$,由于 $\tilde{f}(\neg A)\neq\tilde{f}(A)$,可得 $\tilde{f}(\neg A)=1$,即合式公式 $\neg A$ 是可满足式,反之亦然。因而,只要证明了 $\neg A$ 是可满足式,就可以得到 $\nvDash A$。对于语法上的 $\nvdash A$,先看 $\vdash A$。若有 $\vdash A$,由命题 3.6.3 可得 $\vDash A$,即 A 为重言式,所以 $\neg A$ 为矛盾式。由于矛盾式的真值恒为 0,其作为前提可以推出任意的结论。如果将此反映在语法上,即为对于任意的合式公式 B,均有 $\neg A\vdash B$。我们说若有 $\vdash A$,则对于任意的合式公式 B,有 $\neg A\vdash B$。这是因为若有 $\vdash A$,则对于任意的合式公式 B。可以构造如下从 $\{\neg A\}$ 到 B 的一个推演:

(1) ……

(⋮) ⋮

(n) A

($n+1$) $\neg A$ (前提)

($n+2$) $\neg A\to(A\to B)$ (例 3.3.2(ii))

($n+3$) $A\to B$ ($n+1$)($n+2$)(MP)

($n+4$) B (n)($n+3$)(MP)

其中,前 n 步是定理 A 的形式证明。反之,若对任意的合式公式 B,均有 $\neg A\vdash B$,则也会有 $\neg A\vdash\neg B$,再由命题 3.4.3 可得 $\vdash A$。可见,$\vdash A$ 当且仅当,对于任意的合式公式 B 均有 $\neg A\vdash B$。这说明了:$\nvdash A$ 当且仅当,存在一个合式公式 B,使得 $\neg A\nvdash B$。现在已经得到了分别与 $\nvdash A$ 和 $\nvDash A$ 等价的命题,为了证明"若 $\nvdash A$,则 $\nvDash A$",只需要证明:如果存在一个合式公式 B 满足 $\neg A\nvdash B$,那么 $\neg A$ 是可满足式。此命题中的前半句与后半句都是谈及"如果存在……,满足……",因为可满足式就是说存在真值赋值 $\tilde{f}$,满足 $\tilde{f}(A)=1$,只是前半句是语法方面的,后半句是语义方面的。在3.4节中引入推演时谈到过，从Γ的一个推演相当于把Γ中的合式公式临时看作公理而进行的一个证明。那么，从$\{\neg A\}$的一个推演就可以看作将$\neg A$加入公理集合中而进行的一个证明，因而，$\neg A\vdash B$在把$\neg A$也视为公理的形式系统中就成为$\vdash B$。所以，"对于任意的合式公式B均有$\neg A\vdash B$"，就相当于"在把$\neg A$也视为公理的形式系统中，对于任意的合式公式B，均有$\vdash B$"。根据前面给出的从$\{\neg A\}$到B的一个推演可以看出，如果在把$\neg A$也视为公理的形式系统中同时有$\vdash A$和$\vdash\neg A$，合式公式A和$\neg A$就可以同时出现在一个证明中，那么证明中就会出现任意的合式公式B，因而对于任意的B，在把$\neg A$也视为公理的形式系统中都会有$\vdash B$；另外，如果对于任意的合式公式B，在把$\neg A$也视为公理的形式系统中均有$\vdash B$，也会有$\vdash A$和$\vdash\neg A$。所以，在把$\neg A$也视为公理的形式系统中，对于任意的合式公式B均有$\vdash B$，当且仅当同时会有$\vdash A$和$\vdash\neg A$。可见，形式系统L^*中存在一个合式公式B满足$\neg A\nvdash B$，当且仅当在把$\neg A$也视为公理的形式系统中，不会同时出现$\vdash A$和$\vdash\neg A$。将$\neg A$加入L^*的公理集合之后的形式系统记为L_1^*。至此，要证明的命题又转换为如果在形式系统L_1^*中不会同时出现$\vdash A$和$\vdash\neg A$，那么$\neg A$是形式系统L^*中的可满足式。为了让$\neg A$是L^*的可满足式，需要找到形式系统L^*中的一个真值赋值$\tilde{f}$，使得$\tilde{f}(\neg A)=1$。注意，L^*的真值赋值$\tilde{f}$，也是L_1^*的真值赋值，因而，L^*中的可满足式也是L_1^*中的可满足式。形式系统L_1^*中的公理除包含L^*中的公理，就是才加进去的$\neg A$，L^*中的公理都是重言式，所以L^*中任意的真值赋值$\tilde{f}$在这些公理处的真值都是1，不用考虑，需要考虑的是$\neg A$。由于形式系统L_1^*中的公理只是比L^*中的公理多了一个$\neg A$，如果A为L^*中一个定理，就会有$\vdash A$，当然，在L_1^*中也会有$\vdash A$。不能把$\neg A$再加入公理集中，否则在L_1^*中会同时出现$\vdash A$和$\vdash\neg A$。可见，只能从L^*中不是定理的合式公式A中选择其否定式$\neg A$加入公理集中。随着$\neg A$的加入，L_1^*中的公理比L^*中的公理增多了，L_1^*中的定理就会比L^*中的定理可能增多。如果$\neg A$是L^*中的定理，就不会增多，因为L^*中的定理是由L^*中的公理生成的。但是不管怎样，L_1^*中的定理不会比L^*中的定理少。可以在不是L_1^*中定理的合式公式中再选择其否定式加入公理集中，一直重复这个过程，直到增加公理之后，定理并没有增多。这就使得L^*中的公理集合扩大到了一个"极限"，从其出发应用变形规则所能生成的定理不能再增多。在这个公理集合扩大到极限的形式系统中，任意的合式公式及其否定式必有一个是定理，否则能生成的定理还能再增多。由于定理是期望可以在语义上取值为 1 的合式公式，可以期望存在一个真值赋值 $\tilde{f}$，能将所有的定理赋值为 1，而 $\neg A$ 作为 L_1^* 中的公理也是定理，自然其在 $\tilde{f}$ 下的真值为 1。

在上面对命题 3.6.3 的逆命题的证明思路分析中涉及了几个概念，比如，将 $\neg A$ 加入 L^* 的公理集合中，在形式系统 L_1^* 中不会同时出现 $\vdash A$ 和 $\vdash \neg A$，L^* 中的公理集合扩大到一个“极限”。现在正式引入这些概念。

【定义 3.6.3】 对于一个公理推理系统，若其中不存在合式公式 A，使得 A 和 $\neg A$ 均为该公理推理系统中的定理，则称该公理推理系统是一致的(consistent)。

形式系统的一致性有时也称为无矛盾性。对于形式系统 L^*，说它是一致的。因为若 L^* 不一致，则说明存在一个合式公式 A，使得 A 和 $\neg A$ 均为 L^* 中的定理，即同时会有 $\vdash A$ 和 $\vdash \neg A$。而根据可靠性定理可知，这将导致同时会有 $\vDash A$ 和 $\vDash \neg A$，即 A 和 $\neg A$ 均为重言式。而这是不可能的，因为 A 为重言式当且仅当 $\neg A$ 为矛盾式。

【定义 3.6.4】 在形式系统 L^* 的基础上，通过在其公理集合中增加一些合式公式作为新的公理，其他部分不变，这样所得到的形式系统称为 L^* 的扩张(extension)。

可以把 L^* 本身看作 L^* 的一个特殊的扩张，其是增加为新的公理的集合为空集时的情形。根据定义 3.6.4，若形式系统 L_1^* 是 L^* 的一个扩张，则 L^* 中的定理显然也是 L_1^* 中的定理；同时，由于 L_1^* 相较于 L^* 而言只是在公理集合上增加了一些新的公理，前面几节所得出的关于 L^* 的结果在 L_1^* 中依然成立。此外，根据前述对命题 3.6.3 的逆命题的证明思路分析以及定义 3.6.4 可知，如果 L^* 的扩张 L_1^* 是通过将 L^* 中合式公式集合 Γ 中的合式公式增加为新的公理得到的，并且合式公式 B 为 L_1^* 中定理，记为 $\vdash_{L_1^*} B$，那么，B 在 L^* 中从 Γ 可推演出，记为 $\Gamma \vdash_{L^*} B$，反之亦然。这里为了区分符号 $\vdash$ 所在的形式系统，在符号 $\vdash$ 的右下角标记出了其所在的形式系统。

【命题 3.6.4】 设形式系统 L_1^* 是把合式公式 A 增加为 L^* 中新的公理所得到的 L^* 的一个扩张，若 L_1^* 的定理集合不同于 L^* 的定理集合，则 A 不是 L^* 中的定理，反之亦然。

证明：首先是充分性。已知 A 不是 L^* 中的定理。合式公式 A 作为 L_1^* 的公理，当然也是 L_1^* 中的定理，所以 A 就是一个为 L_1^* 中定理但不为 L^* 中定理的合式公式，所以 L_1^* 的定理集合不同于 L^* 的定理集合。

其次是必要性。已知 L_1^* 的定理集合不同于 L^* 的定理集合。因为 L^* 的定理一定是 L_1^* 的定理，所以存在合式公式 B 为 L_1^* 中的定理，即 $\vdash_{L_1^*} B$，但不是

L^* 中的定理。由于形式系统 L_1^* 是把合式公式 A 增加为 L^* 中新的公理所得到的 L^* 的一个扩张，所以由 $\vdash_{L_1^*} B$ 可得 $A \vdash_{L^*} B$，再由 L^* 中的推演定理可得 $\vdash_{L^*} A \to B$。下面采用反证法证明 A 不会是 L^* 中的定理。若 A 是 L^* 中的定理，即 $\vdash_{L^*} A$，由于 $\{A, A \to B\} \vdash_{L^*} B$，根据 L^* 中的变形规则(Tr)可得 $\vdash_{L^*} B$，这说明 B 为 L^* 中的定理，这与已知 B 不是 L^* 中的定理相矛盾。所以 A 一定不是 L^* 中的定理。

■

在上面对命题 3.6.3 的逆命题的证明思路分析中曾谈到，如果 L_1^* 是把合式公式 $\neg A$ 增加为 L^* 中新的公理所得到的 L^* 的一个扩张，那么形式系统 L_1^* 中存在一个合式公式 B 满足 $\nvdash_{L_1^*} B$，当且仅当在形式系统 L_1^* 中不会同时出现 $\vdash_{L_1^*} A$ 和 $\vdash_{L_1^*} \neg A$。下面对其证明。

【命题 3.6.5】 形式系统 L^* 的一个扩张 L_1^* 是一致的，当且仅当存在一个合式公式，它不是 L_1^* 中的定理。

证明：首先是充分性。已知 L_1^* 是一致的，那么根据定义 3.6.3，对于任意的合式公式 A，或者 A 不是 L_1^* 中的定理，或者 $\neg A$ 不是 L_1^* 中的定理。

其次是必要性。已知存在一个不是 L_1^* 中定理的合式公式，采用反证法证明 L_1^* 的一致性。假设 L_1^* 不是一致的，则存在合式公式 A 满足 $\vdash_{L_1^*} A$ 和 $\vdash_{L_1^*} \neg A$。那么对于任意的合式公式 B，采用之前对命题 3.6.3 的逆命题的证明思路分析中同样的方法，利用 $\vdash_{L_1^*} \neg A \to (A \to B)$，并根据已有的 $\vdash_{L_1^*} A$ 和 $\vdash_{L_1^*} \neg A$，利用两次变形规则(MP)，可得 $\vdash_{L_1^*} B$。这说明了任意的合式公式 B 都是 L_1^* 中的定理，而这是与已知相矛盾的。

■

从命题 3.6.5 可以看出，对于形式系统 L^* 的扩张，其具有一致性，是非常基本的要求。因为，如果该扩张不满足一致性，就会导致每一个合式公式都是该扩张中的定理，这与每一个合式公式都不是该扩张中的定理一样地没有意义。正是形式系统 L^* 的扩张不具有一致性会导致非常“强”的效果——每一个合式公式都是定理，因而，只需要满足非常弱的条件——有一个合式公式不是定理，就会使得形式系统 L^* 的扩张具有一致性。

假定形式系统 L_1^* 是通过把合式公式 $\neg A$ 加入 L^* 的公理集合中所得到的一个扩张，正如在对命题 3.6.3 的逆命题的证明思路分析中所谈到那样，为了使得 L_1^* 是一致的，就要求合式公式 A 一定不能是 L^* 中的定理，否则 A 也会是 L_1^* 中的定理，而 $\neg A$ 作为 L_1^* 的公理，自然也是 L_1^* 的定理，会造成在形式系统 L_1^* 中同时有 $\vdash_{L_1^*} A$ 和 $\vdash_{L_1^*} \neg A$。如果 A 不是 L^* 中的定理，$\neg A$ 却是 L^* 中定理，那么根据命题 3.6.4 可知，L_1^* 的定理集合会与 L^* 的定理集合相同。所以，为了使得 L_1^* 在满足一致性的同时，还能比 L^* 多出新的定理，只能是 A 与 $\neg A$ 都不为 L^* 中定理的这种情形。对于 L_1^*，前面只是谈到合式公式 A 不能是 L^* 中的定理，否则会导致 L_1^* 的不一致；并没有表明，合式公式 A 不是 L^* 中的定理，L_1^* 就一定满足一致性。下面的命题肯定了这种说法。

【命题 3.6.6】 令形式系统 L_1^* 是加入合式公式 $\neg A$ 到 L^* 的公理集合后所得到的 L^* 的一个扩张，若 A 不是 L^* 的定理，则 L_1^* 一定是一致的；反之亦然。

证明：对于充分性，采用反证法。若 L_1^* 不是一致的，则存在合式公式 B 满足 $\vdash_{L_1^*} B$ 和 $\vdash_{L_1^*} \neg B$。进而有 $\neg A \vdash_{L^*} B$ 和 $\neg A \vdash_{L^*} \neg B$。再根据命题 3.4.3，有 $\vdash_{L^*} A$，而这是与已知条件中 A 不是 L^* 中的定理相矛盾的。

对于必要性还是采用反证法。若 A 是 L^* 的定理，那么在 L_1^* 中会同时有 $\vdash_{L_1^*} A$ 和 $\vdash_{L_1^*} \neg A$，这就与已知中 L_1^* 是一致的相矛盾。

■

根据命题 3.6.6，对于已经是 L^* 的扩张的形式系统 L_1^*，还可以继续这个过程：若合式公式 B 不是 L_1^* 中的定理，则把 $\neg B$ 加入 L_1^* 的公理集合，从而得到 L_1^* 的一个扩张 L_2^*，L_2^* 当然也是 L^* 的一个扩张。采用与命题 3.6.6 完全一样的方法，也可以证明 L_2^* 是一致的。根据之前所讨论的，在这个不断扩大公理集合得出形式系统 L^* 的一个又一个扩张的过程中，会到达那么一个“极限”：所有的 A 与 $\neg A$ 都不是定理的情形已经使用完，也就是说，对于所有的合式公式 A，A 与 $\neg A$ 中的一个已经加入某个 L^* 的扩张的公理集合中。

【定义 3.6.5】 形式系统 L_1^* 是 L^* 的一个扩张，如果对于每一个合式公式 A，A 或者 $\neg A$ 是 L_1^* 中的定理，那么称该扩张 L_1^* 是完全的(complete)。

根据定义 3.6.5，如果 L_1^* 是 L^* 的不一致扩张，由于每个合式公式都是 L_1^* 中的定理，此时的 L_1^* 是完全的，只是这种具有完全性的但不具有一致性的形式系统不是想要的。虽说形式系统 L^* 是一致的，但却是不完全的，因为对于每一个原子合式公式 p_i，p_i 与 $\neg p_i$ 都不是 L^* 中的定理。希望 L^* 的扩张所能达到的极限 L_1^* 是能同时满足一致性和完全性的。下面的命题对这个希望给出肯定的回答。

【命题 3.6.7】 令 $\widetilde{L}^*$ 为形式系统 L^* 的一致扩张，则存在同时满足一致性和

完全性的 L^* 的一个扩张，它是通过向 $\widetilde{L}^*$ 的公理集合中增加新的公理得到的。

证明：在形式系统 L^* 的形式语言部分，符号表集合是可列集，而合式公式又是由符号表集合中有限个符号构成的符号串，它可以看作符号的有限序列，所以，根据命题 1.5.4 可知，合式公式的集合也是可列集。因而把所有的合式公式排成一个合式公式序列 $A_0,A_1,\cdots,A_n,\cdots$。令 $L_0^*=\widetilde{L}^*$。按照之前获得 L^* 的一致性扩张的方法，首先，A_0 是否为 L_0^* 的定理，如果 A_0 是 L_0^* 的定理，就不能把 $\neg A_0$ 加入 L_0^* 的公理集合中，此时令 $L_1^*=L_0^*$；如果 A_0 不是 L_0^* 的定理，就把 $\neg A_0$ 加入 L_0^* 的公理集合中，从而得到了 L_0^* 的一个扩张 L_1^*。对于已经得到的 L_1^*，根据 A_1 是否为 L_1^* 的定理来决定是否把 $\neg A_1$ 加入 L_1^* 的公理集合中，从而得到 L_1^* 的一个扩张 L_2^*。重复这个过程，一般地，对于 $n\geqslant 1$，设已经得到了 L_{n-1}^*，那么可以按照方法得到 L_n^*：如果 $\vdash_{L_{n-1}^*}A_{n-1}$，就令 $L_n^*=L_{n-1}^*$；如果 $\nvdash_{L_{n-1}^*}A_{n-1}$，就将 $\neg A_{n-1}$ 加入 L_{n-1}^* 的公理集合中，从而得到 L_{n-1}^* 的一个扩张 L_n^*。这实际上给出了 L_n^* 的归纳定义。对应着合式公式序列 $A_0,A_1,\cdots,A_n,\cdots$，得到了 L^* 的扩张的序列 $L_0^*,L_1^*,\cdots,L_n^*,\cdots$。如果令 M_n 为 L_n^* 的公理集合，其中 $n\in\mathbb{N}$，序列 $M_0,M_1,\cdots,M_n,\cdots$ 就是 $L_0^*,L_1^*,\cdots,L_n^*,\cdots$ 的公理集合序列。根据 L_n^* 的构造过程，有 $M_0\subset M_1\subset\cdots\subset M_n\subset\cdots$。

对于每个 L_n^* 来说都是一致的，其中 $n\in\mathbb{N}$。这是因为：首先，$L_0^*=\widetilde{L}^*$ 是一致的；其次，如果 L_{n-1}^* 是一致的，根据命题 3.6.6 可知 L_n^* 也是一致的。因而，根据数学归纳法可知，每一个 L_n^* 都是一致的。

令 $M=\bigcup\limits_{n\in\mathbf{N}}M_n$，并且令 L_c^* 是将 M 中的合式公式作为 L_c^* 的公理集合所得到的，可见 L_c^* 为 L^* 的一个扩张。下面证明 L_c^* 不仅是一致的，而且是完全的。

首先是 L_c^* 的一致性证明。采用反证法去证明。若 L_c^* 不满足一致性，则存在合式公式 B 满足 $\vdash_{L_c^*}B$ 和 $\vdash_{L_c^*}\neg B$，进而存在 B 和 $\neg B$ 在 L_c^* 中的证明。注意到形式系统中的证明都是有限长的，因而，B 和 $\neg B$ 在 L_c^* 中的证明只用到了公理集合 M 中有限个公理，进而说明存在 $k\in\mathbb{N}$，使得 B 和 $\neg B$ 在 L_c^* 中的证明只用到了公理集合 M_k 中的公理，B 和 $\neg B$ 在 L_c^* 中的证明也是在 L_k^* 中的证明，B 和 $\neg B$ 也是 L_k^* 中的定理，由此得到 L_k^* 是不一致的，而这与前面已得出的 L_k^* 是一致的结果相矛盾，所以 L_c^* 是一致的。

其次是 L_c^* 的完全性证明。对于任意的合式公式 A，它一定会出现在合式公式序列 $A_0,A_1,\cdots,A_n,\cdots$ 中，假设 $A=A_i$。根据从 L_i^* 到 L_{i+1}^* 的构造过程，如果

$\vdash_{L_i^*} A_i$，那么令 $L_{i+1}^* = L_i^*$，此时由于 $M_i \subset M$，可得 $\vdash_{L_c^*} A_i$；如果 $\nvdash_{L_i^*} A_i$，就将 $\neg A_i$ 加入 L_i^* 的公理集合中从而得到 L_{i+1}^*，因而有 $\vdash_{L_{i+1}^*} \neg A_i$，此时由于 $M_{i+1} \subset M$，可得 $\vdash_{L_c^*} \neg A_i$。无论哪一种情况，都会有 $\vdash_{L_c^*} A$ 或者 $\vdash_{L_c^*} \neg A$，这说明 L_c^* 是完全的。

■

在命题 3.6.7 的证明过程中构造出了 L^* 的扩张序列 $L_0^*, L_1^*, \cdots, L_n^*, \cdots$，这个扩张序列的核心是公理集合在"不断地扩大"，即 $M_0 \subset M_1 \subset \cdots \subset M_n \subset \cdots$，随着公理集合达到极限 $M = \bigcup_{n \in \mathbf{N}} M_n$，$L^*$ 的扩张也达到了极限 L_c^*。虽然从 L_{n-1}^* 到 L_n^* 这一步的过程可能不会增大定理集合，即便是 $\nvdash_{L_{n-1}^*} A_{n-1}$，并把 $\neg A_{n-1}$ 加入 L_{n-1}^* 的公理集合中，因为可能有 $\vdash_{L_{n-1}^*} \neg A_{n-1}$，但该过程是保持一致性的；同时，由于把所有的合式公式都列出，对于所有的合式公式 A，A 与 $\neg A$ 都不是定理的所有情形也都考虑，从而达到了完全性。一致性和完全性的结合使得 A 与 $\neg A$ 中有且仅有一个是定理，这就与语义中的 A 与 $\neg A$ 中有且仅有一个的真值为 1 对应起来。从而有如下的命题。

【命题 3.6.8】 令 $\widetilde{L}^*$ 为形式系统 L^* 的一致性扩张，则存在 $\widetilde{L}^*$ 的一个真值赋值 $\tilde{f}$，使得 $\widetilde{L}^*$ 中每一个定理的真值为 1。

证明：根据命题 3.6.7 得到了同时满足一致性和完全性的 L_c^*。根据 L_c^* 的完全性，定义所有合式公式构成的集合 S 到 $\{0,1\}$ 的映射 $\tilde{f}$ 如下：对于任意的合式公式 A，若 $\vdash_{L_c^*} A$，则取 $\tilde{f}(A)=1$；若 $\vdash_{L_c^*} \neg A$，则取 $\tilde{f}(A)=0$。

下面验证对于 L^* 中的任意合式公式 A、B，映射 $\tilde{f}: S \to \{0,1\}$ 还满足：(1) $\tilde{f}(A) \neq \tilde{f}(\neg A)$；(2) $\tilde{f}(A \to B)=0$，当且仅当 $\tilde{f}(A)=1$ 同时 $\tilde{f}(B)=0$。从而映射 $\tilde{f}: S \to \{0,1\}$ 是 $\widetilde{L}^*$ 的一个真值赋值，当然也是 L^* 的一个真值赋值。对于(1)，由 L_c^* 的一致性立即可得。对于(2)，首先是必要性，若 $\tilde{f}(A)=1$ 且 $\tilde{f}(B)=0$，下面证明 $\tilde{f}(A \to B)=0$。采用反证法证明。假设 $\tilde{f}(A \to B)=1$，则说明 $\vdash_{L_c^*} A \to B$，由已知的 $\tilde{f}(A)=1$ 可得 $\vdash_{L_c^*} A$，再利用一次变形规则(MP)可得 $\vdash_{L_c^*} B$，由映射 $\tilde{f}$ 的定义可得 $\tilde{f}(B)=1$，而这与已知的 $\tilde{f}(B)=0$ 相矛盾，所以 $\tilde{f}(A \to B)=0$。然后是充分性，若 $\tilde{f}(A \to B)=0$，下面证明 $\tilde{f}(A)=1$ 同时 $\tilde{f}(B)=0$。还是采用反证法证明。假设 $\tilde{f}(A)=0$ 或者 $\tilde{f}(B)=1$，因而由映射 $\tilde{f}$ 的定义有 $\vdash_{L_c^*} \neg A$ 或者 $\vdash_{L_c^*} B$。对于 $\vdash_{L_c^*} \neg A$ 的情况，根据 L^* 中公理 $(\to_1)$ 和 $(\to \neg)$ 可得 $\vdash_{L_c^*} \neg A \to (\neg B \to \neg A)$ 和 $\vdash_{L_c^*} (\neg B \to \neg A) \to (A \to B)$，再利用两次变形规则(MP)可得

$\vdash_{L_c^*} A \to B$；对于 $\vdash_{L_c^*} B$ 的情况，根据 L^* 中公理($\to_1$)可得 $\vdash_{L_c^*} B \to (A \to B)$，再利用一次变形规则(MP)可得 $\vdash_{L_c^*} A \to B$。可见，无论 $\vdash_{L_c^*} \neg A$ 还是 $\vdash_{L_c^*} B$，都会得出 $\vdash_{L_c^*} A \to B$，再由映射 $\tilde{f}$ 的定义可得 $\tilde{f}(A \to B)=1$，而这与已知的 $\tilde{f}(A \to B)=0$ 相矛盾，所以有 $\tilde{f}(A)=1$ 同时 $\tilde{f}(B)=0$。综上可见，映射 $\tilde{f}: S \to \{0,1\}$ 确实是一个真值赋值。

令合式公式 A 为 $\tilde{L}^*$ 中的定理，当然 A 也是 L_c^* 的定理，因而有 $\vdash_{L_c^*} A$，由映射 $\tilde{f}$ 的定义可得 $\tilde{f}(A)=1$。

■

有了上面的一系列准备工作，可以证明可靠性定理的逆命题。

【命题 3.6.9】 对于形式系统 L^* 中的合式公式 A，若 $\vDash A$，则 $\vdash A$。

证明：令合式公式 A 为重言式，即 $\vDash A$。采用反证法证明。若 $\nvdash A$，则可以把 $\neg A$ 加入 L^* 的公理集合，得到 L^* 的一个一致性扩张 $\tilde{L}^*$。根据命题 3.6.8，存在真值赋值 $\tilde{f}$，使得 $\tilde{L}^*$ 中每一个定理的真值均为 1，合式公式 $\neg A$ 作为 $\tilde{L}^*$ 的公理，当然也是 $\tilde{L}^*$ 的定理，所以有 $\tilde{f}(\neg A)=1$。而对于重言式 A，有 $\tilde{f}(A)=1$，这就与真值赋值 $\tilde{f}$ 满足 $\tilde{f}(A)\neq\tilde{f}(\neg A)$ 相矛盾。所以有 $\vdash A$。

■

命题 3.6.9 称为形式系统 L^* 的完备性定理(adequacy theorem)。完备性定理说明了逻辑推理关系在形式系统中都得到了完备地模拟、反映。至此，根据形式系统 L^* 的可靠性定理和完备性定理得到了在形式系统 L^* 中 $\vdash A$ 当且仅当 $\vDash A$，即形式系统 L^* 中语法概念下的 $\vdash$ 与语义概念下的 $\vDash$ 相互等价。这说明了形式系统 L^* 中的形式推理确实模仿、反映了逻辑推理，达到了建立形式系统 L^* 的目的。

在讨论命题逻辑形式系统的整体性质时，引入了形式系统的一致性、完全性、可靠性和完备性。其中，一致性和完全性是关于形式系统语法方面的，可靠性和完备性是关于形式系统语法和语义联系方面的。这些关于形式系统整体方面的研究才是最有意义的。由于有了可靠性定理和完备性定理，在判断一个合式公式是否为定理时，无须在形式系统内构造一个证明，而是可以根据真值表进行“机械式”的判断，如果是重言式，就是定理，反之亦然。这就使得在形式系统内构造一个定理的证明这件事本身的意义变得不那么重要。

在形式系统 L^* 中，除了形式证明所引入的 $\vdash A$，还有从 Γ 的形式推演所引入的$\Gamma \vdash A$,因而也可以讨论语法上的$\Gamma \vdash A$与语义上的$\Gamma \models A$之间的关系。首先给出结果：$\Gamma \vdash A$当且仅当$\Gamma \models A$。这个命题的证明与命题"$\vdash A$当且仅当$\models A$"的证明思路完全一样,证明方法也几乎一样,尽管"$\vdash A$当且仅当$\models A$"是"$\Gamma \vdash A$当且仅当$\Gamma \models A$"在$\Gamma = \varnothing$时的特例。

如果合式公式的集合Γ为有限集$\{A_1, A_2, \cdots, A_n\}$,就可以利用已得出的"$\vdash A$当且仅当$\models A$"非常容易地证明出该命题。具体地,在$\Gamma$为有限集$\{A_1, A_2, \cdots, A_n\}$时,$\Gamma \vdash A$和$\Gamma \models A$就成为$A_1, A_2, \cdots, A_n \vdash A$和$A_1, A_2, \cdots, A_n \models A$。根据命题2.6.1可得,$A_1, A_2, \cdots, A_n \models A$当且仅当$\models (A_1 \to (A_2 \to \cdots \to (A_n \to A) \cdots)$。同时,根据$L^*$中的推演定理及其逆命题可得,$A_1, A_2, \cdots, A_n \vdash A$当且仅当$\vdash (A_1 \to (A_2 \to \cdots \to (A_n \to A) \cdots)$。因而命题"$\Gamma \vdash A$当且仅当$\Gamma \models A$"就转换为了命题"$\vdash B$当且仅当$\models B$",其中$B = (A_1 \to (A_2 \to \cdots \to (A_n \to A) \cdots)$。可见,在合式公式的集合$\Gamma$为有限集的情形下,$\Gamma \vdash A$当且仅当$\Gamma \models A$。

下面考虑集合Γ为无限集的情形,由于所有合式公式的集合是可列集,所以Γ也是可列集。首先对形式系统L^*中$\Gamma \vdash B$在Γ为无限集时的情形做一些说明。

对于形式系统L,其中的$\Gamma \vdash B$本来就是$A_1, A_2, \cdots, A_n \vdash B$,也就是说,在形式系统$L$中,$\Gamma$要求是有限集；而对于形式系统$L^*$,在引入从$\Gamma$的推演$\Gamma \vdash B$时并没有要求$\Gamma$是有限集,它可以是无限集。因而,在3.5节讨论形式系统L与形式系统L^*的关系时,约束形式系统L^*中的$\Gamma \vdash B$是针对Γ为有限集$\{A_1, A_2, \cdots, A_n\}$的情形。这种约束是合理的,因为根据形式系统$L^*$中从$\Gamma$的推演$A_1, A_2, \cdots, A_n$的步骤有限性,可得$\Gamma \vdash B$当且仅当存在$\Gamma$的有限子集$\Gamma_0 \subset \Gamma$满足$\Gamma_0 \vdash B$。具体地,若$\Gamma \vdash B$,则存在合式公式的有限序列$A_1, A_2, \cdots, A_n$为形式系统$L^*$中从$\Gamma$的一个推演,令$\Gamma$的子集$\Gamma_0 = \{A_i \mid A_i \in \Gamma, 1 \leqslant i \leqslant n\}$,则$\Gamma_0$是有限的,而且根据推演的定义有$\Gamma_0 \vdash B$；若存在$\Gamma$的有限子集$\Gamma_0 \subset \Gamma$满足$\Gamma_0 \vdash B$,根据推演的定义显然有$\Gamma \vdash B$。由于形式系统$L$中的形式证明步骤也是有限的,也可以不要求$\Gamma$为有限集,此时需要把第一条变形规则($\in$)改为针对$\Gamma$的样式：$\Gamma \vdash A$,当$A \in \Gamma$时。类似地,也可以在形式系统$L$中得到$\Gamma \vdash B$当且仅当存在$\Gamma$的有限子集$\Gamma_0 \subset \Gamma$有$\Gamma_0 \vdash B$。必要性是显然的。对于充分性,该命题表明,对于任意的$\Gamma \vdash B$,均有性质P：存在Γ的有限子集$\Gamma_0 \subset \Gamma$有$\Gamma_0 \vdash B$。对它采用关于L中形式推理关系的结构归纳法。首先,若$\Gamma \vdash B$是由第一条变形规则直接生成,则令$\Gamma_0 = \{B\} \subset \Gamma$,则由第一条变形规则有$\Gamma_0 \vdash B$；对于变形规则($\neg -$),$\Gamma \vdash B$由$\Gamma, \neg B \vdash D$和$\Gamma, \neg B \vdash \neg D$应用($\neg -$)规则得出,若有$\Gamma$的有限子集$\Gamma_1$和$\Gamma_2$满足$\Gamma_1, \neg B \vdash D$且$\Gamma_2, \neg B \vdash \neg D$,则令$\Gamma_0 = \Gamma_1 \cup \Gamma_2$,那么,有限子集

$\Gamma_0 \subset \Gamma$，且根据命题 3.2.1 有 $\Gamma_0, \neg B \vdash D$ 且 $\Gamma_0, \neg B \vdash \neg D$，进而再由（$\neg -$）变形规则，有 $\Gamma_0 \vdash B$。其他变形规则类似可以验证。因而，由 L 中关于形式推理关系的结构归纳法可知，对于任意的形式推理关系 $\Gamma \vdash B$，均有性质 P：存在 Γ 的有限子集 $\Gamma_0 \subset \Gamma$ 有 $\Gamma_0 \vdash B$。

上面关于形式系统 L 和形式系统 L^* 的讨论中，当 Γ 是无限集时，若 $\Gamma \vdash B$，则均存在有限子集 $\Gamma_0 \subset \Gamma$ 满足 $\Gamma_0 \vdash B$。这或许会让我们觉得，当 Γ 是无限集时，如果 $\Gamma \vDash B$，那么也应该存在有限子集 $\Gamma_0 \subset \Gamma$ 满足 $\Gamma_0 \vDash B$。如果这个结果显然成立，那么当 Γ 是无限集时，命题"$\Gamma \vdash B$ 当且仅当 $\Gamma \vDash B$"就又转换为 Γ 是有限集时的情形。事实上，这个结果确实成立，却不是显然的。在形式系统中，由于形式推理 $\Gamma \vdash B$ 定义中的步骤"有限性"，使得"当 Γ 是无限集时，若 $\Gamma \vdash B$，则存在有限子集 $\Gamma_0 \subset \Gamma$ 满足 $\Gamma_0 \vdash B$"这件事是显然的，有限性在其中发挥了重要的作用。但是，逻辑推理 $\Gamma \vDash B$ 是指任何使得 Γ 中合式公式为真的真值赋值也一定会使得合式公式 B 为真，这个定义本身可没有涉及"有限性"。在得出命题"$\Gamma \vdash B$ 当且仅当 $\Gamma \vDash B$"之后，那么由 $\Gamma \vDash B$ 可得 $\Gamma \vdash B$，而根据 $\Gamma \vdash B$ 是可以得到存在有限子集 $\Gamma_0 \subset \Gamma$ 满足 $\Gamma_0 \vdash B$ 的，进而可以得出 $\Gamma_0 \vDash B$。下面讨论命题"$\Gamma \vdash B$ 当且仅当 $\Gamma \vDash B$"在 Γ 是无限集时的证明方法。

首先，利用形式系统 L^* 中真值赋值的定义给出形式系统 L^* 中 $\Gamma \vDash A$ 的定义。

【定义 3.6.6】 对于形式系统 L^* 中的合式公式集合 Γ，如果形式系统 L^* 中真值赋值 $\tilde{f}$ 使得 Γ 中任意的合式公式 A 均满足 $\tilde{f}(A)=1$，则称真值赋值 $\tilde{f}$ 满足 Γ，记为 $\tilde{f}(\Gamma)=1$。

当 $\Gamma=\{A\}$ 时，称真值赋值 $\tilde{f}$ 满足合式公式 A，这与 $\tilde{f}(A)=1$ 是一回事。$\tilde{f}$ 满足合式公式 A，相当于第 2 章中的 $\tilde{f}$ 是 A 的成真赋值。

【定义 3.6.7】 对于形式系统 L^* 中的合式公式集合 Γ 和合式公式 A，如果对于任意满足 $\tilde{f}(\Gamma)=1$ 的真值赋值 $\tilde{f}$ 均有 $\tilde{f}(A)=1$，则称 A 为 Γ 的逻辑后承（logical consequence），记为 $\Gamma \vDash A$。

从定义 3.6.7 可见，$\Gamma \vDash A$ 表明了满足 Γ 的真值赋值也会满足 A。形式系统 L^* 中逻辑后承概念的引入，使得第 2 章中推理有效的含义变得更加严格。A 为 Γ 的逻辑后承有时也称为 A 为 Γ 的重言蕴涵（tautological implication）。当 $\Gamma=\varnothing$ 时，对于任意的真值赋值 $\tilde{f}$ 均有 $\tilde{f}(\varnothing)=1$，当然，这种成立的真是一种虚真。$\varnothing \vDash A$ 表明，对于任意的真值赋值 $\tilde{f}$ 均有 $\tilde{f}(A)=1$，这就说明了合式公式 A 为重言式。因而，将 $\varnothing \vDash A$ 记为 $\vDash A$ 就与前面的记法一致。此外，如果 $\Gamma_1 \subset \Gamma$，根据定义 3.6.6 可知，满足 Γ 的真值赋值 $\tilde{f}$ 也满足 Γ_1。根据定义 3.6.7 可得，若

$\Gamma_1 \vDash A$，则有 $\Gamma \vDash A$。对于重言式 A 而言，有 $\varnothing \vDash A$。所以，对于任意的集合 Γ，当 A 为重言式时，均有 $\Gamma \vDash A$。显然，如果 $A \in \Gamma$，根据定义 3.6.7，有 $\Gamma \vDash A$。

与命题"$\vdash A$ 当且仅当 $\vDash A$"的证明情况一样，"$\Gamma \vdash A$ 当且仅当 $\Gamma \vDash A$"在一个方向上的证明是非常容易的。

【命题 3.6.10】 对于形式系统 L^* 中的合式公式集合 Γ 和合式公式 A，若 $\Gamma \vdash A$，则 $\Gamma \vDash A$。

证明：对于形式系统 L^*，若 $\Gamma \vdash A$，则存在有限子集 $\Gamma_0 \subset \Gamma$ 满足 $\Gamma_0 \vdash A$。设 $\Gamma_0 = \{A_1, A_2, \cdots, A_n\}$，则有 $A_1, A_2, \cdots, A_n \vdash A$，进而利用 n 次演绎定理可得 $\vdash (A_1 \to (A_2 \to \cdots \to (A_n \to A) \cdots)$。根据形式系统 L^* 中的可靠性定理，有 $\vDash (A_1 \to (A_2 \to \cdots \to (A_n \to A) \cdots)$，进而利用 n 次命题 2.6.1 可得 $A_1, A_2, \cdots, A_n \vDash A$，即 $\Gamma_0 \vDash A$。再由 $\Gamma_0 \subset \Gamma$，可得 $\Gamma \vDash A$。

■

对于命题 3.6.10，如果不利用已经得出的可靠性定理，也可以类似命题 3.6.3 那样采用关于形式系统 L^* 中"从 Γ 可推演出的结论"的结构归纳法去证明。命题 3.6.10 有时也称为广义可靠性定理。

命题 3.6.10 的逆命题的证明与命题 3.6.3 的逆命题证明思路完全一样，也需要做一些证明方面的转化。

【定义 3.6.8】 对于形式系统 L^* 中的合式公式集合 Γ，若存在真值赋值 $\tilde{f}$ 满足 Γ，即 $\tilde{f}(\Gamma)=1$，则称 Γ 是可满足的(satisfiable)。

从定义 3.6.8 可见，A 为可满足式就是 $\Gamma=\{A\}$ 是可满足的。

【命题 3.6.11】 对于形式系统 L^* 中的合式公式集合 Γ 和合式公式 A，$\Gamma \nvDash A$ 当且仅当 $\Gamma \cup \{\neg A\}$ 是可满足的。

证明：对于充分性，若 $\Gamma \nvDash A$，则说明存在真值赋值 $\tilde{f}$ 使得 $\tilde{f}(\Gamma)=1$，且 $\tilde{f}(A)=0$。对于真值赋值 $\tilde{f}$，根据 $\tilde{f}(A) \neq \tilde{f}(\neg A)$，可得 $\tilde{f}(\neg A)=1$。这说明 $\tilde{f}(\Gamma \cup \{\neg A\})=1$，也就是 $\Gamma \cup \{\neg A\}$ 是可满足的。对于必要性，若 $\Gamma \cup \{\neg A\}$ 是可满足的，说明存在真值赋值 $\tilde{f}$ 使得 $\tilde{f}(\Gamma \cup \{\neg A\})=1$，因而有 $\tilde{f}(\Gamma)=1$，且 $\tilde{f}(\neg A)=1$，进而可得 $\tilde{f}(\Gamma)=1$，且 $\tilde{f}(A)=0$，这说明并不是对任意满足 $\tilde{f}(\Gamma)=1$ 真值赋值 $\tilde{f}$ 都会有 $\tilde{f}(A)=1$，所以 $\Gamma \nvDash A$。

■

希望证明在形式系统 L^* 中，若 $\Gamma \vDash A$，则 $\Gamma \vdash A$。而该命题等价于其逆否命题：若 $\Gamma \nvdash A$，则 $\Gamma \nvDash A$。根据命题 3.6.11 已经得到了 $\Gamma \nvDash A$ 等价表述，下面寻找 $\Gamma \nvdash A$ 的等价表述。与先前 $\vdash A$ 的等价表述需要引入形式系统的一致性类似，这

里也需要引入一致性，只不过是关于合式公式集合 Γ 的一致性。

【定义 3.6.9】 对于形式系统 L^* 中的合式公式集合 Γ，若不存在合式公式 A 使得 $\Gamma \vdash A$ 和 $\Gamma \vdash \neg A$ 均成立，则称 Γ 是一致的。

根据定义 3.6.9 可以看出，若 Γ 不是一致的，则存在合式公式 A，使得从 Γ 均可推演出 A 和 $\neg A$；进而，对于任意满足 $\Gamma \subset \Gamma_1$ 的 Γ_1 而言，从 Γ_1 也均可推演出 A 和 $\neg A$，这说明了 Γ_1 也是不一致的。

【命题 3.6.12】 对于形式系统 L^* 中的合式公式集合 Γ，有如下结论：

(1) Γ 不是一致的，当且仅当对于任意的合式公式 A 有 $\Gamma \vdash A$；

(2) 若 Γ 是一致的，且 $\Gamma \vdash A$，则 $\Gamma \cup \{A\}$ 是一致的；

(3) $\Gamma \vdash A$ 当且仅当 $\Gamma \cup \{\neg A\}$ 不是一致的；

(4) $\Gamma \nvdash A$ 当且仅当 $\Gamma \cup \{\neg A\}$ 是一致的。

证明：对于(1)，若 Γ 不是一致的，根据一致性的定义，存在合式公式 B 满足 $\Gamma \vdash B$ 和 $\Gamma \vdash \neg B$，根据例 3.3.2(ii)，对于任意的合式公式 A，有 $\vdash \neg B \to (B \to A)$，对其使用两次推演定理的逆命题，可得 $\neg B, B \vdash A$，再由规则(Tr)可知 $\Gamma \vdash A$。反之，若对于任意的合式公式 A，有 $\Gamma \vdash A$，当然也就有 $\Gamma \vdash \neg A$，可见 Γ 不是一致的。

对于(2)，若 $\Gamma \cup \{A\}$ 不是一致的，则存在合式公式 B 满足 $\Gamma, A \vdash B$ 和 $\Gamma, A \vdash \neg B$，由命题 3.4.4 可得 $\Gamma \vdash \neg A$。这就与已知中的 Γ 是一致的且 $\Gamma \vdash A$ 相矛盾。

对于(3)，若 $\Gamma \vdash A$，则 $\Gamma, \neg A \vdash A$，而 $\Gamma, \neg A \vdash \neg A$，所以 $\Gamma \cup \{\neg A\}$ 不是一致的。反之，若 $\Gamma \cup \{\neg A\}$ 不是一致的，则存在合式公式 B 满足 $\Gamma, \neg A \vdash B$ 和 $\Gamma, \neg A \vdash \neg B$，根据命题 3.4.3 可得 $\Gamma \vdash A$。

对于(4)，其为(3)的逆否命题。

■

如果按照之前谈到的观点，形式系统 L^* 中从 Γ 的推演等价于把 Γ 中的合式公式添加到 L^* 的公理集合后所形成的 L^* 的一个扩张中的证明，那么命题 3.6.12 中的表述都可以转换为之前关于 L^* 的扩张的表述。比如，命题 3.6.12 的(1)转化成关于 L^* 的扩张的表述就是，形式系统 L^* 中扩张 L_Γ^* 不是一致的，当且仅当对于任意的合式公式 A，有 $\vdash_{L_\Gamma^*} A$，其中 L_Γ^* 表示将 Γ 中的合式公式添加到 L^* 的公理集合后所得到的扩张。而这个转化为 L^* 的扩张的表述正是对应于命题 3.6.5。再如，命题 3.6.12 的(4)转化成关于 L^* 的扩张的表述就是，在形式系统 L_Γ^* 中，$\nvdash_{L_\Gamma^*} A$ 当且仅当 $L_{\Gamma\cup\{\neg A\}}^*$ 是一致的，其中 $L_{\Gamma\cup\{\neg A\}}^*$ 是将 $\Gamma \cup \{\neg A\}$ 中的合式公式添

加到 L^* 的公理集合后所得到的扩张。而这个转化为 L^* 的扩张的表述正是对应于命题 3.6.6。

根据命题 3.6.12 的(4)，命题"若 $\Gamma \nvdash A$，则 $\Gamma \nvDash A$"就转化为"若 $\Gamma \cup \{\neg A\}$ 是一致的，则 $\Gamma \cup \{\neg A\}$ 是可满足的"。注意到 $\Gamma \cup \{\neg A\}$ 是 $L^*_{\Gamma \cup \{\neg A\}}$ 中的公理自然也是 $L^*_{\Gamma \cup \{\neg A\}}$ 中的定理，所以如果能够证明"存在 $L^*_{\Gamma \cup \{\neg A\}}$ 中的一个真值赋值 $\tilde{f}$，使得 $L^*_{\Gamma \cup \{\neg A\}}$ 中每一个定理的真值为 1"，就可以得出 $\Gamma \cup \{\neg A\}$ 是可满足的。因此，只需证明出如下命题即可：若 $L^*_{\Gamma \cup \{\neg A\}}$ 是一致的，则存在 $L^*_{\Gamma \cup \{\neg A\}}$ 的一个真值赋值 $\tilde{f}$，使得 $L^*_{\Gamma \cup \{\neg A\}}$ 中每一个定理的真值为 1。而这正是命题 3.6.8 所表达的结果。综上，就证明出了命题 3.6.10 的逆命题，如下所示。

【命题 3.6.13】 对于形式系统 L^* 中的合式公式集合 Γ 和合式公式 A，若 $\Gamma \vDash A$，则 $\Gamma \vdash A$。

命题 3.6.13 有时也称为广义完备性定理。

虽然利用"$\Gamma \vDash A$ 则存在有限子集 $\Gamma_0 \subset \Gamma$ 满足 $\Gamma_0 \vDash A$"可将广义完备性定理转化为完备性定理，但是，从上述广义可靠性和广义完备性定理的证明分析中可以看出，在证明中利用了可靠性定理和完备性定理的思路与方法，而可靠性定理和完备性定理又是广义可靠性定理和广义完备性定理的特例，这就说明可靠性定理和完备性定理在思路和方法上是等价于广义可靠性定理和广义完备性定理的，给出其中一个的结果或证明，就不需要再给出另一个的结果或证明。

如果不利用关于完备性的已有结果，也可以直接证明广义完备性定理，这其中的关键一步是证明，若 $\Gamma \cup \{\neg A\}$ 是一致的，则 $\Gamma \cup \{\neg A\}$ 是可满足的。这一步的证明思想类似于证明命题 3.6.8 的思想。我们发现，无论是形式系统的一致性，或是与之等价的集合的一致性，都是非常重要的概念，语法上的一致性"在形式上完整地"描述了语义上的可满足性。在形式系统 L^* 中只定义一个从 S 到 $\{0,1\}$ 的真值映射 $\tilde{f}$ 是非常容易的，如可以让所有的合式公式的真值为 1 或者 0。但是，为了让该真值映射可以成为真值赋值，该真值映射还需要满足定义 3.6.1 中的两个条件。其中，条件(2)在形式系统 L^* 中是容易满足的，因为构造形式系统 L^* 就是模仿、反映逻辑推理的，当给定合式公式 A、B 的真值后，合式公式 $A \to B$ 作为命题公式 $A \to B$ 的反映，其真值会"自动地"满足条件(2)；关键是条件(1)，而其中涉及 A 与 $\neg A$ 的真值，要求它们不能相等。对真值上不同，以 1 和 0 进行区分，事实上，用任意的符号区分都可以，如 T 和 F，或 $\perp$ 和 $\top$。在形式系统 L^* 中，A 和 $\neg A$ 在"语法上"或者说在"形状上"分别代表了在语义上的两个不能相同的对象。因而，一致性可以看作语义上"$1 \neq 0$"在语法上的反映。

形式系统 L^* 的一个扩张在能得出的定理数量上达到极大是用系统的完全性进行定义的。相对应，形式系统 L^* 中的一个合式公式集合能在保持一致性的条件下达到极大是用“极大一致性”(maximally consistent)进行定义的。形式系统 L^* 中合式公式集合 Γ 称为极大一致的，如 Γ 是一致的，且任意满足 $\Gamma \subsetneq \Gamma_1$ 的 Γ_1 不是一致的。可以证明，Γ 是极大一致的，当且仅当对于任意的合式公式 A，有 $A \in \Gamma$ 或者 $\neg A \in \Gamma$。因而，当 Γ 是极大一致集的时候，对于任意的合式公式 A，就可以根据 $A \in \Gamma$ 还是 $\neg A \in \Gamma$ 来进行真值赋值，使得 Γ 是可满足的，该真值赋值方法类似于命题 3.6.8 证明中所采用的方法。所以，直接证明广义完备性定理，剩下所需要完成的证明只是如果集合 Γ 一致，那么一定存在极大一致的集合 Γ_c 满足 $\Gamma \subset \Gamma_c$。这个证明中构造极大一致集 Γ_c 的方法与命题 3.6.7 中构造完全一致扩张 L_c^* 的方法几乎一样。具体地，将所有的合式公式排成合式公式的序列 $A_0, A_1, \cdots, A_n, \cdots$，令 $\Gamma_0 = \Gamma$，对于 $1 \leqslant n$，归纳地定义 Γ_n 为：若 $\Gamma_{n-1} \cup \{A_{n-1}\}$ 不一致，则令 $\Gamma_n = \Gamma_{n-1}$；若 $\Gamma_{n-1} \cup \{A_{n-1}\}$ 一致，则令 $\Gamma_n = \Gamma_{n-1} \cup \{A_{n-1}\}$。然后令 $\Gamma_c = \bigcup_{n \in \mathbf{N}} \Gamma_n$，可以证明 Γ_c 就是满足 $\Gamma \subset \Gamma_c$ 的极大一致集。根据命题 3.6.12 的(3)和(4)可知，Γ_n 的归纳定义可以等价为：若 $\Gamma_{n-1} \vdash \neg A_{n-1}$，则令 $\Gamma_n = \Gamma_{n-1}$；若 $\Gamma_{n-1} \nvdash \neg A_{n-1}$，则令 $\Gamma_n = \Gamma_{n-1} \cup \{A_{n-1}\}$。这样看起来就与命题 3.6.7 中的构造方法几乎一样。需要指出，在命题 3.6.7 中，将 $\neg A_{n-1}$ 加入 L_{n-1}^* 的公理集合中，而在这里将 A_{n-1} 加入 Γ_{n-1} 中。其实，无论是加入 $\neg A_{n-1}$ 还是加入 A_{n-1} 都是可以的，它们实质上是一样的。在讨论完备性定理的证明时，是从考虑 $\vdash A$ 的等价命题出发，得到其等价命题为“对于任意的合式公式 B，一定有 $\neg A \vdash B$”，这其中出现了 $\neg A$，因而就一直沿用。由于在形式系统 L^* 中有 $\neg\neg A \vdash A$ 并且 $A \vdash \neg\neg A$，若令 $\neg A = A_1$，则 $\neg\neg A = \neg(\neg A) = \neg A_1$。因而，加入 $\neg A$ 到公理集合的扩张都可以更换为加入 A 到公理集合的扩张。比如，命题 3.6.6，就可以更改为：令形式系统 L_1^* 是加入合式公式 A 到 L^* 的公理集合后所得到的 L^* 的一个扩张，若 $\neg A$ 不是 L^* 的定理，则 L_1^* 一定是一致的；反之亦然。无论是构造极大一致集 Γ_c，还是构造完全一致扩张 L_c^*，都是对于任意的合式公式 A，考虑是否加入 A 与 $\neg A$ 中的某个合式公式，以达到极大性或者完全性。比如，构造极大一致集 Γ_c，由于一致性的限制，A_{n-1} 与 $\neg A_{n-1}$ 中要么都不是从 Γ_{n-1} 可推演出的，此时选择加入 A_{n-1} 到集合 Γ_{n-1} 还是可以保持一致性的；要么其中一个是从 Γ_{n-1} 可推演出的，此时又分为两种情况，①如果 $\neg A_{n-1}$ 不是从 Γ_{n-1} 可推演出的，加入 A_{n-1} 到集合 Γ_{n-1} 就可以保持一致性，②如果 $\neg A_{n-1}$ 是从 Γ_{n-1} 可推演出的，加入 A_{n-1} 到集合 Γ_{n-1} 就不可以保持一致性，因而选择不加入 A_{n-1}。或许有读者会说，当

$\neg A_{n-1}$ 是从 Γ_{n-1} 可推演出的时候，加入 $\neg A_{n-1}$ 到集合 Γ_{n-1} 是可以保持一致性的，这一步却令 $\Gamma_n=\Gamma_{n-1}$，什么都没有加入 Γ_{n-1} 中，那么这一步会漏掉 $\neg A_{n-1}$。这一步是不会把 $\neg A_{n-1}$ 加入 Γ_{n-1} 中，但在考虑是否加入 $A_k=\neg A_{n-1}$ 和 $\neg A_k=\neg(\neg A_{n-1})=\neg\neg A_{n-1}$ 中的某个合式公式时，由于 $\neg A_k$，也就是 $\neg\neg A_{n-1}$ 不是从 Γ_{k-1} 可推演出的，所以在这一步会将 A_k，也就是 $\neg A_{n-1}$ 加入 Γ_{k-1} 中。可见，最终的极大一致集 Γ_c 是不会漏掉 $\neg A_{n-1}$ 的。构造极大一致集或者构造形式系统完全一致扩张的这种方法是由波兰逻辑学家、数学家林登鲍姆（A. Lindenbaum）提出的，命题"如果集合 Γ 是一致的，那么一定存在极大一致的集合 Γ_c 满足 $\Gamma\subset\Gamma_c$"和命题 3.6.7 都称为林登鲍姆定理（Lindenbaum's theorem）。

根据广义完备性定理可以得到如下重要命题。

【命题 3.6.14】 对于形式系统 L^* 中的合式公式集合 Γ，它是可满足的，当且仅当它的每一个有限子集是可满足的。

证明：必要性是显然的，因为如果一个真值赋值 $\tilde{f}$ 满足 $\tilde{f}(\Gamma)=1$，当然对于 Γ 的任意有限子集 $\Gamma_0\subset\Gamma$ 而言，有 $\tilde{f}(\Gamma_0)=1$。对于充分性，已知 Γ 的任意有限子集 Γ_0 是可满足的，采用反证法证明 Γ 也是可满足的。若 Γ 不是可满足的，根据前面所讨论的，如果 Γ 是一致的，那么 Γ 一定是可满足的。现在 Γ 不是可满足的，说明了 Γ 是不一致的。所以存在合式公式 B 满足 $\Gamma\vdash B$ 和 $\Gamma\vdash\neg B$。因而，存在有限集合 Γ_1 和 Γ_2，满足 $\Gamma_1\vdash B$ 和 $\Gamma_2\vdash\neg B$。如果令 $\Gamma_0=\Gamma_1\cup\Gamma_2$，则集合 Γ_0 是有限的，且满足 $\Gamma_0\vdash B$ 和 $\Gamma_0\vdash\neg B$。根据可靠性定理可得 $\Gamma_0\vDash B$ 和 $\Gamma_0\vDash\neg B$。这说明有限集 Γ_0 一定是不可满足的，否则满足 Γ_0 的真值赋值 $\tilde{f}$ 会使得 $\tilde{f}(B)=1$ 且 $\tilde{f}(\neg B)=1$ 同时成立。而已知 Γ 的任意有限子集 Γ_0 都是可满足的，这就产生了矛盾。

■

命题 3.6.14 称为命题逻辑中的紧致性定理（compactness theorem）。

需要指出的是，证明命题逻辑形式系统的完备性方法不止一种，有些方法与本节采用的方法完全不同。在证明中采用的方法是强有力的，不仅可以用在这里，也可以用在后面的谓词逻辑形式系统的完备性证明中。

习题

1. 证明除了原子合式公式外，其余合式公式均是以左括号开始、以右括号结束。

2. 在形式系统 L 中，给出下列各变形关系的形式证明：

(1) $\neg A \to A \vdash A$；

(2) $A \to \neg A \vdash \neg A$。

3. 在形式系统 L 中，给出下列各变形关系的形式证明：

(1) $A \vee B \vdash \neg A \to B$；

(2) $\neg A \to B \vdash A \vee B$；

(3) $A \to B \vdash \neg A \vee B$；

(4) $\neg A \vee B \vdash A \to B$。

4. 在形式系统 L 中，给出下列各变形关系的形式证明：

(1) $A \vee (B \wedge C) \vdash (A \vee B) \wedge (A \vee C)$；

(2) $(A \wedge B) \vee C \vdash (A \vee C) \wedge (B \vee C)$；

(3) $A \wedge (B \vee C) \vdash (A \wedge B) \vee (A \wedge C)$；

(4) $(A \vee B) \wedge C \vdash (A \wedge C) \vee (B \wedge C)$。

5. 在形式系统 L 中，给出下列各变形关系的形式证明：

(1) $A \leftrightarrow B \vdash (A \to B) \wedge (B \to A)$；

(2) $A \leftrightarrow B \vdash B \leftrightarrow A$。

6. 对于形式系统 L，证明下列各命题：

(1) 若 $\Gamma \vdash (A \to (B \to C))$，则有 $\Gamma \vdash (A \wedge B) \to C$。

(2) 若 $\Gamma \vdash A \to B$，且 $\Gamma \vdash \neg B$，则有 $\Gamma \vdash \neg A$。

(3) 若 $\Gamma \vdash A \to B$，且 $\Gamma \vdash B \to C$，则有 $\Gamma \vdash A \to C$。

(4) 若 $\Gamma \vdash A \leftrightarrow B$，且 $\Gamma \vdash B \leftrightarrow C$，则有 $\Gamma \vdash A \leftrightarrow C$。

7. 在形式系统 L^* 中，给出下列各合式公式的形式证明：

(1) $(p_1 \to (p_1 \to p_2)) \to (p_1 \to p_1)$；

(2) $p_1 \to (p_2 \to (p_1 \to p_2))$。

8. 对于形式系统 L^*，证明下列各命题：

(1) $\vdash (A \to (B \to C)) \to (B \to (A \to C))$；

(2) $\vdash ((A \to B) \to A) \to A$；

(3) $\vdash (\neg A \to B) \to (\neg B \to A)$；

(4) $\vdash \neg (A \to B) \to (B \to A)$。

9. 在形式系统 L^* 中证明：若 $\Gamma \vdash A \to \neg B$，则 $\Gamma \vdash B \to \neg A$。

10. 在命题 3.2.1 中，验证变形规则($\wedge +$)、($\vee +$)、($\to -$)、($\leftrightarrow -$)、($\leftrightarrow +$)。

11. 在命题 3.5.3 中，验证变形规则($\wedge +$)、($\vee +$)、($\to -$)、($\leftrightarrow -$)、($\leftrightarrow +$)。

12. 根据定义 3.6.2,验证形式系统 L^* 中的每一条公理均为重言式。

13. 证明:形式系统 L^* 中,合式公式 A 为重言式,当且仅当 $\neg A$ 为矛盾式;合式公式 $\neg A$ 为重言式,当且仅当 A 为矛盾式。

14. 对于命题"若 $\Gamma\vdash B$,则存在 Γ 的有限子集 $\Gamma_0\subset\Gamma$ 有 $\Gamma_0\vdash B$",在采用关于 L 中形式推理关系的结构归纳法证明过程中,验证第三条到第十条变形规则。

15. 采用关于形式系统 L^* 中"从 Γ 可推演出的结论"的结构归纳法证明命题 3.6.10。

16. 证明形式系统 L^* 中合式公式集合 Γ 是极大一致的,当且仅当对于任意的合式公式 A,有 $A\in\Gamma$ 或者 $\neg A\in\Gamma$。

17. 证明形式系统 L^* 中,如果合式公式集合 Γ 是一致的,那么一定存在极大一致的合式公式集合 Γ_c 满足 $\Gamma\subset\Gamma_c$。

18. 证明:形式系统 L^* 中,如果合式公式集合 Γ 是极大一致的,那么 Γ 是可满足的。

19. 证明:形式系统 L^* 中,合式公式集合 Γ 是一致的,当且仅当 Γ 的每个有限子集是一致的。

20. 证明:命题"如果 $\Gamma\models B$,那么存在有限的集合 $\Gamma_0\subset\Gamma$ 满足 $\Gamma_0\models B$"与紧致性定理是等价的。

第4章 谓词逻辑的基本概念

在命题逻辑中，原子命题是最基本的讨论对象，不再对其进一步的分解。而有些逻辑规律是依赖原子命题的内部成分，它们不能在命题逻辑中得到表达。本章引入谓词逻辑，相对于命题逻辑，它能更加深入地表现实际推理的过程。本章介绍谓词逻辑中的基本概念，为第 5 章谓词逻辑形式系统的引入做一些准备工作。

4.1 谓词与量词

从前面的章节可以看出，命题逻辑可以完成一些推理的形式化表示。但是，也有一些推理不能由命题逻辑进行恰当的表示。比如，考虑日常生活中推理的一个例子。

前提：李明参加的所有课程考试的成绩在 90 分以上。

李明参加了数学课程的考试。

结论：李明参加的数学课程考试的成绩在 90 分以上。

从直观上看，上述的推理是有效的。然而，如果采用命题逻辑的方法对上述推理进行形式化的表示，由于上述推理中的三个命题都是原子命题，只能用符号 p、q、r 分别表示上述推理中的三个原子命题，进而就会得到上述推理的形式化结果 $p, q \vDash r$。显然，$p, q \vDash r$ 不是命题逻辑中有效的推理形式，因为 $p \wedge q \rightarrow r$ 并不是命题逻辑中的重言式。

分析上面的命题发现，它们所表达的逻辑并不是在原子命题与原子命题之间完全体现，而是涉及了原子命题的内部：数学课程的考试是所有课程考试中的一门。因此，需要深入原子命题内部，对原子命题进行内部成分的分解，分解出主语和谓语，并建立不同原子命题各主语之间的数量关系，才有可能准确地表达出其中的逻辑本质。这种把命题分解为主语和谓语，并深入命题内部的逻辑称为谓词逻辑(predicate logic)。

观察表示命题的陈述句发现，陈述句实质上是对某个对象具有某种性质或者是多个对象之间具有某种关系的一种断言。把表示对象的部分称为个体词(individual)，把表示对象性质或多个对象之间关系的部分称为谓词(predicate)。这样就把表示命题的陈述句分解为个体词部分和谓词部分，并进行相应的符号化。比如，命题“老虎是哺乳动物”可以符号化为 $F(a)$，其中，符号 a 为表示对象“老虎”的个体词，F 为表示对象性质“……是哺乳动物”的谓词；命题“7 是素数”可以符号化为 $G(7)$，其中，G 为表示对象性质“……是素数”的谓词；命题“5 与

11 模 3 同余”可以符号化为 $H(5,11)$，其中，H 为表示对象之间关系“……与……模 3 同余”的谓词；命题“小王、小李和小白是大学同班同学”可以符号化为 $M(a,b,c)$，其中，符号 a、b、c 分别为表示对象“小王”“小李”“小白”的个体词，M 为表示对象之间关系“……、……和……是大学同班同学”的谓词。可以看出，谓词在使用上会涉及个体词的数目，比如，$F(a)$ 和 $G(b)$ 中仅涉及一个个体词，$H(a,b)$ 涉及两个个体词，$M(a,b,c)$ 涉及三个个体词，依次称 F 和 G 为一元谓词、H 为二元谓词、M 为三元谓词。一般地，涉及 n 个个体词的谓词称为 n 元谓词，其中 $1\leqslant n$。谓词在表示性质和关系上的差别仅在于谓词中所涉及的个体词的数目，一元谓词表示对象的性质，对于 $1<n$，n 元谓词表示 n 个对象之间的关系。

需要指出，命题的符号化并不是唯一的。比如，命题“5 与 11 模 3 同余”除了前面的符号化 $H(5,11)$，也可以符号化为 $H_1(5,11,3)$，其中，H_1 为表示对象之间关系“……与……，模……同余”的谓词；它还可以符号化为 $H_2(5)$，其中，H_2 为表示对象性质“……与 11，模 3 同余”的谓词。

以上的例子都是对原子命题进行符号化的。对于复合命题，只需把其中的原子命题分别进行相应的符号化。比如，命题“如果老虎是哺乳动物，那么狮子也是哺乳动物”可以符号化为 $F(a)\rightarrow F(b)$，其中，符号 a、b 分别表示对象“老虎”“狮子”，F 表示性质“……是哺乳动物”；命题“9 不是素数”可以符号化为 $\neg G(9)$，其中，G 表示性质“……是素数”，当然，该命题也可以符号化为 $G_1(9)$，其中，G_1 表示性质“……不是素数”。

通过个体词和谓词进入了原子命题的内部。但是，对于前面推理例子中的前提“李明参加的所有课程考试的成绩在 90 分以上”，当试图对其符号化时发现，仅依靠个体词和谓词无法表达出这个前提中“所有”这个词的含义，而正是因为这个前提中出现了“所有”这个在数量上对个体词进行描述的词，才使得前面推理的例子在直观上是有效的。再看一个例子，对于命题“所有正在听课的学生都是 10 班的”，如果用符号“$\forall x$”表示“对于所有的 x”，并且把“正在听课的学生之全体”作为考虑对象的范围，将符号 x 视为在该范围内不确定的对象，那么，命题“所有正在听课的学生都是 10 班的”就可以符号化为 $\forall xF(x)$，其中 F 表示性质“……是 10 班的”。符号 $\forall x$ 中的 $\forall$ 称为全称量词(universal quantifier)，用以表示自然语言中的“所有的”“任意的”“每一个”等概念。相对于之前表示“老虎”“7”“小白”这种确定对象的个体词 a、b、c，符号 x 并不表示确定的对象，而是表示所考虑对象范围内的不确定对象，它是作为变元使用的，可以取为所考虑对象范围内的任一个对象，称其为个体词变元(individual variable)；而之前表示确定对象的个体词是作为常元使用的，称其为个体词常元(individual constant)；所考虑对象的范围称为论域(domain of discourse)。可见，个体词常元表示论域中确定的对象，个体词变元表示论域中不确定的对象。当论域改变后，个体词变元所取值的范围发生了改变，那么含有个体词变元的符号化表示所对应的含义也会发生改变。比如，对于上面这个例子，如果论域变为“全校学生”，那么，符号$\forall xF(x)$就表示“全校所有学生都是10班的”，这显然不是原来命题的含义。为了在此论域下还表示原来命题的含义，可以引入谓词G表示“……正在听课”，则命题“所有正在听课的学生都是10班的”换一种说法就是，“对于学校的任意一名学生x，如果x正在听课，那么x就是10班的”，因此，可以符号化为$\forall x(G(x)\rightarrow F(x))$。

除了可以使用全称量词$\forall$表达论域中所有对象具有某性质，谓词逻辑中还有存在量词(existential quantifier)，用在表达论域中的一些对象或者至少一个对象具有某性质时。存在量词使用符号$\exists$，用以表示自然语言中的“存在着”“至少有”“有一个”等概念。比如，对于命题“正在听课的学生中，有些是10班的”，若论域为“正在听课的学生之全体”，则该命题可以符号化为$\exists xF(x)$，其中F表示谓词“……是10班的”；若论域变为“全校学生”，该命题可以理解为“存在学校的一名学生x，其正在听课并且还是10班的”，因此，该命题可以符号化为$\exists x(G(x)\land F(x))$，其中谓词$G$表示“……正在听课”。

需要指出，在使用量词时，全称量词后面经常跟着蕴涵式，存在量词后面经常跟着合取式，这是量词使用的两种基本方式。因为在使用全称量词时，经常是为了表达“对于任意的对象x，如果其具有性质F，那么也具有性质G”的含义；而在使用存在量词时，经常是为了表达“存在一个对象x，其具有性质F，并且也具有性质G”的含义。还是以谓词F表示“……是10班的”，谓词G表示“……正在听课”为例，若论域为“全校学生”，则符号$\forall x(G(x)\land F(x))$表示的含义为全校所有的学生正在听课而且都是10班的，符号$\exists x(G(x)\rightarrow F(x))$表示的含义为全校存在这么一名学生，如果其正在听课，则其一定是10班的。这两个符号表示的含义显然分别与命题“所有正在听课的学生都是10班的”和命题“正在听课的学生中，有些是10班的”不相同。

全称量词和存在量词是可以互相表示的。对于命题“正在听课的学生中，并不都是10班的”，其等价于命题“正在听课的学生中，有不是10班的”，若论域为“正在听课的学生之全体”，F表示谓词“……是10班的”，则该命题的前一种理解可以符号化为$\neg(\forall xF(x))$，该命题的后一种理解可以符号化为$\exists x(\neg F(x))$。这表明了符号$\neg\forall x\neg$与符号$\exists x$在逻辑上表达的含义是等价的。

以上在介绍量词时都是以日常生活中的例子进行说明的。事实上，数学中的命题使用谓词逻辑表示更适合，因为数理逻辑本来就是研究数学理论中的逻辑的。比如，设论域为实数域，命题“对于任意的 $x\neq 0$，有 $x^2\neq 0$”可以符号化为 $\forall x(F(x)\rightarrow G(x))$，其中 $F(x)$ 表示“$x\neq 0$”，$G(x)$ 表示“$x^2\neq 0$”。引入函数词 f，使得 $f(x)$ 表示 x^2，那么上述命题就可以符号化为 $\forall x(F(x)\rightarrow F(f(x)))$。在数学中经常会遇到看起来是半形式化的自然语言表述，比如上述命题在数学中经常会表述为：$\forall x\neq 0$，有 $x^2\neq 0$。这是由于数学本来就是使用逻辑最多的地方，其中很多符号的用法与数理逻辑中的用法是一样的。

给定论域之后，也就给定了个体词的取值范围，其为一个集合。根据第1章中集合的有关知识，可以在集合上定义关系和映射，由于谓词逻辑中的谓词和函数词是与个体词相关的，进而也就可以将谓词和函数词定义在论域上。比如，对于命题“自然数6小于或等于自然数8”，该命题可以符号化为 $F(6,8)$，其中，二元谓词 F 表示“……小于或等于……”；也可以将 $F(6,8)$ 看作 $F(x,y)$ 在个体词变元 x 和 y 分别从论域中取值为6和8的结果，其中，$F(x,y)$ 表示“x 小于或等于 y”，论域为自然数集 $\mathbb{N}$。小于或等于关系“$\leqslant$”作为集合 $\mathbb{N}$ 上的偏序关系，其为 $\mathbb{N}\times\mathbb{N}$ 的一个子集，因而，如果 $\langle a,b\rangle\in\leqslant$，则有 $a\leqslant b$，即 a 小于或等于 b，这就说明了 $F(a,b)$ 的真值为1，$F(6,8)$ 的真值为1，就是由于 $\langle 6,8\rangle\in\leqslant$。可以看出，二元谓词 F 确定了论域 $\mathbb{N}$ 上的一个二元关系 $\leqslant$，反之亦然，因此，可以将二元谓词 F 视为二元关系 $\leqslant$，这样 $F(a,b)$ 就成为 aFb，$F(a,b)$ 的真值完全由 $\langle a,b\rangle$ 是否属于 F 来决定。类似地，n 元谓词也可以视为论域上的 n 元关系。按照这种观点，$F(6,y)$ 就成为一元谓词，因为它描述了对象 y 的性质“6小于或等于 y”；这个一元谓词对应了论域 $\mathbb{N}$ 的子集 $\{6,7,8,\cdots\}$，它是由所有 $\mathbb{N}$ 中满足性质“6小于或等于 y”的元素 y 所构成。可见，$\mathbb{N}$ 上的一元关系就是 $\mathbb{N}$ 中元素的某个性质，性质是关系的特殊情况。进一步，$F(6,8)$ 就成为0元谓词，因为它表示了一个命题“6小于或等于8”。所以命题逻辑是包含在谓词逻辑中的。对于函数词，在前面的命题“对于任意的 $x\neq 0$，有 $x^2\neq 0$”中，通过使用函数词 f，其中 $f(x)$ 表示 x^2，该命题符号化为 $\forall x(F(x)\rightarrow F(f(x)))$，这就比不使用函数词的符号化 $\forall x(F(x)\rightarrow G(x))$ 更能清晰地反映命题的内部结构。如果令论域为整数集 $\mathbb{Z}$，这里的函数词 f 就是论域 $\mathbb{Z}$ 上的映射 $f:\mathbb{Z}^1\rightarrow\mathbb{Z}$，由于其为 $\mathbb{Z}$ 上一元运算，可以称函数词 f 为一元函数词。类似地，对于论域 $\mathbb{Z}$ 上的 n 元运算 $f:\mathbb{Z}^n\rightarrow\mathbb{Z}$，称函数词 f 为 n 元函数词。对于论域 $\mathbb{Z}$ 上的三元函数词 $g:\mathbb{Z}^3\rightarrow\mathbb{Z}$，其中 $g(x,y,z)$ 表示 $x-y\times z$，根据之前对于二元谓词的讨论，如果也把 $g(x,y,z)$ 中的个体词变元 x、y 换成论域 $\mathbb{Z}$

中的个体词常元，如 8 和 2，$g(8,2,z)$就成为一元函数词 $8-2\times z$；进一步，$g(8,2,1)=6$ 就成为 0 元函数词。所以，个体词常元可以看作 0 元函数词，它表示了论域中的确定元素。此外，根据第 1 章中集合的有关知识，映射一种特殊的关系，但是在谓词逻辑中函数词和谓词有不同的使用方法，使用函数词是为了从一些个体得到另外一些个体，比如使用二元函数词 $f(x,y)=x+y$，就可以从对象 2 和 3 中得到对象 5；而使用谓词是为了从个体中得到一种判断，比如使用二元谓词 $F(x,y)$表示 $x\leqslant y$，就可以从对象 2 和 3 中得到 $2\leqslant 3$ 为真的判断。

虽然 $F(x)$和 $\forall xF(x)$都含有个体词变元，但是它们中的个体词变元表现得不同。设一元谓词 F 表示"……是 10 班的"，论域为"全校学生"，那么 $F(x)$就表示"某同学 x 是 10 班的"，这不是一个命题，因为不知道同学 x 是谁，就不能得出其真值；如果知道同学 x 是李明，那就相当于把李明或表示李明的符号 a 代入 $F(x)$中，所得到的 $F(a)$就是命题，因为它表示了"李明是 10 班的"，可以根据李明是否是 10 班的而得出这个命题的真值。对于 $\forall xF(x)$，情况就不同，它本身就是一个命题，表示了"全校所有学生都是 10 班的"。可以看出，这个命题的含义中是可以不出现个体词变元 x 的，虽然这个命题也可以表示为"对于任意的学生 x，其是 10 班的"，但是也不能将个体词常元代入 $\forall xF(x)$之中。因为 $\forall xF(x)$中个体词变元 x 的作用相当于求和表达式 $\sum_{n=1}^{10}n$ 中的 n，其行为就好比一个"哑变元"(dummy variable)，受到量词 $\forall$ 的"约束"，从某种程度上说，它已经不再是个体词变元。对于 $\forall xF(x,y)$而言，个体词变元 x 受到了量词 $\forall$ 的约束，但是个体词变元 y 没有受到量词 $\forall$ 的约束，因而 y 是"自由的"。这可以类比求和表达式 $\sum_{n=1}^{m}n$ 中的 m。符号 $\forall xF(x,y)$可以看作关于 y 的一元谓词，比如，令论域为自然数集 $\mathbb{N}$，$F(x,y)$表示"$x\leqslant y$"，则符号 $\forall xF(x,y)$表示了对象 y 的性质"所有的自然数小于或等于 y"。

4.2 语言

在谓词逻辑中将引入谓词逻辑的形式系统。从 4.1 节中可以看出，谓词逻辑比命题逻辑要复杂，对谓词逻辑的形式系统讨论会比命题逻辑的形式系统要复杂。然而，讨论它们的总体思路是一样的：给出形式系统的语言，确定形式系统中的合式公式，赋予合式公式以语义，研究形式系统的整体性质(包括可靠性和完备性)。

考虑命题逻辑形式系统是引入的第一个形式系统，首先是在第2章中结合着命题的概念讨论了命题公式、重言式、重言蕴涵、有效推理等内容，然后在第3章中引入命题逻辑形式系统，并按照上面说到的总体思路对命题逻辑形式系统进行讨论，而在形式系统中可以采用更严格的方式对相关内容进行讨论，比如重言式可以采用真值赋值的方法而非真值表的方法进行引入。由于现在已经知道了这个总体思路，也对抽象的形式系统具有了一定的了解，在谓词逻辑部分直接引入形式系统的形式语言部分。

对于形式语言部分的符号表集合，根据4.1节的内容可知，需要在命题逻辑形式系统的符号表集合中增补个体词、谓词、函数词、量词的符号。因此，谓词逻辑形式系统的符号表集合如下所示。

符号表集合：

(1) 个体词变元：$x_1, x_2, x_3, \cdots$；

(2) 个体词常元：$a_1, a_2, a_3, \cdots$；

(3) 谓词：$F_1^1, F_2^1, F_3^1, \cdots; F_1^2, F_2^2, F_3^2, \cdots; F_1^3, F_2^3, F_3^3, \cdots; \cdots$；

(4) 函数词：$f_1^1, f_2^1, f_3^1, \cdots; f_1^2, f_2^2, f_3^2, \cdots; f_1^3, f_2^3, f_3^3, \cdots; \cdots$；

(5) 量词：$\forall, \exists$；

(6) 连接词：$\neg, \wedge, \vee, \rightarrow, \leftrightarrow$；

(7) 括号：(,)。

在符号表集合中，谓词符号的上标表示谓词的元数，因而，一元谓词序列就是$F_1^1, F_2^1, F_3^1, \cdots$，二元谓词序列就是$F_1^2, F_2^2, F_3^2, \cdots$。类似地，函数词符号的上标表示函数词的元数，因而，一元函数词序列就是$f_1^1, f_2^1, f_3^1, \cdots$，二元函数词序列就是$f_1^2, f_2^2, f_3^2, \cdots$。为了使形式语言尽可能地清晰，引入了个体词变元符号以及存在量词符号。

当采用谓词逻辑对数学中的对象进行形式化分析时，不同的对象所需要的形式语言的符号表集合可能不同。比如，对于集合A上的严格偏序关系$<$，当采用谓词逻辑的形式语言描述关于严格偏序关系的命题时，符号表集合中不需要个体词常元和函数词符号，谓词部分只需要一个二元谓词符号F_1^2用以表示严格偏序关系$<$，其所满足的反自反性和传递性的命题，根据4.2节的内容可以分别符号化为

$$\forall x_1(\neg F_1^2(x_1, x_1))$$

$$\forall x_1 \forall x_2 \forall x_3(F_1^2(x_1, x_2) \wedge F_1^2(x_2, x_3) \rightarrow F_1^2(x_1, x_3))$$

再如，对于整数集合$\mathbb{Z}$上的加法运算，当采用谓词逻辑的形式语言描述关于加法

运算的命题时，符号表集合中的个体词常元部分需要一个表示 0 的个体词常元 a_1，函数词部分需要一个二元函数词符号 f_1^2 用以表示加法运算＋，以及谓词部分需要一个二元谓词符号 F_1^2 用以表示等于关系＝。那么，命题"对于任意整数 m，满足 $m+0=m$"和命题"对于任意整数 m，存在整数 n，满足 $m+n=0$"，根据 4.1 节的内容，可以分别符号化为

$$\forall x_1 F_1^2(f_1^2(x_1,a_1),x_1)$$

$$\forall x_1 \exists x_2 F_1^2(f_1^2(x_1,x_2),a_1)$$

可以看出，根据所描述数学对象的不同，需要用到的符号表集合也不同，因而，可以认为这些使用不同符号表集合的谓词逻辑形式语言是不同的谓词逻辑形式语言。但是，不管描述什么样的数学对象，谓词逻辑的形式语言都会需要个体词变元、量词、连接词、括号，除了括号作为辅助符号，是为了增加可读性之外，其他三种符号在赋予语义后都具有固定的逻辑含义，称它们为逻辑符号（logical symbol）。相对于逻辑符号而言，个体词常元、谓词、函数词会随着所描述数学对象的不同，并不都是必需的，而且它们赋予语义后的含义也会不同，称它们为非逻辑符号（extralogical symbol）。因此，非逻辑符号反映了一个具体的谓词逻辑形式语言，在描述数学对象上的特点。由于各个具体的谓词逻辑形式语言符号表集合中的逻辑符号是相同的，确定了符号表集合中的非逻辑符号之后，也就确定了一个形式语言的符号表集合。当然，现在所讨论的谓词逻辑形式语言是一种一般化的形式语言，并不针对某个具体的数学对象，因而所得出的结果可以用于其他具体的谓词逻辑形式语言中。

在给出谓词逻辑形式系统中公式的定义之前，首先给出谓词逻辑形式系统中项（term）的定义。

【定义 4.2.1】 谓词逻辑形式系统中的项是由符号表集合中的符号按照如下两条形成规则所形成的有限长符号串（此外，无其他的项）：

(1) 个体词变元和个体词常元是项；

(2) 若 $t_1,t_2,\cdots,t_n$ 是项，则 $f_i^n(t_1,t_2,\cdots,t_n)$ 也是项，其中 f_i^n 为任意的函数词。

从项的定义可以看出，它们可以用来解释为论域中的对象。由于项的定义采用了归纳的方式，就有关于项的归纳法证明。利用关于项的结构归纳法，为了证明所有的项均具有性质 P，只需要证明两点：①所有的个体词变元和个体词常元具有性质 P；②若项 $t_1,t_2,\cdots,t_n$ 均具有性质 P，那么，对于任意的函数词 f_i^n，项 $f_i^n(t_1,t_2,\cdots,t_n)$ 也具有性质 P。

有了项的定义，就可以定义形式系统中合式公式。

【定义 4.2.2】 若 $t_1,t_2,\cdots,t_n$ 是谓词逻辑形式系统中的项，则 $F_i^n(t_1,t_2,\cdots,t_n)$ 为谓词逻辑形式系统中的原子合式公式。

【定义 4.2.3】 谓词逻辑形式系统中的合式公式是按照如下三条形成规则所形成的有限长符号串（此外，无其他的合式公式）：

(1) 原子合式公式是合式公式；

(2) 若 A、B 是合式公式，则 $(\neg A)$、$(A\wedge B)$、$(A\vee B)$、$(A\rightarrow B)$、$(A\leftrightarrow B)$ 也是合式公式；

(3) 若 A 是合式公式，则 $(\forall x_i)A$ 和 $(\exists x_i)A$ 也是合式公式，其中 x_i 为任意的个体词变元。

与在命题逻辑形式系统讨论的情况类似，这里使用的 t、A、B 并不是形式系统中的符号，而是元语言符号，用以指称形式系统中的有限长符号串。

从谓词逻辑形式系统中合式公式的定义可以看出，合式公式是可以用来解释为断言的，其中原子合式公式是可以用来解释为断言的最简单的合式公式，比如，某对象具有某种性质。在合式公式的生成上，原子合式公式 $F_i^n(t_1,t_2,\cdots,t_n)$ 相当于命题逻辑形式系统中的原子合式公式 p_i。可以看出，自然语言中的简单命题原先在命题逻辑中只能用一个符号进行表示，现在已经可以深入到简单命题内部进行符号上的表示。

由于合式公式的定义也采用了归纳的方式，就会有关于合式公式的结构归纳法。为了证明所有的合式公式均具有性质 P，只需要证明三点：①所有的原子合式公式具有性质 P；②若合式公式 A、B 均具有性质 P，则 $(\neg A)$、$(A\wedge B)$、$(A\vee B)$、$(A\rightarrow B)$、$(A\leftrightarrow B)$ 也具有性质 P；③若合式公式 A 具有性质 P，则对于任意的个体词变元 x_i，合式公式 $(\forall x_i)A$ 和 $(\exists x_i)A$ 也具有性质 P。

类似于命题逻辑中关于合式公式的唯一可读性，在谓词逻辑中也有关于项和合式公式的唯一可读性。首先，利用谓词逻辑中关于项的结构归纳法和关于合式公式结构归纳法，容易得到任意项的左括号数目和右括号数目一样多，任意合式公式的左括号数目和右括号数目也一样多。注意到，如果项不是个体词常元和个体词变元，项的第一个符号就会是函数词，而非括号，因而有如下命题。

【命题 4.2.1】 谓词逻辑中，如果项的真前段的符号串长度大于 1，该真前段的左括号数目就大于右括号数目。

证明：采用关于项的结构归纳法证明。首先，个体词变元和个体词常元不存在真前段，所以满足命题中所述的性质。其次，假设当项 $t_1,t_2,\cdots,t_n$ 的任意真前段的符号串长度大于1时，该真前段的左括号数目大于右括号数目，那么，对于项$f_i^n(t_1,t_2,\cdots,t_n)$而言，其所有符号串长度大于1的真前段的所有可能为：①$f_i^n($；②$f_i^n(\bar{t}_1$；③$f_i^n(t_1$；④$f_i^n(t_1,$；⑤$f_i^n(t_1,\bar{t}_2$；⑥$f_i^n(t_1,t_2$；⑦$f_i^n(t_1,t_2,$，…，$(3n+1)f_i^n(t_1,t_2,\cdots,t_n$。其中，$\bar{t}_1$和$\bar{t}_2$分别为$t_1$和$t_2$的真前段。对于情形①，左括号数目为1，右括号数目为0，满足左括号数目大于右括号数目。对于诸如②、⑤这种含有t_k真前段$\bar{t}_k$的情形，若真前段$\bar{t}_k$的长度为1，则其必为函数词符号，其不会增加去除它之后的符号串中左括号数目和右括号数目，再根据任意项的左括号数目和右括号数目一样多的性质，可得左括号数目比右括号数目多1；若真前段$\bar{t}_k$的长度为1，根据假设中项$t_1,t_2,\cdots,t_n$的任意真前段的符号串长度大于1时，该真前段的左括号数目大于右括号数目，可得左括号数目还是会比右括号数目多。对于诸如③、④、⑥、⑦这种不含有t_k真前段$\bar{t}_k$的情形，根据任意项的左括号数目和右括号数目一样多的性质，可得左括号数目比右括号数目多1。综上，根据关于项的结构归纳法可得命题成立。

■

根据命题4.2.1，可得如下命题。

【命题4.2.2】 谓词逻辑中，项的真前段一定不是项。

证明：若项是个体词变元或者个体词常元，则其不存在真前段，所以命题显然成立。若项不是个体词变元和个体词常元，则该项必然具有形式$f_i^n(t_1,t_2,\cdots,t_n)$。此时，若该项的真前段的符号串长度为1，则该真前段就是函数词f_i^n，它当然不是项；若该项的真前段的符号串长度大于1，则根据命题4.2.1可知，该真前段的左括号数目大于右括号数目，而项的左括号数目和右括号数目一样多，所以该真前段也不是项。可以看出，无论哪种情形，项的真前段都不是项。

■

由命题4.2.1和命题4.2.2可以得出如下命题。

【命题4.2.3】 对于谓词逻辑中任意的项t，它会满足且仅满足下述某一条：

(1) t为个体词变元；

(2) t为个体词常元；

(3) t为$f_i^n(t_1,t_2,\cdots,t_n)$，其中$t_1,t_2,\cdots,t_n$为$n$个项。

此外，情形(3)中的$t_1,t_2,\cdots,t_n$和f_i^n都是唯一确定的。

证明：首先证明对于谓词逻辑中任意的项t，其至少会满足其中一条。

采用关于项的结构归纳法：首先，任意的个体词变元满足(1)，任意的个体词常元满足(2)；其次，假设对于任意的项$t_1,t_2,\cdots,t_n$，它们至少会满足其中一条，那么,对于任意的函数词 f_i^n,项 $f_i^n(t_1,t_2,\cdots,t_n)$满足(3)。因而,由关于项的结构归纳法可知,任意的项 t 会满足其中一条。

然后证明对于任意项 t,它至多会满足其中一条。

这是显然的,因为如果项 t 满足(1),它就是一个个体词变元,就不会再是个体词常元,也不会再是以函数词 f_i^n 开始的项,这说明了项 t 不会满足(2)和(3)。同理,如果项 t 满足(2),它就是一个个体词常元,不会再满足(3)。

最后证明若项 t 满足(3),则 $t_1,t_2,\cdots,t_n$ 和 f_i^n 还是唯一确定的。

假设项 t 满足(3),但是不唯一,项 t 还会为 $f_j^m(t_1',t_2',\cdots,t_m')$,其中 $t_1',t_2',\cdots,t_m'$为 m 个项,这说明了 $f_i^n(t_1,t_2,\cdots,t_n)=f_j^m(t_1',t_2',\cdots,t_m')$。那么等式两边的第一个符号必然相同,可见 $f_i^n=f_j^m$,这说明了 $n=m$ 且 $i=j$。再对等式两边同时删除符号 f_i^n 和(,可得 $t_1,t_2,\cdots,t_n)=t_1',t_2',\cdots,t_n')$,这说明了如果 $t_1\neq t_1'$,就会有 t_1 为 t_1'的真前段,或者 t_1'为 t_1 的真前段。由于 t_1 和 t_1'都为项,而根据命题 4.2.2 可知项的真前段不会为项,这就产生了矛盾,所以一定有 $t_1=t_1'$。进而对等式两边可以进一步同时删除符号 t_1 和,,可得 $t_2,\cdots,t_n)=t_2',\cdots,t_n')$,同理可得 $t_2=t_2'$。依次这样进行下去,可得 $t_3=t_3',\cdots,t_n=t_n'$。综上可见,若项 t 满足(3),则 $t_1,t_2,\cdots,t_n$ 和 f_i^n 是唯一的。

■

命题 4.2.3 称为谓词逻辑中关于项的唯一可读性定理。

类似于谓词逻辑中关于项的性质的命题 4.2.1 和命题 4.2.2,谓词逻辑中的合式公式也具有类似的性质,即在谓词逻辑中,如果合式公式的真前段的符号串长度大于 1,那么该真前段的左括号数目大于右括号数目;进而可得,合式公式的真前段一定不是合式公式。根据这些性质,可以得到谓词逻辑中关于合式公式的唯一可读性定理。

【命题 4.2.4】 对于谓词逻辑中任意的合式公式 A,它会满足且仅满足下述某一条:

(1) A 为原子合式公式 $F_i^n(t_1,t_2,\cdots,t_n)$,其中 $t_1,t_2,\cdots,t_n$ 为 n 个项;

(2) A 为$(\neg A_1)$,其中 A_1 为合式公式;

(3) A 为$(A_1\wedge A_2)$,其中 A_1、A_2 为合式公式;

(4) A 为$(A_1\vee A_2)$,其中 A_1、A_2 为合式公式;

(5) A 为$(A_1\rightarrow A_2)$,其中 A_1、A_2 为合式公式;

(6) A 为$(A_1\leftrightarrow A_2)$,其中 A_1、A_2 为合式公式;

(7) A 为$(\forall x_i)A_1$,其中 A_1 为合式公式;

(8) A 为$(\exists x_i)A_1$，其中 A_1 为合式公式。

此外，情形(1)中的 $t_1,t_2,\cdots,t_n$ 和 F_i^n 是唯一确定的，情形(2)～(6)中的 A_1 和 A_2 是唯一确定的，情形(7)和(8)中的 x_i 和 A_1 是唯一确定的。

证明：首先证明对于谓词逻辑中任意的合式公式 A，其至少会满足其中一条。

采用关于合式公式的结构归纳法：首先，任意的原子合式公式会满足(1)；其次，假设合式公式 A、B 至少会满足其中一条，根据合式公式的定义，$(\neg A)$、$(A \wedge B)$、$(A \vee B)$、$(A \rightarrow B)$、$(A \leftrightarrow B)$就分别满足情形(2)～(6)；然后，假设合式公式 A 至少会满足其中一条，根据合式公式的定义，$(\forall x_i)A$ 和$(\exists x_i)A$ 就分别满足情形(7)和(8)。因而，由关于合式公式的结构归纳法可知，对于任意的合式公式 A，其至少会满足其中一条。

其次证明对于谓词逻辑中任意的合式公式 A，其至多会满足其中一条。

首先，如果合式公式 A 满足情形(1)，它的第一个符号就是谓词 F_i^n，而情形(2)～(8)中的第一个符号是左括号(，因而它就不会再同时满足情形(2)～(8)。其次，根据命题 3.1.1 中的证明，如果合式公式 A 满足情形(2)～(6)中的某一条，那么它一定不会再满足情形(2)～(6)中的其他各条。然后，如果合式公式 A 满足情形(2)～(6)中的某一条，那么它一定不会再满足情形(7)和(8)，因为，如果合式公式 A 满足情形(2)同时还满足情形(7)，即$(\neg A_1)=(\exists x_i)A_2$，删除等式两边的左括号有$\neg A_1)=\exists x_i)A_2$，由于上式左边第一个符号是$\neg$，上式右边第一个符号是$\exists$，这就导致了矛盾；如果合式公式 A 满足情形(3)同时还满足情形(8)，即$(A_1 \wedge A_2)=(\exists x_i)A_3$，删除等式两边的左括号有 $A_1 \wedge A_2)=\exists x_i)A_3$，由于 A_1 为合式公式，那么如果 A_1 是原子合式公式，则说明上式左边的第一个符号是谓词符号 F_j^m，如果 A_1 不是原子合式公式，则说明上式左边第一个符号是左括号(，而上式右边第一个符号是$\exists$，还是会产生矛盾，其他情况类似可得。最后，如果合式公式 A 满足情形(7)，它一定不会再满足情形(8)，因为若不然，根据$(\forall x_i)A_1=(\exists x_j)A_2$，对该式两边同时删除左括号可得$\forall x_i)A_1=\exists x_j)A_2$，上式两边第一个符号的不同会导致矛盾。

然后证明各条中所涉及的唯一性。

对于情形(1)，如果存在 m 个项 $t_1',t_2',\cdots,t_m'$和谓词 F_j^m 满足 $F_i^n(t_1,t_2,\cdots,t_n)=F_j^m(t_1',t_2',\cdots,t_m')$，类似于命题 4.2.3 中的证明，可得 $F_i^n=F_j^m$，且 $t_1=t_1',\cdots,t_n=t_n'$，这表明 $t_1,t_2,\cdots,t_n$ 和 F_i^n 是唯一确定的。对于情形(2)～(6)，根据命题 3.1.1 中的证明，可得 A_1 和 A_2 是唯一确定的。对于情形(7)，若存在 x_j 和 A_2 满足

$(\forall x_i)A_1=(\forall x_j)A_2$，则通过删除等式两边相同的第一个和第二个符号，可得 $x_i)A_1=x_j)A_2$，这说明 $x_i=x_j$，进一步删除位于等式两边的它们以及右括号)，有 $A_1=A_2$，可以看出 x_i 和 A_1 是唯一确定的；对于情形(8)，类似可得唯一性。

■

命题 4.2.4 即为谓词逻辑中关于合式公式的唯一可读性定理。根据该定理，可以称 $(\forall x_i)A$ 为 A 的全称式，$(\exists x_i)A$ 为 A 的存在式。同时，由于有唯一可读性定理的保证，可以将合式公式中的括号进行适当的减少，不产生模糊就行，比如，$((\forall x_i)A\vee B)$ 可以简写为 $\forall x_iA\vee B$，$(\forall x_i)(A\vee B)$ 可以简写为 $\forall x_i(A\vee B)$。

有了谓词逻辑中合式公式的唯一可读性定理，也可以类似命题逻辑定义谓词逻辑中合式公式的层次。具体地，原子合式公式的层次为 0；当 A 为 $(\neg B)$、$(\forall x_i)B$、$(\exists x_i)B$ 中某一个，其中 B 的层次为 n，或者 A 为 $(B\wedge C)$、$B\vee C$、$(B\rightarrow C)$、$(B\leftrightarrow C)$ 中某一个，其中 B，C 的最大层次为 n，则 A 的层次为 $n+1$。可见，每一个合式公式具有唯一的层次，且不同层次的合式公式集合互不相交。有了谓词逻辑中合式公式层次的概念，也可以对合式公式的层次使用数学归纳法。

相对于命题逻辑，谓词逻辑引入了谓词、个体词、量词，通过谓词和个体词，可以进入到命题的内部结构，把命题分解为对象及其性质或关系的描述，而量词更是在数量上对个体词进行描述。事实上，将命题中的谓词和个体词分开就是为了可以将量词作用于个体词之上。在 4.1 节中已经可以看出，有量词作用的个体词和没有量词作用的个体词会非常不同。为了区分它们，引入如下概念。

【定义 4.2.4】 称合式公式 $(\forall x_i)A$ 和 $(\exists x_i)A$ 中的 A 为相应量词 $\forall$ 和 $\exists$ 的辖域。若 $(\forall x_i)A$ 和 $(\exists x_i)A$ 出现在合式公式 B 中，则称 A 为量词 $\forall$ 和 $\exists$ 在 B 中的辖域。

从定义 4.2.4 可以看出，通俗地说，量词的辖域就是量词的作用范围，是紧跟其后距离最近的合式公式，在这一点上类似否定连接词 $\neg$ 的作用范围。这里所说的“距离最近的”合式公式，是从 $\forall x_i$ 或 $\exists x_i$ 之后第一个符号算起的合式公式。比如，合式公式 $\forall x_1F_1^1(x_1)\vee F_1^2(x_1,x_2)$ 中量词 $\forall$ 的辖域是 $F_1^1(x_1)$；合式公式 $\forall x_1(F_1^1(x_1)\vee F_1^2(x_1,x_2))$ 中量词 $\forall$ 的辖域是 $(F_1^1(x_1)\vee F_1^2(x_1,x_2))$，这里不能说 $F_1^1(x_1)$ 是距离 $\forall x_1$ 最近的合式公式，因为它没有算入 $\forall x_1$ 之后的左括号；合式公式 $\exists x_2\forall x_1(F_1^1(x_1)\wedge F_1^2(x_1,x_2))$ 中量词 $\forall$ 的辖域是 $(F_1^1(x_1)\wedge F_1^2(x_1,x_2))$，量词 $\exists$ 的辖域是 $\forall x_1(F_1^1(x_1)\wedge F_1^2(x_1,x_2))$；合式公式 $\forall x_1(F_1^2(x_1,x_2)\rightarrow\exists x_2F_2^2(x_1,x_2))$ 中量词 $\forall$ 的辖域是 $(F_1^2(x_1,x_2)\rightarrow\exists x_2F_2^2(x_1,x_2))$，量词 $\exists$ 的辖域是 $F_2^2(x_1,x_2)$。可以看出，在确定量词辖域时，总是把量词和其后紧挨着的个

体词变元连在一起考虑。因为量词不能单独出现，需要和个体词变元一起出现，所以也可以把$\forall x_i$和$\exists x_i$看作量词。

【定义 4.2.5】 如果个体词变元x_i出现在合式公式中$\forall x_i$或者是$\exists x_i$的辖域内，或者就是$\forall x_i$和$\exists x_i$中的x_i，那么称该出现为约束出现(bound occurrence)；如果个体词变元x_i在合式公式中的某个出现不是约束出现，那么称该出现为自由出现(free occurrence)。

在合式公式$\forall x_1 F_1^1(x_2)$中，x_1的出现是约束出现，x_2的出现是自由出现。在合式公式$\forall x_1 F_1^1(x_1) \vee F_1^2(x_1,x_2)$中，$x_1$的第一个和第二个出现是约束出现、第三个出现是自由出现，x_2的出现是自由出现。在合式公式$\forall x_1(F_1^1(x_1) \vee F_1^2(x_1,x_2))$中，$x_1$的全部出现都是约束出现，$x_2$的出现是自由出现。在合式公式$\exists x_2 \forall x_1(F_1^1(x_1) \wedge F_1^2(x_1,x_2))$中，$x_1$和$x_2$的出现都是约束出现。在合式公式$\forall x_1(F_1^2(x_1,x_2) \rightarrow \exists x_2 F_2^2(x_1,x_2))$中，$x_1$的全部出现都是约束出现，$x_2$的第一次出现是自由出现，第二次和第三次出现是约束出现。可以看出，一个个体词变元在同一个合式公式中出现多次，就可以同时有自由出现和约束出现。

结合 4.1 节的内容可以看出，在直观上，自由出现的个体词变元与之前数学中所了解的变元是一致的，约束出现的个体词变元相当于数学中一个哑变元，只是起到了辅助作用，它已经不算是真正的变元。若个体词变元x_i在合式公式A中的出现至少有一个自由出现，则称x_i为A的自由变元(free variable)。

利用合式公式的归纳定义也可以给出个体词变元x_i在合式公式A中的某个出现是自由出现的归纳定义。具体地，根据合式公式归纳定义中的形成规则，有：①若A为原子合式公式，则x_i在A中的所有出现均为x_i在A中的自由出现；②若A为$(\neg A_1)$的形式，则x_i在A中的某个出现为自由出现，当且仅当x_i的该出现在A_1中是自由出现，若A为$(A_1 \wedge B_1)$、$(A_1 \vee B_1)$、$(A_1 \rightarrow B_1)$、$(A_1 \leftrightarrow B_1)$的形式之一，则$x_i$在$A$中的某个出现为自由出现，当且仅当$x_i$的该出现在$A_1$中是自由出现或者在$B_1$中是自由出现，其中$A_1$、$B_1$是合式公式；③若$A$为$(\forall x_j)A_1$和$(\exists x_j)A_1$的形式之一，则$x_i$在$A$中的某个出现为自由出现，当且仅当$x_i$的该出现在$A_1$中是自由出现，且$x_i \neq x_j$。

【定义 4.2.6】 对于谓词逻辑中的合式公式A，若其中没有自由出现的个体词变元，则称A为封闭的(closed)合式公式(简称闭式)。

闭式也称为语句(sentence)，根据定义，闭式中任意个体词变元的所有出现都是约束出现。根据 4.1 节的内容可知，闭式对应了自然语言中的命题。非闭式的合式公式一定含有个体词变元的自由出现，为了将其变为闭式，可以将合式公式中个体词变元的自由出现的地方替换为仅含有个体词常元的项。这就引入了谓词逻辑中“代入”的概念。

对于数学中的求和表达式 $\sum_{n=1}^{m} n$ 而言，其中的变元 m 可以换成具体的数，如 10，那么 $\sum_{n=1}^{10} n$ 就得到一个具体的数 55。但是，表达式中的哑变元 n 不能换成具体的数，只能把 $\sum_{n=1}^{m} n$ 中所有的 n 都换成其他的哑变元符号，如 $\sum_{k=1}^{m} k$，才与原表达式是同一个含义。可以看出，在代入这件事上，自由的变元和约束的哑变元在表现上是不同的。回到谓词逻辑的合式公式讨论中，对于合式公式 $\forall x_1 F_1^1(x_2)$，可以把自由出现的 x_2 换成项 a_2 或者项 $f_1^2(x_2,x_3)$，却不能把约束出现的 x_1 换成项 a_2 或者项 $f_1^2(x_2,x_3)$。所以，如果考虑把合式公式出现的个体词变元可以换成任意的项，就只能对合式公式中自由出现的个体词变元执行这个操作。

【定义 4.2.7】 对于谓词逻辑中的合式公式 A，将 A 中所有自由出现的个体词变元 x_i 都换成项 t，称为在 A 中用 t 代入 x_i，代入后所得到的合式公式记为 $A_{x_i}^t$。

根据代入的定义可以看出，代入操作是对于自由出现的个体词变元进行的，对于约束的个体词变元不进行代入操作。利用合式公式的归纳定义也可以给出 $A_{x_i}^t$ 的归纳定义。具体地，根据合式公式归纳定义中的形成规则，有：①若 A 为原子合式公式，则 $A_{x_i}^t$ 是将 A 中所有 x_i 的出现换成 t 所得到的合式公式；②$(\neg A)_{x_i}^t = \neg A_{x_i}^t$，$(A \wedge B)_{x_i}^t = A_{x_i}^t \wedge B_{x_i}^t$，$(A \vee B)_{x_i}^t = A_{x_i}^t \vee B_{x_i}^t$，$(A \rightarrow B)_{x_i}^t = A_{x_i}^t \rightarrow B_{x_i}^t$，$(A \wedge B)_{x_i}^t = A_{x_i}^t \leftrightarrow B_{x_i}^t$；③若 $x_i \neq x_j$，则 $(\forall x_j A)_{x_i}^t = \forall x_j A_{x_i}^t$ 且 $(\exists x_j A)_{x_i}^t = \exists x_j A_{x_i}^t$，若 $x_i = x_j$，则 $(\forall x_j A)_{x_i}^t = \forall x_j A$ 且 $(\exists x_j A)_{x_i}^t = \exists x_j A$。

下面给出几个具体代入的例子：若合式公式 A 为 $\exists x_1 F_1^1(x_2)$，项 t 为 a_1，则 $A_{x_2}^t$ 为 $\exists x_1 F_1^1(a_1)$；若合式公式 A 为 $\forall x_1 F_1^1(x_1) \vee F_1^2(x_1,x_2)$，项 t 为 $f_1^2(x_1,x_2)$，则 $A_{x_2}^t$ 为 $\forall x_1 F_1^1(x_1) \vee F_1^2(x_1, f_1^2(x_1,x_2))$；若合式公式 A 为 $F_1^1(x_1) \rightarrow \exists x_2 F_1^2(x_1,x_2)$，项 t 为 x_2，则 $A_{x_1}^t$ 为 $F_1^1(x_2) \rightarrow \exists x_2 F_1^2(x_2,x_2)$。

对于上一段最后一个代入的例子，当后面考虑合式公式的语义时，这种代入是不允许的，因为这种代入将原先在合式公式中自由出现的 x_1 改变为之后在合式公式中约束出现的 x_2。比如，令论域为整数集合 $\mathbb{Z}$，F_1^1 表示性质“……是偶数”，F_1^2 表示关系“……大于……”，那么 $F_1^1(x_1) \rightarrow \exists x_2 F_1^2(x_1,x_2)$ 就表示“如果 x_1 是偶数，那么存在 x_2 使得 x_1 大于 x_2”。如果用 x_1+x_3 代入 x_1，则 $F_1^1(x_1+$

$x_3) \rightarrow \exists x_2 F_1^2(x_1+x_3, x_2)$就表示了“如果 x_1+x_3 是偶数，那么存在 x_2 使得 x_1+x_3 大于 x_2”，此时代入后的含义并没有改变。但是，之前用 x_2 代入 x_1 之后，$F_1^1(x_2) \rightarrow \exists x_2 F_1^2(x_2, x_2)$就表示了“如果 x_2 是偶数，那么存在 x_2 使得 x_2 大于 x_2”，这个含义明显地不同于代入之前的含义。造成这个结果的原因就在于，项 t 中含有个体词变元 x_2，当用 t 代入 x_1 之后，t 中的 x_2 会与原合式公式中的量词 $\exists x_2$ 发生作用，这就将原先自由出现的 x_1 所在的位置上改变为了代入之后约束出现的 x_2。所以，需要对代入操作进行一定的限制。这就引入了代入自由的概念。

【定义 4.2.8】 对于谓词逻辑中的合式公式 A 以及项 t，如果对于项 t 中的任意个体词变元 x_j，个体词变元 x_i 在 A 中的每一处自由出现都不会在 $\forall x_j$ 或者 $\exists x_j$ 的辖域内，称项 t 对 x_i 在 A 中的代入是自由的。

从定义 4.2.8 可以看出，项 t 对 x_i 在 A 中的代入是自由的，就是说代入后项 t 中的个体词变元不能被 A 中的量词所约束。如果 x_i 在 A 中的所有自由出现都不在任何的量词辖域内，代入后项 t 中的个体词变元也就不会被 A 中的量词所约束。如果 x_i 在 A 中的某处自由出现是在 $\forall x_k$ 或者 $\exists x_k$ 的辖域内，由于此处 x_i 的出现是自由出现，因而 $x_i \neq x_k$，如果项 t 中含有个体词变元 x_j，那么希望用 t 代入此处的 x_i 之后，项 t 中的个体词变元 x_j 在此处还是自由的，这就要求 $x_j \neq x_k$；如果 $x_i = x_j$，那么，由于代入前后的个体词变元是相同的个体词变元，x_j 在此处当然还是自由的；如果 $x_i \neq x_j$，由于不相等关系不具有传递性，不能从 $x_i \neq x_k$ 和 $x_i \neq x_j$ 得出 $x_j \neq x_k$，也就是说，可能会出现 $x_j = x_k$ 的情况，这就是不能代入的情况，这种情况下，代入前 x_i 在 $\forall x_k$ 或者 $\exists x_k$ 的辖域内的出现是自由出现，也就是 x_i 在 $\forall x_j$ 或者 $\exists x_j$ 的辖域内的出现是自由出现，这就是定义 4.2.8 所排除的情况——x_i 不自由出现在 $\forall x_j$ 或者 $\exists x_j$ 的辖域内。

比如，对于合式公式$(\forall x_1 F_1^2(x_1, x_2)) \wedge (\exists x_2 F_1^3(x_1, x_2, x_3))$，项 $f_1^2(x_1, x_2)$ 对于 x_1、x_2、x_3 均不是代入自由的；项 $f_2^2(x_2, x_3)$对于 x_2 是代入自由的，注意合式公式中 x_2 的第二次出现是约束出现，代入是针对 x_2 的第一次出现，因为第一次出现是自由的；项 $f_3^2(x_1, x_3)$对于 x_1 是代入自由的；项 x_2 对于 x_1 不是代入自由的。

根据定义 4.2.8 可得如下结论：

(1) 如果 x_i 在合式公式 A 均为约束出现，那么对于任意的项 t 来说，它都对 x_i 在 A 中代入自由。这是因为代入是只针对合式公式中自由出现的个体词变元，对于约束出现的个体词变元不会有任何代入操作，所以这种情形下会有

$A^{t}_{x_i}=A$。

(2) 对于任意的合式公式 A,任意的个体词变元 x_i 对 x_i 本身在 A 中代入自由。这是因为如果 x_i 在 A 中某处是自由出现的,那么一定不会出现在 $\forall x_i$ 或者 $\exists x_i$ 的辖域内,否则它就不是自由出现的,而现在项 t 就是 x_i,所以 x_i 对 x_i 本身在 A 中代入自由。

(3) 如果对于项 t 中的任意个体词变元 x_j,它都在 A 中没有约束出现过,那么项 t 对于 A 中任意的个体词变元 x_i 都代入自由。这是因为如果项 t 中的任意个体词变元 x_j 都在 A 中没有约束出现过,这说明 A 中就不会出现量词 $\forall x_j$ 和 $\exists x_j$,那么对于任意的个体词变元 x_i 来说,不会出现在 $\forall x_j$ 和 $\exists x_j$ 的辖域内,所以项 t 对于任意的个体词变元 x_i 来说在 A 中都是代入自由的。特别的情况是,如果合式公式 A 中就没有量词出现,比如原子合式公式,这种情形下,任意的项对于任意的个体词变元都是代入自由的。

如果 x_j 对 x_i 在 A 中的代入是自由的,那么由于代入后的合式公式 $A^{x_j}_{x_i}$ 中所含有的 x_j 的自由出现不一定就是通过将 x_i 换成 x_j 得到的,可能代入之前就已经含有 x_j 的自由出现了,那么再对代入后的 $A^{x_j}_{x_i}$ 实施将 x_i 代入 x_j 就不能得到原先的合式公式 A。比如,A 为 $F^1_1(x_1)\vee\exists x_1F^1_2(x_1)\rightarrow F^1_3(x_2)$,$x_2$ 对 x_1 在 A 中的代入是自由的,$A^{x_2}_{x_1}$ 为 $F^1_1(x_2)\vee\exists x_1F^1_2(x_1)\rightarrow F^1_3(x_2)$,$x_1$ 对 x_2 在 $A^{x_2}_{x_1}$ 中的代入也是自由的,$(A^{x_2}_{x_1})^{x_1}_{x_2}$ 为 $F^1_1(x_1)\vee\exists x_1F^1_2(x_1)\rightarrow F^1_3(x_1)$,其并不等于 A。对于有些 A,会出现 x_1 对 x_2 在 $A^{x_2}_{x_1}$ 中,连代入自由都不是的情形。比如,A 为 $F^1_1(x_1)\vee\exists x_1F^2_1(x_1,x_2)$,此时 $A^{x_2}_{x_1}$ 为 $F^1_1(x_2)\vee\exists x_1F^2_1(x_1,x_2)$,$x_1$ 对 x_2 在 $A^{x_2}_{x_1}$ 中的代入不是自由的。从上面的两个例子可以看出,如果希望 $(A^{x_j}_{x_i})^{x_i}_{x_j}=A$,就要求 x_j 不能在 A 中自由出现。可以将自由出现的个体词变元类比函数中的变量,如果函数的变量不含有 y,如 $f(x)=x^2$,那么先将 x 换成 y 得到 $f(y)=y^2$,再将 y 换成 x 就得到原来的函数;如果函数的变量含有 y,如 $f(x,y)=x^2+y^2$,那么先将 x 换成 y 得到 $f(x,y)=2y^2$,再将 y 换成 x 就得不到原来的函数。

【例 4.2.1】 若个体词变元 x_j 不是合式公式 A 的自由变元,且 x_j 对 x_i 在 A 中的代入是自由的,证明 x_i 对 x_j 在 $A^{x_j}_{x_i}$ 中的代入也是自由的,且有 $(A^{x_j}_{x_i})^{x_i}_{x_j}=A$。

证明:采用关于合式公式的结构归纳法。将题目看作关于合式公式的性质 P。

如果 A 为原子合式公式,设其为 $F^n_i(t_1,t_2,\cdots,t_n)$,其中 $t_1,t_2,\cdots,t_n$ 为 n 个项。根据前提,x_j 对 x_i 在 A 中的代入是自由的,而原子合式公式中不含有量词,

所以 x_j 对 x_i 的所有出现都是代入自由的。设 x_i 出现在 k 个项 $t_{l_1},t_{l_2},\cdots,t_{l_k}$ 中，则 $A_{x_i}^{x_j}$ 就是把这 k 个项中的 x_i 换成 x_j 之后所得到的合式公式，并且 $A_{x_i}^{x_j}$ 还是原子合式公式，因而 x_i 对 x_j 在 $A_{x_i}^{x_j}$ 中的代入也是自由的。再根据前提，x_j 不是 A 的自由变元，这说明 x_j 不在 A 中出现，因而，$A_{x_i}^{x_j}$ 所含有的 x_j 都是之前将 x_i 换成 x_j 之后得到的，那么在 $A_{x_i}^{x_j}$ 中用 x_i 代入 x_j 就是再将 x_j 换成 x_i，这就又得到了原来的合式公式 A，即 $(A_{x_i}^{x_j})_{x_j}^{x_i}=A$。

若 $A=\neg B$。假设 B 具有题目所描述的性质 P。根据前提，x_j 不是 A 的自由变元，因为合式公式 A 与 B 之间就差一个否定符号 $\neg$，而非量词符号，所以 x_j 也不是 B 的自由变元；根据前提，x_j 对 x_i 在 A 中的代入是自由的，即 x_i 不自由出现在 A 中 $\forall x_j$ 或 $\exists x_j$ 的辖域内，同样是因为合式公式 A 与 B 之间就差一个否定符号 $\neg$，而非量词符号，所以 x_i 也不自由出现在 B 中 $\forall x_j$ 或 $\exists x_j$ 的辖域内，即 x_j 对 x_i 在 B 中的代入也是自由的。根据假设可得，x_i 对 x_j 在 $B_{x_i}^{x_j}$ 中的代入是自由的，而且有 $(B_{x_i}^{x_j})_{x_j}^{x_i}=B$。因为有 $A_{x_i}^{x_j}=(\neg B)_{x_i}^{x_j}=\neg(B_{x_i}^{x_j})$，可见 $A_{x_i}^{x_j}$ 和 $B_{x_i}^{x_j}$ 之间也仅差一个否定符号 $\neg$，而非量词符号，所以，根据 x_i 对 x_j 在 $B_{x_i}^{x_j}$ 中的代入是自由的，可得 x_i 对 x_j 在 $A_{x_i}^{x_j}$ 中的代入也是自由的。而且，有 $(A_{x_i}^{x_j})_{x_j}^{x_i}=(\neg(B_{x_i}^{x_j}))_{x_j}^{x_i}=\neg((B_{x_i}^{x_j})_{x_j}^{x_i})=\neg B=A$。

对于 A 为 $B\wedge C$、$B\vee C$、$B\rightarrow C$、$B\leftrightarrow C$ 的情形，与 $A=\neg B$ 的情形类似可得。

若 $A=\forall x_kB$ 或者 $A=\exists x_kB$。以 $A=\forall x_kB$ 为例进行说明，$A=\exists x_kB$ 的情况类似可得。假设 B 具有题目所描述的性质 P。分为以下三种情形：

第一种情形，$x_k\neq x_i$ 且 $x_k\neq x_j$。

根据前提，x_j 不是 A 的自由变元，因为 $x_k\neq x_j$，所以 x_j 不是 B 的自由变元；根据前提，x_j 对 x_i 在 A 中的代入是自由的，即 x_i 不自由出现在 A 中 $\forall x_j$ 或 $\exists x_j$ 的辖域内，因为 $x_k\neq x_j$，所以 x_i 不自由出现在 B 中 $\forall x_j$ 或 $\exists x_j$ 的辖域内，即 x_j 对 x_i 在 B 中的代入是自由的。根据假设可得 x_i 对 x_j 在 $B_{x_i}^{x_j}$ 中的代入是自由的，而且有 $(B_{x_i}^{x_j})_{x_j}^{x_i}=B$。因为 $x_k\neq x_i$，所以 $A_{x_i}^{x_j}=(\forall x_kB)_{x_i}^{x_j}=\forall x_k(B_{x_i}^{x_j})$。由于 x_i 对 x_j 在 $B_{x_i}^{x_j}$ 中的代入是自由的，即 x_j 不自由出现在 $B_{x_i}^{x_j}$ 中 $\forall x_i$ 或 $\exists x_i$ 的辖域内，因为 $x_k\neq x_i$，所以 x_j 也不自由出现在 $\forall x_k(B_{x_i}^{x_j})$ 中 $\forall x_j$ 或 $\exists x_j$ 的辖域内，即 x_i 对 x_j 在 $A_{x_i}^{x_j}$ 中的代入是自由的。由于 $x_k\neq x_j$，有 $(A_{x_i}^{x_j})_{x_j}^{x_i}=(\forall x_k(B_{x_i}^{x_j}))_{x_j}^{x_i}=\forall x_k((B_{x_i}^{x_j})_{x_j}^{x_i})=\forall x_kB=A$。

第二种情形，$x_k=x_i$，即 $A=\forall x_iB$。

此时，x_i 为 A 的约束变元，所以 $A_{x_i}^{x_j}=A$。根据前提 x_j 不是 A 的自由变元，可得 x_j 也不是 $A_{x_i}^{x_j}$ 的自由变元，所以 x_i 对 x_j 在 $A_{x_i}^{x_j}$ 中的代入是自由的，而且 $(A_{x_i}^{x_j})_{x_j}^{x_i}=A_{x_i}^{x_j}=A$。

第三种情形，$x_k=x_j$，即 $A=\forall x_jB$。

根据前提 x_j 对 x_i 在 A 中的代入是自由的，可得 x_i 在 B 中一定不自由出现，否则它就自由出现在 A 中 $\forall x_j$ 的辖域内。所以 $A_{x_i}^{x_j}=\forall x_j(B_{x_i}^{x_j})=\forall x_jB=A$。根据前提 x_j 不是 A 的自由变元，可得 x_j 也不是 $A_{x_i}^{x_j}$ 的自由变元，所以 x_i 对 x_j 在 $A_{x_i}^{x_j}$ 中的代入是自由的，而且 $(A_{x_i}^{x_j})_{x_j}^{x_i}=A_{x_i}^{x_j}=A$。

根据合式公式的结构归纳法可得所有的合式公式都具有性质 P。

■

可以看出，量词对个体词变元的作用使得谓词逻辑中关于合式公式性质的分析与量词关系密切，目前还只是在谓词逻辑的语法方面，后面在语义方面也会存在类似的情况。可以说，在谓词逻辑中，谓词是基础，量词是“灵魂”。

4.3 结构与解释

在形式系统中面对的合式公式都是一些没有任何含义的符号。在形式系统之外研究形式系统的性质时，需要赋予这些符号以一定的语义。在命题逻辑部分，可以通过真值指派或者真值赋值来完成赋予合式公式以真值语义。在谓词逻辑部分情况变得复杂。构建谓词逻辑形式系统，就是为了在形式上可以细致地反映自然语言中命题的内部逻辑结构，因而在增加形式语言表达力的同时，也增加了形式语言在语义处理上的复杂度。需要对谓词逻辑形式系统符号表集合中的每个非逻辑符号赋予具体的含义，或者说指定具体的对象，进而才可能谈论合式公式的真值。谓词逻辑形式系统中的非逻辑符号包括谓词、函数词、个体词常元。如果现在给出作为论域的集合、该集合上的若干关系、该集合上的若干映射、该集合的若干特殊元素，并将谓词指定为该集合上的关系，将函数词指定为该集合上的函数，将个体词常元指定为该集合的特殊元素，就可以给不含自由出现的个体词变元的合式公式以具体的含义，进而就可以谈论其真值。比如，对于合式公式 $\forall x_1(\neg F_1^2(x_1,a_1)\to\exists x_2F_1^2(x_1,f_1^1(x_2)))$，指定论域为自然数集合$\mathbb{N}$，将 F_1^2 指定为$\mathbb{N}$上的二元关系$=$，将 f_1^1 指定为$\mathbb{N}$上的后继映射$(\cdot)^+$，将 a_1 指定为自然数0，则该合式公式就具有了含义“对于任意的自然数，如果它不为0，则一定是某个自然数的后继”。根据这个含义,知道这个命题是一个真命题。可以看出,在判断合式公式的真假时,逻辑符号中的量词和连接词具有相对固定的含义,而如果逻辑符号中的个体词变元是合式公式中的约束变元,由于受约束的个体词变元相当于一个哑变量,就无须给它指定具体的对象,它和量词一起表明所考虑对象的取值范围,该取值范围就作为论域的集合。将上述赋予合式公式具体含义的过程采用数学的方法进行表述,考虑将所用到的作为论域的集合、该集合上的若干关系、该集合上的若干映射、该集合的若干特殊元素这四种要素,以一种方式联系在一起。这就引入了谓词逻辑语言的结构(structure)。

【定义 4.3.1】 谓词逻辑语言的一个结构$\mathcal{S}$是一个有序对$\langle S,\eta\rangle$,其中 S 为一个非空的集合,它作为语言的论域,η 为所有非逻辑符号构成的集合上的一个映射,满足如下条件:

(1) 对于非逻辑符号中的 n 元谓词 F_i^n,$\eta(F_i^n)$为 S 上的 n 元关系,用 $\bar{F}_i^n$ 表示;

(2) 对于非逻辑符号中的 n 元函数词 f_i^n,$\eta(f_i^n)$为 S 上的 n 元运算,用 $\bar{f}_i^n$ 表示;

(3) 对于非逻辑符号中的个体词常元 a_i,$\eta(a_i)$为 S 中的元素,用 $\bar{a}_i$ 表示。

也可以直接将非空集合 S,以及 S 上的关系集合$\{\bar{F}_i^n|0<i,0<n\}$、S 上的映射集合$\{\bar{f}_i^n|0<i,0<n\}$、S 上的特定元素集合$\{\bar{a}_i|0<i\}$,一并称为谓词逻辑语言的结构,即$\mathcal{S}=\langle S,\{\bar{F}_i^n|0<i,0<n\},\{\bar{f}_i^n|0<i,0<n\},\{\bar{a}_i|0<i\}\rangle$;并且,还将 S 作为论域,将非逻辑符号中的谓词 F_i^n 指定为$\bar{F}_i^n$,函数词 f_i^n 指定为 $\bar{f}_i^n$,个体词常元 a_i 指定为$\bar{a}_i$。事实上,“指定”在数学上表示就是映射,将符号指定为所代表的对象就是将符号映射为所代表的对象。符号 $\bar{F}_i^n$、$\bar{f}_i^n$、$\bar{a}_i$ 是元语言符号,它们指称论域 S 上的关系、S 上的映射、S 中的元素,或者说是论域 S 上的具体关系、具体映射、具体元素的“名称”。相对而言,符号 F_i^n、f_i^n、a_i 是对象语言符号,它们不指称任何对象。

在定义 4.3.1 中,$\bar{F}_i^n$ 是 S 上的 n 元关系,即 $\bar{F}_i^n\subset S^n$;$\bar{f}_i^n$ 是 S 上的 n 元运算,即 $\bar{f}_i^n: S^n\to S$;$\bar{a}_i$ 是 S 中的元素,即 $\bar{a}_i\in S$。使用符号 $\bar{F}_i^n$、$\bar{f}_i^n$、$\bar{a}_i$ 是为了解释谓词逻辑语言中的非逻辑符号的,它们不必非得与符号表集合中的符号看起来相似,它们作为元语言符号,可以采用通常习惯的符号。比如,前面例子中的结构$\mathcal{S}$,可以写作$\langle\mathbb{N},=,(\cdot)^+,0\rangle$。

考虑一个具体的谓词逻辑语言，其符号表集合中的非逻辑符号部分为$\{F_1^2\}$，即只有一个二元谓词符号。考虑该语言中的一个合式公式$\exists x_1 \forall x_2(\neg F_1^2(x_2, x_1))$，这个合式公式是纯粹的符号，在给出语言的结构之前，并不知道该合式公式具有什么含义。现在给语言一个结构$\langle \mathbb{N}, < \rangle$，那么该合式公式的含义就为“存在一个自然数，没有比它更小的自然数”，根据此含义可知该命题为真。现在将该语言的结构换为$\langle \mathbb{Z}, | \rangle$，其中符号$m|n$表示$m$是$n$的因子，那么上述合式公式的含义就变为“存在一个整数，它没有整数作为因子”，根据此含义可知该命题为假。这个例子显示了，在不同的形式语言结构下，合式公式可能会具有完全不同的含义，进而可能具有不同的真值。

由于结构只给出谓词逻辑语言中非逻辑符号所代表的对象，对于逻辑符号中的个体词变元，只知道它是取值于论域S的变量，而没有对其指定具体对象，因而，对于含有自由出现的个体词变元的合式公式，就无法确定其含义以及真值。即便是对于不含有自由出现的个体词变元的合式公式，虽然可以通过语言的结构，确定其含义以及真值，但这个确定真值的过程是利用自然语言含义下具体领域内的知识。比如，对前述合式公式$\exists x_1 \forall x_2(\neg F_1^2(x_2, x_1))$在不同结构下真值的确定，根据合式公式所对应的自然语言直观含义，利用了初等数论中关于不等式的知识和整除的知识，而并没有利用结构本身的数学知识。而结构本身是含有集合、元素、关系、映射的，它们都是集合中的术语，是统一表示在第1章集合论的知识中。应该利用这些数学知识去确定合式公式在给定结构下的真值。比如，小于关系和整除关系都是一个有序对的集合，那么，对于$F_1^2(x_2, x_1)$的真假判断就成为在指定了个体词变元x_1和x_2为论域中所代表的对象后，确认这两个对象组成的有序对是否属于二元关系$\overline{F}_1^2$。当确定了$F_1^2(x_2, x_1)$的真值后，才可以进一步结合量词的含义，再确定$\exists x_1 \forall x_2(\neg F_1^2(x_2, x_1))$的真值。可见，即使是对于封闭的合式公式，为了在数学上严格确定其真值，还需要给个体词变元指定对象。为此，引入结构上的指派(assignment in structure)概念。

【定义 4.3.2】 对于谓词逻辑语言的一个结构$\mathcal{S}$，其上的一个指派是从所有个体词变元构成的集合到论域S上的一个映射v。

从定义4.3.2可以看出，结构上的指派就是对每个个体词变元x_i，指定论域S中的一个元素$v(x_i)$。

当谓词逻辑语言确定了结构$\mathcal{S}$以及结构上的指派v之后，谓词、函数词、个体词常元、个体词变元这些需要指定对象的符号都有了相应的指定。因而，谓词逻辑中项和原子合式公式也都有了完整的含义。谓词语言的结构和结构上的指派一起构成了谓词逻辑“完整的”对象指定过程或者含义赋予过程。

【定义 4.3.3】 将结构$\mathcal{S}$以及结构上的指派 v 放在一起所形成的有序对 $\langle \mathcal{S}, v \rangle$，称为谓词逻辑语言的解释。

解释$\langle \mathcal{S}, v \rangle = \langle S, \eta, v \rangle$，可以简记为符号 I。

一旦有了解释 I，就可以在谓词逻辑中定义合式公式的真值。在命题逻辑中，合式公式真值的确定，首先是有一个真值指派，它给出了所有符号 p_i，也就是原子合式公式的真值，然后利用连接词的含义确定所有合式公式的真值。比如，对于合式公式 $p_1 \wedge p_2 \rightarrow p_3$，先是真值指派给出了 p_1、p_2、p_3 的一组真值；再利用合式公式的归纳生成方法，先确定第一步生成的合式公式 $p_1 \wedge p_2$ 的真值，这需要利用逻辑符号$\wedge$的含义，p_1、p_2 的真值，再确定第二步生成的合式公式$(p_1 \wedge p_2) \rightarrow p_3$ 的真值，这需要利用逻辑符号$\rightarrow$的含义、$p_1 \wedge p_2$ 的真值、p_3 的真值。在谓词逻辑中，合式公式真值的确定在总体思路上与命题逻辑那里是一样的，也是利用合式公式的归纳生成方法一步步确定出合式公式的真值。不同之处在于：①谓词逻辑中的合式公式归纳生成方法中，原子合式公式含有项，需要先生成项，而项也是归纳生成的，所以需要首先根据解释 I 确定项的含义，然后才能确定原子合式公式的真值；②谓词逻辑中的逻辑符号不仅包括连接词，还有量词，在确定了原子合式公式 A、B、C 的真值后，合式公式 $A \wedge B \rightarrow C$ 的真值确定与命题逻辑那里相同，但合式公式$\forall x_1 \exists x_2(A \wedge B \rightarrow C)$的真值确定是新出现的，需要给出其真值确定方法。

下面给出谓词逻辑中合式公式真值的确定。首先是确定任意项的含义。根据项的归纳定义，项 t 在符号上仅由个体词常元、个体词变元、函数词构成，而这些符号所代表的对象都已经在解释 I 中确定了，因而就可以归纳给出任意项 t 所代表的对象。由于函数词所指定的对象是论域 S 上的 n 元运算，任意项 t 所代表的对象都是论域 S 中的元素。再结合项的归纳定义，只需将结构$\mathcal{S}$上的指派 v 的定义域“扩张”到所有项 t 构成的集合。

【定义 4.3.4】 解释 I 中项的指派(assignment of term)是从所有项构成的集合到论域 S 上的一个映射 $\tilde{v}$，并满足如下条件：

(1) 对于任意的个体词变元 x_i，有 $\tilde{v}(x_i) = v(x_i)$；

(2) 对于任意的个体词常元 a_i，有 $\tilde{v}(a_i) = \bar{a}_i$；

(3) 对于项 $t_1, t_2, \cdots, t_n$ 和函数词 f_i^n，有 $\tilde{v}(f_i^n(t_1, t_2, \cdots, t_n)) = \bar{f}_i^n(\tilde{v}(t_1), \tilde{v}(t_2), \cdots, \tilde{v}(t_n))$。

由定义 4.3.4 可以看出，项的指派是对所有的项指定为论域中的一个元素，因为项本来就是为了描述自然语言中所谈论的对象。由于个体词常元已经在结构中指定过，个体词常元的取值就是结构中所指定的那个值，此即(2)所表述的；同时，函数词 f_i^n 也已经在结构中指定过，所以项 $f_i^n(t_1,t_2,\cdots,t_n)$ 的取值就是项 $t_1,t_2,\cdots,t_n$ 的取值 $\tilde{v}(t_1),\tilde{v}(t_2),\cdots,\tilde{v}(t_n)$ 在映射 $\bar{f}_i^n$ 下的值，此即(3)所表述的。此外，项的指派 $\tilde{v}$ 是以归纳的方式定义的。利用项的唯一可读性定理，任意的项 t 要么是个体词(包括个体词变元和个体词常元)，要么具有 $f_i^n(t_1,t_2,\cdots,t_n)$ 的样子，所以才可以归纳地生成项的指派 $\tilde{v}$。再利用项的结构归纳法，类似于命题 3.6.1，还可以证明所生成的 $\tilde{v}$ 是唯一的，所以可以不区分 $\tilde{v}$ 和 v。也可以一开始直接将 $\tilde{v}$ 定义为从所有项构成的集合到论域 S 上的一个映射，并且满足定义 4.3.4 中的条件(2)和(3)，这样可以将 $\tilde{v}$ 限制在所有个体词变元构成的集合上，就得到了 v，此时也称 $\langle S,\eta,\tilde{v}\rangle$ 为语言的解释。

【例 4.3.1】 设谓词逻辑语言中的非逻辑符号有 F_1^2、f_1^1、a_1，该语言的结构为 $\langle\mathbb{N},=,(\cdot)^+,0\rangle$，结构上的指派 v 满足 $v(x_1)=6$，对于项 $t_1=f_1^1(f_1^1(a_1))$ 和 $t_2=f_1^1(f_1^1(x_1))$，计算 $\tilde{v}(t_1)$ 和 $\tilde{v}(t_2)$。

解：项 t_1 不含有个体词变元，所以仅根据语言的结构就可以计算出 $\tilde{v}(t_1)$。具体地，有

$$\tilde{v}(t_1)=\tilde{v}(f_1^1(f_1^1(a_1)))=\bar{f}_1^1(\bar{f}_1^1(\tilde{v}(a_1)))=\bar{f}_1^1(\bar{f}_1^1(\bar{a}_1))=((0)^+)^+=2$$

由于项 t_2 中含有个体词变元，计算 $\tilde{v}(t_2)$ 不仅需要语言的结构，还需要结构上的指派。具体地，有

$$\tilde{v}(t_2)=\tilde{v}(f_1^1(f_1^1(x_1)))=\bar{f}_1^1(\bar{f}_1^1(\tilde{v}(x_1)))=\bar{f}_1^1(\bar{f}_1^1(v(x_1)))=((6)^+)^+=8$$

■

【例 4.3.2】 设谓词逻辑语言中的非逻辑符号有 F_1^2、f_1^2、f_2^2、a_1、a_2，该语言的结构为 $\langle\mathbb{Z},=,+,\times,0,1\rangle$，结构上的指派 v 满足 $v(x_1)=-2$，$v(x_2)=3$，$v(x_3)=5$，对于项 $t_1=f_1^2(f_2^2(a_1,x_2),x_3)$ 和 $t_2=f_1^2(f_2^2(x_2,f_2^2(x_1,x_1)),f_1^2(x_1,a_2))$，计算 $\tilde{v}(t_1)$ 和 $\tilde{v}(t_2)$。

解：项 t_1 和 t_2 中都含有个体词变元，所以计算 $\tilde{v}(t_1)$ 和 $\tilde{v}(t_2)$ 不仅需要语言的结构，还需要结构上的指派。具体地，有

$$\begin{aligned}\tilde{v}(t_1)&=\tilde{v}(f_1^2(f_2^2(a_1,x_2),x_3))\\&=\bar{f}_1^2(\bar{f}_2^2(\tilde{v}(a_1),\tilde{v}(x_2)),\tilde{v}(x_3))\\&=\bar{f}_1^2(\bar{f}_2^2(\bar{a}_1,v(x_2)),v(x_3))\end{aligned}$$

$$
\begin{aligned}
&= 0\times 3+5=5\\
\tilde{v}(t_1) &= \tilde{v}(f_1^2(f_2^2(x_2,f_2^2(x_1,x_1)),f_1^2(x_1,a_2)))\\
&= \bar{f}_1^2(\bar{f}_2^2(\tilde{v}(x_2),\tilde{v}(f_2^2(x_1,x_1))),\bar{f}_1^2(\tilde{v}(x_1),\tilde{v}(a_2)))\\
&= \bar{f}_1^2(\bar{f}_2^2(v(x_2),\bar{f}_2^2(v(x_1),v(x_1))),\bar{f}_1^2(v(x_1),\bar{a}_2))\\
&= 3\times((-2)\times(-2))+((-2)+1)=11
\end{aligned}
$$

■

项的含义确定之后，现在考虑合式公式真值的确定。对于原子合式公式 $F_i^n(t_1,t_2,\cdots,t_n)$，当给定解释 I 之后，它的含义是明确的，因为谓词所指定的对象为 $\bar{F}_i^n$，项 t_i 所指定的对象为 $\tilde{v}(t_i)$，那么，当项 $t_1,t_2,\cdots,t_n$ 具有关系 $\bar{F}_i^n$，也就是 $\langle t_1,t_2,\cdots,t_n\rangle\in\bar{F}_i^n$ 时，原子合式公式 $F_i^n(t_1,t_2,\cdots,t_n)$ 为真，否则就为假。若合式公式为 $(\neg A)$、$(A\wedge B)$、$(A\vee B)$、$(A\rightarrow B)$、$(A\leftrightarrow B)$ 的样子，利用以前我们对于连接词逻辑含义的理解，也可以得到相应的真值。剩下的只有含有量词的合式公式 $(\forall x_i)A$ 和 $(\exists x_i)A$。根据前面所述，现在可以确定 $(\forall x_i)A$ 和 $(\exists x_i)A$ 中 A 的真值，关键是如何把 $(\forall x_i)A$ 和 $(\exists x_i)A$ 的真值确定与 A 的真值确定联系起来。直观上，$(\forall x_i)A$ 是说"对于论域 S 中的任意 x_i，A 如何如何"，换个说法也就是"无论 x_i 取 S 中哪个元素，A 都如何如何"，这说明 A 的真值与 x_i 的取值无关，这与我们之前说的 x_i 作为哑变元是一致的。给定一个解释 $I=\langle\mathcal{S},v\rangle$，结构上的指派 v 也就确定了，它给出了所有个体词变元的取值，如果 I 使得 A 为真，并且 A 的真值与 x_i 的取值 $v(x_i)$ 无关，那么当 I 中结构 $\mathcal{S}$ 上的指派 v 在 x_i 处的取值 $v(x_i)$ 无论是取论域 S 中的哪个元素时，A 的真值也都应该为真。记 $v(x_i)=a$，并且令 $v_{a\rightarrow x_i}$ 表示结构 $\mathcal{S}$ 上的一个与 v 有关联的指派，它在 x_i 处的取值为 a，在其他个体词变元处的取值与 v 相同，即 $v_{a\rightarrow x_i}(x_j)=v(x_j)$，那么上述的分析说明了对于任意的 $a\in S$，结构 $\mathcal{S}$ 上的指派 $v_{a\rightarrow x_i}$ 都会使得 A 的真值为真。类似地，对于 $(\exists x_i)A$，其是说"存在论域 S 中的 x_i，A 如何如何"，这说明了结构 $\mathcal{S}$ 上的指派 v 使得 A 为真是指存在一个 $a\in S$，满足结构 $\mathcal{S}$ 上的指派 $v_{a\rightarrow x_i}$ 会让 A 的真值为真。可以看出，无论是 $(\forall x_i)A$ 还是 $(\exists x_i)A$，它们的真值都与结构 $\mathcal{S}$ 上的指派 v 在 x_i 处的取值 $v(x_i)$ 无关。

有了上述这些理解之后，可以定义合式公式的真值。首先给出结构 $\mathcal{S}$ 上指派 $v_{a\rightarrow x_i}$ 的定义。给定结构 $\mathcal{S}$ 上的指派 v，以及元素 $a\in S$，结构 $\mathcal{S}$ 上的另一个指派 $v_{a\rightarrow x_i}$ 满足

$$v_{a\to x_i}(x_j)=\begin{cases}a, & x_j=x_i\\ v(x_j), & x_j\neq x_i\end{cases}$$

然后是合式公式的真值定义。

【定义 4.3.5】 对于谓词逻辑语言的解释$\langle\mathcal{S},v\rangle$,谓词逻辑中任意合式公式 A 在解释$\langle\mathcal{S},v\rangle$下的真值定义如下：

(1) 如果 A 为原子合式公式 $F_i^n(t_1,t_2,\cdots,t_n)$,其中 $t_1,t_2,\cdots,t_n$ 为 n 个项,那么 A 在解释$\langle\mathcal{S},v\rangle$下为真,当且仅当$\langle\tilde{v}(t_1),\tilde{v}(t_2),\cdots,\tilde{v}(t_n)\rangle\in\bar{F}_i^n$；

(2) 如果 A 为$(\neg A_1)$,其中 A_1 为合式公式,那么 A 在解释$\langle\mathcal{S},v\rangle$下为真,当且仅当 A_1 在解释$\langle\mathcal{S},v\rangle$下为假；

(3) 如果 A 为$(A_1\wedge A_2)$,其中 A_1、A_2 为合式公式,那么 A 在解释$\langle\mathcal{S},v\rangle$下为真,当且仅当 A_1 和 A_2 都在解释$\langle\mathcal{S},v\rangle$下为真；

(4) 如果 A 为$(A_1\vee A_2)$,其中 A_1、A_2 为合式公式,那么 A 在解释$\langle\mathcal{S},v\rangle$下为真,当且仅当 A_1 和 A_2 中至少一个在解释$\langle\mathcal{S},v\rangle$下为真；

(5) 如果 A 为$(A_1\to A_2)$,其中 A_1、A_2 为合式公式,那么 A 在解释$\langle\mathcal{S},v\rangle$下为真,当且仅当 A_1 在解释$\langle S,v\rangle$下为假或者 A_2 在解释$\langle\mathcal{S},v\rangle$下为真；

(6) 如果 A 为$(A_1\leftrightarrow A_2)$,其中 A_1、A_2 为合式公式,那么 A 在解释$\langle\mathcal{S},v\rangle$下为真,当且仅当 A_1 和 A_2 同时在解释$\langle\mathcal{S},v\rangle$下为真或者同时为假；

(7) 如果 A 为$(\forall x_i)A_1$,其中 A_1 为合式公式,那么 A 在解释$\langle\mathcal{S},v\rangle$下为真,当且仅当对于任意 $a\in S$,A_1 在解释$\langle\mathcal{S},v_{a\to x_i}\rangle$下为真；

(8) 如果 A 为$(\exists x_i)A_1$,其中 A_1 为合式公式,那么 A 在解释$\langle\mathcal{S},v\rangle$下为真,当且仅当存在 $a\in S$,A_1 在解释$\langle\mathcal{S},v_{a\to x_i}\rangle$下为真。

从定义 4.3.5 可以看出,合式公式的真值是以归纳的方式定义的。对于逻辑符号中的各逻辑连接词,它们的含义已经在定义 4.3.5 中给出,并且还与它们在命题逻辑那里的含义一样。如果谓词逻辑中没有量词,那么可以类似于命题逻辑那里直接对原子公式进行真值指派,然后归纳地定义其他合式公式的真值,这样也就无须引入语言的结构和指派。然而,正是谓词逻辑中合式公式含有量词,导致合式公式的真值不仅由结构$\mathcal{S}$和其上的指派 v 决定,而且由结构$\mathcal{S}$上不同的指派 $v_{a\to x_i}$ 决定。因而,需要引入语言的结构$\mathcal{S}$和其上的指派 v,并且还将它们作为解释$\langle\mathcal{S},v\rangle$的两个部分。

对于任意的解释$\langle\mathcal{S},v\rangle$和合式公式 A,若 A 在解释$\langle\mathcal{S},v\rangle$下为真,则称$\langle\mathcal{S},v\rangle$满足 A,或者说$\langle\mathcal{S},v\rangle$是 A 的"成真解释"。可以看出,谓词逻辑中的解释$\langle\mathcal{S},v\rangle$相当于命题逻辑中的真值指派；命题逻辑中的真值指派可以看作解释,这个解释是

直接给原子合式公式指定真值，而谓词逻辑中的解释是对有关的符号赋予含义，然后根据此含义求得原子合式公式的真值。

【例 4.3.3】 设谓词逻辑语言中的非逻辑符号有 F_1^2、F_2^2、f_1^1、a_1，该语言的结构为 $\langle \mathbb{N}, =, <, (\cdot)^+, 0\rangle$，结构上的指派 v 满足 $v(x_1)=2$ 和 $v(x_2)=3$，计算合式公式 $F_2^2(f_1^1(a_1), x_1)$，$F_1^2(f_1^1(x_1), x_2) \to F_2^2(f_1^1(x_2), a_1)$，$\exists x_1 F_2^2(f_1^1(a_1), x_1)$，$\forall x_3(F_2^2(x_3, x_1) \to F_2^2(x_3, x_2))$ 的真值。

解：对于原子合式公式 $F_2^2(f_1^1(a_1), x_1)$，首先计算 $\tilde{v}(f_1^1(a_1))$ 和 $\tilde{v}(x_1)$，然后判断 $\langle \tilde{v}(f_1^1(a_1)), \tilde{v}(x_1)\rangle$ 是否属于 $\bar{F}_2^2$。

因为 $\tilde{v}(f_1^1(a_1)) = \bar{f}_1^1(\bar{a}_1) = (0)^+ = 1$，$\tilde{v}(x_1) = v(x_1) = 2$，$\langle 1, 2\rangle \in <$，也就是 $1<2$，所以 $F_2^2(f_1^1(a_1), x_1)$ 为真。

对于合式公式 $F_1^2(f_1^1(x_1), x_2) \to F_2^2(f_1^1(x_2), a_1)$，首先计算 $\tilde{v}(f_1^1(x_1))$、$\tilde{v}(x_2)$、$\tilde{v}(f_1^1(x_2))$ 和 $\tilde{v}(a_1)$，具体地，$\tilde{v}(f_1^1(x_1)) = \bar{f}_1^1(v(x_1)) = 3$，$\tilde{v}(x_2) = v(x_2) = 3$，$\tilde{v}(f_1^1(x_2)) = \bar{f}_1^1(v(x_2)) = 4$，$\tilde{v}(a_1) = \bar{a}_1 = 0$。因为 $\langle \tilde{v}(f_1^1(x_1)), \tilde{v}(x_2)\rangle = \langle 3, 3\rangle$ 属于 $\bar{F}_1^2$，所以 $F_1^2(f_1^1(x_1), x_2)$ 为真；因为 $\langle \tilde{v}(f_1^1(x_2)), \tilde{v}(a_1)\rangle = \langle 4, 0\rangle$ 不属于 $\bar{F}_2^2$，所以 $F_2^2(f_1^1(x_2), a_1)$ 为假；进而可知，$F_1^2(f_1^1(x_1), x_2) \to F_2^2(f_1^1(x_2), a_1)$ 为假。

对于合式公式 $\exists x_1 F_2^2(f_1^1(a_1), x_1)$ 的真值，因为合式公式含有量词 $\exists x_1$，所以需要计算 $\tilde{v}_{a\to x_1}(f_1^1(a_1))$ 和 $\tilde{v}_{a\to x_1}(x_1)$。具体地，$\tilde{v}_{a\to x_1}(f_1^1(a_1)) = \tilde{v}(f_1^1(a_1)) = 1$，$\tilde{v}_{a\to x_1}(x_1) = a$。当 $1<a$ 时，因为 $\langle \tilde{v}_{a\to x_1}(f_1^1(a_1)), \tilde{v}_{a\to x_1}(x_1)\rangle = \langle 1, a\rangle$ 属于 $\bar{F}_2^2$，所以存在 $a \in \mathbb{N}$，使得 $F_2^2(f_1^1(a_1), x_1)$ 在解释 $\langle \mathcal{S}, v_{a\to x_i}\rangle$ 下为真，进而由定义 4.3.5 的(8)可得合式公式 $\exists x_1 F_2^2(f_1^1(a_1), x_1)$ 在解释 $\langle \mathcal{S}, v\rangle$ 为真。

对于合式公式 $\forall x_3(F_2^2(x_3, x_1) \to F_2^2(x_3, x_2))$ 的真值，因为合式公式含有量词 $\forall x_3$，所以需要计算 $\tilde{v}_{a\to x_3}(x_3)$、$\tilde{v}_{a\to x_3}(x_1)$、$\tilde{v}_{a\to x_3}(x_2)$。具体地，$\tilde{v}_{a\to x_3}(x_3) = a$，$\tilde{v}_{a\to x_3}(x_1) = \tilde{v}(x_1) = 2$，$\tilde{v}_{a\to x_3}(x_2) = \tilde{v}(x_2) = 3$；进而可得 $\langle \tilde{v}_{a\to x_3}(x_3), \tilde{v}_{a\to x_3}(x_1)\rangle = \langle a, 2\rangle$，$\langle \tilde{v}_{a\to x_3}(x_3), \tilde{v}_{a\to x_3}(x_2)\rangle = \langle a, 3\rangle$。因而，对于任意的 $a \in \mathbb{N}$，如果 $\langle \tilde{v}_{a\to x_3}(x_3), \tilde{v}_{a\to x_3}(x_1)\rangle = \langle a, 2\rangle$ 属于 $\bar{F}_2^2$，即 $a<2$，那么一定有 $a<3$，即 $\langle \tilde{v}_{a\to x_3}(x_3), \tilde{v}_{a\to x_3}(x_2)\rangle = \langle a, 3\rangle$ 一定也属于 $\bar{F}_2^2$。这说明了，对于任意的 $a \in \mathbb{N}$，如果 $F_2^2(x_3, x_1)$ 在解释 $\langle \mathcal{S}, v_{a\to x_i}\rangle$ 下为真，那么 $F_2^2(x_3, x_2)$ 在解释 $\langle \mathcal{S}, v_{a\to x_i}\rangle$ 下也为真，这等价于 $F_2^2(x_3, x_1)$ 在解释 $\langle \mathcal{S}, v_{a\to x_i}\rangle$ 下为假，或者 $F_2^2(x_3, x_2)$ 在解释 $\langle \mathcal{S}, v_{a\to x_i}\rangle$ 下为真。所以，由定义 4.3.5 的(5)可得，对于任意的 $a \in \mathbb{N}$，合式公式 $F_2^2(x_3, x_1) \to$

$F_2^2(x_3, x_2)$在解释$\langle \mathcal{S}, v_{a \to x_i} \rangle$下为真。进而由定义 4.3.5 的(7)可得，合式公式$\forall x_3(F_2^2(x_3, x_1) \to F_2^2(x_3, x_2))$在解释$\langle \mathcal{S}, v \rangle$下为真。

■

【例 4.3.4】 设谓词逻辑语言中的非逻辑符号有F_1^2、f_1^2、a_1，该语言的结构为$\langle \mathbb{Z}, =, \times, 0 \rangle$。证明对于结构上的任意指派$v$，均有合式公式$\forall x_1 \forall x_2 \forall x_3(F_1^2(f_1^2(x_1, x_2), f_1^2(x_1, x_3)) \land \neg F_1^2(x_1, a_1) \to F_1^2(x_2, x_3))$为真。

证明：对于任意的$a, b, c \in \mathbb{Z}$，以及对于结构上的任意指派v，$\tilde{v}_{a \to x_1, b \to x_2, c \to x_3}(x_1) = a$，$\tilde{v}_{a \to x_1, b \to x_2, c \to x_3}(x_2) = b$，$\tilde{v}_{a \to x_1, b \to x_2, c \to x_3}(x_3) = c$，$\tilde{v}_{a \to x_1, b \to x_2, c \to x_3}(a_1) = 0$。当$a \times b = a \times c$，且$a \neq 0$时，可得$b = c$。由于

$$\tilde{v}_{a \to x_1, b \to x_2, c \to x_3}(f_1^2(x_1, x_2)) = \bar{f}_1^2(\tilde{v}_{a \to x_1, b \to x_2, c \to x_3}(x_1), \tilde{v}_{a \to x_1, b \to x_2, c \to x_3}(x_2)) = a \times b$$

$$\tilde{v}_{a \to x_1, b \to x_2, c \to x_3}(f_1^2(x_1, x_3)) = \bar{f}_1^2(\tilde{v}_{a \to x_1, b \to x_2, c \to x_3}(x_1), \tilde{v}_{a \to x_1, b \to x_2, c \to x_3}(x_3)) = a \times c$$

如果$F_1^2(f_1^2(x_1, x_2), f_1^2(x_1, x_3))$和$\neg F_1^2(x_1, a_1)$在解释$\langle \mathcal{S}, v_{a \to x_1, b \to x_2, c \to x_3} \rangle$下为真，这说明$\langle \tilde{v}_{a \to x_1, b \to x_2, c \to x_3}(f_1^2(x_1, x_2)), \tilde{v}_{a \to x_1, b \to x_2, c \to x_3}(f_1^2(x_1, x_2)) \rangle = \langle a \times b, a \times c \rangle$属于$\bar{F}_1^2$，且$\langle \tilde{v}_{a \to x_1, b \to x_2, c \to x_3}(x_1), \tilde{v}_{a \to x_1, b \to x_2, c \to x_3}(a_1) \rangle = \langle a, 0 \rangle$不属于$\bar{F}_1^2$，即$a \times b = a \times c$且$a \neq 0$，因而就有$b = c$。因为$\langle \tilde{v}_{a \to x_1, b \to x_2, c \to x_3}(x_2), \tilde{v}_{a \to x_1, b \to x_2, c \to x_3}(x_3) \rangle = \langle b, c \rangle$，所以$\langle b, c \rangle$属于$\bar{F}_1^2$就是$b = c$。可见，若$F_1^2(f_1^2(x_1, x_2), f_1^2(x_1, x_3))$和$\neg F_1^2(x_1, a_1)$在解释$\langle \mathcal{S}, v_{a \to x_1, b \to x_2, c \to x_3} \rangle$下为真，则一定会有$F_1^2(x_2, x_3)$在解释$\langle \mathcal{S}, v_{a \to x_1, b \to x_2, c \to x_3} \rangle$下也为真。可见，任意给定结构上的指派$v$，对于任意的$a, b, c \in \mathbb{Z}$，$F_1^2(f_1^2(x_1, x_2), f_1^2(x_1, x_3)) \land \neg F_1^2(x_1, a_1) \to F_1^2(x_2, x_3)$在解释$\langle \mathcal{S}, v_{a \to x_1, b \to x_2, c \to x_3} \rangle$下为真，由定义 4.3.5 的(7)可得，合式公式对于结构上的任意指派v $\forall x_1 \forall x_2 \forall x_3(F_1^2(f_1^2(x_1, x_2), f_1^2(x_1, x_3)) \land \neg F_1^2(x_1, a_1) \to F_1^2(x_2, x_3))$均为真。

■

4.4 永真式

尽管在谓词逻辑中给出合式公式在解释下的真值的过程是复杂的，然而一旦给定了这个过程，也就确定了合式公式在解释下的真值，这又与命题逻辑那里的一样，归结到了真值上。因而，在谓词逻辑这里，可以类比命题逻辑那里的重言式、可满足式和矛盾式，引入相应语义上的概念。

【定义 4.4.1】 对于谓词逻辑中的合式公式A，若A在任意的解释$\langle \mathcal{S}, v \rangle$下

均为真，则称 A 为永真式；若存在一个解释 $\langle \mathcal{S},v\rangle$，使得 A 在该解释下为真，则称 A 为可满足式；若 A 在任意的解释 $\langle \mathcal{S},v\rangle$ 下均为假，则称 A 为矛盾式。

永真式也称为逻辑有效式(logical validity)。合式公式 A 为永真式说明了任意的解释都是 A 的成真解释。A 为永真式，记为 $\models A$。

与命题逻辑中重言式的重要性类似，谓词逻辑中的永真式也具有重要的意义。合式公式 A 为永真式表明，对于任意的结构 $\mathcal{S}$、结构上任意的指派 v，A 恒为真；这也就是说，无论对 A 所含的非逻辑符号以及个体词变元指定什么对象，A 都为真。

类似于命题逻辑中的重言等价式和重言蕴涵式，谓词逻辑中也有相对应的概念。

【定义 4.4.2】 对于谓词逻辑中的合式公式 A 和 B，若 $A\leftrightarrow B$ 为永真式，则称 A 永真等价于 B，或者 A 与 B 是永真等价的；若 $A\rightarrow B$ 为永真式，则称 A 永真蕴涵 B。

根据定义 4.3.5 可以看出，谓词逻辑中的连接词含义与命题逻辑中的连接词含义一样，因此，直观上，对于命题逻辑中的重言式，当把其中代表命题符号的 p_i 换成谓词逻辑中的合式公式时，所得到的符号串不仅变成谓词逻辑中的合式公式，而且会是谓词逻辑中的永真式。比如，命题逻辑中的 $p_1\wedge p_2\rightarrow p_1$ 为重言式，当把该合式公式中的 p_1 都换成 $F_1^2(x_1,a_1)$，p_2 都换成 $\exists x_2F_1^2(x_1,x_2)$ 时，所得到的谓词逻辑合式公式 $F_1^2(x_1,a_1)\wedge\exists x_2F_1^2(x_1,x_2)\rightarrow F_1^2(x_1,a_1)$ 为永真式。确实是这样，有如下命题。

【命题 4.4.1】 对于命题逻辑中的重言式 A，其含有 n 个命题符号 p_1，p_2，…，p_n；A_1，A_2，…，A_n 为谓词逻辑中的 n 个合式公式；将 A 中 p_i，$1\leqslant i\leqslant n$ 的每一处出现都换成 $A_i(1\leqslant i\leqslant n)$ 之后得到谓词逻辑中的合式公式 A^*，那么 A^* 为永真式。

证明：对于任意的解释 $\langle \mathcal{S},v\rangle$，谓词逻辑中的合式公式 A_1，A_2，…，A_n 在该解释下为真或为假。根据命题 3.6.2，A 的真值仅由真值指派 f 在符号 p_1，p_2，…，p_n 处的真值决定，所以对于合式公式 A，仅考虑命题逻辑中真值指派 f 在 p_1，p_2，…，p_n 处的真值。根据 A_1，A_2，…，A_n 在解释 $\langle \mathcal{S},v\rangle$ 下的真值构造一个对于 A 的真值指派 f，其在 $p_i(1\leqslant i\leqslant n)$ 处的真值如下：若 A_i 在解释 $\langle \mathcal{S},v\rangle$ 下为真，则 $f(p_i)$ 的值为真；若 A_i 在解释 $\langle \mathcal{S},v\rangle$ 下为假，则 $f(p_i)$ 的值为假。下证，A^* 在解释 $\langle \mathcal{S},v\rangle$ 下为真，当且仅当 A 在真值指派 f 下为真。其又可以表述为，任意的命题逻辑合式公式 A 满足性质 P“A^* 在解释 $\langle \mathcal{S},v\rangle$ 下为真，当且仅当 A 在真值指派

f 下为真”。采用命题逻辑中关于合式公式的结构归纳法：首先，如果 A 为原子合式公式 p_1，此时 $A^*=A_1$，根据所构造的真值指派 f，有 $f(p_1)$ 的值为真，当且仅当 $A_1=A^*$ 在解释 $\langle\mathcal{S},v\rangle$ 下为真。其次，对于任意的命题逻辑合式公式 B 和 C，假设它们满足性质 P。那么：

(1) 若 $A=\neg B$，则有 $A^*=\neg B^*$，其中 B^* 是将 B 中 $p_i(1\leqslant i\leqslant n)$ 的每一处出现都换成 $A_i(1\leqslant i\leqslant n)$ 之后得到谓词逻辑中的合式公式。根据假设，B^* 在解释 $\langle\mathcal{S},v\rangle$ 下为真，当且仅当 B 在真值指派 f 下为真。因此，B^* 在解释 $\langle\mathcal{S},v\rangle$ 下为假，当且仅当 B 在真值指派 f 下为假。根据定义 4.3.5 的(2)，A^* 在解释 $\langle\mathcal{S},v\rangle$ 下为真，当且仅当 B^* 在解释 $\langle\mathcal{S},v\rangle$ 下为假。因而可得 A^* 在解释 $\langle\mathcal{S},v\rangle$ 下为真，当且仅当 B 在真值指派 f 下为假。而命题逻辑合式公式 B 在真值指派 f 下为假，又当且仅当 A 在真值指派 f 下为真。所以，A^* 在解释 $\langle\mathcal{S},v\rangle$ 下为真，当且仅当 A 在真值指派 f 下为真。

(2) 若 $A=B\wedge C$，则有 $A^*=B^*\wedge C^*$，其中 B^* 和 C^* 是将 B 和 C 中 $p_i(1\leqslant i\leqslant n)$ 的每一处出现都换成 $A_i(1\leqslant i\leqslant n)$ 之后得到谓词逻辑中的合式公式。根据定义 4.3.5 的(3)，A^* 在解释 $\langle\mathcal{S},v\rangle$ 下为真，当且仅当 B^* 和 C^* 在解释 $\langle\mathcal{S},v\rangle$ 下为真。而根据假设，B^* 和 C^* 在解释 $\langle\mathcal{S},v\rangle$ 下为真，当且仅当 B 和 C 在真值指派 f 下为真。因而，A^* 在解释 $\langle\mathcal{S},v\rangle$ 下为真，当且仅当 B 和 C 在真值指派 f 下为真。由于 $A=B\wedge C$，由命题逻辑中连接词 $\wedge$ 的性质，可得 A^* 在解释 $\langle\mathcal{S},v\rangle$ 下为真，当且仅当 A 在真值指派 f 下为真。

对于 $A=B\vee C$，$A=B\rightarrow C$，$A=B\leftrightarrow C$ 的情形，类似可得。

根据命题逻辑中合式公式的结构归纳法，可得命题逻辑中任意的合式公式 A 都具有性质 P。命题逻辑中的重言式 A 也满足性质 P。由于 A 为命题逻辑中的重言式，它在任意的真值指派下都为真，进而根据性质 P，A^* 在任意的解释 $\langle\mathcal{S},v\rangle$ 下都为真。

■

根据命题 4.4.1，对于命题逻辑中的重言式，当把它所包含的命题符号换成谓词逻辑中的合式公式后，所得到的谓词逻辑合式公式为永真式。这种永真式称为谓词逻辑中的重言式。可见，在谓词逻辑中重言式是永真式，根据第 2 章中所列的命题逻辑的基础重言式可以得到谓词逻辑中相应的重言式。谓词逻辑中的永真式并不都是重言式，因为重言式仅仅是利用了逻辑符号中连接词的性质，逻辑符号中除了连接词还有量词。由于有关量词的永真式是命题逻辑中所没有的，是我们应该重点关注的。

【命题 4.4.2】 对于任意的合式公式 A 和 B，以及个体词变元 x_i 和 x_j，下面的合式公式都是永真式：

第(1)组：$\neg(\forall x_i A) \leftrightarrow \exists x_i(\neg A)$；$\neg(\exists x_i A) \leftrightarrow \forall x_i(\neg A)$。

第(2)组：$\forall x_i(A \wedge B) \leftrightarrow \forall x_i A \wedge \forall x_i B$；$\exists x_i(A \vee B) \leftrightarrow \exists x_i A \vee \exists x_i B$。

第(3)组：$\forall x_i \forall x_j A \leftrightarrow \forall x_j \forall x_i A$；$\exists x_i \exists x_j A \leftrightarrow \exists x_j \exists x_i A$。

第(4)组：$\forall x_i A \rightarrow A$；$A \rightarrow \exists x_i A$。

第(5)组：$\forall x_i A \vee \forall x_i B \rightarrow \forall x_i(A \vee B)$；$\exists x_i(A \wedge B) \rightarrow \exists x_i A \wedge \exists x_i B$；$\forall x_i(A \rightarrow B) \rightarrow (\forall x_i A \rightarrow \forall x_i B)$；$\forall x_i(A \rightarrow B) \rightarrow (\exists x_i A \rightarrow \exists x_i B)$。

证明：选取其中的若干合式公式进行证明，其他的合式公式类似可证。

证明第(1)组的 $\neg(\forall x_i A) \leftrightarrow \exists x_i(\neg A)$。对于任意的解释 $\langle \mathcal{S}, v \rangle$，若 $\neg(\forall x_i A)$ 在该解释下为真，则 $\forall x_i A$ 为假，这说明存在 $a \in S$，使得 A 在解释 $\langle \mathcal{S}, v_{a \to x_i} \rangle$ 下为假，进而 $\neg A$ 在解释 $\langle \mathcal{S}, v_{a \to x_i} \rangle$ 下为真，即存在 $a \in S$，使得 $\neg A$ 在解释 $\langle \mathcal{S}, v_{a \to x_i} \rangle$ 下为真，因而 $\exists x_i(\neg A)$ 在解释 $\langle \mathcal{S}, v \rangle$ 下为真。另外，对于任意的解释 $\langle \mathcal{S}, v \rangle$，若 $\exists x_i(\neg A)$ 在该解释下为真，则存在 $a \in S$，使得 $\neg A$ 在解释 $\langle \mathcal{S}, v_{a \to x_i} \rangle$ 下为真，因而有 A 在解释 $\langle \mathcal{S}, v_{a \to x_i} \rangle$ 下为假，所以 $\forall x_i A$ 在解释 $\langle \mathcal{S}, v \rangle$ 下为假，即 $\neg(\forall x_i A)$ 在解释 $\langle \mathcal{S}, v \rangle$ 下为真。综上可见，对于任意的解释 $\langle \mathcal{S}, v \rangle$，$\neg(\forall x_i A)$ 在该解释下为真，当且仅当 $\exists x_i(\neg A)$ 在该解释下也为真，所以对于任意的解释 $\langle \mathcal{S}, v \rangle$，$\neg(\forall x_i A) \leftrightarrow \exists x_i(\neg A)$ 为真。

证明第(2)组的 $\forall x_i(A \wedge B) \leftrightarrow \forall x_i A \wedge \forall x_i B$。对于任意的解释 $\langle \mathcal{S}, v \rangle$，若 $\forall x_i(A \wedge B)$ 在该解释下为真，则对于任意的 $a \in S$，$A \wedge B$ 在解释 $\langle \mathcal{S}, v_{a \to x_i} \rangle$ 下为真，因此，对于任意的 $a \in S$，A 和 B 均在解释 $\langle \mathcal{S}, v_{a \to x_i} \rangle$ 下为真，这说明了 $\forall x_i A$ 和 $\forall x_i B$ 在解释 $\langle \mathcal{S}, v \rangle$ 下为真，因而 $\forall x_i A \wedge \forall x_i B$ 在解释 $\langle \mathcal{S}, v \rangle$ 下为真。另外，对于任意的解释 $\langle \mathcal{S}, v \rangle$，若 $\forall x_i A \wedge \forall x_i B$ 在该解释下为真，则 $\forall x_i A$ 和 $\forall x_i B$ 在解释 $\langle \mathcal{S}, v \rangle$ 下均为真，因而，对于任意的 $a \in S$，A 和 B 均在解释 $\langle \mathcal{S}, v_{a \to x_i} \rangle$ 下为真，所以 $A \wedge B$ 在解释 $\langle \mathcal{S}, v_{a \to x_i} \rangle$ 下也为真，这就说明了 $\forall x_i(A \wedge B)$ 在解释 $\langle \mathcal{S}, v \rangle$ 下为真。综上可见，对于任意的解释 $\langle \mathcal{S}, v \rangle$，$\forall x_i(A \wedge B)$ 在该解释下为真，当且仅当 $\forall x_i A \wedge \forall x_i B$ 在该解释下也为真，所以对于任意的解释 $\langle \mathcal{S}, v \rangle$，$\forall x_i(A \wedge B) \leftrightarrow \forall x_i A \wedge \forall x_i B$ 为真。

证明第(3)组的 $\forall x_i \forall x_j A \leftrightarrow \forall x_j \forall x_i A$。对于任意的解释 $\langle \mathcal{S}, v \rangle$，若 $\forall x_i \forall x_j A$ 在该解释下为真，则对于任意的 $a \in S$，$\forall x_j A$ 在解释 $\langle \mathcal{S}, v_{a \to x_i} \rangle$ 下为真，进而，对于任意的 $a, b \in S$，A 在解释 $\langle \mathcal{S}, v_{a \to x_i, b \to x_j} \rangle$ 下为真，注意到 $v_{a \to x_i, b \to x_j} = v_{b \to x_j, a \to x_i}$，所以可得对于任意的 $a, b \in S$，A 在解释 $\langle \mathcal{S}, v_{b \to x_j, a \to x_i} \rangle$ 下为真，进而有

对于任意的 $b\in S$，$\forall x_iA$ 在解释 $\langle\mathcal{S},v_{b\to x_j}\rangle$ 下为真，这就说明了 $\forall x_j\forall x_iA$ 在解释 $\langle\mathcal{S},v\rangle$ 下为真。另一方向的证明只需将上述证明过程中的 i 与 j 互换即可。综上可见，对于任意的解释 $\langle\mathcal{S},v\rangle$，$\forall x_i\forall x_jA$ 在该解释下为真，当且仅当 $\forall x_j\forall x_iA$ 在该解释下也为真，所以对于任意的解释 $\langle\mathcal{S},v\rangle$，$\forall x_i\forall x_jA\leftrightarrow\forall x_j\forall x_iA$ 为真。

证明第(4)组的 $\forall x_iA\to A$。对于任意的解释 $\langle\mathcal{S},v\rangle$，若 $\forall x_iA$ 为真，则对于任意的 $a\in S$，A 在解释 $\langle\mathcal{S},v_{a\to x_i}\rangle$ 下为真，注意到 $v_{v(x_i)\to x_i}=v$，由 a 的任意性可知 A 在解释 $\langle\mathcal{S},v\rangle$ 下为真。可见，对于任意的解释 $\langle\mathcal{S},v\rangle$，若 $\forall x_iA$ 为真，则 A 必为真；这表明 $\forall x_iA\to A$ 在任意的解释 $\langle\mathcal{S},v\rangle$ 下为真。

证明第(5)组的 $\forall x_i(A\to B)\to(\forall x_iA\to\forall x_iB)$。对于任意的解释 $\langle\mathcal{S},v\rangle$，若 $\forall x_i(A\to B)$ 为真，则对于任意的 $a\in S$，$A\to B$ 在解释 $\langle\mathcal{S},v_{a\to x_i}\rangle$ 下为真，即对于任意的 $a\in S$，若 A 在解释 $\langle\mathcal{S},v_{a\to x_i}\rangle$ 下为真，则 B 在解释 $\langle\mathcal{S},v_{a\to x_i}\rangle$ 下也为真，而这又相当于，若 A 对于任意的 $a\in S$，均在解释 $\langle\mathcal{S},v_{a\to x_i}\rangle$ 下为真，一定会有 B 对于任意的 $a\in S$，均在解释 $\langle\mathcal{S},v_{a\to x_i}\rangle$ 下也为真，进而可得，若 $\forall x_iA$ 在解释 $\langle\mathcal{S},v\rangle$ 下为真，则有 $\forall x_iB$ 在解释 $\langle\mathcal{S},v\rangle$ 下也为真，这就说明了 $\forall x_iA\to\forall x_iB$ 在解释 $\langle\mathcal{S},v\rangle$ 下为真。可见，对于任意的解释 $\langle\mathcal{S},v\rangle$，若 $\forall x_i(A\to B)$ 为真，则 $\forall x_iA\to\forall x_iB$ 也会为真；这就表明了 $\forall x_i(A\to B)\to(\forall x_iA\to\forall x_iB)$ 在任意的解释 $\langle\mathcal{S},v\rangle$ 下为真。

■

在命题 4.4.2，既有永真等价式也有永真蕴涵式。比如，$\forall x_iA\vee\forall x_iB\to\forall x_i(A\vee B)$ 就是一个永真蕴涵式而非永真等价式，因为另一个方向的蕴涵并不永远成立。比如，设谓词逻辑语言中的非逻辑符号有 F_1^1、F_2^1、a_1，该语言的结构为 $\mathcal{S}=\langle\mathbb{N},\bar{F}_1^1,\bar{F}_2^1,0\rangle$（其中 $\bar{F}_1^1$ 为 $\mathbb{N}$ 中奇数构成的集合，$\bar{F}_2^1$ 为 $\mathbb{N}$ 中偶数构成的集合），那么对于结构 $\mathcal{S}$ 上的任意指派 v，合式公式 $\forall x_1(F_1^1(x_1)\vee F_2^1(x_1))$ 为真，而合式公式 $\forall x_1F_1^1(x_1)\vee\forall x_1F_2^1(x_1)$ 为假。这说明了合式公式 $\forall x_1F_1^1(x_1)\vee\forall x_1F_2^1(x_1)\to\forall x_1(F_1^1(x_1)\vee F_2^1(x_1))$ 在解释 $\langle\mathcal{S},v\rangle$ 下为假。

命题 4.4.2 中永真式都是关于量词的最基本永真式。下面介绍关于量词的稍显复杂的一些永真式。在介绍它们之前，先引入后面在验证关于量词的永真式时要用到的几个命题。

首先，类似于命题 3.6.2，在谓词逻辑中，合式公式在解释下的真值直观上也应该仅与合式公式中所出现的符号的指定有关，包括非逻辑符号的指定以及不受约束的个体词变元的指定。下面的两个命题就说明了这个事情。

【命题 4.4.3】 设 v 为结构 $\langle S,\eta\rangle$ 上的指派，v^* 为结构 $\langle S,\eta^*\rangle$ 上的指派，t

为任意的项,如果对于项 t 中所出现的函数词 f_i^n 和个体词常元 a_i,有 $\eta(f_i^n)=\eta^*(f_i^n)$,即 $\bar{f}_i^n=\bar{f}_i^{n*}$,$\eta(a_i)=\eta^*(a_i)$,即 $\bar{a}_i=\bar{a}_i^*$,同时,对于项 t 中所出现的个体词变元 x_i,有 $v(x_i)=v^*(x_i)$;那么 $\tilde{v}(t)=\tilde{v}^*(t)$。

证明:将该命题看作关于项的性质 P 的表述。采用项的结构归纳法证明该命题:首先,如果项 t 为个体词变元 x_i,由性质 P 条件中的 $v(x_i)=v^*(x_i)$,可得性质 P 的结论 $\tilde{v}(t)=v(x_i)=v^*(x_i)=\tilde{v}^*(t)$;如果项 t 为个体词常元 a_i,那么由性质 P 条件中的 $\eta(a_i)=\eta^*(a_i)$,即 $\bar{a}_i=\bar{a}_i{}^*$,可得性质 P 的结论:

$$\tilde{v}(t)=\tilde{v}(a_i)=\bar{a}_i=\bar{a}_i{}^*=\tilde{v}^*(a_i)=\tilde{v}^*(t)$$

其次,假设项 $t_1,t_2,\cdots,t_n$ 具有命题所述的性质P。对于项 t 为 $f_i^n(t_1,t_2,\cdots,t_n)$的情况,如果其满足性质 P 的条件,那么 $t_1,t_2,\cdots,t_n$ 也会满足性质P 的条件,因而 $t_1,t_2,\cdots,t_n$ 就具有性质P 的结论 $\tilde{v}(t_i)=\tilde{v}^*(t_i)(1\leqslant i\leqslant n)$。根据命题中性质 P 的条件 $\eta(f_i^n)=\eta^*(f_i^n)$,即 $\bar{f}_i^n=\bar{f}_i^{n*}$,可得

$$\begin{aligned}\tilde{v}(t)&=\tilde{v}(f_i^n(t_1,t_2,\cdots,t_n))=\bar{f}_i^n(\tilde{v}(t_1),\tilde{v}(t_2),\cdots,\tilde{v}(t_n))\\&=\bar{f}_i^{n*}(\tilde{v}^*(t_1),\tilde{v}^*(t_2),\cdots,\tilde{v}^*(t_n))=\tilde{v}^*(f_i^n(t_1,t_2,\cdots,t_n))\\&=\tilde{v}^*(t)\end{aligned}$$

可见,假设项 $t_1,t_2,\cdots,t_n$ 具有命题所述的性质 P,那么,当项 t 为 $f_i^n(t_1,t_2,\cdots,t_n)$时,如果其满足性质 P 的条件,就会具有性质 P 的结论,即具有命题所述的性质 P。综上,根据关于项的结构归纳法可得命题成立。

■

【命题 4.4.4】 设 v 为结构$\langle S,\eta\rangle$上的指派,v^* 为结构$\langle S,\eta^*\rangle$上的指派,A 为任意的合式公式,如果对于合式公式 A 中所出现的谓词 F_i^n、函数词 f_i^n、个体词常元 a_i,有 $\eta(F_i^n)=\eta^*(F_i^n)$,即 $\bar{F}_i^n=\bar{F}_i^{n*}$,$\eta(f_i^n)=\eta^*(f_i^n)$,即 $\bar{f}_i^n=\bar{f}_i^{n*}$,$\eta(a_i)=\eta^*(a_i)$,即 $\bar{a}_i=\bar{a}_i^*$,同时,对于合式公式 A 中自由出现的个体词变元 x_i,有 $v(x_i)=v^*(x_i)$,那么 A 在解释$\langle S,\eta,v\rangle$下为真,当且仅当 A 在解释$\langle S,\eta^*,v^*\rangle$下为真。

证明:将该命题看作关于合式公式的性质 P。采用合式公式的结构归纳法证明:首先,对于 A 为原子合式公式 $F_i^n(t_1,t_2,\cdots,t_n)$,其中 $t_1,t_2,\cdots,t_n$ 为 n 个项,由于原子合式公式中的个体词变元都是自由出现的,由性质 P 的条件可得$t_1,t_2,\cdots,t_n$ 满足命题 4.4.3 中的条件,因而有 $\tilde{v}(t_i)=\tilde{v}^*(t_i)(1\leqslant i\leqslant n)$。由于 A 在解释$\langle S,\eta,v\rangle$下为真,当且仅当$\langle\tilde{v}(t_1),\tilde{v}(t_2),\cdots,\tilde{v}(t_n)\rangle\in\bar{F}_i^n$;$A$ 在解释

$\langle S,\eta^*,v^*\rangle$下为真，当且仅当$\langle \tilde{v}^*(t_1),\tilde{v}^*(t_2),\cdots,\tilde{v}^*(t_n)\rangle\in\bar{F}_i^{n*}$；再根据性质$P$条件中的$\bar{F}_i^n=\bar{F}_i^{n*}$可得，$\langle \tilde{v}(t_1),\tilde{v}(t_2),\cdots,\tilde{v}(t_n)\rangle\in\bar{F}_i^n$，当且仅当$\langle \tilde{v}^*(t_1),\tilde{v}^*(t_2),\cdots,\tilde{v}^*(t_n)\rangle\in\bar{F}_i^{n*}$；所以有$A$在解释$\langle S,\eta,v\rangle$下为真，当且仅当$A$在解释$\langle S,\eta^*,v^*\rangle$下为真。

若$A=\neg B$。假设B具有命题所描述的性质P。若A满足性质P的条件，则B也满足命题中性质P的条件，进而B具有性质P的结论，即B在解释$\langle S,\eta,v\rangle$下为真，当且仅当B在解释$\langle S,\eta^*,v^*\rangle$下为真。由于$A$在解释$\langle S,\eta,v\rangle$下为真，当且仅当$B$在解释$\langle S,\eta,v\rangle$下为假；而根据假设可得，$B$在解释$\langle S,\eta,v\rangle$下为假，当且仅当$B$在解释$\langle S,\eta^*,v^*\rangle$下为假；又$B$在解释$\langle S,\eta^*,v^*\rangle$下为假，当且仅当$A$在解释$\langle S,\eta^*,v^*\rangle$下为真；所以$A$在解释$\langle S,\eta,v\rangle$下为真，当且仅当$A$在解释$\langle S,\eta^*,v^*\rangle$下为真。

对于A为$B\wedge C$、$B\vee C$、$B\rightarrow C$、$B\leftrightarrow C$的情形，与$A=\neg B$的情形类似可得。

若$A=\forall x_jB$。假设B具有命题所描述的性质P。在A满足性质P的条件下，x_j可能是B中的自由变元，导致B的自由变元比A的自由变元可能多出了x_j，所以B并不一定满足性质P的条件，就差x_j为B中的自由变元时$v(x_j)$未必等于$v^*(x_j)$这一条。但是，若考虑$v_{a\to x_j}$和$v^*_{a\to x_j}$(其中a为S中任意的元素)，则由于$v_{a\to x_j}$和$v^*_{a\to x_j}$在x_j处的值都为a，把命题中的v和v^*换成$v_{a\to x_j}$和$v^*_{a\to x_j}$后，B就一定满足性质P的条件，从而可得对于任意$a\in S$，B在解释$\langle S,\eta,v_{a\to x_j}\rangle$下为真，当且仅当$B$在解释$\langle S,\eta^*,v^*_{a\to x_j}\rangle$下为真。而$A$在解释$\langle S,\eta,v\rangle$下为真，当且仅当对于任意$a\in S$，$B$在解释$\langle S,\eta,v_{a\to x_j}\rangle$下为真；$A$在解释$\langle S,\eta^*,v^*\rangle$下为真，当且仅当对于任意$a\in S$，$B$在解释$\langle S,\eta^*,v^*_{a\to x_j}\rangle$下为真；所以可得，当$A$满足性质$P$的条件时，$A$在解释$\langle S,\eta,v\rangle$下为真，当且仅当$A$在解释$\langle S,\eta^*,v^*\rangle$下为真。

对于$A=\exists x_jB$的情形，与$A=\forall x_jB$情形类似可得。

根据合式公式的结构归纳法可得命题成立。

■

在命题4.4.4中，对于合式公式A，命题的成立只需要对A中自由出现的个体词变元x_i要求$v(x_i)=v^*(x_i)$，对于受约束的个体词变元并没有要求，这与4.3节中所提到的“合式公式的真值与指派v在受约束的个体词变元x_j处的取值$v(x_j)$无关”是一致的。比如，合式公式A为$\forall x_1F_1^2(x_1,x_2)$，对于两个不同的解释$\langle S,\eta,v\rangle$和$\langle S,\eta^*,v^*\rangle$，只要$\eta(F_1^2)=\eta^*(F_1^2)$，即$\bar{F}_1^2=\bar{F}_1^{2*}$，并且$v(x_2)=$

$v^*(x_2)$，则 A 在解释 $\langle S,\eta,v\rangle$ 下为真，当且仅当 A 在解释 $\langle S,\eta^*,v^*\rangle$ 下为真。至于受约束的个体词变元 x_1，$v(x_1)$ 是否等于 $v^*(x_1)$ 并不影响结论。如果 $v(x_1)\neq v^*(x_1)$，可能会出现 $\langle v(x_1),v(x_2)\rangle\in\bar{F}_1^2$，而 $\langle v^*(x_1),v^*(x_2)\rangle\notin\bar{F}_1^2$，也就是说，合式公式 $F_1^2(x_1,x_2)$ 在解释 $\langle S,\eta,v\rangle$ 下为真，而在解释 $\langle S,\eta^*,v^*\rangle$ 下却为假。但是，对于合式公式 $\forall x_1F_1^2(x_1,x_2)$ 而言，其在解释 $\langle S,\eta,v\rangle$ 下为真，一定会有其解释 $\langle S,\eta^*,v^*\rangle$ 下也为真，反之亦然。这是因为，若 $\forall x_1F_1^2(x_1,x_2)$ 在解释 $\langle S,\eta,v\rangle$ 下为真，则对任意的 $a\in S$，$F_1^2(x_1,x_2)$ 在解释 $\langle S,\eta,v_{a\to x_1}\rangle$ 下为真，即对任意的 $a\in S$，有 $\langle v_{a\to x_1}(x_1),v_{a\to x_1}(x_2)\rangle\in\bar{F}_1^2$，即 $\langle a,v_{a\to x_1}(x_2)\rangle\in\bar{F}_1^2$；同理可得，若 $\forall x_1F_1^2(x_1,x_2)$ 在解释 $\langle S,\eta^*,v^*\rangle$ 下为真，则对任意的 $b\in S$，有 $\langle b,v^*_{b\to x_1}(x_2)\rangle\in\bar{F}_1^2$。对于自由出现个体词变元 x_2，根据条件 $v(x_2)=v^*(x_2)$，可得 $v_{a\to x_1}(x_2)=v(x_2)=v^*(x_2)=v^*_{b\to x_1}(x_2)$。由 a、b 在 S 中的任意性可得，绝不可能出现 $\langle v(x_1),v(x_2)\rangle\in\bar{F}_1^2$，而 $\langle v^*(x_1),v^*(x_2)\rangle\notin\bar{F}_1^2$ 的情形。可见，由于量词 $\forall x_1$ 的作用，使得无论 $v(x_1)$ 或者 $v^*(x_1)$ 取 S 中的任何元素，都会有 $\langle v(x_1),v(x_2)\rangle\in\bar{F}_1^2$ 并且 $\langle v^*(x_1),v^*(x_2)\rangle\in\bar{F}_1^2$。同时，由 a、b 在 S 中的任意性，可得"对任意的 $a\in S$，$\langle a,v_{a\to x_1}(x_2)\rangle\in\bar{F}_1^2$"与"对任意的 $b\in S$，$\langle b,v^*_{b\to x_1}(x_2)\rangle\in\bar{F}_1^2$"是等价的。

一般地，在应用命题 4.4.4 时经常考虑结构 $\mathcal{S}$ 是同一个结构，只是结构上的指派 v 不同的情形。比如，结构 $\mathcal{S}$ 上的不同指派 v 和 v^*，如果满足对于合式公式 A 中自由出现的个体词变元 x_i，有 $v(x_i)=v^*(x_i)$，那么，A 在解释 $\langle\mathcal{S},v\rangle$ 下为真，当且仅当 A 在解释 $\langle\mathcal{S},v^*\rangle$ 下为真。再如，对于结构 $\mathcal{S}$ 上的指派 v，如果 x_i 不是合式公式 A 中的自由变元，那么对于任意的 $a\in S$，指派 v 和指派 $v_{a\to x_i}$ 只是在约束变元 x_i 处取值不同，指派 v 和指派 $v_{a\to x_i}$ 在其他的个体词变元 x_j（包括 x_j 为自由变元的情况），均取值相同，因此满足命题 4.4.4 的条件，可得 A 在解释 $\langle\mathcal{S},v\rangle$ 下为真，当且仅当 A 在解释 $\langle\mathcal{S},v_{a\to x_i}\rangle$ 下为真。

有了命题 4.4.4，可以介绍稍显复杂一些的含有量词的永真式。

【命题 4.4.5】 对于任意的合式公式 A 和 B，以及个体词变元 x_i，其中，x_i 不在 B 中自由出现，那么下面的合式公式都是永真式：

第(1)组：$\forall x_iB\leftrightarrow B$；$B\leftrightarrow\exists x_iB$。

第(2)组：$\forall x_i(A\vee B)\leftrightarrow(\forall x_iA\vee B)$；$\forall x_i(A\wedge B)\leftrightarrow(\forall x_iA\wedge B)$；$\forall x_i(A\to B)\leftrightarrow(\exists x_iA\to B)$；$\forall x_i(B\to A)\leftrightarrow(B\to\forall x_iA)$。

第(3)组：$\exists x_i(A\vee B)\leftrightarrow(\exists x_iA\vee B)$；$\exists x_i(A\wedge B)\leftrightarrow(\exists x_iA\wedge B)$；

$\exists x_i(A\to B)\leftrightarrow(\forall x_iA\to B)$；$\exists x_i(B\to A)\leftrightarrow(B\to\exists x_iA)$。

证明：选取其中的若干合式公式进行证明，其他的合式公式类似可证。

证明第(1)组的$\forall x_iB\leftrightarrow B$。在命题 4.4.2 已经证明其中的一个方向$\forall x_iB\to B$，这里只需要证明另一个方向$B\to\forall x_iB$。对于任意的解释$\langle\mathcal{S},v\rangle$，如果$B$在该解释下为真，由于$x_i$不在$B$中自由出现，根据命题 4.4.4，可得对任意的$a\in S$，$B$在解释$\langle\mathcal{S},v_{a\to x_i}\rangle$下也为真，因此可得$\forall x_iB$在解释$\langle\mathcal{S},v\rangle$下为真。可见，对于任意的解释$\langle\mathcal{S},v\rangle$，若$B$为真，则$\forall x_iB$必为真。这表明$B\to\forall x_iB$在任意的解释$\langle\mathcal{S},v\rangle$下为真。

证明第(2)组的$\forall x_i(A\vee B)\leftrightarrow(\forall x_iA\vee B)$。对于任意的解释$\langle\mathcal{S},v\rangle$，若$\forall x_i(A\vee B)$在该解释下为真，则对于任意的$a\in S$，$A\vee B$在解释$\langle\mathcal{S},v_{a\to x_i}\rangle$下为真。这说明对于任意的$a\in S$，或者$A$在解释$\langle\mathcal{S},v_{a\to x_i}\rangle$下为真，或者$B$在解释$\langle\mathcal{S},v_{a\to x_i}\rangle$下为真。如果对于任意的$a\in S$，$A$在解释$\langle\mathcal{S},v_{a\to x_i}\rangle$下为真，则$\forall x_iA$在解释$\langle\mathcal{S},v\rangle$下为真；如果对于任意的$a\in S$，$B$在解释$\langle\mathcal{S},v_{a\to x_i}\rangle$下为真，又由于$x_i$不在$B$中自由出现，根据命题 4.4.4，可得$B$在解释$\langle\mathcal{S},v\rangle$下也为真。可见，对于任意的解释$\langle\mathcal{S},v\rangle$，若$\forall x_i(A\vee B)$为真，则$\forall x_iA$为真或者$B$为真，因而$\forall x_i(A\vee B)\to(\forall x_iA\vee B)$在任意的解释$\langle\mathcal{S},v\rangle$下为真。另外，对于任意的解释$\langle\mathcal{S},v\rangle$，若$\forall x_iA\vee B$在该解释下为真，则$\forall x_iA$为真或者$B$为真。若$\forall x_iA$在解释$\langle\mathcal{S},v\rangle$下为真，则对于任意的$a\in S$，$A$在解释$\langle\mathcal{S},v_{a\to x_i}\rangle$下为真；若$B$在解释$\langle\mathcal{S},v\rangle$下为真，则由于$x_i$不在$B$中自由出现，根据命题 4.4.4，可得对于任意的$a\in S$，$B$在解释$\langle\mathcal{S},v_{a\to x_i}\rangle$下为真。因而可得，对于任意的$a\in S$，$A$或者$B$在解释$\langle\mathcal{S},v_{a\to x_i}\rangle$下为真，这说明了$\forall x_i(A\vee B)$在解释$\langle\mathcal{S},v\rangle$下为真。因而，对于任意的解释$\langle\mathcal{S},v\rangle$，若$\forall x_iA\vee B$在该解释下为真，则$\forall x_i(A\vee B)$在该解释下也为真，所以对于任意的解释$\langle\mathcal{S},v\rangle$，$(\forall x_iA\vee B)\to\forall x_i(A\vee B)$。

证明第(3)组的$\exists x_i(A\to B)\leftrightarrow(\forall x_iA\to B)$。对于任意的解释$\langle\mathcal{S},v\rangle$，若$\exists x_i(A\to B)$在该解释下为真，则存在$a\in S$，使得$A\to B$在解释$\langle\mathcal{S},v_{a\to x_i}\rangle$下为真，这说明存在$a\in S$，$A$在解释$\langle\mathcal{S},v_{a\to x_i}\rangle$下为假，或者$B$在解释$\langle\mathcal{S},v_{a\to x_i}\rangle$下为真。若存在$a\in S$，$A$在解释$\langle\mathcal{S},v_{a\to x_i}\rangle$下为假，则$\forall x_iA$在解释$\langle\mathcal{S},v\rangle$下为假；若存在$a\in S$，$B$在解释$\langle\mathcal{S},v_{a\to x_i}\rangle$下为真，则由于$x_i$不在$B$中自由出现，根据命题 4.4.4，可得$B$在解释$\langle\mathcal{S},v\rangle$下为真。可见，对于任意的解释$\langle\mathcal{S},v\rangle$，若$\exists x_i(A\to B)$在该解释下为真，则$\forall x_iA\to B$也为真，所以$\exists x_i(A\to B)\to(\forall x_iA\to B)$为真。另外，若对于任意的解释$\langle\mathcal{S},v\rangle$，$\forall x_iA\to B$在该解释下为真，则$\forall x_iA$在解释$\langle\mathcal{S},v\rangle$下为假，或者$B$在解释$\langle\mathcal{S},v\rangle$下为真。若$\forall x_iA$在解释$\langle\mathcal{S},v\rangle$下为假，则存

在 $a\in S$，使得 A 在解释 $\langle\mathcal{S},v_{a\to x_i}\rangle$ 下为假；若 B 在解释 $\langle\mathcal{S},v\rangle$ 下为真，则由于 x_i 不在 B 中自由出现，根据命题 4.4.4，可得 B 在解释 $\langle\mathcal{S},v_{a\to x_i}\rangle$ 下为真。可见，在解释 $\langle\mathcal{S},v_{a\to x_i}\rangle$ 下，$A\to B$ 为真，因而可得 $\exists x_i(A\to B)$ 在解释 $\langle\mathcal{S},v\rangle$ 下为真。所以，对于任意的解释 $\langle\mathcal{S},v\rangle$，若 $\forall x_iA\to B$ 在该解释下为真，则 $\exists x_i(A\to B)$ 在该解释下也为真，这就说明 $(\forall x_iA\to B)\to\exists x_i(A\to B)$ 为真。

■

关于量词的再复杂一些的永真式是有关代入操作的永真式，这需要用到如下的两个命题。

【命题 4.4.6】 设 v 为结构 $\mathcal{S}$ 上的指派，u 为任意的项，若将项 u 中所出现的个体词变元 x_i 都换成项 t，得到项 $u^t_{x_i}$，则 $\tilde{v}(u^t_{x_i})=\tilde{v}_{\tilde{v}(t)\to x_i}(u)$。

证明：命题是关于项的性质的表述，采用项的结构归纳法证明该命题。首先，若项 u 为个体词变元 x_i，则 $u^t_{x_i}=t$。此时，$\tilde{v}(u^t_{x_i})=\tilde{v}(t)$，并且 $\tilde{v}_{\tilde{v}(t)\to x_i}(u)=\tilde{v}_{\tilde{v}(t)\to x_i}(x_i)=v_{\tilde{v}(t)\to x_i}(x_i)=\tilde{v}(t)$，因而满足 $\tilde{v}(u^t_{x_i})=\tilde{v}_{\tilde{v}(t)\to x_i}(u)$。若项 u 为个体词变元 x_j，则 $u^t_{x_i}=x_j$。此时，$\tilde{v}(u^t_{x_i})=\tilde{v}(x_j)=v(x_j)$，并且 $\tilde{v}_{\tilde{v}(t)\to x_i}(u)=\tilde{v}_{\tilde{v}(t)\to x_i}(x_j)=v_{\tilde{v}(t)\to x_i}(x_j)=v(x_j)$，因而也满足 $\tilde{v}(u^t_{x_i})=\tilde{v}_{\tilde{v}(t)\to x_i}(u)$。若项 u 为个体词常元 a_i，则 $u^t_{x_i}=a_i$。此时，$\tilde{v}(u^t_{x_i})=\tilde{v}(a_i)=\bar{a}_i$，并且 $\tilde{v}_{\tilde{v}(t)\to x_i}(u)=\tilde{v}_{\tilde{v}(t)\to x_i}(a_i)=\bar{a}_i$，因而也满足 $\tilde{v}(u^t_{x_i})=\tilde{v}_{\tilde{v}(t)\to x_i}(u)$。

其次，假设项 $u_k(1\leqslant k\leqslant n)$ 满足 $\tilde{v}((u_k)^t_{x_i})=\tilde{v}_{\tilde{v}(t)\to x_i}(u_k)(1\leqslant k\leqslant n)$。对于项 u 为 $f^n_i(u_1,u_2,\cdots,u_n)$ 的情形，此时，$u^t_{x_i}=f^n_i((u_1)^t_{x_i},(u_2)^t_{x_i},\cdots,(u_n)^t_{x_i})$。则有

$$
\begin{aligned}
\tilde{v}(u^t_{x_i})&=\tilde{v}(f^n_i((u_1)^t_{x_i},(u_2)^t_{x_i},\cdots,(u_n)^t_{x_i}))\\
&=\bar{f}^n_i(\tilde{v}((u_1)^t_{x_i}),\tilde{v}((u_2)^t_{x_i}),\cdots,\tilde{v}((u_n)^t_{x_i}))\\
&=\bar{f}^n_i(\tilde{v}_{\tilde{v}(t)\to x_i}(u_1),\tilde{v}_{\tilde{v}(t)\to x_i}(u_2),\cdots,\tilde{v}_{\tilde{v}(t)\to x_i}(u_n))
\end{aligned}
$$

且有

$$
\begin{aligned}
\tilde{v}_{\tilde{v}(t)\to x_i}(u)&=\tilde{v}_{\tilde{v}(t)\to x_i}(f^n_i(u_1,u_2,\cdots,u_n))\\
&=\bar{f}^n_i(\tilde{v}_{\tilde{v}(t)\to x_i}(u_1),\tilde{v}_{\tilde{v}(t)\to x_i}(u_2),\cdots,\tilde{v}_{\tilde{v}(t)\to x_i}(u_n))
\end{aligned}
$$

所以也满足 $\tilde{v}(u^t_{x_i})=\tilde{v}_{\tilde{v}(t)\to x_i}(u)$。

综上，根据关于项的结构归纳法可得命题成立。

■

【命题 4.4.7】 设 v 为结构 $\mathcal{S}$ 上的指派，A 为合式公式，若项 t 对个体词变元

x_i 在 A 中代入自由，则 $A^t_{x_i}$ 在解释 $\langle\mathcal{S},v\rangle$ 下为真，当且仅当 A 在解释 $\langle\mathcal{S},v_{\tilde{v}(t)\to x_i}\rangle$ 下为真。

证明：命题是关于合式公式的性质表述，采用合式公式的结构归纳法证明该命题。首先，当 A 为原子合式公式 $F^n_k(u_1,u_2,\cdots,u_n)$ 时，其中 $u_1,u_2,\cdots,u_n$ 为 n 个项，则有 $A^t_{x_i}=F^n_k((u_1)^t_{x_i},(u_2)^t_{x_i},\cdots,(u_n)^t_{x_i})$，其中 $(u_1)^t_{x_i},(u_2)^t_{x_i},\cdots,(u_n)^t_{x_i}$ 是将项 $u_1,u_2,\cdots,u_n$ 中所出现的个体词变元 x_i 都换成项 t 所得到的 n 个项。由于 $A^t_{x_i}$ 在解释 $\langle\mathcal{S},v\rangle$ 下为真，当且仅当 $\langle\tilde{v}((u_1)^t_{x_i}),\tilde{v}((u_2)^t_{x_i}),\cdots,\tilde{v}((u_n)^t_{x_i})\rangle\in\bar{F}^n_k$；$A$ 在解释 $\langle\mathcal{S},v_{\tilde{v}(t)\to x_i}\rangle$ 下为真，当且仅当 $\langle\tilde{v}_{\tilde{v}(t)\to x_i}(u_1),\tilde{v}_{\tilde{v}(t)\to x_i}(u_2),\cdots,\tilde{v}_{\tilde{v}(t)\to x_i}(u_n)\rangle\in\bar{F}^n_k$。而根据命题 4.4.6，对于任意的项 u，其满足 $\tilde{v}(u^t_{x_i})=\tilde{v}_{\tilde{v}(t)\to x_i}(u)$，这说明

$$\langle\tilde{v}((u_1)^t_{x_i}),\tilde{v}((u_2)^t_{x_i}),\cdots,\tilde{v}((u_n)^t_{x_i})\rangle=\langle\tilde{v}_{\tilde{v}(t)\to x_i}(u_1),\tilde{v}_{\tilde{v}(t)\to x_i}(u_2),\cdots,\tilde{v}_{\tilde{v}(t)\to x_i}(u_n)\rangle$$

因此，可得 $A^t_{x_i}$ 在解释 $\langle\mathcal{S},v\rangle$ 下为真，当且仅当 A 在解释 $\langle\mathcal{S},v_{\tilde{v}(t)\to x_i}\rangle$ 下为真。

若 $A=\neg B$。假设 B 满足"$B^t_{x_i}$ 在解释 $\langle\mathcal{S},v\rangle$ 下为真，当且仅当 B 在解释 $\langle\mathcal{S},v_{\tilde{v}(t)\to x_i}\rangle$ 下为真"。由于 $A^t_{x_i}=\neg(B^t_{x_i})$，$A^t_{x_i}$ 在解释 $\langle\mathcal{S},v\rangle$ 下为真，当且仅当 $B^t_{x_i}$ 在解释 $\langle\mathcal{S},v\rangle$ 下为假。而 A 在解释 $\langle\mathcal{S},v_{\tilde{v}(t)\to x_i}\rangle$ 下为真，当且仅当 B 在解释 $\langle\mathcal{S},v_{\tilde{v}(t)\to x_i}\rangle$ 下为假。所以可得 $A^t_{x_i}$ 在解释 $\langle\mathcal{S},v\rangle$ 下为真，当且仅当 A 在解释 $\langle\mathcal{S},v_{\tilde{v}(t)\to x_i}\rangle$ 下为真。

对于 A 为 $B\land C$、$B\lor C$、$B\to C$、$B\leftrightarrow C$ 的情形，与 $A=\neg B$ 的情形类似可得。

若 $A=\forall x_jB$。假设 B 满足"$B^t_{x_i}$ 在解释 $\langle\mathcal{S},v\rangle$ 下为真，当且仅当 B 在解释 $\langle\mathcal{S},v_{\tilde{v}(t)\to x_i}\rangle$ 下为真"。分以下情况讨论：

(1) 若 x_i 不是 A 的自由变元，则有 $A^t_{x_i}=A$。同时，由于 x_i 不是 A 的自由变元，根据命题 4.4.4，A 也就是 $A^t_{x_i}$ 在解释 $\langle\mathcal{S},v\rangle$ 下为真，当且仅当 A 在解释 $\langle\mathcal{S},v_{\tilde{v}(t)\to x_i}\rangle$ 下为真。

(2) 若 x_i 是 A 的自由变元，则有 $x_i\neq x_j$，因此 $A^t_{x_i}=\forall x_jB^t_{x_i}$。由于项 t 对个体词变元 x_i 在 A 中代入自由，x_j 一定不会出现在 t 中。对于 $A^t_{x_i}=\forall x_jB^t_{x_i}$，它在解释 $\langle\mathcal{S},v\rangle$ 下为真，当且仅当对于任意的 $a\in S$，$B^t_{x_i}$ 在解释 $\langle\mathcal{S},v_{a\to x_j}\rangle$ 下为真；进而根据假设"$B^t_{x_i}$ 在解释 $\langle\mathcal{S},v\rangle$ 下为真，当且仅当 B 在解释 $\langle\mathcal{S},v_{\tilde{v}(t)\to x_i}\rangle$ 下为真"，将该假设中的"指派 v"换成"指派 $v_{a\to x_j}$"可得，$A^t_{x_i}$ 在解释 $\langle\mathcal{S},v\rangle$ 下为真，当且仅当对于任意的 $a\in S$，B 在解释 $\langle\mathcal{S},v_{a\to x_j,\tilde{v}_{a\to x_j}(t)\to x_i}\rangle$ 下为真。由于 x_j 不会出现在 t 中，所以根据命题 4.4.3，有 $\tilde{v}_{a\to x_j}(t)=\tilde{v}(t)$，进而可得 $A^t_{x_i}$ 在解释 $\langle\mathcal{S},v\rangle$ 下为真，当且仅当对于任意的 $a\in S$，B 在解释 $\langle\mathcal{S},v_{a\to x_j,\tilde{v}(t)\to x_i}\rangle$ 下为真。而 A 在解释

$\langle \mathcal{S}, v_{\tilde{v}(t)\to x_i} \rangle$下为真，当且仅当对于任意的 $a\in S$，B 在解释$\langle \mathcal{S}, v_{\tilde{v}(t)\to x_i, a\to x_j} \rangle$下为真。由于 $x_i \neq x_j$，可得 $v_{a\to x_j, \tilde{v}(t)\to x_i} = v_{\tilde{v}(t)\to x_i, a\to x_j}$。因而可得 $A^t_{x_i}$ 在解释$\langle \mathcal{S}, v\rangle$下为真，当且仅当 A 在解释$\langle \mathcal{S}, v_{\tilde{v}(t)\to x_i} \rangle$下为真。

对于 $A=\exists x_j B$ 的情形，与 $A=\forall x_j B$ 情形类似可得。

根据合式公式的结构归纳法，可得命题成立。

■

命题 4.4.6 说明，如果想要计算 u 中将 x_i 换成 t 之后的 u 的值，可以先计算 t 的值，然后将这个值视为 x_i 的值，再去计算原先的 u 的值。这就好比初等代数中，$u=2x+1$，$t=x^2$，将 u 中的 x 换成 t 之后，得到 $u'=2x^2+1$。如果计算 u'在 x 的赋值 $x=3$ 下的值，这个值为 $u'=19$，可以先计算 t 在 x 的赋值 $x=2$ 下的值，这个值为 9，然后将所计算出的 t 的这个值 9，视为 x 的值，代入 $u=2x+1$ 中，得到 $u=19$。命题 4.4.7 的含义与之类似，只是将值的计算换成了判断真假。

有了命题 4.4.7，就有如下有关代入操作并同时含有量词的永真式。

【命题 4.4.8】 对于任意的合式公式 A，以及个体词变元 x_i，项 t 对个体词变元 x_i 在 A 中代入自由，则下面的合式公式是永真式：

(1) $\forall x_i A \to A^t_{x_i}$；

(2) $A^t_{x_i} \to \exists x_i A$。

证明：对于(1)，若 $\forall x_i A$ 在解释$\langle \mathcal{S}, v\rangle$下为真，则对于任意的 $a\in S$，A 在解释$\langle \mathcal{S}, v_{a\to x_i}\rangle$下为真。若取 $a=\tilde{v}(t)$，则 A 在解释$\langle \mathcal{S}, v_{\tilde{v}(t)\to x_i}\rangle$下为真。由于项 t 对个体词变元 x_i 在 A 中代入自由，根据命题 4.4.7 可得 $A^t_{x_i}$ 在解释$\langle \mathcal{S}, v\rangle$下为真。可见，对于任意的解释$\langle \mathcal{S}, v\rangle$，若 $\forall x_i A$ 为真，则 $A^t_{x_i}$ 必为真。这表明 $\forall x_i A \to A^t_{x_i}$ 在任意的解释$\langle \mathcal{S}, v\rangle$下为真。

对于(2)，如果 $A^t_{x_i}$ 在解释$\langle \mathcal{S}, v\rangle$下为真，则由于项 t 对个体词变元 x_i 在 A 中代入自由，根据命题 4.4.7 可得 A 在解释$\langle \mathcal{S}, v_{\tilde{v}(t)\to x_i}\rangle$下为真。这说明存在 $a=\tilde{v}(t)\in S$，使得 A 在解释$\langle \mathcal{S}, v_{a\to x_i}\rangle$下为真，所以有 $\exists x_i A$ 在解释$\langle \mathcal{S}, v\rangle$下为真。可见，对于任意的解释$\langle \mathcal{S}, v\rangle$，若 $A^t_{x_i}$ 为真，则 $\exists x_i A$ 必为真。这表明 $A^t_{x_i} \to \exists x_i A$ 在任意的解释$\langle \mathcal{S}, v\rangle$下为真。

■

对于命题 4.4.8 中的(1)，直观上理解就是，如果合式公式 A 所表达的含义对论域中任意的 x_i 都成立，那么将 x_i 换成项 t 之后，合式公式 $A^t_{x_i}$ 所表达的含义依然成立。这就好比命题“对于任意的自然数 x，$2x+1$ 是奇数”为真，则命题“$2t+1$ 是奇数”也为真，其中 $t=f(x)$或者 $t=f(a)$，f 为自然数集上的函数，x

和 a 分别为自然数集上的变元和常元。命题 4.4.8 中的(2)也可以有类似的直观上理解。

4.5 前束范式

类似于命题逻辑里有析取范式和合取范式，在谓词逻辑中也有范式的概念。通过一系列相互永真等价的合式公式，可以将任意的合式公式变形为与之永真等价的范式。为此，需要做一些准备工作。

对于谓词逻辑中的合式公式 A 和 B，在 4.4 节中，给出了 A 永真等价于 B 的定义，即 $A \leftrightarrow B$ 是永真式。根据该定义可得：A 永真等价于 A；若 A 永真等价于 B，则有 B 也永真等价于 A；若 A 永真等价于 B，且 B 永真等价于 C，则有 A 永真等价于 C。

【命题 4.5.1】 对于合式公式 A、A^*、B、B^*，若 $A \leftrightarrow A^*$ 是永真式，且 $B \leftrightarrow B^*$ 也是永真式，则下面的合式公式都是永真式：

(1) $\neg A \leftrightarrow \neg A^*$；

(2) $(A \wedge B) \leftrightarrow (A^* \wedge B^*)$；

(3) $(A \vee B) \leftrightarrow (A^* \vee B^*)$；

(4) $(A \rightarrow B) \leftrightarrow (A^* \rightarrow B^*)$；

(5) $(A \leftrightarrow B) \leftrightarrow (A^* \leftrightarrow B^*)$；

(6) $\forall x_i A \leftrightarrow \forall x_i A^*$；

(7) $\exists x_i A \leftrightarrow \exists x_i A^*$。

证明：只证明其中的(1)、(2)、(6)，其他的类似可得。

(1)的证明。对于任意的解释 $\langle \mathcal{S}, v \rangle$，若 $\neg A$ 在该解释下为真，则 A 在该解释下为假，由于 A 永真等价于 A^*，可得 A^* 在该解释下也为假，从而 $\neg A^*$ 在该解释下为真。另一方向的证明只需要把上述证明过程反过来。

(2)的证明。对于任意的解释 $\langle \mathcal{S}, v \rangle$，若 $A \wedge B$ 在该解释下为真，则 A，B 在该解释下均为真，由于 A 永真等价于 A^*，且 B 永真等价于 B^*，可得 A^*，B^* 在该解释下也均为真，从而 $A^* \wedge B^*$ 在该解释下为真。另一方向的证明只需要把上述证明过程反过来。

(6)的证明。对于任意的解释 $\langle \mathcal{S}, v \rangle$，若 $\forall x_i A$ 在该解释下为真，则对于任意的 $a \in S$，A 在解释 $\langle \mathcal{S}, v_{a \rightarrow x_i} \rangle$ 下为真，由于 A 永真等价于 A^*，因而对于任意的 $a \in S$，A^* 在解释 $\langle \mathcal{S}, v_{a \rightarrow x_i} \rangle$ 下也为真，从而 $\forall x_i A^*$ 在解释 $\langle \mathcal{S}, v \rangle$ 下为真。另一方

向的证明只需要把上述证明过程反过来。

■

【命题 4.5.2】 对于合式公式 A 和 A^*，已知 $A\leftrightarrow A^*$ 是永真式；将合式公式 B 中所含有 A 的一处或多处出现换成 A^* 之后得到合式公式 B^*，则 $B\leftrightarrow B^*$ 是永真式。

证明：命题是关于合式公式的性质的表述，采用合式公式的结构归纳法证明该命题。首先，当 B 为原子合式公式 $F_i^n(t_1,t_2,\cdots,t_n)$，其中 $t_1,t_2,\cdots,t_n$ 为 n 个项。由于 A 作为合式公式不可能出现在项 $t_1,t_2,\cdots,t_n$ 中，如果 A 在 B 中的出现，那么只能是 $A=B$。此时 $B^*=A^*$，由已知 $A\leftrightarrow A^*$ 是永真式，可得 $B\leftrightarrow B^*$ 是永真式。

若 $B=\neg C$。假设 C 满足 $C\leftrightarrow C^*$ 为永真式，其中 C^* 是将合式公式 C 中所含有 A 的一处或多处出现换成 A^* 之后所得到的合式公式。此时由于 A 在 B 中的出现都在 C 中，可得 $B^*=\neg C^*$。因为 $C\leftrightarrow C^*$ 为永真式，所以根据命题 4.5.1 可得 $B\leftrightarrow B^*$ 是永真式。

对于 B 为 $C\wedge D$、$C\vee D$、$C\rightarrow D$、$C\leftrightarrow D$ 的情形，与 $B=\neg C$ 的情形类似可得。

若 $B=\forall x_jC$。假设 C 满足 $C\leftrightarrow C^*$ 为永真式。此时由于 A 在 B 中的出现都在 C 中，可得 $B^*=\forall x_jC^*$。因为 $C\leftrightarrow C^*$ 为永真式，所以根据命题 4.5.1 可得 $B\leftrightarrow B^*$ 是永真式。

对于 $B=\exists x_jC$ 的情形，与 $B=\forall x_jC$ 情形类似可得。

根据合式公式的结构归纳法，可得命题成立。

■

直观上看，对于合式公式 $\forall x_1F_1^2(x_1,x_2)$，当将其中出现的 x_1 都换成 x_3 时，所得到的合式公式 $\forall x_3F_1^2(x_3,x_2)$ 与原合式公式表达了同一个意思，它们应该是永真等价的。通过这样的操作，个体词变元 x_1 对 x_2 在原合式公式 $\forall x_1F_1^2(x_1,x_2)$ 中不是代入自由的，然而个体词变元 x_1 对 x_2 在新得到的合式公式 $\forall x_3F_1^2(x_3,x_2)$ 中是代入自由的。有如下命题。

【命题 4.5.3】 对于合式公式 A，如果个体词变元 x_j 不在 A 中自由出现，且 x_j 对个体词变元 x_i 在 A 中代入自由，则下面的合式公式是永真式：

(1) $\forall x_iA\leftrightarrow\forall x_jA_{x_i}^{x_j}$；

(2) $\exists x_iA\leftrightarrow\exists x_jA_{x_i}^{x_j}$。

证明：对于(1)，如果 $\forall x_iA$ 在解释 $\langle S,v\rangle$ 下为真，则对于任意的 $a\in S$，A 在

解释$\langle \mathcal{S}, v_{a\to x_i}\rangle$下为真。由于个体词变元$x_j$不在$A$中自由出现，根据命题4.4.4可得对于任意的$a\in S$，$A$在解释$\langle \mathcal{S}, v_{a\to x_i, a\to x_j}\rangle$下也为真。由于$v_{a\to x_i, a\to x_j} = v_{a\to x_j, a\to x_i} = v_{a\to x_j, v_{a\to x_j}(x_j)\to x_i}$，可得对于任意的$a\in S$，$A$在解释$\langle \mathcal{S}, v_{a\to x_j, v_{a\to x_j}(x_j)\to x_i}\rangle$下为真。由于$x_j$对个体词变元$x_i$在$A$中代入自由，根据命题4.4.7可得对于任意的$a\in S$，$A^{x_j}_{x_i}$在解释$\langle \mathcal{S}, v_{a\to x_j}\rangle$下为真，这就说明了$\forall x_j A^{x_j}_{x_i}$在解释$\langle \mathcal{S}, v\rangle$下为真。可见，对于任意的解释$\langle \mathcal{S}, v\rangle$，若$\forall x_i A$在该解释下为真，则$\forall x_j A^{x_j}_{x_i}$也为真。另外，若$\forall x_j A^{x_j}_{x_i}$在解释$\langle \mathcal{S}, v\rangle$下为真，则对于任意的$a\in S$，$A^{x_j}_{x_i}$在解释$\langle \mathcal{S}, v_{a\to x_j}\rangle$下为真。由于$x_j$对个体词变元$x_i$在$A$中代入自由，根据命题4.4.7可得对于任意的$a\in S$，$A$在解释$\langle \mathcal{S}, v_{a\to x_j, v_{a\to x_j}(x_j)\to x_i}\rangle$下为真，即$A$在解释$\langle \mathcal{S}, v_{a\to x_j, a\to x_i}\rangle$下为真。由于个体词变元$x_j$不在$A$中自由出现，根据命题4.4.4可得对于任意的$a\in S$，$A$在解释$\langle \mathcal{S}, v_{a\to x_i}\rangle$下也为真，因而$\forall x_i A$在解释$\langle \mathcal{S}, v\rangle$下为真。可见，对于任意的解释$\langle \mathcal{S}, v\rangle$，若$\forall x_j A^{x_j}_{x_i}$在该解释下为真，则$\forall x_i A$也为真。

对于(2)，类似于(1)的证明可得。

■

命题4.5.3所要求条件的一种简单情况是，x_j在A中就不出现，此时，x_j当然不在A中自由出现，且x_j对x_i在A中代入自由。

对于合式公式B，将其中$\forall x_i A$的一些出现换成$\forall x_j A^{x_j}_{x_i}$，或者将其中$\exists x_i A$的一些出现换成$\exists x_j A^{x_j}_{x_i}$，其中$x_j$不在$A$中自由出现，且$x_j$对$x_i$在$A$中代入自由，那么新得到的合式公式$B^*$称为$B$的约束变元换名。由于$A^{x_j}_{x_i}$是将$A$中自由出现的$x_i$都换成$x_j$，$x_i$不在$A^{x_j}_{x_i}$中自由出现；根据例4.2.1还有$x_i$对$x_j$在$A^{x_j}_{x_i}$中的代入也是自由的，而且$(A^{x_j}_{x_i})^{x_i}_{x_j} = A$，因而有$\forall x_i A = \forall x_i (A^{x_j}_{x_i})^{x_i}_{x_j}$，$\exists x_i A = \exists x_i (A^{x_j}_{x_i})^{x_i}_{x_j}$；可见，$B$也可以看作将$B^*$中出现的$\forall x_j A^{x_j}_{x_i}$或者$\exists x_j A^{x_j}_{x_i}$对应地换成$\forall x_i A$或者$\exists x_i A$的结果，即$B$也是$B^*$的约束变元换名。因此，约束变元换名是相互对称的。此外，根据命题4.5.3和命题4.5.2可得合式公式B与它的约束变元换名B^*是永真等价的。

将合式公式B变成它的约束变元换名B^*，使得约束变元从符号x_i变成符号x_j，而并不改变合式公式的真值，这就好比将$\sum\limits_{n=1}^{m} n$变成与之含义相同的$\sum\limits_{k=1}^{m} k$。这样就可以将变元同时在B中自由出现和约束出现的情形加以分离，因为此时约束变元已经“换名”了，即换成了别的个体词变元。

下面讨论谓词逻辑中的范式。

【定义 4.5.1】 如果合式公式 A 具有形式 $Q_1x_1Q_2x_2\cdots Q_nx_nB$，其中，$0\leqslant n$，$Q_1,Q_2,\cdots,Q_n$ 均为量词 $\forall$ 或者 $\exists$，B 为不含量词的合式公式，则称 A 为前束范式(prenex normal form)。

【命题 4.5.4】 对于任意的合式公式 A，均存在与之永真等价的前束范式。

证明：命题是关于合式公式的性质的表述，采用合式公式的结构归纳法证明该命题。首先，当 A 为原子合式公式 $F_i^n(t_1,t_2,\cdots,t_n)$，其中 $t_1,t_2,\cdots,t_n$ 为 n 个项时，A 本身即为前束范式。

若 $A=\neg B$。假设与 B 永真等价的前束范式为 $Q_1x_1Q_2x_2\cdots Q_nx_nC$，则 $A=\neg Q_1x_1Q_2x_2\cdots Q_nx_nC$。根据命题 4.4.2 中第(1)组的永真等价式，有 $\neg Q_1x_1Q_2x_2\cdots Q_nx_nC$ 永真等价于 $Q_1'x_1(\neg Q_2x_2\cdots Q_nx_nC)$。其中：$Q_1'$为 $\exists$，如果 Q_1 为 $\forall$；Q_1'为 $\forall$，如果 Q_1 为 $\exists$。再次根据命题 4.4.2 中第(1)组的永真等价式，有 $Q_1'x_1(\neg Q_2x_2\cdots Q_nx_nC)$永真等价于 $Q_1'x_1Q_2'x_2(\neg Q_3x_3\cdots Q_nx_nC)$，其中 Q_2'的定义与 Q_1'的定义类似。就这样可以把连接词 $\neg$ 逐步移到不含量词的合式公式 C 之前，可得 A 永真等价于前束范式 $Q_1'x_1Q_2'x_2\cdots Q_n'x_n(\neg C)$。

若 $A=B\wedge C$。假设与 B、C 永真等价的前束范式分别为 $Q_1x_1Q_2x_2\cdots Q_nx_nD$ 和 $Q_{n+1}x_{n+1}Q_{n+2}x_{n+2}\cdots Q_{n+m}x_{n+m}E$。由于个体词变元符号 $x_1,x_2,\cdots,x_n,\cdots$ 有无限多个，利用命题 4.5.3 总是可以找到分别与 B、C 永真等价的前束范式，使得其中一个前束范式里的个体词变元与另一个前束范式里的个体词变元互不相同。根据命题 4.4.5 的第(2)组和第(3)组永真式，可得 $A=(Q_1x_1Q_2x_2\cdots Q_nx_nD)\wedge(Q_{n+1}x_{n+1}Q_{n+2}x_{n+2}\cdots Q_{n+m}x_{n+m}E)$ 永真等价于 $Q_1x_1((Q_2x_2\cdots Q_nx_nD)\wedge(Q_{n+1}x_{n+1}Q_{n+2}x_{n+2}\cdots Q_{n+m}x_{n+m}E))$，进而又永真等价于 $Q_1x_1Q_2x_2((Q_3x_3\cdots Q_nx_nD)\wedge(Q_{n+1}x_{n+1}Q_{n+2}x_{n+2}\cdots Q_{n+m}x_{n+m}E))$。这样一步步下去，可得 A 永真等价于前束范式 $Q_1x_1Q_2x_2\cdots Q_nx_nQ_{n+1}x_{n+1}Q_{n+2}x_{n+2}\cdots Q_{n+m}x_{n+m}(D\wedge E)$。

若 $A=B\vee C$。其情形与 $A=B\wedge C$ 类似可得。

若 $A=B\rightarrow C$。假设与 B、C 永真等价的前束范式分别为 $Q_1x_1Q_2x_2\cdots Q_nx_nD$ 和 $Q_{n+1}x_{n+1}Q_{n+2}x_{n+2}\cdots Q_{n+m}x_{n+m}E$，而且这两个前束范式里的个体词变元互不相同。根据命题 4.4.5 的第(2)组和第(3)组永真式，可得 $A=(Q_1x_1Q_2x_2\cdots Q_nx_nD)\rightarrow(Q_{n+1}x_{n+1}Q_{n+2}x_{n+2}\cdots Q_{n+m}x_{n+m}E)$ 永真等价于 $Q_1'x_1((Q_2x_2\cdots Q_nx_nD)\rightarrow(Q_{n+1}x_{n+1}Q_{n+2}x_{n+2}\cdots Q_{n+m}x_{n+m}E))$，其中 Q_1'的含义与之前的相同，进而又永真等价于 $Q_1'x_1Q_2'x_2((Q_3x_3\cdots Q_nx_nD)\rightarrow(Q_{n+1}x_{n+1}Q_{n+2}x_{n+2}\cdots Q_{n+m}x_{n+m}E))$，直到 $Q_1'x_1Q_2'x_2\cdots Q_n'x_n(D\rightarrow(Q_{n+1}x_{n+1}Q_{n+2}x_{n+2}\cdots Q_{n+m}x_{n+m}E))$，然后再把上式中连接词后面的量词移出来，有 $Q'_1x_1Q'_2x_2\cdots Q'_nx_nQ_{n+1}x_{n+1}(D\rightarrow(Q_{n+2}x_{n+2}\cdots$

$Q_{n+m}x_{n+m}E$))。就这样一步步下去，可得 A 永真等价于前束范式 $Q'_1x_1Q'_2x_2\cdots Q'_nx_nQ_{n+1}x_{n+1}Q_{n+2}x_{n+2}\cdots Q_{n+m}x_{n+m}(D\to E)$。

若 $A=B\leftrightarrow C$。由于 $B\leftrightarrow C$ 永真等价于 $(B\to C)\wedge(C\to B)$，所以利用前面已得到的 $A=B\to C$ 和 $A=B\wedge C$ 的情形，可以得到此情形下与 A 永真等价的前束范式。

若 $A=\forall x_iB$。假设与 B 永真等价的前束范式为 $Q_1x_1Q_2x_2\cdots Q_nx_nC$，则 A 永真等价与 $\forall x_iQ_1x_1Q_2x_2\cdots Q_nx_nC$。

对于 $A=\exists x_iB$ 的情形，与 $A=\forall x_iB$ 情形类似可得。

根据合式公式的结构归纳法，可得命题成立。

■

命题 4.5.4 的证明过程也给出了如何求与给定合式公式永真等价的前束范式的方法。比如，对于合式公式 $A=\forall x_1F_1^1(x_1)\to\exists x_1F_2^1(x_1)$，首先将 $\exists x_1F_2^1(x_1)$ 变成其一个约束变元换名 $\exists x_2F_2^1(x_2)$，然后利用命题 4.5.2 可得，$\forall x_1F_1^1(x_1)\to\exists x_1F_2^1(x_1)$ 永真等价于 $\forall x_1F_1^1(x_1)\to\exists x_2F_2^1(x_2)$，这样就可以利用命题 4.5.4 给出的方法，得到 A 永真等价于 $\exists x_1(F_1^1(x_1)\to\exists x_2F_2^1(x_2))$，进而永真等价于 $\exists x_1\exists x_2(F_1^1(x_1)\to F_2^1(x_2))$。再举一个复杂一些的例子，$A=(\forall x_1F_1^2(x_1,x_2)\to\neg\exists x_1F_2^2(x_1,x_2))\wedge\forall x_2F_1^3(x_1,x_2,x_3)$。首先让 $\neg\exists x_1F_2^2(x_1,x_2)$ 中的连接词内移，并将其变成其一个约束变元换名 $\forall x_4\neg F_2^2(x_4,x_2)$，可得 $\forall x_1F_1^2(x_1,x_2)\to\neg\exists x_1F_2^2(x_1,x_2)$ 永真等价于 $\exists x_1(F_1^2(x_1,x_2)\to\forall x_4\neg F_2^2(x_4,x_2))$，进而永真 $\exists x_1\forall x_4(F_1^2(x_1,x_2)\to\neg F_2^2(x_4,x_2))$。利用命题 4.5.2 可得 A 永真等价于 $A=\exists x_1\forall x_4(F_1^2(x_1,x_2)\to\neg F_2^2(x_4,x_2))\wedge\forall x_2F_1^3(x_1,x_2,x_3)$，再将 $\exists x_1\forall x_4(F_1^2(x_1,x_2)\to\neg F_2^2(x_4,x_2))$ 变成其一个约束变元换名 $\exists x_5\forall x_4(F_1^2(x_5,x_2)\to\neg F_2^2(x_4,x_2))$，将 $\forall x_2F_1^3(x_1,x_2,x_3)$ 变成其一个约束变元换名 $\forall x_6F_1^3(x_1,x_6,x_3)$，进而可得 A 永真等价于 $\exists x_5\forall x_4\forall x_6((F_1^2(x_5,x_2)\to\neg F_2^2(x_4,x_2))\wedge F_1^3(x_1,x_6,x_3))$。

4.6 逻辑后承

命题逻辑中有逻辑后承的概念，类似地，在谓词逻辑中也有逻辑后承的概念。

【定义 4.6.1】 对于谓词逻辑中的合式公式集合 Γ 和合式公式 A，以及任意的解释 $\langle\mathcal{S},v\rangle$，若 Γ 中的所有合式公式在解释 $\langle\mathcal{S},v\rangle$ 下为真，会使得 A 在该解释下也为真，则称 A 为 Γ 的逻辑后承，记为 $\Gamma\models A$。

可以看出，谓词逻辑中的逻辑后承与命题逻辑中的逻辑后承在表述上非常类似，只需把命题逻辑那里的真值赋值换成这里的解释，它们都是在表述“使得 Γ 为真的因素，也会使得 A 为真”，无非这个“因素”在命题逻辑中和谓词逻辑中不同。

对于 $\varnothing \vDash A$ 来说，它表明了对于任意的解释 $\langle \mathcal{S}, v\rangle$，$A$ 均在该解释下为真，这也就说明了 A 为永真式。因此，将 $\varnothing \vDash A$ 记为 $\vDash A$ 就与前面表示 A 为永真式的记法一致。当合式公式集合 Γ 为有限集 $\{B_1, B_2, \cdots, B_n\}$ 时，将 $\Gamma \vDash A$ 记为 $B_1, B_2, \cdots, B_n \vDash A$。此外，有时也将 $\Gamma \cup \{B\} \vDash A$ 记为 $\Gamma, B \vDash A$。

根据定义 4.6.1，若 $\Gamma_1 \subset \Gamma$，且 $\Gamma_1 \vDash A$，则有 $\Gamma \vDash A$。这是由于使得 Γ 中合式公式为真的解释，也会使得 Γ_1 中合式公式为真。对于永真式 A，由于有 $\varnothing \vDash A$，对于任意的集合 Γ，均有 $\Gamma \vDash A$。显然，若 $A \in \Gamma$，则有 $\Gamma \vDash A$。

【例 4.6.1】 对于合式公式 A, B 以及个体词变元 x_i，若 x_i 不在 A 中自由出现，则 $\forall x_i(A \to B), A \vDash \forall x_i B$。

证明：对于任意的解释 $\langle \mathcal{S}, v\rangle$，若 $\forall x_i(A \to B)$ 和 A 在该解释下为真，则对于任意的 $a \in S$，$A \to B$ 在解释 $\langle \mathcal{S}, v_{a \to x_i}\rangle$ 下为真，而且 A 在解释 $\langle \mathcal{S}, v\rangle$ 下为真。因为 x_i 不在 A 中自由出现，所以根据命题 4.4.4 可得对于任意的 $a \in S$，A 在解释 $\langle \mathcal{S}, v_{a \to x_i}\rangle$ 下为真。所以，对于任意的 $a \in S$，B 在解释 $\langle \mathcal{S}, v_{a \to x_i}\rangle$ 下为真，因而可知 $\forall x_i B$ 在解释 $\langle \mathcal{S}, v\rangle$ 下为真。

■

【例 4.6.2】 对于合式公式 A, B 以及个体词变元 x_i，如果 $A \vDash B$，那么有 $\forall x_i A \vDash \forall x_i B$，且 $\exists x_i A \vDash \exists x_i B$。

证明：对于任意的解释 $\langle \mathcal{S}, v\rangle$，若 $\forall x_i A$ 在该解释下为真，则对于任意的 $a \in S$，A 在解释 $\langle \mathcal{S}, v_{a \to x_i}\rangle$ 下为真。根据已知的 $A \vDash B$，可得对于任意的 $a \in S$，B 在解释 $\langle \mathcal{S}, v_{a \to x_i}\rangle$ 下也为真，因而可知 $\forall x_i B$ 在解释 $\langle \mathcal{S}, v\rangle$ 下为真。这就说明了 $\forall x_i A \vDash \forall x_i B$。

对于任意的解释 $\langle \mathcal{S}, v\rangle$，若 $\exists x_i A$ 在该解释下为真，则存在 $a \in S$，A 在解释 $\langle \mathcal{S}, v_{a \to x_i}\rangle$ 下为真。根据已知的 $A \vDash B$，可得 B 在解释 $\langle \mathcal{S}, v_{a \to x_i}\rangle$ 下也为真，即存在 $a \in S$，B 在解释 $\langle \mathcal{S}, v_{a \to x_i}\rangle$ 下为真，因而可知 $\exists x_i B$ 在解释 $\langle \mathcal{S}, v\rangle$ 下为真。这就说明了 $\exists x_i A \vDash \exists x_i B$。

■

【命题 4.6.1】 对于任意的合式公式集合 Γ 和合式公式 A、B，有如下性质：

(1) 如果 $\Gamma \vDash A$ 且 $\Gamma \vDash A \to B$，那么 $\Gamma \vDash B$；

(2) $\Gamma, A \vDash B$，当且仅当 $\Gamma \vDash A \to B$；

(3) 如果 $\Gamma\models A$，而且 x_i 不在 Γ 的任意合式公式中自由出现，那么 $\Gamma\models\forall x_iA$。

(4) 如果 $\Gamma,A\models B$，而且 x_i 不在 $\Gamma\cup\{B\}$ 的任意合式公式中自由出现，那么 $\Gamma,\exists x_iA\models B$。

证明：(1)的证明。对于任意的解释 $\langle\mathcal{S},v\rangle$，若 Γ 中的所有合式公式在解释 $\langle\mathcal{S},v\rangle$ 下为真，则根据已知中的 $\Gamma\models A$ 且 $\Gamma\models A\rightarrow B$ 可得 A 和 $A\rightarrow B$ 在解释 $\langle\mathcal{S},v\rangle$ 下均为真。而 $A\rightarrow B$ 在解释 $\langle\mathcal{S},v\rangle$ 下为真说明了 A 在该解释下为假或者 B 在该解释下为真，现在 A 在该解释下为真，因而只能是 B 在该解释下为真，所以 $\Gamma\models B$。

(2)的证明。假设 $\Gamma,A\models B$。对于任意的解释 $\langle\mathcal{S},v\rangle$，如果 Γ 中的所有合式公式在解释 $\langle\mathcal{S},v\rangle$ 下为真，那么当 A 在解释 $\langle\mathcal{S},v\rangle$ 下为真时，说明了 $\Gamma\cup\{A\}$ 中的所有合式公式在解释 $\langle\mathcal{S},v\rangle$ 下为真，根据假设 $\Gamma,A\models B$，可得 B 在解释 $\langle\mathcal{S},v\rangle$ 下也为真，因而 $A\rightarrow B$ 在解释 $\langle\mathcal{S},v\rangle$ 下也为真；当 A 在解释 $\langle\mathcal{S},v\rangle$ 下为假时，$A\rightarrow B$ 还是会在解释 $\langle\mathcal{S},v\rangle$ 下为真。可见，无论哪种情形，都有 $\Gamma\models A\rightarrow B$。另外，假设 $\Gamma\models A\rightarrow B$。对于任意的解释 $\langle\mathcal{S},v\rangle$，若 $\Gamma\cup\{A\}$ 中的所有合式公式在解释 $\langle\mathcal{S},v\rangle$ 下为真，则 A 在解释 $\langle\mathcal{S},v\rangle$ 下为真，且根据假设 $\Gamma\models A\rightarrow B$，可得 $A\rightarrow B$ 在解释 $\langle\mathcal{S},v\rangle$ 下也为真，因而 B 在解释 $\langle\mathcal{S},v\rangle$ 下为真。所以有 $\Gamma,A\models B$。

(3)的证明。对于任意的解释 $\langle\mathcal{S},v\rangle$，如果 Γ 中的所有合式公式在解释 $\langle\mathcal{S},v\rangle$ 下为真，由于 x_i 不在 Γ 的任意合式公式中自由出现，那么根据命题 4.4.4 可得对于任意的 $a\in S$，Γ 中的所有合式公式在解释 $\langle\mathcal{S},v_{a\rightarrow x_i}\rangle$ 下也为真，因此根据已知中的 $\Gamma\models A$ 可得对于任意的 $a\in S$，A 在解释 $\langle\mathcal{S},v_{a\rightarrow x_i}\rangle$ 下为真，这就说明了 $\forall x_iA$ 在解释 $\langle\mathcal{S},v\rangle$ 下为真，所以 $\Gamma\models\forall x_iA$。

(4)的证明。对于任意的解释 $\langle\mathcal{S},v\rangle$，假设 Γ 中的所有合式公式以及合式公式 $\exists x_iA$ 在解释 $\langle\mathcal{S},v\rangle$ 下为真。根据 $\exists x_iA$ 在解释 $\langle\mathcal{S},v\rangle$ 下为真，可知存在 $a\in S$，使得 A 在解释 $\langle\mathcal{S},v_{a\rightarrow x_i}\rangle$ 下为真。由于 x_i 不在 Γ 的任意合式公式中自由出现，那么根据命题 4.4.4 可得 Γ 中的所有合式公式在解释 $\langle\mathcal{S},v_{a\rightarrow x_i}\rangle$ 下也为真，因而 Γ 中的所有合式公式以及 $\exists x_iA$ 在解释 $\langle\mathcal{S},v_{a\rightarrow x_i}\rangle$ 下为真。根据已知中的 $\Gamma,A\models B$ 可得 B 在解释 $\langle\mathcal{S},v_{a\rightarrow x_i}\rangle$ 下也为真。而由于 x_i 也不在 B 中自由出现，所以再次利用命题 4.4.4 可得 B 在解释 $\langle\mathcal{S},v\rangle$ 下也为真。综上可得，对于任意的解释 $\langle\mathcal{S},v\rangle$，如果 Γ 中的所有合式公式以及 $\exists x_iA$ 在解释 $\langle\mathcal{S},v\rangle$ 下为真，那么 B 在解释 $\langle\mathcal{S},v\rangle$ 下也为真，所以 $\Gamma,\exists x_iA\models B$。

■

令命题4.6.1的(1)中$\Gamma=\varnothing$可得,如果$\varnothing\vDash A$且$\varnothing\vDash A\to B$,那么$\varnothing\vDash B$。也就是说,如果A和$A\to B$为永真式,那么B也为永真式。类似地,令(2)中$\Gamma=\varnothing$,可得$A\vDash B$,当且仅当$\vDash A\to B$。

根据命题4.6.1的(2)可知,当Γ为有限集$\{B_1,B_2,\cdots,B_n\}$时,$B_1,B_2,\cdots,B_n\vDash A$当且仅当$B_1,B_2,\cdots,B_{n-1}\vDash B_n\to A$,而这又当且仅当$B_1,B_2,\cdots,B_{n-2}\vDash B_{n-1}\to(B_n\to A)$,这样一步步下去,可得$B_1,B_2,\cdots,B_n\vDash A$当且仅当$\varnothing\vDash B_1\to(B_2\to\cdots\to(B_n\to A)\cdots)$。可见,同命题逻辑那里类似,当$\Gamma$为有限集时,总可以把逻辑后承关系转化为与之等价的永真蕴涵关系去表述。因此,前面几节中的永真蕴涵式(包括永真等价式)都可以转化为这里的逻辑后承关系。特别是有关量词的永真式值得我们关注。比如,对于任意的合式公式A,有$\forall x_iA\vDash A$和$A\vDash\exists x_iA$。

对于逻辑后承关系$\Gamma\vDash A$,如果Γ中的合式公式都是永真式,这就说明了Γ中的所有合式公式在任意的解释$\langle\mathcal{S},v\rangle$下均为真。因而根据逻辑后承的定义可得$A$在任意的解释$\langle\mathcal{S},v\rangle$下也为真,这就说明了$A$为永真式。

【命题4.6.2】 对于任意的合式公式A和任意的个体词变元x_i,$\vDash A$当且仅当$\vDash\forall x_iA$。

证明:由于$\forall x_iA\vDash A$,所以当$\forall x_iA$为永真式时,A也为永真式。另外,如果$\vDash A$,即$\varnothing\vDash A$,它就是命题4.6.1的(3)当Γ为空集时的情形,所以有$\varnothing\vDash\forall x_iA$,即$\vDash\forall x_iA$。

■

利用命题4.4.5的第(1)组中$\forall x_iA\leftrightarrow A$,可得在"$x_i$不在$A$中自由出现"前提条件下,$\vDash A$当且仅当$\vDash\forall x_iA$。此时所得到的结论比命题4.6.2多了一个前提条件,所以采用命题4.6.2。但是不能就此根据"$\vDash A$当且仅当$\vDash\forall x_iA$"得出$\forall x_iA\leftrightarrow A$为永真式。这是因为由$\vDash A\leftrightarrow B$,或者等价地$A\vDash B$且$B\vDash A$,可得$\vDash A$当且仅当$\vDash B$;反之是不成立的,即不能由$\vDash A$当且仅当$\vDash B$,得出$\vDash A\leftrightarrow B$。所以,$\forall x_iA\leftrightarrow A$为永真式还是需要"$x_i$不在$A$中自由出现"这个前提条件的。类似地,由$\vDash A\to B$,或者等价地$A\vDash B$,可得如果$\vDash A$,那么$\vDash B$;反之是不成立的。

对于合式公式A,如果它所有自由出现的个体词变元为$x_1,x_2,\cdots,x_n$,那么根据命题4.6.2,有$\vDash A$当且仅当$\vDash\forall x_1\forall x_2\cdots\forall x_nA$。这也就是说,合式公式$A$是否是永真式,当且仅当$\forall x_1\forall x_2\cdots\forall x_nA$为永真式,而$\forall x_1\forall x_2\cdots\forall x_nA$在语法上不是一般的合式公式而是一个闭式。对于闭式$A$,由于它没有自由出现的

个体词变元,根据命题 4.4.4 对于同一结构$\mathcal{S}$上任意的不同指派 v 和 v^*,A 在解释$\langle\mathcal{S},v\rangle$下为真,当且仅当 A 在解释$\langle\mathcal{S},v^*\rangle$下为真。这就说明了 A 对于 S 上的各种指派 v 而言,或者 A 在各种解释$\langle\mathcal{S},v\rangle$下为真,或者 A 在各种解释$\langle\mathcal{S},v\rangle$下为假。对于这种特殊情况,引入如下定义。

【定义 4.6.2】 对于谓词逻辑语言的结构$\mathcal{S}$,若合式公式 A 对于结构$\mathcal{S}$上的任意指派 v 而言均有 A 在解释$\langle\mathcal{S},v\rangle$下为真,则称 A 在结构$\mathcal{S}$下为真;若 A 对于结构$\mathcal{S}$上的任意指派 v 而言均有 A 在解释$\langle\mathcal{S},v\rangle$下为假,则称为 A 在结构$\mathcal{S}$下为假。

根据之前所分析的,闭式 A 在结构$\mathcal{S}$下非真即假,因此只要知道闭式 A 在一个解释$\langle\mathcal{S},v\rangle$下的真假,就可以得到 A 在结构$\mathcal{S}$下的真假。当然,对于非闭合的合式公式 A 可能既不在结构$\mathcal{S}$下为真,也不在结构$\mathcal{S}$下为假,然而不管怎样,至少合式公式 A 不会在结构$\mathcal{S}$下又真又假。

如果一个合式公式 A 在结构$\mathcal{S}$下为真,那么对于结构$\mathcal{S}$上的任意指派 v,A 在解释$\langle\mathcal{S},v\rangle$下为真,因而,$\neg A$ 在解释$\langle\mathcal{S},v\rangle$下为假,由指派 v 的任意性可得$\neg A$ 在结构$\mathcal{S}$下为假;反之亦然。如果合式公式 $A\rightarrow B$ 在结构$\mathcal{S}$下为假,那么对于结构$\mathcal{S}$上的任意指派 v,$A\rightarrow B$ 在解释$\langle\mathcal{S},v\rangle$下为假,因而,$A$ 在解释$\langle\mathcal{S},v\rangle$下为真且 B 在解释$\langle\mathcal{S},v\rangle$下为假,由指派 v 的任意性可得,A 在结构$\mathcal{S}$下为真且 B 在结构$\mathcal{S}$下为假;反之亦然。注意,如果合式公式 $A\rightarrow B$ 在结构$\mathcal{S}$下为真,那么无法得出 A 在结构$\mathcal{S}$下为假或者 B 在结构$\mathcal{S}$下为真。

在前面将 A 为永真式定义为 A 在任意的解释$\langle\mathcal{S},v\rangle$下均为真。现在也可以将其定义为 A 在任意的结构$\mathcal{S}$下均为真。那么命题 4.6.2 中的$\vDash A$ 当且仅当$\vDash\forall x_iA$,也可以表述为 A 在任意的结构$\mathcal{S}$下为真当且仅当$\forall x_iA$ 在任意的结构$\mathcal{S}$下为真。事实上,去除结构$\mathcal{S}$的任意性,结论也成立,即对于结构$\mathcal{S}$,A 在$\mathcal{S}$下为真当且仅当$\forall x_iA$ 在$\mathcal{S}$下为真。由于合式公式 A 中自由出现的个体词变元一定是有限个,不失一般性,设它们为 $x_1,x_2,\cdots,x_n$,则$\forall x_1\forall x_2\cdots\forall x_nA$ 为闭式,进而$\forall x_1\forall x_2\cdots\forall x_nA$ 在结构$\mathcal{S}$下非真即假。根据前面的分析,若$\forall x_1\forall x_2\cdots\forall x_nA$ 在结构$\mathcal{S}$下为真,则 A 在结构$\mathcal{S}$下也为真;反之亦然。

根据 A 在结构$\mathcal{S}$下为真的定义,也可以引入"弱"的逻辑后承。对于合式公式集合 Γ 和合式公式 A,以及任意的结构$\mathcal{S}$,若 Γ 中的所有合式公式在结构$\mathcal{S}$下为真,会使得 A 在该结构下也为真,则称 A 为 Γ 的"弱逻辑后承",记为 $\Gamma|\approx A$。当然,若 $\Gamma\vDash A$,则有 $\Gamma|\approx A$;反之是不成立的。当 Γ 中的合式公式都是闭式时,由 $\Gamma|\approx A$ 可以得出 $\Gamma\vDash A$。比如,对于任意的合式公式 A,有 $A|\approx\forall x_iA$,这是容易验证的。但是,$A\vDash\forall x_iA$ 是不成立的,因为根据命题 4.4.5,可能 x_i 在 A 中自由

出现，进而也就不会有$\vDash A\rightarrow\forall x_iA$了。

习题

1. 证明谓词逻辑形式系统中项的左括号数目和右括号数目相等。

2. 证明谓词逻辑形式系统中合式公式的左括号数目和右括号数目相等。

3. 证明谓词逻辑形式系统中，如果合式公式的真前段的符号串长度大于1，那么该真前段的左括号数目大于右括号数目。

4. 证明谓词逻辑形式系统中，合式公式的真前段一定不是合式公式。

5. 判断下列各合式公式中，x_1的哪些出现是自由出现，并指出项$f_1^2(x_2,x_3)$对这些公式中的x_1是否是代入自由的；如果是代入自由的，给出代入后的合式公式。

(1) $F_1^1(x_1)\rightarrow\forall x_1F_1^2(x_1,x_2)$；

(2) $\exists x_1F_1^2(x_1,x_2)\vee\forall x_3F_2^2(x_1,x_3)$；

(3) $\exists x_1\forall x_2(F_1^2(x_1,x_2)\wedge F_1^1(x_2))\rightarrow\forall x_2F_2^1(x_1)$；

(4) $\forall x_2(F_1^2(x_1,x_2)\wedge\exists x_1F_2^2(x_2,f_1^2(x_1,x_2)))$。

6. 在例4.2.1中，验证A为$B\wedge C$、$B\vee C$、$B\rightarrow C$、$B\leftrightarrow C$的情形。

7. 证明从结构$\mathcal{S}$上的指派v，扩张到解释I中项的指派$\tilde{v}$是唯一的。

8. 设谓词逻辑语言中的非逻辑符号有F_1^2，该语言的结构为$\langle\mathbb{Z},<\rangle$，结构上的指派$v$满足$v(x_1)=-1$和$v(x_2)=5$，计算合式公式$\forall x_3(F_1^2(x_1,x_3)\rightarrow F_1^2(x_2,x_3))$和$\forall x_1\exists x_2F_1^2(x_1,x_2)$的真值。

9. 设谓词逻辑语言中的非逻辑符号有F_1^2、F_2^2、f_1^1、f_1^2、a_1，该语言的结构为$\langle\mathbb{N},=,<,(\cdot)^+,+,0\rangle$，结构上的指派$v$满足$v(x_1)=1$和$v(x_2)=3$，计算合式公式$\forall x_1\forall x_2(F_2^2(x_1,f_1^1(x_2))\rightarrow F_2^2(x_1,x_2)\vee F_1^2(x_1,x_2))$，$\forall x_1\exists x_2F_1^2(f_1^2(x_1,f_1^1(a_1)),x_2)$，$\forall x_1\forall x_2(F_2^2(x_1,x_2)\rightarrow\exists x_3(F_2^2(x_1,x_3)\wedge F_2^2(x_3,x_2)))$的真值。

10. 在命题4.4.1中，验证A为$B\vee C$、$B\rightarrow C$、$B\leftrightarrow C$的情形。

11. 在命题4.4.2中，证明其他的合式公式为永真式。

12. 在命题4.4.4中，验证A为$B\wedge C$、$B\vee C$、$B\rightarrow C$、$B\leftrightarrow C$、$\exists x_jB$的情形。

13. 在命题4.4.5中，证明其他的合式公式为永真式。

14. 在命题4.4.7中，验证A为$B\wedge C$、$B\vee C$、$B\rightarrow C$、$B\leftrightarrow C$、$\exists x_jB$的情形。

15. 在命题4.5.1中，证明其他的合式公式为永真式。

16. 在命题 4.5.2 中，验证 B 为 $C\wedge D$、$C\vee D$、$C\rightarrow D$、$C\leftrightarrow D$、$\exists x_j C$ 的情形。

17. 证明命题 4.5.3 中的(2)。

18. 求下列各合式公式的前束范式：

(1) $\exists x_1 F_1^1(x_1)\vee\forall x_1 F_1^2(x_1,x_2)$；

(2) $\neg\exists x_1 F_1^2(x_1,x_2)\rightarrow\forall x_3 F_2^2(x_1,x_3)$；

(3) $\forall x_2(F_1^2(x_1,x_2)\wedge\exists x_1 F_2^2(x_2,x_1))$；

(4) $\exists x_1(F_1^2(x_1,x_2)\wedge\forall x_2 F_1^1(x_2))\rightarrow\forall x_1 F_2^1(x_1)$。

19. 对于合式公式集合 Γ 和 Γ_1，以及合式公式 A，如果 $\Gamma\models\Gamma_1$，且 $\Gamma_1\models A$，那么有$\Gamma\models A$。其中，$\Gamma\models\Gamma_1$ 表示对于任意的 $B\in\Gamma_1$，$\Gamma\models B$。

20. 证明合式公式 $A\vee B$ 在结构$\mathcal{S}$下为假，当且仅当 A 在结构$\mathcal{S}$下为假且 B 在结构$\mathcal{S}$下为假；合式公式 $A\wedge B$ 在结构$\mathcal{S}$下为真，当且仅当 A 在结构$\mathcal{S}$下为真且 B 在结构$\mathcal{S}$下为真。

21. 证明对于结构$\mathcal{S}$，A 在$\mathcal{S}$下为真当且仅当 $\forall x_i A$ 在$\mathcal{S}$下为真，其中 x_i 为任意的个体词变元。

第5章 谓词逻辑的形式系统

本章引入谓词逻辑的形式系统，包括自然推理系统和公理推理系统，并证明了它们之间的等价性，它们都是从纯语法方面去模拟、反映逻辑推理的。此外，还对谓词逻辑形式系统的整体性质进行了讨论，特别是完备性定理。一方面，完备性定理显示了建立的形式系统具备我们所期望的性质，在形式系统内部能得到的都是那些永远为真的逻辑规律；另一方面，完备性定理证明本身也提供了谓词逻辑在语言扩张、结构构建等方面的示例。

5.1 自然推理系统

类似于命题逻辑中有不同的自然推理系统，在谓词逻辑里也有一些不同的自然推理系统，选择其中一个进行介绍，记其为 K，它的形式语言部分如在 4.2 节中的那样。形式系统 K 的推理部分，也是没有公理，只有推理规则，具体的推理规则如下：

(∈)：$A_1, A_2, \cdots, A_n \vdash A_i, 1 \leqslant i \leqslant n, i \in \mathbb{N}$。

(¬−)：若 $\Gamma \cup \{(\neg A)\} \vdash B$，且 $\Gamma \cup \{(\neg A)\} \vdash (\neg B)$，则 $\Gamma \vdash A$。

(∧−)：若 $\Gamma \vdash (A \wedge B)$，则 $\Gamma \vdash A$，且 $\Gamma \vdash B$。

(∧+)：若 $\Gamma \vdash A$，且 $\Gamma \vdash B$，则 $\Gamma \vdash (A \wedge B)$。

(∨−)：若 $\Gamma \cup \{A\} \vdash C$，且 $\Gamma \cup \{B\} \vdash C$，则 $\Gamma \cup \{(A \vee B)\} \vdash C$。

(∨+)：若 $\Gamma \vdash A$，则 $\Gamma \vdash (A \vee B)$，且 $\Gamma \vdash (B \vee A)$。

(→−)：若 $\Gamma \vdash (A \rightarrow B)$，且 $\Gamma \vdash A$，则 $\Gamma \vdash B$。

(→+)：若 $\Gamma \cup \{A\} \vdash B$，则 $\Gamma \vdash (A \rightarrow B)$。

(↔−)：若 $\Gamma \vdash (A \leftrightarrow B)$，且 $\Gamma \vdash A$，则 $\Gamma \vdash B$；若 $\Gamma \vdash (A \leftrightarrow B)$，且 $\Gamma \vdash B$，则 $\Gamma \vdash A$。

(↔+)：若 $\Gamma \cup \{A\} \vdash B$，且 $\Gamma \cup \{B\} \vdash A$，则 $\Gamma \vdash (A \leftrightarrow B)$。

(P+)：若 $\Gamma \vdash A$，则 $\Gamma, B \vdash A$。

(∀−)：若 $\Gamma \vdash \forall x_i A$，则 $\Gamma \vdash A_{x_i}^{t}$，其中项 t 对 x_i 在 A 中代入自由。

(∀+)：若 $\Gamma \vdash A$，则 $\Gamma \vdash \forall x_i A$，其中 x_i 不在 Γ 的任意合式公式中自由出现。

(∃−)：若 $\Gamma, A \vdash B$，则 $\Gamma, \exists x_i A \vdash B$，其中 x_i 不在 $\Gamma \cup \{B\}$ 的任意合式公式中自由出现。

(∃+)：若 $\Gamma \vdash A_{x_i}^{t}$，则 $\Gamma \vdash \exists x_i A$，其中项 t 对 x_i 在 A 中代入自由。

与命题逻辑那里一样，采用符号 $\Gamma \vdash B$ 或者 $A_1, A_2, \cdots, A_n \vdash B$ 表示形式前提

$A_1, A_2, \cdots, A_n$ 与形式结论 B 之间存在着形式上的推理关系，其中 Γ 表示有限的合式公式集合，即 $\Gamma=\{A_1, A_2, \cdots, A_n\}$，$B$ 为合式公式。这里的合式公式指的是谓词逻辑中的合式公式。

相对于命题逻辑的自然推理系统 L，谓词逻辑自然推理系统 K 的前 10 条形式推理规则在记号上就是 L 中的形式推理规则；剩余增加的 5 条形式推理规则中，($\forall -$)、($\forall +$)、($\exists -$)、($\exists +$)这 4 条是关于量词消去和引入的变形规则，它们也都是以间接推理规则的方式给出，其中的($\forall -$)和($\exists +$)是反映命题 4.4.8 中永真蕴涵式所代表的逻辑后承关系或者逻辑推理关系，($\forall +$)和($\exists -$)是反映命题 4.6.1 中的(3)和(4)。需要指出，K 中增加的 5 条形式推理规则中，除了反映量词性质的四条形式推理规则，还有一条是(P+)，这一条在 L 中是以命题 3.2.1 的方式表述的，现在 K 中增加了量词的形式推理规则，使得这一条形式推理规则无法从其他形式推理规则中导出，所以将其作为一条基本形式推理规则列出。

与命题逻辑那里一样，这里的形式推理规则或者说是变形规则也是以归纳的方式进行表述的，所以也会有形式推理关系的归纳定义，以及与之伴随的结构归纳法。为了证明形式系统 K 中所有的形式推理关系均具有性质 P，只需要证明两点：①由第一条变形规则直接生成的所有形式推理关系 $\Gamma \vdash B$ 均具有性质 P；②对于任意的 $\Gamma \vdash B$，若它是由已有的形式推理关系应用第二条到第十五条变形规则中的某一条变形规则所生成，则当已有的形式推理关系具有性质 P 时，所生成的形式推理关系 $\Gamma \vdash B$ 也具有性质 P。

在形式系统 L 中给出的形式证明的定义也适用于形式系统 K，无非是形式证明中所能使用的变形规则由 10 条变成了 15 条。由于 K 中的 15 条变形规则包含了 L 中所有的 10 条变形规则，如果在 L 中已经得到了形式推理关系 $\Gamma \vdash B$，以及其形式证明 $\Gamma_1 \vdash B_1, \Gamma_2 \vdash B_2, \cdots, \Gamma_n \vdash B_n$(其中 $\Gamma_n \vdash B_n$ 为 $\Gamma \vdash B$)，那么类似于命题 4.4.1 所表述的，对于 $\Gamma_1, \Gamma_2, \cdots, \Gamma_n$ 中所有合式公式以及合式公式 B_1，$B_2, \cdots, B_n$ 中出现的所有命题变元符号 $p_1, p_2, \cdots, p_m$，将它们在形式推理关系和形式证明中的每一处出现都依次换成 K 中的合式公式 $A_1, A_2, \cdots, A_m$，就会得到 K 中的形式推理关系 $\Gamma^* \vdash B^*$，以及其形式证明 $\Gamma_1^* \vdash B_1^*, \Gamma_2^* \vdash B_2^*, \cdots, \Gamma_n^* \vdash B_n^*$(其中 $\Gamma_n^* \vdash B_n^*$ 为 $\Gamma^* \vdash B^*$)。比如，对于 L 中的形式推理关系 $p_1 \to p_2, p_2 \to p_3, p_1 \vdash p_3$，其在 L 中的形式证明如下：

(1) $p_1 \to p_2, p_2 \to p_3, p_1 \vdash p_1 \to p_2$ ($\in$)

(2) $p_1 \to p_2, p_2 \to p_3, p_1 \vdash p_1$ ($\in$)

(3) $p_1 \to p_2, p_2 \to p_3, p_1 \vdash p_2$ (1)(2)(→－)

(4) $p_1 \to p_2, p_2 \to p_3, p_1 \vdash p_2 \to p_3$ (∈)

(5) $p_1 \to p_2, p_2 \to p_3, p_1 \vdash p_3$ (3)(4)(→－)

若将 p_1 在上面的每一处出现换成 $F_1^1(x_1)$，将 p_2 在上面的每一处出现换成 $\exists x_2 F_1^2(x_2,x_3)$，将 p_3 在上面的每一处出现换成 $\forall x_3 F_2^1(x_3)$，则可以得到 K 中的形式推理关系 $F_1^1(x_1) \to \exists x_2 F_1^2(x_2,x_3), \exists x_2 F_1^2(x_2,x_3) \to \forall x_3 F_2^1(x_3), F_1^1(x_1) \vdash \forall x_3 F_2^1(x_3)$。该形式推理关系在 K 中的形式证明如下：

(1) $F_1^1(x_1) \to \exists x_2 F_1^2(x_2,x_3), \exists x_2 F_1^2(x_2,x_3) \to \forall x_3 F_2^1(x_3), F_1^1(x_1)$
$\vdash F_1^1(x_1) \to \exists x_2 F_1^2(x_2,x_3)$ (∈)

(2) $F_1^1(x_1) \to \exists x_2 F_1^2(x_2,x_3), \exists x_2 F_1^2(x_2,x_3) \to \forall x_3 F_2^1(x_3), F_1^1(x_1)$
$\vdash F_1^1(x_1)$ (∈)

(3) $F_1^1(x_1) \to \exists x_2 F_1^2(x_2,x_3), \exists x_2 F_1^2(x_2,x_3) \to \forall x_3 F_2^1(x_3), F_1^1(x_1)$
$\vdash \exists x_2 F_1^2(x_2,x_3)$ (1)(2)(→－)

(4) $F_1^1(x_1) \to \exists x_2 F_1^2(x_2,x_3), \exists x_2 F_1^2(x_2,x_3) \to \forall x_3 F_2^1(x_3), F_1^1(x_1)$
$\vdash \exists x_2 F_1^2(x_2,x_3) \to \forall x_3 F_2^1(x_3)$ (∈)

(5) $F_1^1(x_1) \to \exists x_2 F_1^2(x_2,x_3), \exists x_2 F_1^2(x_2,x_3) \to \forall x_3 F_2^1(x_3), F_1^1(x_1)$
$\vdash \forall x_3 F_2^1(x_3)$ (3)(4)(→－)

可以看出，如果 K 中某形式推理关系 $\Gamma \vdash B$ 的形式证明中仅涉及前 10 条变形规则，那么其形式证明与在 L 中的形式证明没有实质上的差别，不需要再对其进行讨论。在 K 中重点关注需要使用关于量词的变形规则(∀－)、(∀＋)、(∃－)、(∃＋)的形式推理关系。

【例 5.1.1】 给出下列各形式推理关系的形式证明：

(i) $\forall x_i(A \to B) \vdash \forall x_i A \to \forall x_i B$；

(ii) $\forall x_i(A \to B) \vdash \exists x_i A \to \exists x_i B$。

解：(i)的形式证明如下所示。

(1) $\forall x_i(A \to B), \forall x_i A \vdash \forall x_i(A \to B)$ (∈)

(2) $\forall x_i(A \to B), \forall x_i A \vdash \forall x_i A$ (∈)

(3) $\forall x_i(A \to B), \forall x_i A \vdash A \to B$ (1)(∀－)

(4) $\forall x_i(A \to B), \forall x_i A \vdash A$ (2)(∀－)

(5) $\forall x_i(A \to B), \forall x_i A \vdash B$ (3)(4)(→－)

(6) $\forall x_i(A \to B), \forall x_i A \vdash \forall x_i B$ (5)(∀＋)

(7) $\forall x_i(A\to B)\vdash\forall x_iA\to\forall x_iB$ (6)($\to$+)

(ii)的形式证明如下所示。

(1) $\forall x_i(A\to B),A\vdash\forall x_i(A\to B)$ ($\in$)

(2) $\forall x_i(A\to B),A\vdash A$ ($\in$)

(3) $\forall x_i(A\to B),A\vdash A\to B$ (1)($\forall$−)

(4) $\forall x_i(A\to B),A\vdash B$ (2)(3)($\to$−)

(5) $\forall x_i(A\to B),A\vdash\exists x_iB$ (4)($\exists$+)

(6) $\forall x_i(A\to B),\exists x_iA\vdash\exists x_iB$ (5)($\exists$−)

(7) $\forall x_i(A\to B)\vdash\exists x_iA\to\exists x_iB$ (6)($\to$+)

■

例 5.1.1 反映了命题 4.4.2 第(5)组中的后两个永真蕴涵式。由例 5.1.1 的形式证明中可以看出，变形规则($\forall$−)和($\exists$+)的使用中经常遇到的情况是它们的简化形式：若 $\Gamma\vdash\forall x_iA$，则 $\Gamma\vdash A$；若 $\Gamma\vdash A$，则 $\Gamma\vdash\exists x_iA$；此时使用非常方便。此外，在(i)和(ii)形式证明的步骤(6)中，分别使用了变形规则($\forall$+)和($\exists$−)，因为它们分别符合使用的条件：x_i 不在 $\forall x_i(A\to B)$ 和 $\forall x_iA$ 中自由出现，x_i 不在 $\forall x_i(A\to B)$ 和 $\exists x_iB$ 中自由出现。

【例 5.1.2】 给出下列各形式推理关系的形式证明：

(i) $\forall x_iA\vee\forall x_iB\vdash\forall x_i(A\vee B)$；

(ii) $\exists x_i(A\wedge B)\vdash\exists x_iA\wedge\exists x_iB$。

解：(i)的形式证明如下所示。

(1) $\forall x_iA\vdash\forall x_iA$ ($\in$)

(2) $\forall x_iA\vdash A$ (1)($\forall$−)

(3) $\forall x_iA\vdash A\vee B$ (2)($\vee$+)

(4) $\forall x_iA\vdash\forall x_i(A\vee B)$ (3)($\forall$+)

(5) $\forall x_iB\vdash\forall x_iB$ ($\in$)

(6) $\forall x_iB\vdash B$ (5)($\forall$−)

(7) $\forall x_iB\vdash A\vee B$ (6)($\vee$+)

(8) $\forall x_iB\vdash\forall x_i(A\vee B)$ (7)($\forall$+)

(9) $\forall x_iA\vee\forall x_iB\vdash\forall x_i(A\vee B)$ (4)(8)($\vee$−)

(ii)的形式证明如下所示。

(1) $A\wedge B\vdash A\wedge B$ ($\in$)

(2) $A\wedge B\vdash A$ (1)($\wedge$−)

(3) $A \wedge B \vdash B$ (1)($\wedge -$)

(4) $A \wedge B \vdash \exists x_i A$ (2)($\exists +$)

(5) $A \wedge B \vdash \exists x_i B$ (3)($\exists +$)

(6) $A \wedge B \vdash \exists x_i A \wedge \exists x_i B$ (4)(5)($\wedge +$)

(7) $\exists x_i(A \wedge B) \vdash \exists x_i A \wedge \exists x_i B$ (6)($\exists -$)

■

例 5.1.2 反映了命题 4.4.2 第(5)组中的前两个永真蕴涵式。在(i)形式证明的步骤(4)和(8)以及(ii)形式证明的步骤(7)中，分别使用了变形规则($\forall +$)和($\exists -$)，因为它们分别符合使用的条件：x_i 不在 $\forall x_i A$ 和 $\forall x_i B$ 中自由出现，x_i 不在 $\exists x_i A \wedge \exists x_i B$ 中自由出现。后面不再单独提及使用它们时符合使用条件。

【例 5.1.3】 给出下列各形式推理关系的形式证明，其中 x_i 不在 B 中自由出现：

(i) $\forall x_i(A \wedge B) \vdash \forall x_i A \wedge B$；

(ii) $\forall x_i A \wedge B \vdash \forall x_i(A \wedge B)$。

解：(i)的形式证明如下所示。

(1) $\forall x_i(A \wedge B) \vdash \forall x_i(A \wedge B)$ ($\in$)

(2) $\forall x_i(A \wedge B) \vdash A \wedge B$ (1)($\forall -$)

(3) $\forall x_i(A \wedge B) \vdash A$ (2)($\wedge -$)

(4) $\forall x_i(A \wedge B) \vdash B$ (2)($\wedge -$)

(5) $\forall x_i(A \wedge B) \vdash \forall x_i A$ (3)($\forall +$)

(6) $\forall x_i(A \wedge B) \vdash \forall x_i A \wedge B$ (4)(5)($\wedge +$)

(ii)的形式证明如下所示。

(1) $\forall x_i A \wedge B \vdash \forall x_i A \wedge B$ ($\in$)

(2) $\forall x_i A \wedge B \vdash \forall x_i A$ (1)($\wedge -$)

(3) $\forall x_i A \wedge B \vdash B$ (1)($\wedge -$)

(4) $\forall x_i A \wedge B \vdash A$ (2)($\forall -$)

(5) $\forall x_i A \wedge B \vdash A \wedge B$ (3)(4)($\wedge +$)

(6) $\forall x_i A \wedge B \vdash \forall x_i(A \wedge B)$ (5)($\forall +$)

■

例 5.1.3 反映了命题 4.4.5 第(2)组中的第二个永真等价式。

【例 5.1.4】 给出下列各形式推理关系的形式证明，其中 x_i 不在 B 中自由出现：

(i) $\forall x_i(A \vee B) \vdash \forall x_i A \vee B$；

(ii) $\forall x_i A \vee B \vdash \forall x_i(A \vee B)$。

解：(i)的形式证明如下所示。

(1) $\forall x_i(A \vee B), \neg(\forall x_i A \vee B) \vdash \forall x_i(A \vee B)$　　(∈)

(2) $\forall x_i(A \vee B), \neg(\forall x_i A \vee B) \vdash \neg(\forall x_i A \vee B)$　　(∈)

(3) $\forall x_i(A \vee B), \neg(\forall x_i A \vee B) \vdash A \vee B$　　(1)($\forall$ −)

(4) $\forall x_i(A \vee B), \neg(\forall x_i A \vee B) \vdash \neg(\forall x_i A) \wedge \neg B$　　(2)(第 3 章习题 6)

(5) $\forall x_i(A \vee B), \neg(\forall x_i A \vee B) \vdash \neg(\forall x_i A)$　　(4)($\wedge$ −)

(6) $\forall x_i(A \vee B), \neg(\forall x_i A \vee B) \vdash \neg B$　　(4)($\wedge$ −)

(7) $\forall x_i(A \vee B), \neg(\forall x_i A \vee B) \vdash A$　　(3)(6)(第 3 章习题 3)

(8) $\forall x_i(A \vee B), \neg(\forall x_i A \vee B) \vdash \forall x_i A$　　(7)($\forall$ +)

(9) $\forall x_i(A \vee B) \vdash \forall x_i A \vee B$　　(5)(8)($\neg$ −)

(ii)的形式证明如下所示。

(1) $\forall x_i A \vdash \forall x_i A$　　(∈)

(2) $\forall x_i A \vdash A$　　(1)($\forall$ −)

(3) $\forall x_i A \vdash A \vee B$　　(2)($\vee$ +)

(4) $\forall x_i A \vdash \forall x_i(A \vee B)$　　(3)($\forall$ +)

(5) $B \vdash B$　　(∈)

(6) $B \vdash A \vee B$　　(5)($\vee$ +)

(7) $B \vdash \forall x_i(A \vee B)$　　(6)($\forall$ +)

(8) $\forall x_i A \vee \forall x_i B \vdash \forall x_i(A \vee B)$　　(4)(7)($\vee$ −)

■

例 5.1.4 反映了命题 4.4.5 第(2)组中的第一个永真等价式。在(i)的形式证明中利用了第 3 章习题的部分结论，它们是形式系统 L 中一些结果，不是形式系统 K 这里所主要关注的。此外，3.2 节中的一些命题和例题描述的仅仅是涉及连接词的性质，因而都可以作为导出变形规则在 K 中加以使用。

【例 5.1.5】 给出下列各形式推理关系的形式证明，其中 x_j 对 x_i 在 A 中代入自由，且 x_j 不在 A 中自由出现：

(i) $\exists x_i A \vdash \exists x_j A_{x_i}^{x_j}$；

(ii) $\exists x_j A_{x_i}^{x_j} \vdash \exists x_i A$。

解：(i)的形式证明如下所示。

(1) $A \vdash A$　　(∈)

(2) $A \vdash (A^{x_j}_{x_i})^{x_i}_{x_j}$　　(1)(例 4.2.1)

(3) $A \vdash \exists x_j A^{x_j}_{x_i}$　　(2)(∃+)

(4) $\exists x_i A \vdash \exists x_j A^{x_j}_{x_i}$　　(3)(∃−)

(ii)的形式证明如下所示。

(1) $\exists x_j A^{x_j}_{x_i} \vdash \exists x_i (A^{x_j}_{x_i})^{x_i}_{x_j}$　　(i)

(2) $\exists x_j A^{x_j}_{x_i} \vdash \exists x_i A$　　(1)(例 4.2.1)

■

例 5.1.5 反映了命题 4.5.3 里(2)中的永真等价式。在(i)的形式证明中,首先利用了例 4.2.1 中的 $A=(A^{x_j}_{x_i})^{x_i}_{x_j}$,然后将$(A^{x_j}_{x_i})^{x_i}_{x_j}$看作将项 $t=x_j$ 代入 $A^{x_j}_{x_i}$ 中 x_i 的结果,而且这个代入是自由的,所以才可以应用变形规则(∃+)的一般形式,最后对于 $\exists x_j A^{x_j}_{x_i}$ 而言,x_i 不在它之中自由出现,所以应用变形规则(∃−)得到所证的结果。在(ii)的形式证明中,将 $A^{x_j}_{x_i}$ 视为(i)中的 A,由于 x_i 对 x_j 在 $A^{x_j}_{x_i}$ 中代入自由,且 x_i 不在 $A^{x_j}_{x_i}$ 中自由出现,满足使用(i)的条件,将(i)作为导出变形规则加以使用;然后,再次利用 $A=(A^{x_j}_{x_i})^{x_i}_{x_j}$,即可得出所证的结果。

【例 5.1.6】 给出下列各形式推理关系的形式证明:

(i) $\forall x_i \forall x_j A \vdash \forall x_j \forall x_i A$;

(ii) $\forall x_j \forall x_i A \vdash \forall x_i \forall x_j A$。

解:(i)的形式证明如下所示。

(1) $\forall x_i \forall x_j A \vdash \forall x_i \forall x_j A$　　(∈)

(2) $\forall x_i \forall x_j A \vdash \forall x_j A$　　(1)(∀−)

(3) $\forall x_i \forall x_j A \vdash A$　　(2)(∀−)

(4) $\forall x_i \forall x_j A \vdash \forall x_i A$　　(3)(∀+)

(5) $\forall x_i \forall x_j A \vdash \forall x_j \forall x_i A$　　(4)(∀+)

(ii)的形式证明只需要将(i)的形式证明中 x_i 和 x_j 互换即可。

■

例 5.1.6 反映了命题 4.4.2 第(3)组中的第二个永真等价式。

在命题 3.2.2 的证明中并没有使用关于量词的四个变形规则,所以该命题在 K 中依然成立。将它作为 K 中的一个导出变形规则,并还是记为(Tr)。

【例 5.1.7】 给出下列各形式推理关系的形式证明:

(i) $\neg(\forall x_i A) \vdash \exists x_i(\neg A)$;

(ii) $\exists x_i(\neg A) \vdash \neg(\forall x_i A)$。

解：(i)的形式证明如下所示。

(1) $\neg A \vdash \neg A$ (∈)

(2) $\neg A \vdash \exists x_i(\neg A)$ (1)(∃+)

(3) $\neg \exists x_i(\neg A) \vdash \neg\neg A$ (2)(例 3.2.6 的(ii))

(4) $\neg \exists x_i(\neg A) \vdash A$ (3)(例 3.2.3 的(ii))

(5) $\neg \exists x_i(\neg A) \vdash \forall x_i A$ (4)(∀+)

(6) $\neg(\forall x_i A) \vdash \neg\neg(\exists x_i(\neg A))$ (5)(例 3.2.6 的(ii))

(7) $\neg\neg(\exists x_i(\neg A)) \vdash \exists x_i(\neg A)$ (6)(例 3.2.3 的(ii))

(8) $\neg(\forall x_i A) \vdash \exists x_i(\neg A)$ (6)(7)(Tr)

(ii)的形式证明如下所示。

(1) $\forall x_i A \vdash \forall x_i A$ (∈)

(2) $\forall x_i A \vdash A$ (1)(∀−)

(3) $\neg A \vdash \neg \forall x_i A$ (2)(例 3.2.6 的(ii))

(4) $\exists x_i(\neg A) \vdash \neg(\forall x_i A)$ (3)(∃−)

■

例 5.1.7 反映了命题 4.4.2 第(1)组中的第一个永真等价式。

【例 5.1.8】 给出下列各形式推理关系的形式证明，其中 x_i 不在 B 中自由出现：

(i) $\forall x_i(A \to B) \vdash \exists x_i A \to B$；

(ii) $\exists x_i A \to B \vdash \forall x_i(A \to B)$；

(iii) $\forall x_i(B \to A) \vdash B \to \forall x_i A$；

(iv) $B \to \forall x_i A \vdash \forall x_i(B \to A)$。

解：(i)的形式证明如下所示。

(1) $\forall x_i(A \to B), A \vdash \forall x_i(A \to B)$ (∈)

(2) $\forall x_i(A \to B), A \vdash A$ (∈)

(3) $\forall x_i(A \to B), A \vdash A \to B$ (1)(∀−)

(4) $\forall x_i(A \to B), A \vdash B$ (2)(3)(→−)

(5) $\forall x_i(A \to B), \exists x_i A \vdash B$ (4)(∃−)

(6) $\forall x_i(A \to B) \vdash \exists x_i A \to B$ (5)(→+)

(ii)的形式证明如下所示。

(1) $\exists x_i A \to B, A \vdash \exists x_i A \to B$ (∈)

(2) $\exists x_i A \to B, A \vdash A$ (∈)

(3) $\exists x_i A\to B, A\vdash\exists x_i A$ (2)($\exists$+)

(4) $\exists x_i A\to B, A\vdash B$ (1)(3)($\to$−)

(5) $\exists x_i A\to B\vdash A\to B$ (4)($\to$+)

(6) $\exists x_i A\to B\vdash\forall x_i(A\to B)$ (5)($\forall$+)

(iii)的形式证明如下所示。

(1) $\forall x_i(B\to A), B\vdash\forall x_i(B\to A)$ ($\in$)

(2) $\forall x_i(B\to A), B\vdash B$ ($\in$)

(3) $\forall x_i(B\to A), B\vdash B\to A$ (1)($\forall$−)

(4) $\forall x_i(B\to A), B\vdash A$ (2)(3)($\to$−)

(5) $\forall x_i(B\to A), B\vdash\forall x_i A$ (4)($\forall$+)

(6) $\forall x_i(B\to A)\vdash B\to\forall x_i A$ (5)($\to$+)

(iv)的形式证明如下所示。

(1) $B\to\forall x_i A, B\vdash B\to\forall x_i A$ ($\in$)

(2) $B\to\forall x_i A, B\vdash B$ ($\in$)

(3) $B\to\forall x_i A, B\vdash\forall x_i A$ (1)(2)($\to$−)

(4) $B\to\forall x_i A, B\vdash A$ (3)($\forall$−)

(5) $B\to\forall x_i A\vdash B\to A$ (4)($\to$+)

(6) $B\to\forall x_i A\vdash\forall x_j(B\to A)$ (5)($\forall$+)

■

例 5.1.8 反映了命题 4.4.5 第(2)组中的第三个和第四个永真等价式。

【命题 5.1.1】 对于合式公式 A、A^*、B、B^*，如果有 $A\vdash A^*$、$A^*\vdash A$、$B\vdash B^*$、$B^*\vdash B$，那么有如下的形式推理关系：

(i) $\neg A\vdash\neg A^*$，$\neg A^*\vdash\neg A$；

(ii) $A\wedge B\vdash A^*\wedge B^*$，$A^*\wedge B^*\vdash A\wedge B$；

(iii) $A\vee B\vdash A^*\vee B^*$，$A^*\vee B^*\vdash A\vee B$；

(iv) $A\to B\vdash A^*\to B^*$，$A^*\to B^*\vdash A\to B$；

(v) $A\leftrightarrow B\vdash A^*\leftrightarrow B^*$，$A^*\leftrightarrow B^*\vdash A\leftrightarrow B$；

(vi) $\forall x_i A\vdash\forall x_i A^*$，$\forall x_i A^*\vdash\forall x_i A$；

(vii) $\exists x_i A\vdash\exists x_i A^*$，$\exists x_i A^*\vdash\exists x_i A$。

证明：只证明(i)、(ii)、(vi)，其他可以类似验证。

对于(i)，其一个方向的形式证明如下所示。

(1) $\neg A, A^*\vdash\neg A$ ($\in$)

(2) $\neg A, A^* \vdash A^*$ （∈）

(3) $A^* \vdash A$ （已知）

(4) $\neg A, A^* \vdash A$ (2)(3)(Tr)

(5) $\neg A \vdash \neg A^*$ (1)(4)(命题 3.2.3)

由于 A 和 A^* 在形式推理关系上的对称性，另一个方向的形式证明只需将 A 与 A^* 互换即可。类似地，下面仅给出一个方向上的形式证明。

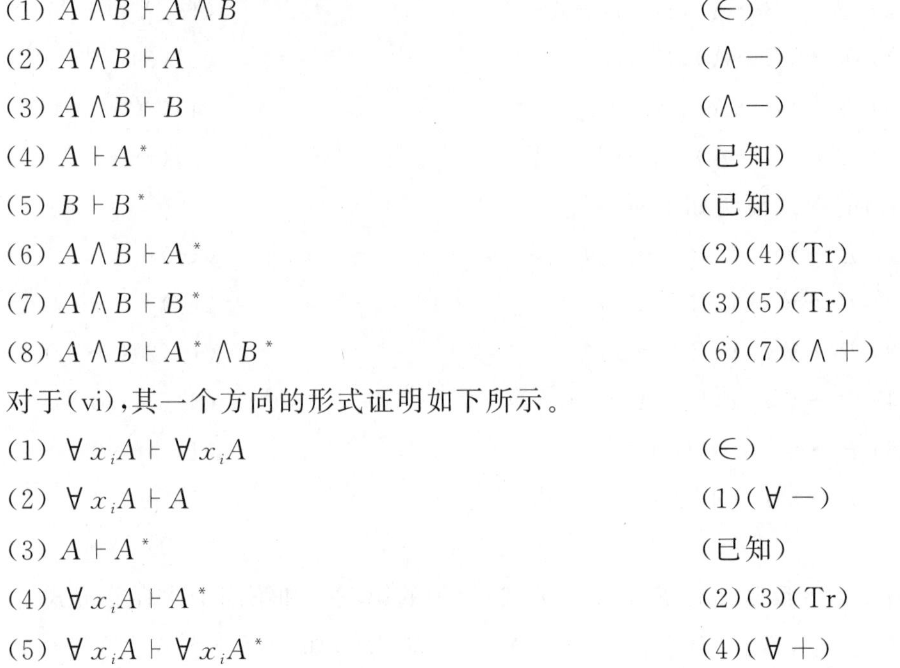

对于(ii)，其一个方向的形式证明如下所示。

(1) $A \wedge B \vdash A \wedge B$ （∈）

(2) $A \wedge B \vdash A$ （∧－）

(3) $A \wedge B \vdash B$ （∧－）

(4) $A \vdash A^*$ （已知）

(5) $B \vdash B^*$ （已知）

(6) $A \wedge B \vdash A^*$ (2)(4)(Tr)

(7) $A \wedge B \vdash B^*$ (3)(5)(Tr)

(8) $A \wedge B \vdash A^* \wedge B^*$ (6)(7)(∧＋)

对于(vi)，其一个方向的形式证明如下所示。

(1) $\forall x_i A \vdash \forall x_i A$ （∈）

(2) $\forall x_i A \vdash A$ (1)(∀－)

(3) $A \vdash A^*$ （已知）

(4) $\forall x_i A \vdash A^*$ (2)(3)(Tr)

(5) $\forall x_i A \vdash \forall x_i A^*$ (4)(∀＋)

■

命题 5.1.1 是命题 4.5.1 在形式系统 K 中语法上的反映。

【命题 5.1.2】 对于合式公式 A 和 A^*，如果有 $A \vdash A^*$ 且 $A^* \vdash A$，将合式公式 B 中所含有 A 的一处或多处出现换成 A^* 之后得到合式公式 B^*，则有 $B \vdash B^*$ 且 $B^* \vdash B$。

证明：该命题是关于合式公式的性质的表述，相对于命题 4.5.2，合式公式的性质由语义上的永真等价变为语法上的两个方向的形式推理关系。因此，采用合式公式的结构归纳法证明该命题时，只需要将命题 4.5.2 中的永真等价换成两个方向的形式推理关系。

■

命题 5.1.2 是命题 4.5.2 在形式系统 K 中语法上的反映。

本节给出了第4章中的永真蕴涵式和永真等价式的形式证明，并且也得到了上一章的一些命题在形式系统 K 中的反映，因此，类似于命题 4.5.4 中的证明方法也可以得到命题 4.5.4 在 K 中的反映。

【命题 5.1.3】 对于任意的合式公式 A，均存在合式公式 A^*，满足 A^* 为前束范式，且有 $A \vdash A^*$，$A^* \vdash A$。

5.2 公理推理系统

在 4.6 节中曾提到过，逻辑后承关系 $B_1, B_2, \cdots, B_n \vDash A$ 成立，当且仅当 $\varnothing \vDash B_1 \to (B_2 \to \cdots \to (B_n \to A) \cdots)$。可见，类似于命题逻辑那里，当 Γ 为有限集时，总可以把逻辑后承关系转化为与之等价的永真蕴涵关系去表述。即使在 K 中，形式推理关系 $B_1, B_2, \cdots, B_n \vdash A$ 通过使用 n 次(→+)变形规则，也可以将其转化为 $\varnothing \vdash B_1 \to (B_2 \to \cdots \to (B_n \to A) \cdots)$。因此，类似于命题逻辑那里，也可以引入以永真蕴涵式为讨论对象的谓词逻辑公理推理系统。下面选择其中一个进行介绍，记其为 K^*。

形式系统 K^* 所使用的非逻辑符号与 K 相同，而所使用的逻辑符号与 K 不同，K^* 所使用的逻辑符号中，在连接词部分仅使用了符号 ¬，→，量词部分仅使用了符号 ∀；含有连接词符号 ∧，∨，↔ 的合式公式可以用符号 ¬，→ 表示，关于这点已经在形式系统 L^* 谈到过，而含有量词符号 ∃ 的合式公式 $\exists x_i A$ 也可以视为 $\neg \forall x_i (\neg A)$ 的缩写。由于所使用的符号有所减少，K^* 中合式公式的定义需要修改为如下所示：

(1) 原子合式公式是合式公式；

(2) 若 A、B 是合式公式，则 $(\neg A)$ 和 $(A \to B)$ 也是合式公式；

(3) 若 A 是合式公式，则 $(\forall x_i)A$ 也是合式公式，其中 x_i 为任意的个体词变元。

此外，无其他的合式公式。

相应地，K^* 中关于合式公式的结构归纳法也要做一些修改。为了证明 K^* 中所有的合式公式均具有性质 P，只需要证明如下三点：①所有的原子合式公式具有性质 P；②若合式公式 A 和 B 具有性质 P，则 $(\neg A)$ 和 $(A \to B)$ 也具有性质 P；③若 A 具有性质 P，则对任意的个体词变元 x_i，有 $(\forall x_i)A$ 也具有性质 P。类似地，K^* 中关于合式公式的唯一可读性以及合式公式的层次也都需要改变为与现有的定义相匹配。

形式系统 K^* 的形式推理部分如下所示(其中 A、B、C 为合式公式)：

公理集合：

$(\to_1)$：$A\to(B\to A)$；

$(\to_2)$：$(A\to(B\to C))\to((A\to B)\to(A\to C))$；

$(\to\neg)$：$(\neg A\to\neg B)\to(B\to A)$；

$(\forall_1)$：$\forall x_i A\to A^t_{x_i}$，其中项 t 对 x_i 在 A 中代入自由；

$(\forall_2)$：$A\to\forall x_i A$，其中 x_i 不在 A 中自由出现；

$(\forall_3)$：$\forall x_i(A\to B)\to(\forall x_i A\to\forall x_i B)$；

$(\forall_G)$：$\forall x_{i_1}\forall x_{i_2}\cdots\forall x_{i_n}A$，其中 A 具有$(\to_1)$、$(\to_2)$、$(\to\neg)$、$(\forall_1)$、$(\forall_2)$、$(\forall_3)$中合式公式的形式。

推理规则集合：

(MP)：由 A 和$(A\to B)$，可以得出 B。

可以看出，相对于形式系统 L^*，形式系统 K^* 在推理规则上是相同的，在公理集合上增加了四条公理模式。根据命题 4.4.1 可知，前三条公理都是永真式；根据命题 4.4.2 第(5)组、命题 4.4.5 第(1)组、命题 4.4.8 可知，公理$(\forall_1)$、$(\forall_2)$、$(\forall_3)$都是永真式；根据命题 4.6.2 可知，公理$(\forall_G)$也是永真式。可见，形式系统 K^* 的所有公理都是永真式。

形式系统 K^* 中"定理"和"形式证明"的定义在表述上与形式系统 L^* 中它们的定义一样，无非是现在的合式公式为 K^* 中的合式公式，公理和规则为 K^* 中的公理和规则。类似地，K^* 中定理的定义也是以归纳的方式给出的，所以也有相伴随的关于定理的结构归纳法。

类似于可以根据形式系统 L 中的形式推理关系 $\Gamma\vdash B$ 得到形式系统 K 中的形式推理关系 $\Gamma^*\vdash B^*$，由于形式系统 K^* 与形式系统 L^* 在推理规则上是相同的，K^* 的公理集合包含了 L^* 的全部公理，若 B 是 L^* 中的一个定理，$B_1,B_2,\cdots,B_n$ 为 B 在 L^* 中的形式证明，则对于 $B_1,B_2,\cdots,B_n$ 中出现的所有命题变元符号 $p_1,p_2,\cdots,p_m$，将它们在形式证明中的每一处出现都依次换成 K^* 中的合式公式 $A_1,A_2,\cdots,A_m$ 后，所得到的合式公式序列 $B_1^*,B_2^*,\cdots,B_n^*$ 为 K^* 中的形式证明，合式公式 $B^*=B_n^*$ 为 K^* 中的定理。如果 A^* 为谓词逻辑中的重言式，根据命题 4.4.2 可知，A^* 是将命题逻辑中重言式 A 所含有的命题符号换成谓词逻辑中的合式公式所得到的；根据 L^* 的完备性定理可知，A 为 L^* 中的定理；再结合前面的说明可知，A^* 为 K^* 中的定理。

【例 5.2.1】 证明下列各合式公式为 K^* 中的定理：

(i) $A^t_{x_i}\to\exists x_i A$，其中项 t 对 x_i 在 A 中代入自由；

(ii) $\forall x_i A \to \exists x_i A$。

证明：对于(i)，其形式证明如下。

(1) $\forall x_i(\neg A) \to \neg(A^t_{x_i})$ $(\forall_1)$

(2) $(\forall x_i(\neg A) \to \neg(A^t_{x_i})) \to (A^t_{x_i} \to \neg\forall x_i(\neg A))$ (重言式)

(3) $A^t_{x_i} \to \neg\forall x_i(\neg A)$ (1)(2)(MP)

根据已知中项 t 对 x_i 在 A 中代入自由，可知项 t 对 x_i 在 $\neg A$ 中也代入自由，且有 $(\neg A)^t_{x_i} = \neg(A^t_{x_i})$，再根据公理$(\forall_1)$，得到了步骤(1)。步骤(2)是利用了合式公式 $(A \to \neg B) \to (B \to \neg A)$ 为重言式的结果。由于 $\exists x_i A$ 视为是 $\neg\forall x_i(\neg A)$，所以步骤(3)即为 $A^t_{x_i} \to \exists x_i A$。

对于(ii)，其形式证明如下。

(1) $\forall x_i A \to A$ $(\forall_1)$

(2) $(\forall x_i A \to A) \to ((A \to \exists x_i A) \to (\forall x_i A \to \exists x_i A))$ (重言式)

(3) $(A \to \exists x_i A) \to (\forall x_i A \to \exists x_i A)$ (1)(2)(MP)

(4) $A \to \exists x_i A$ (i)

(5) $\forall x_i A \to \exists x_i A$ (3)(4)(MP)

其中，步骤(2)利用了合式公式 $(A \to B) \to ((B \to C) \to (A \to C))$ 为重言式的结果；步骤(4)利用了(i)的结果，项 x_i 对 x_i 在 A 中代入自由。

■

类似于形式系统 L^*，有必要在形式系统 K^* 中也引入从 Γ 到 B 的形式推演 $\Gamma \vdash B$，其定义在表述上与 L^* 中它们的定义一样，无非是现在的合式公式为 K^* 中的合式公式，公理和规则为 K^* 中的公理和规则。类似地，K^* 中也有相伴随的关于“从 Γ 可推演出的结论”的结构归纳法。由于 K^* 中的形式证明可以看作从空集的形式推演，采用记号 $\vdash B$ 表明 B 为 K^* 中的定理。

对于 K^* 中的形式推演，显然也有：若 $A \in \Gamma$，则有 $\Gamma \vdash A$；若 $\Gamma_1 \vdash B$，则对于任意满足 $\Gamma_1 \subset \Gamma$ 的 Γ，有 $\Gamma \vdash B$。此外，若 $\Gamma \vdash \Gamma_1$ 且 $\Gamma_1 \vdash B$，则存在 $\{A_1, A_2, \cdots, A_n\} \subset \Gamma_1$，满足 $A_1, A_2, \cdots, A_n \vdash B$，因此，根据命题 3.4.5 可知 $\Gamma \vdash B$。类似地，K^* 中也有推演定理。

【命题 5.2.1】 对于形式系统 K^* 中任意的合式公式集合 Γ 以及合式公式 A、B，如果 $\Gamma, A \vdash B$，那么 $\Gamma \vdash A \to B$；反之亦然。

证明：将命题 3.4.1 和命题 3.4.2 证明中的合式公式看作 K^* 中的合式公式即可。

■

不仅是推演定理，形式系统 L^* 中关于形式推演的很多结论在形式系统 K^* 中也都是成立的。比如，命题 3.4.3～命题 3.4.6 在形式系统 K^* 中也是成立的。还有 3.4 节中的一些例题，它们描述的仅涉及连接词的性质，因而也都可以作为导出变形规则在 K^* 中加以使用。在 K^* 中应该重点关注涉及量词的性质。

【命题 5.2.2】 对于形式系统 K^* 中任意的合式公式集合 Γ 以及合式公式 B，若 $\Gamma \vdash B$，且 x_i 不在 Γ 的任意合式公式中自由出现，则 $\Gamma \vdash \forall x_i B$。

证明： 该命题表明，对于任意满足 $\Gamma \vdash B$ 的合式公式 B，且 x_i 不在 Γ 的任意合式公式中自由出现，则 B 具有性质 P：$\Gamma \vdash \forall x_i B$。采用关于 K^* 中"从 Γ 可推演出的结论"的结构归纳法：

(i) 若 B 为公理，则根据($\forall_G$)可知 $\forall x_i B$ 也是公理，因此有 $\Gamma \vdash \forall x_i B$。

(ii) 若 $B \in \Gamma$，由于 x_i 不在 B 中自由出现，下列步骤是从 Γ 到 $\forall x_i B$ 的一个推演：

(1)	B	(前提)
(2)	$B \to \forall x_i B$	($\forall_2$)
(3)	$\forall x_i B$	(1)(2)(MP)

因此，也有 $\Gamma \vdash \forall x_i B$。

(iii) 若 $\Gamma \vdash A$，$\Gamma \vdash A \to B$，且 A 和$(A \to B)$满足性质 P，即 $\Gamma \vdash \forall x_i A$，以及 $\Gamma \vdash \forall x_i (A \to B)$，其中 x_i 不在 Γ 的任意合式公式中自由出现，则利用从 Γ 到 $\forall x_i A$ 的推演以及从 Γ 到 $\forall x_i (A \to B)$的推演，可以构造出一个从 Γ 到 $\forall x_i B$ 的推演。具体如下所示：

(1)	……	
(⋮)	⋮	
(n)	$\forall x_i A$	
($n+1$)	……	
(⋮)	⋮	
(m)	$\forall x_i (A \to B)$	
($m+1$)	$\forall x_i (A \to B) \to (\forall x_i A \to \forall x_i B)$	($\forall_3$)
($m+2$)	$\forall x_i A \to \forall x_i B$	(m)($m+1$)(MP)
($m+3$)	$\forall x_i B$	(n)($m+2$)(MP)

其中，前 n 步是从 Γ 到 $\forall x_i A$ 的推演，从第 $n+1$ 步到第 m 步是从 Γ 到 $\forall x_i (A \to B)$ 的推演。

根据 K^* 中"从 Γ 可推演出的结论"的结构归纳法，命题得证。

■

从命题 5.2.2 可以看出，在使用它时很像公理($\forall_G$)，特别地，由 $\vdash B$ 可以得到 $\vdash \forall x_i B$，即在已经得出合式公式 B 为定理的基础上可以直接得出 $\forall x_i B$ 也为定理。

【例 5.2.2】 证明 K^* 中下列的推演关系，其中 x_i 不在 B 中自由出现：

(i) $\forall x_i(B \to A) \vdash B \to \forall x_i A$；

(ii) $B \to \forall x_i A \vdash \forall x_i(B \to A)$。

证明：对于(i)，构造从$\{\forall x_i(B \to A), B\}$到 $\forall x_i A$ 的推演如下所示。

(1) $\forall x_i(B \to A)$	(前提)
(2) B	(前提)
(3) $\forall x_i(B \to A) \to (\forall x_i B \to \forall x_i A)$	($\forall_3$)
(4) $\forall x_i B \to \forall x_i A$	(2)(3)(MP)
(5) $B \to \forall x_i B$	($\forall_2$)
(6) $\forall x_i B$	(2)(5)(MP)
(7) $\forall x_i A$	(4)(6)(MP)

再由推演定理可得 $\forall x_i(B \to A) \vdash B \to \forall x_i A$。

对于(ii)，构造从$\{B \to \forall x_i A, B\}$到 A 的推演如下所示。

(1) $B \to \forall x_i A$	(前提)
(2) B	(前提)
(3) $\forall x_i A$	(1)(2)(MP)
(4) $\forall x_i A \to A$	($\forall_1$)
(5) A	(3)(4)(MP)

根据推演定理可得 $B \to \forall x_i A \vdash B \to A$；进一步，由于 x_i 不在 $B \to \forall x_i A$ 中自由出现，因此，根据命题 5.2.2 可得 $B \to \forall x_i A \vdash \forall x_i(B \to A)$。

■

【命题 5.2.3】 对于形式系统 K^* 中任意的合式公式集合 Γ 以及合式公式 A、B，若 $\Gamma, A \vdash B$，且 x_i 不在 $\Gamma \cup \{B\}$的任意合式公式中自由出现，则有 $\Gamma, \exists x_i A \vdash B$。

证明：根据已知 $\Gamma, A \vdash B$，应用推演定理可得 $\Gamma \vdash A \to B$。根据例 3.4.8 中的 $A \to B \vdash \neg B \to \neg A$，再结合命题 3.4.5，可得 $\Gamma \vdash \neg B \to \neg A$，进而应用推演定理，有 $\Gamma, \neg B \vdash \neg A$。由于 x_i 不在 $\Gamma \cup \{B\}$的任意合式公式中自由出现，则根据命题 5.2.2 可得 $\Gamma, \neg B \vdash \forall x_i(\neg A)$。上述从 $\Gamma, A \vdash B$ 得到 $\Gamma, \neg B \vdash \neg A$ 的过程

仅涉及连接词的性质,因而采用类似的步骤,可以从 $\Gamma, \neg B \vdash \forall x_i(\neg A)$ 得到 $\Gamma, \neg(\forall x_i(\neg A)) \vdash \neg\neg B$。再利用 $\neg\neg B \vdash B$,并将 $\exists x_i A$ 视为 $\neg \forall x_i(\neg A)$,可得 $\Gamma, \exists x_i A \vdash B$。

■

【命题 5.2.4】 对于形式系统 K^* 中任意的合式公式集合 Γ 以及合式公式 A、B,若 $\Gamma, A \vdash B$,且 x_i 不在 Γ 的任意合式公式中自由出现,则有 $\Gamma, \forall x_i A \vdash \forall x_i B$,且 $\Gamma, \exists x_i A \vdash \exists x_i B$。

证明:这里仅给出 $\Gamma, \forall x_i A \vdash \forall x_i B$ 的证明,$\Gamma, \exists x_i A \vdash \exists x_i B$ 类似可证。

根据例 3.4.4 可得 $\forall x_i A \to A, A \to B \vdash \forall x_i A \to B$,对其应用推演定理可得 $\forall x_i A \to A \vdash (A \to B) \to (\forall x_i A \to B)$。由于 $\forall x_i A \to A$ 为公理,可得 $\vdash (A \to B) \to (\forall x_i A \to B)$,进而应用推演定理可得 $A \to B \vdash \forall x_i A \to B$。对已知的 $\Gamma, A \vdash B$ 应用推演定理可得 $\Gamma \vdash A \to B$,进而再结合命题 3.4.5 可得 $\Gamma \vdash \forall x_i A \to B$,再次应用推演定理可得 $\Gamma, \forall x_i A \vdash B$。由于 x_i 不在 Γ 的任意合式公式中自由出现,根据命题 5.2.2 可得 $\Gamma, \forall x_i A \vdash \forall x_i B$。

■

命题 5.2.4 的特殊情况是,当 Γ 为空集时,若 $A \vdash B$,则有 $\forall x_i A \vdash \forall x_i B$,且 $\exists x_i A \vdash \exists x_i B$。它是例 4.6.2 在语法上的反映。

【例 5.2.3】 证明 K^* 中下列的推演关系:

(i) $\forall x_i \forall x_j A \vdash \forall x_j \forall x_i A$;

(ii) $\forall x_j \forall x_i A \vdash \forall x_i \forall x_j A$。

证明:对于(i),根据公理($\forall_1$)可知,$\forall x_j A \to A$ 为公理,故有 $\vdash \forall x_j A \to A$。对其应用推演定理可得 $\forall x_j A \vdash A$。根据命题 5.2.4 可得 $\forall x_i \forall x_j A \vdash \forall x_i A$。由于 x_j 不在 $\forall x_i \forall x_j A$ 中自由出现,再根据命题 5.2.2 可得 $\forall x_i \forall x_j A \vdash \forall x_j \forall x_i A$。

对于(ii),只需要将(i)中 x_i 和 x_j 互换即可。

■

【例 5.2.4】 证明 K^* 中下列的推演关系:

(i) $\forall x_i(A \to B) \vdash \forall x_i A \to \forall x_i B$;

(ii) $\forall x_i(A \to B) \vdash \exists x_i A \to \exists x_i B$。

证明:对于(i),构造从 $\{\forall x_i(A \to B), A\}$ 到 B 的推演如下所示。

(1) $\forall x_i(A \to B)$ (前提)

(2) A (前提)

(3) $\forall x_i(A\to B)\to(A\to B)$ ($\forall_1$)

(4) $A\to B$ (1)(3)(MP)

(5) B (2)(4)(MP)

因此，有 $\forall x_i(A\to B), A\vdash B$。由于 x_i 不在 $\forall x_i(A\to B)$ 自由出现，根据命题 5.2.4 可得 $\forall x_i(A\to B), \forall x_i A\vdash\forall x_i B$。再根据推演定理可得 $\forall x_i(A\to B)\vdash\forall x_i A\to\forall x_i B$。

对于(ii)，根据(i)中已得出的 $\forall x_i(A\to B), A\vdash B$，同样是根据命题 5.2.4 可得 $\forall x_i(A\to B), \exists x_i A\vdash\exists x_i B$。再根据推演定理可得 $\forall x_i(A\to B)\vdash\exists x_i A\to\exists x_i B$。

■

【例 5.2.5】 证明 K^* 中下列的推演关系：

(i) $\forall x_i A\vee\forall x_i B\vdash\forall x_i(A\vee B)$；

(ii) $\exists x_i(A\wedge B)\vdash\exists x_i A\wedge\exists x_i B$。

证明：对于(i)，根据重言式 $A\to(A\vee B)$ 和 $B\to(A\vee B)$ 可得 $A\vdash A\vee B$ 和 $B\vdash A\vee B$。利用命题 5.2.4 可得 $\forall x_i A\vdash\forall x_i(A\vee B)$ 和 $\forall x_i B\vdash\forall x_i(A\vee B)$。根据第 3 章中的($\vee-$)变形规则可知 $\forall x_i A\vee\forall x_i B\vdash\forall x_i(A\vee B)$。

对于(ii)，根据重言式 $(A\wedge B)\to A$ 和 $(A\wedge B)\to B$ 可得 $A\wedge B\vdash A$ 和 $A\wedge B\vdash B$。利用命题 5.2.4 可得 $\exists x_i(A\wedge B)\vdash\exists x_i A$ 和 $\exists x_i(A\wedge B)\vdash\exists x_i B$。根据第 3 章中的($\wedge+$)变形规则可知 $\exists x_i(A\wedge B)\vdash\exists x_i A\wedge\exists x_i B$。

■

在例 5.2.5 的证明中利用了 L 中的变形规则，这是 L 与 L^* 是等价的缘故，而 L^* 中的推演关系又可以用于 K^* 中；当然，也可以在 K^* 中导出这些变形规则。

【例 5.2.6】 证明 K^* 中下列的推演关系，其中 x_i 不在 B 中自由出现：

(i) $\forall x_i(A\to B)\vdash\exists x_i A\to B$；

(ii) $\exists x_i A\to B\vdash\forall x_i(A\to B)$。

证明：对于(i)，由于 x_i 不在 $\forall x_i(A\to B)$ 和 B 中自由出现，对例 5.2.4 证明中已得出的 $\forall x_i(A\to B), A\vdash B$，利用命题 5.2.3 可得 $\forall x_i(A\to B), \exists x_i A\vdash B$，因而利用推演定理可得 $\forall x_i(A\to B)\vdash\exists x_i A\to B$。

对于(ii)，由于 $\exists x_i A\to B\vdash\exists x_i A\to B$，可得 $\exists x_i A\to B, A\vdash\exists x_i A\to B$。根据例 5.2.1 的(i)，利用推演定理可得 $A\vdash\exists x_i A$，进而有 $\exists x_i A\to B, A\vdash\exists x_i A$。根据第 3 章中的($\to-$)变形规则可得 $\exists x_i A\to B, A\vdash B$。利用推演定理可得 $\exists x_i A\to B\vdash A\to B$。由于 x_i 不在 $\exists x_i(A\to B)$中自由出现，利用命题 5.2.2 可得

$\exists x_i A \to B \vdash \forall x_i(A \to B)$。

■

【例 5.2.7】 证明 K^* 中下列的推演关系，其中 x_j 对 x_i 在 A 中代入自由，且 x_j 不在 A 中自由出现：

(i) $\forall x_i A \vdash \forall x_j A_{x_i}^{x_j}$；

(ii) $\forall x_j A_{x_i}^{x_j} \vdash \forall x_i A$。

证明：对于(i)，构造从$\{\forall x_i A\}$到 $A_{x_i}^{x_j}$ 的推演如下所示。

(1) $\forall x_i A$　　（前提）

(2) $\forall x_i A \to A_{x_i}^{x_j}$　　（$\forall_1$）

(3) $A_{x_i}^{x_j}$　　(1)(2)(MP)

因而有$\forall x_i A \vdash A_{x_i}^{x_j}$。由于 x_j 不在 A 中自由出现，也不会在$\forall x_i A$ 中自由出现，根据命题 5.2.2 可得$\forall x_i A \vdash \forall x_j A_{x_i}^{x_j}$。

对于(ii)类似可证。

■

也可以在形式系统 K^* 中得到类似于命题 5.1.2 的结果，即对于合式公式 A 和 A^*，如果有 $A \vdash A^*$ 且 $A^* \vdash A$；将合式公式 B 中所含有 A 的一处或多处出现换成 A^*之后得到合式公式 B^*，则有 $B \vdash B^*$ 且 $B^* \vdash B$。进而，也可以在形式系统 K^* 中得出类似于命题 5.1.3 的结果，即对于任意的合式公式 A，均存在合式公式 A^*，满足 A^* 为前束范式，且有 $A \vdash A^*$，$A^* \vdash A$。这里不再赘述。

5.3 自然推理系统与公理推理系统的等价性

类似于命题逻辑形式系统 L 与形式系统 L^* 的等价性，前面两节的各种结果说明谓词逻辑形式系统 K 与形式系统 K^* 也是等价的。本节将 K^* 中的从 Γ 到 B 的推演“$\Gamma \vdash B$”用记号“$\Gamma \Vdash B$”表示，以与 K 中的形式推理关系 $\Gamma \vdash B$ 加以区分。此外，对于 K 中含有连接词符号$\wedge$、$\vee$、$\leftrightarrow$的合式公式采用 3.5 节的处理方法，可以将它们视为仅用$\neg$、$\to$表示的合式公式；对于 K^* 中含有量词符号$\exists$的合式公式$\exists x_i A$，将其视为$\neg\forall x_i(\neg A)$的缩写。通过这样的一个过程就可以将 K 中的合式公式视为 K^* 中的合式公式。

【命题 5.3.1】 对于形式系统 K^* 中任意的合式公式集合 $\Gamma=\{A_1,A_2,\cdots,A_n\}$，以及任意的公理 D，它们在形式系统 K 中均满足 $\Gamma \vdash D$。

证明：K^* 中的公理 D 包括：$(\to_1)$、$(\to_2)$、$(\to\neg)$，$(\forall_1)$、$(\forall_2)$、$(\forall_3)$、$(\forall_G)$七条。可以证明它们均满足$\varnothing\vdash D$，其中前三条$(\to_1)$、$(\to_2)$、$(\to\neg)$已经由命题 3.5.1 得出，下面给出后四条的证明。

对于公理$(\forall_1)$，D 为$\forall x_iA\to A^t_{x_i}$，其中项 t 对 x_i 在 A 中代入自由。有如下形式证明：

(1) $\forall x_iA\vdash\forall x_iA$ (∈)

(2) $\forall x_iA\vdash A^t_{x_i}$ (1)(∀−)

(3) $\varnothing\vdash\forall x_iA\to A^t_{x_i}$ (2)(→+)

对于公理$(\forall_2)$，D 为 $A\to\forall x_iA$，其中 x_i 不在 A 中自由出现。有如下形式证明：

(1) $A\vdash A$ (∈)

(2) $A\vdash\forall x_iA$ (1)(∀+)

(3) $\varnothing\vdash A\to\forall x_iA$ (2)(→+)

对于公理$(\forall_3)$，D 为$\forall x_i(A\to B)\to(\forall x_iA\to\forall x_iB)$。有如下形式证明：

(1) $\forall x_i(A\to B)\vdash\forall x_iA\to\forall x_iB$ (例 5.1.1(i))

(2) $\varnothing\vdash\forall x_i(A\to B)\to(\forall x_iA\to\forall x_iB)$ (2)(→+)

对于公理$(\forall_G)$，D 为$\forall x_{i_1}\forall x_{i_2}\cdots\forall x_{i_n}A$，其中 A 具有$(\to_1)$、$(\to_2)$、$(\to\neg)$、$(\forall_1)$、$(\forall_2)$、$(\forall_3)$中合式公式的形式。前面已经得出$\varnothing\vdash A$，对其利用 n 次(∀+)规则，可得$\varnothing\vdash\forall x_{i_1}\forall x_{i_2}\cdots\forall x_{i_n}A$。

可见，对于任意 K^* 中的公理 D，当把它们看作 K 中的合式公式后，均可在 K 中得出$\varnothing\vdash D$。然后，对$\varnothing\vdash D$ 在 K 中使用命题 3.2.1 的(P+)规则 n 次，可得$\{A_1,A_2,\cdots,A_n\}\vdash D$，即$\Gamma\vdash D$。

■

【命题 5.3.2】 对于形式系统 K^* 中任意的合式公式集合 $\Gamma=\{A_1,A_2,\cdots,A_n\}$以及合式公式 B，如果 $\Gamma\Vdash B$，那么 $\Gamma\vdash B$。

证明：此命题即为，在 K^* 中任意给定 $\Gamma=\{A_1,A_2,\cdots,A_n\}$，对于所有满足 $\Gamma\Vdash B$ 的合式公式 B，均具有性质 P：$\Gamma\vdash B$。在 K^* 中采用关于“从 Γ 可推演出的结论”的结构归纳法去证明该命题。

(i) 若 B 为 K^* 中的一条公理，则由命题 5.3.1 可知，$\Gamma\vdash B$。

(ii) 若 B 为 Γ 中的任一合式公式，即 $B\in\Gamma$，则由 K 中的(∈)规则，有 $\Gamma\vdash B$。

(iii) 若 $\Gamma\Vdash C$，$\Gamma\Vdash C\to B$，且 C 和$(C\to B)$满足性质 P，即 $\Gamma\vdash C$，以及 $\Gamma\vdash C\to B$，则可以构造如下在形式系统 K 中的证明：

(1) $\Gamma \vdash C$ (已知)

(2) $\Gamma \vdash C \to B$ (已知)

(3) $\Gamma \vdash B$ (1)(2)($\to -$)

根据 K^* 中"从 Γ 可推演出的结论"的结构归纳法,命题得证。

■

【命题 5.3.3】 对于形式系统 K 中任意的合式公式集合 $\Gamma=\{A_1, A_2, \cdots, A_n\}$以及合式公式 B,如果 $\Gamma \vdash B$,那么 $\Gamma \Vdash B$。

证明:此命题即为,在 K 中任意给定 $\Gamma=\{A_1, A_2, \cdots, A_n\}$,对于所有满足 $\Gamma \vdash B$ 的合式公式 B,均具有性质 P:$\Gamma \Vdash B$。在 K 中,采用关于形式推理关系的结构归纳法去证明该命题。

首先,若 $\Gamma \vdash B$ 是由第一条变形规则直接生成,则有 $B \in \Gamma$,此时,单个序列 B 就是从 Γ 到 B 的一个推演,因而有 $\Gamma \Vdash B$。

其次,依次验证,若 $\Gamma \vdash B$ 是由已有的形式推理关系应用第二条到第十五条变形规则中的某一条变形规则所生成,则当已有的形式推理关系具有该性质 P 时,所生成的形式推理关系 $\Gamma \vdash B$ 也具有该性质 P。其中从第二条到第十条变形规则的验证可以类比命题 3.5.3,只是此时的合式公式为 K 中的合式公式。下面验证后五条变形规则,即(P+)、($\forall -$)、($\forall +$)、($\exists -$)、($\exists +$)。

对于变形规则(P+),$\Gamma \vdash B$ 由 $\Gamma_1 \vdash B$ 应用(P+)规则得出,其中 $\Gamma=\Gamma_1 \cup \{A\}$。若 $\Gamma_1 \Vdash B$,则由于 $\Gamma_1 \subset \Gamma$,可得 $\Gamma \Vdash B$。

对于变形规则($\forall -$),$\Gamma \vdash B$ 由 $\Gamma \vdash \forall x_i A$ 应用($\forall -$)规则得出,其中 B 为 $A^t_{x_i}$,项 t 对 x_i 在 A 中代入自由。若 $\Gamma \Vdash \forall x_i A$,则根据 K^* 中公理($\forall_1$)可得 $\Vdash \forall x_i A \to A^t_{x_i}$,进而有 $\Gamma \Vdash \forall x_i A \to A^t_{x_i}$,再根据例 3.4.1(i)可得 $\Gamma \Vdash A^t_{x_i}$,此即为 $\Gamma \Vdash B$。

对于变形规则($\forall +$),$\Gamma \vdash B$ 由 $\Gamma \vdash A$ 应用($\forall +$)规则得出,其中 B 为 $\forall x_i A$,x_i 不在 Γ 的任意合式公式中自由出现。若 $\Gamma \Vdash A$,则根据命题 5.2.2 可知 $\Gamma \Vdash \forall x_i A$,此即为 $\Gamma \Vdash B$。

对于变形规则($\exists -$),$\Gamma \vdash B$ 由 $\Gamma_1, A \vdash B$ 应用($\exists -$)规则得出,其中 Γ 为 $\Gamma_1 \cup \{\exists x_i A\}$,$x_i$ 不在 $\Gamma \cup \{B\}$的任意合式公式中自由出现。若 $\Gamma_1, A \Vdash B$,则根据命题 5.2.3 可知 $\Gamma_1, \exists x_i A \Vdash B$,此即为 $\Gamma \Vdash B$。

对于变形规则($\exists +$),$\Gamma \vdash B$ 由 $\Gamma \vdash A^t_{x_i}$ 应用($\exists +$)规则得出,其中 B 为 $\exists x_i A$,项 t 对 x_i 在 A 中代入自由。若 $\Gamma \Vdash A^t_{x_i}$,则根据例 5.2.1(i)可得$\Vdash A^t_{x_i} \to \exists x_i A$,进而有$\Gamma \Vdash A^t_{x_i} \to \exists x_i A$。因此,根据例 3.4.1(i)可得 $\Gamma \Vdash \exists x_i A$,此即为

$\Gamma \Vdash B$。

因而，由 K 中关于形式推理关系的结构归纳法可知，对于任意的 Γ 与 B，若 $\Gamma \vdash B$，则 $\Gamma \Vdash B$。

■

由命题 5.3.2 和命题 5.3.3 可知，$\Gamma \vdash B$ 当且仅当 $\Gamma \Vdash B$。特别地，当 $\Gamma=\varnothing$ 时，$\vdash B$ 当且仅当 $\Vdash B$。可见，形式系统 K 与形式系统 K^* 中的 $\Gamma \vdash B$ 从“形状上”看是完全一样的。考虑到公理推理系统相比于自然推理系统的精练性，所以，以公理推理系统 K^* 为主要讨论对象。

5.4 形式系统的完备性

在 5.1 节和 5.2 节得到了形式系统 K 和形式系统 K^* 内部的一些形式证明和形式推演结果，从这些结果可以看出，它们是第 4 章中所对应的谓词逻辑语义上的结果在语法上的反映。这些提示我们，在谓词逻辑中也存在着语法概念上的 $\vdash$ 和与语义概念上的 $\vDash$ 相互等价。因此，本节讨论谓词逻辑形式系统的一些整体上的性质，在总体思路上与讨论命题逻辑形式系统的整体性质是一样的。当然，由于谓词逻辑讨论的复杂性来源于量词的引入，在具体实施上需要引入一些新的概念和方法来处理涉及量词的地方。考虑到形式系统 K 与形式系统 K^* 在模仿、反映逻辑推理上是等价的，而 K^* 比 K 要精练，因此以 K^* 为对象进行谓词逻辑形式系统整体上的讨论。

【命题 5.4.1】 对于形式系统 K^* 中的合式公式 A，若 $\vdash A$，则 $\vDash A$。

证明：此命题表明，K^* 中所有的定理均为永真式。采用关于 K^* 中定理的结构归纳法去证明：首先，在 5.2 节一开始介绍 K^* 的公理时就已给出过，K^* 中每一条公理都是永真式。其次，假设定理 A 和定理 $A \to B$ 都是永真式，则根据命题 4.6.1 的(1)可得 B 也是永真式。因而，根据 K^* 中关于定理的结构归纳法可知，K^* 中的每一个定理均为永真式。

■

命题 5.4.1 称为形式系统 K^* 的可靠性定理。命题 5.4.1 的逆命题证明要复杂很多。在讨论形式系统 L^* 的整体性质时采用的有些概念和方法可以借鉴来使用。

【定义 5.4.1】 对于一个谓词逻辑公理推理系统，若其中不存在合式公式 A，使得 A 和 $\neg A$ 均为该公理推理系统中的定理，则称该公理推理系统是一致的。

形式系统 K^* 是一致的。若 K^* 不一致，则说明存在一个合式公式 A，使得 A 和 $\neg A$ 均为 K^* 中的定理，即同时有 $\vdash A$ 和 $\vdash \neg A$。根据可靠性定理可得，$\vDash A$ 并且 $\vDash \neg A$，这说明了 A 和 $\neg A$ 在任何解释下都为真。这是不可能的，因为在同一个解释 $\langle \mathcal{S}, v \rangle$ 下，A 为真当且仅当 $\neg A$ 为假。

【定义 5.4.2】 在形式系统 K^* 的基础上，通过在其公理集合中增加一些合式公式作为新的公理，其他部分不变，这样所得到的形式系统称为 K^* 的扩张。

当形式系统中增加了新的合式公式作为公理后，($\forall_G$)公理中的合式公式 A 也应该包括新增加的合式公式。

【定义 5.4.3】 对于形式系统 K^* 的一个扩张 K_1^*，若对于每一个合式公式 A，A 或者 $\neg A$ 为 K_1^* 中的定理，则称该扩张 K_1^* 是完全的。

可以看出，关于形式系统 K^* 的扩张以及扩张的完全性，沿用了类似于形式系统 L^* 那里的表述。显然，形式系统 K^* 不是完全的，比如，原子合式公式 $F_1^1(x_1)$ 及其否定式 $\neg F_1^1(x_1)$ 都不是定理。由于形式系统 K^* 本身也是 K^* 的一个扩张，下面的讨论从 K^* 的扩张出发，使得结果更具一般性。

类似于形式系统 L^* 中关于形式推演的很多结论在形式系统 K^* 中也都是成立的一样，关于形式系统 L^* 整体性质的许多结论在形式系统 K^* 中也都是成立的。比如，在 K^* 中也有如下的命题。

【命题 5.4.2】 对于形式系统 K^* 的扩张 K_1^*，将其中的合式公式 $\neg A$ 加入 K_1^* 的公理集合后得到扩张 K_2^*，若 A 不是 K_1^* 的定理，则 K_2^* 一定是一致的；反之亦然。

证明：对于充分性采用反证法。若 K_2^* 不是一致的，则存在合式公式 B 满足 $\vdash_{K_2^*} B$ 和 $\vdash_{K_2^*} \neg B$，这里在符号 $\vdash$ 标出了所在的形式系统。由于 K_2^* 是将合式公式 $\neg A$ 加入 K_1^* 的公理集合所得，有 K_1^* 中的推演 $\neg A \vdash_{K_1^*} B$ 和 $\neg A \vdash_{K_1^*} \neg B$。进而，根据命题 3.4.3 有 $\vdash_{K_1^*} A$，这与已知条件中 A 不是 K_1^* 的定理相矛盾，所以 K_2^* 一定是一致的。

对于必要性还是采用反证法。若 A 是 K_1^* 的定理，则 A 也是 K_2^* 的定理，即 $\vdash_{K_2^*} A$。同时，$\neg A$ 作为 K_2^* 的公理，有 $\vdash_{K_2^*} \neg A$，这就与已知中 K_2^* 是一致的相矛盾。

■

对比命题 5.4.2 和命题 3.6.6 可以看出，命题本身以及证明都完全类似。同样地，类比命题 3.6.7，对于形式系统 K^* 的一致扩张 $\widetilde{K}^*$，总可以通过向 $\widetilde{K}^*$ 的公理集合中增加新的公理而获得同时满足一致性和完全性的 K^* 的扩张。具体方法：由于 K^* 的符号表集合是可列集，而合式公式又是有限个符号构成的符号串，K^* 中合式公式的集合也是可列集。因而，可以把 K^* 中所有的合式公式排成一个合式公式序列 $A_0, A_1, \cdots, A_n, \cdots$。令 $K_0^* = \widetilde{K}^*$，对于 $1 \leqslant n$，设已经得到了 K_{n-1}^*，那么可以按照方法得到 K_n^*：如果 $\vdash_{K_{n-1}^*} A_{n-1}$，就令 $K_n^* = K_{n-1}^*$；如果 $\nvdash_{K_{n-1}^*} A_{n-1}$，就将 $\neg A_{n-1}$ 加入 K_{n-1}^* 的公理集合中，从而得到 K_{n-1}^* 的一个扩张 K_n^*。对应着合式公式序列 $A_0, A_1, \cdots, A_n, \cdots$ 得到了 K^* 的扩张的序列 $K_0^*, K_1^*, \cdots, K_n^*, \cdots$。令 K_c^* 是将 $K_0^*, K_1^*, \cdots, K_n^*, \cdots$ 中所有公理集合的并作为 K_c^* 的公理集合所得到的，可见 K_c^* 为 K^* 的一个扩张。采用与命题 3.6.7 类似的方法可以证明 K_c^* 不仅是一致的，而且是完全的。

类似于命题 3.6.8，希望对于形式系统 K^* 可以得出结论：对于形式系统 K^* 的一致扩张 $\widetilde{K}^*$，存在一个解释 $\langle \mathcal{S}, v\rangle$，使得 $\widetilde{K}^*$ 中的每个定理都在该解释下为真。有了该结论，就可以很容易得到可靠性定理的逆命题。在该结论中需要找到这个适当的解释 $\langle \mathcal{S}, v\rangle$，使得满足一致性的形式系统 $\widetilde{K}^*$ 的每个定理都在该解释下为真。然而，仅仅通过将 $\widetilde{K}^*$ 扩张成满足完全性和一致性的形式系统是无法找到这个解释 $\langle \mathcal{S}, v\rangle$ 的。相对于形式系统 L^*，形式系统 K^* 中的量词增加了讨论的复杂度，需要在之前对于讨论 L^* 的方法基础上增加对于量词的处理方法。这种方法需要对形式系统 K^* 进行另一种"扩张"——对符号表集合进行扩张。具体地，在 K^* 的符号表集合中，增加一列个体词常元 $b_0, b_1, \cdots, b_n, \cdots$。这种语言上的扩张会在 K^* 中引入新的合式公式，进而会产生公理新的具体实例，如合式公式 $\forall x_1 F_1^1(x_1) \to F_1^1(b_1)$ 就是公理 $(\forall_1)$ 新的具体实例。这些新产生的情况也会体现在形式定理和形式推演上。由于形式系统的一致性是与形式定理和形式推演相关，希望进行符号表集合扩张后的形式系统不会改变一致性。对于合式公式 A，类比之前关于个体词变元 x_i 的代入 $A_{x_i}^t$，用符号 A_b^t 表示将 A 中所有出现的个体词常元 b 都换成项 t 后的合式公式。

【命题 5.4.3】 对于形式系统 K^*，在其符号表集合中加入一个个体词常元 b 得到形式系统 J，如果合式公式 A 为 J 的公理，x_i 为不在 A 中出现的个体词变元，那么 $A_b^{x_i}$ 为 K^* 的公理。

证明： 若 A 是 J 的关于连接词的前三条公理 $(\to_1)$、$(\to_2)$、$(\to\neg)$，那么 $A_b^{x_i}$ 还会是 K^* 中相同的公理。

若 A 为公理($\forall_1$),即 A 为 $\forall x_j B \to B^t_{x_j}$,其中项 t 对 x_j 在 B 中代入自由,则 $A^{x_i}_b = (\forall x_j B)^{x_i}_b \to (B^t_{x_j})^{x_i}_b$。由于 x_i 不在 A 中出现,可得 $x_i \neq x_j$,而且 x_i 不会出现在合式公式 B 中和项 t 中,因而对于 $(\forall x_j B)^{x_i}_b$,有 $(\forall x_j B)^{x_i}_b = \forall x_j B^{x_i}_b$,对于 $(B^t_{x_j})^{x_i}_b$,$B^t_{x_j}$ 中可能出现 b 的地方一个是在 B 中,另一个是在 t 中,所以 $(B^t_{x_j})^{x_i}_b = (B^{x_i}_b)^{t^{x_i}_b}_{x_j}$。因此 $A^{x_i}_b = \forall x_j B^{x_i}_b \to (B^{x_i}_b)^{t^{x_i}_b}_{x_j}$。为了 $A^{x_i}_b$ 是 K^* 中的公理($\forall_1$),还需要说明项 $t^{x_i}_b$ 对 x_j 在 $B^{x_i}_b$ 中代入自由。因为项 t 对 x_j 在 B 中代入自由,而 $t^{x_i}_b$ 至多比 t 在自由变元上多出一个 x_i,$B^{x_i}_b$ 也至多比 B 在自由变元上多出一个 x_i,而 $B^{x_i}_b$ 是将 B 中 b 出现的地方换成 x_i,个体词常元 b 是不会出现在量词之后的,所以 x_j 不会出现在 $B^{x_i}_b$ 中 $\forall x_i$ 的辖域内,可见 $t^{x_i}_b$ 对 x_j 在 $B^{x_i}_b$ 中代入自由。

若 A 为公理($\forall_2$),即 A 为 $B \to \forall x_j B$,其中 x_j 不在 B 中自由出现,则 $A^{x_i}_b = B^{x_i}_b \to \forall x_j B^{x_i}_b$。因为 $x_i \neq x_j$,而且 x_i 不会出现在合式公式 A 中,所以 $B^{x_i}_b$ 至多比 B 在自由变元上多出一个 x_i。可见 x_j 不会在 $B^{x_i}_b$ 中自由出现,因而 $A^{x_i}_b$ 为 K^* 中的公理($\forall_2$)。

若 A 为公理($\forall_3$),即 A 为 $\forall x_j(B \to C) \to (\forall x_j B \to \forall x_j C)$,则 $A^{x_i}_b$ 为 $\forall x_j(B^{x_i}_b \to C^{x_i}_b) \to (\forall x_j B^{x_i}_b \to \forall x_j C^{x_i}_b)$,此即为 K^* 中的公理($\forall_3$)。

若 A 为公理($\forall_G$),即 A 为 $\forall x_{j_1} \forall x_{j_2} \cdots \forall x_{j_n} B$,其中 B 具有($\to_1$)、($\to_2$)、($\to\neg$)、($\forall_1$)、($\forall_2$)、($\forall_3$)中合式公式的形式,则 $A^{x_i}_b$ 为 $\forall x_{j_1} \forall x_{j_2} \cdots \forall x_{j_n} B^{x_i}_b$,由前面的情况已得出 $B^{x_i}_b$ 均为 K^* 中的公理,因此 $A^{x_i}_b$ 依然为 K^* 中的公理。

■

【命题 5.4.4】 对于形式系统 K^* 的扩张 $\widetilde{K}^*$,在其符号表集合中加入一个个体词常元 b 得到形式系统 J,若 $A_1, A_2, \cdots, A_n$ 是 J 中的一个证明,则 $(A_1)^{x_i}_b$,$(A_2)^{x_i}_b, \cdots, (A_n)^{x_i}_b$ 是 $\widetilde{K}^*$ 中的一个证明,其中 x_i 为不在 $A_1, A_2, \cdots, A_n$ 中出现的个体词变元。

证明:对于任意的 $1 \leqslant k \leqslant n$,若 A_k 为 J 中的公理,则分为两种情况:①A_k 为 K^* 中的公理,那么根据命题 5.4.3 可知,$(A_k)^{x_i}_b$ 为 K^* 中的公理,当然也是 $\widetilde{K}^*$ 中的公理;②如果 A_k 是为了得到扩张 $\widetilde{K}^*$,在 K^* 的公理集合中增加的合式公式,此时它不是公理模式,而是 K^* 中一个具体的合式公式,所以 A_k 中不含有个体词常元 b,因此 $(A_k)^{x_i}_b = A_k$ 还是 $\widetilde{K}^*$ 中的公理。

如果 A_k 是由 A_m 和 $A_n = A_m \to A_k$ 应用(MP)得到,其中 $m, n < k$,那么

$(A_k)^{x_i}_b$ 也可由 $(A_m)^{x_i}_b$ 和 $(A_n)^{x_i}_b = (A_m)^{x_i}_b \to (A_k)^{x_i}_b$ 应用(MP)得到。所以，$(A_1)^{x_i}_b, (A_2)^{x_i}_b, \cdots, (A_n)^{x_i}_b$ 不再含有个体词常元 b，因而也就是 $\widetilde{K}^*$ 中的一个证明。

■

从命题 5.4.4 的证明中可以看出，该命题成立的关键在于"新加入的个体词常元 b 不会出现在 J 中那些不是$(\to_1)$、$(\to_2)$、$(\to\neg)$、$(\forall_1)$、$(\forall_2)$、$(\forall_3)$、$(\forall_G)$的公理中"，因为在命题 5.4.3 中已经验证过了这 7 条公理经过将 b 换成 x_i 之后还会是 $\widetilde{K}^*$ 中的公理，当然也是 J 中的公理，而形式证明中出现的合式公式将 b 换成 x_i 的前后在使用规则(MP)上是不变的。进而可以在形式系统中一个一个地加入个体词常元，使得 K^* 中的 7 条公理经过将所含有的新加入语言中的个体词常元，换成不在公理中出现的个体词变元后，依然还会是公理。

【命题 5.4.5】 对于形式系统 K^* 的扩张 $\widetilde{K}^*$，在其符号表集合中加入一列个体词常元 $b_0, b_1, \cdots, b_n, \cdots$得到形式系统 J，那么 $\widetilde{K}^*$ 是一致的当且仅当 J 是一致的。

证明：首先，如果 $\widetilde{K}^*$ 是一致的，用反证法证明 J 也是一致的。假设 J 不是一致的，那么存在 J 中的合式公式 B，有 $\vdash_J B$，且 $\vdash_J \neg B$。设它们的证明分别为 $A_1, A_2, \cdots, A_n$ 和 $A'_1, A'_2, \cdots, A'_m$。由于 m、n 的有限性，可知 $A_1, A_2, \cdots, A_n$ 和 $A'_1, A'_2, \cdots, A'_m$ 中含有新引入的个体词变元的数目是有限的，设为 k，令这 k 个新引入的个体词常元为 $b_{i_1}, b_{i_2}, \cdots, b_{i_k}$。从个体词变元中选择 k 个 $x_{i_1}, x_{i_2}, \cdots, x_{i_k}$，使得它们不在 $A_1, A_2, \cdots, A_n$ 和 $A'_1, A'_2, \cdots, A'_m$ 中出现，那么类似于命题 5.4.4，通过将 $A_1, A_2, \cdots, A_n$ 和 $A'_1, A'_2, \cdots, A'_m$ 中的个体词常元 $b_{i_1}, b_{i_2}, \cdots, b_{i_k}$ 分别换成 $x_{i_1}, x_{i_2}, \cdots, x_{i_k}$，就会分别得到 $\widetilde{K}^*$ 中的关于 B 和 $\neg B$ 的证明，因而有 $\vdash_{\widetilde{K}^*} B$ 和 $\vdash_{\widetilde{K}^*} \neg B$，而这与 $\widetilde{K}^*$ 的一致性相矛盾。

其次，如果 J 是一致的，用反证法证明 $\widetilde{K}^*$ 也是一致的。假设 $\widetilde{K}^*$ 不是一致的，那么存在 $\widetilde{K}^*$ 中的合式公式 B，有 $\vdash_{\widetilde{K}^*} B$，且 $\vdash_{\widetilde{K}^*} \neg B$。由于 $\widetilde{K}^*$ 中的合式公式也是 J 中的合式公式，有 $\vdash_J B$，且 $\vdash_J \neg B$，这就与 J 的一致性相矛盾。

■

通过命题 5.4.5，对形式系统 K^* 的扩张 $\widetilde{K}^*$ 引入新的个体词常元后，不会改变形式系统的一致性，这样就可以在扩大符号表集合的形式系统中进行下一步的操作。现在开始处理量词，对于已经在形式系统 K^* 的一致扩张 $\widetilde{K}^*$ 中加入一列个体词常元 $b_0, b_1, \cdots, b_n, \cdots$ 的形式系统 J 来说，向 J 中加入一些关于量词的公理，以获得关于 J 的一系列扩张。其具体操作：首先，在形式系统 J 中，对于每个合式公式 A_k 以及每个个体词变元 x_{i_k}，构造合式公式 $B_k = \neg \forall x_{i_k} A_k \to \neg (A_k)_{x_{i_k}}^{c_k}$，其中 c_k 是从 $b_0, b_1, \cdots, b_n, \cdots$ 选取的一些个体词常元。由于 J 中所有合式公式的集合以及所有个体词变元的集合都是可列集，根据 1.5 节关于可列集的结果可知，这两个集合的笛卡儿积也是可列集，因而对于所有的合式公式和所有的个体词变元，可以按照 $\langle A_0, x_{i_0}\rangle, \langle A_1, x_{i_1}\rangle, \cdots, \langle A_k, x_{i_k}\rangle, \cdots$ 的顺序依次列出它们，然后从 $b_0, b_1, \cdots, b_n, \cdots$ 中选取一个个体词常元，记为 c_0，满足 c_0 不在 A_0 中出现的，进而构造合式公式 $B_0 = \neg \forall x_{i_0} A_0 \to \neg (A_0)_{x_{i_0}}^{c_0}$；假如已经得到 c_n，并构造出了合式公式 $B_n = \neg \forall x_{i_n} A_n \to \neg (A_n)_{x_{i_n}}^{c_n}$，那么由于 $A_0, A_1, \cdots, A_n, A_{n+1}$ 中所含新引入的个体词常元 b_n 是有限多的，从 $\{b_0, b_1, \cdots, b_n, \cdots\} - \{c_0, c_1, \cdots, c_n\}$ 中选取一个个体词常元，记为 c_{n+1}，满足 c_{n+1} 不在 $A_0, A_1, \cdots, A_n, A_{n+1}$ 中出现，并构造合式公式 $B_{n+1} = \neg \forall x_{i_{n+1}} A_{n+1} \to \neg (A_{n+1})_{x_{i_{n+1}}}^{c_{n+1}}$；将会依次得到合式公式的序列 $B_0, B_1, \cdots, B_n, \cdots$。令 $J_0 = J$，并将 B_0 加入到 J_0 的公理集合中得到 J_1；对于 $1 < n$，将 B_n 加入到 J_n 的公理集合中得到 J_{n+1}；对应着合式公式序列 B_0, $B_1, \cdots, B_n, \cdots$，得到 J_0 的扩张序列 $J_0, J_1, \cdots, J_n, \cdots$。令 J_c 是将 $J_0, J_1, \cdots$, $J_n, \cdots$ 中所有公理集合的并作为 J_c 的公理集合所得到的形式系统，由于 J_0 是对一致扩张 $\widetilde{K}^*$ 中加入一列个体词常元 $b_0, b_1, \cdots, b_n, \cdots$ 所得到的形式系统，根据命题 5.4.5 可知 J_0 是一致的。J_c 也是一致的。

【命题 5.4.6】 形式系统 J_c 是一致的。

证明：首先证明每一个 J_n 都是一致的，采用数学归纳法证明此结论。具体地，J_0 是一致的。假设 J_n 是一致的，按照数学归纳法，只需证明 J_{n+1} 也是一致的。若 J_{n+1} 不一致，则存在 J_{n+1} 中的合式公式 C 满足 $\vdash_{J_{n+1}} C$ 和 $\vdash_{J_{n+1}} \neg C$。由于对于任意的合式公式 D_1、D_2，有 $D_1 \to (\neg D_1 \to \neg D_2)$ 是重言式，因此有 $\vdash_{J_{n+1}} C \to (\neg C \to \neg B_n)$。利用 $\vdash_{J_{n+1}} C$ 和 $\vdash_{J_{n+1}} \neg C$ 对上式使用(MP)规则两次，可得 $\vdash_{J_{n+1}} \neg B_n$。由于 J_{n+1} 是通过将 B_n 加入 J_n 的公理集合中得到的，有 $B_n \vdash_{J_n} \neg B_n$，进而根据推演定理可得 $\vdash_{J_n} B_n \to \neg B_n$。根据例题 3.4.6 可得 $\vdash_{J_n} (B_n \to \neg B_n) \to \neg B_n$，因而使用(MP)规则可得 $\vdash_{J_n} \neg B_n$，即 $\vdash_{J_n} \neg(\neg \forall x_{i_n} A_n \to \neg (A_n)_{x_{i_n}}^{c_n})$。由于对于任意的合式公式 D_1, D_2，有 $\neg(D_1 \to D_2) \to D_1$ 和 $\neg(D_1 \to D_2) \to \neg D_2$ 是重言式，

可得 $\vdash_{J_n} \neg(\neg\forall x_{i_n}A_n \to \neg(A_n)^{c_n}_{x_{i_n}}) \to \neg\forall x_{i_n}A_n$ 和 $\vdash_{J_n} \neg(\neg\forall x_{i_n}A_n \to \neg(A_n)^{c_n}_{x_{i_n}}) \to (A_n)^{c_n}_{x_{i_n}}$，对它们利用 $\vdash_{J_n} \neg(\neg\forall x_{i_n}A_n \to \neg(A_n)^{c_n}_{x_{i_n}})$ 并使用(MP)规则可得 $\vdash_{J_n} \neg\forall x_{i_n}A_n$ 和 $\vdash_{J_n} (A_n)^{c_n}_{x_{i_n}}$。

形式系统 J_n 中的公理包括 J_0 中的公理以及合式公式 $B_0, B_1, \cdots, B_{n-1}$，根据命题 5.4.4，如果把 J_n 中关于 $(A_n)^{c_n}_{x_{i_n}}$ 证明中的每一个合式公式里出现的 c_n 都换成不在证明中出现的个体词变元 x_l，那么由于 c_n 不在 $B_0, B_1, \cdots, B_{n-1}$ 中出现，将关于 $(A_n)^{c_n}_{x_{i_n}}$ 证明中出现的 c_n 换成 x_l 之后，这些证明就成为关于 $((A_n)^{c_n}_{x_{i_n}})^{x_l}_{c_n}$ 的证明，即 $\vdash_{J_n} ((A_n)^{c_n}_{x_{i_n}})^{x_l}_{c_n}$。$c_n$ 是个体词常元，所以 $((A_n)^{c_n}_{x_{i_n}})^{x_l}_{c_n} = (A_n)^{x_l}_{x_{i_n}}$，因而有 $\vdash_{J_n} (A_n)^{x_l}_{x_{i_n}}$，再根据公理($\forall_G$)可得 $\vdash_{J_n} \forall x_l (A_n)^{x_l}_{x_{i_n}}$。而根据例 5.2.7 有 $\forall x_l (A_n)^{x_l}_{x_{i_n}} \vdash_{J_n} \forall x_{i_n}A_n$，进而可得 $\vdash_{J_n} \forall x_{i_n}A_n$，这就与前面已经得到的 $\vdash_{J_n} \neg\forall x_{i_n}A_n$ 矛盾，因此，如果 J_n 是一致的，那么 J_{n+1} 一定也是一致的，根据数学归纳法可得，对于任意的 $n \in \mathbb{N}$，J_n 都是一致的。

由于 J_c 是将 $J_0, J_1, \cdots, J_n, \cdots$ 中所有公理集合的并作为 J_c 的公理集合所得到的形式系统，采用与命题 3.6.7 中证明 L_c^* 一致性同样的方法可得，如果 J_c 不是一致的，那么一定会在某一个 J_n 上也呈现出不一致性，这就与 J_n 是一致的相矛盾。

■

由于 J_c 是一致的，可以采用命题 3.6.7 中构造同时满足一致性和完全性的扩张方法得到 J_c 的一个扩张 $\widetilde{J}_c$，使得它同时满足一致性和完全性。现在可以根据这个 $\widetilde{J}_c$ 构造出一个解释 $\langle \mathcal{S}, v\rangle$，使得 $\widetilde{J}_c$ 中的每一个定理在该解释下都为真。

【定义 5.4.4】 定义形式系统 $\widetilde{J}_c$ 形式语言部分的一个解释 $\langle \mathcal{S}, v\rangle$ 如下所示：

(1) 结构 $\mathcal{S}$ 中的论域 S 为 $\widetilde{J}_c$ 中所有项的集合；

(2) 在结构 $\mathcal{S}$ 中，对于 n 元谓词 F_i^n，其所对应的 S 上的 n 元关系 $\overline{F}_i^n$ 为 $\langle t_1, t_2, \cdots, t_n\rangle \in \overline{F}_i^n$ 当且仅当 $\vdash_{\widetilde{J}_c} F_i^n(t_1, t_2, \cdots, t_n)$，其中 $t_1, t_2, \cdots, t_n \in S$；

(3) 在结构 $\mathcal{S}$ 中，对于 n 元函数词 f_i^n，其所对应的 S 上的 n 元运算 $\overline{f}_i^n$ 为 $\overline{f}_i^n(t_1, t_2, \cdots, t_n) = f_i^n(t_1, t_2, \cdots, t_n)$，其中 $t_1, t_2, \cdots, t_n \in S$；

(4) 在结构 $\mathcal{S}$ 中，对于个体词常元 a_i，其所对应的 S 中的元素 $\overline{a}_i = a_i$；

(5) 结构 $\mathcal{S}$ 上的指派 v 满足 $v(x_i) = x_i$。

定义 5.4.4 中的解释称为正则解释(canonical interpretation)。该解释将 $\widetilde{J}_c$ 中所有的项的集合作为论域,这是非常具有特点的。在引入项的定义时曾谈到过,项是用来解释为论域中的对象,而在正则解释中将项本身作为论域中的元素。因此直观上看,在正则解释中项在指派下应该等于其自身。

【命题 5.4.7】 对于形式系统 $\widetilde{J}_c$ 中的任意项 t,正则解释中项的指派 $\tilde{v}$ 满足 $\tilde{v}(t)=t$。

证明:采用关于项的结构归纳法。

若 t 为个体词变元 x_i,则有

$$\tilde{v}(t)=\tilde{v}(x_i)=v(x_i)=x_i=t$$

若 t 为个体词常元 a_i,则有

$$\tilde{v}(t)=\tilde{v}(a_i)=\bar{a}_i=a_i=t$$

若项 $t_1,t_2,\cdots,t_n$ 满足 $\tilde{v}(t_1)=t_1,\tilde{v}(t_2)=t_2,\cdots,\tilde{v}(t_n)=t_n$,则对于任意的函数词 n 元函数词 f_i^n,有

$$\begin{aligned}\tilde{v}(f_i^n(t_1,t_2,\cdots,t_n)) &= \bar{f}_i^n(\tilde{v}(t_1),\tilde{v}(t_2),\cdots,\tilde{v}(t_n))\\ &= \bar{f}_i^n(t_1,t_2,\cdots,t_n)=f_i^n(t_1,t_2,\cdots,t_n)\end{aligned}$$

根据项的结构归纳法可得,对于任意的项 t,均有 $\tilde{v}(t)=t$。

■

【命题 5.4.8】 对于形式系统 $\widetilde{J}_c$ 中的任意合式公式 A,$\vdash_{\widetilde{J}_c} A$ 当且仅当 A 在正则解释 $\langle S,v\rangle$ 下为真。

证明:对合式公式的层次 k 采用数学归纳法进行证明。

首先,当 $k=0$ 时,A 为原子合式公式,即 A 为 $F_i^n(t_1,t_2,\cdots,t_n)$。若 A 为定理,即 $\vdash_{\widetilde{J}_c} F_i^n(t_1,t_2,\cdots,t_n)$,则有 $\langle t_1,t_2,\cdots,t_n\rangle\in\bar{F}_i^n$,根据命题 5.4.7 可得 $\langle\tilde{v}(t_1),\tilde{v}(t_2),\cdots,\tilde{v}(t_n)\rangle\in\bar{F}_i^n$,所以 A 在解释 $\langle\mathcal{S},v\rangle$ 下为真。若 A 在解释 $\langle\mathcal{S},v\rangle$ 下为真,则有 $\langle\tilde{v}(t_1),\tilde{v}(t_2),\cdots,\tilde{v}(t_n)\rangle\in\bar{F}_i^n$,再根据命题 5.4.7 可得 $\langle t_1,t_2,\cdots,t_n\rangle\in\bar{F}_i^n$,因而有 $\vdash_{\widetilde{J}_c} F_i^n(t_1,t_2,\cdots,t_n)$,即 $\vdash_{\widetilde{J}_c} A$。

然后,假设对于层次小于 k 的合式公式 A,有 $\vdash_{\widetilde{J}_c} A$ 当且仅当 A 在正则解释 $\langle\mathcal{S},v\rangle$ 下为真。证明在此假设下,对于层次等于 k 的合式公式 A,有 $\vdash_{\widetilde{J}_c} A$ 当且仅当 A 在正则解释 $\langle\mathcal{S},v\rangle$ 下为真。

(1) 如果 $A=\neg C$。对于 A,若 A 为定理,即 $\vdash_{\widetilde{J}_c}\neg C$。因为 $\widetilde{J}_c$ 是一致的,所

以 C 不是定理，由假设可知 C 在解释 $\langle\mathcal{S},v\rangle$ 下为假，进而 $\neg C$ 在解释 $\langle\mathcal{S},v\rangle$ 下为真，即 A 在解释 $\langle\mathcal{S},v\rangle$ 下为真。若 A 在解释 $\langle\mathcal{S},v\rangle$ 下为真，则 C 在解释 $\langle\mathcal{S},v\rangle$ 下为假，所以 C 不是定理，由 $\widetilde{J}_c$ 的完全性可得 $\vdash_{\widetilde{J}_c}\neg C$，即 $\vdash_{\widetilde{J}_c}A$。

(2) 如果 $A=C\to D$。对于 A，若 A 为定理，即 $\vdash_{\widetilde{J}_c}C\to D$，采用反证法证明 A 在解释 $\langle\mathcal{S},v\rangle$ 下为真。如果 A 在解释 $\langle\mathcal{S},v\rangle$ 下为假，则 C 在解释 $\langle\mathcal{S},v\rangle$ 下为真，且 D 在解释 $\langle\mathcal{S},v\rangle$ 下为假。由假设可知 C 为定理且 D 不为定理。利用 $\widetilde{J}_c$ 的完全性可知 $\neg D$ 为定理，即 $\vdash_{\widetilde{J}_c}C$ 且 $\vdash_{\widetilde{J}_c}\neg D$。利用重言式 $C\to(\neg D\to\neg(C\to D))$，有 $\vdash_{\widetilde{J}_c}C\to(\neg D\to\neg(C\to D))$，对其根据 $\vdash_{\widetilde{J}_c}C$ 和 $\vdash_{\widetilde{J}_c}\neg D$，并利用两次(MP)规则可得 $\vdash_{\widetilde{J}_c}\neg(C\to D)$，即 $\vdash_{\widetilde{J}_c}\neg A$，而已知 A 为定理，这就与 $\widetilde{J}_c$ 的一致性相矛盾。如果 A 在解释 $\langle\mathcal{S},v\rangle$ 下为真，利用反证法证明 $\vdash_{\widetilde{J}_c}A$。若 A 不是定理，利用 $\widetilde{J}_c$ 的完全性可知 $\neg A$ 为定理，即 $\vdash_{\widetilde{J}_c}\neg(C\to D)$。因为 $\neg(C\to D)\to C$ 和 $\neg(C\to D)\to\neg D$ 为重言式，所以 $\vdash_{\widetilde{J}_c}\neg(C\to D)\to C$ 和 $\vdash_{\widetilde{J}_c}\neg(C\to D)\to\neg D$，所以对它们利用(MP)规则有 $\vdash_{\widetilde{J}_c}C$ 和 $\vdash_{\widetilde{J}_c}\neg D$。利用 $\widetilde{J}_c$ 的一致性可得 D 不为定理，因此 C 为定理且 D 不为定理，根据假设可知 C 在解释 $\langle\mathcal{S},v\rangle$ 下为真，且 D 在解释 $\langle\mathcal{S},v\rangle$ 下为假，因而有 $C\to D$ 在解释 $\langle\mathcal{S},v\rangle$ 下为假，也就是 A 在解释 $\langle\mathcal{S},v\rangle$ 下为假，这就产生了矛盾。

(3) 如果 $A=\forall x_iC$。对于 A，若 A 为定理，即 $\vdash_{\widetilde{J}_c}\forall x_iC$，采用反证法证明 A 在解释 $\langle\mathcal{S},v\rangle$ 下为真。如果 $\forall x_iC$ 在解释 $\langle\mathcal{S},v\rangle$ 下为假，则存在 $t\in S$，使得 C 在解释 $\langle\mathcal{S},v_{t\to x_i}\rangle$ 下为假。由于正则解释中，论域 S 为 $\widetilde{J}_c$ 中所有项 t 的集合，所以这里采用了 $v_{t\to x_i}$ 而非之前的 $v_{a\to x_i}$。为了利用命题 4.4.7，需要项 t 对 x_i 在 C 中代入自由。为此，选择 C 的一个约束变元换名 C'，使得 t 对 x_i 在 C' 中代入自由。根据命题 4.5.3，C 和 C' 是永真等价的，因而可得 C' 在解释 $\langle\mathcal{S},v_{t\to x_i}\rangle$ 下为假。根据命题 5.4.7，$\tilde{v}(t)=t$，因此 C' 在解释 $\langle\mathcal{S},v_{\tilde{v}(t)\to x_i}\rangle$ 下为假。此时，根据命题 4.4.7 可得 $(C')^t_{x_i}$ 在解释 $\langle\mathcal{S},v\rangle$ 下为假，进而根据假设可得 $\nvdash_{\widetilde{J}_c}(C')^t_{x_i}$。利用例 5.2.7 及其下面的说明，有 $C\vdash C'$ 且 $C'\vdash C$，进而 $\forall x_iC\vdash_{\widetilde{J}_c}\forall x_iC'$ 且 $\forall x_iC'\vdash_{\widetilde{J}_c}\forall x_iC$。而已知 $\vdash_{\widetilde{J}_c}\forall x_iC$，所以有 $\vdash_{\widetilde{J}_c}\forall x_iC'$，再根据公理($\forall_1$)有 $\vdash_{\widetilde{J}_c}\forall x_iC'\to(C')^t_{x_i}$，进而利用(MP)规则有 $\vdash_{\widetilde{J}_c}(C')^t_{x_i}$，这就与 $\widetilde{J}_c$ 的一致性产生了矛盾。如果 A 在解

释$\langle \mathcal{S}, v\rangle$下为真，利用反证法证明$\vdash_{\widetilde{J}_c} A$。对于$A$中的$C$和$x_i$，由它们构成的有序对$\langle C, x_i\rangle$必然是前面构造$B_n = \neg\forall x_{i_n} A_n \to \neg (A_n)_{x_{i_n}}^{c_n}$时所使用的序列$\langle A_0, x_{i_0}\rangle, \langle A_1, x_{i_1}\rangle, \cdots, \langle A_k, x_{i_k}\rangle, \cdots$中的某一个。设$\langle C, x_i\rangle$为$\langle A_m, x_{i_m}\rangle$，则根据$\langle A_m, x_{i_m}\rangle$所构造出的$B_m$为$\neg\forall x_{i_m} A_m \to \neg (A_m)_{x_{i_m}}^{c_m}$。当然，$B_m$是$\widetilde{J}_c$中的公理，因而有$\vdash_{\widetilde{J}_c} \neg\forall x_{i_m} A_m \to \neg (A_m)_{x_{i_m}}^{c_m}$。根据已知，$\forall x_{i_m} A_m$在解释$\langle \mathcal{S}, v\rangle$下为真，则根据命题 4.4.8 的(1)可得$(A_m)_{x_{i_m}}^{c_m}$在解释$\langle \mathcal{S}, v\rangle$下为真，因而根据假设可得$\vdash_{\widetilde{J}_c} (A_m)_{x_{i_m}}^{c_m}$。如果$A$不是定理，利用$\widetilde{J}_c$的完全性可知$\neg A$为定理，即$\vdash_{\widetilde{J}_c} \neg\forall x_{i_m} A_m$，根据$\vdash_{\widetilde{J}_c} \neg\forall x_{i_m} A_m \to \neg (A_m)_{x_{i_m}}^{c_m}$利用(MP)规则可得$\vdash_{\widetilde{J}_c} \neg (A_m)_{x_{i_m}}^{c_m}$，这就与$\widetilde{J}_c$的一致性产生了矛盾。

至此对合式公式的层次k采用数学归纳法完成了证明。

■

根据命题 5.4.8，形式系统$\widetilde{J}_c$中的每个定理A在正则解释$\langle \mathcal{S}, v\rangle$下都为真。回顾构造$\widetilde{J}_c$的整个过程，首先对$\widetilde{K}^*$的符号表集合中加入个体词常元，以对形式语言部分进行扩张，然后再加入一些合式公式到$\widetilde{K}^*$的公理集中，以对形式推理部分进行扩张，包括加入特定的$B_n = \neg\forall x_{i_n} A_n \to \neg (A_n)_{x_{i_n}}^{c_n}$以及为了获得形式系统的完全性所加入的一些合式公式。$\widetilde{K}^*$中原有的公理没有改变，所以$\widetilde{K}^*$中的定理也是$\widetilde{J}_c$中的定理，进而在正则解释$\langle \mathcal{S}, v\rangle$下也会为真。当然，由于$\widetilde{K}^*$的语言部分不含有后来新加入的个体词常元，$\widetilde{K}^*$中的正则解释$\langle \mathcal{S}, v\rangle$是指把关于新加入个体词常元的解释全部去除，就得到了只针对$\widetilde{K}^*$中符号的解释。这也就是说，对于形式系统K^*的一致扩张$\widetilde{K}^*$，存在一个解释$\langle \mathcal{S}, v\rangle$，使得$\widetilde{K}^*$中的每一个定理都在该解释下为真。有了上述的准备工作，现在可以证明可靠性定理的逆命题。

【命题 5.4.9】 对于形式系统K^*中的合式公式A，若$\vDash A$，则$\vdash A$。

证明：对于K^*中的合式公式A，如果它为永真式，即$\vDash A$，采用反证法证明$\vdash A$。如果$\nvdash A$，就可以把$\neg A$加入到K^*的公理集合中，得到K^*的一致扩张$\widetilde{K}^*$。根据前面的分析，存在一个解释$\langle \mathcal{S}, v\rangle$，使得$\widetilde{K}^*$中的每一个定理都在该解释下为真。作为$\widetilde{K}^*$的公理，$\neg A$也是定理，所以$\neg A$在解释$\langle \mathcal{S}, v\rangle$下为真，进而

A 在解释 $\langle\mathcal{S},v\rangle$ 下为假，而这就与 A 为永真式矛盾。

■

命题 5.4.9 称为形式系统 K^* 的完备性定理。历史上，形式系统 K^* 的完备性定理首先是由德国数学家、逻辑学家哥德尔(K. Gödel)于 1930 年得到的。由于该定理的意义以及难度，吸引了很多学者的注意。我们所采用的证明方法主要来自美国数学家、逻辑学家亨金(L. Henkin)1949 年给出的证明方法。

形式系统 K^* 的完备性定理表明了，谓词逻辑推理在形式系统中得到了完备地模拟、反映。根据形式系统 K^* 的可靠性定理和完备性定理得到了在形式系统 K^* 中，$\vdash A$ 当且仅当 $\vDash A$，即谓词逻辑语法概念 $\vdash$ 和语义概念 $\vDash$ 是相互等价的。

在谓词逻辑中也有广义可靠性定理和广义完备性定理，因而也就有 $\Gamma\vdash A$ 当且仅当 $\Gamma\vDash A$。广义可靠性定理的证明是容易的。

【命题 5.4.10】 对于形式系统 K^* 中的合式公式集合 Γ 和合式公式 A，若 $\Gamma\vdash A$，则 $\Gamma\vDash A$。

证明： 采用 K^* 中“从 Γ 可推演出的结论”的结构归纳法去证明。

(1) 若 A 为 K^* 中的公理，则由于 A 为永真式，有 $\vDash A$，进而有 $\Gamma\vDash A$。

(2) 若 $A\in\Gamma$，则有 $\Gamma\vDash A$。

(3) 若 $\Gamma\vdash B$ 和 $\Gamma\vdash B\to A$，且 $\Gamma\vDash B$，$\Gamma\vDash B\to A$，则根据命题 4.6.1 的(1)可得 $\Gamma\vDash A$。

根据 K^* 中“从 Γ 可推演出的结论”的结构归纳法可知，对于任意满足 $\Gamma\vdash A$ 的合式公式 A，均具有 $\Gamma\vDash A$。

■

对于广义完备性定理，其证明在思路和方法上与完备性定理几乎一样。其证明过程中会涉及一些有用的概念和结果，下面简要地介绍。

【定义 5.4.5】 对于谓词逻辑中的合式公式集合 Γ，若 Γ 中的每一个合式公式都在解释 $\langle\mathcal{S},v\rangle$ 下为真，则称解释 $\langle\mathcal{S},v\rangle$ 满足 Γ。

当 $\Gamma=\{A\}$ 时，解释 $\langle\mathcal{S},v\rangle$ 满足 Γ 就是 A 在解释 $\langle\mathcal{S},v\rangle$ 下为真。所以 $\Gamma\vDash A$ 也可以描述为，满足 Γ 的解释也一定会满足 A。

【定义 5.4.6】 对于谓词逻辑中的合式公式集合 Γ，若存在一个解释 $\langle\mathcal{S},v\rangle$，使得该解释 $\langle\mathcal{S},v\rangle$ 满足 Γ，则称 Γ 是可满足的。

类似于命题 3.6.11，在谓词逻辑中也有相应的结论。

【命题 5.4.11】 对于谓词逻辑中的合式公式集合 Γ 和合式公式 A，$\Gamma\nvDash A$ 当且仅当 $\Gamma\cup\{\neg A\}$ 是可满足的。

证明：如果 $\Gamma \nvDash A$，则存在解释 $\langle \mathcal{S}, v \rangle$ 使得 Γ 中的每一个合式公式都在解释 $\langle \mathcal{S}, v \rangle$ 下为真，且 A 在解释 $\langle \mathcal{S}, v \rangle$ 下为假。A 在解释 $\langle \mathcal{S}, v \rangle$ 下为假说明了 $\neg A$ 在解释 $\langle \mathcal{S}, v \rangle$ 下为真。因此，$\Gamma \cup \{\neg A\}$ 在解释 $\langle \mathcal{S}, v \rangle$ 下为真，因此解释 $\langle \mathcal{S}, v \rangle$ 满足 $\Gamma \cup \{\neg A\}$，即 $\Gamma \cup \{\neg A\}$ 是可满足的。另外，如果 $\Gamma \cup \{\neg A\}$ 是可满足的，那么存在解释 $\langle \mathcal{S}, v \rangle$，使得 $\Gamma \cup \{\neg A\}$ 中的每个合式公式都在解释 $\langle \mathcal{S}, v \rangle$ 下为真，因而可得 Γ 中的每个合式公式都在解释 $\langle \mathcal{S}, v \rangle$ 下为真，且 A 在解释 $\langle \mathcal{S}, v \rangle$ 下为假。这就说明了并不是所有满足 Γ 的解释都会满足 A，因此 $\Gamma \nvDash A$。

■

为了在语法上描述 Γ 是可满足的，需要引入合式公式集合 Γ 的一致性。

【定义 5.4.7】 对于形式系统 K^* 中的合式公式集合 Γ，若不存在合式公式 A，使得 $\Gamma \vdash A$ 和 $\Gamma \vdash \neg A$ 均成立，则称 Γ 是一致的。

由形式系统 K^* 的一致性可知，若合式公式集合 Γ 中的合式公式均为 K^* 中的定理，则 Γ 是一致的。特别地，K^* 中所有公理构成的合式公式集合 Γ 是一致的。

有了合式公式集合一致性的概念，命题 3.6.12 中关于命题逻辑的结论在谓词逻辑这里也都成立。特别地，$\Gamma \nvdash A$ 当且仅当 $\Gamma \cup \{\neg A\}$ 是一致的。类似于命题逻辑那里，可以把证明广义完备性定理“若 $\Gamma \vDash A$，则 $\Gamma \vdash A$”转化为证明命题“若 $\Gamma \cup \{\neg A\}$ 是一致的，则 $\Gamma \cup \{\neg A\}$ 是可满足的”。因此，只要证明出命题“Γ 是一致的蕴涵 Γ 是可满足的”，而该命题的证明与证明完备性定理的思路完全一样，只是在一些具体证明细节上稍加改变。

【定义 5.4.8】 对于形式系统 K^* 中的合式公式集合 Γ，若 Γ 是一致的，且任意满足 $\Gamma \subsetneq \Gamma_1$ 的 Γ_1 都是不一致的，则称 Γ 是极大一致的。

合式公式集合 Γ 是极大一致的，类似于形式系统同时是一致的和完全的。极大一致合式集合比一般的一致合式集合具有更好的一些性质。比如，“Γ 是极大一致的，当且仅当对于任意的合式公式 A，有 $\Gamma \vdash A$ 或者 $\Gamma \nvdash A$”“Γ 是极大一致的，则 $\Gamma \vdash A$ 当且仅当 $A \in \Gamma$”。

对于形式系统 K^* 中的合式公式集合 Γ，为了找到可以满足 Γ 的解释 $\langle \mathcal{S}, v \rangle$，采用之前的方法，首先在形式系统 K^* 中引入个体词常元，也就是说，对 K^* 的形式语言部分进行扩张，可以证明引入个体词常元不会破坏 Γ 在 K^* 中的一致性；接着对于每个合式公式 A_k 以及每个个体词变元 x_{i_k}，构造合式公式 $B_k = \neg \forall x_{i_k} A_k \to \neg (A_k)^{c_k}_{x_{i_k}}$，令 Δ 为所有这些构造出来的合式公式集合，即 $\Delta = \{B_1, B_2, \cdots, B_k, \cdots\}$，可以证明 $\Gamma \cup \Delta$ 是一致的；利用林登鲍姆的方法，将 $\Gamma \cup \Delta$ 扩张到极大一致集合 Γ^*，进而可以根据 Γ^* 引入正则解释 $\langle \mathcal{S}, v \rangle$，此正则解释只需将之前正则解释中关于谓词的部分修改为"对于 n 元谓词 F_i^n，其所对应的论域 S 上的 n 元关系 $\bar{F}_i^n$ 为 $\langle t_1,t_2,\cdots,t_n\rangle\in\bar{F}_i^n$ 当且仅当 $\Gamma^*\vdash F_i^n(t_1,t_2,\cdots,t_n)$，其中 $t_1,t_2,\cdots,t_n\in S$"，其他地方不用改变，由于 Γ^* 是极大一致的，所以"$\langle t_1,t_2,\cdots,t_n\rangle\in\bar{F}_i^n$ 当且仅当 $\Gamma^*\vdash F_i^n(t_1,t_2,\cdots,t_n)$"等价于"$\langle t_1,t_2,\cdots,t_n\rangle\in\bar{F}_i^n$ 当且仅当 $F_i^n(t_1,t_2,\cdots,t_n)\in\Gamma^*$"；然后证明正则解释 $\langle\mathcal{S},v\rangle$ 满足 Γ^*，进而也满足 Γ。至此，就证明了广义完备性定理：若 $\Gamma\vDash A$，则 $\Gamma\vdash A$。

由于形式系统中的形式证明和形式推演都是有限步的，语法上的 $\Gamma\vdash A$ 蕴涵了存在 Γ 的有限子集 Γ_0 满足 $\Gamma_0\vdash A$。对于语义上的 $\Gamma\vDash A$ 并不直接与有限性相关。但是，广义完备性定理建立了语义与语法之间的联系，根据 $\Gamma\vDash A$ 可以得到 $\Gamma\vdash A$，进而存在 Γ 的有限子集 Γ_0 满足 $\Gamma_0\vdash A$，再根据广义可靠性定理可得 $\Gamma_0\vDash A$。可见，$\Gamma\vDash A$ 当且仅当存在 Γ 的有限子集 Γ_0 满足 $\Gamma_0\vDash A$。

类似于命题 3.6.14，也可以得到谓词逻辑中的紧致性定理：Γ 是可满足的，当且仅当它的每个有限子集是可满足的。

之前在讨论形式系统的时候，形式系统包括形式语言部分和形式推理部分。在前面讨论形式系统完备性的时候，有时需要对形式语言部分进行扩张；此外，在描述不同数学分支的时候，需要采用具体不同的符号，为了讨论方便，可以将形式语言部分拿出，标记为$\mathcal{L}$。不同的形式语言体现在符号表上的不同，合式公式的形成规则都是相同的，因此，可以将符号$\mathcal{L}$视为形式语言的符号表。由于不同形式语言的逻辑符号都是相同的，也可以将符号$\mathcal{L}$视为符号表中的非逻辑符号。此时再谈合式公式 A，就可以针对某语言谈合式公式 A。比如，说 A 是语言$\mathcal{L}$中的合式公式，是指 A 所使用的符号是语言$\mathcal{L}$中的符号。对于形式推理部分，它是关于形式语言$\mathcal{L}$的合式公式的一些公理和推理规则，可以认为是基于形式语言的。为了强调形式语言，可以将其标记出来。比如，形式系统 K^* 可以标记为 $K_{\mathcal{L}}^*$，此时可以将 $K_{\mathcal{L}}^*$ 视为形式语言$\mathcal{L}$下的形式推理部分，也就是说把形式推理部分拿出进行标记。对形式系统 K^* 的形式语言部分进行扩张，由$\mathcal{L}$扩张为$\mathcal{L}^+$，那么语言扩张后的形式系统可以标记为 $K_{\mathcal{L}^+}^*$。

5.5 模型

在 4.6 节引入了合式公式在结构下的真与假。这个概念是重要的，因为对于闭式或者语句来说，它在结构下非真即假。进而，对于一个语句而言，考虑所有使得该语句为真的结构$\mathcal{S}$，也就相当于考虑了所有使得该语句为真的解释$\langle \mathcal{S}, v \rangle$。而在4.6节中谈到，合式公式$A$在一个结构下为真，当且仅当$\forall x_i A$在同样的结构下为真，进而总是可以将含有自由变元的合式公式在结构下的真值转换为不含自由变元的语句在结构下的真值，因此，当考虑合式公式A在结构下的真值时，等同于考虑与之相关的语句在结构下的真值。通常，自然语言描述的数学命题经过形式化之后都是语句，比如，1.6节的皮亚诺公设，对于公设中出现的变量m，n，公设中均有表示量词含义的"任意"出现，以对m，n进行约束。此外，语句相对于一般的合式公式而言更为重要，因为含有自由变元的合式公式就好比一个含有自变量的未定式一样，它是"开放的"，而语句是"封闭的"，含有自由变元的合式公式相对于语句而言，有时并不具有良好的性质，这从上一章和这一章中一些命题条件中要求变元"不自由出现"这点可以看出。鉴于合式公式在结构下为真的重要性，给它以专门的定义。

【定义 5.5.1】 给定语言$\mathcal{L}$的一个结构$\mathcal{S}$，若合式公式A在结构$\mathcal{S}$下为真，则称结构$\mathcal{S}$是A的模型。对于语言$\mathcal{L}$的合式公式集合Γ，若Γ中的每个合式公式都在结构$\mathcal{S}$下为真，则称结构$\mathcal{S}$是Γ的模型。对于形式系统$K_{\mathcal{L}}^{*}$的扩张$\widetilde{K}_{\mathcal{L}}^{*}$，若它的定理都在结构$\mathcal{S}$下为真，则称结构$\mathcal{S}$是$\widetilde{K}_{\mathcal{L}}^{*}$的模型。

形式系统中的定理是由公理应用变形规则(MP)得到的，而变形规则会保持合式公式在解释下的真假，因而对合式公式在结构下的真假也会保持。有如下命题。

【命题 5.5.1】 对于形式系统$K_{\mathcal{L}}^{*}$的扩张$\widetilde{K}_{\mathcal{L}}^{*}$，若$\widetilde{K}_{\mathcal{L}}^{*}$的公理在结构$\mathcal{S}$下都为真，则$\mathcal{S}$是$\widetilde{K}_{\mathcal{L}}^{*}$的模型。

证明：此命题表明，在前提下，$\widetilde{K}_{\mathcal{L}}^{*}$中所有的定理均在结构$\mathcal{S}$下为真。采用关于定理的结构归纳法去证明：首先，若$A$为$\widetilde{K}_{\mathcal{L}}^{*}$的公理，则根据前提可知$A$在结构$\mathcal{S}$下为真；其次，假设定理$A$和定理$A \to B$都在结构$\mathcal{S}$下为真，即对于任意$\mathcal{S}$的指派$v$，$A$和$A \to B$在解释$\langle \mathcal{S}, v \rangle$下为真，由于$A \to B$在解释$\langle \mathcal{S}, v \rangle$下为真表明，或者$A$在解释$\langle \mathcal{S}, v \rangle$下为假，或者$B$在解释$\langle \mathcal{S}, v \rangle$下为真，可得$B$在解释$\langle \mathcal{S}, v \rangle$下为真，再由指派$v$的任意性可得$B$在结构$\mathcal{S}$下为真。因而，根据关于定理的结构归纳法可知，$\widetilde{K}_{\mathcal{L}}^{*}$中所有的定理均在结构$\mathcal{S}$下为真。

■

根据命题5.5.1可见，谈论一个形式系统的模型与谈论该形式系统的公理集合的模型是一回事。这类似于之前说过的形式系统的一致性与合式公式集合的一致性之间的联系。

由于形式系统 $K_{\mathcal{L}}^*$ 具有可靠性和完备性，形式系统 $K_{\mathcal{L}}^*$ 可以看作谓词逻辑形式系统的统一“平台”，其他的谓词逻辑形式系统都建立在这个平台上，即在 $K_{\mathcal{L}}^*$ 基础之上进行形式系统的扩张。关注 $K_{\mathcal{L}}^*$ 基础之上的扩张 $\widetilde{K}_{\mathcal{L}}^*$ 的模型，而非 $K_{\mathcal{L}}^*$ 本身的模型，是因为 $K_{\mathcal{L}}^*$ 中公理的永真性表明了任意的结构都是 $K_{\mathcal{L}}^*$ 的模型。换句话说，$\widetilde{K}_{\mathcal{L}}^*$ 相对于 $K_{\mathcal{L}}^*$ 所新加入的公理是我们所关注的，因为使得这些新加入公理为真的结构 $\mathcal{S}$，也一定会使得 $K_{\mathcal{L}}^*$ 中公理为真。

【命题 5.5.2】 形式系统 $K_{\mathcal{L}}^*$ 的扩张 $\widetilde{K}_{\mathcal{L}}^*$ 是一致的，当且仅当 $\widetilde{K}_{\mathcal{L}}^*$ 有模型。

证明： 根据命题 5.4.8 已经得出了形式系统 $K_{\mathcal{L}}^*$ 的一致扩张 $\widetilde{K}_{\mathcal{L}}^*$ 中的每个定理，都在去除了新加入个体词常元解释之后的正则解释 $\langle \mathcal{S}, v \rangle$ 下为真。我们有 $\widetilde{K}_{\mathcal{L}}^*$ 中的每个定理都在结构 $\mathcal{S}$ 下为真，这是因为如果 A 为 $\widetilde{K}_{\mathcal{L}}^*$ 中的定理，即 $\vdash_{\widetilde{K}_{\mathcal{L}}^*} A$，那么类比命题 5.2.2 的证明，在形式系统 $\widetilde{K}_{\mathcal{L}}^*$ 中也可以得出类似命题 5.2.2 的结论，进而可得 $\vdash_{\widetilde{K}_{\mathcal{L}}^*} \forall x_{i_1} \forall x_{i_2} \cdots \forall x_{i_m} A$，其中 $x_{i_1}, x_{i_2}, \cdots, x_{i_m}$ 为 A 所含有的所有自由出现的个体词变元。由于 $\forall x_{i_1} \forall x_{i_2} \cdots \forall x_{i_m} A$ 为语句，同时它又为 $\widetilde{K}_{\mathcal{L}}^*$ 中的定理，所以它在结构 $\mathcal{S}$ 下为真。在 4.6 节中谈到，合式公式 A 在结构 $\mathcal{S}$ 下为真，当且仅当 $\forall x_i A$ 在结构 $\mathcal{S}$ 下为真，进而当且仅当 $\forall x_{i_1} \forall x_{i_2} \cdots \forall x_{i_m} A$ 在结构 $\mathcal{S}$ 下为真，所以可得 $\widetilde{K}_{\mathcal{L}}^*$ 中的定理 A 在结构 $\mathcal{S}$ 下为真。这就说明了结构 $\mathcal{S}$ 是 $\widetilde{K}_{\mathcal{L}}^*$ 的一个模型。另外，如果 $\widetilde{K}_{\mathcal{L}}^*$ 有一模型 $\mathcal{S}$，若 $\widetilde{K}_{\mathcal{L}}^*$ 不是一致的，则存在合式公式 A，有 $\vdash_{\widetilde{K}_{\mathcal{L}}^*} A$ 和 $\vdash_{\widetilde{K}_{\mathcal{L}}^*} \neg A$，这说明 A 和 $\neg A$ 均为 $\widetilde{K}_{\mathcal{L}}^*$ 中的定理，所以它们在模型 $\mathcal{S}$ 下均为真，这就产生了矛盾。

■

对于形式系统 $K_{\mathcal{L}}^*$ 的一致扩张 $\widetilde{K}_{\mathcal{L}}^*$，其公理在 $\widetilde{K}_{\mathcal{L}}^*$ 的模型下均为真，而推理规则(MP)又会保持合式公式在结构下的真假，因此，若一致扩张 $\widetilde{K}_{\mathcal{L}}^*$ 的每个模型都使得语句 A 为真，则 A 应该为 $\widetilde{K}_{\mathcal{L}}^*$ 中的定理。换句话说，由于模型是一个语义上的概念，那么 A 在 $\widetilde{K}_{\mathcal{L}}^*$ 的每个模型下均为真就说明了 A 在一定程度上与语义无关，那么 A 就有可能在与语义无关的形式系统中得到证明。进而可以得出，A 为 $\widetilde{K}_{\mathcal{L}}^*$ 中的定理当且仅当 A 在 $\widetilde{K}_{\mathcal{L}}^*$ 的每个模型下均为真。

【命题 5.5.3】 形式系统 $\widetilde{K}_{\mathcal{L}}^{*}$ 是 $K_{\mathcal{L}}^{*}$ 的一致扩张，若合式公式 A 在 $\widetilde{K}_{\mathcal{L}}^{*}$ 的每个模型下都为真，则 A 为 $\widetilde{K}_{\mathcal{L}}^{*}$ 中的定理。

证明：采用反证法。在已知条件下，若合式公式 A 不是 $\widetilde{K}_{\mathcal{L}}^{*}$ 中的定理，则根据命题 5.4.2，通过将合式公式 $\neg A$ 加入 $\widetilde{K}_{\mathcal{L}}^{*}$ 的公理集合中，得到 $K_{\mathcal{L}}^{*}$ 的一致扩张 $\widetilde{\widetilde{K}}_{\mathcal{L}}^{*}$。根据命题 5.5.2 可知，$\widetilde{\widetilde{K}}_{\mathcal{L}}^{*}$ 有一模型 $\mathcal{S}$，由于 $\neg A$ 为 $\widetilde{\widetilde{K}}_{\mathcal{L}}^{*}$ 的公理，所有 $\neg A$ 在 $\mathcal{S}$ 下为真，进而可得 A 在 $\mathcal{S}$ 下为假。由于 $\mathcal{S}$ 也是 $\widetilde{K}_{\mathcal{L}}^{*}$ 的模型，这就与已知中 A 在 $\widetilde{K}_{\mathcal{L}}^{*}$ 的每一个模型下都为真，形成了矛盾。所以 A 一定为 $\widetilde{K}_{\mathcal{L}}^{*}$ 中的定理。

■

在 5.4 节得到 $K_{\mathcal{L}}^{*}$ 的广义完备性定理之后，得到了 $K_{\mathcal{L}}^{*}$ 中的紧致性定理：Γ 是可满足的，当且仅当它的每个有限子集是可满足的。特殊情况是，若 Γ 是语句的集合，则 Γ 有模型当且仅当它的每个有限子集有模型。事实上，不需要限定 Γ 为语句的集合，对于 Γ 为合式公式的集合，同样有 Γ 有模型当且仅当它的每个有限子集有模型。

【命题 5.5.4】 对于形式系统 $K_{\mathcal{L}}^{*}$ 的一致扩张 $\widetilde{K}_{\mathcal{L}}^{*}$，若 $\widetilde{K}_{\mathcal{L}}^{*}$ 有模型，则 $\widetilde{K}_{\mathcal{L}}^{*}$ 有一论域为可列集的模型。

证明：若 $\widetilde{K}_{\mathcal{L}}^{*}$ 有模型，则根据命题 5.5.2 可知，$\widetilde{K}_{\mathcal{L}}^{*}$ 是一致的，进而对于去除了新加入个体词常元解释之后的正则解释 $\langle \mathcal{S}, v \rangle$ 来说，$\mathcal{S}$ 就是 $\widetilde{K}_{\mathcal{L}}^{*}$ 的一个模型。由于语言 $\mathcal{L}$ 是可列集，其所有的项构成的集合也是可列集，所以 $\mathcal{S}^{*}$ 的论域为可列集。

■

命题 5.5.4 称为洛文海姆-斯科伦定理(Löwenheim-Skolem's theorem)，它是由德国数学家 L. Löwenheim 和挪威数学家 T. Skolem 分别给出的。

习题

1. 在形式系统 K 中，给出下列各变形关系的形式证明：

(1) $\neg(\exists x_i A) \vdash \forall x_i(\neg A)$；

(2) $\forall x_i(\neg A) \vdash \neg(\exists x_i A)$。

2. 在形式系统 K 中，给出下列各变形关系的形式证明(其中 x_j 对 x_i 在 A 中代入自由，且 x_j 不在 A 中自由出现)：

(1) $\forall x_i A \vdash \forall x_j A_{x_i}^{x_j}$；

(2) $\forall x_j A_{x_i}^{x_j} \vdash \forall x_i A$。

3. 在形式系统 K 中,给出下列各变形关系的形式证明：

(1) $\forall x_i(A \wedge B) \vdash \forall x_i A \wedge \forall x_i B$；

(2) $\forall x_i A \wedge \forall x_i B \vdash \forall x_i(A \wedge B)$；

(3) $\exists x_i(A \vee B) \vdash \exists x_i A \vee \exists x_i B$；

(4) $\exists x_i A \vee \exists x_i B \vdash \exists x_i(A \vee B)$。

4. 在形式系统 K 中给出下列各变形关系的形式证明(其中 x_i 不在 B 中自由出现)：

(1) $\exists x_i(A \rightarrow B) \vdash \forall x_i A \rightarrow B$；

(2) $\forall x_i A \rightarrow B \vdash \exists x_i(A \rightarrow B)$；

(3) $\exists x_i(B \rightarrow A) \vdash B \rightarrow \exists x_i A$；

(4) $B \rightarrow \exists x_i A \vdash \exists x_i(B \rightarrow A)$。

5. 在形式系统 K 中给出下列各变形关系的形式证明(其中 x_i 不在 B 中自由出现)：

(1) $\exists x_i(A \vee B) \vdash \exists x_i A \vee B$；

(2) $\exists x_i A \vee B \vdash \exists x_i(A \vee B)$；

(3) $\exists x_i(A \wedge B) \vdash \exists x_i A \wedge B$；

(4) $\exists x_i A \wedge B \vdash \exists x_i(A \wedge B)$。

6. 在命题 5.1.1 中,验证(iii)、(iv)、(v)、(vii)。

7. 给出命题 5.1.2 的详细证明。

8. 给出命题 5.2.4 中 $\Gamma, \exists x_i A \vdash \exists x_i B$ 的证明。

9. 证明下列 K^* 中的推演关系：

(1) $\exists x_i \exists x_j A \vdash \exists x_j \exists x_i A$；

(2) $\exists x_j \exists x_i A \vdash \exists x_i \exists x_j A$。

10. 证明下列 K^* 中的推演关系：

(1) $\forall x_i(A \wedge B) \vdash \forall x_i A \wedge \forall x_i B$；

(2) $\forall x_i A \wedge \forall x_i B \vdash \forall x_i(A \wedge B)$；

(3) $\exists x_i(A \vee B) \vdash \exists x_i A \vee \exists x_i B$；

(4) $\exists x_i A \vee \exists x_i B \vdash \exists x_i(A \vee B)$。

11. 证明下列 K^* 中的推演关系(其中 x_i 不在 B 中自由出现)：

(1) $\exists x_i(B \rightarrow A) \vdash B \rightarrow \exists x_i A$；

(2) $B \to \exists x_i A \vdash \exists x_i (B \to A)$。

12. 证明对于形式系统 K^* 中的合式公式集合 Γ,若 Γ 是极大一致的,则有 $\Gamma \vdash A$ 当且仅当 $A \in \Gamma$。

13. 令 $\widetilde{K}^*$ 是在形式系统 K^* 的符号表集合中加入一列个体词常元 $b_0, b_1, \cdots, b_n, \cdots$ 所得到的形式系统,合式公式 $B_k = \neg \forall x_{i_k} A_k \to \neg (A_k)_{x_{i_k}}^{c_k}$ 是按照本章中的构造方法构造出的,Δ 为所有这些构造出来的合式公式集合,证明 $\Gamma \cup \Delta$ 在 $\widetilde{K}^*$ 中是一致的。

14. 证明形式系统 K^* 中,合式公式集合 Γ 是不一致的,当且仅当存在 Γ 的一个有限子集是不一致的。

15. 证明对于形式系统 K^* 中极大一致的合式公式集合 Γ,以及任意的合式公式 A,有 $A \in \Gamma$ 当且仅当 $\neg A \notin \Gamma$。

16. 证明谓词逻辑中合式公式的集合 Γ 是可满足的,当且仅当它的每个有限子集是可满足的。

17. 证明对于谓词逻辑中合式公式的集合 Γ,Γ 有模型当且仅当它的每个有限子集有模型。

第6章 数学形式系统

本章将演示如何在谓词逻辑形式系统中表达数学理论。首先在谓词逻辑形式系统中引入等词,然后构造关于群与环、算术、集合论的数学形式系统。本章引入这些数学形式系统,主要是列出相应的形式数学公理,并给出一些基本数学定理的形式证明,不会深入地发展这些数学理论。

6.1 等词

由于没有对形式系统 $K_{\mathcal{L}}^{*}$ 使用的语言$\mathcal{L}$进行特别指定,因而之前所得到的关于 $K_{\mathcal{L}}^{*}$ 的结果具有一般性。形式系统 $K_{\mathcal{L}}^{*}$ 是纯粹逻辑意义上的形式系统,称不上数学领域的形式系统,$K_{\mathcal{L}}^{*}$ 中的公理和定理也都是逻辑意义上的公理和定理,$K_{\mathcal{L}}^{*}$ 可以看作采用谓词逻辑进行推理证明的“框架”或者“平台”。即使对 $K_{\mathcal{L}}^{*}$ 赋予了数学上的解释,使得该形式系统中的定理在该数学解释下有了数学上的含义,然而,其为真的本质,还是来源于定理本身所具有的逻辑样式而非数学解释本身,因为这些定理是永真式,它们的真值不依赖具体的解释,也就不是来源于数学解释本身。换句话说,即使不采用数学意义上的解释,这些定理也会在其他的解释下为真。比如,考虑形式系统 $K_{\mathcal{L}}^{*}$ 中的一个合式公式:

$$\forall x_1(F_1^1(x_1)\rightarrow F_1^1(x_1))$$

它是 $K_{\mathcal{L}}^{*}$ 中的一个定理,因而是永真式。如果赋予它一个解释,该解释的论域为整数集合,$F_1^1(x_1)$被解释为“x_1 可以被 4 整除”,该合式公式也就有了数学上的含义“对于任意的整数 x_1,如果 x_1 可以被 4 整除,则 x_1 可以被 4 整除”。这是一个真的数学命题,但它为真是其逻辑样式本身导致的,所以在数学上也不会有意义和价值。如果对该合式公式赋予其他的解释,那么它的真值一定还是为真。

考虑另一个合式公式:

$$\forall x_1(F_1^1(x_1)\rightarrow F_2^1(x_1))$$

如果赋予它一个解释,该解释的论域依然为整数集合,$F_1^1(x_1)$依然被解释为“x_1 可以被 4 整除”,$F_2^1(x_1)$被解释为“x_1 可以被 2 整除”,该合式公式就被解释为“对于任意的整数 x_1,如果 x_1 可以被 4 整除,则 x_1 可以被 2 整除”。这也是一个真值为真的数学命题,然而,这次的命题为真除含有量词和蕴涵连接词所赋予的逻辑含义,还有谓词 F_1^1 和 F_2^1 所具有的数学含义。当然,该合式公式不是永真式,其真值是依赖所赋予的解释的。比如,把谓词 F_1^1 和 F_2^1 的含义互换之后,这个合式公式在解释之下就是一个假的命题。

既然作为逻辑上的“框架”或者“平台”的形式系统 $K_{\mathcal{L}}^{*}$ 本身没有数学意义上

的价值，就在这个平台上加入一些反映一定数学意义的合式公式作为公理。把这种加入了数学意义的形式系统 $K_{\mathcal{L}}^{*}$ 的扩张称为数学形式系统（mathematical formal system）。由于这种数学意义上的扩张加入的公理不是永真式，而是在某一数学领域内为真的合式公式，这些新加入的公理可能在其他的数学领域内为假。换句话说，这些合式公式的真值依赖所赋予它们的数学意义上的解释，在不同的数学解释下它们的真值可能不同。由于这些合式公式均为可满足式，所以5.5节中的模型概念就发挥作用了。

在数学领域中两个数学对象的同一是一个非常重要的基本概念，它是由相等关系来定义的。相等关系形式化之后是一个二元谓词，采用符号 F_1^2 表示，由于其重要性，称它为等词。把等词引入形式系统 $K_{\mathcal{L}}^{*}$ 之后，希望可以将涉及相等含义的真命题在形式化之后成为数学形式系统中定理。比如，命题“对于任意的数学对象 x,y，若 $x=y$，则有 $y=x$”，其形式化之后的合式公式为 $\forall x_1 \forall x_2(F_1^2(x_1,x_2) \rightarrow F_1^2(x_2,x_1))$。由于这些真的命题是在等词解释为相等之后才为真，它们所对应的合式公式并不是形式系统 $K_{\mathcal{L}}^{*}$ 中的定理，需要加入关于等词的公理之后才能把它们变为定理。在对形式系统 $K_{\mathcal{L}}^{*}$ 增加关于等词 F_1^2 的相关公理之前，先分析相等这个概念所具有的最基本性质。关于相等有如下最基本的性质：

(1) 对于任意的数学对象 x，有 $x=x$；

(2) 对于任意的数学对象 x、y，若 $x=y$，则有 $y=x$；

(3) 对于任意的数学对象 x、y、z，若 $x=y$ 并且 $y=z$，则有 $x=z$；

(4) 对于任意的数学对象 x、y，若 $x=y$，则对于任意的函数 f，有 $f(x)=f(y)$，对于任意的性质 $P(\cdot)$，有 $P(x)$ 与 $P(y)$ 的真值相同。

其中，性质(1)～(3)是关于对象相等的直接表现，性质(4)则说明了对象相等具有对任意函数和任意性质的可替换性。

对于上面的四条最基本事实，将性质(1)和(4)的形式化结果作为公理添加到形式系统 $K_{\mathcal{L}}^{*}$ 的公理集合中，并称它们为“等词公理”(axiom for equality)。

$(=_1)$：$F_1^2(x_1,x_1)$；

$(=_2)$：$F_1^2(t_k,u) \rightarrow F_1^2(f_i^n(t_1,\cdots,t_k,\cdots,t_n),f_i^n(t_1,\cdots,u,\cdots,t_n))$，其中 $t_1,\cdots,t_n,u$ 是任意的项，f_i^n 是任意的 n 元函数词；

$(=_3)$：$F_1^2(t_k,u) \rightarrow (F_i^n(t_1,\cdots,t_k,\cdots,t_n) \rightarrow F_i^n(t_1,\cdots,u,\cdots,t_n))$，其中 $t_1,\cdots,t_n,u$ 是任意的项，F_i^n 是任意的 n 元谓词。

从这三条等词公理可以看出，它们都含有自由出现的个体词变元。在形式系统中可以给它们加上全称量词，进而得到等价的、不含自由出现个体词变元的公理。之前曾谈到过，由于形式系统中 $\vdash A$ 当且仅当 $\vdash \forall x_i A$，对于含有自由出现的个体词变元的定理而言，它与不含自由出现的个体词变元的形式是等价的。若合式公式 A 中所有自由出现的个体词变元为 $x_1, x_2, \cdots, x_n$，则将合式公式 $\forall x_1 \forall x_2 \cdots \forall x_n A$ 称为 A 的全称闭包(universal closure)。利用全称闭包的概念，前面的分析说明了，对于形式系统中的定理而言，使用含有自由出现个体词变元的 A，还是使用不含有自由出现个体词变元的 A 的闭包，是等价的。此外，利用全称闭包的概念，第 4 章中曾谈到的"A 在结构$\mathcal{S}$下为真当且仅当 $\forall x_1 \forall x_2 \cdots \forall x_n A$ 在结构$\mathcal{S}$下为真"，就可以表述为"A 在结构$\mathcal{S}$下为真当且仅当 A 的闭包在结构$\mathcal{S}$下为真"。

将含有等词公理的形式系统 $K_{\mathcal{L}}^*$ 的扩张称为带等词的谓词逻辑形式系统(predicate formal system with equality)。

等词公理($=_2$)和($=_3$)是以公理模式的方式给出的。对于等词公理($=_1$)，虽然使用的个体词变元是 x_1，但对于其他的个体词变元也是成立的。

在带等词的谓词逻辑形式系统中，只是在公理集合中加入了关于等词这个特殊二元谓词 F_1^2 的公理，项和合式公式与它们在 $K_{\mathcal{L}}^*$ 中的定义一样，所以关于项的结构归纳法以及关于合式公式的结构归纳法依然可以使用。此外，容易看出，在 $K_{\mathcal{L}}^*$ 的扩张的带等词的形式系统 $\widetilde{K}_{\mathcal{L}}^*$ 中，$K_{\mathcal{L}}^*$ 的导出规则和结果也是成立的。

【例 6.1.1】 对于带等词的谓词逻辑形式系统 $\widetilde{K}_{\mathcal{L}}^*$，有 $\vdash F_1^2(x_2, x_2)$。

证明：其形式证明如下所示。

(1) $F_1^2(x_1, x_1)$	($=_1$)
(2) $\forall x_1 F_1^2(x_1, x_1)$	(1)($\forall_G$)
(3) $\forall x_2 F_1^2(x_2, x_2)$	(2)(例 5.2.7)
(4) $\forall x_2 F_1^2(x_2, x_2) \to F_1^2(x_2, x_2)$	($\forall_1$)
(5) $F_1^2(x_2, x_2)$	(3)(4)(MP)

■

不仅对于任意的个体词变元 x_i，有 $\vdash F_1^2(x_i, x_i)$，对于任意的个体词常元 a_i，也有 $\vdash F_1^2(a_i, a_i)$。

【例 6.1.2】 $\widetilde{K}_{\mathcal{L}}^*$ 是带等词的谓词逻辑形式系统，对于任意的个体词常元 a_i，有 $\vdash F_1^2(a_i, a_i)$。

证明：其形式证明如下所示。

(1) $F_1^2(x_1, x_1)$	($=_1$)
(2) $\forall x_1 F_1^2(x_1, x_1)$	(1)($\forall_G$)

(3) $\forall x_1 F_1^2(x_1,x_1) \to F_1^2(a_i,a_i)$　　($\forall_1$)

(4) $F_1^2(a_i,a_i)$　　(2)(3)(MP)

■

不仅如此,对于任意的项 t,也有 $\vdash F_1^2(t,t)$。

【命题 6.1.1】 $\widetilde{K}_{\mathcal{L}}^*$ 是带等词的谓词逻辑形式系统,对于任意的项 t,有 $\vdash F_1^2(t,t)$。

证明:采用关于项的结构归纳法进行证明。

如果项 t 为个体词变元 x_i,则根据例 6.1.1,有 $\vdash F_1^2(x_i,x_i)$;如果项 t 为个体词常元 a_i,则根据例 6.1.2,有 $\vdash F_1^2(a_i,a_i)$。

假设对于项 $t_1,t_2,\cdots,t_n$,有 $\vdash F_1^2(t_1,t_1)$,$\vdash F_1^2(t_2,t_2)$,…,$\vdash F_1^2(t_n,t_n)$,则对于任意的函数词 f_i^n,项 $f_i^n(t_1,t_2,\cdots,t_n)$ 满足 $\vdash F_1^2(f_i^n(t_1,t_2,\cdots,t_n),f_i^n(t_1,t_2,\cdots,t_n))$。其形式证明如下:

(1) $F_1^2(t_1,t_1)$　　(假设)

(2) $F_1^2(t_1,t_1) \to F_1^2(f_i^n(t_1,t_2,\cdots,t_n),f_i^n(t_1,t_2,\cdots,t_n))$　　($=_2$)

(3) $F_1^2(f_i^n(t_1,t_2,\cdots,t_n),f_i^n(t_1,t_2,\cdots,t_n))$　　(1)(2)(MP)

根据关于项的结构归纳法可得,对于任意的项 t,有 $\vdash F_1^2(t,t)$。

■

【命题 6.1.2】 $\widetilde{K}_{\mathcal{L}}^*$ 是带等词的谓词逻辑形式系统,对于任意的项 t_1,t_2,t_3,有:

(i) $\vdash F_1^2(t_1,t_2) \to F_1^2(t_2,t_1)$;

(ii) $\vdash F_1^2(t_1,t_2) \to (F_1^2(t_2,t_3) \to F_1^2(t_1,t_3))$。

证明:对于(i),根据推演定理,只需证明 $F_1^2(t_1,t_2) \vdash F_1^2(t_2,t_1)$。下面是从 $F_1^2(t_1,t_2)$ 到 $F_1^2(t_2,t_1)$ 的一个推演:

(1) $F_1^2(t_1,t_2)$　　(前提)

(2) $F_1^2(t_1,t_2) \to (F_1^2(t_1,t_1) \to F_1^2(t_2,t_1))$　　($=_3$)

(3) $F_1^2(t_1,t_1) \to F_1^2(t_2,t_1)$　　(1)(2)(MP)

(4) $F_1^2(t_1,t_1)$　　(命题 6.1.1)

(5) $F_1^2(t_2,t_1)$　　(3)(4)(MP)

对于(ii),其形式证明如下:

(1) $F_1^2(t_1,t_2) \to F_1^2(t_2,t_1)$　　(本命题的(i))

(2) $F_1^2(t_2,t_1) \to (F_1^2(t_2,t_3) \to F_1^2(t_1,t_3))$　　($=_3$)

(3) $F_1^2(t_1,t_2)\to(F_1^2(t_2,t_3)\to F_1^2(t_1,t_3))$ (1)(2)(HS)

■

当命题 6.1.2 中的项 t_1、t_2、t_3 分别取个体词变元 x_1、x_2、x_3 时,可得 $\vdash F_1^2(x_1,x_2)\to F_1^2(x_2,x_1)$,以及 $\vdash F_1^2(x_1,x_2)\to(F_1^2(x_2,x_3)\to F_1^2(x_1,x_3))$。可见,命题 6.1.2 给出了前面关于相等的最基本性质中的(2)和(3)相对应的形式化结果。

【命题 6.1.3】 $\widetilde{K}_{\mathcal{L}}^*$ 是带等词的谓词逻辑形式系统,f_i^2 是其中任意的二元函数词,F_i^2 是其中任意的二元谓词,对于任意的项 t_1、t_2、u_1、u_2,有:

(i) $F_1^2(t_1,u_1),F_1^2(t_2,u_2)\vdash F_1^2(f_i^2(t_1,t_2),f_i^2(u_1,u_2))$;

(ii) $F_1^2(t_1,u_1),F_1^2(t_2,u_2)\vdash F_i^2(t_1,t_2)\to F_i^2(u_1,u_2)$。

证明:对于(i),从 $F_1^2(t_1,u_1)$,$F_1^2(t_2,u_2)$ 到 $F_1^2(f_i^2(t_1,t_2),f_i^2(u_1,u_2))$ 的推演如下所示。

(1) $F_1^2(t_1,u_1)\to F_1^2(f_i^2(t_1,t_2),f_i^2(u_1,t_2))$ $(=_2)$

(2) $F_1^2(t_2,u_2)\to F_1^2(f_i^2(u_1,t_2),f_i^2(u_1,u_2))$ $(=_2)$

(3) $F_1^2(t_1,u_1)$ (前提)

(4) $F_1^2(t_2,u_2)$ (前提)

(5) $F_1^2(f_i^2(t_1,t_2),f_i^2(u_1,t_2))$ (1)(3)(MP)

(6) $F_1^2(f_i^2(u_1,t_2),f_i^2(u_1,u_2))$ (2)(4)(MP)

(7) $F_1^2(f_i^2(t_1,t_2),f_i^2(u_1,u_2))$ (5)(6)(命题 6.1.2 的(ii))

对于(ii),从 $F_1^2(t_1,u_1)$,$F_1^2(t_2,u_2)$ 到 $F_i^2(t_1,t_2)\to F_i^2(u_1,u_2)$ 的推演如下所示。

(1) $F_1^2(t_1,u_1)\to(F_i^2(t_1,t_2)\to F_i^2(u_1,t_2))$ $(=_3)$

(2) $F_1^2(t_2,u_2)\to(F_i^2(u_1,t_2)\to F_i^2(u_1,u_2))$ $(=_3)$

(3) $F_1^2(t_1,u_1)$ (前提)

(4) $F_1^2(t_2,u_2)$ (前提)

(5) $F_i^2(t_1,t_2)\to F_i^2(u_1,t_2)$ (1)(3)(MP)

(6) $F_i^2(u_1,t_2)\to F_i^2(u_1,u_2)$ (2)(4)(MP)

(7) $F_i^2(t_1,t_2)\to F_i^2(u_1,u_2)$ (5)(6)(HS)

■

对于命题 6.1.3,也可以导出更一般的结果:

$$F_1^2(t_1,u_1),\cdots,F_1^2(t_n,u_n)\vdash F_1^2(f_i^n(t_1,\cdots,t_n),f_i^n(u_1,\cdots,u_n))$$

$$F_1^2(t_1,u_1),\cdots,F_1^2(t_n,u_n)\vdash F_i^n(t_1,\cdots,t_n)\to F_i^n(u_1,\cdots,u_n)$$

其中：f_i^n 是任意的n元函数词；F_i^n 是任意的n元谓词；$t_1,\cdots,t_n,u_1,\cdots,u_n$ 是任意的项。

此外，根据命题 6.1.2 的(i)可得

$$F_1^2(u_1,t_1),\cdots,F_1^2(u_n,t_n)\vdash F_1^2(t_1,u_1),\cdots,F_1^2(t_n,u_n)$$

进而根据规则(HS)可得

$$F_1^2(u_1,t_1),\cdots,F_1^2(u_n,t_n)\vdash F_i^n(t_1,\cdots,t_n)\to F_i^n(u_1,\cdots,u_n)$$

交换上式中u_i、t_i，$1\leqslant i\leqslant n$，可得

$$F_1^2(t_1,u_1),\cdots,F_1^2(t_n,u_n)\vdash F_i^n(u_1,\cdots,u_n)\to F_i^n(t_1,\cdots,t_n)$$

可见，$F_1^2(t_1,u_1),\cdots,F_1^2(t_n,u_n)\vdash F_i^n(t_1,\cdots,t_n)\leftrightarrow F_i^n(u_1,\cdots,u_n)$。

【命题 6.1.4】 $\widetilde{K}_{\mathcal{L}}^*$ 是带等词的谓词逻辑形式系统，对于任意的项 t_1,t_2,u，以及任意的个体词变元 x_i，有 $F_1^2(t_1,t_2)\vdash F_1^2(u_{x_i}^{t_1},u_{x_i}^{t_2})$，其中 $u_{x_i}^{t_1},u_{x_i}^{t_2}$ 表示将项u中的个体词变元x_i都分别换成项t_1,t_2之后所得到的项。

证明：采用关于项的结构归纳法进行证明。

如果项u为个体词变元，分为两种情况：①若$u=x_i$，则$u_{x_i}^{t_1}=t_1,u_{x_i}^{t_2}=t_2$。那么，由$F_1^2(t_1,t_2)\vdash F_1^2(t_1,t_2)$可得$F_1^2(t_1,t_2)\vdash F_1^2(u_{x_i}^{t_1},u_{x_i}^{t_2})$；②若$u\neq x_i$，则$u_{x_i}^{t_1}=u$，$u_{x_i}^{t_2}=u$，那么，由命题 6.1.1 可得 $F_1^2(t_1,t_2)\vdash F_1^2(u,u)$，此即为 $F_1^2(t_1,t_2)\vdash F_1^2(u_{x_i}^{t_1},u_{x_i}^{t_2})$。

若项t为个体词常元a_i，则$u_{x_i}^{t_1}=u,u_{x_i}^{t_2}=u$。那么，此时的情况与项$u$为个体词变元时的情况②相同，也有$F_1^2(t_1,t_2)\vdash F_1^2(u_{x_i}^{t_1},u_{x_i}^{t_2})$。

假设对于项$u_1,u_2,\cdots,u_n$，有$F_1^2(t_1,t_2)\vdash F_1^2((u_1)_{x_i}^{t_1},(u_1)_{x_i}^{t_2})$，$F_1^2(t_1,t_2)\vdash F_1^2((u_2)_{x_i}^{t_1},(u_2)_{x_i}^{t_2}),\cdots,F_1^2(t_1,t_2)\vdash F_1^2((u_n)_{x_i}^{t_1},(u_n)_{x_i}^{t_2})$。则对于任意的函数词$f_i^n$，项$u=f_i^n(u_1,u_2,\cdots,u_n)$也会满足$F_1^2(t_1,t_2)\vdash F_1^2((u)_{x_i}^{t_1},(u)_{x_i}^{t_2})$，其中：

$$(u)_{x_i}^{t_1}=(f_i^n(u_1,u_2,\cdots,u_n))_{x_i}^{t_1}=f_i^n((u_1)_{x_i}^{t_1},(u_2)_{x_i}^{t_1},\cdots,(u_n)_{x_i}^{t_1})$$

$$(u)_{x_i}^{t_2}=(f_i^n(u_1,u_2,\cdots,u_n))_{x_i}^{t_2}=f_i^n((u_1)_{x_i}^{t_2},(u_2)_{x_i}^{t_2},\cdots,(u_n)_{x_i}^{t_2})$$

这是因为，根据假设，有

$$F_1^2(t_1,t_2)\vdash F_1^2((u_1)_{x_i}^{t_1},(u_1)_{x_i}^{t_2}),F_1^2((u_2)_{x_i}^{t_1},(u_2)_{x_i}^{t_2}),\cdots,F_1^2((u_n)_{x_i}^{t_1},(u_n)_{x_i}^{t_2})$$

根据命题 6.1.3，有

$$F_1^2((u_1)_{x_i}^{t_1},(u_1)_{x_i}^{t_2}),F_1^2((u_2)_{x_i}^{t_1},(u_2)_{x_i}^{t_2}),\cdots,F_1^2((u_n)_{x_i}^{t_1},(u_n)_{x_i}^{t_2})$$

$$\vdash F_1^2(f_i^n((u_1)_{x_i}^{t_1},(u_2)_{x_i}^{t_1},\cdots,(u_n)_{x_i}^{t_1}),f_i^n((u_1)_{x_i}^{t_2},(u_2)_{x_i}^{t_2},\cdots,(u_n)_{x_i}^{t_2}))$$

然后根据上面两个推演关系，利用规则(HS)可得

$F_1^2(t_1,t_2)\vdash F_1^2(f_i^n((u_1)_{x_i}^{t_1},(u_2)_{x_i}^{t_1},\cdots,(u_n)_{x_i}^{t_1}),f_i^n((u_1)_{x_i}^{t_2},(u_2)_{x_i}^{t_2},\cdots,(u_n)_{x_i}^{t_2}))$

此即为 $F_1^2(t_1,t_2)\vdash F_1^2((u)_{x_i}^{t_1},(u)_{x_i}^{t_2})$。

综上，根据项的结构归纳法可得结论。

■

【命题 6.1.5】 $\widetilde{K}_{\mathcal{L}}^*$ 是带等词的谓词逻辑形式系统，对于任意的项 t_1、t_2，任意的合式公式 A，以及任意的个体词变元 x_i，有 $F_1^2(t_1,t_2)\vdash A_{x_i}^{t_1}\to A_{x_i}^{t_2}$，其中项 t_1、t_2 都对 x_i 在 A 中代入自由。

证明：采用关于合式公式的结构归纳法进行证明。

若 A 为原子合式公式 $F_i^n(u_1,\cdots,u_n)$，其中 $u_1,u_2,\cdots,u_n$ 均为项，则有 $(A)_{x_i}^{t_1}=F_i^n((u_1)_{x_i}^{t_1},(u_2)_{x_i}^{t_1},\cdots,(u_n)_{x_i}^{t_1})$，$(A)_{x_i}^{t_2}=F_i^n((u_1)_{x_i}^{t_2},(u_2)_{x_i}^{t_2},\cdots,(u_n)_{x_i}^{t_2})$。根据命题 6.1.4 可得 $F_1^2(t_1,t_2)\vdash F_1^2((u_1)_{x_i}^{t_1},(u_1)_{x_i}^{t_2}),F_1^2((u_2)_{x_i}^{t_1},(u_2)_{x_i}^{t_2}),\cdots F_1^2((u_n)_{x_i}^{t_1},(u_n)_{x_i}^{t_2})$。根据命题 6.1.3 可得 $F_1^2((u_1)_{x_i}^{t_1},(u_1)_{x_i}^{t_2}),\cdots,F_1^2((u_n)_{x_i}^{t_1},(u_n)_{x_i}^{t_2})\vdash F_i^n((u_1)_{x_i}^{t_1},\cdots,(u_n)_{x_i}^{t_1})\to F_i^n((u_1)_{x_i}^{t_2},\cdots,(u_n)_{x_i}^{t_2})$，所以利用规则(HS)可得 $F_1^2(t_1,t_2)\vdash F_i^n((u_1)_{x_i}^{t_1},\cdots,(u_n)_{x_i}^{t_1})\to F_i^n((u_1)_{x_i}^{t_2},\cdots,(u_n)_{x_i}^{t_2})$，即为 $F_1^2(t_1,t_2)\vdash A_{x_i}^{t_1}\to A_{x_i}^{t_2}$。

若 $A=\neg B$，则 $A_{x_i}^{t_1}=\neg B_{x_i}^{t_1}$，$A_{x_i}^{t_2}=\neg B_{x_i}^{t_2}$。假设 $F_1^2(t_1,t_2)\vdash B_{x_i}^{t_1}\to B_{x_i}^{t_2}$，则根据例 3.4.8 可得 $F_1^2(t_1,t_2)\vdash\neg B_{x_i}^{t_2}\to\neg B_{x_i}^{t_1}$。根据命题 6.1.2 的(i)可得 $F_1^2(t_2,t_1)\vdash\neg B_{x_i}^{t_2}\to\neg B_{x_i}^{t_1}$，此式相当于 $F_1^2(t_1,t_2)\vdash\neg B_{x_i}^{t_1}\to\neg B_{x_i}^{t_2}$，即 $F_1^2(t_1,t_2)\vdash A_{x_i}^{t_1}\to A_{x_i}^{t_2}$。

对于 $A=B\to C$ 的情形，类似于 $A=\neg B$ 的情形可证。

若 $A=\forall x_jB$，且假设 $F_1^2(t_1,t_2)\vdash B_{x_i}^{t_1}\to B_{x_i}^{t_2}$。若 x_i 在 A 中不是自由出现的，则 $A_{x_i}^{t_1}=A$，$A_{x_i}^{t_2}=A$，因而有 $F_1^2(t_1,t_2)\vdash A_{x_i}^{t_1}\to A_{x_i}^{t_2}$。若 x_i 在 A 中是自由出现的，则 $A_{x_i}^{t_1}=\forall x_jB_{x_i}^{t_1}$，$A_{x_i}^{t_2}=\forall x_jB_{x_i}^{t_2}$。根据已知中项 t_1、t_2 都对 x_i 在 A 中代入自由，可得 x_j 一定不会自由出现在项 t_1、t_2 中，因此，根据命题 5.2.2 可得 $F_1^2(t_1,t_2)\vdash\forall x_j(B_{x_i}^{t_1}\to B_{x_i}^{t_2})$，而 $\forall x_j(B_{x_i}^{t_1}\to B_{x_i}^{t_2})\vdash\forall x_jB_{x_i}^{t_1}\to\forall x_jB_{x_i}^{t_2}$ 为公理($\forall_3$)，所以有 $F_1^2(t_1,t_2)\vdash\forall x_jB_{x_i}^{t_1}\to\forall x_jB_{x_i}^{t_2}$，此即为 $F_1^2(t_1,t_2)\vdash A_{x_i}^{t_1}\to A_{x_i}^{t_2}$。

综上，根据关于合式公式的结构归纳法可得结论。

■

类似于命题 6.1.5 的证明，也可以得出 $F_1^2(t_1,t_2)\vdash A_{x_i}^{t_2}\to A_{x_i}^{t_1}$，因此，进一步可得 $F_1^2(t_1,t_2)\vdash A_{x_i}^{t_1}\leftrightarrow A_{x_i}^{t_2}$。

命题 6.1.4 和命题 6.1.5 表明，相等的项可以互相替换。

【命题 6.1.6】 对于语言$\mathcal{L}$的一个结构$\mathcal{S}$，若该结构中将等词 F_1^2 解释为相等，则等词公理在结构$\mathcal{S}$下为真。

证明：将等词 F_1^2 在结构$\mathcal{S}$中解释为相等，也就是说将 F_1^2 指定为论域$\mathcal{S}$上的相等关系 $\bar{F}_1^2=\{\langle x,x\rangle \mid x\in S\}$。下面依次验证三条等词公理在结构$\mathcal{S}$下为真。

对于结构$\mathcal{S}$上任意的指派 v，由于 $v(x_1)=v(x_1)$，即$\langle v(x_1),v(x_1)\rangle\in\bar{F}_1^2$，$F_1^2(x_1,x_1)$在解释$\langle\mathcal{S},v\rangle$下为真。

对于结构$\mathcal{S}$上任意的指派 v，如果 $F_1^2(t_k,u)$在解释$\langle\mathcal{S},v\rangle$下为真，即$\langle\tilde{v}(t_k),\tilde{v}(u)\rangle\in\bar{F}_1^2$，$\tilde{v}(t_k)=\tilde{v}(u)$，进而有

$$\begin{aligned}\tilde{v}(f_i^n(t_1,\cdots,t_k,\cdots,t_n)) &= \bar{f}_i^n(\tilde{v}(t_1),\cdots,\tilde{v}(t_k),\cdots,\tilde{v}(t_n))\\ &= \bar{f}_i^n(\tilde{v}(t_1),\cdots,\tilde{v}(u),\cdots,\tilde{v}(t_n))\\ &= \tilde{v}(f_i^n(t_1,\cdots,u,\cdots,t_n))\end{aligned}$$

可见，$\langle\tilde{v}(f_i^n(t_1,\cdots,t_k,\cdots,t_n)),\tilde{v}(f_i^n(t_1,\cdots,u,\cdots,t_n))\rangle\in\bar{F}_1^2$，这说明了$F_1^2(f_i^n(t_1,\cdots,t_k,\cdots,t_n),f_i^n(t_1,\cdots,u,\cdots,t_n))$在解释$\langle\mathcal{S},v\rangle$下也为真，进而可以得到 $F_1^2(t_k,u)\rightarrow F_1^2(f_i^n(t_1,\cdots,t_k,\cdots,t_n),f_i^n(t_1,\cdots,u,\cdots,t_n))$在解释$\langle\mathcal{S},v\rangle$下为真。

对于结构$\mathcal{S}$上任意的指派 v，如果 $F_1^2(t_k,u)$在解释$\langle\mathcal{S},v\rangle$下为真，即$\langle\tilde{v}(t_k),\tilde{v}(u)\rangle\in\bar{F}_1^2$，那么 $\tilde{v}(t_k)=\tilde{v}(u)$；进而，若同时 $F_i^n(t_1,\cdots,t_k,\cdots,t_n)$在解释$\langle\mathcal{S},v\rangle$下为真，即$\langle\tilde{v}(t_1),\cdots,\tilde{v}(t_k),\cdots,\tilde{v}(t_n)\rangle\in\bar{F}_i^n$，则有$\langle\tilde{v}(t_1),\cdots,\tilde{v}(u),\cdots,\tilde{v}(t_n)\rangle\in\bar{F}_i^n$。这说明了 $F_i^n(t_1,\cdots,u,\cdots,t_n)$在解释$\langle\mathcal{S},v\rangle$下为真，所以可得 $F_1^2(t_k,u)\rightarrow(F_i^n(t_1,\cdots,t_k,\cdots,t_n)\rightarrow F_i^n(t_1,\cdots,u,\cdots,t_n))$在解释$\langle\mathcal{S},v\rangle$下为真。

根据结构$\mathcal{S}$上指派 v 的任意性可得，$\mathcal{S}$是等词公理的模型。

■

从命题 6.1.6 可以看出，三条等词公理一定有这样的模型，在该模型中等词 F_1^2 解释为相等。三条等词公理有模型，这也说明了三条等词公理是一致的。但是，等词公理的模型中不一定就是将等词 F_1^2 解释为相等。下面是一个具体的例子。

【例 6.1.3】 设语言$\mathcal{L}$中的非逻辑符号只有一个函数词 f_1^2 和一个谓词 F_1^2。给出该语言$\mathcal{L}$的一个结构$\mathcal{S}$，在该结构中，论域 S 为整数集$\mathbb{Z}$，将函数词 f_1^2 解释为$\mathbb{Z}$上的加法，将谓词 F_1^2 解释为具有相同的奇偶性，则验证等词公理在结构$\mathcal{S}$下

为真。

解：对于结构$\mathcal{S}$上任意的指派 v，由于 $v(x_1)$与 $v(x_1)$具有相同的奇偶性，即$\langle v(x_1), v(x_1)\rangle \in \bar{F}_1^2$，$F_1^2(x_1, x_1)$在解释$\langle \mathcal{S}, v\rangle$下为真。

对于结构$\mathcal{S}$上任意的指派 v，如果 $F_1^2(t_k, u)$在解释$\langle \mathcal{S}, v\rangle$下为真，即$\langle \tilde{v}(t_k), \tilde{v}(u)\rangle \in \bar{F}_1^2$，那么 $\tilde{v}(t_k)$与 $\tilde{v}(u)$具有相同的奇偶性，进而有

$$\tilde{v}(f_1^2(t_1, t_k)) = \bar{f}_1^2(\tilde{v}(t_1), \tilde{v}(t_k)) = \tilde{v}(t_1) + \tilde{v}(t_k)$$

$$\tilde{v}(f_1^2(t_1, u)) = \bar{f}_1^2(\tilde{v}(t_1), \tilde{v}(u)) = \tilde{v}(t_1) + \tilde{v}(u)$$

根据 $\tilde{v}(t_k)$与 $\tilde{v}(u)$具有相同的奇偶性，可得 $\tilde{v}(t_1)+\tilde{v}(t_k)$与 $\tilde{v}(t_1)+\tilde{v}(u)$也具有相同的奇偶性，因而 $F_1^2(f_1^2(t_1, t_k), f_1^2(t_1, u))$在解释$\langle \mathcal{S}, v\rangle$下也为真，进而可以得到 $F_1^2(t_k, u)\to F_1^2(f_1^2(t_1, t_k), f_1^2(t_1, u))$在解释$\langle \mathcal{S}, v\rangle$下为真。同理可得，$F_1^2(t_k, u)\to F_1^2(f_1^2(t_k, t_1), f_1^2(u, t_1))$也在解释$\langle \mathcal{S}, v\rangle$下为真。因此，等词公理$(=_2)$的所有实例都在解释$\langle \mathcal{S}, v\rangle$下为真。

对于结构$\mathcal{S}$上任意的指派 v，如果 $F_1^2(t_k, u)$在解释$\langle \mathcal{S}, v\rangle$下为真，即$\langle \tilde{v}(t_k), \tilde{v}(u)\rangle \in \bar{F}_1^2$，那么 $\tilde{v}(t_k)$与 $\tilde{v}(u)$具有相同的奇偶性；进而，若同时 $F_1^2(t_1, t_k)$在解释$\langle \mathcal{S}, v\rangle$下为真，即 $\tilde{v}(t_1)$与 $\tilde{v}(t_k)$具有相同的奇偶性，则 $\tilde{v}(t_1)$与 $\tilde{v}(u)$就具有相同的奇偶性。所以 $F_1^2(t_1, u)$在解释$\langle \mathcal{S}, v\rangle$下为真。可见，$F_1^2(t_k, u)\to(F_1^2(t_1, t_k)\to F_1^2(t_1, u))$在解释$\langle \mathcal{S}, v\rangle$下为真。同理可得，$F_1^2(t_k, u)\to(F_1^2(t_k, t_1)\to F_1^2(u, t_1))$也在解释$\langle \mathcal{S}, v\rangle$下为真。所以，等词公理$(=_3)$的所有实例都在解释$\langle \mathcal{S}, v\rangle$下为真。

根据结构$\mathcal{S}$上指派 v 的任意性，可得等词公理在结构$\mathcal{S}$下为真。

■

虽然在使得等词公理为真的结构中，等词 F_1^2 不一定解释为相等，比如，例 6.1.3 中 F_1^2 被解释为的同余就不是相等，但是根据第 1 章可知同余关系为等价关系，命题 6.1.2 也给出了这种提示。对于语言$\mathcal{L}$的任意一个结构$\mathcal{S}$，如果该结构使得等词公理为真，即结构$\mathcal{S}$是等词公理的模型，所以依照等词公理所得出的定理在模型$\mathcal{S}$下也为真，因此，根据命题 6.1.2 可得，$F_1^2(x_1, x_1)$，$F_1^2(x_1, x_2)\to F_1^2(x_2, x_1)$以及 $F_1^2(x_1, x_2)\to(F_1^2(x_2, x_3)\to F_1^2(x_1, x_3))$均在模型$\mathcal{S}$下为真。进而，对于任意的指派 v，有$\langle v(x_1), v(x_1)\rangle \in \bar{F}_1^2$；若$\langle v(x_1), v(x_2)\rangle \in \bar{F}_1^2$，则$\langle v(x_2), v(x_1)\rangle \in \bar{F}_1^2$；若$\langle v(x_1), v(x_2)\rangle \in \bar{F}_1^2$，且$\langle v(x_2), v(x_3)\rangle \in \bar{F}_1^2$，则有$\langle v(x_1), v(x_3)\rangle \in \bar{F}_1^2$。由指派 v 的任意性可得，$v(x_1)$、$v(x_2)$、$v(x_3)$可取论域 S

上的任意元素，所以 $\bar{F}_1^2$ 为论域 S 上的等价关系。也就是说，等词 F_1^2 无论解释成 S 上的何种二元关系 $\bar{F}_1^2$，它都满足自反性、对称性、传递性，进而 F_1^2 一定被解释成 S 上的等价关系。

当然，希望等词 F_1^2 在等词公理的模型中被解释为相等。下面的命题说明可以做到这一点。

【命题 6.1.7】 对于带等词的谓词逻辑形式系统 $\widetilde{K}_{\mathcal{L}}^*$，若 $\widetilde{K}_{\mathcal{L}}^*$ 是一致的，则存在 $\widetilde{K}_{\mathcal{L}}^*$ 的一个模型，使得等词 F_1^2 在该模型中被解释为相等。

证明：根据命题 5.5.2，如果 $\widetilde{K}_{\mathcal{L}}^*$ 是一致的，那么它有一个模型$\mathcal{S}$。现在根据模型$\mathcal{S}$诱导出一个模型$\mathcal{S}^*$，使得 F_1^2 在其中被解释为相等。具体地，根据前面的分析可知，$\bar{F}_1^2$ 为模型$\mathcal{S}$的论域 S 上的等价关系，因而根据第 1 章中商集的知识，可以做 S 关于该等价关系的商集 $S^*=\{[y]\mid y\in S\}$，进而定义结构$\mathcal{S}^*$ 如下：$\mathcal{S}^*$ 中论域为 S^*；个体词常元 a_i 被指定为等价类$[a_i]$；函数词 f_i^n 被指定为 $\hat{f}_i^n$，满足 $\hat{f}_i^n([y_1],[y_2],\cdots,[y_n])=[\bar{f}_i^n(y_1,y_2,\cdots,y_n)]$；谓词 F_i^n 被指定为 $\hat{F}_i^n$，满足 $\langle[y_1],[y_2],\cdots,[y_n]\rangle\in\hat{F}_i^n$ 当且仅当$\langle y_1,y_2,\cdots,y_n\rangle\in\bar{F}_i^n$；其中，$y_1,y_2,\cdots,y_n$ 为 S 中任意 n 个元素。

由于 $\hat{f}_i^n$ 和 $\hat{F}_i^n$ 是根据等价类进行定义的，需要先证明该定义不依赖等价类中代表元 $y_1,y_2,\cdots,y_n$ 的选取，也就是说，它们都是良定义的(well defined)。假设 $y_1\sim y_1',y_2\sim y_2',\cdots,y_n\sim y_n'$。对于结构$\mathcal{S}$，取其上的一个指派 v，满足 $v(x_1)=y_1,v(x_2)=y_2,\cdots,v(x_n)=y_n,v(x_{n+1})=y_1',v(x_{n+2})=y_2',\cdots,v(x_{n+n})=y_n'$。则根据 $y_1\sim y_1'$可得$\langle v(x_1),v(x_{n+1})\rangle\in\bar{F}_1^2$，即 $F_1^2(x_1,x_{n+1})$在解释$\langle\mathcal{S},v\rangle$下为真；根据 $y_2\sim y_2'$可得$\langle v(x_2),v(x_{n+2})\rangle\in\bar{F}_1^2$，即 $F_1^2(x_2,x_{n+2})$在解释$\langle\mathcal{S},v\rangle$下为真；…；根据 $y_n\sim y_n'$可得$\langle v(x_n),v(x_{n+n})\rangle\in\bar{F}_1^2$，即 $F_1^2(x_n,x_{n+n})$在解释$\langle\mathcal{S},v\rangle$下为真。而根据前面已经得到的 $F_1^2(t_1,u_1),\cdots,F_1^2(t_n,u_n)\vdash F_1^2(f_i^n(t_1,\cdots,t_n),f_i^n(u_1,\cdots,u_n))$可知，由 $F_1^2(x_1,x_{n+1})$在解释$\langle\mathcal{S},v\rangle$下为真，…，$F_1^2(x_n,x_{n+n})$在解释$\langle\mathcal{S},v\rangle$下为真，可以得出 $F_1^2(f_i^n(x_1,\cdots,x_n),f_i^n(x_{n+1},\cdots,x_{n+n}))$在解释$\langle\mathcal{S},v\rangle$下为真，所以有$\langle\tilde{v}(f_i^n(x_1,\cdots,x_n)),\tilde{v}(f_i^n(x_{n+1},\cdots,x_{n+n}))\rangle\in\bar{F}_1^2$，进而$\langle\bar{f}_i^n(v(x_1),\cdots,v(x_n)),\bar{f}_i^n(v(x_{n+1}),\cdots,v(x_{n+n}))\rangle\in\bar{F}_1^2$，可见 $\bar{f}_i^n(v(x_1),\cdots,v(x_n))\sim\bar{f}_i^n(v(x_{n+1}),\cdots,v(x_{n+n}))$，此即为 $\bar{f}_i^n(y_1,y_2,\cdots,y_n)\sim\bar{f}_i^n(y_1',y_2',\cdots,y_n')$，因而

有$[\bar{f}_i^n(y_1,y_2,\cdots,y_n)]=[\bar{f}_i^n(y'_1,y'_2,\cdots,y'_n)]$。综上可见，$\hat{f}_i^n$ 的定义是良定义的。

类似可证 $\hat{F}_i^n$ 的定义也是良定义的。

接着验证结构$\mathcal{S}^*$是 $\widetilde{K}_{\mathcal{L}}^*$ 的一个模型，这只需要验证三条等词公理。

对于第一条等词公理，验证 $F_1^2(x_1,x_1)$在结构$\mathcal{S}^*$下为真。对于结构$\mathcal{S}^*$的任意指派 v^*，设 $v^*(x_1)=[y_1]$。由于 $\bar{F}_1^2$ 是 S 上的等价关系，$\langle y_1,y_1\rangle\in\bar{F}_1^2$，进而$\langle[y_1],[y_1]\rangle\in\hat{F}_1^2$，此即为$\langle v^*(x_1),v^*(x_1)\rangle\in\hat{F}_1^2$，这说明 $F_1^2(x_1,x_1)$在解释$\langle\mathcal{S}^*,v^*\rangle$下为真，再由指派 v^* 的任意性可得 $F_1^2(x_1,x_1)$在结构$\mathcal{S}^*$下为真。

对于第二条等词公理，验证 $F_1^2(t_k,u)\to F_1^2(f_i^n(t_1,\cdots,t_k,\cdots,t_n),f_i^n(t_1,\cdots,u,\cdots,t_n))$在结构$\mathcal{S}^*$下为真。对于结构$\mathcal{S}^*$的任意指派 v^*。若 $F_1^2(t_k,u)$在解释$\langle\mathcal{S}^*,v^*\rangle$下为真，则$\langle\tilde{v}^*(t_k),\tilde{v}^*(u)\rangle\in\hat{F}_1^2$，进而$\langle y_k,z\rangle\in\bar{F}_1^2$。设 $\tilde{v}^*(t_1)=[y_1],\cdots,\tilde{v}^*(t_k)=[y_k],\cdots,\tilde{v}^*(t_n)=[y_n]$，且 $\tilde{v}^*(u)=[z]$，则 $\hat{f}_i^n(\tilde{v}^*(t_1),\cdots,\tilde{v}^*(t_k),\cdots,\tilde{v}^*(t_n))=\hat{f}_i^n([y_1],\cdots,[y_k],\cdots,[y_n])$，进而 $\hat{f}_i^n(\tilde{v}^*(t_1),\cdots,\tilde{v}^*(t_k),\cdots,\tilde{v}^*(t_n))=[\bar{f}_i^n(y_1,\cdots,y_k,\cdots,y_n)]$；同理可得 $\hat{f}_i^n(\tilde{v}^*(t_1),\cdots,\tilde{v}^*(u),\cdots,\tilde{v}^*(t_n))=[\bar{f}_i^n(y_1,\cdots,z,\cdots,y_n)]$。因为$\langle y_k,z\rangle\in\bar{F}_1^2$，所以根据命题 6.1.3 可得$\langle\bar{f}_i^n(y_1,\cdots,y_k,\cdots,y_n),\bar{f}_i^n(y_1,\cdots,z,\cdots,y_n)\rangle\in\bar{F}_1^2$，这说明了$\langle[\bar{f}_i^n(y_1,\cdots,y_k,\cdots,y_n)],[\bar{f}_i^n(y_1,\cdots,z,\cdots,y_n)]\rangle\in\hat{F}_1^2$，进而可得 $F_1^2(f_i^n(t_1,\cdots,t_k,\cdots,t_n),f_i^n(t_1,\cdots,u,\cdots,t_n))$在解释$\langle\mathcal{S}^*,v^*\rangle$下为真，所以 $F_1^2(t_k,u)\to F_1^2(f_i^n(t_1,\cdots,t_k,\cdots,t_n),f_i^n(t_1,\cdots,u,\cdots,t_n))$在解释$\langle\mathcal{S}^*,v^*\rangle$下为真。根据指派 v^* 的任意性可得 $F_1^2(t_k,u)\to F_1^2(f_i^n(t_1,\cdots,t_k,\cdots,t_n),f_i^n(t_1,\cdots,u,\cdots,t_n))$在结构$\mathcal{S}^*$下为真。

对于第三条等词公理的验证，可以类比第二条等词公理的验证。

下面证明 F_1^2 在结构$\mathcal{S}^*$下被解释为相等。对于$\mathcal{S}^*$的任意指派 v^*，若 $F_1^2(x_1,x_2)$在解释$\langle\mathcal{S}^*,v^*\rangle$下为真，则有$\langle v^*(x_1),v^*(x_2)\rangle\in\hat{F}_1^2$。令 $v^*(x_1)=[y_1],v^*(x_2)=[y_2]$，则有$\langle y_1,y_2\rangle\in\bar{F}_1^2$，所以 $y_1\sim y_2$。这说明$[y_1]=[y_2]$，进而 $v^*(x_1)=v^*(x_2)$。再由指派 v^* 的任意性可得，等词 F_1^2 在结构$\mathcal{S}^*$下被解释为相等。

■

根据命题 6.1.7，总可以对一致的带等词的形式系统 $\widetilde{K}_{\mathcal{L}}^*$ 找到一个模型，使得

等词 F_1^2 在该模型中被解释为相等。将这种等词在模型中被解释为相等的情况给予特别的关注,这样的模型称为形式系统 $\widetilde{K}_{\mathcal{L}}^*$ 的标准模型(standard model)。鉴于考虑的是带等词的形式系统 $\widetilde{K}_{\mathcal{L}}^*$ 中等词将被解释为相等,所以采用符号≐代替等词 F_1^2(等号上面加一点是为了与元语言中的等号进行区别)。采用等词新的符号之后,等词公理就可以写得看起来更加符合我们的直观感觉:

$(=_1)$: $x_1 \doteq x_1$;

$(=_2)$: $t_k \doteq u \rightarrow f_i^n(t_1,\cdots,t_k,\cdots,t_n) \doteq f_i^n(t_1,\cdots,u,\cdots,t_n)$;

$(=_3)$: $t_k \doteq u \rightarrow (F_i^n(t_1,\cdots,t_k,\cdots,t_n) \rightarrow F_i^n(t_1,\cdots,u,\cdots,t_n))$。

6.2 群与环

有了6.1节相等这个数学概念后,就可以在此基础上讨论进一步的数学内容。当然,讨论的数学内容还是沿用之前的公理化的处理方式。对于一个公理化的数学内容,为了将其形式化,需要把相关的数学公理形式化为谓词逻辑形式系统中的合式公式,然后放入形式系统 $K_{\mathcal{L}}^*$ 中,形成 $K_{\mathcal{L}}^*$ 的扩张 $\widetilde{K}_{\mathcal{L}}^*$。以1.3节中的严格偏序关系为例进行说明。严格偏序关系非常简单,它是只需要满足反自反性和传递性的二元关系。具体地,对于非空集合 M 以及其上的二元关系 $<$,若 $<$ 满足如下条件,则称 $<$ 为 M 上的二元关系:

(1) 对于 M 中任意的元素 x,有 $x \not< x$;

(2) 对于 M 中任意的元素 x,y,z,由 $x<y$ 并且 $y<z$,可以得出 $x<z$。

通过选取谓词符号 $\dot{<}$ 表示严格偏序关系,上述两个条件可以形式化为如下的合式公式:

$(<_1)$: $\forall x_1(\neg(x_1 \dot{<} x_1))$;

$(<_2)$: $\forall x_1 \forall x_2 \forall x_3((x_1 \dot{<} x_2) \wedge (x_2 \dot{<} x_3) \rightarrow (x_1 \dot{<} x_3))$。

将合式公式 $(<_1)$ 和 $(<_2)$ 作为形式公理加入形式系统 $K_{\mathcal{L}}^*$ 中,形成 $K_{\mathcal{L}}^*$ 的扩张 $\widetilde{K}_{\mathcal{L}}^*$;或者等价地,考虑到有 $(\forall_G)$,将合式公式 $\neg(x_1 \dot{<} x_1)$ 和 $(x_1 \dot{<} x_2) \wedge (x_2 \dot{<} x_3) \rightarrow (x_1 \dot{<} x_3)$ 加入形式系统 $K_{\mathcal{L}}^*$ 的公理集合中。对于形式系统 $\widetilde{K}_{\mathcal{L}}^*$,它有许多不同的模型,比如,自然数集 $\mathbb{N}$ 连同其上的小于关系 $<$,整数集 $\mathbb{Z}$ 连同其上的小于关系 $<$,集合 $M=\{a,b,c\}$ 的幂集 $\mathcal{P}(M)$ 连同其上的真包含于关系 $\subsetneq$。在模型 $\langle\mathbb{N},<\rangle$ 中为真的一些合式公式,可能在形式系统 $\widetilde{K}_{\mathcal{L}}^*$ 中可证,这说明该合式公式

在任何 $\widetilde{K}_{\mathcal{L}}^{*}$ 的模型中均为真；也可能在形式系统 $\widetilde{K}_{\mathcal{L}}^{*}$ 中不可证，这说明该合式公式并不是在 $\widetilde{K}_{\mathcal{L}}^{*}$ 的所有模型中均为真。比如，合式公式 $\forall x_1 \forall x_2((x_1 \dot{<} x_2) \rightarrow \neg(x_2 \dot{<} x_1))$ 就在 $\widetilde{K}_{\mathcal{L}}^{*}$ 中可证，因为它表达了严格偏序关系的反对称性；然而，合式公式 $\exists x_1 \forall x_2(\neg(x_2 \dot{<} x_1))$ 就在 $\widetilde{K}_{\mathcal{L}}^{*}$ 中不可证，因为它表达了"存在一个元素，没有比其更小的元素"的含义，它在 $\langle \mathcal{P}(M), \subsetneq \rangle$ 中是为真的，但是在 $\langle \mathbb{N}, < \rangle$ 中却为假。

本章后面将相继介绍三个在数学领域中非常重要的数学内容的形式化，并讨论与形式系统相关的一些问题。

群论就是一个公理化的数学内容，其公理非常简单。使用群论作为数学形式系统第一个讨论的对象，将有助于对数学形式系统的理解。

采用自然语言描述的群是这样的，对于非空的集合 G，其上定义了一个二元运算$\circ$、一个一元运算$(\cdot)^{-1}$ 以及一个常元 e，若集合 G 满足如下条件：

(1) 对于 G 中任意的元素 x、y、z，有 $(x \circ y) \circ z = x \circ (y \circ z)$；

(2) 对于 G 中任意的元素 x，有 $e \circ x = x$；

(3) 对于 G 中任意的元素 x，有 $(x)^{-1} \circ x = e$。

则称 G 为群(group)。

在群的上述定义中，(1)表明群 G 中的二元运算满足结合律，(2)表明群 G 中的常元 e 为二元运算的左单位元(left identity)，(3)表明群 G 中的元素都有一个关于二元运算的左逆元(left inverse)。

现在把自然语言描述的群理论放入带等词的形式系统中。群定义中的三条性质可看作关于群的三条公理，然后选择适当的语言$\mathcal{L}$，将这三条群的公理表示为三个合式公式，然后将它们作为形式化的公理加入带等词的形式系统中。

令$\mathcal{L}_{\mathrm{G}}$是用来描述群的形式语言，其非逻辑符号中，含有一个谓词符号$\doteq$，用以表示相等，两个函数词符号 f_1^1、f_1^2，用以分别表示逆运算和 G 上的二元运算，一个个体词常元符号 a_1，用以表示左单位元。当然，就像之前所说的那样，所有形式系统的逻辑符号都是一样的。群论形式系统$\mathcal{G}$为一个带等词的谓词逻辑形式系统，它是 $K_{\mathcal{L}_{\mathrm{G}}}^{*}$ 的扩张。对于数学意义上的公理，$\mathcal{G}$除包含三条等词公理，它还包含了三条群公理，具体如下：

(G_1)：$f_1^2(f_1^2(x_1, x_2), x_3) \doteq f_1^2(x_1, f_1^2(x_2, x_3))$；

(G_2)：$f_1^2(a_1, x_1) \doteq x_1$；

(G_3)：$f_1^2(f_1^1(x_1), x_1) \doteq a_1$。

建立好形式系统$\mathcal{G}$之后，就可以把一些用自然语言描述的群的结果，在形式系统$\mathcal{G}$之内表示出来。

【例 6.2.1】 证明 $f_1^2(a_1,f_1^2(a_1,x_2))\doteq x_2$ 为形式系统$\mathcal{G}$中的定理。

证明： 给出合式公式 $f_1^2(a_1,f_1^2(a_1,x_2))\doteq x_2$ 的一个形式证明如下所示。

(1) $f_1^2(a_1,x_1)\doteq x_1$ $\quad$ (G_2)

(2) $\forall x_1(f_1^2(a_1,x_1)\doteq x_1)$ $\quad$ (1)($\forall_G$)

(3) $\forall x_1(f_1^2(a_1,x_1)\doteq x_1)\to(f_1^2(a_1,x_2)\doteq x_2)$ $\quad$ ($\forall_1$)

(4) $f_1^2(a_1,x_2)\doteq x_2$ $\quad$ (2)(3)(MP)

(5) $\forall x_1(f_1^2(a_1,x_1)\doteq x_1)\to(f_1^2(a_1,f_1^2(a_1,x_2))\doteq f_1^2(a_1,x_2))$ $\quad$ ($\forall_1$)

(6) $f_1^2(a_1,f_1^2(a_1,x_2))\doteq f_1^2(a_1,x_2)$ $\quad$ (2)(5)(MP)

(7) $(f_1^2(a_1,x_2)\doteq x_2)\to(f_1^2(a_1,f_1^2(a_1,x_2))\doteq f_1^2(a_1,x_2)$
$\quad\to f_1^2(a_1,f_1^2(a_1,x_2))\doteq x_2)$ $\quad$ ($=_3$)

(8) $f_1^2(a_1,f_1^2(a_1,x_2))\doteq f_1^2(a_1,x_2)\to f_1^2(a_1,f_1^2(a_1,x_2))\doteq x_2$ $\quad$ (4)(7)(MP)

(9) $f_1^2(a_1,f_1^2(a_1,x_2))\doteq x_2$ $\quad$ (6)(8)(MP)

■

形式系统$\mathcal{G}$中的定理 $f_1^2(a_1,f_1^2(a_1,a_1))\doteq a_1$ 换到自然语言描述的群论就是 $e\circ(e\circ e)=e$。形式证明的前 4 步换到自然语言中，会根据 G 中任意的元素 a 满足 $e\circ a=a$，因而将其中的 a 换成 e，直接一步得到 $e\circ e=e$，形式证明中采用 4 步是将我们直观中的这一步证明所依赖的逻辑严格地呈现出来；形式证明的后 5 步，换到自然语言中，首先将 $e\circ a=a$ 式中的 a 换成 $e\circ e$，得到 $e\circ(e\circ e)=(e\circ e)$，然后利用已经得到的 $e\circ e=e$，将上式右边的 $e\circ e$ 换成 e，从而得出结论 $e\circ(e\circ e)=e$。可以看出，在形式系统中证明群论的这个结果反而使证明显得麻烦。就如在 1.1 节中所提到的，相对于自然语言中的证明，采用形式语言的证明好比是显微镜，它将我们直观上所依赖的推理严格精确地表示出来，推理每一步所依据的公理和规则都被显示出来，当然也就看起来比较冗长。构造形式系统并不是为了在形式系统内部去证明一些具体的命题，而是通过将我们直观上的"推理"或者"证明"严格化、精确化，而非仅凭直观想象，进而可以从整体上严格地把握逻辑与数学的关系。

下面再看一个稍微复杂一些的例子。

【例 6.2.2】 在形式系统$\mathcal{G}$中，证明 $f_1^2(x_1,x_2)\doteq f_1^2(x_1,x_3)\vdash x_2\doteq x_3$。

证明： 首先证明 $\vdash x_2\doteq f_1^2(f_1^1(x_1),f_1^2(x_1,x_2))$，其形式证明如下所示。

(1) $f_1^2(f_1^2(x_1,x_2),x_3)\doteq f_1^2(x_1,f_1^2(x_2,x_3))$ $\quad$ (G_1)

(2) $\forall x_1(f_1^2(f_1^2(x_1,x_2),x_3)\doteq f_1^2(x_1,f_1^2(x_2,x_3)))$ (1)($\forall_G$)

(3) $\forall x_1(f_1^2(f_1^2(x_1,x_2),x_3)\doteq f_1^2(x_1,f_1^2(x_2,x_3)))\to$
$f_1^2(f_1^2(f_1^1(x_1),x_2),x_3)\doteq f_1^2(f_1^1(x_1),f_1^2(x_2,x_3))$ ($\forall_1$)

(4) $f_1^2(f_1^2(f_1^1(x_1),x_2),x_3)\doteq f_1^2(f_1^1(x_1),f_1^2(x_2,x_3))$ (2)(3)(MP)

(5) $\forall x_2(f_1^2(f_1^2(f_1^1(x_1),x_2),x_3)\doteq f_1^2(f_1^1(x_1),f_1^2(x_2,x_3)))$
(4)(命题 5.2.2)

(6) $\forall x_2(f_1^2(f_1^2(f_1^1(x_1),x_2),x_3)\doteq f_1^2(f_1^1(x_1),f_1^2(x_2,x_3)))$
$\to f_1^2(f_1^2(f_1^1(x_1),x_1),x_3)\doteq f_1^2(f_1^1(x_1),f_1^2(x_1,x_3))$ ($\forall_1$)

(7) $f_1^2(f_1^2(f_1^1(x_1),x_1),x_3)\doteq f_1^2(f_1^1(x_1),f_1^2(x_1,x_3))$ (5)(6)(MP)

(8) $\forall x_3(f_1^2(f_1^2(f_1^1(x_1),x_1),x_3)\doteq f_1^2(f_1^1(x_1),f_1^2(x_1,x_3)))$
(7)(命题 6.1.1)

(9) $\forall x_3(f_1^2(f_1^2(f_1^1(x_1),x_1),x_3)\doteq f_1^2(f_1^1(x_1),f_1^2(x_1,x_3)))$
$\to(f_1^2(f_1^2(f_1^1(x_1),x_1),x_2)\doteq f_1^2(f_1^1(x_1),f_1^2(x_1,x_2)))$ ($\forall_1$)

(10) $f_1^2(f_1^2(f_1^1(x_1),x_1),x_2)\doteq f_1^2(f_1^1(x_1),f_1^2(x_1,x_2))$ (8)(9)(MP)

(11) $f_1^2(f_1^1(x_1),x_1)\doteq a_1$ (G_3)

(12) $(f_1^2(f_1^1(x_1),x_1)\doteq a_1)$
$\to(f_1^2(f_1^2(f_1^1(x_1),x_1),x_2)\doteq f_1^2(f_1^1(x_1),f_1^2(x_1,x_2))$
$\to f_1^2(a_1,x_2)\doteq f_1^2(f_1^1(x_1),f_1^2(x_1,x_2)))$ ($=_3$)

(13) $f_1^2(f_1^2(f_1^1(x_1),x_1),x_2)\doteq f_1^2(f_1^1(x_1),f_1^2(x_1,x_2))$
$\to f_1^2(a_1,x_2)\doteq f_1^2(f_1^1(x_1),f_1^2(x_1,x_2))$ (11)(12)(MP)

(14) $f_1^2(a_1,x_2)\doteq f_1^2(f_1^1(x_1),f_1^2(x_1,x_2))$ (10)(13)(MP)

(15) $f_1^2(a_1,x_1)\doteq x_1$ (G_2)

(16) $\forall x_1(f_1^2(a_1,x_1)\doteq x_1)$ (15)(命题 5.2.2)

(17) $\forall x_1(f_1^2(a_1,x_1)\doteq x_1)\to(f_1^2(a_1,x_2)\doteq x_2)$ ($\forall_1$)

(18) $f_1^2(a_1,x_2)\doteq x_2$ (16)(17)(MP)

(19) $(f_1^2(a_1,x_2)\doteq x_2)\to(f_1^2(a_1,x_2)\doteq f_1^2(f_1^1(x_1),f_1^2(x_1,x_2))$
$\to x_2\doteq f_1^2(f_1^1(x_1),f_1^2(x_1,x_2)))$ ($=_3$)

(20) $f_1^2(a_1,x_2)\doteq f_1^2(f_1^1(x_1),f_1^2(x_1,x_2))$
$\to x_2\doteq f_1^2(f_1^1(x_1),f_1^2(x_1,x_2)))$ (18)(19)(MP)

(21) $x_2\doteq f_1^2(f_1^1(x_1),f_1^2(x_1,x_2))$ (14)(20)(MP)

类似地,可以证明 $\vdash x_3\doteq f_1^2(f_1^1(x_1),f_1^2(x_1,x_3))$。利用这些已经得出的结

果，$f_1^2(x_1,x_2)\doteq f_1^2(x_1,x_3)\vdash x_2\doteq x_3$ 的形式推演如下所示。

(1) $x_2\doteq f_1^2(f_1^1(x_1),f_1^2(x_1,x_2))$ （已知）

(2) $x_3\doteq f_1^2(f_1^1(x_1),f_1^2(x_1,x_3))$ （已知）

(3) $f_1^2(x_1,x_2)\doteq f_1^2(x_1,x_3)$ （前提）

(4) $(f_1^2(x_1,x_2)\doteq f_1^2(x_1,x_3))$
$\rightarrow(x_2\doteq f_1^2(f_1^1(x_1),f_1^2(x_1,x_2))$
$\rightarrow x_2\doteq f_1^2(f_1^1(x_1),f_1^2(x_1,x_3)))$ （$=_3$）

(5) $x_2\doteq f_1^2(f_1^1(x_1),f_1^2(x_1,x_2))$
$\rightarrow x_2\doteq f_1^2(f_1^1(x_1),f_1^2(x_1,x_3))$ (3)(4)(MP)

(6) $x_2\doteq f_1^2(f_1^1(x_1),f_1^2(x_1,x_3))$ (1)(5)(MP)

(7) $f_1^2(f_1^1(x_1),f_1^2(x_1,x_3))\doteq x_2$ (6)(命题 6.1.2 的(i))

(8) $x_3\doteq x_2$ (2)(7)(HS)

(9) $x_2\doteq x_3$ (6)(命题 6.1.2 的(i))

■

例 6.2.2 换到自然语言中就是，若 $x\circ y=x\circ z$，则 $y=z$，即群满足消去律。可以看出，为了从公理中的结合律$(x_1\circ x_2)\circ x_3=x_1\circ(x_2\circ x_3)$出发得到中间的推导结果$(x_1^{-1}\circ x_1)\circ x_2=x_1^{-1}\circ(x_1\circ x_2)$，在形式系统$\mathcal{G}$中用了 10 步才得以完成。

三条群的公理是从自然语言描述的群定义中得到的，所以直观上使得群公理为真的模型应该是一个群。然而，如果形式系统$\mathcal{G}$的模型中，等词不要求解释为相等，就有可能存在$\mathcal{G}$的一个模型，它并不是一个群。比如，取论域为整数集合，$\bar{a}_1=0$，$\bar{f}_1^1(x)=-x$，$\bar{f}_1^2(x,y)=x+y$，$\doteq$解释为模 10 同余，则三条群公理就被解释为

$(\mathrm{G_1})$：$(x+y)+z\equiv x+(y+z)\pmod{10}$；

$(\mathrm{G_2})$：$0+x\equiv x\pmod{10}$；

$(\mathrm{G_3})$：$(-x)+x\equiv 0\pmod{10}$。

可以看出，三条群公理在解释下都为真，然而，同余不是相等，所以该模型不满足群的定义，不是一个群，当然，该模型也不是$\mathcal{G}$的标准模型。

对于任意的一个群，由于三条形式化的群公理$(\mathrm{G_1})$、$(\mathrm{G_2})$、$(\mathrm{G_3})$就是从自然语言描述的群定义中得到的，任意一个群也都会使得形式化的群公理为真，因而也都是$\mathcal{G}$的模型。此外，由于群的定义中的结合律、单位元、逆元都是在相等的含义下被定义的，也就是说，等词被天然地解释为了相等，任意一个群作为$\mathcal{G}$的模型也都是$\mathcal{G}$的标准模型。另外，如果结构$\mathcal{S}$为$\mathcal{G}$的一个标准模型，那么等词在$\mathcal{S}$中就被

解释为了相等，函数词 f_1^1、f_1^2 就被解释为论域 S 上的一元运算和二元运算，由于 S 连同这两个 S 上的运算使得(G_1)、(G_2)、(G_3)均为真，也就是说，它们满足了自然语言所描述的群的定义，因而结构$\mathcal{S}$就是一个群。

群中只含有一个二元运算，而环含有两个二元运算。采用自然语言描述的环是这样的，对于非空的集合 R，其上定义了两个二元运算$\circ$和 $*$、一个一元运算 $(\cdot)^{-1}$ 以及一个常元 e，如果集合 R 满足如下条件：

(1) 对于 R 中任意的元素 a、b、c，有$(a\circ b)\circ c=a\circ(b\circ c)$；

(2) 对于 R 中任意的元素 a，有 $e\circ a=a$；

(3) 对于 R 中任意的元素 a，有$(a)^{-1}\circ a=e$；

(4) 对于 R 中任意的元素 a，b，有 $a\circ b=b\circ a$；

(5) 对于 R 中任意的元素 a，b，c，有$(a*b)*c=a*(b*c)$；

(6) 对于 R 中任意的元素 a、b、c，有 $a*(b\circ c)=(a*b)\circ(a*c)$，且$(b\circ c)*a=(b*a)\circ(c*a)$。

则称其为环。

在环的上述定义中，(1)～(3)表明集合 R 关于二元运算$\circ$为一个群，(4)表明这个群关于运算$\circ$还满足交换律，所以 R 关于二元运算$\circ$为一个交换群；(5)表明集合 R 中的二元运算$\circ$满足结合律，(6)表明二元运算 $*$ 对于二元运算$\circ$满足分配律。常见的整数集合关于其上的加法运算和乘法运算构成一个环。将环定义中的 6 条性质看作关于环的 6 条公理，进而将它们表示为合式公式，加入带等词的形式系统中。

令$\mathcal{L}_R$是用来描述群的形式语言，其非逻辑符号中含有一个谓词符号$\doteq$，用以表示相等，三个函数词符号 f_1^1、f_1^2、f_2^2，用以分别表示逆运算和 R 上的两个二元运算，一个个体词常元符号 a_1，用以表示左单位元。环论形式系统$\mathcal{R}$为一个带等词的谓词逻辑形式系统，它是 $K_{\mathcal{L}_R}^*$ 的扩张。对于数学意义上的公理，$\mathcal{R}$除包含三条等词公理，还包含了 6 条环形式公理，如下所示：

(R_1)：$f_1^2(f_1^2(x_1,x_2),x_3)\doteq f_1^2(x_1,f_1^2(x_2,x_3))$；

(R_2)：$f_1^2(a_1,x_1)\doteq x_1$；

(R_3)：$f_1^2(f_1^1(x_1),x_1)\doteq a_1$；

(R_4)：$f_1^2(x_1,x_2)\doteq f_1^2(x_2,x_1)$；

(R_5)：$f_2^2(f_2^2(x_1,x_2),x_3)\doteq f_2^2(x_1,f_2^2(x_2,x_3))$；

(R_6)：$f_2^2(x_1,f_1^2(x_2,x_3))\doteq f_1^2(f_2^2(x_1,x_2),f_2^2(x_1,x_3))$；

$f_2^2(f_1^2(x_2,x_3),x_1)\doteq f_1^2(f_2^2(x_2,x_1),f_2^2(x_3,x_1))$。

类似于群那里的情形，建立好环论形式系统$\mathcal{R}$之后，也可以把一些用自然语言描述的环的结果在形式系统$\mathcal{R}$之内表示出来。这里不再赘述。

6.3 算术

算术是关于自然数的数学理论,它在整个数学中占有非常重要的位置。自然数来源于我们的直觉,没有什么数学对象会比自然数更加直观、简单。在讨论形式系统的性质时采用的结构归纳法证明以及结构归纳法定义都来自自然数的理论。通过自然数可以定义出整数、有理数、实数,构建整个数系。在1.6节中谈到过自然数的公理化描述——皮亚诺公设,它是一个采用自然语言描述的、非形式化的公理系统。现在考虑将这些公理形式化地表述在逻辑系统中。

令$\mathcal{L}_{\mathrm{N}}$是用来描述算术的形式语言,其非逻辑符号中,含有一个谓词符号$\doteq$,用以表示相等,三个函数词符号f_1^1、f_1^2、f_2^2,用以分别表示后继运算以及$\mathbb{N}$上的加法运算和乘法运算,一个个体词常元符号a_1,用以表示0。算术形式系统$\mathcal{N}$为一个带等词的谓词逻辑形式系统,它是$K_{\mathcal{L}_{\mathrm{N}}}^*$的扩张。对于数学意义上的公理,$\mathcal{N}$除包含3条等词公理,它还包含了7条算术公理,如下所示:

(N_1):$\neg(f_1^1(x_1)\doteq a_1)$;

(N_2):$f_1^1(x_1)\doteq f_1^1(x_2)\to x_1\doteq x_2$;

(N_3):$f_1^2(x_1,a_1)\doteq x_1$;

(N_4):$f_1^2(x_1,f_1^1(x_2))\doteq f_1^1(f_1^2(x_1,x_2))$;

(N_5):$f_2^2(x_1,a_1)\doteq a_1$;

(N_6):$f_2^2(x_1,f_1^1(x_2))\doteq f_1^2(f_2^2(x_1,x_2),x_1)$;

(N_7):$A_{x_i}^{a_1}\to(\forall x_i(A\to A_{x_i}^{f_1^1(x_i)})\to\forall x_i A)$,其中$A$为任意的合式公式,$x_i$是在$A$中自由出现的个体词变元。

为了使得形式公理看起来更加清晰,将符号f_1^1、f_1^2、f_2^2分别用符号$(\cdot)'$、$\dot{+}$、$\dot{\times}$表示,将a_1用符号$\dot{0}$表示,则形式算术公理可以表示为

(N_1):$\neg((x_1)'\doteq\dot{0})$;

(N_2):$(x_1)'\doteq(x_2)'\to x_1\doteq x_2$;

(N_3):$x_1\dot{+}\dot{0}\doteq x_1$;

(N_4):$x_1\dot{+}(x_2)'\doteq(x_1\dot{+}x_2)'$;

(N_5):$x_1\dot{\times}\dot{0}\doteq\dot{0}$;

(N_6)：$x_1 \dot{\times} (x_2)' \doteq (x_1 \dot{\times} x_2) \dot{+} x_1$；

(N_7)：$A_{x_i}^{\dot{0}} \to (\forall x_i (A \to A_{x_i}^{(x_i)'}) \to \forall x_i A)$，其中 A 为任意的合式公式，x_i 是在 A 中自由出现的个体词变元。

皮亚诺公设一共是 5 条，其中的第 1 条和第 2 条没有在形式系统$\mathcal{N}$的 7 条公理中出现，这是因为已经在语言$\mathcal{L}_N$中用符号$(\cdot)'$和 $\dot{0}$ 表示了它们，在任何模型中它们将得到一定的解释，进而说明了它们的存在性；其中的第 3 条和第 4 条，体现在$\mathcal{N}$的(N_1)和(N_2)中。皮亚诺公设的第 5 条，即数学归纳法原理，是最重要的一条，它的自然语言表述中包含了短语“对于任意的$\mathbb{N}$ 的子集”，由于每一个集合代表了一个性质，而性质又可以用谓词去表示，“任意的集合”这种描述就对应了“任意的性质”，进而就需要将谓词看作变元，从而可以在其前面加以量词，但在谓词逻辑中是不允许这样做的，谓词逻辑中量词只能加在个体词常元前面。谓词逻辑中能做的是采用公理模式的方式去形式化数学归纳法原理，这就是(N_7)中所呈现的那样，其中合式公式 A 对于 x_i 将对应一种性质，或者说对应一个论域中的子集，该子集中的元素也就是 $v(x_i)$，使得合式公式 A 为真。虽然(N_7)采用了公理模式的方式，但是由于合式公式的集合是可列集，(N_7)的每一个实例构成的集合也是可列集，而数学归纳法中是关于自然数集合$\mathbb{N}$ 的幂集的，$\mathbb{N}$ 的幂集是不可列集。所以，(N_7)比数学归纳法要“弱”很多。虽然(N_7)比皮亚诺公设中的数学归纳法要“弱”很多，但是就其本身而言，它比其余的 6 条算术公理要强很多，因为(N_7)中 A 可以为形式系统中的任意合式公式。在形式系统$\mathcal{N}$中关于算术方面结果的形式证明，只有很少的一部分可以不用到(N_7)。

形式系统$\mathcal{N}$的$(N_3)\sim(N_6)$，对应了 1.6 节中利用后继运算去归纳定义自然数集合$\mathbb{N}$ 上的加法和乘法运算。

建立好了算术形式系统$\mathcal{N}$之后，自然语言描述的算术中的结果也可以在形式系统内部得到。

【例 6.3.1】 证明$(\dot{0})' \dot{+} (\dot{0})' \doteq ((\dot{0})')'$是形式系统$\mathcal{N}$中的定理。

证明：给出合式公式$(\dot{0})' \dot{+} (\dot{0})' \doteq ((\dot{0})')'$的一个形式证明如下所示。

(1) $x_1 \dot{+} \dot{0} \doteq x_1$ (N_3)

(2) $\forall x_1 (x_1 \dot{+} \dot{0} \doteq x_1)$ (1)$(\forall_G)$

(3) $\forall x_1 (x_1 \dot{+} \dot{0} \doteq x_1) \to ((\dot{0})' \dot{+} \dot{0} \doteq (\dot{0})')$ $(\forall_1)$

(4) $(\dot{0})' \dot{+} \dot{0} \doteq (\dot{0})'$ (2)(3)(MP)

(5) $x_1 \dot{+} (x_2)' \doteq (x_1 \dot{+} x_2)'$ (N$_4$)

(6) $\forall x_1(x_1 \dot{+} (x_2)' \doteq (x_1 \dot{+} x_2)')$ (5)(命题 5.2.2)

(7) $\forall x_1(x_1 \dot{+} (x_2)' \doteq (x_1 \dot{+} x_2)')$

$\to (\dot{0})' \dot{+} (x_2)' \doteq ((\dot{0})' \dot{+} x_2)'$ ($\forall_1$)

(8) $(\dot{0})' \dot{+} (x_2)' \doteq ((\dot{0})' \dot{+} x_2)'$ (6)(7)(MP)

(9) $\forall x_2((\dot{0})' \dot{+} (x_2)' \doteq ((\dot{0})' \dot{+} x_2)')$ (8)($\forall_G$)

(10) $\forall x_2((\dot{0})' \dot{+} (x_2)' \doteq ((\dot{0})' \dot{+} x_2)')$

$\to (\dot{0})' \dot{+} (\dot{0})' \doteq ((\dot{0})' \dot{+} \dot{0})'$ ($\forall_1$)

(11) $(\dot{0})' \dot{+} (\dot{0})' \doteq ((\dot{0})' \dot{+} \dot{0})'$ (9)(10)(MP)

(12) $((\dot{0})' \dot{+} \dot{0} \doteq (\dot{0})') \to ((\dot{0})' \dot{+} (\dot{0})' \doteq ((\dot{0})' \dot{+} \dot{0})'$

$\to (\dot{0})' \dot{+} (\dot{0})' \doteq ((\dot{0})')')$ ($=_3$)

(13) $(\dot{0})' \dot{+} (\dot{0})' \doteq ((\dot{0})' \dot{+} \dot{0})' \to (\dot{0})' \dot{+} (\dot{0})' \doteq ((\dot{0})')'$ (4)(12)(MP)

(14) $(\dot{0})' \dot{+} (\dot{0})' \doteq ((\dot{0})')'$ (11)(13)(MP)

■

如果将$(\dot{0})'$记为 $\dot{1}$,$(\dot{1})'$记为 $\dot{2}$,则例 6.3.1 表明 $\dot{1}+\dot{1}=\dot{2}$ 是算术形式系统中的定理。

【例 6.3.2】 对于形式系统$\mathcal{N}$中任意的项 t,证明 $\dot{0} \dot{+} t \doteq t$ 是$\mathcal{N}$中的定理。

证明:对于形式系统$\mathcal{N}$中任意的项 t,给出合式公式 $\dot{0} \dot{+} t \doteq t$ 的一个形式证明如下所示。

(1) $x_1 \dot{+} \dot{0} \doteq x_1$ (N$_3$)

(2) $\forall x_1(x_1 \dot{+} \dot{0} \doteq x_1)$ (1)($\forall_G$)

(3) $\forall x_1(x_1 \dot{+} \dot{0} \doteq x_1) \to (\dot{0} \dot{+} \dot{0} \doteq \dot{0})$ ($\forall_1$)

(4) $\dot{0} \dot{+} \dot{0} \doteq \dot{0}$ (2)(3)(MP)

(5) $x_1 \dot{+} (x_2)' \doteq (x_1 \dot{+} x_2)'$ (N$_4$)

(6) $\forall x_1(x_1 \dot{+} (x_2)' \doteq (x_1 \dot{+} x_2)')$ (5)(命题 5.2.2)

(7) $\forall x_1(x_1 \dot{+} (x_2)' \doteq (x_1 \dot{+} x_2)')$

$\to \dot{0} \dot{+} (x_2)' \doteq (\dot{0} \dot{+} x_2)'$ ($\forall_1$)

(8) $\dot{0}\dot{+}(x_2)'\doteq(\dot{0}\dot{+}x_2)'$ (6)(7)(MP)

(9) $(\dot{0}\dot{+}x_2)'\doteq\dot{0}\dot{+}(x_2)'$ (8)(命题 6.1.2 的(i))

(10) $\dot{0}\dot{+}x_2\doteq x_2\rightarrow(\dot{0}\dot{+}x_2)'\doteq(x_2)'$ $(=_2)$

(11) $((\dot{0}\dot{+}x_2)'\doteq\dot{0}\dot{+}(x_2)')$

$\rightarrow((\dot{0}\dot{+}x_2\doteq x_2\rightarrow(\dot{0}\dot{+}x_2)'\doteq(x_2)')$

$\rightarrow(\dot{0}\dot{+}x_2\doteq x_2\rightarrow\dot{0}\dot{+}(x_2)'\doteq(x_2)'))$ $(=_3)$

(12) $(\dot{0}\dot{+}x_2\doteq x_2\rightarrow(\dot{0}\dot{+}x_2)'\doteq(x_2)')$

$\rightarrow(\dot{0}\dot{+}x_2\doteq x_2\rightarrow\dot{0}\dot{+}(x_2)'\doteq(x_2)')$ (9)(11)(MP)

(13) $\dot{0}\dot{+}x_2\doteq x_2\rightarrow\dot{0}\dot{+}(x_2)'\doteq(x_2)'$ (10)(12)(MP)

(14) $\forall x_2(\dot{0}\dot{+}x_2\doteq x_2\rightarrow\dot{0}\dot{+}(x_2)'\doteq(x_2)')$ (13)(命题 5.2.2)

(15) $\dot{0}\dot{+}\dot{0}\doteq\dot{0}\rightarrow(\forall x_2(\dot{0}\dot{+}x_2\doteq x_2\rightarrow\dot{0}\dot{+}(x_2)'\doteq(x_2)')$

$\rightarrow\forall x_2(\dot{0}\dot{+}x_2\doteq x_2))$ (N_7)

(16) $\forall x_2(\dot{0}\dot{+}x_2\doteq x_2\rightarrow\dot{0}\dot{+}(x_2)'\doteq(x_2)')$

$\rightarrow\forall x_2(\dot{0}\dot{+}x_2\doteq x_2)$ (4)(15)(MP)

(17) $\forall x_2(\dot{0}\dot{+}x_2\doteq x_2)$ (14)(16)(MP)

(18) $\forall x_2(\dot{0}\dot{+}x_2\doteq x_2)\rightarrow\dot{0}\dot{+}t\doteq t$ $(\forall_1)$

(19) $\dot{0}\dot{+}t\doteq t$ (17)(18)(MP)

■

【例 6.3.3】 对于形式系统$\mathcal{N}$中任意的项 t_1、t_2，证明$(t_1)'\dot{+}t_2\doteq(t_1\dot{+}t_2)'$是$\mathcal{N}$中的定理。

证明：对于形式系统$\mathcal{N}$中任意的项 t_1、t_2，给出合式公式$(t_1)'\dot{+}t_2\doteq(t_1\dot{+}t_2)'$的一个形式证明如下所示。

(1) $(t_1)'\dot{+}x_1\doteq(t_1\dot{+}x_1)'$

$\rightarrow((t_1)'\dot{+}x_1)'\doteq((t_1\dot{+}x_1)')'$ $(=_2)$

(2) $x_1\dot{+}(x_2)'\doteq(x_1\dot{+}x_2)'$ (N_4)

(3) $\forall x_1(x_1\dot{+}(x_2)'\doteq(x_1\dot{+}x_2)')$ (2)$(\forall_G)$

(4) $\forall x_1(x_1\dot{+}(x_2)'\doteq(x_1\dot{+}x_2)')$

$\rightarrow (t_1)' \dot{+} (x_2)' \doteq ((t_1)' \dot{+} x_2)'$ $(\forall_1)$

(5) $(t_1)' \dot{+} (x_2)' \doteq ((t_1)' \dot{+} x_2)'$ (3)(4)(MP)

(6) $\forall x_2((t_1)' \dot{+} (x_2)' \doteq ((t_1)' \dot{+} x_2)')$ (5)(命题 5.2.2)

(7) $\forall x_2((t_1)' \dot{+} (x_2)' \doteq ((t_1)' \dot{+} x_2)')$

$\rightarrow (t_1)' \dot{+} (x_1)' \doteq ((t_1)' \dot{+} x_1)'$ $(\forall_1)$

(8) $(t_1)' \dot{+} (x_1)' \doteq ((t_1)' \dot{+} x_1)'$ (6)(7)(MP)

(9) $\forall x_1(x_1 \dot{+} (x_2)' \doteq (x_1 \dot{+} x_2)')$

$\rightarrow t_1 \dot{+} (x_2)' \doteq (t_1 \dot{+} x_2)'$ $(\forall_1)$

(10) $t_1 \dot{+} (x_2)' \doteq (t_1 \dot{+} x_2)'$ (3)(9)(MP)

(11) $\forall x_2(t_1 \dot{+} (x_2)' \doteq (t_1 \dot{+} x_2)')$ (10)(命题 5.2.2)

(12) $\forall x_2(t_1 \dot{+} (x_2)' \doteq (t_1 \dot{+} x_2)')$

$\rightarrow t_1 \dot{+} (x_1)' \doteq (t_1 \dot{+} x_1)'$ $(\forall_1)$

(13) $t_1 \dot{+} (x_1)' \doteq (t_1 \dot{+} x_1)'$ (11)(12)(MP)

(14) $t_1 \dot{+} (x_1)' \doteq (t_1 \dot{+} x_1)'$

$\rightarrow (t_1 \dot{+} (x_1)')' \doteq ((t_1 \dot{+} x_1)')'$ $(=_2)$

(15) $(t_1 \dot{+} (x_1)')' \doteq ((t_1 \dot{+} x_1)')'$ (13)(14)(MP)

(16) $((t_1)' \dot{+} x_1)' \doteq (t_1)' \dot{+} (x_1)'$ (8)(命题 6.1.2 的(i))

(17) $((t_1)' \dot{+} x_1)' \doteq (t_1)' \dot{+} (x_1)'$

$\rightarrow (((t_1)' \dot{+} x_1)' \doteq ((t_1 \dot{+} x_1)')'$

$\rightarrow ((t_1)' \dot{+} (x_1)') \doteq ((t_1 \dot{+} x_1)')')$ $(=_3)$

(18) $((t_1)' \dot{+} x_1)' \doteq ((t_1 \dot{+} x_1)')'$

$\rightarrow ((t_1)' \dot{+} (x_1)') \doteq ((t_1 \dot{+} x_1)')')$ (16)(17)(MP)

(19) $(t_1)' \dot{+} x_1 \doteq (t_1 \dot{+} x_1)'$

$\rightarrow ((t_1)' \dot{+} (x_1)') \doteq ((t_1 \dot{+} x_1)')'$ (1)(18)(HS)

(20) $((t_1 \dot{+} x_1)')' \doteq (t_1 \dot{+} (x_1)')'$ (15)(命题 6.1.2 的(i))

(21) $((t_1 \dot{+} x_1)')' \doteq (t_1 \dot{+} (x_1)')'$

$\rightarrow (((t_1)' \dot{+} x_1)' \doteq ((t_1 \dot{+} x_1)')'$

$\to((t_1)'\dot{+}(x_1)')\doteq(t_1\dot{+}(x_1)')')$ $(=_3)$

(22) $((t_1)'\dot{+}x_1)'\doteq((t_1\dot{+}x_1)')'$

$\to((t_1)'\dot{+}(x_1)')\doteq(t_1\dot{+}(x_1)')'$ (20)(21)(MP)

(23) $(t_1)'\dot{+}x_1\doteq(t_1\dot{+}x_1)'$

$\to((t_1)'\dot{+}(x_1)')\doteq(t_1\dot{+}(x_1)')'$ (19)(22)(HS)

(24) $x_1\dot{+}\dot{0}\doteq x_1$ (N_3)

(25) $\forall x_1(x_1\dot{+}\dot{0}\doteq x_1)$ (24)$(\forall_G)$

(26) $\forall x_1(x_1\dot{+}\dot{0}\doteq x_1)\to(t_1)'\dot{+}\dot{0}\doteq(t_1)'$ $(\forall_1)$

(27) $(t_1)'\dot{+}\dot{0}\doteq(t_1)'$ (25)(26)(MP)

(28) $\forall x_1(x_1\dot{+}\dot{0}\doteq x_1)\to t_1\dot{+}\dot{0}\doteq t_1$ $(\forall_1)$

(29) $t_1\dot{+}\dot{0}\doteq t_1$ (25)(28)(MP)

(30) $t_1\dot{+}\dot{0}\doteq t_1\to(t_1\dot{+}\dot{0})'\doteq(t_1)'$ $(=_2)$

(31) $(t_1\dot{+}\dot{0})'\doteq(t_1)'$ (29)(30)(MP)

(32) $(t_1)'\dot{+}\dot{0}\doteq(t_1\dot{+}\dot{0})'$ (27)(31)(命题 6.1.2 的(ii))

(33) $\forall x_1((t_1)'\dot{+}x_1\doteq(t_1\dot{+}x_1)'$

$\to((t_1)'\dot{+}(x_1)')\doteq(t_1\dot{+}(x_1)')')$ (32)(命题 5.2.2)

(34) $(t_1)'\dot{+}\dot{0}\doteq(t_1\dot{+}\dot{0})'\to(\forall x_1((t_1)'\dot{+}x_1\doteq(t_1\dot{+}x_1)'$

$\to((t_1)'\dot{+}(x_1)')\doteq(t_1\dot{+}(x_1)')')$

$\to\forall x_1((t_1)'\dot{+}x_1\doteq(t_1\dot{+}x_1)'))$ (N_7)

(35) $(\forall x_1((t_1)'\dot{+}x_1\doteq(t_1\dot{+}x_1)'$

$\to((t_1)'\dot{+}(x_1)')\doteq(t_1\dot{+}(x_1)')')$

$\to\forall x_1((t_1)'\dot{+}x_1\doteq(t_1\dot{+}x_1)')$ (32)(34)(MP)

(36) $\forall x_1((t_1)'\dot{+}x_1\doteq(t_1\dot{+}x_1)')$ (33)(35)(MP)

(37) $\forall x_1((t_1)'\dot{+}x_1\doteq(t_1\dot{+}x_1)')$

$\to(t_1)'\dot{+}t_2\doteq(t_1\dot{+}t_2)'$ $(\forall_1)$

(38) $(t_1)'\dot{+}t_2\doteq(t_1\dot{+}t_2)'$ (36)(37)(MP)

■

从例 6.3.3 可以看出，形式证明过程中反复地根据公理进行个体词变元的改变是十分烦琐的。相对而言，在自然语言中可以很容易地进行变量的改变。下面的例子可以利用例 6.3.3 中涉及个体词变元的改变的中间结果。

【例 6.3.4】 对于形式系统$\mathcal{N}$中任意的项 t_1、t_2，证明 $t_1 \dot{+} t_2 \doteq t_2 \dot{+} t_1$ 是$\mathcal{N}$中的定理。

证明：对于形式系统$\mathcal{N}$中任意的项 t_1、t_2，给出合式公式 $t_1 \dot{+} t_2 \doteq t_2 \dot{+} t_1$ 的一个形式证明如下所示。

(1) $\dot{0} \dot{+} t_2 \doteq t_2$ (例 6.3.2)

(2) $x_1 \dot{+} \dot{0} \doteq x_1$ (N_3)

(3) $\forall x_1(x_1 \dot{+} \dot{0} \doteq x_1)$ (2)($\forall_G$)

(4) $\forall x_1(x_1 \dot{+} \dot{0} \doteq x_1) \rightarrow t_2 \dot{+} \dot{0} \doteq t_2$ ($\forall_1$)

(5) $t_2 \dot{+} \dot{0} \doteq t_2$ (3)(4)(MP)

(6) $\dot{0} \dot{+} t_2 \doteq t_2 \dot{+} \dot{0}$ (1)(5)(命题 6.1.2 的(ii))

(7) $x_1 \dot{+} t_2 \doteq t_2 \dot{+} x_1 \rightarrow (x_1 \dot{+} t_2)' \doteq (t_2 \dot{+} x_1)'$ ($=_2$)

(8) $(x_1 \dot{+} t_2)' \doteq (x_1)' \dot{+} t_2$ (例 6.3.3)

(9) $t_2 \dot{+} (x_1)' \doteq (t_2 \dot{+} x_1)'$ (类似例 6.3.3)

(10) $x_1 \dot{+} t_2 \doteq t_2 \dot{+} x_1 \rightarrow (x_1)' \dot{+} t_2 \doteq t_2 \dot{+} (x_1)'$ (7)(8)(9)(类似例 6.3.3)

(11) $\dot{0} \dot{+} t_2 \doteq t_2 \dot{+} \dot{0} \rightarrow (\forall x_1(x_1 \dot{+} t_2 \doteq t_2 \dot{+} x_1$

$\rightarrow (x_1)' \dot{+} t_2 \doteq t_2 \dot{+} (x_1)')$

$\rightarrow \forall x_1(x_1 \dot{+} t_2 \doteq t_2 \dot{+} x_1))$ (N_7)

(12) $\forall x_1(x_1 \dot{+} t_2 \doteq t_2 \dot{+} x_1)$ (6)(10)(11)(类似例 6.3.3)

(13) $t_1 \dot{+} t_2 \doteq t_2 \dot{+} t_1$ (类似例 6.3.3)

■

例 6.3.4 给出了关于$\dot{+}$的交换律。类似地，也可以得到关于$\dot{+}$和$\dot{\times}$的其他运算规律，这里不再赘述。

由于形式系统$\mathcal{N}$是根据用来描述自然数集合$\mathbb{N}$的皮亚诺公设得到的，自然数集合$\mathbb{N}$，连同相等以及$\mathbb{N}$上通常的加法和乘法构成了算术形式系统$\mathcal{N}$的一个标准模型。考虑是否存在与$\mathbb{N}$不同的标准模型，因为群论形式系统$\mathcal{G}$就有很多个不同的标准模型，不同的群就是群论形式系统的不同标准模型。但是，$\mathcal{G}$与$\mathcal{N}$的建立有本质的不同，$\mathcal{G}$是从群定义中出发建立起来的，只要是群，都是$\mathcal{G}$的标准模型，在$\mathcal{G}$中所得到的结果都是反映群的一般性的结果，而建立$\mathcal{N}$则是希望通过形式算术公理，可以把算术唯一地刻画出来。皮亚诺公设所定义的自然数集$\mathbb{N}$是唯一的。若还有一个集合$\mathbb{M}$也是满足皮亚诺公设的集合，则根据公设(1)可知$0\in\mathbb{N}$而且$0\in\mathbb{M}$。令集合S是集合$\mathbb{N}$中又同时属于集合$\mathbb{M}$的元素所组成的集合，所以$S\subset\mathbb{N}$且$S\subset\mathbb{M}$。因为$0\in\mathbb{N}$而且$0\in\mathbb{M}$，所以$0\in S$。当$x\in S$时，则有$x\in\mathbb{N}$且$x\in\mathbb{M}$，进而，根据公设(2)可知$x^+\in\mathbb{N}$且$x^+\in\mathbb{M}$，因而$x^+\in S$。再根据数学归纳法原理可知$S=\mathbb{N}$，因而$\mathbb{N}\subset\mathbb{M}$，类似可证$\mathbb{M}\subset\mathbb{N}$，进而可得$\mathbb{N}=\mathbb{M}$。在这个自然数集合的唯一性证明中，数学归纳法原理起到了非常重要的作用。然而，如前所述，(N_7)比数学归纳法要“弱”很多，不能期望形式系统$\mathcal{N}$的标准模型是唯一的。类似上一节中对于严格偏序关系形式化的讨论，若$\mathcal{N}$的标准模型不唯一，则可能存在一个在模型$\mathbb{N}$中为真，但是却不可在$\mathcal{N}$中得到证明的语句。

也可以从形式系统$\mathcal{N}$是否满足完全性上去考虑该问题。如果形式系统$\mathcal{N}$不是完全的，那么存在$\mathcal{N}$中合式公式A使得A和$\neg A$都不是$\mathcal{N}$中的定理。由于$\vdash A$当且仅当$\vdash\forall x_1\forall x_2\cdots\forall x_n A$，其中$\forall x_1\forall x_2\cdots\forall x_n A$为$A$的全称闭包，$\mathcal{N}$的不完全性会造成存在语句$B$和$\neg B$都不是$\mathcal{N}$中的定理。对于语句来说，它在任何结构下都是非真即假的，因而语句B和$\neg B$中有一个会在结构$\mathbb{N}$下为真。直觉上，B和$\neg B$在结构$\mathbb{N}$下被解释为关于自然数的命题，也应该有一个是真的，它们现在却都不能在$\mathcal{N}$中得到形式上的证明。此外，由于B和$\neg B$都不是$\mathcal{N}$中的定理，根据之前讨论的方法就可以把它们分别作为公理，对形式系统$\mathcal{N}$进行扩张，进而得到两个都一致的$\mathcal{N}$的扩张。根据命题5.5.2，一致的形式系统都有模型，所以这两个$\mathcal{N}$的扩张也都有模型，在这两个不同的模型下B和$\neg B$作为公理也都为真。对于带等词的形式系统，如果它的模型中将等词解释为相等，那么该模型即为标准模型，而根据命题6.1.7，这两个$\mathcal{N}$的扩张都是一致的，所以它们的模型也都是标准模型。这就表明，如果形式系统$\mathcal{N}$不是完全的，$\mathcal{N}$的标准模型也就不唯一。这与之前对于$\mathcal{N}$的标准模型的判断吻合。反过来，如果$\mathcal{N}$的标准模型不唯一，设$\mathbb{M}$是与$\mathbb{N}$不同的标准模型，那就可能会存在一个语句A，其在$\mathbb{N}$下为真，而在$\mathbb{M}$下为假。如果是这样，那么该语句A在$\mathcal{N}$中一定是不可证明的。因为如果语句A在$\mathcal{N}$中可以被证明，即$\vdash_{\mathcal{N}} A$，那么A就是七条算术公理$(N_1)-(N_7)$的逻辑后承，进而应该在$\mathcal{N}$的任意模型下为真。可见，如果$\mathcal{N}$的标准模型不唯一，那么，就有可能存在一个在模型$\mathbb{N}$下为真，但是却不是形式系统$\mathcal{N}$中定理的语句。

6.4 集合论

集合论(set theory)是数学的基础理论，与其他数学基础理论不同的是，集合论是整个数学的基础。正因为集合论是整个数学的基础，因而相对于其他数学理论，集合论会更多地使用逻辑，因而与逻辑的联系也会更多。基于上述的原因，集合论受到了数学领域和逻辑领域诸多学者的关注。现在也考虑将集合理论公理化、形式化。当然，集合论中的公理相对于本章前面介绍的数学公理而言直观程度减弱了。本节只是对集合论的形式化进行简单的介绍。

集合论由德国数学家康托(G. Cantor)于19世纪末建立。康托在建立集合论的时候，是以一种直观的方式理解集合这个概念的，他认为集合就是把人们直观的或者是想象的一些确定的、可区分的对象放在一起所构成的一个整体。集合与构成它的元素具有属于关系，用符号$\in$表示，如果对象a是集合S的元素，就记为$a\in S$。每给出一个性质，就可以把所有满足该性质的对象放在一起构成一个集合。这种构造集合的直观方法称为概括原则。若令$P(x)$表示对象x具有性质P，则根据概括原则，可认为$S=\{x\mid P(x)\}$是一个集合，它把所有满足性质P的对象放在一起形成了集合S。按照概括原则，如果取性质P为“不属于自身的集合”，也就是说，把所有不属于自己的集合放在一起构成一个集合，即$B=\{x\mid x\notin x\}$。那么，可以考虑集合B与自身是否具有属于关系，若$B\in B$，则B作为自身的元素就应该具有性质$B\notin B$；若$B\notin B$，则B作为不属于自身的集合，就具有了性质P，因而可得$B\in B$。由此，就产生了矛盾。这就是著名的罗素悖论(Russell's Paradox)。除了罗素悖论，直观上理解的集合论还有其他的一些悖论。正如第1章一开始所谈到的，需要对直观上理解的集合论进行公理化、形式化。

如果把概括原则放在谓词逻辑中看，罗素悖论实质上是一个逻辑问题。概括原则用谓词逻辑描述就是，$\exists y\forall x(x\in y\leftrightarrow P)$，其中$x$、$y$为个体词变元，用以表示对象集合，$P$为合式公式，用以表示性质$P$，$x$在$P$中自由出现。若取$P=x\notin x$(其中$x\notin x$为$\neg(x\in x)$的缩写)，则罗素悖论就成为$\exists y\forall x(x\in y\leftrightarrow x\notin x)$。它一定是一个矛盾式，因为根据命题4.4.8的(1)，有$\forall x(x\in y\leftrightarrow x\notin x)\rightarrow(y\in y\leftrightarrow y\notin y)$为永真式，而该蕴涵式的后件$y\in y\leftrightarrow y\notin y$是由两个互为否定式的合式公式构成，它是一个矛盾式，因而蕴涵式的前件$\forall x(x\in y\leftrightarrow x\notin x)$就只能也是一个矛盾式，即$\vdash\neg\forall x(x\in y\leftrightarrow x\notin x)$。再根据命题4.6.2可得$\vdash\forall y\neg\forall x(x\in y\leftrightarrow x\notin x)$，此即$\vdash\neg\exists y\forall x(x\in y\leftrightarrow x\notin x)$。这就说明了不存在$y$，使

得其元素 x 满足 $x \notin x$。根据前面已经得到的 $\models A$ 当且仅当 $\vdash A$ 可知，去除语义之后，有 $\vdash \neg \exists y \forall x(x \in y \leftrightarrow x \notin x)$。也就是说，不需要把符号 $\in$ 理解为属于关系，将个体词变元 x、y 理解为集合，符号串 $\neg \exists y \forall x(x \in y \leftrightarrow x \notin x)$ 可以与集合论没有关系，根据谓词逻辑形式系统 $\widetilde{K}_{\mathcal{L}}^{*}$ 的一致性，仅从逻辑上就可以得到 $\nvdash \exists y \forall x(x \in y \leftrightarrow x \notin x)$。

下面介绍集合论形式系统 ZF，该系统是由德国数学家策梅洛(E. Zermelo)和德国数学家弗兰克尔(A. A. Fraenkel)提出并改进的。形式系统 ZF 的语言 $\mathcal{L}_{ZF}$ 中，非逻辑符号除了等词，只有一个谓词 F_2^2，它是希望解释为属于关系的。为了方便借鉴直观上的理解，将 F_2^2 用符号 $\dot{\in}$ 表示。由于非逻辑符号没有函数词和个体词常元，语言 $\mathcal{L}_{ZF}$ 中的项只能是个体词变元，而原子合式公式只有 $x_i = x_j$ 和 $x_i \in x_j$ 两种样式。集合论形式系统 ZF 为一个带等词的谓词逻辑形式系统，作为 $K_{\mathcal{L}_{ZF}}^{*}$ 的扩张，ZF 除了包含 3 条等词公理，它还包含了 8 条集合形式公理，我们依次对它们进行介绍。

(ZF_1)：$\forall x_1(x_1 \dot{\in} x_2 \leftrightarrow x_1 \dot{\in} x_3) \leftrightarrow (x_2 \doteq x_3)$。

这条公理称为外延公理(axiom of extensionality)。它在集合含义下的解释为，对于任意集合 x_2、x_3，如果集合 x_2 的所有元素也是集合 x_3 的元素，并且集合 x_3 的所有元素也是集合 x_2 的元素，那么集合 x_2 等于集合 x_3。

(ZF_2)：$\exists x_2 \forall x_1(x_1 \dot{\in} x_2 \leftrightarrow x_1 \dot{\in} x_3 \wedge A)$，其中 A 为任意的合式公式，x_2 不在 A 中自由出现，x_1 在 A 中自由出现。

这条公理称为分离公理(axiom schema of separation)。它在集合含义下的解释为，给定一个集合 x_3 以及一个性质 A，就可以肯定一个集合 x_2 的存在，它是由集合 x_3 中满足性质 A 的那些元素所组成。可以看出，要根据分离公理确定一个集合的存在，首先需要有一个集合 x_3，然后利用性质 A 从集合 x_3 中分离出符合性质 A 的元素，去构成集合 x_2。分离公理是以模式的方式给出的，每有一个性质 A，都会对应一个分离公理的实例。

给定集合 x_3 以及性质 A，利用分离公理所得到的集合 x_2 还是唯一的。为了方便起见，引入表示"存在唯一性"的符号 $\exists !$，对于合式公式 $\exists ! x_i A$，它是合式公式 $\exists x_i(A \wedge \forall x_j(A_{x_i}^{x_j} \to x_i \doteq x_j))$ 的缩写，用以表示存在唯一的 x_i 具有性质 A，其中 x_i 在 A 中自由出现，x_j 不在 A 中出现。根据(ZF_1)和(ZF_2)，可以在形式系统 ZF 内得到 $\exists ! x_2 \forall x_1(x_1 \dot{\in} x_2 \leftrightarrow x_1 \dot{\in} x_3 \wedge A)$ 为一个定理。具体地，如果 x_2 不在 A 中自由出现，x_4 不在 A 中出现，x_1 在 A 中自由出现，那么根据重言式

$(A \leftrightarrow B) \wedge (A \leftrightarrow C) \rightarrow (B \leftrightarrow C)$可得

(1) $\vdash (x_1 \dot{\in} x_2 \leftrightarrow x_1 \dot{\in} x_3 \wedge A) \wedge (x_1 \dot{\in} x_4 \leftrightarrow x_1 \dot{\in} x_3 \wedge A) \rightarrow (x_1 \dot{\in} x_2 \leftrightarrow x_1 \dot{\in} x_4)$

根据推演定理,有

(2) $(x_1 \dot{\in} x_2 \leftrightarrow x_1 \dot{\in} x_3 \wedge A) \wedge (x_1 \dot{\in} x_4 \leftrightarrow x_1 \dot{\in} x_3 \wedge A) \vdash (x_1 \dot{\in} x_2 \leftrightarrow x_1 \dot{\in} x_4)$

根据命题 5.2.4,并利用命题 4.4.2 中永真式$\forall x_i(A \wedge B) \leftrightarrow \forall x_i A \wedge \forall x_i B$,可得

(3) $\forall x_1(x_1 \dot{\in} x_2 \leftrightarrow x_1 \dot{\in} x_3 \wedge A) \wedge \forall x_1(x_1 \dot{\in} x_4 \leftrightarrow x_1 \dot{\in} x_3 \wedge A)$

$\vdash \forall x_1(x_1 \dot{\in} x_2 \leftrightarrow x_1 \dot{\in} x_4)$

根据(ZF_1),有

(4) $\forall x_1(x_1 \dot{\in} x_2 \leftrightarrow x_1 \dot{\in} x_4) \vdash x_2 \doteq x_4$

所以,根据规则(HS),由(3)和(4)可得

(5) $\forall x_1(x_1 \dot{\in} x_2 \leftrightarrow x_1 \dot{\in} x_3 \wedge A) \wedge \forall x_1(x_1 \dot{\in} x_4 \leftrightarrow x_1 \dot{\in} x_3 \wedge A) \vdash x_2 \doteq x_4$

根据推演定理,上式可以写为

(6) $\forall x_1(x_1 \dot{\in} x_2 \leftrightarrow x_1 \dot{\in} x_3 \wedge A) \vdash \forall x_1(x_1 \dot{\in} x_4 \leftrightarrow x_1 \dot{\in} x_3 \wedge A) \rightarrow (x_2 \doteq x_4)$

由于 x_4 不在 A 中出现,当然也就不在 A 中自由出现,根据命题 5.2.2 可得

(7) $\forall x_1(x_1 \dot{\in} x_2 \leftrightarrow x_1 \dot{\in} x_3 \wedge A) \vdash \forall x_4(\forall x_1(x_1 \dot{\in} x_4 \leftrightarrow x_1 \dot{\in} x_3 \wedge A) \rightarrow (x_2 \doteq x_4))$

由于$\forall x_1(x_1 \dot{\in} x_2 \leftrightarrow x_1 \dot{\in} x_3 \wedge A) \vdash \forall x_1(x_1 \dot{\in} x_2 \leftrightarrow x_1 \dot{\in} x_3 \wedge A)$,因而利用规则($\wedge +$),有

(8) $\forall x_1(x_1 \dot{\in} x_2 \leftrightarrow x_1 \dot{\in} x_3 \wedge A) \vdash \forall x_1(x_1 \dot{\in} x_2 \leftrightarrow x_1 \dot{\in} x_3 \wedge A)$

$\wedge(\forall x_4(\forall x_1(x_1 \dot{\in} x_4 \leftrightarrow x_1 \dot{\in} x_3 \wedge A) \rightarrow (x_2 \doteq x_4)))$

根据命题 5.2.4 可得

(9) $\exists x_2 \forall x_1(x_1 \dot{\in} x_2 \leftrightarrow x_1 \dot{\in} x_3 \wedge A) \vdash \exists x_2(\forall x_1(x_1 \dot{\in} x_2 \leftrightarrow x_1 \dot{\in} x_3 \wedge A)$

$\wedge(\forall x_4(\forall x_1(x_1 \dot{\in} x_4 \leftrightarrow x_1 \dot{\in} x_3 \wedge A)$

$\rightarrow (x_2 \doteq x_4))))$

由于 x_2 不在 A 中自由出现,x_1 在 A 中自由出现,所以根据(ZF_2),有

(10) $\vdash \exists x_2 \forall x_1(x_1 \dot{\in} x_2 \leftrightarrow x_1 \dot{\in} x_3 \wedge A)$

进而根据规则(HS),由(9)和(10)可得

(11) $\vdash \exists x_2(\forall x_1(x_1 \dot{\in} x_2 \leftrightarrow x_1 \dot{\in} x_3 \wedge A)$

$\wedge(\forall x_4(\forall x_1(x_1 \dot{\in} x_4 \leftrightarrow x_1 \dot{\in} x_3 \wedge A) \rightarrow (x_2 \doteq x_4))))$

由于 x_4 不在 A 中出现，所以 x_4 不在 $\forall x_1(x_1\dot{\in}x_2\leftrightarrow x_1\dot{\in}x_3\wedge A)$ 中出现，并且 x_2 在 $\forall x_1(x_1\dot{\in}x_2\leftrightarrow x_1\dot{\in}x_3\wedge A)$ 中是自由出现的，因而上式即为

(12) $\vdash\exists!x_2\forall x_1(x_1\dot{\in}x_2\leftrightarrow x_1\dot{\in}x_3\wedge A)$

鉴于 x_2 对于 $\forall x_1(x_1\dot{\in}x_2\leftrightarrow x_1\dot{\in}x_3\wedge A)$ 的唯一性，将 $\forall x_1(x_1\dot{\in}x_2\leftrightarrow x_1\dot{\in}x_3\wedge A)$ 缩写为 $x_2\doteq\{x_1|x_1\dot{\in}x_3\wedge A\}$ 或者 $x_2\doteq\{x_1\dot{\in}x_3|A\}$。在这种缩写中，可以将 $\{x_1|x_1\dot{\in}x_3\wedge A\}$ 或者 $\{x_1\dot{\in}x_3|A\}$ 看作是关于个体词变元 x_3 的项，好比 $f(x_3)$ 一样，当然这个项也同时与 A 有关。比如，在整数集合中，利用每一个整数 m 都有唯一的一个 n 满足 $m+n=0$，可以定义一个函数 $f(m)=-n$。

如果从集合的语义上去分析，根据(ZF_2)，仅利用一个性质 A 不能得出 $S=\{x|A\}$ 一定是一个集合，进而 $B=\{x|x\notin x\}$ 就不能确定为集合，所以就可以避免了罗素悖论。

此外，在 $\vdash\exists!x_2\forall x_1(x_1\dot{\in}x_2\leftrightarrow x_1\dot{\in}x_3\wedge A)$ 中，若取 $A=x_1\dot{\notin}x_3$，则从 $x_1\dot{\in}x_2$ 可以得出 $x_1\dot{\in}x_3$ 和 $\neg(x_1\dot{\in}x_3)$，进而有 $x_1\dot{\in}x_2\leftrightarrow x_1\dot{\in}x_3\wedge x_1\dot{\notin}x_3\vdash x_1\dot{\notin}x_2$，所以可得 $\vdash\exists!x_2\forall x_1(x_1\dot{\notin}x_2)$。类似之前的缩写，鉴于 x_2 对于 $\forall x_1(x_1\dot{\notin}x_2)$ 的唯一性，将 $\forall x_1(x_1\dot{\notin}x_2)$ 缩写为 $x_2\doteq\dot{\varnothing}$。这里的 $\dot{\varnothing}$ 也是一个项，它是个体词常元，是根据(ZF_1)和(ZF_2)引入语言中的个体词常元。

(ZF_3)：$\exists x_2\forall x_1(x_1\dot{\in}x_2\leftrightarrow(x_1\doteq x_3\vee x_1\doteq x_4))$。

这条公理称为对集公理(axiom of pairing)。它在集合含义下的解释为，存在集合 x_2，它的元素是集合 x_3 和集合 x_4。

类似于之前所讨论的，利用(ZF_1)和(ZF_3)也可以得到 $\vdash\exists!x_2\forall x_1(x_1\dot{\in}x_2\leftrightarrow(x_1\doteq x_3\vee x_1\doteq x_4))$。因此，将 $\forall x_1(x_1\dot{\in}x_2\leftrightarrow(x_1\doteq x_3\vee x_1\doteq x_4))$ 缩写为 $x_2\doteq\{x_3,x_4\}$。在这种缩写中，$\{x_3,x_4\}$ 是关于个体词变元 x_3,x_4 的项。当 $x_3=x_4$ 时，记 $\{x_3,x_3\}$ 为 $\{x_3\}$。

(ZF_4)：$\exists x_2\forall x_1(x_1\dot{\in}x_2\leftrightarrow\exists x_3(x_3\dot{\in}x_4\wedge x_1\dot{\in}x_3))$。

这条公理称为并集公理(axiom of union)。它在集合含义下的解释为，对于集合 x_4，存在集合 x_2，它的元素是集合 x_4 的元素的元素。

利用(ZF_1)和(ZF_4)，也可以得到 $\vdash\exists!x_2\forall x_1(x_1\dot{\in}x_2\leftrightarrow\exists x_3(x_3\dot{\in}x_4\wedge x_1\dot{\in}x_3))$，进而将 $\forall x_1(x_1\dot{\in}x_2\leftrightarrow\exists x_3(x_3\dot{\in}x_4\wedge x_1\dot{\in}x_3))$ 缩写为 $x_2\doteq\dot{\bigcup}x_4$。在这种缩写中，$\dot{\bigcup}x_4$ 是关于个体词变元 x_4 的项，$\dot{\bigcup}$ 就像一个一元函数词一样。而通常

的 $x_1 \dot{\cup} x_2$ 可以利用 $\dot{\cup}\{x_1, x_2\}$ 得到。

对于任意的项 t_1、t_2，引入符号 $t_1 \dot{\subseteq} t_2$ 表示 $\forall x_1(x_1 \dot{\in} t_1 \rightarrow x_1 \dot{\in} t_2)$。

(ZF_5)：$\exists x_2 \forall x_1(x_1 \dot{\in} x_2 \leftrightarrow x_1 \dot{\subseteq} x_3)$。

这条公理称为幂集公理(axiom of power)。它在集合含义下的解释为，对于集合 x_3，它的所有子集构成集合 x_2。

类似地，也可以得到 $\vdash \exists ! x_2 \forall x_1(x_1 \dot{\in} x_2 \leftrightarrow x_1 \dot{\subseteq} x_3)$，进而可以将 $\forall x_1(x_1 \dot{\in} x_2 \leftrightarrow x_1 \dot{\subseteq} x_3)$ 缩写为 $x_2 \doteq \mathcal{P}(x_3)$。在这种缩写中，$\mathcal{P}(x_3)$ 是关于个体词变元 x_3 的项，$\mathcal{P}$ 就像一个一元函数词一样。

(ZF_1)～(ZF_5) 是形式系统 ZF 中符合直观、易于理解的 5 条公理。直观上，(ZF_1) 对集合相等做了说明，使得相等关系可以用集合的包含关系表示，进而使得形式系统 ZF 中只有一种基本的关系，即包含关系。这也在语法上说明了，在形式系统 ZF 中，等词 $\doteq$ 可以用谓词 $\dot{\in}$ 表示。而 (ZF_2)～(ZF_5) 都是在肯定某种集合的存在，它们都是概括原则的特殊情形。形式系统 ZF 选择概括原则的这几种特殊情形作为公理，避免了概括原则过于宽泛可能造成的逻辑矛盾。

剩下的 3 条公理较之前面的 5 条公理直观性不再那么明显。

(ZF_6)：$\exists x_2(\dot{\varnothing} \dot{\in} x_2 \land \forall x_1(x_1 \dot{\in} x_2 \rightarrow x_1 \dot{\cup} \{x_1\} \dot{\in} x_2))$。

这条公理称为无限公理(axiom of infinity)。它在集合含义下的解释为，存在集合 x_2，其中 $\dot{\varnothing}$ 为它的一个元素，而且对于每个元素 x_1 来说，$x_1 \dot{\cup} \{x_1\}$ 也是集合 x_2 的元素。

按照直观理解，符号 $\dot{\varnothing}$ 被解释为空集 $\varnothing$，符号 $\dot{\cup}$ 被解释为集合的并运算，令 (ZF_6) 所断言存在的集合记为 S，则 $\varnothing \in S$，进而 $\varnothing \cup \{\varnothing\} = \{\varnothing\} \in S$，$\{\varnothing\} \cup \{\{\varnothing\}\} = \{\varnothing, \{\varnothing\}\} \in S$，…，这样一直下去，直观上看，集合 S 的元素将有无限多个。联想第 1 章中自然数的生成过程发现，从空集 $\varnothing$ 生成 $\{\varnothing\}$，再从 $\{\varnothing\}$ 生成 $\{\varnothing, \{\varnothing\}\}$，就这样一步一步地生成由空集 $\varnothing$ 作为基本构成模块的集合序列：

$$\varnothing, \{\varnothing\}, \{\varnothing, \{\varnothing\}\}, \{\varnothing, \{\varnothing\}, \{\varnothing, \{\varnothing\}\}\}, \cdots$$

类比自然数有后继的概念，对集合这种数学对象也引入后继的概念，对于集合 x，称集合 $x \cup \{x\}$ 为集合 x 的后继集，用 x^+ 表示。同时，从 $\varnothing$ 到 $\varnothing^+$，再到 $\varnothing^{++}$，等等，是以归纳的方式生成 S 的过程，所以引入归纳集的概念。对于集合 y，若 $\varnothing \in y$，并且每当 $x \in y$，则 $x^+ \in y$，那么称集合 y 为归纳集(inductive set)。根据归纳集的概念，(ZF_6) 在直观上就是声称归纳集是存在的。如果将 $\varnothing$ 视为自然数 0，将

$\varnothing$的后继集，也就是$\{\varnothing\}$视为自然数1，将$\{\varnothing\}$的后继集$\{\varnothing,\{\varnothing\}\}$视为自然数2，等等，并且令集合$\omega$表示仅包括这些从$\varnothing$开始一步一步通过后继运算所得到的集合作为元素，那么ω就是形式系统ZF中自然数集合的形象。然后利用后继运算定义ω上的加法和乘法，进一步可以得到6.3节中算术形式系统的公理$(N_1)\sim(N_7)$在集合的这种直观理解下都是成立的。得到自然数及其性质之后，整数、有理数、实数也都可以得到定义，并得到它们的性质，进而整个古典数学也都可以"嵌入"集合的这种直观理解中。

(ZF_7)：$\forall x_3 \exists ! x_4 A \to \forall x_5 \exists x_2 \forall x_1 (x_1 \dot{\in} x_2 \leftrightarrow \exists x_6 (x_6 \dot{\in} x_5 \wedge (A^{x_6}_{x_3})^{x_1}_{x_4}))$，其中$A$为任意的合式公式，$x_3$、$x_4$在$A$中自由出现，$x_2$、$x_5$不在$A$中自由出现，且$x_6$、$x_1$分别对于$x_3$、$x_4$在$A$中代入自由。

这条公理称为替换公理(axiom schema of replacement)。它在集合含义下的解释为，如果对于每个x_3，存在唯一的x_4使得关系A成立，说明A确定了x_3与x_4之间的一个对应关系，那么，对于任意的集合x_5，存在集合x_2，使得x_5的元素x_6与x_2的元素x_1，也依照A有一个对应关系。如果把对应关系理解映射，那么这个映射由x_3与x_4确定，并且根据此映射，存在集合x_2，它以集合x_5的元素在该映射下的像为元素。替换公理也是以模式的方式给出的，每有一个关系A，都会对应一个替换公理的实例。

(ZF_8)：$\forall x_1 (\neg x_1 \doteq \dot{\varnothing} \to \exists x_2 (x_2 \dot{\in} x_1 \wedge \neg \exists x_3 (x_3 \dot{\in} x_2 \wedge x_3 \dot{\in} x_1)))$

这条公理称为基础公理(axiom of foundation)。它在集合含义下的解释为，每个非空集合x_1都包含一个与x_1没有共同元素的元素。

利用(ZF_8)可以排除一些"异常集"，如关于$\in$成"循环链"的集合$x_1 \in x_2 \in x_1$。如果存在这样的集合，那么可以做集合$x_3=\{x_1,x_2\}$，则x_3为非空集；由于$x_1 \in x_2$，且$x_1 \in x_3$，所以x_3的元素x_2与x_3有共同元素；同理，由于$x_2 \in x_1$，且$x_2 \in x_3$，所以x_3的元素x_1与x_3也有共同元素；可见，集合x_3不包含一个与x_3没有共同元素的元素，这与(ZF_8)形成矛盾，所以不存在满足$x_1 \in x_2 \in x_1$的集合。

(AC)：$\forall x_3 (\dot{\varnothing} \dot{\notin} x_3 \to \exists x_2 \forall x_1 (x_1 \dot{\in} x_3 \to \exists x_4 (x_4 \dot{\in} x_2 \wedge x_4 \dot{\in} x_1)))$

这条公理称为选择公理(axiom of choice)，它是一条在集合理论中有一定争议的公理。选择公理在集合含义下的解释为，对于任意的非空集合x_3，都存在着一个集合x_2，它与x_3的每一个元素都有共同元素。

不同的人对选择公理的接受程度可能不同，有人会认为选择公理不如ZF前面的8条公理那样符合直观，不应该加入到ZF的公理集合中。并且，选择公理是否与前8条公理相容，即加入选择公理后的公理集合是否是一致的，也是一个需要考虑的问题。哥德尔于1938年证明了选择公理同ZF的8条公理是相容的。哥德尔在假设ZF是一致的条件下，构造了一个ZF的模型，该模型使得选择公理为真。由于形式系统是一致的，当且仅当它有模型，所以加入选择公理后的ZF由于有模型，加入选择公理后的ZF自然也就是一致的了。美国数学家科恩(P. Cohen)于1963年构造了一个ZF的模型，该模型使得选择公理的否定为真。这就说明了选择公理不能从其他公理导出，否则选择公理应该在ZF的每一个模型中均为真。可见，是否接受选择公理依赖于个人的直觉，这就涉及了哲学，接受或者不接受选择公理依赖个人的哲学观点，无所谓对与错。

形式系统ZF是否是一致目前我们还不知道，但目前还没有发现存在哪个合式公式及其否定在ZF中都是可以证明的。绝大多数数学家相信ZF是一致的。这里需要指出，对于ZF的一致性，不能说ZF的形式公理都是来源于集合直观含义的，这些直观的含义构成了形式公理的解释，进而存在ZF的模型，表明ZF是一致的。因为如果ZF的形式公理来源于集合的直观含义，那么形式系统的模型概念、以及我们证明形式系统是一致的，当且仅当形式系统有模型本身，也都利用了集合的直观含义，这样就会出现循环论证。如果ZF是一致的，那么ZF会有一个模型，此时的模型作为一个集合，涉及元理论的概念，这曾在第1章一开始谈到过。对于集合这个对象及其性质，总会有一些来源于我们直觉的部分，它们是不能被证明的，符合我们的直观，带有一定的哲学味道。在元理论中，使用元语言去研究对象理论，也就是形式系统ZF。假设ZF是一致的，因而有一个模型$\mathcal{S}$，其中的论域记为S，它是用来解释形式系统ZF中非逻辑符号的，它可以是可列的，因为命题5.5.4已经给出了在一致性假设下，形式系统ZF的可列模型是存在的，设其就是$\mathcal{S}$。然而，在形式系统ZF中确实可以证明出存在着不可列的集合，比如自然数集合ω的幂集$\mathscr{P}(\omega)$就是不可列集。这或许会让有些读者觉得，ZF内证明存在不可列集与ZF有可列模型是相互矛盾的。事实上，ZF内证明存在不可列集是形式系统ZF内部的事情，如$\mathscr{P}(\omega)$是不可列的，这个可以在ZF内部以形式化的方式证明不能在ω与$\mathscr{P}(\omega)$之间建立双射来完成，然而这个结论在ZF内部是以合式公式A的方式表达的。形式系统ZF的模型$\mathcal{S}$会使得合式公式A为模型$\mathcal{S}$下为真，这与模型$\mathcal{S}$的论域S中有不可列集是两码事。$\mathscr{P}(\omega)$是不可列的，因为ZF内部有它不可列的证明，而模型$\mathcal{S}$又使得该结论为真，$\mathscr{P}(\omega)$在模型$\mathcal{S}$内不可列是从这个角度说的。而论域S作为一个集合，是属于元理论层面的，我们的直觉中会认为自然数集、实数集都是实实在在的集合，论域 S 只是这些元理论层面中实实在在的集合中的某一个而已，从元理论层面来看，$\mathscr{P}(\omega)$在论域 S 内就是一个实实在在的可列集。这种语言上所带来的易混淆性来源于集合理论是整个数学的基础，它不能嵌入一个更基础的数学理论中，当用元理论中的集合去分析形式集合论 ZF 时，就会产生这种语言上描述的困难。

习题

1. 在带等词的谓词逻辑形式系统 $\widetilde{K}_{\mathcal{L}}^{*}$ 中，给出下列各定理的形式证明（其中 a_i 为任意的个体词常元）：

（1）$\vdash \exists x_i F_1^2(x_i, a_i)$；

（2）$\vdash \exists x_i F_1^2(a_i, x_i)$。

2. 在命题 6.1.5 中，验证 $A = B \to C$ 的情形。

3. 在命题 6.1.7 中，证明 $\hat{F}_i^n$ 的定义是良定义的。

4. 在命题 6.1.7 中，验证第三条等词公理。

5. 证明 $f_1^2(x_1, a_1) \doteq x_1$ 为形式系统$\mathcal{G}$中的定理。

6. 证明 $f_2^2(x_1, a_1) \doteq a_1$ 和 $f_2^2(a_1, x_1) \doteq a_1$ 均为形式系统$\mathcal{R}$中的定理。

7. 对于形式系统$\mathcal{N}$中任意的项 t_1、t_2、t_3，证明$(t_1 \dot{+} t_2) \dot{+} t_3 \doteq t_1 \dot{+} (t_2 \dot{+} t_3)$是$\mathcal{N}$中的定理。

8. 对于形式系统$\mathcal{N}$中任意的项 t_1、t_2，证明 $t_1 \dot{\times} t_2 \doteq t_2 \dot{\times} t_1$ 是$\mathcal{N}$中的定理。

9. 对于形式系统$\mathcal{N}$中任意的项 t_1、t_2、t_3，证明$(t_1 \dot{\times} t_2) \dot{\times} t_3 \doteq t_1 \dot{\times} (t_2 \dot{\times} t_3)$是$\mathcal{N}$中的定理。

10. 对于形式系统$\mathcal{N}$中任意的项 t_1、t_2、t_3，证明 $t_1 \dot{+} t_3 \doteq t_2 \dot{+} t_3 \to t_1 \doteq t_2$ 是$\mathcal{N}$中的定理。

11. 对于形式系统$\mathcal{N}$中任意的项 t_1，t_2，证明 $t_1 \dot{+} t_2 \doteq t_2 \to t_1 \doteq \dot{0}$ 是$\mathcal{N}$中的定理。

12. 对于形式系统$\mathcal{N}$中任意的项 t_1，t_2，t_3，t_4，证明 $t_1 \dot{+} t_3 \doteq t_2 \to (t_2 \dot{+} t_4 \doteq t_1 \to t_1 \doteq t_2)$是$\mathcal{N}$中的定理。

13. 对于形式系统$\mathcal{N}$中任意的项 t_1，t_2，证明

$$\exists x_i (x_i \dot{+} t_1 \doteq t_2) \to (\exists x_j (x_j \dot{+} t_2 \doteq t_1) \to t_1 \doteq t_2)$$

是$\mathcal{N}$中的定理，其中 x_i 和 x_j 不在项 t_1, t_2 中出现。

14. 对于形式系统$\mathcal{N}$中任意的项 t 以及 $0<n$，证明

$$\neg(t \doteq \dot{0}) \wedge \neg(t \doteq \dot{1}) \wedge \cdots \wedge \neg(t \doteq \dot{\overbrace{n-1}}) \rightarrow \exists x_i (x_i \dot{+} \dot{n} \doteq t)$$

是$\mathcal{N}$中的定理，其中 x_i 不在项 t 中出现。

15. 对于形式系统$\mathcal{N}$中任意的合式公式 A，以及任意的自然数 n，证明

$$A_{x_i}^{\dot{0}} \wedge A_{x_i}^{\dot{1}} \wedge \cdots \wedge A_{x_i}^{\dot{n}} \rightarrow (\exists x_j (x_j \dot{+} x_i \doteq \dot{n}) \rightarrow A)$$

是$\mathcal{N}$中的定理，其中 x_i 在 A 中自由出现。

16. 对于任意的自然数 n，在形式系统$\mathcal{N}$中，证明

$$\exists x_j (x_j \dot{+} x_i \doteq \dot{n}) \vee \exists x_j (x_j \dot{+} \dot{n} \doteq x_i)$$

是$\mathcal{N}$中的定理。

第7章 哥德尔不完全性定理

由于算术在数学中占有基本的重要性，关于算术形式系统$\mathcal{N}$的讨论显得十分有意义。本章将讨论$\mathcal{N}$是否是完全的这一问题，它最早是由哥德尔解决的，称为哥德尔不完全性定理。为了展示哥德尔的证明，本章先后引入了可表示性、递归性、哥德尔配数的概念，并讨论可表示性与递归性的联系。接着，通过$\mathcal{N}$中语法的“算术化”，使得$\mathcal{N}$在一定程度上可以谈论自身，进而构造出一个具有自指特点的语句，而这是哥德尔证明中的关键。

7.1 可表示性

在6.3节中建立了算术形式系统$\mathcal{N}$，并且知道自然数集合$\mathbb{N}$是$\mathcal{N}$的一个标准模型。现在考察模型$\mathbb{N}$中的对象能否在形式系统$\mathcal{N}$中“表示”(represented)的问题。模型$\mathbb{N}$中的自然数0、后继运算$(\cdot)^+$、加法运算$+$、乘法运算$\times$以及相等关系$=$都在形式系统$\mathcal{N}$中有对应的表示，分别为符号$\dot{0}$、$(\cdot)'$、$\dot{+}$、$\dot{\times}$、$\doteq$。并且也已经将符号$(\dot{0})'$记为$\dot{1}$，$(\dot{1})'=((\dot{0})')'$记为$\dot{2}$，以表明$(\dot{0})'$和$(\dot{1})'$将在$\mathbb{N}$中被解释为自然数1和2，反过来，自然数1和2在$\mathcal{N}$中用符号$(\dot{0})'$和$(\dot{1})'$表示。一般地，对于$\mathcal{N}$中的项$(\cdots(\dot{0}\overbrace{)'\cdots)'}^{n}$，即$(\cdot)'$在符号$\dot{0}$上作用了$n$次，将它记为$\dot{n}$。可见，对于任意的自然数$n$，它在$\mathcal{N}$中有对应的表示$\dot{n}$。将项$\dot{n}$称为数项(numeral term)。数项中仅含有个体词常元$\dot{0}$和函数词f_1^1，不含有个体词变元。

前面的“表示”是符号上的直接表示，下面考虑“深层次的表示”，它将$\mathbb{N}$中的“真”表示为$\mathcal{N}$中的“定理”。比如，在符号上，$\mathbb{N}$中的$=$表示为了$\mathcal{N}$中的$\doteq$，然而，更为重要的是，对于$\mathbb{N}$中的$m=n$，可以考虑$m=n$的真值，而在$\mathcal{N}$中，不能考虑$\dot{m}\doteq\dot{n}$的真值，但是可以考虑$\dot{m}\doteq\dot{n}$的可证性，即$\dot{m}\doteq\dot{n}$是否为$\mathcal{N}$中的定理。希望$\mathbb{N}$中$m=n$为真，对应$\dot{m}\doteq\dot{n}$为$\mathcal{N}$中的定理。这种将$\mathbb{N}$中的“真”表示为$\mathcal{N}$中的“定理”的表示是一种深层次的表示，称为“表达”，即$\mathbb{N}$上的二元关系$=$也就是相等关系，在$\mathcal{N}$中是可表达的(expressible)。

【例7.1.1】 对于任意的$m,n\in\mathbb{N}$，若$m=n$，则有$\vdash_{\mathcal{N}}\dot{m}\doteq\dot{n}$；若$m\neq n$，则有$\vdash_{\mathcal{N}}\neg(\dot{m}\doteq\dot{n})$。

证明：当$m=n$时，$\dot{m}$和$\dot{n}$是$\mathcal{N}$中相同的项，所以，根据命题6.1.1可得$\vdash_{\mathcal{N}}\dot{m}\doteq\dot{n}$。

当$m\neq n$时，不失一般性，假设$m<n$，那么就存在$k\in\mathbb{N}$，满足$m+k=n$。根

据公理(N_2),有

(1) $\vdash_{\mathcal{N}}\dot{m}\doteq\dot{n}\to\overbrace{m-1}^{\cdot}\doteq\overbrace{n-1}^{\cdot}$

同理,可得

(2) $\vdash_{\mathcal{N}}\overbrace{m-1}^{\cdot}\doteq\overbrace{n-1}^{\cdot}\to\overbrace{m-2}^{\cdot}\doteq\overbrace{n-2}^{\cdot}$

⋮

(m) $\vdash_{\mathcal{N}}\dot{1}\doteq\overbrace{n-(m-1)}^{\cdot}\to\dot{0}\doteq\overbrace{n-m}^{\cdot}$

由于 $k=n-m$,因而上式也就是

(m) $\vdash_{\mathcal{N}}\dot{1}\doteq\overbrace{n-(m-1)}^{\cdot}\to\dot{0}\doteq\dot{k}$

对上面的 m 步连续利用(HS)规则,可得 $\vdash_{\mathcal{N}}\dot{m}\doteq\dot{n}\to\dot{0}\doteq\dot{k}$。注意到项 $\dot{k}$ 就是 $(\overbrace{k-1}^{\cdot})'$,所以有 $\vdash_{\mathcal{N}}\dot{m}\doteq\dot{n}\to\dot{0}\doteq(\overbrace{k-1}^{\cdot})'$。根据例 3.4.8 可得

$$\dot{m}\doteq\dot{n}\to\dot{0}\doteq(\overbrace{k-1}^{\cdot})'\vdash_{\mathcal{N}}\neg(\dot{0}\doteq(\overbrace{k-1}^{\cdot})')\to\neg(\dot{m}\doteq\dot{n})$$

进而利用(Tr)规则可得

$$\vdash_{\mathcal{N}}\neg(\dot{0}\doteq(\overbrace{k-1}^{\cdot})')\to\neg(\dot{m}\doteq\dot{n})$$

根据公理(N_1),有 $\vdash_{\mathcal{N}}\neg(\dot{0}\doteq(\overbrace{k-1}^{\cdot})')$,进而利用(MP)规则可得 $\vdash_{\mathcal{N}}\neg(\dot{m}\doteq\dot{n})$。■

在例 7.1.1 中,$\mathbb{N}$ 上的相等关系$=$在$\mathcal{N}$中是有谓词符号$\doteq$进行对应的。下面看一个没有对应的例子。

【例 7.1.2】 对于任意的 $m,n\in\mathbb{N}$,若 $m\leqslant n$,则有 $\vdash_{\mathcal{N}}\exists x_1(\dot{m}\dot{+}x_1\doteq\dot{n})$;若 $m\not\leqslant n$,则有 $\vdash_{\mathcal{N}}\neg(\exists x_1(\dot{m}\dot{+}x_1\doteq\dot{n}))$。

证明:首先,对于任意的 $m,n\in\mathbb{N}$,可以得到 $\vdash_{\mathcal{N}}\dot{m}\dot{+}\dot{n}\doteq\overbrace{m+n}^{\cdot}$。具体地,当 $n=0$ 时,根据公理(N_3),有 $\vdash_{\mathcal{N}}\dot{m}\dot{+}\dot{0}\doteq\dot{m}$。因为项 $\dot{m}$ 就是 $\overbrace{m+0}^{\cdot}$,所以 $\vdash_{\mathcal{N}}\dot{m}\dot{+}\dot{0}\doteq\overbrace{m+0}^{\cdot}$。当 $0<n$ 时,因为项 $\dot{n}$ 就是 $(\overbrace{n-1}^{\cdot})'$,所以根据公理($N_4$),有 $\vdash_{\mathcal{N}}\dot{m}\dot{+}\dot{n}\doteq(\dot{m}\dot{+}\overbrace{n-1}^{\cdot})'$。重复该过程 n 次,可得 $\vdash_{\mathcal{N}}\dot{m}\dot{+}\dot{n}\doteq(\cdots(\dot{m}\dot{+}\dot{0}\overbrace{)'\cdots)'}^{n}$。而 $\vdash_{\mathcal{N}}\dot{m}\dot{+}\dot{0}\doteq\dot{m}$,且项 $\dot{m}$ 就是 $(\cdots(\dot{0}\overbrace{)'\cdots)'}^{m}$,因而有 $\vdash_{\mathcal{N}}\dot{m}\dot{+}\dot{n}\doteq(\cdots(\dot{0}\overbrace{)'\cdots)'}^{m+n}$,也就是 $\vdash_{\mathcal{N}}\dot{m}\dot{+}\dot{n}\doteq\overbrace{m+n}^{\cdot}$。

当 $m\leqslant n$ 时，存在 $k\in\mathbb{N}$ 满足 $m+k=n$。进而根据 $\vdash_{\mathcal{N}}\dot{m}\dot{+}\dot{n}\doteq\overset{\cdot}{\overbrace{m+n}}$，可得 $\vdash_{\mathcal{N}}\dot{m}\dot{+}\dot{k}\doteq\dot{n}$。由于项 $\dot{k}$ 对 x_1 在合式公式 $\neg(\dot{m}\dot{+}x_1\doteq\dot{n})$ 中代入自由，所以根据公理($\forall_1$)，有 $\vdash_{\mathcal{N}}\forall x_1\neg(\dot{m}\dot{+}x_1\doteq\dot{n})\rightarrow\neg(\dot{m}\dot{+}\dot{k}\doteq\dot{n})$。进而再根据例 3.4.8 可得

$$\vdash_{\mathcal{N}}(\dot{m}\dot{+}\dot{k}\doteq\dot{n})\rightarrow\neg\forall x_1\neg(\dot{m}\dot{+}x_1\doteq\dot{n})$$

因而利用规则(MP)，有 $\vdash_{\mathcal{N}}\neg\forall x_1\neg(\dot{m}\dot{+}x_1\doteq\dot{n})$，此即为 $\vdash_{\mathcal{N}}\exists x_1(\dot{m}\dot{+}x_1\doteq\dot{n})$。

当 $m>n$ 时，则存在 $k\in\mathbb{N}$ 且 $0<k$，满足 $n+k=m$，因此有 $\vdash_{\mathcal{N}}\dot{m}\doteq\dot{n}\dot{+}\dot{k}$。根据等词公理($=_2$)可得 $\vdash_{\mathcal{N}}\dot{m}\doteq\dot{n}\dot{+}\dot{k}\rightarrow(\dot{m}\dot{+}x_1\doteq\dot{n}\dot{+}\dot{k}\dot{+}x_1)$，再利用规则(MP)可得 $\vdash_{\mathcal{N}}\dot{m}\dot{+}x_1\doteq\dot{n}\dot{+}\dot{k}\dot{+}x_1$。我们说 $\dot{n}\dot{+}\dot{k}\dot{+}x_1\doteq\dot{n}\vdash_{\mathcal{N}}(\overset{\cdot}{\overbrace{k-1}}\dot{+}x_1)'\doteq\dot{0}$，这是因为如果已知 $\vdash_{\mathcal{N}}\dot{n}\dot{+}\dot{k}\dot{+}x_1\doteq\dot{n}$，由于项 $\dot{n}$ 就是 $(\overset{\cdot}{\overbrace{n-1}})'$，可得 $\vdash_{\mathcal{N}}(\overset{\cdot}{\overbrace{n-1}})'\dot{+}\dot{k}\dot{+}x_1\doteq(\overset{\cdot}{\overbrace{n-1}})'$，再由例 6.3.3 可得 $\vdash_{\mathcal{N}}(\overset{\cdot}{\overbrace{n-1}}\dot{+}\dot{k}\dot{+}x_1)'\doteq(\overset{\cdot}{\overbrace{n-1}})'$。进而由公理($N_2$)可得

$$\vdash_{\mathcal{N}}(\overset{\cdot}{\overbrace{n-1}}\dot{+}\dot{k}\dot{+}x_1)'\doteq(\overset{\cdot}{\overbrace{n-1}})'\rightarrow\overset{\cdot}{\overbrace{n-1}}\dot{+}\dot{k}\dot{+}x_1\doteq\overset{\cdot}{\overbrace{n-1}}$$

再利用规则(MP)可得 $\vdash_{\mathcal{N}}\overset{\cdot}{\overbrace{n-1}}\dot{+}\dot{k}\dot{+}x_1\doteq\overset{\cdot}{\overbrace{n-1}}$。重复这一过程 n 次，可得 $\vdash_{\mathcal{N}}\dot{0}\dot{+}\dot{k}\dot{+}x_1\doteq\dot{0}$，再利用公理($N_3$)可得 $\vdash_{\mathcal{N}}\dot{k}\dot{+}x_1\doteq\dot{0}$。由于 $0<k$，且项 $\dot{k}$ 就是 $(\overset{\cdot}{\overbrace{k-1}})'$，所以由例 6.3.3 可得 $\vdash_{\mathcal{N}}\dot{k}\dot{+}x_1\doteq(\overset{\cdot}{\overbrace{k-1}}\dot{+}x_1)'$，进而 $\vdash_{\mathcal{N}}(\overset{\cdot}{\overbrace{k-1}}\dot{+}x_1)'\doteq\dot{0}$。至此，证明了 $\dot{n}\dot{+}\dot{k}\dot{+}x_1\doteq\dot{n}\vdash_{\mathcal{N}}(\overset{\cdot}{\overbrace{k-1}}\dot{+}x_1)'\doteq\dot{0}$，因而有 $\vdash_{\mathcal{N}}\dot{n}\dot{+}\dot{k}\dot{+}x_1\doteq\dot{n}\rightarrow(\overset{\cdot}{\overbrace{k-1}}\dot{+}x_1)'\doteq\dot{0}$。根据例 3.4.8 可得 $\vdash_{\mathcal{N}}\neg((\overset{\cdot}{\overbrace{k-1}}\dot{+}x_1)'\doteq\dot{0})\rightarrow\neg(\dot{n}\dot{+}\dot{k}\dot{+}x_1\doteq\dot{n})$。根据公理($N_1$)可得 $\vdash_{\mathcal{N}}\neg((\overset{\cdot}{\overbrace{k-1}}\dot{+}x_1)'\doteq\dot{0})$，所以根据规则(MP)可得 $\vdash_{\mathcal{N}}\neg(\dot{n}\dot{+}\dot{k}\dot{+}x_1\doteq\dot{n})$。对前面已经得出的 $\vdash_{\mathcal{N}}\dot{m}\dot{+}x_1\doteq\dot{n}\dot{+}\dot{k}\dot{+}x_1$ 利用($=_3$)，可得 $\vdash_{\mathcal{N}}\neg(\dot{m}\dot{+}x_1\doteq\dot{n})$。再利用命题 5.2.2 可得 $\vdash_{\mathcal{N}}\forall x_1\neg(\dot{m}\dot{+}x_1\doteq\dot{n})$，此即为 $\vdash_{\mathcal{N}}\neg\exists x_1(\dot{m}\dot{+}x_1\doteq\dot{n})$。

■

由例 7.1.2 可以看出，$\mathbb{N}$ 上的小于或等于关系 $\leqslant$ 在 $\mathcal{N}$ 中也是可表达的。将例 7.1.1 和例 7.1.2 展示出来的 $\mathbb{N}$ 上二元关系的可表达性称为可表示性，并将 $\mathbb{N}$

上的二元关系推广到 n 元关系上。

【定义 7.1.1】 对于ℕ上的 k 元关系 R，如果存在含有 k 个自由出现的个体词变元的合式公式 $A(x_1,\cdots,x_k)$，具有如下性质：

对于任意的 $n_1,\cdots,n_k\in\mathbb{N}$，有

(1) 如果 $\langle n_1,\cdots,n_k\rangle\in R$，那么 $\vdash_{\mathcal{N}}A(\overset{\dot{}}{\overbrace{n_1}},\cdots,\overset{\dot{}}{\overbrace{n_k}})$；

(2) 如果 $\langle n_1,\cdots,n_k\rangle\notin R$，那么 $\vdash_{\mathcal{N}}\neg A(\overset{\dot{}}{\overbrace{n_1}},\cdots,\overset{\dot{}}{\overbrace{n_k}})$。

那么，称 k 元关系 R 在 $\mathcal{N}$ 中是可表示的(representable)。此时，称 R 在 $\mathcal{N}$ 中由 $A(x_1,\cdots,x_k)$ 可表示。

定义 7.1.1 明确指出合式公式 A 含有 k 个自由变元，因此引入新的记号 $A(x_1,\cdots,x_k)$ 说明个体词变元 $x_1,\cdots,x_k$ 在合式公式 A 中自由出现，进而在合式公式 A 中用不含个体词变元的项 $\overset{\dot{}}{\overbrace{n_1}},\cdots,\overset{\dot{}}{\overbrace{n_k}}$ 代入自由出现的 $x_1,\cdots,x_k$ 后得到 $A(\overset{\dot{}}{\overbrace{n_1}},\cdots,\overset{\dot{}}{\overbrace{n_k}})$。当然，也可以不引入记号 $A(x_1,\cdots,x_k)$，并使用之前的 $(\cdots(A_{x_1}^{\overset{\dot{}}{\overbrace{n_1}}})_{x_2}^{\overset{\dot{}}{\overbrace{n_2}}}\cdots)_{x_k}^{\overset{\dot{}}{\overbrace{n_k}}}$ 而非使用这里的 $A(\overset{\dot{}}{\overbrace{n_1}},\cdots,\overset{\dot{}}{\overbrace{n_k}})$，为了简洁起见这里采用新的记号。

定义 7.1.1 实质上也给出了ℕ的子集的可表示定义，因为根据 1.3 节中对一元关系的说明，ℕ上的一元关系 R 就是ℕ的子集，即 $R\subset\mathbb{N}$，自然数 n 是否具有关系 R 就是 n 是否属于子集 R。比如，令集合 S 是所有素数的集合，它所对应的一元关系就是 $R=S\subset\mathbb{N}$，集合 S 在 $\mathcal{N}$ 中是否是可表示的，就是一元关系 R 在 $\mathcal{N}$ 中是否是可表示的，即是否存在含有一个自由出现的个体词变元的合式公式 $A(x_1)$，满足：当 $n\in S$ 时，$\vdash_{\mathcal{N}}A(\dot{n})$；当 $n\notin S$ 时，$\vdash_{\mathcal{N}}\neg A(\dot{n})$。

对于任意的 $n_1,\cdots,n_k\in\mathbb{N}$，不是 $\langle n_1,\cdots,n_k\rangle\in R$，就是 $\langle n_1,\cdots,n_k\rangle\notin R$。但是，对于合式公式 $A(x_1,\cdots,x_k)$ 而言，并非一定满足不是 $\vdash_{\mathcal{N}}A(\overset{\dot{}}{\overbrace{n_1}},\cdots,\overset{\dot{}}{\overbrace{n_k}})$，就是 $\vdash_{\mathcal{N}}\neg A(\overset{\dot{}}{\overbrace{n_1}},\cdots,\overset{\dot{}}{\overbrace{n_k}})$。因为算术形式系统 $\mathcal{N}$ 是否是完全的目前还不知道。如果把定义 7.1.1 中的(1)修改为"$\langle n_1,\cdots,n_k\rangle\in R$ 当且仅当 $\vdash_{\mathcal{N}}A(\overset{\dot{}}{\overbrace{n_1}},\cdots,\overset{\dot{}}{\overbrace{n_k}})$"，并不能就此推导出(2)。因为根据修改后的(1)，只能得到当 $\langle n_1,\cdots,n_k\rangle\notin R$ 时，$\nvdash_{\mathcal{N}}A(\overset{\dot{}}{\overbrace{n_1}},\cdots,\overset{\dot{}}{\overbrace{n_k}})$，这并不意味着就会有 $\vdash_{\mathcal{N}}\neg A(\overset{\dot{}}{\overbrace{n_1}},\cdots,\overset{\dot{}}{\overbrace{n_k}})$。因而，在不知 $\mathcal{N}$ 是否是完全的前提下，通过上述修改(1)并删除(2)，不会与原先的(1)和(2)这两个条件等价。这也说明了，如果 $\mathcal{N}$ 是完全的，那么对于任意的合式公式 $A(x_1,\cdots,x_k)$，它就

会满足对于任意的 $n_1,\cdots,n_k\in\mathbb{N}$，不是 $\vdash_{\mathcal{N}}A(\dot{\widehat{n_1}},\cdots,\dot{\widehat{n_k}})$，就是 $\vdash_{\mathcal{N}}\neg A(\dot{\widehat{n_1}},\cdots,\dot{\widehat{n_k}})$，那么合式公式 $A(x_1,\cdots,x_k)$ 就可以用来表示$\mathbb{N}$上的某个 k 元关系；如果$\mathcal{N}$不是完全的，就会存在合式公式 $A(x_1,\cdots,x_k)$，不满足对于任意的 $n_1,\cdots,n_k\in\mathbb{N}$，不是 $\vdash_{\mathcal{N}}A(\dot{\widehat{n_1}},\cdots,\dot{\widehat{n_k}})$，就是 $\vdash_{\mathcal{N}}\neg A(\dot{\widehat{n_1}},\cdots,\dot{\widehat{n_k}})$，那么该合式公式 $A(x_1,\cdots,x_k)$ 就不能用来表示任意$\mathbb{N}$上的 k 元关系。

根据第 1 章中映射的定义，映射是一种特殊的关系。对于$\mathbb{N}$上的 k 元函数 $f:\mathbb{N}^k\to\mathbb{N}$，作为映射，它是一种特殊的$\mathbb{N}$上的 $k+1$ 元关系，所以也可以根据$\mathbb{N}$上关系的可表示性引入$\mathbb{N}$上函数的可表示性。由于$\mathbb{N}$上 k 元函数的特殊性表现在，对于任意的 $n_1,\cdots,n_k\in\mathbb{N}$，存在唯一的 $n_{k+1}\in\mathbb{N}$，使得 $\langle n_1,\cdots,n_k,n_{k+1}\rangle\in f$，因此在引入$\mathbb{N}$上函数的可表示性时，也要把这种特殊性体现在$\mathcal{N}$中用来表示 f 的合式公式上。

【定义 7.1.2】 对于$\mathbb{N}$上的 k 元函数 $f:\mathbb{N}^k\to\mathbb{N}$，如果存在含有 $k+1$ 个自由出现的个体词变元的合式公式 $A(x_1,\cdots,x_k,x_{k+1})$，使得作为$\mathbb{N}$上 $k+1$ 元关系的 f 由 $A(x_1,\cdots,x_k,x_{k+1})$ 可表示，并且对于任意的 $n_1,\cdots,n_k\in\mathbb{N}$，有 $\vdash_{\mathcal{N}}\exists!x_{k+1}A(\dot{\widehat{n_1}},\cdots,\dot{\widehat{n_k}},x_{k+1})$，那么，称$\mathbb{N}$上的 k 元函数 f 在$\mathcal{N}$中是可表示的(representable)。此时，称函数 f 在$\mathcal{N}$中由 $A(x_1,\cdots,x_k,x_{k+1})$ 可表示。

【例 7.1.3】 对于$\mathbb{N}$上的二元函数 $f:\mathbb{N}^2\to\mathbb{N}$，其中 $f(m,n)=m+n$，它在$\mathcal{N}$中是可表示的。

证明： 只需要找到含有自由出现的个体词变元 x_1、x_2、x_3 的合式公式 $A(x_1,x_2,x_3)$，使得对于任意的 $m,n,k\in\mathbb{N}$，有：

(1) 如果 $\langle m,n,k\rangle\in f$，那么 $\vdash_{\mathcal{N}}A(\dot{m},\dot{n},\dot{k})$；

(2) 如果 $\langle m,n,k\rangle\notin f$，那么 $\vdash_{\mathcal{N}}\neg A(\dot{m},\dot{n},\dot{k})$；

(3) $\vdash_{\mathcal{N}}\exists!x_3A(\dot{m},\dot{n},x_3)$。

由于当 $\langle m,n,k\rangle\in f$ 时，有 $k=f(m,n)=m+n$，(1)和(2)可以更直观地写为：

(1) 如果 $k=m+n$，那么 $\vdash_{\mathcal{N}}A(\dot{m},\dot{n},\dot{k})$；

(2) 如果 $k\neq m+n$，那么 $\vdash_{\mathcal{N}}\neg A(\dot{m},\dot{n},\dot{k})$。

由于$\mathbb{N}$上的加法$+$在$\mathcal{N}$中有$\dot{+}$作为对应的表示，考虑 $A(x_1,x_2,x_3)$ 为合式公式 $x_3\doteq x_1\dot{+}x_2$。下面验证 $x_3\doteq x_1\dot{+}x_2$ 满足(1)、(2)、(3)。

首先,在例 7.1.2 的证明中已经得到,对于任意的 $m,n\in\mathbb{N}$,$\vdash_{\mathcal{N}}\dot{m}\dot{+}\dot{n}\doteq\overset{\cdot}{\overbrace{m+n}}$。因而,根据例 7.1.1,如果 $k=m+n$,那么有 $\vdash_{\mathcal{N}}\dot{k}\doteq\overset{\cdot}{\overbrace{m+n}}$,进而利用等词的性质有 $\vdash_{\mathcal{N}}\dot{k}\doteq\dot{m}\dot{+}\dot{n}$;如果 $k\neq m+n$,那么有 $\vdash_{\mathcal{N}}\neg(\dot{k}\doteq\overset{\cdot}{\overbrace{m+n}})$,进而利用等词的性质有 $\vdash_{\mathcal{N}}\neg(\dot{k}\doteq\dot{m}\dot{+}\dot{n})$。这样(1)和(2)就得到了验证。

其次,根据等词公理($=_3$)可得 $\vdash_{\mathcal{N}}\dot{m}\dot{+}\dot{n}\doteq\overset{\cdot}{\overbrace{m+n}}\rightarrow(x_i\doteq\dot{m}\dot{+}\dot{n}\rightarrow x_i\doteq\overset{\cdot}{\overbrace{m+n}})$,根据已有的 $\vdash_{\mathcal{N}}\dot{m}\dot{+}\dot{n}\doteq\overset{\cdot}{\overbrace{m+n}}$,利用规则(MP)可得 $\vdash_{\mathcal{N}}x_i\doteq\dot{m}\dot{+}\dot{n}\rightarrow x_i\doteq\overset{\cdot}{\overbrace{m+n}}$。再根据命题 5.2.2 可得 $\vdash_{\mathcal{N}}\forall x_i(x_i\doteq\dot{m}\dot{+}\dot{n}\rightarrow x_i\doteq\overset{\cdot}{\overbrace{m+n}})$。进一步可得

$$\vdash_{\mathcal{N}}(\overset{\cdot}{\overbrace{m+n}}\doteq\dot{m}\dot{+}\dot{n})\wedge\forall x_i(x_i\doteq\dot{m}\dot{+}\dot{n}\rightarrow x_i\doteq\overset{\cdot}{\overbrace{m+n}})$$

根据例 5.2.1 的(i),由于项 $\overset{\cdot}{\overbrace{m+n}}$ 对 x_3 在 $(x_3\doteq\dot{m}\dot{+}\dot{n})\wedge\forall x_i(x_i\doteq\dot{m}\dot{+}\dot{n}\rightarrow x_i\doteq x_3)$ 中代入自由,可得

$$\vdash_{\mathcal{N}}((\overset{\cdot}{\overbrace{m+n}}\doteq\dot{m}\dot{+}\dot{n})\wedge\forall x_i(x_i\doteq\dot{m}\dot{+}\dot{n}\rightarrow x_i\doteq\overset{\cdot}{\overbrace{m+n}}))\rightarrow$$
$$\exists x_3((x_3\doteq\dot{m}\dot{+}\dot{n})\wedge\forall x_i(x_i\doteq\dot{m}\dot{+}\dot{n}\rightarrow x_i\doteq x_3))$$

利用规则(MP)可得 $\vdash_{\mathcal{N}}\exists x_3((x_3\doteq\dot{m}\dot{+}\dot{n})\wedge\forall x_i(x_i\doteq\dot{m}\dot{+}\dot{n}\rightarrow x_i\doteq x_3))$,此即为 $\vdash_{\mathcal{N}}\exists!x_3(x_3\doteq\dot{m}\dot{+}\dot{n})$。至此,(3)也得到了验证。

■

【例 7.1.4】 对于$\mathbb{N}$上的一元函数 $f:\mathbb{N}\rightarrow\mathbb{N}$,其中 $f(m)=2m$,它在$\mathcal{N}$中是可表示的。

证明:只需要找到含有自由出现的个体词变元 x_1、x_2 的合式公式 $A(x_1,x_2)$,使得对于任意的 $m,n\in\mathbb{N}$,有:

(1) 如果$\langle m,n\rangle\in f$,那么 $\vdash_{\mathcal{N}}A(\dot{m},\dot{n})$;

(2) 如果$\langle m,n\rangle\notin f$,那么 $\vdash_{\mathcal{N}}\neg A(\dot{m},\dot{n})$;

(3) $\vdash_{\mathcal{N}}\exists!x_2A(\dot{m},x_2)$。

由于当$\langle m,n\rangle\in f$ 时,有 $n=f(m)=2m$,(1)和(2)可以更直观地写为:

(1) 如果 $n=2m$,那么 $\vdash_{\mathcal{N}}A(\dot{m},\dot{n})$;

(2) 如果 $n\neq 2m$,那么 $\vdash_{\mathcal{N}}\neg A(\dot{m},\dot{n})$。

由于$\mathbb{N}$上的加法$\times$在$\mathcal{N}$中有$\dot{\times}$作为对应的表示,所以考虑 $A(x_1,x_2)$为合式公式 $x_2\doteq x_1\dot{\times}\dot{2}$。下面验证 $x_2\doteq x_1\dot{\times}\dot{2}$ 满足(1)、(2)、(3)。

对于(1)，当 $n=2m$ 时，由于 $\dot{2}=((\dot{0})')'$，根据公理(N_6)有 $\vdash_{\mathcal{N}}\dot{m}\dot{\times}\dot{2}\doteq(\dot{m}\dot{\times}(\dot{0})')\dot{+}\dot{m}$。同理，有 $\vdash_{\mathcal{N}}\dot{m}\dot{\times}(\dot{0})'\doteq(\dot{m}\dot{\times}\dot{0})\dot{+}\dot{m}$。根据公理($N_5$)有 $\vdash_{\mathcal{N}}\dot{m}\dot{\times}\dot{0}\doteq\dot{0}$，所以利用等词公理($=_3$)可得 $\vdash_{\mathcal{N}}\dot{m}\dot{\times}(\dot{0})'\doteq\dot{0}\dot{+}\dot{m}$，进而再根据例 6.3.2，有 $\vdash_{\mathcal{N}}\dot{m}\dot{\times}(\dot{0})'\doteq\dot{m}$。利用等词公理($=_3$)可得

$$\vdash_{\mathcal{N}}\dot{m}\dot{\times}(\dot{0})'\doteq\dot{m}\to(\dot{m}\dot{\times}\dot{2}\doteq(\dot{m}\dot{\times}(\dot{0})')\dot{+}\dot{m}\to\dot{m}\dot{\times}\dot{2}\doteq\dot{m}\dot{+}\dot{m})$$

然后利用规则(MP)可得 $\vdash_{\mathcal{N}}\dot{m}\dot{\times}\dot{2}\doteq\dot{m}\dot{+}\dot{m}$。利用之前已得到的 $\vdash_{\mathcal{N}}\dot{m}\dot{+}\dot{n}\doteq\overset{\cdot}{\overbrace{m+n}}$，有 $\vdash_{\mathcal{N}}\dot{m}\dot{+}\dot{m}\doteq\overset{\cdot}{\overbrace{2m}}$，由于 $n=2m$，也即 $\vdash_{\mathcal{N}}\dot{m}\dot{+}\dot{m}\doteq\dot{n}$，因而根据等词公理($=_3$)可得

$$\vdash_{\mathcal{N}}\dot{m}\dot{+}\dot{m}\doteq\dot{n}\to(\dot{m}\dot{\times}\dot{2}\doteq\dot{m}\dot{+}\dot{m}\to\dot{m}\dot{\times}\dot{2}\doteq\dot{n})$$

然后利用规则(MP)可得 $\vdash_{\mathcal{N}}\dot{m}\dot{\times}\dot{2}\doteq\dot{n}$。至此，(1)得到了验证。

对于(2)，当 $n\neq 2m$ 时，根据例 7.1.1 有 $\vdash_{\mathcal{N}}\neg(\dot{n}\doteq\overset{\cdot}{\overbrace{2m}})$，而在(1)中已得出 $\vdash_{\mathcal{N}}\dot{m}\dot{\times}\dot{2}\doteq\overset{\cdot}{\overbrace{2m}}$，所以利用等词公理($=_3$)可得 $\vdash_{\mathcal{N}}\neg(\dot{n}\doteq\dot{m}\dot{\times}\dot{2})$。至此，(2)得到了验证。

对于(3)，根据等词公理($=_3$)可得 $\vdash_{\mathcal{N}}\overset{\cdot}{\overbrace{2m}}\doteq\dot{m}\dot{\times}\dot{2}\to(x_i\doteq\dot{m}\dot{\times}\dot{2}\to x_i\doteq\overset{\cdot}{\overbrace{2m}})$，根据已有的 $\vdash_{\mathcal{N}}\dot{m}\dot{\times}\dot{2}\doteq\overset{\cdot}{\overbrace{2m}}$，利用规则(MP)可得 $\vdash_{\mathcal{N}}x_i\doteq\dot{m}\dot{\times}\dot{2}\to x_i\doteq\overset{\cdot}{\overbrace{2m}}$。再根据命题 5.2.2 可得 $\vdash_{\mathcal{N}}\forall x_i(x_i\doteq\dot{m}\dot{\times}\dot{2}\to x_i\doteq\overset{\cdot}{\overbrace{2m}})$。进一步可得

$$\vdash_{\mathcal{N}}(\overset{\cdot}{\overbrace{2m}}\doteq\dot{m}\dot{\times}\dot{2})\wedge\forall x_i(x_i\doteq\dot{m}\dot{\times}\dot{2}\to x_i\doteq\overset{\cdot}{\overbrace{2m}})$$

根据例 5.2.1 的(i)，由于项 $\overset{\cdot}{\overbrace{2m}}$ 对 x_2 在 $(x_2\doteq\dot{m}\dot{\times}\dot{2})\wedge\forall x_i(x_i\doteq\dot{m}\dot{\times}\dot{2}\to x_i\doteq x_2)$ 中代入自由，可得

$$\vdash_{\mathcal{N}}((\overset{\cdot}{\overbrace{2m}}\doteq\dot{m}\dot{\times}\dot{2})\wedge\forall x_i(x_i\doteq\dot{m}\dot{\times}\dot{2}\to x_i\doteq\overset{\cdot}{\overbrace{2m}}))\to$$
$$\exists x_2((x_2\doteq\dot{m}\dot{\times}\dot{2})\wedge\forall x_i(x_i\doteq\dot{m}\dot{\times}\dot{2}\to x_i\doteq x_2))$$

利用规则(MP)可得 $\vdash_{\mathcal{N}}\exists x_2((x_2\doteq\dot{m}\dot{\times}\dot{2})\wedge\forall x_i(x_i\doteq\dot{m}\dot{\times}\dot{2}\to x_i\doteq x_2))$，此即为 $\vdash_{\mathcal{N}}\exists!x_2(x_2\doteq\dot{m}\dot{\times}\dot{2})$。至此，(3)也得到了验证。

■

例 7.1.3 证明了ℕ上的加法+在$\mathcal{N}$中是可表示的，例 7.1.4 证明了利用ℕ上乘法所得到的ℕ上的一元函数 $f(m)=2m$ 在$\mathcal{N}$中是可表示的。一般地，也可以证

明$\mathbb{N}$上的乘法$\times$在$\mathcal{N}$中是可表示的，即对于$\mathbb{N}$上的二元函数 $f:\mathbb{N}^2\to\mathbb{N}$，其中 $f(m,n)=m\times n$，它在$\mathcal{N}$中是可表示的。此外，在例 7.1.4 中用合式公式 $x_2 \doteq x_1 \dot{\times} \dot{2}$ 在$\mathcal{N}$中表示了$\mathbb{N}$上的一元函数 $f(m)=2m$，事实上，用 $x_2 \doteq \dot{2} \dot{\times} x_1$ 也可以在$\mathcal{N}$中表示一元函数 $f(m)=2m$。

【例 7.1.5】 对于$\mathbb{N}$上的二元函数 $f:\mathbb{N}^2\to\mathbb{N}$，其中 $f(m,n)=0$，它在$\mathcal{N}$中是可表示的。

证明：只需要找到含有自由出现的个体词变元 x_1、x_2、x_3 的合式公式 $A(x_1, x_2, x_3)$，使得对于任意的 $m,n,k\in\mathbb{N}$，有：

(1) 如果 $k=f(m,n)$，那么 $\vdash_{\mathcal{N}} A(\dot{m},\dot{n},\dot{k})$；

(2) 如果 $k\neq f(m,n)$，那么 $\vdash_{\mathcal{N}} \neg A(\dot{m},\dot{n},\dot{k})$；

(3) $\vdash_{\mathcal{N}} \exists! x_3 A(\dot{m},\dot{n},x_3)$。

令 $A(x_1,x_2,x_3)$为合式公式 $x_1 \doteq x_1 \wedge x_2 \doteq x_2 \wedge x_3 \doteq \dot{0}$，下面验证 $x_1 \doteq x_1 \wedge x_2 \doteq x_2 \wedge x_3 \doteq \dot{0}$ 满足(1)、(2)、(3)。

当 $k=f(m,n)$时，即 $k=0$，则根据例 7.1.1 可得 $\vdash_{\mathcal{N}} \dot{m} \doteq \dot{m}$，$\vdash_{\mathcal{N}} \dot{n} \doteq \dot{n}$，$\vdash_{\mathcal{N}} \dot{k} \doteq \dot{0}$。进而有 $\vdash_{\mathcal{N}} \dot{m} \doteq \dot{m} \wedge \dot{n} \doteq \dot{n} \wedge \dot{k} \doteq \dot{0}$。至此，(1)得到了验证。

当 $k\neq f(m,n)$时，即 $k\neq 0$，则根据例 7.1.1 可得 $\vdash_{\mathcal{N}} \neg(\dot{k} \doteq \dot{0})$。进而有 $\vdash_{\mathcal{N}} \neg(\dot{k} \doteq \dot{0}) \vee \neg(\dot{m} \doteq \dot{m}) \vee \neg(\dot{n} \doteq \dot{n})$，此即为 $\vdash_{\mathcal{N}} \neg(\dot{m} \doteq \dot{m} \wedge \dot{n} \doteq \dot{n} \wedge \dot{k} \doteq \dot{0})$。至此，(2)得到了验证。

对于(3)，根据等词公理($=_1$)和命题 5.2.2 可得 $\vdash_{\mathcal{N}} \dot{0} \doteq \dot{0}$ 和 $\vdash_{\mathcal{N}} \forall x_i(x_i \doteq \dot{0} \to x_i \doteq \dot{0})$，因此有 $\vdash_{\mathcal{N}} \dot{0} \doteq \dot{0} \wedge \forall x_i(x_i \doteq \dot{0} \to x_i \doteq \dot{0})$。类似例 7.1.3 和例 7.1.4，根据例 5.2.1 的(i)可得 $\vdash_{\mathcal{N}} \exists x_3((x_3 \doteq \dot{0}) \wedge \forall x_i(x_i \doteq \dot{0} \to x_i \doteq x_3))$，此即为 $\vdash_{\mathcal{N}} \exists! x_3 (x_3 \doteq \dot{0})$。因为 $\vdash_{\mathcal{N}} \dot{m} \doteq \dot{m} \wedge \dot{n} \doteq \dot{n}$，且 $\dot{m} \doteq \dot{m} \wedge \dot{n} \doteq \dot{n}$ 不含任何的个体词变元，所以可得 $\vdash_{\mathcal{N}} \exists! x_3(\dot{m} \doteq \dot{m} \wedge \dot{n} \doteq \dot{n} \wedge x_3 \doteq \dot{0})$。至此，(3)也得到了验证。

■

【例 7.1.6】 对于$\mathbb{N}$上的 k 元函数 $f:\mathbb{N}^k\to\mathbb{N}$，其中 $f(n_1,\cdots,n_k)=n_i$，$1\leqslant i\leqslant k$，它在$\mathcal{N}$中是可表示的。

证明：令 $A(x_1,\cdots,x_k,x_{k+1})$为合式公式 $x_1 \doteq x_1 \wedge \cdots \wedge x_k \doteq x_k \wedge x_{k+1} \doteq x_i$，需要验证对于任意的 $n_1,\cdots,n_k,n_{k+1}\in\mathbb{N}$，有

(1) 如果 $n_{k+1}=f(n_1,\cdots,n_k)$，那么 $\vdash_{\mathcal{N}} A(\overset{\cdot}{\overbrace{n_1}},\cdots,\overset{\cdot}{\overbrace{n_k}},\overset{\cdot}{\overbrace{n_{k+1}}})$；

(2) 如果 $n_{k+1}\neq f(n_1,\cdots,n_k)$，那么 $\vdash_{\mathcal{N}} \neg A(\overset{\cdot}{\overbrace{n_1}},\cdots,\overset{\cdot}{\overbrace{n_k}},\overset{\cdot}{\overbrace{n_{k+1}}})$；

(3) $\vdash_{\mathcal{N}} \exists !x_{k+1}A(\overset{\cdot}{\overbrace{n_1}},\cdots,\overset{\cdot}{\overbrace{n_k}},x_{k+1})$。

验证(1)、(2)、(3)的方法类似于例 7.1.5。

■

【命题 7.1.1】 对于$\mathbb{N}$上的 k 元函数 $f:\mathbb{N}^k\rightarrow\mathbb{N}$，如果存在含有 $k+1$ 个自由出现的个体词变元的合式公式 $A(x_1,\cdots,x_k,x_{k+1})$，对于任意的 $n_1,\cdots,n_k,n_{k+1}\in\mathbb{N}$，满足如下条件：

(1) 如果 $n_{k+1}=f(n_1,\cdots,n_k)$，那么 $\vdash_{\mathcal{N}} A(\overset{\cdot}{\overbrace{n_1}},\cdots,\overset{\cdot}{\overbrace{n_k}},\overset{\cdot}{\overbrace{n_{k+1}}})$；

(2) $\vdash_{\mathcal{N}} \exists !x_{k+1}A(\overset{\cdot}{\overbrace{n_1}},\cdots,\overset{\cdot}{\overbrace{n_k}},x_{k+1})$。

那么函数 f 在$\mathcal{N}$中是可表示的。

证明：根据定义 7.1.2，只需要验证，如果 $n_{k+1}\neq f(n_1,\cdots,n_k)$，那么 $\vdash_{\mathcal{N}} \neg A(\overset{\cdot}{\overbrace{n_1}},\cdots,\overset{\cdot}{\overbrace{n_k}},\overset{\cdot}{\overbrace{n_{k+1}}})$。

如果 $n_{k+1}\neq f(n_1,\cdots,n_k)$，那么令 $f(n_1,\cdots,n_k)=m$，即 $n_{k+1}\neq m$，进而根据例 7.1.1 可得 $\vdash_{\mathcal{N}} \neg(\overset{\cdot}{\overbrace{n_{k+1}}}\doteq\dot{m})$。根据已知条件，$\vdash_{\mathcal{N}} A(\overset{\cdot}{\overbrace{n_1}},\cdots,\overset{\cdot}{\overbrace{n_k}},\dot{m})$，$\vdash_{\mathcal{N}} \exists !x_{k+1}A(\overset{\cdot}{\overbrace{n_1}},\cdots,\overset{\cdot}{\overbrace{n_k}},x_{k+1})$，为了得到 $\vdash_{\mathcal{N}} \neg A(\overset{\cdot}{\overbrace{n_1}},\cdots,\overset{\cdot}{\overbrace{n_k}},\overset{\cdot}{\overbrace{n_{k+1}}})$，只需要得到

$$\neg(\overset{\cdot}{\overbrace{n_{k+1}}}\doteq\dot{m}),A(\overset{\cdot}{\overbrace{n_1}},\cdots,\overset{\cdot}{\overbrace{n_k}},\dot{m}),\exists !x_{k+1}A(\overset{\cdot}{\overbrace{n_1}},\cdots,\overset{\cdot}{\overbrace{n_k}},x_{k+1})\vdash_{\mathcal{N}}\neg A(\overset{\cdot}{\overbrace{n_1}},\cdots,\overset{\cdot}{\overbrace{n_k}},\overset{\cdot}{\overbrace{n_{k+1}}})$$

利用推演定理，此相当于

$$\neg(\overset{\cdot}{\overbrace{n_{k+1}}}\doteq\dot{m}),A(\overset{\cdot}{\overbrace{n_1}},\cdots,\overset{\cdot}{\overbrace{n_k}},\dot{m})\vdash_{\mathcal{N}}\exists !x_{k+1}A(\overset{\cdot}{\overbrace{n_1}},\cdots,\overset{\cdot}{\overbrace{n_k}},x_{k+1})\rightarrow\neg A(\overset{\cdot}{\overbrace{n_1}},\cdots,\overset{\cdot}{\overbrace{n_k}},\overset{\cdot}{\overbrace{n_{k+1}}})$$

根据例 3.4.8，只需要得到

$$\neg(\overset{\cdot}{\overbrace{n_{k+1}}}\doteq\dot{m}),A(\overset{\cdot}{\overbrace{n_1}},\cdots,\overset{\cdot}{\overbrace{n_k}},\dot{m})\vdash_{\mathcal{N}}A(\overset{\cdot}{\overbrace{n_1}},\cdots,\overset{\cdot}{\overbrace{n_k}},\overset{\cdot}{\overbrace{n_{k+1}}})\rightarrow\neg\exists !x_{k+1}A(\overset{\cdot}{\overbrace{n_1}},\cdots,\overset{\cdot}{\overbrace{n_k}},x_{k+1})$$

进而，根据推演定理，此相当于

$$\neg(\overset{\cdot}{\overbrace{n_{k+1}}}\doteq\dot{m}),A(\overset{\cdot}{\overbrace{n_1}},\cdots,\overset{\cdot}{\overbrace{n_k}},\dot{m}),A(\overset{\cdot}{\overbrace{n_1}},\cdots,\overset{\cdot}{\overbrace{n_k}},\overset{\cdot}{\overbrace{n_{k+1}}})\vdash_{\mathcal{N}}\neg\exists !x_{k+1}A(\overset{\cdot}{\overbrace{n_1}},\cdots,\overset{\cdot}{\overbrace{n_k}},x_{k+1})$$

为此，需要得到

$$\neg(\overset{\cdot}{\overbrace{n_{k+1}}}\doteq\dot{m}),A(\overset{\cdot}{\overbrace{n_1}},\cdots,\overset{\cdot}{\overbrace{n_k}},\dot{m}),A(\overset{\cdot}{\overbrace{n_1}},\cdots,\overset{\cdot}{\overbrace{n_k}},\overset{\cdot}{\overbrace{n_{k+1}}})\vdash_{\mathcal{N}}$$

$$\forall x_{k+1}\neg(A(\overset{\cdot}{\overbrace{n_1}},\cdots,\overset{\cdot}{\overbrace{n_k}},x_{k+1})\wedge\forall x_j(A(\overset{\cdot}{\overbrace{n_1}},\cdots,\overset{\cdot}{\overbrace{n_k}},x_j)\rightarrow x_j\doteq x_{k+1}))$$

根据重言式$\neg(B\wedge C)\leftrightarrow(B\rightarrow\neg C)$,上式可以写为

$$\neg(\overset{\frown}{n_{k+1}}\doteq\dot{m}),A(\overset{\frown}{n_1},\cdots,\overset{\frown}{n_k},\dot{m}),A(\overset{\frown}{n_1},\cdots,\overset{\frown}{n_k},\overset{\frown}{n_{k+1}})\vdash_{\mathcal{N}}$$
$$\forall x_{k+1}(A(\overset{\frown}{n_1},\cdots,\overset{\frown}{n_k},x_{k+1})\rightarrow\neg\forall x_j(A(\overset{\frown}{n_1},\cdots,\overset{\frown}{n_k},x_j)\rightarrow x_j\doteq x_{k+1}))$$

根据命题 5.2.2,只需要得到

$$\neg(\overset{\frown}{n_{k+1}}\doteq\dot{m}),A(\overset{\frown}{n_1},\cdots,\overset{\frown}{n_k},\dot{m}),A(\overset{\frown}{n_1},\cdots,\overset{\frown}{n_k},\overset{\frown}{n_{k+1}})\vdash_{\mathcal{N}}$$
$$A(\overset{\frown}{n_1},\cdots,\overset{\frown}{n_k},x_{k+1})\rightarrow\neg\forall x_j(A(\overset{\frown}{n_1},\cdots,\overset{\frown}{n_k},x_j)\rightarrow x_j\doteq x_{k+1})$$

再次利用推演定理,此相当于

$$\neg(\overset{\frown}{n_{k+1}}\doteq\dot{m}),A(\overset{\frown}{n_1},\cdots,\overset{\frown}{n_k},\dot{m}),A(\overset{\frown}{n_1},\cdots,\overset{\frown}{n_k},\overset{\frown}{n_{k+1}}),A(\overset{\frown}{n_1},\cdots,\overset{\frown}{n_k},x_{k+1})\vdash_{\mathcal{N}}$$
$$\neg\forall x_j(A(\overset{\frown}{n_1},\cdots,\overset{\frown}{n_k},x_j)\rightarrow x_j\doteq x_{k+1})$$

利用推演定理,此相当于

$$A(\overset{\frown}{n_1},\cdots,\overset{\frown}{n_k},\dot{m}),A(\overset{\frown}{n_1},\cdots,\overset{\frown}{n_k},\overset{\frown}{n_{k+1}}),A(\overset{\frown}{n_1},\cdots,\overset{\frown}{n_k},x_{k+1})\vdash_{\mathcal{N}}$$
$$\neg(\overset{\frown}{n_{k+1}}\doteq\dot{m})\rightarrow\neg\forall x_j(A(\overset{\frown}{n_1},\cdots,\overset{\frown}{n_k},x_j)\rightarrow x_j\doteq x_{k+1})$$

再次根据例 3.4.8,只需要得到

$$A(\overset{\frown}{n_1},\cdots,\overset{\frown}{n_k},\dot{m}),A(\overset{\frown}{n_1},\cdots,\overset{\frown}{n_k},\overset{\frown}{n_{k+1}}),A(\overset{\frown}{n_1},\cdots,\overset{\frown}{n_k},x_{k+1})\vdash_{\mathcal{N}}$$
$$\forall x_j(A(\overset{\frown}{n_1},\cdots,\overset{\frown}{n_k},x_j)\rightarrow x_j\doteq x_{k+1})\rightarrow(\overset{\frown}{n_{k+1}}\doteq\dot{m})$$

进而利用推演定理,此相当于

$$A(\overset{\frown}{n_1},\cdots,\overset{\frown}{n_k},\dot{m}),A(\overset{\frown}{n_1},\cdots,\overset{\frown}{n_k},\overset{\frown}{n_{k+1}}),A(\overset{\frown}{n_1},\cdots,\overset{\frown}{n_k},x_{k+1})$$
$$\forall x_j(A(\overset{\frown}{n_1},\cdots,\overset{\frown}{n_k},x_j)\rightarrow x_j\doteq x_{k+1})\vdash_{\mathcal{N}}\overset{\frown}{n_{k+1}}\doteq\dot{m}$$

而对于上式,其具体的推演如下所示:

(1) $\forall x_j(A(\overset{\frown}{n_1},\cdots,\overset{\frown}{n_k},x_j)\rightarrow x_j\doteq x_{k+1})$ (前提)

(2) $\forall x_j(A(\overset{\frown}{n_1},\cdots,\overset{\frown}{n_k},x_j)\rightarrow x_j\doteq x_{k+1})\rightarrow$
$(A(\overset{\frown}{n_1},\cdots,\overset{\frown}{n_k},\overset{\frown}{n_{k+1}})\rightarrow\overset{\frown}{n_{k+1}}\doteq x_{k+1})$ ($\forall_1$)

(3) $A(\overset{\frown}{n_1},\cdots,\overset{\frown}{n_k},\overset{\frown}{n_{k+1}})\rightarrow\overset{\frown}{n_{k+1}}\doteq x_{k+1}$ (1)(2)(MP)

(4) $A(\overset{\frown}{n_1},\cdots,\overset{\frown}{n_k},\overset{\frown}{n_{k+1}})$ (前提)

(5) $\overset{\cdot}{\overbrace{n_{k+1}}} \doteq x_{k+1}$ (3)(4)(MP)

(6) $\forall x_j\ (A(\overset{\cdot}{\overbrace{n_1}},\cdots,\overset{\cdot}{\overbrace{n_k}},x_j) \to x_j \doteq x_{k+1}) \to$

$(A(\overset{\cdot}{\overbrace{n_1}},\cdots,\overset{\cdot}{\overbrace{n_k}},\dot{m}) \to \dot{m} \doteq x_{k+1})$ ($\forall_1$)

(7) $A(\overset{\cdot}{\overbrace{n_1}},\cdots,\overset{\cdot}{\overbrace{n_k}},\dot{m}) \to \dot{m} \doteq x_{k+1}$ (1)(6)(MP)

(8) $A(\overset{\cdot}{\overbrace{n_1}},\cdots,\overset{\cdot}{\overbrace{n_k}},\dot{m})$ (前提)

(9) $\dot{m} \doteq x_{k+1}$ (7)(8)(MP)

(10) $\overset{\cdot}{\overbrace{n_{k+1}}} \doteq \dot{m}$ (5)(9)(命题 6.1.2(ii))

■

根据命题 7.1.1,当判断一个$\mathbb{N}$上的函数 f 是否在$\mathcal{N}$中可表示的时候,不再需要像前面的例题那样验证(1)、(2)、(3),而仅需要验证(1)和(3)即可。

在 1.5 节中引入了集合的特征函数,而$\mathbb{N}$上的一元关系 R 是$\mathbb{N}$的子集,因而可以引入$\mathbb{N}$上的一元关系的特征函数;进一步,还可以引入$\mathbb{N}$上的 k 元关系的特征函数。具体地,对于$\mathbb{N}$上的 k 元关系 R,定义其特征函数 χ_R 为集合$\mathbb{N}^k$ 到$\{0,1\}$的映射,满足

$$\chi_R(n_1,\cdots,n_k)=\begin{cases}1, & \langle n_1,\cdots,n_k\rangle \in R \\ 0, & \langle n_1,\cdots,n_k\rangle \notin R\end{cases}$$

既然关系有其特征函数,所以考虑将关系的可表示性转换为其特征函数的可表示性上。

【命题 7.1.2】 对于$\mathbb{N}$上的 k 元关系 R,其在$\mathcal{N}$中是可表示的,当且仅当其特征函数 χ_R 在$\mathcal{N}$中是可表示的。

证明:对于充分性,假设$\mathbb{N}$上的 k 元关系 R 在$\mathcal{N}$中由 $A(x_1,\cdots,x_k)$可表示,因而对于任意的 $n_1,\cdots,n_k\in\mathbb{N}$,若$\langle n_1,\cdots,n_k\rangle\in R$,则 $\vdash_{\mathcal{N}} A(\overset{\cdot}{\overbrace{n_1}},\cdots,\overset{\cdot}{\overbrace{n_k}})$;若$\langle n_1,\cdots,n_k\rangle\notin R$,则$\vdash_{\mathcal{N}}\neg A(\overset{\cdot}{\overbrace{n_1}},\cdots,\overset{\cdot}{\overbrace{n_k}})$。为了得到 R 的特征函数 χ_R 在$\mathcal{N}$中是可表示的,只需要找到含有 $k+1$ 个自由出现的个体词变元的合式公式 $B(x_1,\cdots,x_k,x_{k+1})$,满足命题 7.1.1 中的两个条件。具体地,令 $B(x_1,\cdots,x_k,x_{k+1})$为

$$(A(x_1,\cdots,x_k)\wedge(x_{k+1}\doteq\dot{1}))\vee(\neg A(x_1,\cdots,x_k)\wedge(x_{k+1}\doteq\dot{0}))$$

则对于任意的 $n_1,\cdots,n_k,n_{k+1}\in\mathbb{N}$,当 $n_{k+1}=\chi_R(n_1,\cdots,n_k)$时,即

$$n_{k+1}=\begin{cases}1, & \langle n_1,\cdots,n_k\rangle\in R\\ 0, & \langle n_1,\cdots,n_k\rangle\notin R\end{cases}$$

可以得到当$\langle n_1,\cdots,n_k\rangle\in R$时，有$n_{k+1}=1$，进而根据例7.1.1，有$\vdash_{\mathcal{N}}\overset{\cdot}{\overbrace{n_{k+1}}}\doteq\dot{1}$，同时，当$\langle n_1,\cdots,n_k\rangle\in R$时，利用$R$的可表示性有$\vdash_{\mathcal{N}}A(\overset{\cdot}{\overbrace{n_1}},\cdots,\overset{\cdot}{\overbrace{n_k}})$，所以有$\vdash_{\mathcal{N}}A(\overset{\cdot}{\overbrace{n_1}},\cdots,\overset{\cdot}{\overbrace{n_k}})\wedge(\overset{\cdot}{\overbrace{n_{k+1}}}\doteq\dot{1})$。类似地，当$\langle n_1,\cdots,n_k\rangle\notin R$时，有$n_{k+1}=0$，所以有$\vdash_{\mathcal{N}}\overset{\cdot}{\overbrace{n_{k+1}}}\doteq\dot{0}$，再结合$\langle n_1,\cdots,n_k\rangle\notin R$时有$\vdash_{\mathcal{N}}\neg A(\overset{\cdot}{\overbrace{n_1}},\cdots,\overset{\cdot}{\overbrace{n_k}})$，可得$\vdash_{\mathcal{N}}\neg A(\overset{\cdot}{\overbrace{n_1}},\cdots,\overset{\cdot}{\overbrace{n_k}})\wedge(\overset{\cdot}{\overbrace{n_{k+1}}}\doteq\dot{0})$。从而，有

$$\vdash_{\mathcal{N}}(A(\overset{\cdot}{\overbrace{n_1}},\cdots,\overset{\cdot}{\overbrace{n_k}})\wedge(\overset{\cdot}{\overbrace{n_{k+1}}}\doteq\dot{1}))\vee(\neg A(\overset{\cdot}{\overbrace{n_1}},\cdots,\overset{\cdot}{\overbrace{n_k}})\wedge(\overset{\cdot}{\overbrace{n_{k+1}}}\doteq\dot{0}))$$

此即为$\vdash_{\mathcal{N}}B(\overset{\cdot}{\overbrace{n_1}},\cdots,\overset{\cdot}{\overbrace{n_k}},\overset{\cdot}{\overbrace{n_{k+1}}})$，因而满足命题7.1.1中第一个条件。

对于命题7.1.1中第二个条件$\vdash_{\mathcal{N}}\exists!x_{k+1}B(\overset{\cdot}{\overbrace{n_1}},\cdots,\overset{\cdot}{\overbrace{n_k}},x_{k+1})$，即为

$$\vdash_{\mathcal{N}}\exists x_{k+1}(B(\overset{\cdot}{\overbrace{n_1}},\cdots,\overset{\cdot}{\overbrace{n_k}},x_{k+1})\wedge\forall x_j(B(\overset{\cdot}{\overbrace{n_1}},\cdots,\overset{\cdot}{\overbrace{n_k}},x_j)\to x_j\doteq x_{k+1}))$$

采用例7.1.3和例7.1.4中类似的方法，只需得到

$$\vdash_{\mathcal{N}}B(\overset{\cdot}{\overbrace{n_1}},\cdots,\overset{\cdot}{\overbrace{n_k}},\overset{\cdot}{\overbrace{n_{k+1}}})\wedge\forall x_j(B(\overset{\cdot}{\overbrace{n_1}},\cdots,\overset{\cdot}{\overbrace{n_k}},x_j)\to x_j\doteq\overset{\cdot}{\overbrace{n_{k+1}}})$$

在验证命题7.1.1中第一个条件时，已经得到了$\vdash_{\mathcal{N}}B(\overset{\cdot}{\overbrace{n_1}},\cdots,\overset{\cdot}{\overbrace{n_k}},\overset{\cdot}{\overbrace{n_{k+1}}})$，所以只需验证$\vdash_{\mathcal{N}}\forall x_j(B(\overset{\cdot}{\overbrace{n_1}},\cdots,\overset{\cdot}{\overbrace{n_k}},x_j)\to x_j\doteq\overset{\cdot}{\overbrace{n_{k+1}}})$，即

$$\vdash_{\mathcal{N}}\forall x_j((A(\overset{\cdot}{\overbrace{n_1}},\cdots,\overset{\cdot}{\overbrace{n_k}})\wedge(x_j\doteq\dot{1}))\vee(\neg A(\overset{\cdot}{\overbrace{n_1}},\cdots,\overset{\cdot}{\overbrace{n_k}})\wedge(x_j\doteq\dot{0}))\to x_j\doteq\overset{\cdot}{\overbrace{n_{k+1}}})$$

进而根据命题5.2.2，只需要得到

$$\vdash_{\mathcal{N}}(A(\overset{\cdot}{\overbrace{n_1}},\cdots,\overset{\cdot}{\overbrace{n_k}})\wedge(x_j\doteq\dot{1}))\vee(\neg A(\overset{\cdot}{\overbrace{n_1}},\cdots,\overset{\cdot}{\overbrace{n_k}})\wedge(x_j\doteq\dot{0}))\to x_j\doteq\overset{\cdot}{\overbrace{n_{k+1}}}$$

根据推演定理，上式相当于

$$(A(\overset{\cdot}{\overbrace{n_1}},\cdots,\overset{\cdot}{\overbrace{n_k}})\wedge(x_j\doteq\dot{1}))\vee(\neg A(\overset{\cdot}{\overbrace{n_1}},\cdots,\overset{\cdot}{\overbrace{n_k}})\wedge(x_j\doteq\dot{0}))\vdash_{\mathcal{N}}x_j\doteq\overset{\cdot}{\overbrace{n_{k+1}}}$$

下面验证此式。

当$\langle n_1,\cdots,n_k\rangle\in R$时，已经得到了$\vdash_{\mathcal{N}}A(\overset{\cdot}{\overbrace{n_1}},\cdots,\overset{\cdot}{\overbrace{n_k}})\wedge(\overset{\cdot}{\overbrace{n_{k+1}}}\doteq\dot{1})$，进而有$\vdash_{\mathcal{N}}\overset{\cdot}{\overbrace{n_{k+1}}}\doteq\dot{1}$和$\vdash_{\mathcal{N}}A(\overset{\cdot}{\overbrace{n_1}},\cdots,\overset{\cdot}{\overbrace{n_k}})$，利用重言式$B\to(B\vee\neg C)$，即$B\to\neg(\neg B\wedge C)$，可得$\vdash_{\mathcal{N}}A(\overset{\cdot}{\overbrace{n_1}},\cdots,\overset{\cdot}{\overbrace{n_k}})\to\neg(\neg A(\overset{\cdot}{\overbrace{n_1}},\cdots,\overset{\cdot}{\overbrace{n_k}})\wedge(x_j\doteq\dot{0}))$，进而根据规则(MP)，有

$\vdash_{\mathcal{N}} \neg(\neg A(\overset{\cdot}{\overbrace{n_1}},\cdots,\overset{\cdot}{\overbrace{n_k}}) \wedge (x_j \doteq \dot{0}))$。再利用重言式$(B \vee C) \wedge (\neg B) \to C$，可得

$(A(\overset{\cdot}{\overbrace{n_1}},\cdots,\overset{\cdot}{\overbrace{n_k}}) \wedge (x_j \doteq \dot{1})) \vee (\neg A(\overset{\cdot}{\overbrace{n_1}},\cdots,\overset{\cdot}{\overbrace{n_k}}) \wedge (x_j \doteq \dot{0})) \vdash_{\mathcal{N}} A(\overset{\cdot}{\overbrace{n_1}},\cdots,\overset{\cdot}{\overbrace{n_k}}) \wedge (x_j \doteq \dot{1})$

进而有

$$(A(\overset{\cdot}{\overbrace{n_1}},\cdots,\overset{\cdot}{\overbrace{n_k}}) \wedge (x_j \doteq \dot{1})) \vee (\neg A(\overset{\cdot}{\overbrace{n_1}},\cdots,\overset{\cdot}{\overbrace{n_k}}) \wedge (x_j \doteq \dot{0})) \vdash_{\mathcal{N}} x_j \doteq \dot{1}$$

而$\vdash_{\mathcal{N}} \overset{\cdot}{\overbrace{n_{k+1}}} \doteq \dot{1}$，所以利用等词的性质可得

$$(A(\overset{\cdot}{\overbrace{n_1}},\cdots,\overset{\cdot}{\overbrace{n_k}}) \wedge (x_j \doteq \dot{1})) \vee (\neg A(\overset{\cdot}{\overbrace{n_1}},\cdots,\overset{\cdot}{\overbrace{n_k}}) \wedge (x_j \doteq \dot{0})) \vdash_{\mathcal{N}} x_j \doteq \overset{\cdot}{\overbrace{n_{k+1}}}$$

类似地，当$\langle n_1,\cdots,n_k\rangle \notin R$ 时，也可以得到

$$(A(\overset{\cdot}{\overbrace{n_1}},\cdots,\overset{\cdot}{\overbrace{n_k}}) \wedge (x_j \doteq \dot{1})) \vee (\neg A(\overset{\cdot}{\overbrace{n_1}},\cdots,\overset{\cdot}{\overbrace{n_k}}) \wedge (x_j \doteq \dot{0})) \vdash_{\mathcal{N}} x_j \doteq \overset{\cdot}{\overbrace{n_{k+1}}}$$

从而命题 7.1.1 可知，特征函数 χ_R 在$\mathcal{N}$中是可表示的。

再看必要性。假设 R 的特征函数 χ_R 在$\mathcal{N}$中由合式公式 $A(x_1,\cdots,x_k,x_{k+1})$ 可表示，因而对于任意的 $n_1,\cdots,n_k,n_{k+1} \in \mathbb{N}$，有：

(1) 如果 $n_{k+1} = \chi_R(n_1,\cdots,n_k)$，那么$\vdash_{\mathcal{N}} A(\overset{\cdot}{\overbrace{n_1}},\cdots,\overset{\cdot}{\overbrace{n_k}},\overset{\cdot}{\overbrace{n_{k+1}}})$；

(2) 如果 $n_{k+1} \neq \chi_R(n_1,\cdots,n_k)$，那么$\vdash_{\mathcal{N}} \neg A(\overset{\cdot}{\overbrace{n_1}},\cdots,\overset{\cdot}{\overbrace{n_k}},\overset{\cdot}{\overbrace{n_{k+1}}})$；

(3) $\vdash_{\mathcal{N}} \exists ! x_{k+1} A(\overset{\cdot}{\overbrace{n_1}},\cdots,\overset{\cdot}{\overbrace{n_k}},x_{k+1})$。

现在令 $B(x_1,\cdots,x_k) = A(x_1,\cdots,x_k,\dot{1})$，则当$\langle n_1,\cdots,n_k\rangle \in R$ 时，根据特征函数 χ_R 的定义可知，$\chi_R(n_1,\cdots,n_k) = 1$；此时，一定有$\vdash_{\mathcal{N}} B(\overset{\cdot}{\overbrace{n_1}},\cdots,\overset{\cdot}{\overbrace{n_k}})$，即$\vdash_{\mathcal{N}} A(\overset{\cdot}{\overbrace{n_1}},\cdots,\overset{\cdot}{\overbrace{n_k}},\dot{1})$，这是因为根据(1)，$1 = \chi_R(n_1,\cdots,n_k)$，故有$\vdash_{\mathcal{N}} A(\overset{\cdot}{\overbrace{n_1}},\cdots,\overset{\cdot}{\overbrace{n_k}},\dot{1})$。类似地，$\langle n_1,\cdots,n_k\rangle \notin R$ 时，有 $\chi_R(n_1,\cdots,n_k) = 0$；此时，一定有$\vdash_{\mathcal{N}} \neg B(\overset{\cdot}{\overbrace{n_1}},\cdots,\overset{\cdot}{\overbrace{n_k}})$，即$\vdash_{\mathcal{N}} \neg A(\overset{\cdot}{\overbrace{n_1}},\cdots,\overset{\cdot}{\overbrace{n_k}},\dot{1})$。这是因为根据(2)，$1 \neq \chi_R(n_1,\cdots,n_k)$，所以有$\vdash_{\mathcal{N}} \neg A(\overset{\cdot}{\overbrace{n_1}},\cdots,\overset{\cdot}{\overbrace{n_k}},\dot{1})$。综上可得关系 R 在$\mathcal{N}$中由合式公式 $B(x_1,\cdots,x_k)$可表示。

■

根据命题 7.1.2 可以将关系的可表示性转化为其特征函数的可表示性上，进而关系、包括集合的可表示性可以用函数的可表示性来描述。

给定一个含有 $k+1$ 个自由出现的个体词变元的合式公式 $A(x_1,\cdots,x_k,x_{k+1})$，两个不同的$\mathbb{N}$上的 k 元函数 $f_1: \mathbb{N}^k \to \mathbb{N}$ 和 $f_2: \mathbb{N}^k \to \mathbb{N}$，是不能都由 $A(x_1,\cdots,x_k,x_{k+1})$可表示的。这是因为，$f_1$ 不同于 f_2，所以存在 $n_1,\cdots,n_k \in$

$\mathbb{N}$，使得 $f_1(n_1,\cdots,n_k)\neq f_2(n_1,\cdots,n_k)$；若 $f_1:\mathbb{N}^k\to\mathbb{N}$ 由 $A(x_1,\cdots,x_k,x_{k+1})$ 可表示，则当 $n_{k+1}=f_1(n_1,\cdots,n_k)$ 时，有 $\vdash_{\mathcal{N}}A(\dot{\widehat{n_1}},\cdots,\dot{\widehat{n_k}},\dot{\widehat{n_{k+1}}})$；若 $f_2:\mathbb{N}^k\to\mathbb{N}$ 也由 $A(x_1,\cdots,x_k,x_{k+1})$ 可表示，由于 $f_1(n_1,\cdots,n_k)\neq f_2(n_1,\cdots,n_k)$，可得 $n_{k+1}\neq f_2(n_1,\cdots,n_k)$，因而就有 $\vdash_{\mathcal{N}}\neg A(\dot{\widehat{n_1}},\cdots,\dot{\widehat{n_k}},\dot{\widehat{n_{k+1}}})$，这与$\mathcal{N}$的一致性矛盾。

根据命题 1.5.6 知道，$\mathscr{P}(\mathbb{N})\approx\{0,1\}^{\mathbb{N}}$，而$\{0,1\}^{\mathbb{N}}$ 是$\mathbb{N}$上所有函数构成集合的一个真子集，所以，根据 $\mathscr{P}(\mathbb{N})$是不可列集可以得出，$\mathbb{N}$上所有函数构成的集合也为不可列集。然而，$\mathcal{N}$中所有的合式公式构成的集合为可列集，前面也已经得出同一个合式公式不能表示$\mathbb{N}$上不同的函数，所以必然会存在$\mathbb{N}$上的函数是不能由$\mathcal{N}$中的任何一个合式公式进行表示的。类似地，$\mathbb{N}$上所有关系构成的集合也为不可列集，所以也存在$\mathbb{N}$上的关系是不能由$\mathcal{N}$中的任何一个合式公式进行表示的。

7.2 递归函数

从 7.1 节可以看出，判断一个$\mathbb{N}$上的函数是否在$\mathcal{N}$中是可表示的，这个过程可能是复杂的，因为在前面介绍形式系统时就曾谈到过，在形式系统中去找到一个定理的证明有时是复杂的。现在考虑将$\mathbb{N}$上的函数“在$\mathcal{N}$中是可表示的”这个特点，用$\mathbb{N}$上函数本身的一些性质去描述，而不涉及算术形式系统$\mathcal{N}$。这就引出了递归函数的概念。

【定义 7.2.1】 令$\mathbb{N}$上的 $k+1$ 元函数 $g:\mathbb{N}^{k+1}\to\mathbb{N}$ 具有如下性质：对于任意的 $n_1,\cdots,n_k\in\mathbb{N}$，存在 $n\in\mathbb{N}$ 使得 $g(n_1,\cdots,n_k,n)=0$。定义$\mathbb{N}$上的 k 元函数 $f:\mathbb{N}^k\to\mathbb{N}$ 为 $f(n_1,\cdots,n_k)=n$，其中 $n\in\mathbb{N}$ 为满足 $g(n_1,\cdots,n_k,n)=0$ 的最小元，称这种定义函数 f 的方式为由函数 g 利用最小数算子(least number operator)或者 μ 算子得到。

从定义 7.2.1 可以看出，$f(n_1,\cdots,n_k)$的值是集合$\{n\in\mathbb{N}\mid g(n_1,\cdots,n_k,n)=0\}$中的最小元，该最小元记为 $\mu n[g(n_1,\cdots,n_k,n)=0]$，因而 $f(n_1,\cdots,n_k)=\mu n[g(n_1,\cdots,n_k,n)=0]$。可见，$f(n_1,\cdots,n_k)$的值也可以理解为 $g(n_1,\cdots,n_k,n)=0$ 的“最小根”。

【定义 7.2.2】 基本函数(basic function)以及由基本函数通过有限次地利用如下三条规则所得到的函数称为递归函数(recursive function)。其中，基本函数为

(1) 零函数 z：$\mathbb{N}\to\mathbb{N}$，$z(n)=0$，对于任意的 $n\in\mathbb{N}$；

(2) 后继函数 s：$\mathbb{N}\to\mathbb{N}$，$s(n)=n+1$，对于任意的 $n\in\mathbb{N}$；

(3) 投影函数 p_i^k：$\mathbb{N}^k\to\mathbb{N}$，$p_i^k(n_1,\cdots,n_k)=n_i$，$1\leqslant i\leqslant n$，对于任意的 $n_1,\cdots,n_k\in\mathbb{N}$。

三条规则为

(1) 复合。对于$\mathbb{N}$上的 j 元函数 g：$\mathbb{N}^j\to\mathbb{N}$，以及 j 个$\mathbb{N}$上的 k 元函数 h_i：$\mathbb{N}^k\to\mathbb{N}$，$1\leqslant i\leqslant j$，若$\mathbb{N}$上的 k 元函数 f：$\mathbb{N}^k\to\mathbb{N}$ 通过如下方式给出

$$f(n_1,\cdots,n_k)=g(h_1(n_1,\cdots,n_k),\cdots,h_j(n_1,\cdots,n_k))$$

则称函数 f 是由 g 和 $h_1,\cdots,h_j$ 通过复合规则得到的。

(2) 递归。对于$\mathbb{N}$上的 k 元函数 g：$\mathbb{N}^k\to\mathbb{N}$，以及$\mathbb{N}$上的 $k+2$ 元函数 h：$\mathbb{N}^{k+2}\to\mathbb{N}$，如果$\mathbb{N}$上的 $k+1$ 元函数 f：$\mathbb{N}^{k+1}\to\mathbb{N}$ 通过如下给出：

$$f(n_1,\cdots,n_k,0)=g(n_1,\cdots,n_k)$$

$$f(n_1,\cdots,n_k,n+1)=h(n_1,\cdots,n_k,n,f(n_1,\cdots,n_k,n))$$

则称函数 f 是由 g 和 h 通过递归规则得到的。这里的 $n_1,\cdots,n_k$ 是作为参数出现的，并不是必需的。如果它们不出现，由递归规则给出的 f 就会变为：

$f(0)=c$，其中 c 为$\mathbb{N}$中的常数；

$f(n+1)=h(n,f(n))$。

(3) 最小数算子。对于$\mathbb{N}$上的 $k+1$ 元函数 g：$\mathbb{N}^{k+1}\to\mathbb{N}$，如果$\mathbb{N}$上的 k 元函数 f：$\mathbb{N}^k\to\mathbb{N}$ 通过如下方式给出：

$$f(n_1,\cdots,n_k)=\mu n[g(n_1,\cdots,n_k,n)=0]$$

则称函数 f 是由 g 通过最小数算子规则得到的。

从定义 7.2.2 可以看出，递归函数要么是基本函数，要么是根据已经得到的递归函数有限次地应用三条规则得到，所以递归函数也是以归纳定义的方式给出的。此外，可以看出，递归规则实质上就是 1.6 节中的归纳定义；而复合规则中映射 g 和 $h_1,\cdots,h_j$ 的复合是 1.4 节中映射复合 $g\circ f$ 的广义形式，称为正则复合(canonical composition)，可以记为 $g\circ(h_1,\cdots,h_j)$。

现在考虑的是$\mathbb{N}$上一些具体的函数是否为递归函数，因而会涉及函数 f 的具体内容。为了方便起见，采用中学数学里对函数的描述方法去描述一个$\mathbb{N}$上具体的函数。比如，对于$\mathbb{N}$上某个具体的一元函数 f，用 $f(n)$，$n\in\mathbb{N}$ 去描述，或者用 $f(n)$描述，而不用集合的形式$\{\langle n,f(n)\rangle\mid n\in\mathbb{N}\}$描述。所以，除了称 f 为一个函数，也称 $f(n)$为一个函数，或者说由 $f(n)$给出一个函数。

【例 7.2.1】 下面所列$\mathbb{N}$上的函数均为递归函数：

(i) $\mathbb{N}$上的加法运算作为$\mathbb{N}$上的二元函数是递归函数。

如果用 f_+ 表示加法函数，则有

$$f_+(m,0)=p_1^1(m)$$

$$f_+(m,n+1)=h(m,n,f(m,n))$$

其中

$$h(n_1,n_2,n_3)=s(p_3^3(n_1,n_2,n_3))$$

由于函数 s 和函数 p_3^3 是基本函数，进而是递归函数，它们通过复合规则得到函数 h 也是递归函数。进而 f_+ 由基本函数 p_1^1 和递归函数 h 通过递归规则得到，因此 f_+ 是递归函数。也可以认为递归函数 f_+ 是逐步生成的：由函数 s 和函数 p_3^3 应用复合规则生成函数 h，再由函数 p_1^1 和函数 h 应用递归规则生成函数 f_+。如果类比之前形式系统中证明的写法，那么生成函数 f_+ 的过程可以写作如下方式：

(1) s	(基本函数)
(2) p_3^3	(基本函数)
(3) h	(1)(2)(复合规则)
(4) p_1^1	(基本函数)
(5) f_+	(4)(3)(递归规则)

(ii) $\mathbb{N}$上的乘法运算作为$\mathbb{N}$上的二元函数是递归函数。

若用 $f_\times$ 表示乘法函数，则有

$$f_\times(m,0)=z(m)$$

$$f_\times(m,n+1)=h(m,n,f(m,n))$$

其中

$$h(n_1,n_2,n_3)=f_+(p_3^3(n_1,n_2,n_3),p_1^3(n_1,n_2,n_3))$$

由于函数 p_1^3 和函数 p_3^3 是基本函数，进而是递归函数，而 f_+ 由(i)已得到也是递归函数，所以由 f_+ 和 p_1^3、p_3^3 通过复合规则所得到函数 h 也是递归函数。进而 $f_\times$ 由基本函数 z 和递归函数 h 通过递归规则得到，因此 $f_\times$ 是递归函数。

(iii) 对于$\mathbb{N}$上二元函数 $f:\mathbb{N}^2\to\mathbb{N}$，其中 $f(m,n)=m+n^2$，f 是递归函数。

$$f(m,n)=f_+(p_1^2(m,n),f_\times(p_2^2(m,n),p_2^2(m,n)))$$

函数 p_2^2 和函数 $f_\times$ 是递归函数，所以它们通过复合规则所得到的函数 $h(m,n)=f_\times(p_2^2(m,n),p_2^2(m,n))$ 也是递归函数。进而，由递归函数 f_+ 和递归函数 p_1^2、h 通过复合规则所得到的函数 f 也是递归函数。

(iv) 对于$\mathbb{N}$上一元函数 $f: \mathbb{N} \to \mathbb{N}$，其中 $f(n)=n!$，f 是递归函数。

$$f(0)=1$$
$$f(n+1)=h(n, f(n))$$

其中

$$h(n_1, n_2)=f_{\times}(s(p_1^2(n_1, n_2)), p_2^2(n_1, n_2))$$

函数 p_1^2 和函数 s 是基本函数，它们通过复合规则得到的函数 $s(p_1^2(n_1, n_2))$ 也为递归函数，进而由递归函数 $f_{\times}$ 和递归函数 p_2^2、递归函数 $s(p_1^2(n_1, n_2))$ 通过复合规则得到的函数 h 也是递归函数。所以，由常数 1 和递归函数 h 通过递归规则得到的函数 f 是递归函数。

(v) 对于$\mathbb{N}$上以 m 为值的一元常数函数(constant function) $C_m^1: \mathbb{N} \to \mathbb{N}$，其中 $C_m^1(n)=m$，C_m^1 是递归函数。

$$C_m^1(0)=m$$
$$C_m^1(n+1)=p_2^2(n, C_m^1(n))$$

函数 C_m^1 由常数 m 和基本函数 p_2^2 通过递归规则得到，所以 C_m^1 是递归函数。

进一步，对于$\mathbb{N}$上以 m 为值的 k 元常数函数(constant function) $C_m^k: \mathbb{N}^k \to \mathbb{N}$，其中 $C_m^k(n_1, \cdots, n_k)=m$，$1<k$，$C_m^k$ 是递归函数。

$C_m^k(n_1, \cdots, n_k)=C_m^1(p_1^k(n_1, \cdots, n_k))$，根据复合规则可得 C_m^k 是递归函数。

(vi) 对于$\mathbb{N}$上前邻函数(predecessor function) $p^-: \mathbb{N} \to \mathbb{N}$，其中

$$p^-(n)=\begin{cases}0, & n=0 \\ n-1, & 0<n\end{cases}, \quad p^- \text{ 是递归函数}$$

$$p^-(0)=0$$
$$p^-(n+1)=p_1^2(n, p^-(n))$$

函数 p^- 由常数 0 和基本函数 p_1^2 通过递归规则得到，所以 p^- 是递归函数。

(vii) 对于$\mathbb{N}$上截断减法函数(cut-off subtraction) $f_{\dot{-}}: \mathbb{N}^2 \to \mathbb{N}$，其中

$$f_{\dot{-}}(m, n)=\begin{cases}0, & m<n \\ m-n, & n \leqslant m\end{cases}, \quad f_{\dot{-}} \text{ 是递归函数}$$

$$f_{\dot{-}}(m, 0)=p_1^1(m)$$

$f_{\dot{-}}(m, n+1)=h(m, n, f_{\dot{-}}(m, n))$，其中 $h(n_1, n_2, n_3)=p^-(p_3^3(n_1, n_2, n_3))$

由于函数 p^- 和函数 p_3^3 是递归函数，它们通过复合规则所得到函数 h 也是递归函数。进而 $f_{\dot{-}}$ 由基本函数 p_1^1 和递归函数 h 通过递归规则得到，因此 $f_{\dot{-}}$ 是递

归函数。$f_{\dot{-}}(m,n)$也可以按照运算的方式写作 $m \dot{-} n$，此时理解为“截断意义上”的减法，而非通常的减法，因为通常的减法在$\mathbb{N}$上不是封闭的。

(viii) 对于$\mathbb{N}$上符号函数 sg：$\mathbb{N} \to \mathbb{N}$，其中

$$\mathrm{sg}(n)=\begin{cases}0, & n=0\\ 1, & 0<n\end{cases}$$，sg 是递归函数

$\mathrm{sg}(0)=0$

$\mathrm{sg}(n+1)=h(n,\mathrm{sg}(n))$，其中 $h(n_1,n_2)=C_1^1(p_1^2(n_1,n_2))$，$C_1^1$ 是取值为 1 的一元常数函数

由于函数 C_1^1 和函数 p_1^2 是递归函数，它们通过复合规则所得到函数 h 也是递归函数。进而 sg 由常数 0 和递归函数 h 通过递归规则得到，因此 sg 是递归函数。

(ix) 对于$\mathbb{N}$上反符号函数$\overline{\mathrm{sg}}$：$\mathbb{N} \to \mathbb{N}$，其中

$$\overline{\mathrm{sg}}(n)=\begin{cases}0, & 0<n\\ 1, & n=0\end{cases}$$，$\overline{\mathrm{sg}}$ 是递归函数

$\overline{\mathrm{sg}}(0)=1$

$\overline{\mathrm{sg}}(n+1)=h(n,\overline{\mathrm{sg}}(n))$，其中 $h(n_1,n_2)=z(p_1^2(n_1,n_2))$

由于函数 z 和函数 p_1^2 是递归函数，它们通过复合规则所得到函数 h 也是递归函数。进而$\overline{\mathrm{sg}}$由常数 1 和递归函数 h 通过递归规则得到，因此$\overline{\mathrm{sg}}$是递归函数。

■

类似于 7.1 节中将关系、集合的可表示性用它们的特征函数的可表示性来描述，也可以利用关系和集合的特征函数，引入递归关系和递归集合的概念。

【定义 7.2.3】 对于$\mathbb{N}$上的 k 元关系 R，若其特征函数 χ_R 是递归函数，则称关系 R 为递归关系。特别地，一元递归关系称为$\mathbb{N}$的递归子集。

【例 7.2.2】 下面所列$\mathbb{N}$上的关系均为递归关系：

(i) $\mathbb{N}$上的二元关系$\leqslant$是递归关系。

二元关系$\leqslant$的特征函数为

$$\chi_{\leqslant}(m,n)=\begin{cases}1, & m\leqslant n\\ 0, & n<m\end{cases}$$

对于二元关系$\leqslant$，考虑用减法去描述它。对于$\mathbb{N}$上截断减法，当 $m\leqslant n$ 时，$m \dot{-} n=0$，当 $n<m$ 时，$m \dot{-} n=m-n$，此时 $0<m \dot{-} n$。然后利用反符号函数$\overline{\mathrm{sg}}$在 0 时为 1，其他值时为 1 的特点，可得 $\chi_{\leqslant}(m,n)=\overline{\mathrm{sg}}(m \dot{-} n)$，即 $\chi_{\leqslant}(m,n)=$

$\overline{\text{sg}}(f_{\dot{-}}(m,n))$，可以看出 $\chi_{\leqslant}$ 是递归的，因为它是递归函数$\overline{\text{sg}}$与递归函数 $f_{\dot{-}}$ 的复合。

(ii) $\mathbb{N}$ 上的二元关系 R 定义为 $\langle m,n\rangle\in R$，当且仅当 $m+n$ 为偶数。

二元关系 R 的特征函数满足当 $m+n$ 为偶数时，$\chi_R(m,n)=1$；当 $m+n$ 为奇数时，$\chi_R(m,n)=0$。考虑到一个自然数是否为偶数，可以由该自然数被 2 除的余数去描述，所以引入$\mathbb{N}$上的一元余数函数rem_2，其中 $\text{rem}_2(n)$为 n 被 2 除之后的余数。函数rem_2 是递归的，因为$\text{rem}_2(0)=1$，且$\text{rem}_2(n+1)=h(n,\text{rem}_2(n))$，其中 $h(n_1,n_2)=\overline{\text{sg}}(p_2^2(n_1,n_2))$。进而，$\chi_R(m,n)=\overline{\text{sg}}(\text{rem}_2(m+n))$，即 $\chi_R(m,n)=\overline{\text{sg}}(\text{rem}_2(f_+(m,n)))$，可以看出 χ_R 是递归的，因为它是由递归函数$\overline{\text{sg}}$、rem_2、f_+通过复合规则得到的。

■

对于集合$\mathbb{N}$，它的特征函数满足对于任意的 $n\in\mathbb{N}$，有 $\chi_{\mathbf{N}}(n)=1$，可见，$\chi_{\mathbf{N}}$为一元常数函数，这说明集合$\mathbb{N}$是递归集合。对于集合$\varnothing$，它的特征函数满足对于任意的 $n\in\mathbb{N}$，有 $\chi_{\varnothing}(n)=0$，可见，$\chi_{\varnothing}$为零函数 z，所以集合$\varnothing$也是递归集合。

前面介绍的例子中，在判断一个函数是否为递归函数时，是严格按照定义 7.2.2 中所描述的方式进行的。比如，在例 7.2.1 的(i)中，通过给出 $f_+(m,0)=p_1^1(m)$ 和 $f_+(m,n+1)=h(m,n,f(m,n))$，其中 $h(n_1,n_2,n_3)=s(p_3^3(n_1,n_2,n_3))$，来表明 f_+ 是递归函数。实际上，也可以将上述过程中的 $f_+(m,n+1)=s(p_3^3(m,n,f(m,n)))$简化为 $f_+(m,n+1)=s(f(m,n))$，这是利用了投影函数 p_i^k 可以改变函数自变量的个数，进而，由于函数 s 的自变量 $f(m,n)$是递归规则中所出现的三个自变量 $m,n,f(m,n)$其中之一，而 s 又是递归函数，所以可以认为 $f_+(m,n+1)=s(f(m,n))$满足递归规则中的要求。再进一步，根据表达式 $m+s(n)=s(m+n)$，就可以看出它满足递归规则中的要求。再如，在例 7.2.1 的(iii)中，通过将 $f(m,n)$写作复合规则的标准形式 $f(m,n)=f_+(p_1^2(m,n),f_\times(p_2^2(m,n),p_2^2(m,n)))$来表明 f 是递归函数；现在可以将上式简化为 $f(m,n)=m+n\times n$，因为 m、n 是复合规则中所出现的两个自变量，而加法和乘法看作函数时又都是递归的，所以 f 就是递归的。可见，在应用定义 7.2.2 去判断函数 f 是否是递归函数时，关键是看三个规则中用以生成 f 所使用到的函数 g 和函数 h 是否是递归的，至于 g 和 h 的自变量个数不是重要的，只要自变量是三个规则中所出现的自变量就可以。

下面给出一些递归函数和递归集合的复杂例子。

【例 7.2.3】 下面所列$\mathbb{N}$上的函数和关系均为递归的：

(i) 对于$\mathbb{N}$上一元函数 $s^m:\mathbb{N}\to\mathbb{N}$,其中 $s^m(n)=n+m$,s^m 是递归函数。

需要证明,对于每一个 $m\in\mathbb{N}$,s^m 都是递归函数。采用数学归纳法进行证明:首先,当 $m=0$ 时,$s^0(n)=n=p_1^1(n)$,即 s^0 为基本函数 p_1^1,所以为递归函数。假设 $0<m$ 时,s^m 是递归函数,那么对于 $m+1$ 时的情况,$s^{m+1}(n)=s(s^m(n))$,即 s^{m+1} 是后继函数 s 与 s^m 的复合。根据数学归纳法,对于每一个 $m\in\mathbb{N}$,s^m 都是递归函数。

(ii) 对于$\mathbb{N}$上的二元余数函数 rem: $\mathbb{N}^2\to\mathbb{N}$,其中,当 $n\neq 0$ 时,rem(n,m)为 m 除以 n 之后的余数;当 $n=0$ 时,rem(n,m)为 0。函数 rem 是递归函数。

当 $n\neq 0$ 时,rem(n,m)作为余数,有 $0\leqslant \mathrm{rem}(n,m)\leqslant n-1$。因此,对于 rem$(n,m+1)$而言,若 $\mathrm{rem}(n,m)<n-1$,则 $\mathrm{rem}(n,m)\neq n-1$,进而 $\mathrm{rem}(n,m+1)=\mathrm{rem}(n,m)+1$;若 $\mathrm{rem}(n,m)=n-1$,则被除数增加 1,使得余数 rem(n,m)恰好为 0。因此,rem$(n,m+1)$与 rem(n,m)具有如下关系:

$$\mathrm{rem}(n,m+1)=\begin{cases}\mathrm{rem}(n,m)+1, & \mathrm{rem}(n,m)<n-1\\ 0, & \mathrm{rem}(n,m)=n-1\end{cases}$$

因此,按照递归规则:

$$\mathrm{rem}(n,0)=0$$

$$\mathrm{rem}(n,m+1)=\mathrm{sg}(n)\times\mathrm{sg}((n\mathbin{\hat{-}}1)\mathbin{\hat{-}}\mathrm{rem}(n,m))\times(\mathrm{rem}(n,m)+1)$$

上式中第一个 sg 对应条件“$0<n$”或者“$n\neq 0$”,第二个 sg 对应条件“$\mathrm{rem}(n,m)<n-1$”或者“$\mathrm{rem}(n,m)\neq n-1$”,这两个 sg 相乘用以表达条件“$n\neq 0$ 且 $\mathrm{rem}(n,m)\neq n-1$”。显然,函数 sg 可以用来方便地表达分情况讨论的情形。因为上式中生成函数 rem 所用到的函数 sg、$\hat{-}$、$\times$、$+$ 均为递归函数,所以 rem 为递归函数。此外,例 7.2.2 中出现的函数 $\mathrm{rem}_2(m)$就是 rem$(2,m)$。

(iii) 对于$\mathbb{N}$上的 $k+1$ 元函数 $f:\mathbb{N}^{k+1}\to\mathbb{N}$,由 f 引入的如下 k 元函数 $g:\mathbb{N}^k\to\mathbb{N}$,$k+1$ 元函数 $h:\mathbb{N}^{k+1}\to\mathbb{N}$ 是递归的:

$$g(n_1,\cdots,n_k)=\sum_{i\leqslant n_k}f(n_1,\cdots,n_k,i)$$

$$h(n_1,\cdots,n_k,n_{k+1})=\sum_{i\leqslant n_{k+1}}f(n_1,\cdots,n_k,i)$$

对于函数 h,按照递归规则:

$$h(n_1,\cdots,n_k,0)=f(n_1,\cdots,n_k,0)$$

$$\begin{aligned}h(n_1,\cdots,n_k,n+1)&=\sum_{i\leqslant n}f(n_1,\cdots,n_k,i)+f(n_1,\cdots,n_k,n+1)\\&=h(n_1,\cdots,n_k,n)+f(n_1,\cdots,n_k,s(n))\end{aligned}$$

可见，函数 h 是由已知的递归函数 f，以及递归函数 s 和 $+$ 通过复合规则和递归规则得到，所以 h 是递归的。而对于函数 g，有 $g(n_1,\cdots,n_k)=h(n_1,\cdots,n_k,n_k)$，所以它也是递归的。需要留意，$\sum\limits_{i\leqslant n_k}f(n_1,\cdots,n_k,i)$ 和 $\sum\limits_{i\leqslant n_{k+1}}f(n_1,\cdots,n_k,i)$ 求和号指标中的 n_k、n_{k+1} 也是 $g(n_1,\cdots,n_k)$ 和 $h(n_1,\cdots,n_k,n_{k+1})$ 的自变元。

若把函数 g 和函数 h 修改为

$$g(n_1,\cdots,n_k)=\sum_{i<n_k}f(n_1,\cdots,n_k,i)$$

$$h(n_1,\cdots,n_k,n_{k+1})=\sum_{i<n_{k+1}}f(n_1,\cdots,n_k,i)$$

则需对 $n_k=0$ 和 $n_{k+1}=0$ 时的情况进行规定：当 $n_k=0$ 时，$\sum\limits_{i<n_k}f(n_1,\cdots,n_k,i)=0$；当 $n_{k+1}=0$ 时，$\sum\limits_{i<n_{k+1}}f(n_1,\cdots,n_k,i)=0$。此时，修改后的 g 和 h 也还是递归的。

同理，如果函数 g_1、g_2、h_1、h_2 分别为

$$g_1(n_1,\cdots,n_k)=\prod_{i\leqslant n_k}f(n_1,\cdots,n_k,i)$$

$$g_2(n_1,\cdots,n_k)=\prod_{i<n_k}f(n_1,\cdots,n_k,i)$$

$$h_1(n_1,\cdots,n_k,n_{k+1})=\prod_{i\leqslant n_{k+1}}f(n_1,\cdots,n_k,i)$$

$$h_2(n_1,\cdots,n_k,n_{k+1})=\prod_{i<n_{k+1}}f(n_1,\cdots,n_k,i)$$

并且规定：当 $n_k=0$ 时，$\prod\limits_{i<n_k}f(n_1,\cdots,n_k,i)=1$；当 $n_{k+1}=0$ 时，$\prod\limits_{i<n_{k+1}}f(n_1,\cdots,n_k,i)=1$。那么，$g_1$、$g_2$、$h_1$、$h_2$ 也都是递归的。

(iv) 对于$\mathbb{N}$上的 k 元 R_1 和 R_2，若它们都是递归的，则关系 R_1 的补 $(R_1)^c=\mathbb{N}^k-R_1$、关系 $R_1\cup R_2$、关系 $R_1\cap R_2$ 也都是递归的。

因为 $\langle n_1,\cdots,n_k\rangle\in(R_1)^c$ 当且仅当 $\langle n_1,\cdots,n_k\rangle\notin R_1$，所以有

$$\chi_{(R_1)^c}(n_1,\cdots,n_k)=\overline{\mathrm{sg}}(\chi_{R_1}(n_1,\cdots,n_k))$$

因为 χ_{R_1} 是递归的，所以 $\chi_{(R_1)^c}$ 也是递归的。

因为 $\langle n_1,\cdots,n_k\rangle\in R_1\cup R_2$，当且仅当 $\langle n_1,\cdots,n_k\rangle\in R_1$ 或 $\langle n_1,\cdots,n_k\rangle\in R_2$，所以有

$$\chi_{R_1\cup R_2}(n_1,\cdots,n_k)=\mathrm{sg}(\chi_{R_1}(n_1,\cdots,n_k)+\chi_{R_2}(n_1,\cdots,n_k))$$

而 $\langle n_1,\cdots,n_k\rangle\in R_1\cap R_2$，当且仅当 $\langle n_1,\cdots,n_k\rangle\in R_1$ 并且 $\langle n_1,\cdots,n_k\rangle\in R_2$，所以有

$$\chi_{R_1 \cap R_2}(n_1,\cdots,n_k)=\chi_{R_1}(n_1,\cdots,n_k)\times\chi_{R_2}(n_1,\cdots,n_k)$$

可见,关系 $R_1 \cup R_2$ 和 $R_1 \cap R_2$ 的特征函数都是已知递归函数通过复合规则得到的,所以它们也都是递归的。

根据此结果,可以从已知的递归关系和递归集合出发得到新的递归关系和递归集合。比如,奇数集合的特征函数就是rem_2,所以奇数集合是递归集合,进而奇数集合的补集,也就是偶数集合也是递归集合。容易验证$\mathbb{N}$的单元子集$\{n\}$是递归的,进而可得$\mathbb{N}$的有限子集$\{n_1,\cdots,n_k\}=\{n_1\}\cup\cdots\cup\{n_k\}$也是递归的。

此外,关系和集合的特征函数取值为 0、1,而符号函数 sg 和反符号函数$\overline{\text{sg}}$的取值也是 0、1,因此利用 sg 和$\overline{\text{sg}}$,再结合加法、乘法运算,可以方便地表达关系和集合的特征函数。

(v) 全体素数构成的集合 Prm 是递归集合。

首先,引入$\mathbb{N}$上的二元关系 R_{Div} 为:$\langle n,m\rangle\in R_{\text{Div}}$ 当且仅当 $n=0$ 或者 n 能整除 m。利用二元余数函数 rem 的定义,有 $\chi_{R_{\text{Div}}}(n,m)=\overline{\text{sg}}(\text{rem}(n,m))$,可见二元关系 R_{Div} 是递归的。然后利用 $\chi_{R_{\text{Div}}}$ 去表达集合 Prm 的特征函数 χ_{Prm}。对于自然数 m,若它为素数,则有 $1<m$,并且能整除 m 的自然数只有 1 和 m 这两个。也就是说,除了 0,使得 $\chi_{R_{\text{Div}}}(n,m)=1$ 的 n 只有两个,所以如果 m 为素数,则 $\sum\limits_{i\leqslant m}\chi_{R_{\text{Div}}}(i,m)$ 一定等于 3。因此有

$$\chi_{\text{Prm}}(m)=\text{sg}(m\dot{-}1)\times\overline{\text{sg}}\Big(\big(3\dot{-}\sum_{i\leqslant m}\chi_{R_{\text{Div}}}(i,m)\big)+\big(\sum_{i\leqslant m}\chi_{R_{\text{Div}}}(i,m)\dot{-}3\big)\Big)$$

利用(iii)的结论将上式进一步写为

$$\chi_{\text{Prm}}(m)=\text{sg}(m\dot{-}1)\times\overline{\text{sg}}\Big(\big(3\dot{-}\sum_{i\leqslant m}\chi_{R_{\text{Div}}}(p_2^2(m,i),p_1^2(m,i))\big)+\big(\sum_{i\leqslant m}\chi_{R_{\text{Div}}}(p_2^2(m,i),p_1^2(m,i))\dot{-}3\big)\Big)$$

从上式可以看出,χ_{Prm} 是递归函数,所以集合 Prm 是递归集合。

(vi) 对于$\mathbb{N}$上的一元函数 $p:\mathbb{N}\to\mathbb{N}$,其中,当 $0<n$ 时,$p(n)$为第 n 个奇素数;当 $n=0$ 时,有 $p(0)=2$。函数 p 是递归函数。

$$p(0)=2$$

$$p(n+1)=\mu m[\overline{\text{sg}}(\chi_{<}(p(n),m)\times\chi_{\text{Prm}}(m))=0]$$

其中,$\chi_{<}$是$\mathbb{N}$上的小于关系的特征函数,易知其为递归函数;$\chi_{<}(p(n),m)\times\chi_{\text{Prm}}(m)$为 1 时,表明 m 是素数,而且是大于 $p(n)$的素数,通过最小数算子规则,将 $p(n+1)$表达为大于 $p(n)$的最小素数。根据递归规则得到函数 p 是递归函数。虽然函数 p 不能用初等函数进行表达,但这并不影响函数 p 是递归函数(因

为判断一个函数是否为递归函数,根据的是三条规则)。

(vii) 对于ℕ上的二元函数 f_e:$\mathbb{N}^2 \to \mathbb{N}$,其中,当 $1<n$ 时,设 $n=2^{e_0}\times 3^{e_1}\times\cdots\times p_k^{e_k}$,则 $f_e(n,k)=e_k$;当 n 为 0、1 时,$f_e(n,k)=0$,对于任意的 $k\in\mathbb{N}$。函数 f_e 是递归函数。

可以看出,当 n 不为 0,1 时,$f_e(n,k)$为 n 根据算术基本定理进行展开后,展开式中第 k 个奇素数 $p(k)$的指数。因此,考虑用$(p(k))^1,(p(k))^2,(p(k))^3,\cdots$依次去试试是否可以整除 n,如果第一个不能整除 n 的素数 $p(k)$的幂是$(p(k))^m$,那么 $e_k=m-1$。基于上述分析,可得

$$f_e(n,k)=\mu m[\mathrm{sg}(n)\times\overline{\mathrm{sg}}(\mathrm{rem}((p(k))^m,n))=0]\dot{-}1$$

可以看出,f_e 通过递归函数使用最小数算子规则和复合规则生成,所以 f_e 是递归函数。

■

在例 7.2.1(i)中曾谈到过,递归函数可以看作从基本函数出发,有限次地使用三条基本规则逐步生成的。基本函数包括零函数 z 和后继函数 s,以及可列个投影函数 p_i^k,可见,所有基本函数构成的集合是可列集合。进而,每次使用基本规则生成的所有函数构成的集合也都是可列的,进而可得递归函数集合是可列的。然而,ℕ上所有函数构成的集合是不可列的。可见,存在ℕ上的函数不是递归函数。事实上,ℕ上容易描述的函数都是递归的,比如前面例子中所展示出来的函数,反而找到一个具体的、非递归的函数是有难度的。利用递归函数的集合可列性,可以构造一个非递归的函数。具体地,一元递归函数作为递归函数集合的一个子集也是可列的,所以将所有的一元递归函数排成一列 $f_1,f_2,\cdots,f_n,\cdots$。然后定义二元函数 g:$\mathbb{N}^2\to\mathbb{N}$ 为 $g(m,n)=f_m(n)$。g 是非递归的,因为若 g 是递归的,则通过 g 定义的一元函数 $h(n)=g(n,n)+1$ 也是递归的(因为 h 是根据函数 g 和加法利用复合规则得到的)。既然 h 是一元递归函数,就存在 $k\in\mathbb{N}$,使得 $h=f_k$,进而可得它们在 k 处的值也相等,即 $h(k)=f_k(k)$。根据函数 h 和函数 g 的定义有 $h(k)=g(k,k)+1=f_k(k)+1$,进而得出 $f_k(k)+1=f_k(k)$,这就产生了矛盾。

7.3 哥德尔数

在 7.1 节中引入了ℕ上的 k 元关系和函数在$\mathcal{N}$中可表示性的概念,它将ℕ中的对象反映在$\mathcal{N}$中,进而建立了从ℕ到$\mathcal{N}$的联系。现在考虑将$\mathcal{N}$中的对象反映在

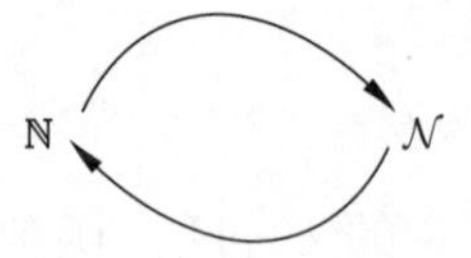

图 7.3.1　从𝒩到ℕ与从ℕ到𝒩

ℕ中，从而建立从𝒩到ℕ的联系。一旦建立起从𝒩到ℕ这种联系，再联合从ℕ到𝒩的联系，将能建立起从𝒩到𝒩的联系，这就形成了一种“循环”，如图 7.3.1 所示。通过这种循环，形式系统𝒩将在一定程度上可以谈论自身。

将𝒩中的对象反映在ℕ中，实际上就是形式对象的算术化(arithmetization)，这个思想首先是哥德尔在证明不完全性定理中所使用的。哥德尔把形式系统中的形式符号、合式公式、形式证明等形式对象，都用自然数进行编码。换句话说，给每个形式对象配以一个自然数，不同的形式对象还配以不同的自然数。通过这种配数(numbering)方法，可以将关于形式系统的描述转换为关于自然数的描述。

对于语言$\mathcal{L}$，它的符号表集合中的连接词、量词、辅助符号只有有限个，而个体词变元、个体词常元、谓词、函数词有可列个。引入编码函数或者配数函数 $g_{\#}$，它首先对符号指定一个自然数，称为符号的哥德尔数(Gödel number)，具体地：

$g_{\#}(()=3, g_{\#}())=5, g_{\#}(,)=7, g_{\#}(\neg)=9, g_{\#}(\to)=11, g_{\#}(\forall)=13$

$g_{\#}(x_k)=7+8k, g_{\#}(a_k)=9+8k$，其中 $k=1,2,\cdots$

$g_{\#}(f_k^n)=11+8\times(2^n\times 3^k), g_{\#}(F_k^n)=13+8\times(2^n\times 3^k)$，其中 $n,k=1,2,\cdots$

可以看出，不同的符号被指定为不同的哥德尔数，而且都是奇数；其中，连接词、量词、辅助符号的哥德尔数是 13 以内的奇数，个体词变元、个体词常元、谓词、函数词的哥德尔数被 8 除之后的余数是 13 以内的不同奇数。给定一个奇数，可以判断出它是否是某个符号的哥德尔数。

【例 7.3.1】　判断 6925 和 5211 是否是语言$\mathcal{L}$中符号的哥德尔数。

解：自然数 6925 和 5211 均大于 13，所以它们只可能对应了个体词变元、个体词常元、谓词、函数词。因此，将它们分别除以 8，得到

$$6925=13+8\times 864=13+8\times(2^5\times 3^3)$$

$$5211=11+8\times 650=11+8\times(2^1\times 5^2\times 13^1)$$

可以看出，自然数 6925 对应了$\mathcal{L}$中的符号 F_3^5，而自然数 5211 不是$\mathcal{L}$中任何符号的哥德尔数。

■

有了$\mathcal{L}$中符号的哥德尔数，就可以指定$\mathcal{L}$中符号串的哥德尔数。对于符号串 $s_0s_1\cdots s_k$，规定其哥德尔数为

$$g_{\#}(s_0s_1\cdots s_k)=2^{g_{\#}(s_0)}\times 3^{g_{\#}(s_1)}\times\cdots\times(p_k)^{g_{\#}(s_k)}$$

其中，对于任意的 $0\leqslant i\leqslant k$，p_i 表示第 i 个奇素数，且 $p_0=2$。根据算术基本定理，

每个自然数都有唯一的素因子分解(prime factorization)表达式,所以不同的符号串对应不同的哥德尔数;反之亦然。

【例 7.3.2】 计算$\mathcal{L}$中符号串 $f_1^2(x_1,x_2)$和$(\forall x_1)F_1^2(x_1,x_2)$的哥德尔数。

解:
$$g_\#(f_1^2(x_1,x_2))=2^{g_\#(f_1^2)}\times 3^{g_\#(()}\times 5^{g_\#(x_1)}\times 7^{g_\#(,)}\times 11^{g_\#(x_2)}\times 13^{g_\#())}$$
$$=2^{107}\times 3^3\times 5^{15}\times 7^7\times 11^{23}\times 13^5$$

$$g_\#((\forall x_1)F_1^2(x_1,x_2))=2^{g_\#(()}\times 3^{g_\#(\forall)}\times 5^{g_\#(x_1)}\times 7^{g_\#())}\times 11^{g_\#(F_1^2)}\times$$
$$13^{g_\#(()}\times 17^{g_\#(x_1)}\times 19^{g_\#(,)}\times 23^{g_\#(x_2)}\times 29^{g_\#())}$$
$$=2^3\times 3^{13}\times 5^{15}\times 7^5\times 11^{109}\times 13^3\times$$
$$17^{15}\times 19^7\times 23^{23}\times 29^5$$

■

可以看出,符号串的哥德尔数是偶数,因此符号串的哥德尔数一定不会是符号的哥德尔数(因为符号的哥德尔数是奇数)。此外,在计算符号串的哥德尔数的过程中,出现的素数的幂次一定是奇数。

有了$\mathcal{L}$中符号串的哥德尔数,还可以进一步指定$\mathcal{L}$中符号串的有限序列的哥德尔数。设 $u_0,u_1,\cdots,u_r$ 为符号串序列,规定其哥德尔数为

$$g_\#(u_0,u_1,\cdots,u_r)=2^{g_\#(u_0)}\times 3^{g_\#(u_1)}\times\cdots\times(p_r)^{g_\#(u_r)}$$

其中,对于任意的 $0\leqslant i\leqslant r$,p_i 表示第 i 个奇素数,且 $p_0=2$。根据算术基本定理,每个自然数都有唯一的素因子分解表达式,所以不同的符号串有限序列对应不同的哥德尔数;反之亦然。虽然符号串的有限序列的哥德尔数也是偶数,但它的素因子分解表达式中素数的幂次是偶数,所以它不会等于符号串的哥德尔数。

至此完成了哥德尔的配数方法。根据这种配数方法,给定一种语言$\mathcal{L}$,可以计算出$\mathcal{L}$中符号、符号串、符号串的有限序列对应的哥德尔数;任给一个自然数,通过对它进行素因子分解,可以确定该自然数是否是哥德尔数,如果是哥德尔数,那么还可以确定它是$\mathcal{L}$中哪一种类型的哥德尔数。这些是哥德尔配数方法的关键。所以,对于语言$\mathcal{L}$的配数方法并不唯一,只是给出了其中的一种方法。事实上,只要是能对不同的形式对象分配不同的自然数的方法,都是符合要求的方法。

以上对语言$\mathcal{L}$的配数方法的讨论具有一般性,因为并没有限定$\mathcal{L}$具体为哪种语言。现在把语言$\mathcal{L}$限定为描述算术的形式语言$\mathcal{L}_N$,此时$\mathcal{L}$中的符号种类就会简化。具体地,语言$\mathcal{L}_N$中的个体词常元只有一个 $\dot{0}$,谓词也只有一个$\doteq$,函数词只有$(\cdot)'$、$\dot{+}$、$\dot{\times}$这三个。因此,给出$\mathcal{L}_N$中符号的一种配数方法,如下所示:

s	(	)	,	¬	→	∀	$\dot{0}$	$(\cdot)'$	$\dot{+}$	$\dot{\times}$	$\doteq$	x_k
$g_{\#}(s)$	3	5	7	9	11	13	15	17	19	21	23	$23+2\times k$

需要指出，后继运算符号$(\cdot)'$是一个符号，它只是 f_1^1 的一种记法，它也可以记为$^+$或者$\dot{\mathrm{S}}$，比如，$f_1^1(x_2)$也可以写作 x_2^+ 或者 $\dot{\mathrm{S}}x_2$，这只是一种符号记法上的差异而已。类似地，对于含有$\doteq$和$\dot{+}$、$\dot{\times}$的项或者合式公式，比如 $x_1\dot{\times}(x_2)'\doteq(x_1\dot{\times}x_2)\dot{+}x_1$，这种写法也只是 $F_1^2(f_2^2(x_1,f_1^1(x_2)),f_1^2(f_2^2(x_1,x_2),x_1))$的一种记法。

有了$\mathcal{L}_{\mathrm{N}}$中符号的哥德尔数后，也可以得到$\mathcal{L}_{\mathrm{N}}$中符号串、符号串的有限序列的哥德尔数，方法同前。类似地，$\mathcal{L}_{\mathrm{N}}$中符号、符号串、符号串的有限序列的哥德尔数不会相同。

根据$\mathcal{L}_{\mathrm{N}}$的哥德尔配数，例 6.3.1 中的合式公式$(\dot{0})'\dot{+}(\dot{0})'\doteq((\dot{0})')'$，以及该合式公式在形式系统$\mathcal{N}$中的证明，将会分别对应哥德尔数 n、m。这两个哥德尔数会是非常大的自然数，但是不需要计算出具体的哥德尔数。一般化上述合式公式以及该合式公式证明的哥德尔数，对于任意给定两个自然数 n、m，可以确定它们是$\mathcal{N}$中哪种形式对象的哥德尔数，进而判断出 m 所对应的形式对象是否是 n 所对应的形式对象的证明，这样就引入了一个$\mathbb{N}$上的二元关系，记为 Pf。若$\langle n,m\rangle\in \mathrm{Pf}$，$m$ 所对应的形式对象就是 n 所对应的形式对象的证明；反之亦然。如果关系 Pf 在$\mathcal{N}$中由 $A(x_1,x_2)$可以表示，就可以在$\mathcal{N}$中利用 $A(x_1,x_2)$判断$\mathcal{N}$中的一个合式公式的有限序列是否是某个合式公式的证明。比如，例 6.3.1 中合式公式$(\dot{0})'\dot{+}(\dot{0})'\doteq((\dot{0})')'$的证明共有 14 步，每一步为一个合式公式，14 步证明作为符号串的有限序列，其所对应的哥德尔数记为 m，合式公式$(\dot{0})'\dot{+}(\dot{0})'\doteq((\dot{0})')'$的哥德尔数记为 n，因为$\langle n,m\rangle\in \mathrm{Pf}$，所以有$\vdash_{\mathcal{N}}A(\dot{n},\dot{m})$，这样就在$\mathcal{N}$中表达出了“例 6.3.1 中的 14 个合式公式是合式公式$(\dot{0})'\dot{+}(\dot{0})'\doteq((\dot{0})')'$的一个证明”，而这句话是对形式系统$\mathcal{N}$本身的一个描述，是属于元理论层面的。

7.4 递归函数的可表示性

在 7.2 节一开始曾谈到过，判断一个$\mathbb{N}$上的函数是否在$\mathcal{N}$中是可表示的，这个过程可能是复杂的，所以引出了递归函数的概念，以试图用$\mathbb{N}$上函数本身的一些性质去反映“在$\mathcal{N}$中是可表示的”这个特点。这一节将证明$\mathbb{N}$上的递归函数在$\mathcal{N}$

中一定是可表示的。为了证明递归函数是可表示的，根据递归函数的定义，这需要验证基本函数是可表示的，并且证明复合规则、递归规则、最小数算子规则保持函数在$\mathcal{N}$中的可表示性。

【命题 7.4.1】 如果$\mathbb{N}$上的 j 元函数 $g: \mathbb{N}^j \to \mathbb{N}$，以及 j 个$\mathbb{N}$上的 k 元函数 $h_i: \mathbb{N}^k \to \mathbb{N}$，$1 \leqslant i \leqslant j$，都在$\mathcal{N}$中是可表示的，那么由 g 和 $h_1, \cdots, h_j$ 通过复合规则得到的$\mathbb{N}$上的 k 元函数 $f: \mathbb{N}^k \to \mathbb{N}$ 也在$\mathcal{N}$中是可表示的，其中

$$f(n_1, \cdots, n_k) = g(h_1(n_1, \cdots, n_k), \cdots, h_j(n_1, \cdots, n_k))$$

证明：设函数 $h_1, \cdots, h_j$ 在$\mathcal{N}$中分别由 $A_1(x_1, \cdots, x_k, x_{k+1}), \cdots, A_j(x_1, \cdots, x_k, x_{k+1})$可表示，$g$ 在$\mathcal{N}$中由 $B(x_1, \cdots, x_j, x_{j+1})$可表示。令合式公式 $C(x_1, \cdots, x_k, x_{j+1})$为

$$\exists x_{i_1} \cdots \exists x_{i_j} (A_1(x_1, \cdots, x_k, x_{i_1}) \wedge \cdots \wedge A_j(x_1, \cdots, x_k, x_{i_j}) \wedge B(x_{i_1}, \cdots, x_{i_j}, x_{j+1}))$$

其中，$x_{i_1}, \cdots, x_{i_j}$ 均不在 $A_1(x_1, \cdots, x_k, x_{k+1}), \cdots, A_j(x_1, \cdots, x_k, x_{k+1})$以及 $B(x_1, \cdots, x_j, x_{j+1})$中出现。下面证明函数 f 在$\mathcal{N}$中由 $C(x_1, \cdots, x_k, x_{j+1})$可表示。根据命题 7.1.1，只需要证明如下两点：

(1) 如果 $n_{k+1} = f(n_1, \cdots, n_k)$，那么 $\vdash_{\mathcal{N}} C(\dot{\overbrace{n_1}}, \cdots, \dot{\overbrace{n_k}}, \dot{\overbrace{n_{k+1}}})$；

(2) $\vdash_{\mathcal{N}} \exists ! x_{j+1} C(\dot{\overbrace{n_1}}, \cdots, \dot{\overbrace{n_k}}, x_{j+1})$。

对于(1)，由于函数 $h_1, \cdots, h_j$ 在$\mathcal{N}$中分别由 $A_1(x_1, \cdots, x_k, x_{k+1}), \cdots, A_j(x_1, \cdots, x_k, x_{k+1})$可表示，对于任意的 $n_1, \cdots, n_k \in \mathbb{N}$，令 $m_1 = h_1(n_1, \cdots, n_k)$，则 $\vdash_{\mathcal{N}} A_1(\dot{\overbrace{n_1}}, \cdots, \dot{\overbrace{n_k}}, \dot{\overbrace{m_1}})$，$\cdots$，令 $m_j = h_j(n_1, \cdots, n_k)$，则 $\vdash_{\mathcal{N}} A_j(\dot{\overbrace{n_1}}, \cdots, \dot{\overbrace{n_k}}, \dot{\overbrace{m_j}})$。同理，由于 g 由 $B(x_1, \cdots, x_j, x_{j+1})$可表示，若 $n_{k+1} = g(m_1, \cdots, m_j)$，则 $\vdash_{\mathcal{N}} B(\dot{\overbrace{m_1}}, \cdots, \dot{\overbrace{m_j}}, \dot{\overbrace{n_{k+1}}})$。进而可得

$$\vdash_{\mathcal{N}} A_1(\dot{\overbrace{n_1}}, \cdots, \dot{\overbrace{n_k}}, \dot{\overbrace{m_1}}) \wedge \cdots \wedge A_j(\dot{\overbrace{n_1}}, \cdots, \dot{\overbrace{n_k}}, \dot{\overbrace{m_j}}) \wedge B(\dot{\overbrace{m_1}}, \cdots, \dot{\overbrace{m_j}}, \dot{\overbrace{n_{k+1}}})$$

由于 $\dot{\overbrace{m_1}}$ 对 x_{i_1} 在 $A_1(\dot{\overbrace{n_1}}, \cdots, \dot{\overbrace{n_k}}, x_{i_1}) \wedge \cdots \wedge A_j(\dot{\overbrace{n_1}}, \cdots, \dot{\overbrace{n_k}}, \dot{\overbrace{m_j}}) \wedge B(x_{i_1}, \cdots, \dot{\overbrace{m_j}}, \dot{\overbrace{n_{k+1}}})$中代入自由，根据例 5.2.1 的(i)可得

$$\vdash_{\mathcal{N}} \exists x_{i_1} (A_1(\dot{\overbrace{n_1}}, \cdots, \dot{\overbrace{n_k}}, x_{i_1}) \wedge \cdots \wedge A_j(\dot{\overbrace{n_1}}, \cdots, \dot{\overbrace{n_k}}, \dot{\overbrace{m_j}}) \wedge B(x_{i_1}, \cdots, \dot{\overbrace{m_j}}, \dot{\overbrace{n_{k+1}}}))$$

经过类似的处理 $j-1$ 次，可得

$$\vdash_{\mathcal{N}} \exists x_{i_1} \cdots \exists x_{i_j} (A_1(\dot{\overbrace{n_1}}, \cdots, \dot{\overbrace{n_k}}, x_{i_1}) \wedge \cdots \wedge A_j(\dot{\overbrace{n_1}}, \cdots, \dot{\overbrace{n_k}}, x_{i_j}) \wedge B(x_{i_1}, \cdots, x_{i_j}, \dot{\overbrace{n_{k+1}}}))$$

此即为$\vdash_{\mathcal{N}} C(\overset{\cdot}{\overbrace{n_1}},\cdots,\overset{\cdot}{\overbrace{n_k}},\overset{\cdot}{\overbrace{n_{k+1}}})$。

由于$n_{k+1}=g(m_1,\cdots,m_j)$，即为$n_{k+1}=f(n_1,\cdots,n_k)$，所以(1)得证。

对于(2)，需要证明

$$\vdash_{\mathcal{N}} \exists x_{j+1}(C(\overset{\cdot}{\overbrace{n_1}},\cdots,\overset{\cdot}{\overbrace{n_k}},x_{j+1}) \wedge \forall x_l(C(\overset{\cdot}{\overbrace{n_1}},\cdots,\overset{\cdot}{\overbrace{n_k}},x_l)\rightarrow x_l \doteq x_{j+1}))$$

在(1)中已经得到$\vdash_{\mathcal{N}} C(\overset{\cdot}{\overbrace{n_1}},\cdots,\overset{\cdot}{\overbrace{n_k}},\overset{\cdot}{\overbrace{n_{k+1}}})$，所以采用例 7.1.3 和例 7.1.4 中类似的方法，只需要证明

$$\vdash_{\mathcal{N}} C(\overset{\cdot}{\overbrace{n_1}},\cdots,\overset{\cdot}{\overbrace{n_k}},\overset{\cdot}{\overbrace{n_{k+1}}}) \wedge \forall x_l(C(\overset{\cdot}{\overbrace{n_1}},\cdots,\overset{\cdot}{\overbrace{n_k}},x_l)\rightarrow x_l \doteq \overset{\cdot}{\overbrace{n_{k+1}}})$$

进而只需要证明$\vdash_{\mathcal{N}} \forall x_l(C(\overset{\cdot}{\overbrace{n_1}},\cdots,\overset{\cdot}{\overbrace{n_k}},x_l)\rightarrow x_l \doteq \overset{\cdot}{\overbrace{n_{k+1}}})$。

由于函数h_1在$\mathcal{N}$中由$A_1(x_1,\cdots,x_k,x_{k+1})$可表示，对于任意的$n_1,\cdots,n_k\in\mathbb{N}$，令$m_1=h_1(n_1,\cdots,n_k)$，则$\vdash_{\mathcal{N}} A_1(\overset{\cdot}{\overbrace{n_1}},\cdots,\overset{\cdot}{\overbrace{n_k}},\overset{\cdot}{\overbrace{m_1}})$，且$\vdash_{\mathcal{N}} \exists ! x_{i_1} A_1(\overset{\cdot}{\overbrace{n_1}},\cdots,\overset{\cdot}{\overbrace{n_k}},x_{i_1})$。我们有

$$A_1(\overset{\cdot}{\overbrace{n_1}},\cdots,\overset{\cdot}{\overbrace{n_k}},\overset{\cdot}{\overbrace{m_1}}),\exists ! x_{i_1} A_1(\overset{\cdot}{\overbrace{n_1}},\cdots,\overset{\cdot}{\overbrace{n_k}},x_{i_1}) \vdash_{\mathcal{N}} \forall x_k(A_1(\overset{\cdot}{\overbrace{n_1}},\cdots,\overset{\cdot}{\overbrace{n_k}},x_k)\rightarrow x_k \doteq \overset{\cdot}{\overbrace{m_1}})$$

上式直观上看是非常显然的，具体的证明过程如下所示：

利用推演定理，上式相当于

$$A_1(\overset{\cdot}{\overbrace{n_1}},\cdots,\overset{\cdot}{\overbrace{n_k}},\overset{\cdot}{\overbrace{m_1}}) \vdash_{\mathcal{N}} \exists ! x_{i_1} A_1(\overset{\cdot}{\overbrace{n_1}},\cdots,\overset{\cdot}{\overbrace{n_k}},x_{i_1}) \rightarrow \forall x_k(A_1(\overset{\cdot}{\overbrace{n_1}},\cdots,\overset{\cdot}{\overbrace{n_k}},x_k)\rightarrow x_k \doteq \overset{\cdot}{\overbrace{m_1}})$$

根据例 3.4.8，只需要得到

$$A_1(\overset{\cdot}{\overbrace{n_1}},\cdots,\overset{\cdot}{\overbrace{n_k}},\overset{\cdot}{\overbrace{m_1}}) \vdash_{\mathcal{N}} \neg \forall x_k(A_1(\overset{\cdot}{\overbrace{n_1}},\cdots,\overset{\cdot}{\overbrace{n_k}},x_k) \rightarrow x_k \doteq \overset{\cdot}{\overbrace{m_1}}) \rightarrow$$
$$\neg \exists ! x_{i_1} A_1(\overset{\cdot}{\overbrace{n_1}},\cdots,\overset{\cdot}{\overbrace{n_k}},x_{i_1})$$

再次利用推演定理，并将$\exists !$展开，可得

$$A_1(\overset{\cdot}{\overbrace{n_1}},\cdots,\overset{\cdot}{\overbrace{n_k}},\overset{\cdot}{\overbrace{m_1}}),\neg \forall x_k(A_1(\overset{\cdot}{\overbrace{n_1}},\cdots,\overset{\cdot}{\overbrace{n_k}},x_k) \rightarrow x_k \doteq \overset{\cdot}{\overbrace{m_1}}) \vdash_{\mathcal{N}}$$
$$\neg \exists x_{i_1}(A_1(\overset{\cdot}{\overbrace{n_1}},\cdots,\overset{\cdot}{\overbrace{n_k}},x_{i_1}) \wedge$$
$$\forall x_p(A_1(\overset{\cdot}{\overbrace{n_1}},\cdots,\overset{\cdot}{\overbrace{n_k}},x_p) \rightarrow x_p \doteq x_{i_1}))$$

根据重言式$\neg(B\wedge C)\leftrightarrow(B\rightarrow\neg C)$，上式可以写为

$$A_1(\overset{\cdot}{\overbrace{n_1}},\cdots,\overset{\cdot}{\overbrace{n_k}},\overset{\cdot}{\overbrace{m_1}}),\neg \forall x_k(A_1(\overset{\cdot}{\overbrace{n_1}},\cdots,\overset{\cdot}{\overbrace{n_k}},x_k) \rightarrow x_k \doteq \overset{\cdot}{\overbrace{m_1}}) \vdash_{\mathcal{N}}$$
$$\forall x_{i_1}(A_1(\overset{\cdot}{\overbrace{n_1}},\cdots,\overset{\cdot}{\overbrace{n_k}},x_{i_1}) \rightarrow$$

$$\neg\forall x_p(A_1(\overset{\cdot}{\overbrace{n_1}},\cdots,\overset{\cdot}{\overbrace{n_k}},x_p)\to x_p\doteq x_{i_1}))$$

根据命题 5.2.2,只需要得到

$$A_1(\overset{\cdot}{\overbrace{n_1}},\cdots,\overset{\cdot}{\overbrace{n_k}},\overset{\cdot}{\overbrace{m_1}}),\neg\forall x_k(A_1(\overset{\cdot}{\overbrace{n_1}},\cdots,\overset{\cdot}{\overbrace{n_k}},x_k)\to x_k\doteq\overset{\cdot}{\overbrace{m_1}})\vdash_{\mathcal{N}}$$
$$A_1(\overset{\cdot}{\overbrace{n_1}},\cdots,\overset{\cdot}{\overbrace{n_k}},x_{i_1})\to\neg\forall x_p(A_1(\overset{\cdot}{\overbrace{n_1}},\cdots,\overset{\cdot}{\overbrace{n_k}},x_p)\to x_p\doteq x_{i_1})$$

利用推演定理可得

$$A_1(\overset{\cdot}{\overbrace{n_1}},\cdots,\overset{\cdot}{\overbrace{n_k}},\overset{\cdot}{\overbrace{m_1}}),A_1(\overset{\cdot}{\overbrace{n_1}},\cdots,\overset{\cdot}{\overbrace{n_k}},x_{i_1})\vdash_{\mathcal{N}}\neg\forall x_k(A_1(\overset{\cdot}{\overbrace{n_1}},\cdots,\overset{\cdot}{\overbrace{n_k}},x_k)\to x_k\doteq\overset{\cdot}{\overbrace{m_1}})$$
$$\to\neg\forall x_p(A_1(\overset{\cdot}{\overbrace{n_1}},\cdots,\overset{\cdot}{\overbrace{n_k}},x_p)\to x_p\doteq x_{i_1})$$

进而,只需要证明

$$A_1(\overset{\cdot}{\overbrace{n_1}},\cdots,\overset{\cdot}{\overbrace{n_k}},\overset{\cdot}{\overbrace{m_1}}),A_1(\overset{\cdot}{\overbrace{n_1}},\cdots,\overset{\cdot}{\overbrace{n_k}},x_{i_1})\vdash_{\mathcal{N}}\forall x_p(A_1(\overset{\cdot}{\overbrace{n_1}},\cdots,\overset{\cdot}{\overbrace{n_k}},x_p)\to x_p\doteq x_{i_1})$$
$$\to\forall x_k(A_1(\overset{\cdot}{\overbrace{n_1}},\cdots,\overset{\cdot}{\overbrace{n_k}},x_k)\to x_k\doteq\overset{\cdot}{\overbrace{m_1}})$$

再次利用推演定理,可得

$$A_1(\overset{\cdot}{\overbrace{n_1}},\cdots,\overset{\cdot}{\overbrace{n_k}},\overset{\cdot}{\overbrace{m_1}}),A_1(\overset{\cdot}{\overbrace{n_1}},\cdots,\overset{\cdot}{\overbrace{n_k}},x_{i_1}),\forall x_p(A_1(\overset{\cdot}{\overbrace{n_1}},\cdots,\overset{\cdot}{\overbrace{n_k}},x_p)\to x_p\doteq x_{i_1})\vdash_{\mathcal{N}}$$
$$\forall x_k(A_1(\overset{\cdot}{\overbrace{n_1}},\cdots,\overset{\cdot}{\overbrace{n_k}},x_k)\to x_k\doteq\overset{\cdot}{\overbrace{m_1}})$$

而对于上式,其具体的推演如下所示:

(1) $\forall x_p(A_1(\overset{\cdot}{\overbrace{n_1}},\cdots,\overset{\cdot}{\overbrace{n_k}},x_p)\to x_p\doteq x_{i_1})$ (前提)

(2) $\forall x_p(A_1(\overset{\cdot}{\overbrace{n_1}},\cdots,\overset{\cdot}{\overbrace{n_k}},x_p)\to x_p\doteq x_{i_1})\to$

$(A_1(\overset{\cdot}{\overbrace{n_1}},\cdots,\overset{\cdot}{\overbrace{n_k}},\overset{\cdot}{\overbrace{m_1}})\to\overset{\cdot}{\overbrace{m_1}}\doteq x_{i_1})$ ($\forall_1$)

(3) $A_1(\overset{\cdot}{\overbrace{n_1}},\cdots,\overset{\cdot}{\overbrace{n_k}},\overset{\cdot}{\overbrace{m_1}})\to\overset{\cdot}{\overbrace{m_1}}\doteq x_{i_1}$ (1)(2)(MP)

(4) $A_1(\overset{\cdot}{\overbrace{n_1}},\cdots,\overset{\cdot}{\overbrace{n_k}},\overset{\cdot}{\overbrace{m_1}})$ (前提)

(5) $\overset{\cdot}{\overbrace{m_1}}\doteq x_{i_1}$ (3)(4)(MP)

(6) $\overset{\cdot}{\overbrace{m_1}}\doteq x_{i_1}\to(\forall x_p(A_1(\overset{\cdot}{\overbrace{n_1}},\cdots,\overset{\cdot}{\overbrace{n_k}},x_p)\to x_p\doteq x_{i_1})\to$

$\forall x_p(A_1(\overset{\cdot}{\overbrace{n_1}},\cdots,\overset{\cdot}{\overbrace{n_k}},x_p)\to x_p\doteq\overset{\cdot}{\overbrace{m_1}}))$ ($=_3$)

(7) $\forall x_p(A_1(\overset{\cdot}{\overbrace{n_1}},\cdots,\overset{\cdot}{\overbrace{n_k}},x_p)\to x_p\doteq\overset{\cdot}{\overbrace{m_1}})$ (5)(1)(6)(MP)

(8) $\forall x_k(A_1(\overbrace{n_1}^{\cdot},\cdots,\overbrace{n_k}^{\cdot},x_k)\to x_k\doteq\overbrace{m_1}^{\cdot})$ （例 5.2.7）

根据 $A_1(\overbrace{n_1}^{\cdot},\cdots,\overbrace{n_k}^{\cdot},\overbrace{m_1}^{\cdot})$，$\exists!x_{i_1}A_1(\overbrace{n_1}^{\cdot},\cdots,\overbrace{n_k}^{\cdot},x_{i_1})\vdash_{\mathcal{N}}\forall x_k(A_1(\overbrace{n_1}^{\cdot},\cdots,\overbrace{n_k}^{\cdot},x_k)\to x_k\doteq\overbrace{m_1}^{\cdot})$，以及 $\vdash_{\mathcal{N}}A_1(\overbrace{n_1}^{\cdot},\cdots,\overbrace{n_k}^{\cdot},\overbrace{m_1}^{\cdot})$ 和 $\vdash_{\mathcal{N}}\exists!x_{i_1}A_1(\overbrace{n_1}^{\cdot},\cdots,\overbrace{n_k}^{\cdot},x_{i_1})$，可得

$$\vdash_{\mathcal{N}}\forall x_k(A_1(\overbrace{n_1}^{\cdot},\cdots,\overbrace{n_k}^{\cdot},x_k)\to x_k\doteq\overbrace{m_1}^{\cdot})$$

类似地，令 $m_i=h_i(n_1,\cdots,n_k)$，也可以得到 $\vdash_{\mathcal{N}}\forall x_k(A_i(\overbrace{n_1}^{\cdot},\cdots,\overbrace{n_k}^{\cdot},x_k)\to x_k\doteq\overbrace{m_i}^{\cdot})$，其中 $1\leqslant i\leqslant j$。

根据公理($\forall_1$)可得

$$\vdash_{\mathcal{N}}\forall x_k(A_1(\overbrace{n_1}^{\cdot},\cdots,\overbrace{n_k}^{\cdot},x_k)\to x_k\doteq\overbrace{m_1}^{\cdot})\to(A_1(\overbrace{n_1}^{\cdot},\cdots,\overbrace{n_k}^{\cdot},x_{i_1})\to x_{i_1}\doteq\overbrace{m_1}^{\cdot})$$

所以可得 $\vdash_{\mathcal{N}}A_1(\overbrace{n_1}^{\cdot},\cdots,\overbrace{n_k}^{\cdot},x_{i_1})\to x_{i_1}\doteq\overbrace{m_1}^{\cdot}$，即 $A_1(\overbrace{n_1}^{\cdot},\cdots,\overbrace{n_k}^{\cdot},x_{i_1})\vdash_{\mathcal{N}}x_{i_1}\doteq\overbrace{m_1}^{\cdot}$。同理可得

$$A_2(\overbrace{n_1}^{\cdot},\cdots,\overbrace{n_k}^{\cdot},x_{i_2})\vdash_{\mathcal{N}}x_{i_2}\doteq\overbrace{m_2}^{\cdot},\cdots,A_j(\overbrace{n_1}^{\cdot},\cdots,\overbrace{n_k}^{\cdot},x_{i_j})\vdash_{\mathcal{N}}x_{i_j}\doteq\overbrace{m_j}^{\cdot}$$

所以有

$$A_1(\overbrace{n_1}^{\cdot},\cdots,\overbrace{n_k}^{\cdot},x_{i_1})\wedge\cdots\wedge A_j(\overbrace{n_1}^{\cdot},\cdots,\overbrace{n_k}^{\cdot},x_{i_j})\vdash_{\mathcal{N}}(x_{i_1}\doteq\overbrace{m_1}^{\cdot})\wedge\cdots\wedge(x_{i_j}\doteq\overbrace{m_j}^{\cdot})$$

由于函数 g 在 $\mathcal{N}$ 中由 $B(x_1,\cdots,x_j,x_{j+1})$ 可表示，对于 $m_1,\cdots,m_j$，有 $\vdash_{\mathcal{N}}\exists!\ x_{j+1}B(\overbrace{m_1}^{\cdot},\cdots,\overbrace{m_j}^{\cdot},x_{j+1})$。由于已得到 $\vdash_{\mathcal{N}}B(\overbrace{m_1}^{\cdot},\cdots,\overbrace{m_j}^{\cdot},\overbrace{n_{k+1}}^{\cdot})$，类似于前面对 $A_1(x_1,\cdots,x_k,x_{k+1})$ 讨论，对于 $B(x_1,\cdots,x_j,x_{j+1})$，有

$$\vdash_{\mathcal{N}}\forall x_{j+1}(B(\overbrace{m_1}^{\cdot},\cdots,\overbrace{m_j}^{\cdot},x_{j+1})\to x_{j+1}\doteq\overbrace{n_{k+1}}^{\cdot})$$

根据等词的性质可得

$$(x_{i_1}\doteq\overbrace{m_1}^{\cdot})\wedge\cdots\wedge(x_{i_j}\doteq\overbrace{m_j}^{\cdot}),B(x_{i_1},\cdots,x_{i_j},x_{j+1})\vdash_{\mathcal{N}}B(\overbrace{m_1}^{\cdot},\cdots,\overbrace{m_j}^{\cdot},x_{j+1})$$

其中，$B(x_{i_1},\cdots,x_{i_j},x_{j+1})$ 为在 $B(x_1,\cdots,x_j,x_{j+1})$ 中分别用 $x_{i_1},\cdots,x_{i_j}$ 代入 $x_1,\cdots,x_j$ 的结果。进而有

$$A_1(\overbrace{n_1}^{\cdot},\cdots,\overbrace{n_k}^{\cdot},x_{i_1})\wedge\cdots A_j(\overbrace{n_1}^{\cdot},\cdots,\overbrace{n_k}^{\cdot},x_{i_j})\wedge B(x_{i_1},\cdots,x_{i_j},x_{j+1})\vdash_{\mathcal{N}}x_{j+1}\doteq\overbrace{n_{k+1}}^{\cdot}$$

根据命题 5.2.3 可得

$$\exists x_{i_1}\cdots\exists x_{i_j}(A_1(\overbrace{n_1}^{\cdot},\cdots,\overbrace{n_k}^{\cdot},x_{i_1})\wedge\cdots A_j(\overbrace{n_1}^{\cdot},\cdots,\overbrace{n_k}^{\cdot},x_{i_j})$$
$$\wedge B(x_{i_1},\cdots,x_{i_j},x_{j+1}))\vdash_{\mathcal{N}}x_{j+1}\doteq\overbrace{n_{k+1}}^{\cdot}$$

此式即为 $C(\overset{\cdot}{\overbrace{n_1}},\cdots,\overset{\cdot}{\overbrace{n_k}},x_{j+1})\vdash_{\mathcal{N}} x_{j+1}\doteq\overset{\cdot}{\overbrace{n_{k+1}}}$。从而可以得到

$$\vdash_{\mathcal{N}}\forall x_{j+1}(C(\overset{\cdot}{\overbrace{n_1}},\cdots,\overset{\cdot}{\overbrace{n_k}},x_{j+1})\to x_{j+1}\doteq\overset{\cdot}{\overbrace{n_{k+1}}})$$

■

命题 7.4.1 说明复合规则保持函数在$\mathcal{N}$中的可表示性。

【命题 7.4.2】 如果$\mathbb{N}$上的 $k+1$ 元函数 $g:\mathbb{N}^{k+1}\to\mathbb{N}$ 在$\mathcal{N}$中是可表示的，那么由 g 通过最小数算子规则得到的$\mathbb{N}$上的 k 元函数 $f:\mathbb{N}^k\to\mathbb{N}$ 也在$\mathcal{N}$中是可表示的，其中

$$f(n_1,\cdots,n_k)=\mu n[g(n_1,\cdots,n_k,n)=0]$$

证明：设函数 g 在$\mathcal{N}$中由 $A(x_1,\cdots,x_k,x_{k+1},x_{k+2})$ 可表示，下面证明函数 f 在$\mathcal{N}$中由合式公式 $B(x_1,\cdots,x_k,x_{k+1})$ 可表示，其中 $B(x_1,\cdots,x_k,x_{k+1})$ 为

$$A(x_1,\cdots,x_k,x_{k+1},\dot{0})\wedge\forall x_j(A(x_1,\cdots,x_k,x_j,\dot{0})\to\exists x_i(x_i\dot{+}x_{k+1}\doteq x_j))$$

个体词变元 x_i、x_j 均不在 $A(x_1,\cdots,x_k,x_{k+1},x_{k+2})$ 中出现。根据命题 7.1.1，只需要证明如下两点：

(1) 如果 $n_{k+1}=f(n_1,\cdots,n_k)$，那么 $\vdash_{\mathcal{N}}B(\overset{\cdot}{\overbrace{n_1}},\cdots,\overset{\cdot}{\overbrace{n_k}},\overset{\cdot}{\overbrace{n_{k+1}}})$；

(2) $\vdash_{\mathcal{N}}\exists!x_{k+1}B(\overset{\cdot}{\overbrace{n_1}},\cdots,\overset{\cdot}{\overbrace{n_k}},x_{k+1})$。

首先证明(1)。对于任意的 $n_1,\cdots,n_k\in\mathbb{N}$，令 $n_{k+1}=f(n_1,\cdots,n_k)$，其中 n_{k+1} 是由 $g(n_1,\cdots,n_k,n)=0$ 时取最小的 n 得到的，所以 $g(n_1,\cdots,n_k,n_{k+1})=0$，而函数 g 在$\mathcal{N}$中由 $A(x_1,\cdots,x_k,x_{k+1},x_{k+2})$ 可表示，因此可得 $\vdash_{\mathcal{N}}A(\overset{\cdot}{\overbrace{n_1}},\cdots,\overset{\cdot}{\overbrace{n_k}},\overset{\cdot}{\overbrace{n_{k+1}}},\dot{0})$。为了证明(1)，只需证明 $\vdash_{\mathcal{N}}\forall x_j(A(\overset{\cdot}{\overbrace{n_1}},\cdots,\overset{\cdot}{\overbrace{n_k}},x_j,\dot{0})\to\exists x_i(x_i\dot{+}\overset{\cdot}{\overbrace{n_{k+1}}}\doteq x_j))$。该式的直观含义表明，对于任意的使得 $g(n_1,\cdots,n_k,n)=0$ 的 n 来说，存在 m 满足 $m+n_{k+1}=n$，即 $n_{k+1}\leqslant n$，这就表达了 n_{k+1} 是满足 $g(n_1,\cdots,n_k,n)=0$ 最小的 n。现在需要把这种直观含义转化为$\mathcal{N}$中的证明。

如果 n_{k+1} 是最小的自然数 0，证明 $n_{k+1}\leqslant n$ 就很容易。具体地，在$\mathcal{N}$中有 $\vdash_{\mathcal{N}}x_j\dot{+}\overset{\cdot}{\overbrace{n_{k+1}}}\doteq x_j$，可由$\mathcal{N}$中的公理($N_3$)直接得到。由于 x_j 对 x_i 在 $x_i\dot{+}\overset{\cdot}{\overbrace{n_{k+1}}}\doteq x_j$ 中代入自由，所以根据例 5.2.1 的(i)可得 $\vdash_{\mathcal{N}}\exists x_i(x_i\dot{+}\overset{\cdot}{\overbrace{n_{k+1}}}\doteq x_j)$。再根据重言式 $A\to(B\to A)$ 可得 $\vdash_{\mathcal{N}}A(\overset{\cdot}{\overbrace{n_1}},\cdots,\overset{\cdot}{\overbrace{n_k}},x_j,\dot{0})\to\exists x_i(x_i\dot{+}\overset{\cdot}{\overbrace{n_{k+1}}}\doteq x_j)$，进而根据命题 5.2.2 可得 $\vdash_{\mathcal{N}}\forall x_j(A(\overset{\cdot}{\overbrace{n_1}},\cdots,\overset{\cdot}{\overbrace{n_k}},x_j,\dot{0})\to\exists x_i(x_i\dot{+}\overset{\cdot}{\overbrace{n_{k+1}}}\doteq x_j))$。

如果 $0<n_{k+1}$，为了证明 $n_{k+1}\leqslant n$，可以通过证明 $n\neq 0, n\neq 1, \cdots, n\neq n_{k+1}-1$ 来完成。具体地，因为 n_{k+1} 是满足 $g(n_1,\cdots,n_k,n)=0$ 的最小的 n，所以有

$$\begin{cases} g(n_1,\cdots,n_k,0)\neq 0 \\ g(n_1,\cdots,n_k,1)\neq 0 \\ \quad\vdots \\ g(n_1,\cdots,n_k,n_{k+1}-1)\neq 0 \end{cases}$$

由于函数 g 在$\mathcal{N}$中由 $A(x_1,\cdots,x_k,x_{k+1},x_{k+2})$ 可表示，因此可得

$$\begin{cases} \vdash_{\mathcal{N}} \neg A(\dot{\overbrace{n_1}},\cdots,\dot{\overbrace{n_k}},\dot{0},\dot{0}) \\ \vdash_{\mathcal{N}} \neg A(\dot{\overbrace{n_1}},\cdots,\dot{\overbrace{n_k}},\dot{1},\dot{0}) \\ \quad\vdots \\ \vdash_{\mathcal{N}} \neg A(\dot{\overbrace{n_1}},\cdots,\dot{\overbrace{n_k}},\dot{\overbrace{n_{k+1}-1}},\dot{0}) \end{cases}$$

根据等词公理($=_3$)可得

$$\begin{cases} \vdash_{\mathcal{N}} x_j \doteq \dot{0} \to (A(\dot{\overbrace{n_1}},\cdots,\dot{\overbrace{n_k}},x_j,\dot{0}) \to A(\dot{\overbrace{n_1}},\cdots,\dot{\overbrace{n_k}},\dot{0},\dot{0})) \\ \vdash_{\mathcal{N}} x_j \doteq \dot{1} \to (A(\dot{\overbrace{n_1}},\cdots,\dot{\overbrace{n_k}},x_j,\dot{0}) \to A(\dot{\overbrace{n_1}},\cdots,\dot{\overbrace{n_k}},\dot{1},\dot{0})) \\ \quad\vdots \\ \vdash_{\mathcal{N}} x_j \doteq \dot{\overbrace{n_{k+1}-1}} \to (A(\dot{\overbrace{n_1}},\cdots,\dot{\overbrace{n_k}},x_j,\dot{0}) \to A(\dot{\overbrace{n_1}},\cdots,\dot{\overbrace{n_k}},\dot{\overbrace{n_{k+1}-1}},\dot{0})) \end{cases}$$

根据重言式 $(A\to(B\to C))\wedge\neg C\wedge B\to\neg A$，从上述两式可得

$$\begin{cases} A(\dot{\overbrace{n_1}},\cdots,\dot{\overbrace{n_k}},x_j,\dot{0}) \vdash_{\mathcal{N}} \neg(x_j \doteq \dot{0}) \\ A(\dot{\overbrace{n_1}},\cdots,\dot{\overbrace{n_k}},x_j,\dot{0}) \vdash_{\mathcal{N}} \neg(x_j \doteq \dot{1}) \\ \quad\vdots \\ A(\dot{\overbrace{n_1}},\cdots,\dot{\overbrace{n_k}},x_j,\dot{0}) \vdash_{\mathcal{N}} \neg(x_j \doteq \dot{\overbrace{n_{k+1}-1}}) \end{cases}$$

即

$$A(\dot{\overbrace{n_1}},\cdots,\dot{\overbrace{n_k}},x_j,\dot{0}) \vdash_{\mathcal{N}} \neg(x_j \doteq \dot{0}) \wedge \neg(x_j \doteq \dot{1}) \wedge \cdots \wedge \neg(x_j \doteq \dot{\overbrace{n_{k+1}-1}})$$

根据第 6 章的习题 14 可得

$$A(\dot{\overbrace{n_1}},\cdots,\dot{\overbrace{n_k}},x_j,\dot{0}) \vdash_{\mathcal{N}} \exists x_i (x_i \dot{+} \dot{\overbrace{n_{k+1}}} \doteq x_j)$$

应用推演定理可得 $\vdash_{\mathcal{N}} A(\overset{\cdot}{\overbrace{n_1}},\cdots,\overset{\cdot}{\overbrace{n_k}},x_j,\dot{0})\to\exists x_i(x_i\dot{+}\overset{\cdot}{\overbrace{n_{k+1}}}\doteq x_j)$，进而根据命题 5.2.2 可得 $\vdash_{\mathcal{N}}\forall x_j(A(\overset{\cdot}{\overbrace{n_1}},\cdots,\overset{\cdot}{\overbrace{n_k}},x_j,\dot{0})\to\exists x_i(x_i\dot{+}\overset{\cdot}{\overbrace{n_{k+1}}}\doteq x_j))$。至此证明了(1)。

其次证明(2)。在(1)中已经得到 $\vdash_{\mathcal{N}} B(\overset{\cdot}{\overbrace{n_1}},\cdots,\overset{\cdot}{\overbrace{n_k}},\overset{\cdot}{\overbrace{n_{k+1}}})$，所以采用例 7.1.3 和例 7.1.4 中类似的方法，只需要证明

$$\vdash_{\mathcal{N}} B(\overset{\cdot}{\overbrace{n_1}},\cdots,\overset{\cdot}{\overbrace{n_k}},\overset{\cdot}{\overbrace{n_{k+1}}})\land\forall x_p(B(\overset{\cdot}{\overbrace{n_1}},\cdots,\overset{\cdot}{\overbrace{n_k}},x_p)\to x_p\doteq\overset{\cdot}{\overbrace{n_{k+1}}})$$

进而，只需要证明 $\vdash_{\mathcal{N}}\forall x_p(B(\overset{\cdot}{\overbrace{n_1}},\cdots,\overset{\cdot}{\overbrace{n_k}},x_p)\to x_p\doteq\overset{\cdot}{\overbrace{n_{k+1}}})$。而根据命题 5.2.2，此又等价于证明

$$\vdash_{\mathcal{N}} B(\overset{\cdot}{\overbrace{n_1}},\cdots,\overset{\cdot}{\overbrace{n_k}},x_p)\to x_p\doteq\overset{\cdot}{\overbrace{n_{k+1}}}$$

此即为

$$\vdash_{\mathcal{N}} A(\overset{\cdot}{\overbrace{n_1}},\cdots,\overset{\cdot}{\overbrace{n_k}},x_p,\dot{0})\land\forall x_j(A(\overset{\cdot}{\overbrace{n_1}},\cdots,\overset{\cdot}{\overbrace{n_k}},x_j,\dot{0})\to\exists x_i(x_i\dot{+}x_p\doteq x_j))\to x_p\doteq\overset{\cdot}{\overbrace{n_{k+1}}}$$

根据推演定理可得

$$A(\overset{\cdot}{\overbrace{n_1}},\cdots,\overset{\cdot}{\overbrace{n_k}},x_p,\dot{0}),\forall x_j(A(\overset{\cdot}{\overbrace{n_1}},\cdots,\overset{\cdot}{\overbrace{n_k}},x_j,\dot{0})\to\exists x_i(x_i\dot{+}x_p\doteq x_j))\vdash_{\mathcal{N}} x_p\doteq\overset{\cdot}{\overbrace{n_{k+1}}}$$

具体的推演如下所示：

(1) $A(\overset{\cdot}{\overbrace{n_1}},\cdots,\overset{\cdot}{\overbrace{n_k}},x_p,\dot{0})$ （前提）

(2) $\forall x_j(A(\overset{\cdot}{\overbrace{n_1}},\cdots,\overset{\cdot}{\overbrace{n_k}},x_j,\dot{0})\to\exists x_i(x_i\dot{+}x_p\doteq x_j))$ （前提）

(3) $A(\overset{\cdot}{\overbrace{n_1}},\cdots,\overset{\cdot}{\overbrace{n_k}},\overset{\cdot}{\overbrace{n_{k+1}}},\dot{0})$ （已知）

(4) $\forall x_j(A(\overset{\cdot}{\overbrace{n_1}},\cdots,\overset{\cdot}{\overbrace{n_k}},x_j,\dot{0})\to\exists x_i(x_i\dot{+}\overset{\cdot}{\overbrace{n_{k+1}}}\doteq x_j))$ （已知）

(5) $\forall x_j\ (A(\overset{\cdot}{\overbrace{n_1}},\cdots,\overset{\cdot}{\overbrace{n_k}},x_j,\dot{0})\to\exists x_i(x_i\dot{+}x_p\doteq x_j))\to$

$(A(\overset{\cdot}{\overbrace{n_1}},\cdots,\overset{\cdot}{\overbrace{n_k}},\overset{\cdot}{\overbrace{n_{k+1}}},\dot{0})\to\exists x_i(x_i\dot{+}x_p\doteq\overset{\cdot}{\overbrace{n_{k+1}}}))$ （$\forall_1$）

(6) $A(\overset{\cdot}{\overbrace{n_1}},\cdots,\overset{\cdot}{\overbrace{n_k}},\overset{\cdot}{\overbrace{n_{k+1}}},\dot{0})\to\exists x_i(x_i\dot{+}x_p\doteq\overset{\cdot}{\overbrace{n_{k+1}}})$ (2)(5)(MP)

(7) $\forall x_j\ (A(\overset{\cdot}{\overbrace{n_1}},\cdots,\overset{\cdot}{\overbrace{n_k}},x_j,\dot{0})\to\exists x_i(x_i\dot{+}\overset{\cdot}{\overbrace{n_{k+1}}}\doteq x_j))\to$

$(A(\overset{\cdot}{\overbrace{n_1}},\cdots,\overset{\cdot}{\overbrace{n_k}},x_p,\dot{0})\to\exists x_i(x_i\dot{+}\overset{\cdot}{\overbrace{n_{k+1}}}\doteq x_p))$ （$\forall_1$）

(8) $A(\overset{\cdot}{\overbrace{n_1}},\cdots,\overset{\cdot}{\overbrace{n_k}},x_p,\dot{0})\to\exists x_i(x_i\dot{+}\overset{\cdot}{\overbrace{n_{k+1}}}\doteq x_p)$ (4)(7)(MP)

(9) $\exists x_i(x_i \dot{+} x_p \doteq \overbrace{n_{k+1}}^{\cdot})$ (3)(6)(MP)

(10) $\exists x_i(x_i \dot{+} \overbrace{n_{k+1}}^{\cdot} \doteq x_p)$ (1)(8)(MP)

(11) $x_p \doteq \overbrace{n_{k+1}}^{\cdot}$ (9)(10)(第 6 章习题 13)

至此证明了(2)。

■

命题 7.4.2 说明最小数算子规则保持函数在$\mathcal{N}$中的可表示性。命题 7.4.3 说明递归规则也会保持函数在$\mathcal{N}$中的可表示性，对于该命题的证明不再给出。

【命题 7.4.3】 如果$\mathbb{N}$上的 k 元函数 $g: \mathbb{N}^k \to \mathbb{N}$，以及$\mathbb{N}$上的 $k+2$ 元函数 $h: \mathbb{N}^{k+2} \to \mathbb{N}$，都在$\mathcal{N}$中是可表示的，那么由 g 和 h 通过递归规则得到的$\mathbb{N}$上的 $k+1$ 元函数 $f: \mathbb{N}^{k+1} \to \mathbb{N}$ 在$\mathcal{N}$中也是可表示的，其中

$$f(n_1, \cdots, n_k, 0) = g(n_1, \cdots, n_k)$$

$$f(n_1, \cdots, n_k, n+1) = h(n_1, \cdots, n_k, n, f(n_1, \cdots, n_k, n))$$

■

类似于例 7.1.5，可以证明基本函数中的一元零函数 $z: \mathbb{N} \to \mathbb{N}$，$z(n)=0$ 在$\mathcal{N}$中是可表示的；例 7.1.6 已经给出了基本函数中的投影函数 $p_i^k: \mathbb{N}^k \to \mathbb{N}$，$p_i^k(n_1, \cdots, n_k) = n_i$ 在$\mathcal{N}$中是可表示的证明。对于基本函数中的后继函数 $s: \mathbb{N} \to \mathbb{N}$，$s(n)=n+1$，可以直接给出其在$\mathcal{N}$中可表示性的证明，然而利用命题 7.4.1 可以容易地证明后继函数是可表示的。具体地，根据例 7.1.2，小于或等于关系$\leqslant$在$\mathcal{N}$中也是可表示的，进而根据命题 7.1.2，特征函数 $\chi_{\leqslant}$ 在$\mathcal{N}$中是可表示的。由于 $\chi_{\leqslant}(n,n)=1$，所以可得 $s(n)=n+1=n+\chi_{\leqslant}(n,n)=p_1^1(n)+\chi_{\leqslant}(p_1^1(n), p_1^1(n))$，可见，后继函数 $s(n)$ 由可表示函数 p_1^1、$+$、$\chi_{\leqslant}$ 通过复合规则得到，进而根据命题 7.4.1 可得后继函数 $s(n)$ 是可表示的。现在，递归函数定义中的三个基本函数都是在$\mathcal{N}$中可表示的，而命题 7.4.1、命题 7.4.2、命题 7.4.3 又给出了递归函数定义中的三条规则会保持函数在$\mathcal{N}$中的可表示性，进而可得$\mathbb{N}$上的递归函数都是在$\mathcal{N}$中可表示的。此外，根据命题 7.1.2，$\mathbb{N}$上的递归关系在$\mathcal{N}$中也一定是可表示的。

事实上，不仅$\mathbb{N}$上的递归函数都是在$\mathcal{N}$中可表示的，而且在$\mathcal{N}$中可表示的函数都是$\mathbb{N}$上的递归函数。虽然哥德尔的不完全性定理的证明中仅用到"递归函数在$\mathcal{N}$中是可表示的"，但还是把关于可表示性与递归性等价这个表述列出来作为一个命题。

【命题 7.4.4】 $\mathbb{N}$上的函数是递归的，当且仅当它是在$\mathcal{N}$中可表示的。

■

对于命题7.4.4中另一个方向的证明不再给出。命题7.4.4表明了可表示性与递归性是等价的,进而说明可以从ℕ上函数本身的性质出发去描述"在$\mathcal{N}$中是可表示的"这个特点。

7.5 语法的算术化

通过哥德尔配数,$\mathcal{L}_{\mathrm{N}}$中不同对象的哥德尔数也不同。这里所说的哥德尔数的"不同"含有两层含义:第一,不同类别的对象,其哥德尔数不同,如符号与符号串的哥德尔数不同;第二,同一类别的不同对象,其哥德尔数不同,如不同符号串的哥德尔数不同。这也就是说,一个具体的形式对象与其哥德尔数是一一对应的。因而,可以将关于形式系统$\mathcal{N}$的描述转换到ℕ中。在7.3节最后曾给出了一个这样的例子。由于形式系统$\mathcal{N}$涉及形式对象的语法方面,将这种转换称为语法的算术化。在语法算术化的具体过程中,会面对关于$\mathcal{N}$中形式对象的性质和关系的不同描述,比如,"$(\dot{0})'$是一个项""$(\dot{0})' \dot{+} (\dot{0})' \doteq ((\dot{0})')'$是一个合式公式""$x_1 \dot{+} \dot{0} \doteq x_1$是一个公理""$(\dot{0})' \dot{+} (\dot{0})' \doteq ((\dot{0})')'$是一个定理""$x_1$在$x_1 \dot{+} \dot{0} \doteq x_1$中是自由出现的""$x_2$对$x_1$在$x_1 \dot{+} \dot{0} \doteq x_1$中代入自由"。这其中,"…是一个项""…是一个合式公式""…是一个公理""…是一个定理"是关于$\mathcal{N}$中形式对象的性质描述;"…在…中是自由出现的""…对…在…中代入自由"是关于$\mathcal{N}$中形式对象的关系描述,其中一个是二元关系,另一个是三元关系;它们都是对形式系统$\mathcal{N}$本身的一个描述,是属于元理论层面的。由于$\mathcal{N}$中形式对象与其哥德尔数是一一对应的,上述关于$\mathcal{N}$中形式对象的性质和关系的描述可以转换为关于$\mathcal{N}$中形式对象的哥德尔数的对应描述:"哥德尔数为…的对象是一个项""哥德尔数为…的对象是一个合式公式""哥德尔数为…的对象是一个公理""哥德尔数为…的对象是一个定理""哥德尔数为…的对象在哥德尔数为…的对象中是自由出现的""哥德尔数为…的对象对哥德尔数为…的对象在哥德尔数为…的对象中代入自由"。形式对象的哥德尔数是一个自然数,所以上述关于$\mathcal{N}$中形式对象的哥德尔数的描述分别对应了自然数集合ℕ上的不同性质与关系。由于性质是一元关系,也就是ℕ的子集,上述这些ℕ上的不同性质与关系也就是ℕ的不同子集与关系。根据7.4节中递归性和可表示性的关系,只要证明了上述ℕ的子集和关系是递归的,那么这些集合和关系就可以表示在$\mathcal{N}$中,从而也就将关于$\mathcal{N}$中形式对象的性质和关系的描述表示在了$\mathcal{N}$中,形成了"$\mathcal{N}$谈论自身"。

接下来证明N的一些子集和关系是递归的，当然，这些N的子集和关系来源于$\mathcal{N}$或者说与$\mathcal{N}$是相关的。由于这些N的子集和关系是通过对$\mathcal{N}$中形式对象进行哥德尔配数得到，所以需要先讨论几个与哥德尔配数有关的函数的递归性，它们均涉及自然数的素因子分解表达式。

在例7.2.3的(vii)中曾介绍了函数$f_e(n,k)$，它给出了自然数n的素因子分解式中第k个奇素数$p(k)$的"幂次"。现在引入自然数n的素因子分解式的"长度"函数$f_l(n)$，其中，当$1<n$时，$f_l(n)$为n的素因子分解式中非零幂次的个数；当n为0、1时，$f_l(n)=0$。比如，$f_l(2^5\times 3^3\times 5^{11}\times 7^7)=4$。需要指出，尽管函数$f_e(n,k)$和$f_l(n)$对所有的自然数$n$都有定义，但引入它们的目的就是用来处理符号串和符号串的有限序列的哥德尔数n的，而符号串和符号串的有限序列的哥德尔数n是连续挨着的素数的正整数幂次的乘积，即$n=2^{e_0}\times 3^{e_1}\times\cdots\times p_k^{e_k}$，其中，每个素数的幂次$e_i$都是大于零的，不会出现$n=2^5\times 5^{11}\times 7^7\times 11^9$这样的情况。

【例7.5.1】 N上的一元函数f_l是递归函数。

证明：对不大于n的素数m逐个测试它是否可以整除n，对能够整除n的素数进行计数即可。因而，有

$$f_l(n)=\sum_{m\leqslant n}\chi_{\mathrm{Prm}}(m)\times\chi_{R_{\mathrm{Div}}}(m,n)$$

其中，χ_{Prm}为素数集合Prm的特征函数，$\chi_{R_{\mathrm{Div}}}$为例7.2.3的(v)中所引入的二元关系R_{Div}的特征函数。由于χ_{Prm}和$\chi_{R_{\mathrm{Div}}}$都是递归函数，再根据例7.2.3的(iii)可知f_l是递归函数。

■

一个长的符号串可以看作多个较短符号串的拼接，因而需要引入符号串拼接前后素因子分解相关的函数。

【例7.5.2】 N上的二元函数$f_{\mathrm{con}}:\mathbb{N}^2\to\mathbb{N}$是递归函数，其中

$$f_{\mathrm{con}}(m,n)=m\times(p_{f_l(m)})^{f_e(n,0)}\times(p_{f_l(m)+1})^{f_e(n,1)}\times\cdots\times(p_{f_l(m)+f_l(n)-1})^{f_e(n,f_l(n)-1)}$$

证明：由于$p_k=p(k)$为递归函数，$f_e(n,k)$和$f_l(n)$也是递归函数，而且易证二元函数m^n也是递归函数，从而f_{con}是递归函数。

■

在例7.5.2中也可以把$f_{\mathrm{con}}(m,n)$看作$m\times h(m,n)$，其中

$$h(n_1,n_2)=g(n_1,n_2,f_l(n_2))$$

$$g(n_1,n_2,n_3)=\prod_{i<n_3}f(n_1,n_2,i)$$

$$f(n_1,n_2,n_3)=(p_{f_l(n_1)+n_3})^{f_e(n_2,n_3)}$$

根据复合规则也可以得到 f_{con} 是递归函数。

函数 f_{con} 的表达式看起来复杂，实际上它表达了拼接后符号串的哥德尔数与拼接前符号串的哥德尔数的关系。若 $m=2^{a_0}\times 3^{a_1}\times\cdots\times p_k^{a_k}$，$n=2^{b_0}\times 3^{b_1}\times\cdots\times p_l^{b_l}$，则有

$$f_{\text{con}}(m,n)=\underbrace{2^{a_0}\times 3^{a_1}\times\cdots\times p_k^{a_k}}_{m}\times p_{k+1}^{b_0}\times p_{k+2}^{b_1}\times\cdots\times p_{k+l+1}^{b_l}$$

例如，符号串“$\dot{0}\dot{+}\dot{0}\dot{=}\dot{0}$”实际上是符号串“$F_1^2\dot{(}f_1^2\dot{(}\dot{0},\dot{0}\dot{)},\dot{0}\dot{)}$”，它可以看作由符号串“$F_1^2\dot{(}$”、符号串“$f_1^2\dot{(}\dot{0},\dot{0}\dot{)},$”、符号串“$\dot{0}\dot{)}$”拼接而成。为了与元语言中的括号有所区别，在对象语言的括号上面加了点。其中

$$g_\#(F_1^2\dot{(})=2^{g_\#(\dot{=})}\times 3^{g_\#(\dot{(})}=2^{23}\times 3^3$$

$$\begin{aligned}g_\#(f_1^2\dot{(}\dot{0},\dot{0}\dot{)},)&=2^{g_\#(\dot{+})}\times 3^{g_\#(\dot{(})}\times 5^{g_\#(\dot{0})}\times 7^{g_\#(,)}\times 11^{g_\#(\dot{0})}\times 13^{g_\#(\dot{)})}\times 17^{g_\#(,)}\\&=2^{19}\times 3^3\times 5^{15}\times 7^7\times 11^{15}\times 13^5\times 17^7\end{aligned}$$

$$g_\#(\dot{0}\dot{)})=2^{g_\#(\dot{0})}\times 3^{g_\#(\dot{)})}=2^{15}\times 3^5$$

根据函数 f_{con} 的定义可得

$$\begin{aligned}&f_{\text{con}}(f_{\text{con}}(g_\#(F_1^2\dot{(}),g_\#(f_1^2\dot{(}\dot{0},\dot{0}\dot{)},)),g_\#(\dot{0}\dot{)}))\\&=\underbrace{2^{23}\times 3^3}\times\underbrace{5^{19}\times 7^3\times 11^{15}\times 13^7\times 17^{15}\times 19^5\times 23^7}\times\underbrace{29^{15}\times 31^5}\\&=g_\#(F_1^2\dot{(}f_1^2\dot{(}\dot{0},\dot{0}\dot{)},\dot{0}\dot{)})\end{aligned}$$

为了清晰起见，可以将符号串和符号串的有限序列的哥德尔数 n，按照其素因子分解式，记为 $[e_0,e_1,\cdots,e_k]$，即令 $[e_0,e_1,\cdots,e_k]=2^{e_0}\times 3^{e_1}\times\cdots\times p_k^{e_k}$；并且将 $f_e(n,k)$ 记为 $(n)_k$，将 $f_{\text{con}}(m,n)$ 记为 $m*n$，则有 $([e_0,e_1,\cdots,e_k])_i=e_i$，且

$$[a_0,a_1,\cdots,a_k]*[b_0,b_1,\cdots,b_l]=[a_0,a_1,\cdots,a_k,b_0,b_1,\cdots,b_l]$$

前面的符号串“$F_1^2\dot{(}f_1^2\dot{(}\dot{0},\dot{0}\dot{)},\dot{0}\dot{)}$”可以看作由符号串“$F_1^2\dot{(}$”、符号串“$f_1^2\dot{(}\dot{0},\dot{0}\dot{)},$”、符号串“$\dot{0}\dot{)}$”的拼接，就可以写作

$$[23,3,19,3,15,7,15,5,7,15,5]=([23,3]*[19,3,15,7,15,5,7])*[15,5]$$

在定义 7.2.2 的递归规则中，f 在 $(n_1,\cdots,n_k,n+1)$ 处的值仅依赖 f 在 $(n_1,\cdots,n_k,n)$ 处的值。正如在 1.6 节中提到的，f 在 $(n_1,\cdots,n_k,n+1)$ 处的值可能依赖之前多处的值，比如，依赖 $(n_1,\cdots,n_k,0)$ 处的值，$(n_1,\cdots,n_k,1)$ 的值，……，$(n_1,\cdots,$

n_k,n)处的值。现在有了哥德尔编码的概念,可以采用哥德尔编码的方法来处理这种情况。具体地,将 f 在($n_1,\cdots,n_k,0$)处的值,($n_1,\cdots,n_k,1$)的值,……,($n_1,\cdots,n_k,n$)处的值采用哥德尔编码的方法,合成为一个数 $2^{f(n_1,\cdots,n_k,0)}\times 3^{f(n_1,\cdots,n_k,1)}\times\cdots\times p_n^{f(n_1,\cdots,n_k,n)}$。一般地,令

$$\bar{f}(n_1,\cdots,n_k,n)=2^{f(n_1,\cdots,n_k,0)}\times 3^{f(n_1,\cdots,n_k,1)}\times\cdots\times p_{n-1}^{f(n_1,\cdots,n_k,n-1)},\quad 0<n$$

$$\bar{f}(n_1,\cdots,n_k,n)=1,\quad n=0$$

可以看出,如果 $\bar{f}(n_1,\cdots,n_k,n)$是一个哥德尔数,则有

$$\bar{f}(n_1,\cdots,n_k,n)=[f(n_1,\cdots,n_k,0),f(n_1,\cdots,n_k,1),\cdots,f(n_1,\cdots,n_k,n-1)]$$

有如下命题。

【命题 7.5.1】 若$\mathbb{N}$上的 $k+2$ 元函数 $h:\mathbb{N}^{k+2}\to\mathbb{N}$ 是递归的,并且$\mathbb{N}$上的 $k+1$ 元函数 $f:\mathbb{N}^{k+1}\to\mathbb{N}$ 通过如下方式给出:

$$f(n_1,\cdots,n_k,n)=h(n_1,\cdots,n_k,n,\bar{f}(n_1,\cdots,n_k,n))$$

则函数 f 是递归函数。

证明:首先证明 $\bar{f}$ 是递归函数。根据 $\bar{f}$ 的定义可得

$$\bar{f}(n_1,\cdots,n_k,0)=1$$

$$\begin{aligned}\bar{f}(n_1,\cdots,n_k,n+1)&=2^{f(n_1,\cdots,n_k,0)}\times 3^{f(n_1,\cdots,n_k,1)}\times\cdots\times p_n^{f(n_1,\cdots,n_k,n)}\\&=\bar{f}(n_1,\cdots,n_k,n)\times p_n^{f(n_1,\cdots,n_k,n)}\\&=\bar{f}(n_1,\cdots,n_k,n)\times p_n^{h(n_1,\cdots,n_k,n,\bar{f}(n_1,\cdots,n_k,n))}\end{aligned}$$

由于 h 是递归函数,而且上式右边的自变量都是递归规则中所出现的自变量,根据递归规则和复合规则可知,$\bar{f}$ 是递归函数。根据 $\bar{f}$ 的定义,$f(n_1,\cdots,n_k,n)$是 $\bar{f}(n_1,\cdots,n_k,n+1)$的素因子分解式中第 n 个奇素数 $p(n)$的"幂次",即

$$f(n_1,\cdots,n_k,n)=(\bar{f}(n_1,\cdots,n_k,n+1))_n=f_e(\bar{f}(n_1,\cdots,n_k,n+1),n)$$

因为 f_e 和 $\bar{f}$ 都是递归函数,所以 f 是递归函数。

■

命题 7.5.1 称为过程值递归,它是递归规则的广义形式。如果现在函数 f 由函数 g 和函数 h 通过递归规则得到,即

$$f(n_1,\cdots,n_k,0)=g(n_1,\cdots,n_k),f(n_1,\cdots,n_k,n+1)=h(n_1,\cdots,n_k,n,f(n_1,\cdots,n_k,n))$$

那么,可以定义函数

$$F(n_1,\cdots,n_k,n,m)=g(n_1,\cdots,n_k),\quad n=0$$

$$F(n_1,\cdots,n_k,n,m)=h(n_1,\cdots,n_k,n-1,f_e(m,n-1)),\quad 0<n$$

则有

$$f(n_1,\cdots,n_k,0)=g(n_1,\cdots,n_k)=F(n_1,\cdots,n_k,0,\bar{f}(n_1,\cdots,n_k,n))$$

且当 $0<n$ 时,有

$$\begin{aligned}f(n_1,\cdots,n_k,n)&=h(n_1,\cdots,n_k,n-1,f(n_1,\cdots,n_k,n-1))\\&=h(n_1,\cdots,n_k,n-1,f_e(\bar{f}(n_1,\cdots,n_k,n),n-1))\\&=F(n_1,\cdots,n_k,n,\bar{f}(n_1,\cdots,n_k,n))\end{aligned}$$

可见,对于任意的自然数 n,均有

$$f(n_1,\cdots,n_k,n)=F(n_1,\cdots,n_k,n,\bar{f}(n_1,\cdots,n_k,n))$$

此即为命题 7.5.1 中的过程值递归条件。

现在开始讨论ℕ的一些与$\mathcal{N}$相关的子集和关系是递归的,我们列出它们,并选取其中的一部分进行证明。

前面曾提到"哥德尔数为…的对象是一个项"是自然数集合ℕ上的一个性质,该性质也就是"…为项的哥德尔数",如果把该性质记为 $P(\cdots)$,则它对应了ℕ的一个子集$\{n\in\mathbb{N}\mid P(n)\}$,该子集是$\mathcal{N}$中所有项的哥德尔数构成的集合。在证明该集合是递归集合之前,先看一个简单的集合,该集合是$\mathcal{N}$中所有个体词变元的哥德尔数构成的集合,将它记为 Vs,即 $\mathrm{Vs}=\{g_{\#}(x_k)\mid k\in\mathbb{N},1\leqslant k\}$。这里,把个体词的单独出现,包括个体词常元 $\dot{0}$ 和个体词变元 x_k,看作只含一个符号的符号串。按照 7.3 节中给出的编码方法,自然数 $n\in\mathrm{Vs}$ 当且仅当 $n=2^{23+2\times k}$,其中 $1\leqslant k$,也就是说,存在某个 k 满足 $1\leqslant k$,且 $n=2^{23+2\times k}$。因为 $k<n$,所以 $n\in\mathrm{Vs}$ 当且仅当存在 $k<n$,满足 $1\leqslant k$ 且 $n=2^{23+2\times k}$。若令集合 Vs 的特征函数为 χ_{Vs},则 $\chi_{\mathrm{Vs}}(n)=1$ 当且仅当存在 $k<n$,满足 $\chi_{\leqslant}(1,k)=1$ 且 $\chi_{=}(n,2^{23+2\times k})=1$。"$\chi_{\leqslant}(1,k)=1$ 且 $\chi_{=}(n,2^{23+2\times k})=1$"可以用 $\chi_{\leqslant}(1,k)\times\chi_{=}(n,2^{23+2\times k})=1$ 表达,"存在 $k<n$"可以用例 7.2.3(iii)中的 $\mathrm{sg}\big(\sum_{k<n}\big)$ 表达,所以 $\chi_{\mathrm{Vs}}(n)=1$,当且仅当

$$\mathrm{sg}\Big(\sum_{k<n}(\chi_{\leqslant}(1,k)\times\chi_{=}(n,2^{23+2\times k}))\Big)=1$$

因此有

$$\chi_{\mathrm{Vs}}(n)=\mathrm{sg}\Big(\sum_{k<n}(\chi_{\leqslant}(1,k)\times\chi_{=}(n,2^{23+2\times k}))\Big)$$

又由于形式对象与其哥德尔数是一一对应的,可得

$$\chi_{\mathrm{Vs}}(n)=\sum_{k<n}(\chi_{\leqslant}(1,k)\times\chi_{=}(n,2^{23+2\times k}))$$

对元语言的“且”和“存在”加下画线，是为了说明元语言的具有逻辑含义的这两个词，会反映在函数 $\chi_{\mathrm{Vs}}(n)$ 的表达式中，后面对于元语言中具有逻辑含义的词，如“或者”“非”“任意”，也将采用类似的处理方式。后面会看到，对于递归的性质和关系，它们通过这些具有逻辑含义的词连接后，所形成的新的性质和关系也是递归的。根据例 7.2.3 中的(iii)可知，$\chi_{\mathrm{Vs}}(n)$ 是递归函数，从而 Vs 是递归集合。

【命题 7.5.2】 $\mathcal{N}$中所有项的哥德尔数构成的集合 Tm 是递归的，$\mathcal{N}$中所有原子合式公式的哥德尔数构成的集合 AF 是递归的，$\mathcal{N}$中所有合式公式的哥德尔数构成的集合 WF 是递归的。

证明：$\mathcal{N}$中项 t 的所有可能情况为个体词常元 $\dot{0}$ 或者个体词变元 x_k、$(t)'$、t_1+t_2、$t_1\times t_2$，其中 t_1、t_2 是用来生成项 t 的。项 $(t)'$、t_1+t_2、$t_1\times t_2$ 分别为 $f_1^1(t_1)$、$f_1^2(t_1,t_2)$、$f_2^2(t_1,t_2)$。所以，$n\in\mathrm{Tm}$ 当且仅当，$n=2^{15}$，或者 $n\in\mathrm{Vs}$，或者(存在 $k<n$，(满足 $k\in\mathrm{Tm}$ 且 $n=2^{17}*2^3*k*2^5$))，或者(存在 $k,l<n$，(满足 $k,l\in\mathrm{Tm}$ 且($n=2^{19}*2^3*k*2^7*l*2^5$，或者 $n=2^{21}*2^3*k*2^7*l*2^5$)))。这里采用了括号以表明括号内的表述，都是在紧挨着括号之前的词所表述的。根据这个表述可得

$$\begin{aligned}\chi_{\mathrm{Tm}}(n)=\chi_{=}(n,2^{15})+\chi_{\mathrm{Vs}}(n)+\sum_{k<n}\chi_{\mathrm{Tm}}(k)\times\\ \chi_{=}(n,2^{17}*2^3*k*2^5)+\sum_{k<n}\sum_{l<n}\\ \chi_{\mathrm{Tm}}(k)\times\chi_{\mathrm{Tm}}(l)\times(\chi_{=}(n,2^{19}*2^3*k*2^7*l*2^5)+\\ \chi_{=}(n,2^{21}*2^3*k*2^7*l*2^5))\end{aligned}$$

根据上式还不能利用例 7.2.3 中的(iii)得出 Tm 是递归的，因为上式等号右边也含有函数 χ_{Tm}。注意到 $k,l<n$，而且 $\chi_{\mathrm{Tm}}(k)=f_e(\bar{\chi}_{\mathrm{Tm}}(n),k)=(\bar{\chi}_{\mathrm{Tm}}(n))_k$，同理 $\chi_{\mathrm{Tm}}(l)=(\bar{\chi}_{\mathrm{Tm}}(n))_l$，代入上式得到

$$\begin{aligned}\chi_{\mathrm{Tm}}(n)=\chi_{=}(n,2^{15})+\chi_{\mathrm{Vs}}(n)+\sum_{k<n}(\bar{\chi}_{\mathrm{Tm}}(n))_k\times\chi_{=}(n,2^{17}*2^3*k*2^5)+\sum_{k<n}\sum_{l<n}\\ (\bar{\chi}_{\mathrm{Tm}}(n))_k\times(\bar{\chi}_{\mathrm{Tm}}(n))_l\times(\chi_{=}(n,2^{19}*2^3*k*2^7*l*2^5)+\\ \chi_{=}(n,2^{21}*2^3*k*2^7*l*2^5))\end{aligned}$$

这样，上式就具有命题 7.5.1 的过程值递归的形式，因此可得 χ_{Tm} 是递归函数。

因为$\mathcal{N}$中只有唯一的谓词$\doteq$，所以原子合式公式可能的情况只有 $t_1\doteq t_2$，即 $F_1^2(t_1,t_2)$。因此，$n\in\mathrm{AF}$ 当且仅当，存在 $k,l<n$，(满足 $k,l\in\mathrm{Tm}$ 且 $n=2^{23}*$

$2^3 * k * 2^7 * l * 2^5$)。根据这个表述可得

$$\chi_{AF}(n)=\sum_{k<n}\sum_{l<n}\chi_{Tm}(k)\times\chi_{Tm}(l)\times\chi_{=}(n,2^{21}*2^3*k*2^7*l*2^5)$$

根据已经得出的 χ_{Tm} 是递归函数,可得 χ_{AF} 是递归函数。

$\mathcal{N}$中合式公式 A 的所有可能情况为原子合式公式 A_1、$(\neg B)$、$(B\rightarrow C)$、$(\forall x_i)B$,其中合式公式 B、C 是用来生成 A 的。所以,$n\in \mathrm{WF}$ 当且仅当,$n\in \mathrm{AF}$,或者(存在 $k<n$,(满足 $k\in \mathrm{WF}$ 且 $n=2^3*2^9*k*2^5$)),或者(存在 $k,l<n$,(满足 $k,l\in \mathrm{WF}$ 且 $n=2^3*k*2^{11}*l*2^5$)),或者(存在 $m,k<n$,(满足 $m\in \mathrm{Vs}$,且 $k\in \mathrm{WF}$,且 $n=2^3*2^{13}*m*2^{11}*k*2^5$))。根据这个表述可得

$$\begin{aligned}\chi_{WF}(n)=&\chi_{AF}(n)+\sum_{k<n}\chi_{WF}(k)\times\chi_{=}(n,2^3*2^9*k*2^5)+\\&\sum_{k<n}\sum_{l<n}\chi_{WF}(k)\times\chi_{WF}(l)\times\chi_{=}(n,2^3*k*2^{11}*l*2^5)+\\&\sum_{m<n}\sum_{k<n}\chi_{Vs}(m)\times\chi_{WF}(k)\times\chi_{=}(n,2^3*2^{13}*m*2^5*k))\end{aligned}$$

根据 $\chi_{WF}(k)=(\bar{\chi}_{WF}(n))_k$,同理 $\chi_{WF}(l)=(\bar{\chi}_{WF}(n))_l$,代入上式可得

$$\begin{aligned}\chi_{WF}(n)=&\chi_{AF}(n)+\sum_{k<n}(\bar{\chi}_{WF}(n))_k\times\chi_{=}(n,2^3*2^9*k*2^5)+\\&\sum_{k<n}\sum_{l<n}(\bar{\chi}_{WF}(n))_k\times(\bar{\chi}_{WF}(n))_l\times\chi_{=}(n,2^3*k*2^{11}*l*2^5)+\\&\sum_{m<n}\sum_{l<n}\chi_{Vs}(m)\times(\bar{\chi}_{WF}(n))_k\times\chi_{=}(n,2^3*2^{13}*m*2^5*k))\end{aligned}$$

根据命题 7.5.1 可得,χ_{WF} 是递归函数。

■

在命题 7.5.2 中,为了证明集合 Tm 是递归的,把$\mathcal{N}$中项的所有可能情况列出。因为项是归纳定义的,所以首先是最简单的项,即个体词常元 $\dot{0}$ 或者个体词变元 x_k;其次是由简单的项所生成的项,$\mathcal{N}$中的函数词只有$(\cdot)'$、$\dot{+}$、$\dot{\times}$,因而所生成的项的情况有$(t)'$、t_1+t_2、$t_1\times t_2$ 这三种,正是在这里用到了过程值递归,因为这是项的定义中采用已有的项生成新的项,这与递归规则或者是过程值递归中采用已有的或者说是之前的值去得到新的值是一致的。以上是项的所有可能情况,都会使得 $\chi_{TM}(n)=1$。这些情况在元语言中是采用"或者"连接的,是这些情况的"并",体现在特征函数 $\chi_{TM}(n)$中就是"相加"。把这些使得 $\chi_{TM}(n)=1$ 的情况列出,如下所示:

(1) n 为个体词常元 $\dot{0}$ 或者个体词变元 x_k 的哥德尔数;

(2) 存在 $k<n$，满足 k 是项的哥德尔数，且 n 为 $2^{17}*2^{3}*k*2^{5}$；

(3) 存在 $k,l<n$，满足 k,l 均是项的哥德尔数，且(n 为 $2^{19}*2^{3}*k*2^{7}*l*2^{5}$ 或者 $2^{21}*2^{3}*k*2^{7}*l*2^{5}$)。

在情况(2)和情况(3)的元语言中还有“且”和“存在 $k<n$”这样具有逻辑含义的词，它们体现在特征函数 $\chi_{\mathrm{TM}}(n)$ 中就是“相乘”和“连加”。

命题 7.5.2 中，证明集合 WF 是递归的也采用了同样的方法，因为合式公式也是归纳定义的，也需要把$\mathcal{N}$中合式公式的所有可能情况列出。

【命题 7.5.3】 关系 Subst 是递归的，其中，$\langle n_1,n_2,n_3,n_4\rangle\in$ Subst 当且仅当 n_1 是个体词变元的哥德尔数，n_2 是项的哥德尔数，n_3 是项或者合式公式的哥德尔数，在哥德尔数为 n_3 的项或者合式公式中，用哥德尔数为 n_2 的项代入哥德尔数是 n_1 的个体词变元的所有自由出现后，所得到结果的哥德尔数是 n_4。

■

不给出此命题的证明，只给出大体的证明思路。关系 Subst 是反映“代入”操作的。给定个体词变元 x_i，项 t，合式公式 A、B 这 4 个对象，可以判断出合式公式 B 是否为在 A 中用 t 代入 x_i 之后的结果，这可以根据 B 是否等于 $A^{t}_{x_i}$ 得出。因为形式对象与其哥德尔数是一一对应的，所以给定自然数的 4 元有序对 $\langle n_1,n_2,n_3,n_4\rangle$。若 $n_1=g_{\#}(x_i)$，$n_2=g_{\#}(t)$，$n_3=g_{\#}(A)$，$n_4=g_{\#}(A^{t}_{x_i})$，则 $\langle n_1,n_2,n_3,n_4\rangle\in$ Subst。因为项和合式公式都是归纳定义的，所以它们的代入结果也可以归纳得出。因此，需要对项和合式公式的所有代入情况按照归纳定义的方式进行分类。对于 n_3 是项 u 的哥德尔数情况，首先项 u 为 x_i，然后项 u 为其他项生成，即 u 为$(u_1)'$、u_1+u_2、$u_1\times u_2$；对于 n_3 是合式公式 A 的哥德尔数情况，首先合式公式 A 是原子合式公式 $u_1=u_2$，然后是合式公式 A 为其他合式公式生成，即 A 为$(\neg B)$、$(B\rightarrow C)$、$(\forall x_j)B$；其他情况都是不含有自由变元 x_i 的情况，比如，项 u 为 x_j，合式公式 A 为$(\forall x_i)B$，此时 $n_3=n_4$。其中，对于 n_3 是由其他项生成的项或者由其他合式公式生成的合式公式的情况，都需要用到过程值递归。

根据关系 Subst 会得到一个在后面很有用的函数 Sub: $\mathbb{N}^3\rightarrow\mathbb{N}$，它根据关系 Subst 的 n_1、n_2、n_3 得出 n_4，也就是说，$\mathrm{Sub}(g_{\#}(x_i),g_{\#}(t),g_{\#}(A))=g_{\#}(A^{t}_{x_i})$。对于给定 n_1、n_2、n_3，由于满足$\langle n_1,n_2,n_3,n_4\rangle\in$ Subst 的 n_4 是唯一的，所以，容易想到令

$$\mathrm{Sub}(n_1,n_2,n_3)=\mu m[\overline{\mathrm{sg}}(\chi_{\mathrm{Subst}}(n_1,n_2,n_3,m))=0]$$

但是，对于有的 $n_1,n_2,n_3\in\mathbb{N}$，不存在 $n\in\mathbb{N}$ 使得 $\chi_{\mathrm{Subst}}(n_1,n_2,n_3,n)=1$，比如，$n_1$ 不是任何一个个体词变元的哥德尔数。为此，可以将上式修改为

$$\mathrm{Sub}(n_1,n_2,n_3)=\mu m[\overline{\mathrm{sg}}(\chi_{\mathrm{Subst}}(n_1,n_2,n_3,m)+\chi_{<}(l,m))=0]$$

其中,选取 l 为一个确定的充分大自然数,使得 l 不可能是 n_4。这样,一方面,若不存在 $n\in\mathbb{N}$ 使得 $\chi_{\mathrm{Subst}}(n_1,n_2,n_3,n)=1$,则一定会存在 m 使得 $\chi_{<}(l,m)=1$;另一方面,由于 l 充分大,当 n_1,n_2,n_3 符合条件时,n_4 一定小于 m,所以通过最小数算子规则会把所需要的 n_4 取出来。对于充分大的 l,可以这样考虑,$n_2 * n_3$ 一定大于 t 的哥德尔数,并且也大于哥德尔数为 n_3 的符号串中任一个符号的哥德尔数。因此,如果用哥德尔数为 $n_2 * n_3$ 的符号串替换哥德尔数为 n_3 的符号串中任一个符号,那么所得到替换后的符号串 T 的哥德尔数 $g_{\#}(T)$一定会大于 n_4。哥德尔数为 n_3 的符号串的长度为 $f_l(n_3)$,哥德尔数为 $n_2 * n_3$ 的符号串的长度为 $f_l(n_2 * n_3)$,那么替换后的符号串 T 所对应的素因子分解式中最大的素因子一定小于 $p_{f_l(n_3)\times f_l(n_2 * n_3)}$,而 T 的符号串长度为 $f_l(n_3)\times f_l(n_2 * n_3)$,所以 $g_{\#}(T)$一定小于 $(p_{f_l(n_3)\times f_l(n_2 * n_3)})^{f_l(n_3)\times f_l(n_2 * n_3)}$,所以取 $l=(p_{f_l(n_3)\times f_l(n_2 * n_3)})^{f_l(n_3)\times f_l(n_2 * n_3)}$。所以,令

$$\mathrm{Sub}(n_1,n_2,n_3)$$
$$=\mu m[\overline{\mathrm{sg}}(\chi_{\mathrm{Subst}}(n_1,n_2,n_3,m)+\chi_{<}((p_{f_l(n_3)\times f_l(n_2 * n_3)})^{f_l(n_3)\times f_l(n_2 * n_3)},m))=0]$$

由于 χ_{Subst}、$\chi_{<}$、p、f_l、$*$ 都是递归函数,函数 Sub 也是递归的。

命题 7.5.3 考虑的是语法中的代入,语法中还有代入自由的概念,所以还需要考虑与代入自由有联系的$\mathbb{N}$上的关系。

【命题 7.5.4】 关系 Fr 是递归的,其中,$\langle n_1,n_2\rangle\in\mathrm{Fr}$ 当且仅当哥德尔数为 n_1 的个体词变元,在哥德尔数为 n_2 的项或者合式公式中自由出现;关系 FrSub 是递归的,其中,$\langle n_1,n_2,n_3\rangle\in\mathrm{FrSub}$ 当且仅当哥德尔数为 n_2 的项对哥德尔数为 n_1 的个体词变元,在哥德尔数为 n_3 的合式公式中是代入自由的。

证明:如果个体词变元 x_i 在合式公式 A 是自由出现的,那么 $A^{\dot{0}}_{x_i}$ 一定不会等于 A;反之亦然。对于项的情况,个体词变元 x_i 在项 t 中的自由出现和出现是一个意思,因为项中不会出现量词。同样地,个体词变元 x_i 在项 t 中的自由出现,有 $t^{\dot{0}}_{x_i}$ 一定不会等于 t;反之亦然。所以,$\langle n_1,n_2\rangle\in\mathrm{Fr}$ 当且仅当,$n_1\in\mathrm{Vs}$,且 $n_2\in\mathrm{Tm}\cup\mathrm{WF}$,且 $\mathrm{Sub}(n_1,g_{\#}(\dot{0}),n_2)\neq n_2$。根据这个表述可以得到

$$\chi_{\mathrm{Fr}}(n_1,n_2)=\chi_{\mathrm{Vs}}(n_1)\times(\chi_{\mathrm{Tm}}(n_2)+\chi_{\mathrm{WF}}(n_2))\times\overline{\mathrm{sg}}(\chi_{=}(\mathrm{Sub}(n_1,2^{15},n_2),n_2))$$

可以看出,χ_{Fr} 是递归的。

项 t 对个体词变元 x_i 在合式公式 A 中代入自由的情况分为以下五种:

(1) 若 A 为原子合式公式,则项 t 对个体词变元 x_i 在合式公式 A 中代入

自由；

(2) 若 A 为 $(\neg B)$，则项 t 对个体词变元 x_i 在 A 中代入自由，当且仅当项 t 对个体词变元 x_i 在 B 中代入自由；

(3) 若 A 为 $(B\rightarrow C)$，则项 t 对个体词变元 x_i 在 A 中代入自由，当且仅当项 t 对个体词变元 x_i 在 B,C 中都代入自由；

(4) 若 $(\forall x_i)B$，则项 t 对个体词变元 x_i 在合式公式 A 中代入自由；

(5) 若 A 为 $(\forall x_j)B$，则项 t 对个体词变元 x_i 在合式公式 A 中代入自由，当且仅当 x_i 在 B 中不自由出现，或者 x_j 不在 t 中出现且 t 对 x_i 在 B 中代入自由。根据这五种情况，可以得到 χ_{FrSub} 的表达式如下：

$$\begin{aligned}\chi_{\mathrm{FrSub}}(n_1,n_2,n_3)=&\chi_{\mathrm{Vs}}(n_1)\times\chi_{\mathrm{Tm}}(n_2)\times\chi_{\mathrm{WF}}(n_3)\times\\&\Big(\chi_{\mathrm{AF}}(n_3)+\sum_{k<n_3}\chi_{=}(n_3,2^3*2^9*k*2^5)\times\chi_{\mathrm{FrSub}}(n_1,n_2,k)+\\&\sum_{k<n_3}\sum_{l<n_3}\chi_{=}(n_3,2^3*k*2^{11}*l*2^5)\times\chi_{\mathrm{FrSub}}(n_1,n_2,k)\times\\&\chi_{\mathrm{FrSub}}(n_1,n_2,l)+\sum_{k<n_3}\chi_{=}(n_3,2^3*2^{13}*n_1*2^5*k)\times\chi_{\mathrm{WF}}(k)+\\&\sum_{k<n_3}\sum_{l<n_3}\chi_{\mathrm{Vs}}(k)\times\chi_{=}(n_3,2^3*2^{13}*k*2^5*l)\times\\&\mathrm{sg}(\overline{\mathrm{sg}}(\chi_{\mathrm{Fr}}(n_1,l))+(\overline{\mathrm{sg}}(\chi_{\mathrm{Fr}}(k,n_2))\times\chi_{\mathrm{FrSub}}(n_1,n_2,l)))\Big)\end{aligned}$$

根据 $\chi_{\mathrm{FrSub}}(n_1,n_2,k)=(\bar{\chi}_{\mathrm{FrSub}}(n_1,n_2,n_3))_k$，同理 $\chi_{\mathrm{FrSub}}(n_1,n_2,l)=(\bar{\chi}_{\mathrm{FrSub}}(n_1,n_2,n_3))_l$，代入上式得到

$$\begin{aligned}\chi_{\mathrm{FrSub}}(n_1,n_2,n_3)=&\chi_{\mathrm{Vs}}(n_1)\times\chi_{\mathrm{Tm}}(n_2)\times\chi_{\mathrm{WF}}(n_3)\times\\&\Big(\chi_{\mathrm{AF}}(n_3)+\sum_{k<n_3}\chi_{=}(n_3,2^3*2^9*k*2^5)\times\\&(\bar{\chi}_{\mathrm{FrSub}}(n_1,n_2,n_3))_k+\sum_{k<n_3}\sum_{l<n_3}\chi_{=}(n_3,2^3*k*2^{11}*l*2^5)\times\\&(\bar{\chi}_{\mathrm{FrSub}}(n_1,n_2,n_3))_k\times(\bar{\chi}_{\mathrm{FrSub}}(n_1,n_2,n_3))_l+\\&\sum_{k<n_3}\chi_{=}(n_3,2^3*2^{13}*n_1*2^5*k)\times\chi_{\mathrm{WF}}(k)+\\&\sum_{k<n_3}\sum_{l<n_3}\chi_{\mathrm{Vs}}(k)\times\chi_{=}(n_3,2^3*2^{13}*k*2^5*l)\times\\&\mathrm{sg}(\overline{\mathrm{sg}}(\chi_{\mathrm{Fr}}(n_1,l))+(\overline{\mathrm{sg}}(\chi_{\mathrm{Fr}}(k,n_2))\times(\bar{\chi}_{\mathrm{FrSub}}(n_1,n_2,n_3))_l))\Big)\end{aligned}$$

根据命题 7.5.1 可得，χ_{WF} 是递归函数。

■

【命题 7.5.5】 关系 $R_{\forall_G}$ 是递归的，其中，$\langle n_1,n_2\rangle \in R_{\forall_G}$ 当且仅当 n_1 为合式公式 A 的哥德尔数，n_2 为合式公式$(\forall x_i)A$ 的哥德尔数。

证明：$\langle n_1,n_2\rangle \in R_{\forall_G}$ 当且仅当，$n_1 \in \mathrm{WF}$，且(存在 $k<n_2$，(满足 $k\in Vs$ 且 $n_2=2^3*2^{13}*k*2^5*n_1$))。根据这个表述可得

$$\chi_{R_{\forall_G}}(n_1,n_2)=\chi_{\mathrm{WF}}(n_1)\times\sum_{k<n_2}\chi_{\mathrm{Vs}}(k)\times\chi_{=}(n_2,2^3*2^{13}*k*2^5*n_1)$$

可以看出，关系 $R_{\forall_G}$ 是递归的。

■

【命题 7.5.6】 $\mathcal{N}$中所有逻辑公理的哥德尔数构成的集合 LAx 是递归的。

证明：$\mathcal{N}$中的逻辑公理包括$(\to_1)$、$(\to_2)$、$(\to\neg)$、$(\forall_1)$、$(\forall_2)$、$(\forall_3)$、$(\forall_G)$这 7 条公理。注意，公理是以模式的方式给出的。令LAx_i，$1\leqslant i\leqslant 6$ 为前 6 条逻辑公理的所有具体实例的哥德尔数构成的集合。

$n\in \mathrm{LAx}_1$ 当且仅当，存在 $k,l<n$，(满足 $k,l\in \mathrm{WF}$ 且 $n=2^3*k*2^{11}*2^3*l*2^{11}*k*2^5*2^5$)。根据这个表述可得

$$\chi_{\mathrm{LAx}_1}(n)=\sum_{k<n}\sum_{l<n}\chi_{\mathrm{WF}}(k)\times\chi_{\mathrm{WF}}(l)\times\chi_{=}(n,2^3*k*2^{11}*2^3*l*2^{11}*k*2^5*2^5)$$

可见，χ_{LAx_1} 是递归的，也就是集合 LAx_1 是递归的。同理可得，集合 LAx_2 和 LAx_3 也是递归的。

LAx_4 是$((\forall x_i)A\to A^t_{x_i})$所有具体实例的哥德尔数构成的集合，其中项 t 对 x_i 在 A 中代入自由。$n\in \mathrm{LAx}_4$ 当且仅当，存在 $k,l,m<n$，(满足 $k\in \mathrm{Vs}$，且 $l\in \mathrm{Tm}$，且 $m\in \mathrm{WF}$，且 $\langle k,l,m\rangle\in \mathrm{FrSub}$，且 $n=2^3*2^3*2^{13}*k*2^5*m*2^{11}*\mathrm{Sub}(k,l,m)*2^5$)。根据这个表述可得

$$\chi_{\mathrm{LAx}_4}(n)=\sum_{k<n}\sum_{l<n}\sum_{m<n}\chi_{\mathrm{Vs}}(k)\times\chi_{\mathrm{Tm}}(l)\times\chi_{\mathrm{WF}}(m)\times$$
$$\mathrm{FrSub}(k,l,m)\times\chi_{=}(n,2^3*2^3*2^{13}*k*2^5*m*2^{11}*\mathrm{Sub}(k,l,m)*2^5)$$

可见，χ_{LAx_4} 是递归的，也就是LAx_4 是递归的。

LAx_5 是$(A\to(\forall x_i)A)$所有具体实例的哥德尔数构成的集合，其中 x_i 不在 A 中自由出现。$n\in \mathrm{LAx}_5$ 当且仅当，存在 $k,l<n$，(满足 $k\in \mathrm{Vs}$，且 $l\in \mathrm{WF}$，且 $\langle k,l\rangle\notin \mathrm{Fr}$，且 $n=2^3*l*2^{11}*2^3*2^{13}*k*2^5*l*2^5$)。根据这个表述可得

$$\chi_{\mathrm{LAx}_5}(n)=\sum_{k<n}\sum_{l<n}\chi_{\mathrm{Vs}}(k)\times\chi_{\mathrm{WF}}(l)\times$$
$$\overline{\mathrm{sg}}(\chi_{\mathrm{Fr}}(k,l))\times\chi_{=}(n,2^3*l*2^{11}*2^3*2^{13}*k*2^5*l*2^5)$$

可见，χ_{LAx_5} 是递归的，也就是 LAx_5 是递归的。类似可得，集合 LAx_6 也是递归的。从而集合 $L = LAx_1 \cup \cdots \cup LAx_6$ 是递归的。集合 LAx 中除了包括 L 中的公理，还包括 $(\forall_G)$ 中的公理。所以，$n \in LAx$ 当且仅当，$n \in L$，或者（存在 $k < n$，（满足 $k \in L$，且 $\langle k, n\rangle \in R_{\forall_G}$））。根据这个表述可得

$$\chi_{LAx}(n) = \chi_L(n) + \sum_{k<n} \chi_L(k) \times \chi_{R_{\forall_G}}(k, n)$$

可见，χ_{LAx} 是递归的，也就是集合 LAx 是递归的。

■

【命题 7.5.7】 $\mathcal{N}$中所有数学公理的哥德尔数构成的集合 MaAx 是递归的。

证明：$\mathcal{N}$中的数学公理包括 3 条等词公理$(=_1)$、$(=_2)$、$(=_3)$和 7 条算术公理$(N_1)\sim(N_7)$。令 $EAx_i(1 \leqslant i \leqslant 3)$为等词公理的所有具体实例的哥德尔数构成的集合，$NAx_i(1 \leqslant i \leqslant 7)$为算术公理的所有具体实例的哥德尔数构成的集合。

等词公理$(=_1)$为 $F_1^2(x_1, x_1)$，所以 $n \in EAx_1$ 当且仅当，存在 $k < n$，（满足 $k \in Vs$ 且 $n = 2^{23} * 2^3 * k * 2^7 * k * 2^5$）。根据这个表述可得

$$\chi_{EAx_1}(n) = \sum_{k<n} \chi_{Vs}(k) \times \chi_{=}(n, 2^{23} * 2^3 * k * 2^7 * k * 2^5)$$

可见，χ_{EAx_1} 是递归的，也就是说集合 EAx_1 是递归的。同理可得，集合 EAx_2、EAx_3，以及 $NAx_1 \sim NAx_6$ 都是递归的。

对于NAx_7，其为$(A_{x_i}^{\dot{0}} \rightarrow (\forall x_i(A \rightarrow A_{x_i}^{(x_i)'}) \rightarrow \forall x_i A))$，其中 A 为任意的合式公式，x_i 为在A 中自由出现的个体词变元。所以 $n \in NAx_7$ 当且仅当，存在 $k, l < n$，（满足 $k \in Vs$，且 $l \in WF$，且 $\langle k, l\rangle \in Fr$，且 $n = 2^3 * Sub(k, 2^{15}, l) * 2^{11} * 2^3 * 2^{13} * k * 2^3 * l * 2^{11} * Sub(k, 2^{17} * 2^3 * k * 2^5, l) * 2^5 * 2^{11} * 2^{13} * k * l * 2^5 * 2^5$）。根据这个表述可得

$$\begin{aligned}\chi_{NAx_7}(n) = & \sum_{k<n}\sum_{l<n} \chi_{Vs}(k) \times \chi_{WF}(l) \times \chi_{Fr}(k, l) \times \chi_{=}(n, 2^3 * Sub(k, 2^{15}, l) * 2^{11} * \\ & 2^3 * 2^{13} * k * 2^3 * l * 2^{11} * Sub(k, 2^{17} * 2^3 * k * 2^5, l) * \\ & 2^5 * 2^{11} * 2^{13} * k * l * 2^5 * 2^5\end{aligned}$$

可见，NAx_7 是递归的。因而，$EAx_1 \cup EAx_2 \cup EAx_3 \cup NAx_1 \cup \cdots \cup NAx_7$ 也是递归的。此外，采用同命题 7.5.6 一样的方法，可以证明它们和$(\forall_G)$一起得出的公理也是递归的。所以集合 MaAx 是递归的。

■

令$\mathcal{N}$中所有公理的哥德尔数构成的集合为 Ax，则 $Ax = LAx \cup MaAx$。根据命题 7.5.6 和命题 7.5.7 可以看出，集合 Ax 是递归的集合。

【命题 7.5.8】 关系 MP 是递归的，其中，$\langle n_1, n_2, n_3\rangle \in \mathrm{MP}$ 当且仅当 n_1 为合式公式 A 的哥德尔数，n_2 为合式公式 $A\rightarrow B$ 的哥德尔数，n_3 为合式公式 B 的哥德尔数。

证明：$\langle n_1, n_2, n_3\rangle \in \mathrm{MP}$ 当且仅当，$n_1, n_3 \in \mathrm{WF}$，且 $n_2 = 2^3 * n_1 * 2^{11} * n_3 * 2^5$。根据这个表述可得

$$\chi_{\mathrm{MP}}(n_1, n_2, n_3) = \chi_{\mathrm{WF}}(n_1) \times \chi_{\mathrm{WF}}(n_3) \times \chi_{=}(n_2, 2^3 * n_1 * 2^{11} * n_3 * 2^5)$$

可以看出，函数 χ_{MP} 是递归的。

■

【命题 7.5.9】 $\mathcal{N}$中所有证明的哥德尔数构成的集合 Prf 是递归的；关系 Pf 是递归的，其中，$\langle n_1, n_2\rangle \in \mathrm{Pf}$ 当且仅当 n_1 为合式公式 A 的哥德尔数，n_2 为合式公式 A 在$\mathcal{N}$中的形式证明的哥德尔数。

证明：$\mathcal{N}$中的证明是合式公式的有限序列，该有限序列中的每一个合式公式要么是$\mathcal{N}$中的公理，要么是由它之前的两个合式公式应用规则（MP）得到。可以看出，对于$\mathcal{N}$中的一个证明 $A_1, \cdots, A_r$，或者 $r=1$，即该证明只有一步，因此 A_1 一定是公理；或者 $1<r$，此时合式公式序列 $A_1, \cdots, A_{r-1}$ 也是$\mathcal{N}$中的证明，而 A_r 或者是公理，或者是由它之前的两个合式公式应用规则（MP）得到。再根据 7.3 节中对于符号串有限序列的编码方法，可得 $n \in \mathrm{Prf}$ 当且仅当，或者（存在 $k<n$，（满足 $k \in \mathrm{Ax}$，且 $n=2^k$）），或者（存在 $k, l, i, j<n$，（满足 $k \in \mathrm{Prf}$，且 $n=k * 2^l$，且（或者 $l \in \mathrm{Ax}$，或者 $\langle (k)_i, (k)_j, l\rangle \in \mathrm{MP}$）））。根据这个表述可得

$$\chi_{\mathrm{Prf}}(n) = \sum_{k<n} \chi_{\mathrm{Ax}}(k) \times \chi_{=}(n, 2^k) + \sum_{k<n}\sum_{l<n}\sum_{i<n}\sum_{j<n} \chi_{\mathrm{Prf}}(k) \times \chi_{=}(n, k * 2^l) \times (\chi_{\mathrm{Ax}}(l) + \chi_{\mathrm{MP}}((k)_i, (k)_j, l))$$

根据 $\chi_{\mathrm{Prf}}(k) = (\bar{\chi}_{\mathrm{Prf}}(n))_k$，代入上式得到

$$\chi_{\mathrm{Prf}}(n) = \sum_{k<n} \chi_{\mathrm{Ax}}(k) \times \chi_{=}(n, 2^k) + \sum_{k<n}\sum_{l<n}\sum_{i<n}\sum_{j<n} (\bar{\chi}_{\mathrm{Prf}}(n))_k \times \chi_{=}(n, k * 2^l) \times (\chi_{\mathrm{Ax}}(l) + \chi_{\mathrm{MP}}((k)_i, (k)_j, l))$$

可以看出，函数 χ_{Prf} 是递归的。

对于关系 Pf，合式公式 A 在$\mathcal{N}$中的形式证明的最后一步就是 A。因此，$\langle n_1, n_2\rangle \in \mathrm{Pf}$，当且仅当 $n_2 \in \mathrm{Prf}$，且 $n_1 = (n_2)_{f_l(n_2) \dot{-} 1}$。根据这个表述可得

$$\chi_{\mathrm{Pf}}(n_1, n_2) = \chi_{\mathrm{Prf}}(n_2) \times \chi_{=}(n_1, (n_2)_{f_l(n_2) \dot{-} 1})$$

可以看出，函数 χ_{Pf} 是递归的。

■

7.6 不完全性定理的证明

在 6.3 节引入形式系统$\mathcal{N}$时谈到过，$\mathcal{N}$是否是完全的这个问题本身是十分重要的，如果$\mathcal{N}$不是完全的，这个形式系统在"证明"这方面就不足够的"强"(因为存在着一个在模型$\mathbb{N}$下为真的语句，该语句在$\mathcal{N}$中是不可证明的)。此外，如果$\mathcal{N}$不是完全的，它就会存在着不同于$\mathbb{N}$的模型。这一节就要证明，如果$\mathcal{N}$是一致的，那么它一定是不完全的。这个证明最早是由哥德尔于 1930 年给出的，在证明中哥德尔构造出了一个具有"自指"(self-reference)特点的合式公式，这是证明的关键。自指是"循环的"，比如说谎者悖论(liar paradox)——"这句话是假话"，而哥德尔构造出的合式公式具有直观含义"此公式不可证"。这也是之前我们所谈及的利用哥德尔编码，形式系统$\mathcal{N}$将在一定程度上可以谈论自身。

为了构造具有自指特点的合式公式，需要引入一个$\mathbb{N}$上的二元关系 W，定义为$\langle n_1, n_2\rangle \in \mathrm{W}$，当且仅当 n_1 为合式公式 $A(x_1)$的哥德尔数，其中 x_1 在 $A(x_1)$中自由出现，n_2 为合式公式 $A(\dot{\widehat{n_1}})$在$\mathcal{N}$中的形式证明的哥德尔数。这里的关系 W 与关系 Pf 是不同的，虽然它们都涉及合式公式以及合式公式的证明的哥德尔数，但关系 W 中所涉及的证明是合式公式 $A(\dot{\widehat{n_1}})$的证明，这个合式公式含有"数项"，而数项是与关系的可表示性有关的，是为了建立从$\mathbb{N}$到$\mathcal{N}$的联系，而 W 本就是形式对象的哥德尔数 $g_{\#}(\cdot)$的关系，这就建立了从$\mathcal{N}$到$\mathbb{N}$这种联系。所以关系 W 也就建立了从$\mathcal{N}$到$\mathcal{N}$的关联，具有了一定的循环性。

【**命题 7.6.1**】 关系 W 是递归的。

证明：首先构造$\mathbb{N}$上一元函数 $f: \mathbb{N} \to \mathbb{N}$，其中 $f(n)=g_{\#}(\dot{n})$，即 $f(n)$为数项 $\dot{n}$ 的哥德尔数。由于

$$f(0)=g_{\#}(\dot{0})=2^{15}$$

$$f(n+1)=g_{\#}(\dot{\widehat{n+1}})=g_{\#}((\dot{n})')=2^{17}*2^{3}*g_{\#}(\dot{n})*2^{5}=2^{17}*2^{3}*f(n)*2^{5}$$

根据递归规则可知，f 是递归函数。

根据关系 W 的定义，$\langle n_1, n_2\rangle \in \mathrm{W}$，当且仅当 $n_1 \in \mathrm{WF}$，且$\langle 2^{25}, n_1\rangle \in \mathrm{Fr}$，且$\langle \mathrm{Sub}(2^{25}, f(n_1), n_1), n_2\rangle \in \mathrm{Pf}$。根据这个表述可得

$$\chi_{\mathrm{W}}(n_1, n_2)=\chi_{\mathrm{WF}}(n_1)\times\chi_{\mathrm{Fr}}(2^{25}, n_1)\times\chi_{\mathrm{Pf}}(\mathrm{Sub}(2^{25}, f(n_1), n_1), n_2)$$

可以看出，函数 χ_{W} 是递归的。

■

因为关系 W 是递归的，所以根据 7.4 节中所得到的结果可知，关系 W 在$\mathcal{N}$中是可表示的。设二元关系 W 由含有两个自由变元的合式公式 $W(x_1,x_2)$可表示，即对于任意的 $n_1,n_2\in\mathbb{N}$，有

(1) 如果$\langle n_1,n_2\rangle\in$ W，那么 $\vdash_{\mathcal{N}} W(\overset{\frown}{\dot{n}_1},\overset{\frown}{\dot{n}_2})$；

(2) 如果$\langle n_1,n_2\rangle\notin$ W，那么 $\vdash_{\mathcal{N}} \neg W(\overset{\frown}{\dot{n}_1},\overset{\frown}{\dot{n}_2})$。

现在，利用合式公式 $W(x_1,x_2)$构造合式公式 $A(x_1)$为$\forall x_2(\neg W(x_1,x_2))$，并令 m 为$A(x_1)$的哥德尔数。再根据关系 W 的定义，考虑合式公式

$$A(\dot{m})=\forall x_2(\neg W(\dot{m},x_2))$$

因为关系 W 由 $W(x_1,x_2)$可表示，所以可以将 W 视为 W 的解释，进而 $A(\dot{m})$的直观解释为：对于任意的自然数 n，$\langle m,n\rangle\notin$ W。由于 m 为 $A(x_1)$的哥德尔数，再根据关系 W 的定义，$\langle m,n\rangle\notin$ W 说明 n 不是 $A(\dot{m})$在$\mathcal{N}$中的形式证明的哥德尔数。因此，$A(\dot{m})$的直观解释就是说，对于任意的自然数 n、n 都不是 $A(\dot{m})$在$\mathcal{N}$中的形式证明的哥德尔数。这相当于 $A(\dot{m})$的直观解释为“$A(\dot{m})$在$\mathcal{N}$中不可证”，即 $A(\dot{m})$在声称自己不可证。

在第 3 章中就曾谈到过，如果形式系统不是一致的，那么每一个合式公式都是定理，因而形式系统就是完全的。下面要证明的$\mathcal{N}$不是完全的是在$\mathcal{N}$满足一致性的条件下。哥德尔于 1930 年给出的$\mathcal{N}$是不完全的证明中，使用了另一种一致性。

【定义 7.6.1】 对于使用语言$\mathcal{L}_{\mathrm{N}}$的形式系统 $T_{\mathcal{L}_{\mathrm{N}}}$，称其是 w-一致的，对于任意的合式公式 $A(x_1)$，其中 x_1 在 $A(x_1)$中自由出现，不会同时满足以下两条：

(1) $\vdash_{T_{\mathcal{L}_{\mathrm{N}}}} \neg\forall x_1 A(x_1)$；

(2) $\vdash_{T_{\mathcal{L}_{\mathrm{N}}}} A(\dot{n})$，对于任意的 $n\in\mathbb{N}$。

根据定义 7.6.1 可以看出，w-一致性是比一致性略强的。若 $T_{\mathcal{L}_{\mathrm{N}}}$ 是 w-一致的，则它一定是一致的。w-一致性定义中的(1)和(2)不会同时满足说明了 $T_{\mathcal{L}_{\mathrm{N}}}$ 中存在不是定理的合式公式，因此 $T_{\mathcal{L}_{\mathrm{N}}}$ 是一致的。

有了 w-一致性的概念，以及前面已构造出来的合式公式 $A(x_1)=\forall x_2(\neg W(x_1,x_2))$和 $A(\dot{m})=\forall x_2(\neg W(\dot{m},x_2))$，下面就可以证明哥德尔的不完全性定理。

【命题 7.6.2】 如果$\mathcal{N}$是 w-一致的，那么 $\nvdash_{\mathcal{N}} A(\dot{m})$，且 $\nvdash_{\mathcal{N}} \neg A(\dot{m})$。

证明：采用反证法证明。假设 $\vdash_{\mathcal{N}} A(\dot{m})$，即 $\vdash_{\mathcal{N}} \forall x_2(\neg W(\dot{m},x_2))$，则存在 $A(\dot{m})$在$\mathcal{N}$中的一个证明，令该证明的哥德尔数为 n。由于 m 为 $A(x_1)$的哥德尔数，根据关系 W 的定义，有$\langle m,n\rangle\in$ W。根据 W 的可表示性，有 $\vdash_{\mathcal{N}} W(\dot{m},\dot{n})$。

另外,根据公理($\forall_1$),有$\vdash_{\mathcal{N}} \forall x_2(\neg W(\dot{m}, x_2)) \to \neg W(\dot{m}, \dot{n})$,再根据$\vdash_{\mathcal{N}} \forall x_2(\neg W(\dot{m}, x_2))$利用(MP)可得$\vdash_{\mathcal{N}} \neg W(\dot{m}, \dot{n})$,这就与$\mathcal{N}$是$w$-一致的,进而$\mathcal{N}$是一致的相矛盾。所以,$\nvdash_{\mathcal{N}} A(\dot{m})$。

既然$\nvdash_{\mathcal{N}} A(\dot{m})$,就不存在$A(\dot{m})$在$\mathcal{N}$中的一个证明,也就不存在自然数$n$是$A(\dot{m})$在$\mathcal{N}$中证明的哥德尔数。根据W的定义,这说明对于任意的自然数n,均有$\langle m, n\rangle \notin \mathrm{W}$。再根据W的可表示性,可得对于任意的自然数$n$,有$\vdash_{\mathcal{N}} \neg W(\dot{m}, \dot{n})$。因此,根据$w$-一致性定义可得$\nvdash_{\mathcal{N}} \neg \forall x_2(\neg W(\dot{m}, x_2))$,此即为$\nvdash_{\mathcal{N}} \neg A(\dot{m})$。

■

命题7.6.2即为哥德尔的不完全性定理。由于$A(\dot{m})$是语句,而语句在模型中非真即假,因此,$A(\dot{m})$与$\neg A(\dot{m})$两者之一必在$\mathbb{N}$中为真。所以哥德尔的不完全性定理表明,存在一个在模型$\mathbb{N}$下为真的,却在形式系统$\mathcal{N}$中不可证的语句。根据命题5.5.3,这也说明了该语句只是在模型$\mathbb{N}$下为真,而非在$\mathcal{N}$的任意模型下均为真。

w-一致性的定义中,涉及了模型$\mathbb{N}$,因此不是一个纯语法上的概念。1936年,美国数学家罗瑟(J. B. Rosser)将不完全性定理中的w-一致性弱化为一致性,即有如下的命题。

【**命题7.6.3**】 如果$\mathcal{N}$是一致的,那么存在一个在模型$\mathbb{N}$下为真,却不是$\mathcal{N}$中定理的语句。

证明:引入$\mathbb{N}$上的二元关系W^*,定义为$\langle n_1, n_2\rangle \in \mathrm{W}^*$当且仅当$n_1$为合式公式$A(x_1)$的哥德尔数,其中$x_1$在$A(x_1)$中自由出现,$n_2$为合式公式$(\neg A(\widehat{\dot{n_1}}))$在$\mathcal{N}$中的形式证明的哥德尔数。

根据关系W^*的定义,可见$\langle n_1, n_2\rangle \in \mathrm{W}^*$,当且仅当$n_1 \in \mathrm{WF}$,且$\langle 2^{25}, n_1\rangle \in \mathrm{Fr}$,且$\langle \mathrm{Sub}(2^{25}, f(n_1), 2^3 * 2^9 * n_1 * 2^5), n_2\rangle \in \mathrm{Pf}$。根据这个表述,有

$$\chi_{\mathrm{W}^*}(n_1, n_2) = \chi_{\mathrm{WF}}(n_1) \times \chi_{\mathrm{Fr}}(2^{25}, n_1) \times \chi_{\mathrm{Pf}}(\mathrm{Sub}(2^{25}, f(n_1), 2^3 * 2^9 * n_1 * 2^5), n_2)$$

可以看出,函数χ_{W^*}是递归的。

由于关系W^*是递归的,所以根据7.4节中所得到的结果可知,关系W^*在$\mathcal{N}$中是可表示的,并设二元关系W^*由含有两个自由变元的合式公式$W^*(x_1, x_2)$可表示。

现在,利用合式公式$W(x_1, x_2)$和$W^*(x_1, x_2)$构造合式公式$B(x_1)$为

$$\forall x_2(W(x_1, x_2) \to \exists x_3(\exists x_j(x_j \dot{+} x_3 \dot{=} x_2) \land W^*(x_1, x_3)))$$

如果将$\exists x_j(x_j \dot{+} x_3 \dot{=} x_2)$记为$x_3 \dot{\leqslant} x_2$,那么$B(x_1)$可以写作

$$\forall x_2(W(x_1, x_2) \to \exists x_3(x_3 \dot{\leqslant} x_2 \land W^*(x_1, x_3)))$$

令 m 为 $B(x_1)$ 的哥德尔数，考虑合式公式

$$B(\dot{m})=\forall x_2(W(\dot{m},x_2)\to\exists x_3(x_3\dot{\leqslant}x_2\wedge W^*(\dot{m},x_3)))$$

将 W 视为 W 的解释，将 W^* 视为 W^* 的解释，那么 $B(\dot{m})$ 的直观解释为：对于任意的自然数 n，如果它是 $B(\dot{m})$ 的证明的哥德尔数，那么一定存在 $(\neg B(\dot{m}))$ 的证明的哥德尔数，它小于或等于 n。换句话说，$B(\dot{m})$ 表达了“如果 $B(\dot{m})$ 在 $\mathcal{N}$ 中可证，那么它的否定在 $\mathcal{N}$ 中也可证，且证明更简单”，即 $B(\dot{m})$ 在声称自己如果可证，那么自己的否定不但也可证，而且证明起来更简单。

下面我们证明，在 $\mathcal{N}$ 满足一致性的前提下，有 $\nvdash_{\mathcal{N}}B(\dot{m})$，且 $\nvdash_{\mathcal{N}}\neg B(\dot{m})$。

采用反证法去证明。假设 $\vdash_{\mathcal{N}}B(\dot{m})$，即

(1) $\vdash_{\mathcal{N}}\forall x_2(W(\dot{m},x_2)\to\exists x_3(x_3\dot{\leqslant}x_2\wedge W^*(\dot{m},x_3)))$

就存在 $B(\dot{m})$ 在 $\mathcal{N}$ 中的一个证明，令该证明的哥德尔数为 n，由于 m 为 $B(x_1)$ 的哥德尔数，因此，根据关系 W 的定义，有 $\langle m,n\rangle\in\mathrm{W}$，进而再根据 W 的可表示性，有 $\vdash_{\mathcal{N}}W(\dot{m},\dot{n})$。同时，根据公理 $(\forall_1)$，有

(2) $\vdash_{\mathcal{N}}\forall x_2(W(\dot{m},x_2)\to\exists x_3(x_3\dot{\leqslant}x_2\wedge W^*(\dot{m},x_3)))$

$$\to(W(\dot{m},\dot{n})\to\exists x_3(x_3\dot{\leqslant}\dot{n}\wedge W^*(\dot{m},x_3)))$$

对(1)、(2)利用(MP)规则可得

(3) $\vdash_{\mathcal{N}}W(\dot{m},\dot{n})\to\exists x_3(x_3\dot{\leqslant}\dot{n}\wedge W^*(\dot{m},x_3))$

再根据已得到的 $\vdash_{\mathcal{N}}W(\dot{m},\dot{n})$，利用(MP)规则可得

(4) $\vdash_{\mathcal{N}}\exists x_3(x_3\dot{\leqslant}\dot{n}\wedge W^*(\dot{m},x_3))$

另外，由于假定 $\mathcal{N}$ 是一致的，因而根据(1)，可知

$$\nvdash_{\mathcal{N}}\neg\forall x_2(W(\dot{m},x_2)\to\exists x_3(x_3\dot{\leqslant}x_2\wedge W^*(\dot{m},x_3)))$$

即 $\nvdash_{\mathcal{N}}\neg B(\dot{m})$，根据二元关系 W^* 的定义可知，对于任意的 $k\in\mathbb{N}$，有 $\langle m,k\rangle\notin\mathrm{W}^*$。而二元关系 W^* 在 $\mathcal{N}$ 中由合式公式 $W^*(x_1,x_2)$ 可表示，所以，对于任意的 $k\in\mathbb{N}$，有 $\vdash_{\mathcal{N}}\neg W^*(\dot{m},\dot{k})$，在该式中，依次取自然数 $k=0,1,\cdots,n$，有 $\vdash_{\mathcal{N}}\neg W^*(\dot{m},\dot{0})$，$\vdash_{\mathcal{N}}\neg W^*(\dot{m},\dot{1})$，$\cdots$，$\vdash_{\mathcal{N}}\neg W^*(\dot{m},\dot{n})$，进而有

(5) $\vdash_{\mathcal{N}}\neg W^*(\dot{m},\dot{0})\wedge\neg W^*(\dot{m},\dot{1})\wedge\cdots\wedge\neg W^*(\dot{m},\dot{n})$。

根据第 6 章的习题 15，有

(6) $\vdash_{\mathcal{N}}\neg W^*(\dot{m},\dot{0})\wedge\neg W^*(\dot{m},\dot{1})\wedge\cdots\wedge\neg W^*(\dot{m},\dot{n})\to(x_3\leqslant\dot{n}\to\neg W^*(\dot{m},x_3))$

对(5)、(6)利用(MP)规则可得$\vdash_{\mathcal{N}} x_3 \dot{\leqslant} \dot{n} \to \neg W^*(\dot{m}, x_3)$，根据重言式$(A \to \neg B) \leftrightarrow \neg(A \wedge B)$，可得$\vdash_{\mathcal{N}} \neg(x_3 \dot{\leqslant} \dot{n} \wedge W^*(\dot{m}, x_3))$，再根据命题5.2.2，有

(7) $\vdash_{\mathcal{N}} \forall x_3 \neg(x_3 \dot{\leqslant} \dot{n} \wedge W^*(\dot{m}, x_3))$

此即为$\vdash_{\mathcal{N}} \neg \exists x_3(x_3 \dot{\leqslant} \dot{n} \wedge W^*(\dot{m}, x_3))$，该式与(4)表明$\mathcal{N}$是不一致的，这就与假定$\mathcal{N}$是一致的相矛盾，所以，$\nvdash_{\mathcal{N}} B(\dot{m})$。

再假设$\vdash_{\mathcal{N}} \neg B(\dot{m})$，即

$$\vdash_{\mathcal{N}} \neg \forall x_2(W(\dot{m}, x_2) \to \exists x_3(x_3 \dot{\leqslant} x_2 \wedge W^*(\dot{m}, x_3)))$$

即存在$\neg B(\dot{m})$在$\mathcal{N}$中的一个证明，令该证明的哥德尔数为n，由于m为$B(x_1)$的哥德尔数，因此，根据关系W^*的定义，有$\langle m, n\rangle \in W^*$，进而再根据$W^*$的可表示性，有$\vdash_{\mathcal{N}} W^*(\dot{m}, \dot{n})$。由于假定$\mathcal{N}$是一致的，因而$\nvdash_{\mathcal{N}} B(\dot{m})$，进而根据二元关系W的定义可知，对于任意的自然数$k$，均有$\langle m, k\rangle \notin W$。而二元关系W在$\mathcal{N}$中由合式公式$W(x_1, x_2)$可表示，所以，对于任意的自然数$k$，均有$\vdash_{\mathcal{N}} \neg W(\dot{m}, \dot{k})$，在该式中，依次取自然数$k=0,1,\cdots,n$，有$\vdash_{\mathcal{N}} \neg W(\dot{m}, \dot{0})$，$\vdash_{\mathcal{N}} \neg W(\dot{m}, \dot{1})$，…，$\vdash_{\mathcal{N}} \neg W(\dot{m}, \dot{n})$，进而有

(8) $\vdash_{\mathcal{N}} \neg W(\dot{m}, \dot{0}) \wedge \neg W(\dot{m}, \dot{1}) \wedge \cdots \wedge \neg W(\dot{m}, \dot{n})$

根据第6章的习题15，有

(9) $\vdash_{\mathcal{N}} \neg W(\dot{m}, \dot{0}) \wedge \neg W(\dot{m}, \dot{1}) \wedge \cdots \wedge \neg W(\dot{m}, \dot{n}) \to (x_2 \dot{\leqslant} \dot{n} \to \neg W(\dot{m}, x_2))$

对(8)、(9)利用(MP)规则可得$\vdash_{\mathcal{N}} x_2 \dot{\leqslant} \dot{n} \to \neg W(\dot{m}, x_2)$，再根据推演定理，可得

(10) $x_2 \dot{\leqslant} \dot{n} \vdash_{\mathcal{N}} \neg W(\dot{m}, x_2)$

另外，我们说$\dot{n} \dot{\leqslant} x_2 \vdash_{\mathcal{N}} \exists x_3(x_3 \dot{\leqslant} x_2 \wedge W^*(\dot{m}, x_3))$，这是因为有如下的从$\dot{n} \dot{\leqslant} x_2$到$\exists x_3(x_3 \dot{\leqslant} x_2 \wedge W^*(\dot{m}, x_3))$的推演：

(11) $\dot{n} \dot{\leqslant} x_2$	(前提)
(12) $W^*(\dot{m}, \dot{n})$	(已知)
(13) $\dot{n} \dot{\leqslant} x_2 \wedge W^*(\dot{m}, \dot{n})$	(11)(12)($\wedge+$)
(14) $\dot{n} \dot{\leqslant} x_2 \wedge W^*(\dot{m}, \dot{n}) \to \exists x_3(x_3 \dot{\leqslant} x_2 \wedge W^*(\dot{m}, x_3))$	(例5.2.1(i))
(15) $\exists x_3(x_3 \dot{\leqslant} x_2 \wedge W^*(\dot{m}, x_3))$	(13)(14)(MP)

因而，就有

(16) $\dot{n} \dot{\leqslant} x_2 \vdash_{\mathcal{N}} \exists x_3(x_3 \dot{\leqslant} x_2 \wedge W^*(\dot{m}, x_3))$

对(10)和(16)应用命题 5.1.1 的(iii),有

(17) $x_2 \dot{\leqslant} \dot{n} \vee \dot{n} \dot{\leqslant} x_2 \vdash_{\mathcal{N}} \neg W(\dot{m}, x_2) \vee \exists x_3(x_3 \dot{\leqslant} x_2 \wedge W^*(\dot{m}, x_3))$。

根据第 6 章的习题 16,有

(18) $\vdash_{\mathcal{N}} x_2 \dot{\leqslant} \dot{n} \vee \dot{n} \dot{\leqslant} x_2$

因此,对(17)和(18)应用规则(HS),可得

$$\vdash_{\mathcal{N}} \neg W(\dot{m}, x_2) \vee \exists x_3(x_3 \dot{\leqslant} x_2 \wedge W^*(\dot{m}, x_3)),$$

此即为$\vdash_{\mathcal{N}} W(\dot{m}, x_2) \rightarrow \exists x_3(x_3 \dot{\leqslant} x_2 \wedge W^*(\dot{m}, x_3))$,再根据命题 5.2.2,有

$$\vdash_{\mathcal{N}} \forall x_2(W(\dot{m}, x_2) \rightarrow \exists x_3(x_3 \dot{\leqslant} x_2 \wedge W^*(\dot{m}, x_3))),$$

此即为$\vdash_{\mathcal{N}} B(\dot{m})$,但是已假设$\vdash_{\mathcal{N}} \neg B(\dot{m})$,因而这就与假定的$\mathcal{N}$是一致的相矛盾,所以,$\nvdash_{\mathcal{N}} \neg B(\dot{m})$。

综上可见,如果$\mathcal{N}$是一致的,那么,$\nvdash_{\mathcal{N}} B(\dot{m})$,且$\nvdash_{\mathcal{N}} \neg B(\dot{m})$。

■

引入$\mathbb{N}$上一元函数 $f_{\neg}: \mathbb{N} \rightarrow \mathbb{N}$,其中 $f_{\neg}(n) = 2^3 * 2^9 * n * 2^5$。可以看出,当 n 为合式公式 A 的哥德尔数时,$f_{\neg}(n)$为合式公式$(\neg A)$的哥德尔数。从定义可以看出,$f_{\neg}$是递归函数,因此,设其在$\mathcal{N}$中由合式公式 $A_1(x_1, x_2)$可表示。此外,由于关系 Pf 是递归的,所以,设其在$\mathcal{N}$中由合式公式 $A_2(x_1, x_2)$可表示。现在,利用合式公式 $A_1(x_1, x_2)$和 $A_2(x_1, x_2)$构造合式公式 C 为

$$\forall x_1 \forall x_2 \forall x_3 \forall x_4 \neg(A_1(x_1, x_2) \wedge A_2(x_1, x_3) \wedge A_2(x_2, x_4))$$

合式公式 C 的直观解释为:对于任意的合式公式及其否定,在$\mathcal{N}$中不会同时有它们的证明。可以看出,C 表达了$\mathcal{N}$的一致性。

注意到命题 7.6.2 在证明$\nvdash_{\mathcal{N}} A(\dot{m})$时,用到的只是$\mathcal{N}$的一致性,也就是说,如果$\mathcal{N}$是一致的,则$\nvdash_{\mathcal{N}} A(\dot{m})$。由于 $A(\dot{m})$的直观解释为:$A(\dot{m})$在$\mathcal{N}$中不可证;因此,合式公式 $C \rightarrow A(\dot{m})$的直观解释为:若$\mathcal{N}$是一致的,则 $A(\dot{m})$在$\mathcal{N}$中不可证。而这个解释正是哥德尔不完全性定理所表达的一部分内容;同时,在元理论中所采用的关于这部分内容的证明,是可以形式化在$\mathcal{N}$中的,也就是说,可以得到 $C \rightarrow A(\dot{m})$在$\mathcal{N}$中的形式证明,这部分工作最早由德国数学家希尔伯特(D. Hilbert)和瑞士数学家贝尔奈斯(P. Bernays)于 1939 年完成。而根据哥德尔的不完全性定理,若$\mathcal{N}$是一致的,则 $A(\dot{m})$在$\mathcal{N}$中不可证;因此,C 在$\mathcal{N}$中一定不可证,即$\nvdash_{\mathcal{N}} C$,否则,根据$\vdash_{\mathcal{N}} C$ 和$\vdash_{\mathcal{N}} C \rightarrow A(\dot{m})$,可以得到$\vdash_{\mathcal{N}} A(\dot{m})$。可以看出,如果$\mathcal{N}$是一致的,那么表达了$\mathcal{N}$的一致性的 C 在$\mathcal{N}$中就不可证,也就是说,若$\mathcal{N}$是一致的,则其一致

性在$\mathcal{N}$中不可证。相对于哥德尔的不完全定理，该性质称为哥德尔的第二不完全性定理。

既然$A(\dot{m})$与$\neg A(\dot{m})$都不是形式系统$\mathcal{N}$中的定理，那么按照第5章中在证明形式系统K^*完备性时所采用的扩张方法，将$A(\dot{m})$加入$\mathcal{N}$的公理集合中，形成新的形式系统$\mathcal{N}^*$会保持一致性，但是，$\mathcal{N}^*$也还是不完全的。回顾哥德尔不完全性定理的整个证明过程，我们相继引入了可表示性、递归性、哥德尔配数的概念，证明了递归函数是可表示的、$\mathbb{N}$中与$\mathcal{N}$的语法有关的集合和关系是递归的，从而才构造出了一个具有自指特点的语句。如果现在把$A(\dot{m})$加入$\mathcal{N}$的公理集合中，那么根据例7.2.3中已得到的$\mathbb{N}$的有限子集是递归的，递归集合的并也还是递归的，所以$\mathcal{N}^*$中所有公理的哥德尔数构成的集合Ax^*也还是递归的，进而，与$\mathcal{N}^*$有关的集合Prf^*和关系Pf^*也还是递归的，因此，与$\mathcal{N}^*$有关的关系W^*也还是递归的，从而它在$\mathcal{N}^*$中是可表示的，所以，我们还是可以构造出一个具有自指特点的语句，使得该语句及其否定都不是$\mathcal{N}^*$中的定理。事实上，罗瑟证明了，对于形式系统$\mathcal{N}$的一致性扩张$\widetilde{\mathcal{N}}$，只要它的所有公理的哥德尔数构成的集合为$\widetilde{\mathrm{Ax}}$是递归的，$\widetilde{\mathcal{N}}$就一定是不完全的。

此外，能将$\mathcal{N}$包含在内的数学形式系统，如形式系统ZF，只要它的所有公理的哥德尔数构成的集合是递归的，那么在一致性的前提下，也都是不完全的。

当然，如果不要求所有公理的哥德尔数构成的集合是递归集合，还是有$\mathcal{N}$的一致的、完全的扩张。比如，将所有在$\mathbb{N}$下为真的$\mathcal{N}$中的合式公式作为公理，所形成的$\mathcal{N}$的扩张是一致的、完全的，因为$\mathbb{N}$是该扩张的模型，而且该扩张把所有为真的合式公式都包括进了公理集之中。至于为何选取所有公理的哥德尔数构成的集合为递归集合的形式系统作为研究对象，递归集合的意义何在，这些都与算法的可计算性有关。

习题

1. 证明对于$\mathbb{N}$上的二元函数$f: \mathbb{N}^2 \to \mathbb{N}$，其中$f(m,n)=m\times n$，它在$\mathcal{N}$中是可表示的。

2. 证明对于$\mathbb{N}$上的一元函数$f: \mathbb{N}\to\mathbb{N}$，其中$f(m)=2m$，它在$\mathcal{N}$中用合式公式$x_2 \doteq \dot{2}\times x_1$可表示。

3. 证明后继函数$s: \mathbb{N}\to\mathbb{N}$，其中$s(n)=n+1$，在$\mathcal{N}$中是可表示的。

4. 在例 7.1.6 中，验证合式公式 $A(x_1,\cdots,x_k,x_{k+1})$ 满足证明中的条件(1)、(2)、(3)。

5. 在命题 7.1.2 中，验证当 $\langle n_1,\cdots,n_k\rangle\notin R$ 时，有

$$(A(\dot{\overbrace{n_1}},\cdots,\dot{\overbrace{n_k}})\wedge(x_j\doteq\dot{1}))\vee(\neg A(\dot{\overbrace{n_1}},\cdots,\dot{\overbrace{n_k}})\wedge(x_j\doteq\dot{0}))\vdash_{\mathcal{N}}x_j\doteq\dot{\overbrace{n_{k+1}}}$$

6. 证明下列函数是递归的：

(1) $f_1:\mathbb{N}^2\to\mathbb{N}$，其中 $f_1(m,n)=m^2+mn$；

(2) $f_2:\mathbb{N}^3\to\mathbb{N}$，其中 $f_2(m,n,k)=n^2$；

(3) $f_{||}:\mathbb{N}^2\to\mathbb{N}$，其中 $f_{||}(m,n)=|m-n|$；

(4) $f_e:\mathbb{N}^2\to\mathbb{N}$，其中 $f_e(m,n)=m^n$；

(5) $f_{\min}:\mathbb{N}^2\to\mathbb{N}$，其中 $f_{\min}(m,n)=\begin{cases}m & m\leqslant n\\ n & n<m\end{cases}$；

(6) $q:\mathbb{N}^2\to\mathbb{N}$，其中，当 $n\neq 0$ 时，$q(n,m)$ 为 m 除以 n 之后的商；当 $n=0$ 时，$q(n,m)$ 为 0。

7. 证明下列关系和集合均为递归的：

(1) $\mathbb{N}$ 上的二元关系 $<$；

(2) $\mathbb{N}$ 上的二元关系 $=$；

(3) $\mathbb{N}$ 的单元子集 $\{n\}$。

8. 给出下列哥德尔数所对应的语言 $\mathcal{L}$ 中的形式对象：

(1) $2^{157}\times3^3\times5^{15}\times7^5$；

(2) $2^{157}\times3^3\times5^{15}\times7^7\times11^{17}\times13^5\times17^{11}\times19^{61}\times23^3\times29^{23}\times31^5$。

9. 给出下列 $\mathcal{L}_{\mathrm{N}}$ 中形式对象的哥德尔数。

(1) $x_1\doteq\dot{0}$；

(2) $x_1\dot{\times}(x_2)'$；

(3) $x_1\dot{\times}(x_2)'\doteq(x_1\dot{\times}x_2)\dot{+}x_1$；

(4) $x_1\dot{+}x_3\doteq x_2\dot{+}x_3\to x_1\doteq x_2$。

10. 设函数 f 定义为 $f(0)=0$，$f(1)=1$；$f(n)=f(n-1)+f(n-2)$，当 $2\leqslant n$ 时。将 f 写为过程值递归的形式。

11. 在命题 7.5.6 中证明集合 LAx_2、LAx_3、LAx_6 也都是递归的。

12. 在命题 7.5.7 中证明集合 EAx_2、EAx_3 以及 $\mathrm{NAx}_1\sim\mathrm{NAx}_6$ 都是递归的。

13. 证明合式公式 $\forall x_2(\neg W(\dot{m},x_2))$ 在模型 $\mathbb{N}$ 下为真。

第8章 算法可计算性

形式系统的系统性质除了前面已经介绍的一致性、完全性、可靠性、完备性，还有可判定性。可判定性涉及算法能否有效实现，属于可计算性理论。本章引入丘奇论题和图灵论题两个重要的论题，它们是从不同角度对算法可计算进行描述，因而是等价的。通过这两个论题会知道递归集合的意义何在，而这些都与算法的可计算性有关。本章还介绍了图灵机，并分析了图灵机停机问题。此外，还分析形式系统$\mathcal{N}$的不可判定性。

8.1 丘奇论题

在7.6节中曾谈到，对于形式系统$\mathcal{N}$的扩张，应该满足其所有公理的哥德尔数构成的集合是递归集合。因为只有当这个集合是递归的，才会存在一个算法(algorithm)，该算法能够确定任意一个合式公式是否为形式系统的公理。这里所谈及的算法本身是一个直观上的概念，并不是一个精确的数学定义，它可以理解为一个有限长的指令(instruction)序列，其中的每一条指令都是明确的，可以被机械地(mechanically)执行。由于指令的有限性和明确性，算法是一个"能行的"(effective)过程。对于一个数学形式系统J，任给一个合式公式A，都应该存在算法能够确定A是否为数学形式系统J的公理。因为引入数学形式系统就是为了模拟、反映通常用自然语言描述的数学证明，使得证明过程是精确的。如果不存在一个能确认A是否为公理的算法，也就不存在一个能确认任给的合式公式序列是否为证明的算法，那么，也就失去了构建这个数学形式系统的意义。需要指出，能确认A是否为公理的算法并不针对一个具体的合式公式A，而是对于任意给定的合式公式A，也就是说，合式公式A是否为数学形式系统J的公理(其中A为J的合式公式)，应该有一个通用的算法。也可以考虑合式公式A是否为数学形式系统J的定理(其中A为J的合式公式)有通用的算法。

上述两个问题属于判定(decision)问题，它们都是判断形式对象是否属于某个集合，这相当于判断它们是否具有某个性质。也可以将判断形式对象是否属于某个集合推广到判断形式对象之间是否满足某一关系，在7.5节曾证明了有些关系也是递归的。利用集合与关系的特征函数，上述问题等价于判断它们的特征函数在何处取值为1。这些特征函数的定义域是关于形式对象的，并非是关于自然数的，通过哥德尔编码，可以将形式对象的集合转换为自然数的集合，再对转换后的自然数有关的集合考虑其特征函数，此时的特征函数的定义域也就成为自然数有关的集合。比如，对于形式系统$\mathcal{N}$，当考虑合式公式A是否为$\mathcal{N}$的公理时，这等

价于考虑 A 的哥德尔数 $g_{\#}(A)$ 是否属于$\mathcal{N}$的所有公理的哥德尔数构成的集合 Ax,而这又等价于 Ax 的特征函数 χ_{Ax} 在 $g_{\#}(A)$ 处是否取值为 1。由于 χ_{Ax} 的定义域和值域都是关于自然数的集合,即 χ_{Ax} 是$\mathbb{N}$上的函数,A 是否为$\mathcal{N}$的公理的判定问题就转换为计算 χ_{Ax} 在 $g_{\#}(A)$ 处是否取值为 1 的计算(computation)问题,进而判定问题是否有算法就转换为相应的计算问题是否有算法。

对于$\mathbb{N}$上的 k 元函数 $f: \mathbb{N}^k \to \mathbb{N}$,考察计算它是否有算法可以计算是一件有意义的事情,不限于目前正在讨论的与形式系统有关的判定问题。比如,对于判定问题"自然数 m 是否为素数",该判定问题是否有算法相当于计算特征函数 $\chi_{\mathrm{Prm}}(n)$ 的值是否有算法。该判定问题可以采用的算法:任意给定一个自然数 m,可以依次用小于 m 的自然数去除 m,以确定 m 的因子是否只有 1 和它自身,进而可以确定出 m 是否为素数。这个算法同时也给出了计算 $\chi_{\mathrm{Prm}}(m)$ 的值的算法。注意,该算法的思路也是例 7.2.3 的(v)中证明 χ_{Prm} 是递归函数的思路。此外,该判定问题也与例 7.2.3 的(vi)中函数 p 的计算问题有一定联系,如果计算 $p(n)$ 的值有算法,那么可以通过依次计算 $p(n)$ 的值,直到大于或等于 m,就可以知道自然数 m 是否为素数,这样也就得到了判定问题"自然数 m 是否为素数"的算法。

【定义 8.1.1】 称$\mathbb{N}$上的 k 元函数 $f: \mathbb{N}^k \to \mathbb{N}$ 是算法可计算的(computable by algorithm),若对于任意的 $n_1, \cdots, n_k \in \mathbb{N}$,都存在算法可以计算 $f(n_1, \cdots, n_k)$ 的值。

由于算法本身是一个直观的概念,所以定义 8.1.1 中的算法可计算性也并不是严格数学意义上的定义,只是一个直观上的定义。

对于诸如 $f(n)=n^2$,$f(m,n)=m+n$ 这些有初等代数表达式的函数,立刻可得它们是算法可计算的。然而,根据第 1 章中函数的定义,对于一个函数,只要对于定义域中任意的 x,值域中都存在唯一的 y 与之对应,也就给出了这个函数,不要求该函数的因变量 y 与其自变量 x 之间有具体的代数表达式。比如,$p(n)$ 为第 n 个奇素数的函数没有具体的代数表达式,但它是符合函数定义要求的。虽然计算 $p(n)$ 的值是有算法的,但是 $p(n)$ 的可计算性就不像 $f(n)=n^2$ 那样立刻就可以看出。再如,函数 $f(n)$ 定义为当 π 的展开式的小数部分有连续 n 个 7 时,$f(n)=1$,其他情况时,$f(n)=0$。这个函数就不是算法可计算的,因为对于某个 n 来说,π 的展开式的小数部分有连续 n 个 7 这种情况可能一直找不到,这就涉及无限的过程,不是能行的。

现在我们来看一下递归函数是否是算法可计算的。递归函数是由三个基本函数通过有限次地利用三条规则生成。对于三个基本函数 z、s、p_i^k 来说,它们根据自身的定义可以直接看出是算法可计算的函数。三条规则会保持算法的可计算性。对于复合规则，如果函数 g 和函数 $h_1,\cdots,h_j$ 都是算法可计算的，那么为了计算通过复合规则生成的函数 f 在 $\langle n_1,\cdots,n_k\rangle$ 处的值，可以先用函数 $h_1,\cdots,h_j$ 的算法计算得到 $m_1=h_1(n_1,\cdots,n_k),\cdots,m_j=h_j(n_1,\cdots,n_k)$，再利用函数 g 的算法计算得到 $g(m_1,\cdots,m_j)$，根据函数 f 的定义，$g(m_1,\cdots,m_j)$就是 f 在 $\langle n_1,\cdots,n_k\rangle$ 处的值 $f(n_1,\cdots,n_k)$。对于递归规则，如果函数 g 和 h 都是算法可计算的，那么通过递归规则生成的函数 f 在 $\langle n_1,\cdots,n_k,n_{k+1}\rangle$ 处的值可以采用如下的算法进行计算：首先，当 $n_{k+1}=0$ 时，利用 g 的算法可以计算得到 $g(n_1,\cdots,n_k)$，此即为 $f(n_1,\cdots,n_k,0)$；其次，当 $n_{k+1}\neq 0$ 时，利用 h 的算法计算 $h(n_1,\cdots,n_k,0,f(n_1,\cdots,n_k,0))$，此即为 $f(n_1,\cdots,n_k,1)$，然后利用 h 的算法计算 $h(n_1,\cdots,n_k,1,f(n_1,\cdots,n_k,1))$，此即为 $f(n_1,\cdots,n_k,2)$，依次这样计算下去，经过 n_{k+1} 步这样的计算过程可以计算出 $h(n_1,\cdots,n_k,n_{k+1}-1,f(n_1,\cdots,n_k,n_{k+1}-1))$，此即为 $f(n_1,\cdots,n_k,n_{k+1})$。对于最小数算子规则，如果函数 g 是算法可计算的，为了计算通过最小数算子规则生成的函数 f 在 $\langle n_1,\cdots,n_k\rangle$ 处的值，可以利用 g 的算法逐个计算 $g(n_1,\cdots,n_k,0),g(n_1,\cdots,n_k,1),\cdots$，直到碰到 n 使得 $g(n_1,\cdots,n_k,n)=0$，此时的 n 就是 $f(n_1,\cdots,n_k)$。基于上述分析可以看出，所有的递归函数都是算法可计算的函数。

当然，上述关于递归函数是算法可计算的论证并不是严格数学意义上的证明，因为本来“算法”这个概念就不是严格数学意义上的概念，只是一个直观上的概念。上述论证只是表明，如果我们直观上认为三个基本函数是算法可计算的，并且三条规则会保持直观上的算法可计算性，递归函数就是算法可计算的函数。反过来，对于“算法可计算的函数是否是递归函数”，也不能证明它成立或者不成立。人们曾试图对算法这个概念给出数学上的定义，进而试图刻画算法可计算函数的特性。不同的人会对算法采用不同的数学定义。对一个概念进行数学上的定义是否与我们对这个概念的直观感受相吻合是无法证明的。但可以证明，无论采用算法的哪种数学定义，在该定义下的算法可计算函数都是递归函数。因此，我们接受丘奇论题(Church's Thesis)：算法可计算函数等同于递归函数。

根据丘奇论题，既然算法可计算函数等同于递归函数，就把算法可计算函数定义为递归函数。这样，算法可计算函数就有了严格数学意义上的定义。

由于算法可计算是针对 k 元函数 $f:\mathbb{N}^k\to\mathbb{N}$ 在 $\langle n_1,\cdots,n_k\rangle$ 处的值 $f(n_1,\cdots,n_k)$ 而言的，对递归函数进行扩展，允许递归函数在定义域 $\mathbb{N}^k$ 的有些地方没有定义，这是最小数算子引起的。在最小数算子的定义中，为了使得函数 f 在定义域的每一处都有定义，即对于任意的 $n_1,\cdots,n_k\in\mathbb{N}$，$f(n_1,\cdots,n_k)$都有值，要求对于任意的 $n_1,\cdots,n_k\in\mathbb{N}$，存在 $n\in\mathbb{N}$ 满足条件 $g(n_1,\cdots,n_k,n)=0$，此时的 f 是全函数(total function)。如果去掉这个条件，那么可能对于有些 $n_1,\cdots,n_k\in\mathbb{N}$，$f(n_1,\cdots,n_k)$没有值，此时的 f 是偏函数(partial function)。如果在递归函数的定义中允许使用这种去掉条件 $g(n_1,\cdots,n_k,n)=0$ 的最小数算子规则，所定义的递归函数就是递归偏函数(recursive partial function)。对于偏函数 f，只要有算法可以计算函数 f 在有定义处的值，就认为这个函数是算法可计算的。因此，丘奇论题对于偏函数也是适用的，即算法可计算偏函数等同于递归偏函数。

根据丘奇论题，一个给定函数是否是算法可计算的等价于该函数是否是递归函数。因此，如果已经确定了一个函数的递归性，也就确定了计算该函数的算法的存在性；如果找到了一个计算该函数的算法，也就确定了该函数是递归函数。可以看出，丘奇论题的重要性更多地体现在证明一个函数不存在算法可以计算的情形。因为对于一个函数而言，只要找到一个算法可以计算该函数，就可以说该函数是算法可计算的，但是如果说一个函数不是算法可计算的，不能根据没有找到算法就说不存在算法；有了丘奇论题，只要证明该函数不是递归的，就可以说该函数没有算法可以计算。此外，对于一个集合而言，是否存在一个算法可以判断一个对象是否属于该集合就等价于该集合的特征函数是否是递归函数，也就是说该集合是否是递归的。在7.6节提到过，所有在$\mathbb{N}$下为真的$\mathcal{N}$中的合式公式的哥德尔数构成的集合不是递归集合，因而如下的判定问题是没有算法的：合式公式 A 是否在$\mathbb{N}$下为真，其中 A 为$\mathcal{N}$的合式公式。

在7.5节中证明的那些递归的集合表明了，存在着相应的算法可以判断是否某对象属于该集合。比如，$\mathcal{N}$中所有合式公式的哥德尔数构成的集合 WF 是递归的，这表明存在着算法可以判断一个符号串是否为$\mathcal{N}$中的合式公式；$\mathcal{N}$中所有证明的哥德尔数构成的集合 Prf 是递归的，表明存在着算法可以判断合式公式的有限序列是否为$\mathcal{N}$中的一个证明。因此，本节开始所谈到的要求所有公理的哥德尔数构成的集合是递归集合，实质上就是要求存在着一种算法，可以判断$\mathcal{N}$中的合式公式是否为$\mathcal{N}$中的公理。

8.2 图灵机

8.1节根据丘奇论题用递归函数描述了直观上的算法可计算函数。1936年，英国数学家图灵(A. Turing)从另一个角度给出了算法可计算函数的描述。图灵对人们是如何计算的这件事进行了分析，发现人们拿着笔和纸在实施计算时可以归为两个基本动作：①在纸上写上一个符号或者擦除一个符号；②将注意力从一个位置移动到另一个位置。此外，当某一步计算完成后，下一步的计算依赖当前所关注的纸上的符号，以及当前人们的思维状态。图灵在上述分析的基础上提出了图灵机的概念。图灵机并不是一个真正的计算机器，而是一个模拟计算过程的抽象计算机器，它可以在数学意义上严格地描述。图灵机可以在直观上想象为一个有纸带穿过的黑箱，如图 8.2.1 所示。纸带可以向两端无限延长，纸带上被划分为一个个大小相等的方格，每个方格中可以印有符号，也可以是空白的。纸带上有限多个方格中的符号是作为输入信息的，黑箱按照特定的规则对纸带上这些信息进行处理，最终可能停下来，也可能永远不停下来。如果停下来，那么纸带上留下的信息就是输出信息。如果永远不停下来，就没有输出信息。

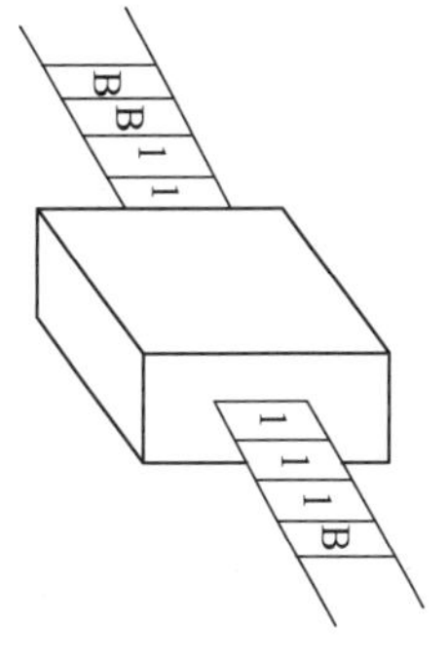

图 8.2.1 图灵机示意图

下面看图灵机的工作细节。方格中所印的符号来源于图灵机的符号表，该符号表含有有限个符号。每个不同的图灵机会有不同的符号表，但是符号表中的符号都是有限个。纸带上的每个方格在某个时刻只会打印上符号表中的一个符号，或该方格是空白的。空白方格可以理解为方格中打印的是符号 B(英文 blank 的首字母)。符号表除了含有符号 B，还至少含有另一个符号，否则纸带上将都是 B，也就不会含有任何信息。因此，最简单的符号表是仅含有两个符号，比如 B 和 1。图灵机每次去读纸带上的一个方格，并根据此时图灵机的状态决定所采取的动作，它将正在读的方格中的符号擦除并打印上一个符号，或者将正在读的方格中的符号擦除使得该方格为空白，或者是在一个空白方格中打印上一个符号，或者不对正在读的方格进行任何操作而是将视线向左或向右转移一个方格。由于空白可以理解为方格中的符号是 B，将正在读的方格中的符号擦除就可以理解为将正在读的方格中的符号擦除并打印符号 B；类似地，在一个空白方格中打印上一个符号可以理解为将正在读的方格中的符号 B 擦除，并打印一个符号。因此，图灵机每一次的动作只有如下三种可能：

(1) 将正在读的方格中的符号擦除，并打印一个符号；

(2) 视线向左移动一格；

(3) 视线向右移动一格。

图灵机每一次采取的动作由此时所读的方格中的符号以及此时图灵机所处

的状态决定。每个具体的图灵机都含有有限个状态,图灵机在任何时刻都处于某一个状态。当然,图灵机所含有的状态总数不能仅仅只有一个,否则每一次的动作都仅与当前正在读的方格中的符号有关,就不会具有“记忆”功能。可见,图灵机的每一步计算除了涉及每一次动作,还要有每一次动作之后的状态指定。因此,每一步计算的完整描述需要如下四点:

(1) 当前的状态;

(2) 正在读的方格中的符号;

(3) 所采取的动作;

(4) 动作之后的状态。

如果把动作中的左移一格和右移一格也用符号表示,如用 L 和 R,第 i 步计算的输入就是当前的状态和当前正在读的方格中的符号,可以用有序对 $\langle q_i, x_i\rangle$ 表示;第 i 步计算的输出就是采取动作之后的方格中的符号或者 L 和 R,以及动作之后的状态,可以用有序对 $\langle x_{i+1}, q_{i+1}\rangle$ 表示。因此,可以用 $q_i\, x_i\, x_{i+1}\, q_{i+1}$ 去描述每一步计算。如果将 $q_i\, x_i\, x_{i+1}\, q_{i+1}$ 视为一条指令,那么一个图灵机也完全由它所含有的全部指令 $q_i\, x_i\, x_{i+1}\, q_{i+1}$ 决定,对于任意的纸带上的输入,根据每一步计算当前的状态和正在读的方格中的符号,即根据 $\langle q_i, x_i\rangle$ 去寻找以 $q_i\, x_i$ 开始的指令 $q_i\, x_i\, x_{i+1}\, q_{i+1}$,然后根据该指令执行动作 x_{i+1},并将状态变为 q_{i+1} 以为下一步的计算做好准备。这里需要指出两点:第一,不能出现相互矛盾的指令,也就是对同一个 $\langle q_i, x_i\rangle$ 不能出现不同的以 $q_i\, x_i$ 开始的指令 $q_i\, x_i\, x_{i+1}\, q_{i+1}$,否则机器不知道该执行哪一条指令;第二,不要求每个符号和每个状态的组合 $\langle q_i, x_i\rangle$,都会有以 $q_i\, x_i$ 开始的指令 $q_i\, x_i\, x_{i+1}\, q_{i+1}$,因而会出现机器根据当前的 $\langle q_i, x_i\rangle$ 找不到以 $q_i\, x_i$ 开始的指令 $q_i\, x_i\, x_{i+1}\, q_{i+1}$,此时机器就会终止(terminate),称为停机(halt)。

从上面的分析可以看出,图灵机由其全部的指令决定,因而在数学上可以用一个偏映射去描述。具体地,令 Q 表示状态的集合,它是一个有限集,且至少含有两个元素,其中一个元素是初始状态 q_0;令 A 表示符号表集合,它也是一个有限集,且也至少含有两个元素,其中一个元素是 B。那么,图灵机可以看作一个偏映射 $T: Q\times A\to(A\cup\{\mathrm{L},\mathrm{R}\})\times Q$。$T$ 为偏映射就是说它并不是在 $Q\times A$ 处处都有定义,没有定义的地方对应了图灵机停机的地方。图灵机工作时的初始状态是 q_0,纸带上的信息输入是从最左边第一个非空白的方格开始。对于给定纸带上的一次特定的输入,若图灵机最后停机,则本次计算完成,停机时纸带上的符号即为本次计算的输出;若图灵机不停机,则本次计算是不确定的,是没有输出的。

下面举一些具体的计算例子。

【例 8.2.1】 图灵机的符号表集合 $A=\{B,1\}$，状态集合 $Q=\{q_0,q_1\}$，指令集为 $T=\{q_0\ 1\ B\ q_1, q_1\ B\ R\ q_0\}$。

当输入信息是连续的 5 个 1，计算过程中纸带上的符号变化如下所示：

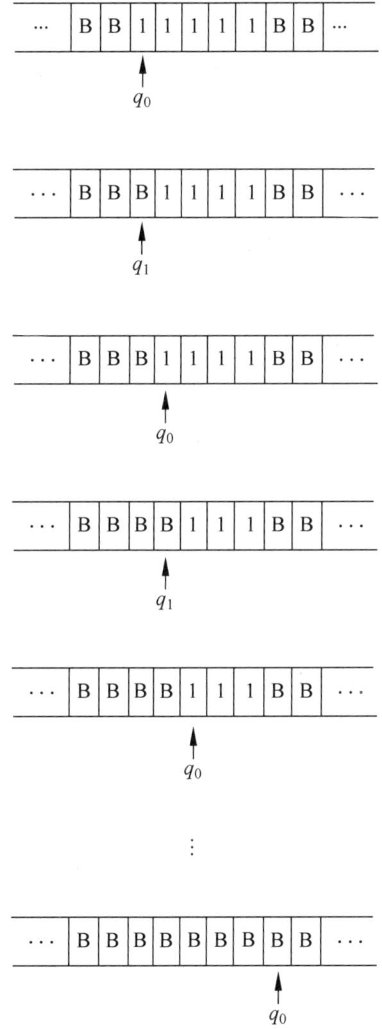

第一步，机器的状态是初始状态 q_0，正在读的方格是最左边第一个非空白的方格，该方格中的符号是 1，因此根据指令 $q_0\ 1\ B\ q_1$，将方格中符号 1 擦除并打印符号 B，这实际上就是把符号 1 擦除，并进入状态 q_1。第二步，此时状态是 q_1，正在读的方格中的符号是 B，因此根据指令 $q_1\ B\ R\ q_0$，向右移动一个方格，并进入状态 q_0。第三步，此时的状态是 q_0，正在读的方格中的符号是 1，这就与第一步一样，根据指令 $q_0\ 1\ B\ q_1$，将方格中符号 1 擦除并打印符号 B，并进入状态

q_1。如此这样一步步计算下去，直到以状态 q_0 读到符号 B，此时找不到以 q_0 B 开始的指令，所以机器停机。如果把计算过程中纸带上的符号变化展示出来，会更加清晰。

可见，该图灵机完成将连续的 1 擦除后停机。观察指令集就会发现，指令集只有 q_0 1 B q_1 和 q_1 B R q_0 两条指令。第一条指令表明，若以状态 q_0 读到 1，则将其擦除，并转换到状态 q_1；第二条指令表明，若以状态 q_1 读到空白，则向右移动一格，并转换到状态 q_0。因而，对于输入是连续的 1，图灵机以初始状态 q_0 开始，自然就会不断地擦除 1 并且接着右移，直到以状态 q_0 读到空白方格后停机。

■

【例 8.2.2】 图灵机的符号表集合 $A=\{B,1\}$，状态集合 $Q=\{q_0,q_1,q_2\}$，指令集为 $T=\{q_0\ 1\ R\ q_1, q_1\ 1\ R\ q_0, q_1\ B\ R\ q_2, q_2\ B\ 1\ q_2\}$。

当输入信息是连续的 4 个 1 时，计算过程中纸带上的符号变化如下所示：

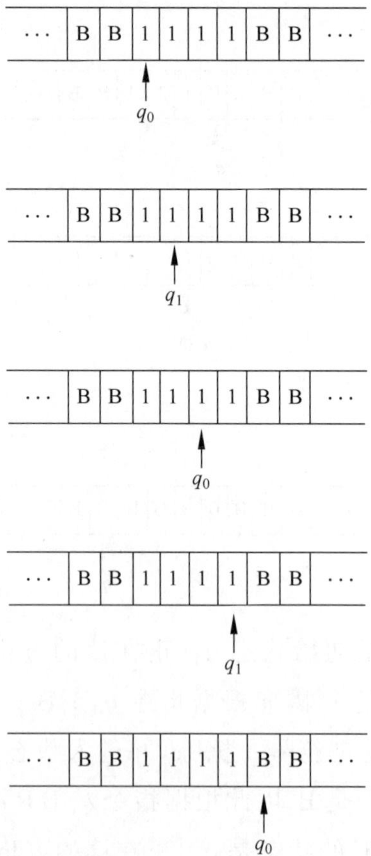

当输入信息是连续的 5 个 1 时,计算过程中纸带上的符号变化如下所示:

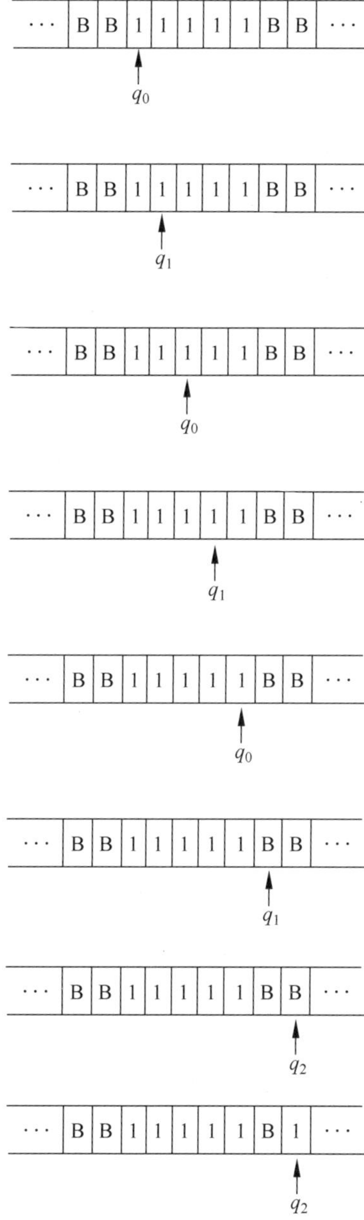

观察指令集会发现,根据前两条指令,对于连续个 1,机器会不停地以状态 q_0 和状态 q_1 交替读到符号 1,并向右移动,直到读到空白方格;若输入是连续偶数个 1,则将以状态 q_0 读到空白方格,此时没有以 q_0 B 开始的指令,所以机器停机;若输入是连续奇数个 1,将以状态 q_1 读到空白方格,则根据第三条指令 q_1 B R q_2,向右移动一个方格,并进入状态 q_2,再根据第四条指令 q_2 B 1 q_2,在空白方格中打

印符号 1,并进入状态 q_2,由于没有以 q_2 1 开始的指令,所以机器停机。可以看出,该图灵机可以用来区分输入是奇数个连续的 1 还是偶数个连续的 1。

■

如果将纸带上连续 n 个 1 视为自然数 n,那么可以设计图灵机实现加法运算。

【例 8.2.3】 图灵机的符号表集合 $A=\{B,1,X\}$,状态集合 $Q=\{q_0,q_1,q_2\}$,指令集为 $T=\{q_0\ 1\ B\ q_0, q_0\ B\ R\ q_1, q_1\ 1\ R\ q_1, q_1\ X\ 1\ q_2\}$。

若输入的信息是由符号 X 分开的 2 个连续的 1 和 3 个连续的 1,分别用以表示自然数 2 和 3,则计算过程中纸带上的符号变化如下所示:

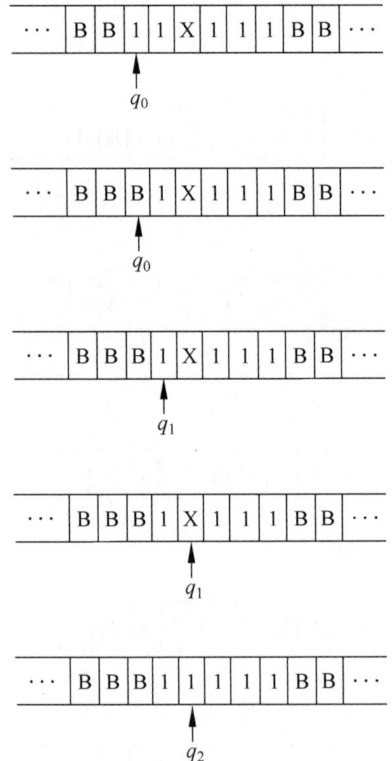

可以看出,最后纸带上留下的是 5 个连续的 1,表示自然数 5。一般地,若输入的信息是由符号 X 分开的 m 个 1 和 n 个 1,则计算后纸带上将留下 $m+n$ 个连续的 1。

■

前面几个都是简单的例子,当设计图灵机完成复杂计算时,可以将复杂计算分解为一些较简单的计算。比如,当让图灵机完成复制一段由 1 组成的符号串时,可以将其分解为标记复制符号、右移搜索特定符号、左移搜索特定符号、复制、左移消去标记、右移消去标记几个基本计算，再把这些基本的计算组合起来，就可得到了复杂的计算。对于标记复制符号，是指将希望被复制的符号，比如 1，标记为另一个符号，比如 X，并进入下一个状态，这可以由指令 q_i 1 X q_j 完成。对于右移搜索特定符号，就是以某状态不停向右移动，直至搜索到特定符号后，进入下一个状态，比如，以状态 q_i 搜索到符号 B 后进入状态 q_j，可以用指令 q_i B R q_j，以及 q_i Y R q_i，其中 Y 为符号表中其他符号；类似地，也可以得到对于完成左移搜索特定符号的指令。对于复制，就是在空白方格处打印希望被复制的符号，比如 1，然后进入下一个状态，这可以由指令 q_i B 1 q_j 完成。对于左移消去标记，就是将左边的之前标记的符号恢复为原来的符号，比如，将标记符号 X 恢复为原来的 1，这可以由指令 q_i X 1 q_i 和 q_i 1 L q_i 完成；类似地，可以得到对于完成右移消去标记的指令。

下面看一个具体的复制的例子，指令集相对于前面几个例子会复杂一些。由于状态集合和符号表集合都是有限集，可以将 T 列为表的形式，其中行索引是状态，列索引是符号，表中的元素为映射 T 在行列索引下的值。

【例 8.2.4】 图灵机的符号表集合 $A=\{B,1,X\}$，状态集合 $Q=\{q_0,q_1,q_2,q_3,q_4\}$，指令集 T 如下表所示：

	B	1	X
q_0	L q_4	X q_1	
q_1	R q_2	R q_1	R q_1
q_2	1 q_3	R q_2	
q_3	L q_3	L q_3	R q_0
q_4		L q_4	1 q_4

当输入的信息是由 4 个连续的 1 时，计算过程中纸带上的符号变化可分为如下五个阶段：

(1) 标记复制符号 1，由指令 q_0 1 X q_1 完成。

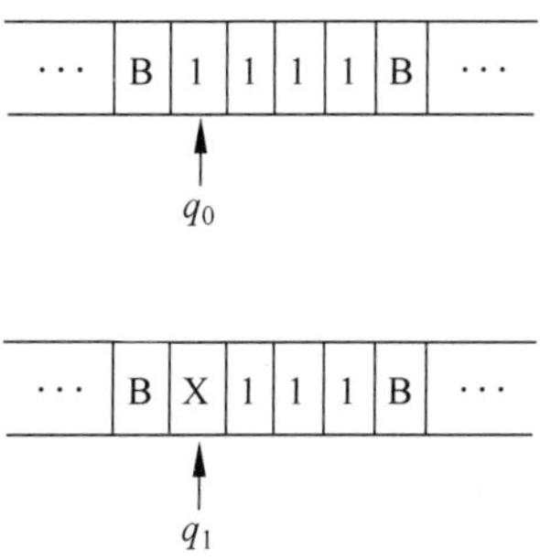

(2) 右移搜索符号 B,由指令 q_1 B R q_2,q_1 X R q_1,q_1 1 R q_1 完成。

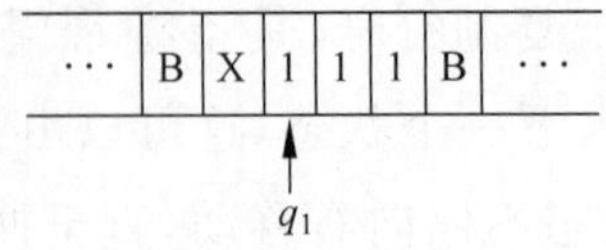

⋮

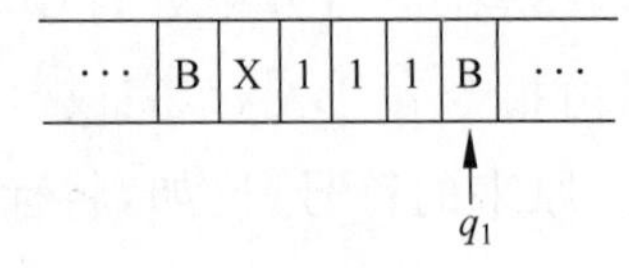

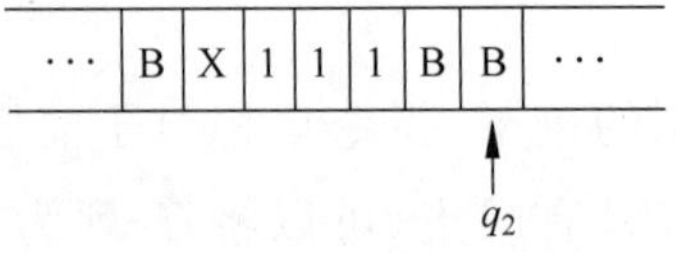

(3) 复制符号 1,由指令 q_2 B 1 q_3 完成。

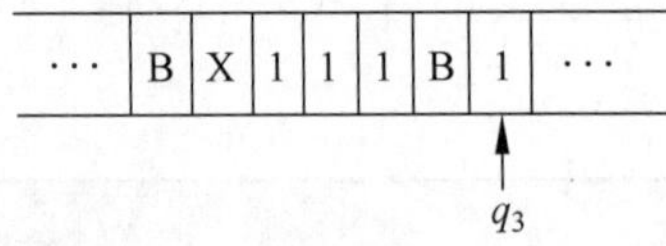

(4) 左移搜索符号 X,由指令 q_3 X R q_0,q_3 1 L q_3,q_3 B L q_3 完成。

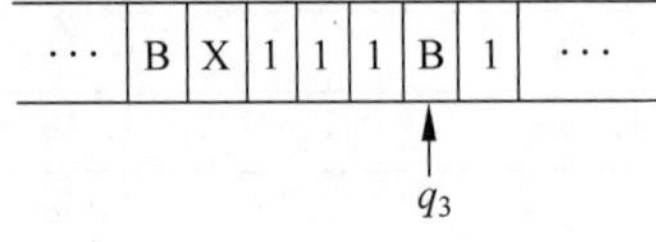

⋮

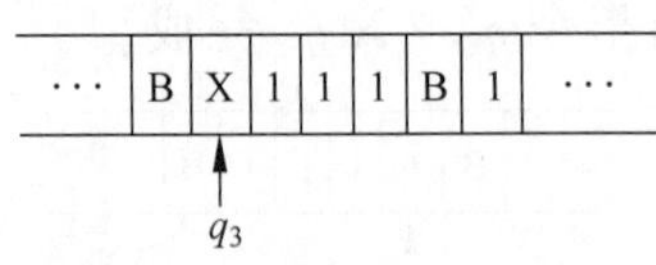

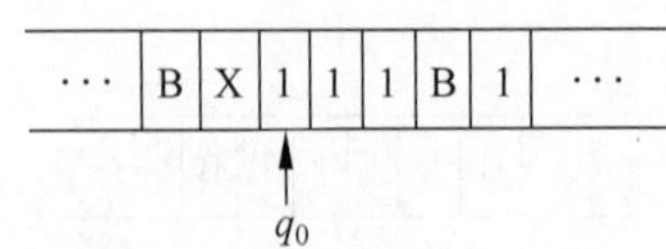

接着对第二个1进行复制，过程是(1)～(4)的重复，直到把第4个1也复制完。此时，纸带上的符号和图灵机所处的状态如下所示。

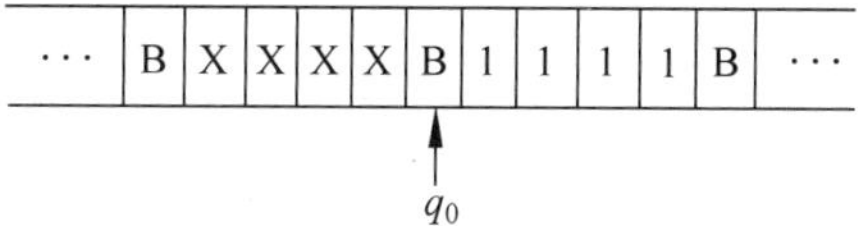

(5) 左移消去标记X，由指令 q_4 X 1 q_4，q_4 1 L q_4 完成。

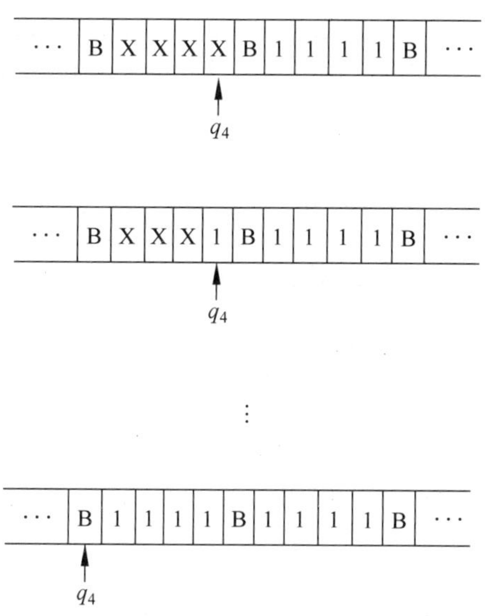

最后，因为没有以 q_4 B 开始的指令，所以停机在这里。

■

也可以设计图灵机实现乘法运算，同样是将其分解为一些简单的运算。下面的例子中直接给出结果。

【例8.2.5】 图灵机的符号表集合 $A=\{B, 1, X, Y\}$，状态集合 $Q=\{q_0, q_1, \cdots, q_{10}\}$，指令集 T 如下表所示：

	B	1	X	Y
q_0	R q_9	X q_1		
q_1	R q_2	R q_1	R q_1	
q_2	L q_7	Y q_3		
q_3	R q_4	R q_3		R q_3
q_4	1 q_5	R q_4		
q_5	L q_5	L q_5		1 q_6

续表

	B	1	X	Y
q_6		R q_2		
q_7	L q_7	L q_7	B q_8	
q_8	R q_0			
q_9		B q_{10}		
q_{10}	R q_9			

当输入信息是由空白方格分开的 2 个连续的 1 和 3 个连续的 1，分别用以表示自然数 2 和 3，即

…	B	1	1	B	1	1	1	B	…

则经过近 100 步的计算过程，停机后纸带上的符号为

…	B	1	1	1	1	1	1	B	…

↑ q_9（指向第一个 B）

最后纸带上留下的是 6 个连续的 1，表示自然数 6。

■

【例 8.2.6】 图灵机的符号表集合 $A=\{B,1\}$，状态集合 $Q=\{q_0,q_1\}$，指令集为 $T=\{q_0\,B\,R\,q_0,q_0\,1\,R\,q_0,q_1\,B\,R\,q_0\}$。

由指令集可以看出，该图灵机对于任意的输入都会不停地向右移动，不会停机。

■

图灵机完全由它的指令集 T 决定，而由于状态集合 Q 和符号表集合 A 对于每个具体的图灵机都是有限集合，也可以采用 7.3 节中的哥德尔编码方法对每个图灵机进行编码。具体地，令 $A^*=\{a_0,a_1,a_2\cdots\}$，$Q^*=\{q_0,q_1,q_2\cdots\}$，其中 a_0 是空白符号 B。由于 A^* 和 Q^* 都是可列集合，对于每个具体的图灵机来说，它所使用的符号和状态可以看作取自 A^* 和 Q^*。所以先对集合 $\{L,R\}\cup A^*\cup Q^*$ 中的元素进行编码，具体编码方法如下。

$$g_{\#}(L)=3,g_{\#}(R)=5,g_{\#}(a_k)=7+4k,g_{\#}(q_k)=9+4k$$

其中：$k\in\mathbb{N}$。

接着对指令进行编码，对于指令 $s_0\quad s_1\quad s_2\quad s_3$ 来说，其编码为

$$g_{\#}(s_0\quad s_1\quad s_2\quad s_3)=2^{g_{\#}(s_0)}\times 3^{g_{\#}(s_1)}\times 5^{g_{\#}(s_2)}\times 7^{g_{\#}(s_3)}$$

其中：$s_0,s_3\in Q^*,s_1,s_2\in\{\mathrm{L},\mathrm{R}\}\cup A^*$。

然后对指令集 T 进行编码。在对 T 编码之前，需要对 T 中的指令进行排序。根据指令的字典顺序进行排序，即先按照指令中的 s_0 进行字典顺序排序，比如，q_0 排在 q_2 前面；如果两条指令的 s_0 相同，就再按照指令中的 s_1 进行字典顺序排序，L、R 排在 A^* 中所有元素前面，L 排在 R 前面；如果两条指令的 s_0 和 s_1 都相同，就再按照 s_2 进行字典顺序排序；如此下去，可以对 T 的元素排成一个有限的指令序列 $u_0,u_1,\cdots,u_r$。这样就可以将其编码为

$$g_{\#}(u_0,u_1,\cdots,u_r)=2^{g_{\#}(u_0)}\times 3^{g_{\#}(u_1)}\times\cdots\times p_r^{g_{\#}(u_r)}$$

因而，指令集 T 的编码 $g_{\#}(T)$就是 $g_{\#}(u_0,u_1,\cdots,u_r)$。

类似于 7.3 节中对形式对象的哥德尔编码方法不唯一，这里对图灵机的编码方法也不唯一。通过上述的编码方法，不同的图灵机 T 就会对应不同的编码。任给一个自然数，就可以根据其素因子分解，确定它是否是某个图灵机 T 的编码，如果是某个图灵机 T 的编码，那么可以确定出该图灵机的所有指令。可以看出，上述方法是一个能行的算法，可以将所有的图灵机排列出来 $T_0,T_1,T_2,\cdots$。

【例 8.2.7】 图灵机的符号表集合 $A=\{\mathrm{B},1\}$，状态集合 $Q=\{q_0,q_1\}$，指令集为 $T=\{q_0\ \mathrm{B}\ \mathrm{R}\ q_0,q_0\ 1\ \mathrm{R}\ q_0,q_1\ \mathrm{B}\ \mathrm{R}\ q_0\}$。

T 中的三条指令的编码分别为

$$g_{\#}(q_0\ \mathrm{B}\ \mathrm{R}\ q_0)=2^{g_{\#}(q_0)}\times 3^{g_{\#}(\mathrm{B})}\times 5^{g_{\#}(\mathrm{R})}\times 7^{g_{\#}(q_0)}=2^9\times 3^7\times 5^5\times 7^9$$

$$g_{\#}(q_0\ 1\ \mathrm{R}\ q_0)=2^{g_{\#}(q_0)}\times 3^{g_{\#}(1)}\times 5^{g_{\#}(\mathrm{R})}\times 7^{g_{\#}(q_0)}=2^9\times 3^{11}\times 5^5\times 7^9$$

$$g_{\#}(q_1\ \mathrm{B}\ \mathrm{R}\ q_0)=2^{g_{\#}(q_1)}\times 3^{g_{\#}(\mathrm{B})}\times 5^{g_{\#}(\mathrm{R})}\times 7^{g_{\#}(q_0)}=2^{13}\times 3^7\times 5^5\times 7^9$$

其中，将 1 视为 A^* 中的 a_1。进而可得 T 的编码为

$$\begin{aligned}g_{\#}(T)&=2^{g_{\#}(q_0\mathrm{B}\mathrm{R}q_0)}\times 3^{g_{\#}(q_0 1\mathrm{R}q_0)}\times 5^{g_{\#}(q_1\mathrm{B}\mathrm{R}q_0)}\\&=2^{2^9\times 3^7\times 5^5\times 7^9}\times 3^{2^9\times 3^{11}\times 5^5\times 7^9}\times 5^{2^{13}\times 3^7\times 5^5\times 7^9}\end{aligned}$$

■

8.3 图灵论题

例 8.2.3 和例 8.2.5 说明，如果规定好输入或者输出纸带上的内容是如何对应自然数，图灵机就可以用来计算$\mathbb{N}$上的 k 元函数的函数值。一般地，如果输入

给图灵机的信息是连续的 n 个 1，而其他部分都是空白方格，就认为输入给图灵机的是自然数 n；至于输出信息，如果图灵机经过计算后停机，就认为停机后纸带上的非空白方格数 m 是图灵机输出的自然数 m。这样就建立了自然数 n 与经过图灵机计算出的自然数 m 之间的联系，这实质上是引入了$\mathbb{N}$上的一元函数 f，其在 n 处的函数值 $f(n)$ 就是被图灵机计算出来的 m。当然，可能图灵机对输入 n 永不停机，函数 f 就在 n 处没有定义，此时 f 就是偏函数。

类似于例 8.2.3 和例 8.2.5 中的规定，如果输入给图灵机的信息是由空白方格分开的 n 个连续的 1 和 m 个连续的 1，而其他部分都是空白方格，就认为输入给图灵机的自然数有序对是 $\langle n, m\rangle$；输出信息的表示方法同一元函数的情况。这样也就引入了一个$\mathbb{N}$上的二元函数 f，其在 $\langle n, m\rangle$ 处的函数值 $f(n,m)$ 是被图灵机计算出来的。

上述对输入、输出信息的规定并不是唯一的，也可以选择其他的规定，关键的是每个图灵机所对应的一元函数是唯一的，所对应的二元函数也是唯一的。类似地，可以对图灵机引入$\mathbb{N}$上的 k 元函数，而且它也是唯一确定的。

【定义 8.3.1】 如果存在图灵机 T，在上述输入、输出信息的约定下，对于任意的 $n_1, \cdots, n_k \in \mathbb{N}$，都可以计算 $f(n_1, \cdots, n_k)$ 的值，那么$\mathbb{N}$上的 k 元函数 $f: \mathbb{N}^k \to \mathbb{N}$ 是图灵可计算的(Turing computable)。

不同于定义 8.1.1 中的算法可计算性，定义 8.3.1 中的图灵可计算性是一个严格数学意义上的概念，它的定义中可不含有算法这种直观概念。

每个图灵机 T 都对应唯一的图灵可计算的$\mathbb{N}$上的 k 元函数 f，对于函数 f 而言，却有不止一个图灵机与其对应。因为，对于图灵可计算的函数 f，设图灵机 T 可以计算它的函数值。由于一个图灵机完全由 T 决定，如果在 T 中加入一些不产生实际计算作用的指令，就会得到另一个图灵机，也是同样计算 f 的函数值。比如，图灵机 T 的状态集合为 $Q=\{q_0, q_1, \cdots, q_k\}$，那么可以在 T 中加入指令 $q_{k+1}\ \mathrm{B}\ 1\ q_{k+1}$，从而形成图灵机 T^*。由于 T^* 在计算时不会进入状态 q_{k+1}，T^* 在计算时的效果与 T 一样，都是计算 f 的函数值。

由于图灵机在计算过程中的每一步都是非常简单且机械的，图灵机可以计算出来的函数就是算法可计算函数；如果一个函数是算法可计算的，那么它的函数值也应该是可以被图灵机这种执行简单、机械操作的机器计算出来，也就是说，算法可计算函数是图灵可计算函数。因此，我们接受图灵论题(Turing's Thesis)：

算法可计算函数等同于图灵可计算函数。

由于图灵论题也涉及“算法”这个直观上的概念，也不能证明图灵论题成立或者不成立。然而，图灵可计算函数是严格数学意义上的概念，所以可以证明如下的命题。

【命题 8.3.1】 图灵可计算函数等同于递归函数。

■

命题 8.3.1 的证明分为两个方向：首先是递归函数是图灵可计算函数，这需要先给出可以计算递归函数定义中的三个基本函数的图灵机，再证明三条规则会保持图灵可计算性。其次是图灵可计算函数是递归函数，这需要先把图灵计算所涉及的输入和操作进行编码转换为自然数，再证明编码后的集合和关系是递归的。这里不给出具体的证明。

命题 8.3.1 指出了图灵论题与丘奇论题的等价性。

借助于图灵论题可以讨论图灵机停机问题(halting problem for Turing machines)。利用 8.2 节对图灵机的编码方法，可以能行地将所有的图灵机排列出来：$T_0, T_1, T_2, \cdots$。由于每个图灵机又都对应唯一的一元函数，所以对于任意给定的 $m, n \in \mathbb{N}$，可以找到图灵机 T_m，并考虑其对于输入为 n 时的输出。因而，引入如下判定问题：图灵机 T_m 对于输入 n 是否会停机，其中 $m, n \in \mathbb{N}$。该判定问题即为图灵机停机问题。图灵机停机问题不存在算法。

【命题 8.3.2】 如下的判定问题不存在算法：图灵机 T_m 对于输入 n 是否会停机，其中 $m, n \in \mathbb{N}$。

证明：只要证明命题中判定问题在 $m=n$ 时的特例“图灵机 T_n 对于输入 n 是否会停机，其中 $n \in \mathbb{N}$”不存在算法，也就证明了命题中的判定问题不存在算法。采用反证法证明。假设判定问题“图灵机 T_n 对于输入 n 是否会停机，其中 $n \in \mathbb{N}$”存在算法，那么，对于任意的 $n \in \mathbb{N}$，可以定义$\mathbb{N}$上的一元函数 f：当根据该算法得出 T_n 对于输入 n 会停机时，令 f 在 n 处的值为 0；当根据该算法得出 T_n 对于输入 n 不会停机时，令 f 在 n 处的值为 1。上述定义函数 f 的过程也给出了 f 的算法计算过程，所以 f 是算法可计算的，因而根据图灵论题，f 是图灵可计算函数。既然 f 是图灵可计算函数，就存在图灵机 T 可以计算 f 的函数值。注意，函数 f 是一个全函数，因为 T_n 对于输入为 n 不是停机就是不停机，因此，图灵机 T 对于输入为 n 一定会停机，即一定会有输出：当 T_n 对于输入为 n 停机时，图灵机 T 对于输入为 n 时的输出为 0；当 T_n 对于输入为 n 不停机时，图灵机 T 对于输入为 n 时的输出为 1。

根据图灵机 T 可以构造出另一个图灵机 T^*，它满足：当图灵机 T 对于输入为 n 的输出为 1 时，图灵机 T^* 对于输入为 n 时停机；当图灵机 T 对于输入为 n 的输出为 0 时，图灵机 T^* 对于输入为 n 时不停机。这可以通过在图灵机 T 的指令集中增加对于非空白方格进行搜索的指令来达到，因为当图灵机 T 对于输入为 n 的输出为 0 时，由于没有非空白方格，图灵机 T^* 会根据其指令集中进行搜索的指令一直搜索下去，永不停机；当图灵机 T 对于输入为 n 的输出为 1 时，由于输出有非空白方格，图灵机 T^* 根据其指令集中进行搜索的指令，搜索到非空白方格后停机。

在图灵机 T 的指令集中增加新的指令以完成搜索功能可以采用的方法：

首先，对图灵机 T 的状态集合增加两个新的状态 q_α 和 q_β，对符号表集合增加一个新符号 A。

然后，在 T 中增加新的指令，这包括两部分：第一部分新指令，对于 T 的符号表集合中的每个符号 s，以及状态集合中的状态 q，若没有以 q s 开始的指令，则在 T 中增加指令 q s R q_α。由于图灵机 T 一定会停机，设停机时的状态为 q_1，必然会存在符号 s_1，满足 T 中没有以 q_1 s_1 开始的指令，因此在 T 中的第一部分新指令，会让 T 在执行完原有指令后继续执行新加入的指令，并进行新状态 q_α。第二部分新指令包括 q_α B A q_β，q_β B A q_α，q_α A R q_α，q_β A L q_β。四条指令的前两条，使得图灵机当前的状态无论是 q_α 还是 q_β，只要遇到空白方格，都会打印符号 A；后两条新指令使得图灵机以状态 q_α 遇到符号 A 就向右移动一格，以状态 q_β 遇到符号 A 就向左移动一格，从而不断地来回左右交替移动。

若原来图灵机 T 的输出为 0，即停机时纸带上都是空白方格，则加入新指令后，图灵机将会不断地来回左右移动，不会停机；若原来图灵机 T 的输出为 1，即停机时纸带上有一个非空白方格，其中的符号记为 X，则无论是以状态 q_α 还是以状态 q_β 读到符号 X 之后，由于没有以 q_α X 或者 q_β X 开始的指令，会停机。

为了更加清晰地展示上述过程，以原来图灵机 T 的输出为 0 时为例进行说明。

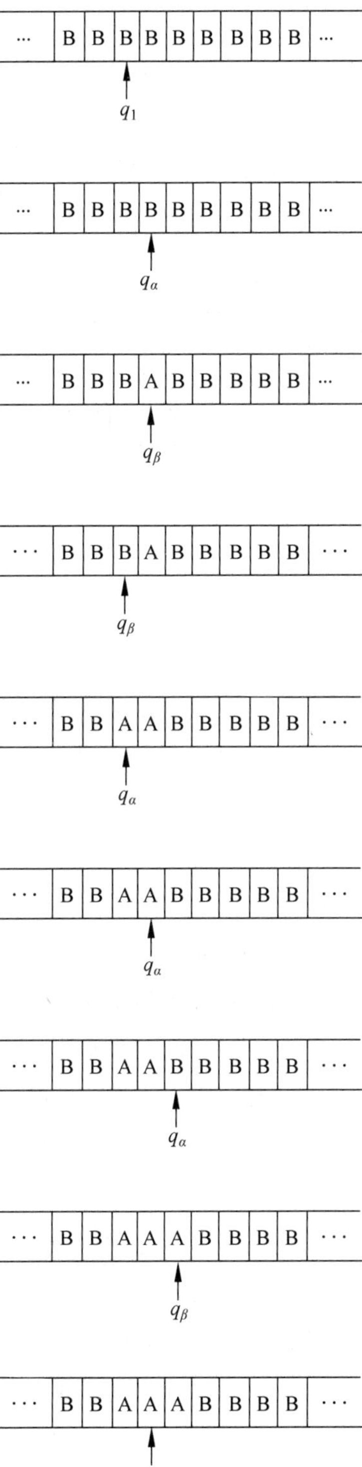
… B B B B B B B B B …
q_1
… B B B B B B B B B …
q_α
… B B B A B B B B B …
q_β
… B B B A B B B B B …
q_β
… B B A A B B B B B …
q_α
… B B A A B B B B B …
q_α
… B B A A B B B B B …
q_α
… B B A A A B B B B …
q_β
… B B A A A B B B B …
q_β

因为“图灵机 T 对于输入为 n 时的输出为 0，是当 T_n 对于输入为 n 时停机”“图灵机 T 对于输入为 n 时的输出为 1，是当 T_n 对于输入为 n 时不停机”，所以“图灵机 T^* 对于输入为 n 时不停机，是当 T_n 对于输入为 n 时停机”“图灵机 T^* 对于输入为 n 时停机，是当 T_n 对于输入为 n 时不停机”。可见，图灵机 T^* 对于输入为 n 时停机，当且仅当 T_n 对于输入为 n 时不停机。由于图灵机 T^* 必然出现在 T_0，T_1，T_2，…之中，设 $T^*=T_{n_0}$。注意，前面讨论中的 n 可以是自然数集合$\mathbb{N}$中任意的一个自然数，并没有限定 n 为某个具体的自然数。现在考虑 n 为自然数 n_0 时的情况，就会出现“图灵机 T_{n_0} 对于输入为 n_0 时停机，当且仅当 T_{n_0} 对于输入为 n_0 时不停机”，这就产生了矛盾。因此，判定问题“图灵机 T_n 对于输入 n 是否会停机，其中 $n\in\mathbb{N}$”不存在算法。

■

8.4 可判定性

在 8.1 节中提到判定问题：合式公式 A 是否为数学形式系统 J 的定理，其中 A 为 J 的合式公式。上述判定问题是否有算法对于一个形式系统是重要的。通过哥德尔编码可以把判定问题是否有算法转换为对应的计算问题是否有算法。因此，引入如下的定义。

【定义 8.4.1】 如果一个形式系统中所有定理的哥德尔数的集合不是递归的，那么形式系统称为不可判定的(undecidable)。

一个系统是不可判定的有时也称为递归不可判定的(recursively undecidable)。若一个形式系统不是不可判定的，则称其为可判定的。

对于一个形式系统 J 而言，记其所有定理的哥德尔数的集合为

$$\mathrm{Th}(J)=\{g_{\#}(A)\mid \vdash_J A\}$$

根据定义 8.4.1，如果形式系统 J 是可判定的，集合 Th(J)的特征函数 $\chi_{\mathrm{Th}(J)}$ 就是递归的。根据丘奇论题，这就说明了 $\chi_{\mathrm{Th}(J)}$ 是算法可计算的。

对于数学形式系统$\mathcal{N}$，有如下重要结论。

【命题 8.4.1】 若$\mathcal{N}$是一致的，则$\mathcal{N}$是不可判定的。

证明：采用反证法证明。假设$\mathcal{N}$是可以判定的，则$\mathcal{N}$中所有定理的哥德尔数的集合 $\mathrm{Th}(\mathcal{N})=\{g_{\#}(A)\mid \vdash_{\mathcal{N}} A\}$ 是递归的，进而$\mathbb{N}$上的一元关系 Th，也就是$\mathbb{N}$的子集 Th 是递归的。由于递归的函数和关系在$\mathcal{N}$中是可表示的，设 Th 在$\mathcal{N}$中由合式公式 $T(x_1)$ 可表示，即对于任意的 $n\in\mathbb{N}$，若 $n\in\mathrm{Th}$，则有 $\vdash_{\mathcal{N}} T(n)$；若

$n \notin \mathrm{Th}$，则有$\vdash_{\mathcal{N}} \neg T(n)$。

定义$\mathbb{N}$上一元函数$f: \mathbb{N} \to \mathbb{N}$，其中$f(n)=\mathrm{Sub}(2^{25}, g_{\#}(\dot{n}), n)$。根据7.5节中函数Sub的定义可以看出，对于哥德尔数为n的合式公式A，$f(n)$为$A_{x_1}^{\dot{n}}$的哥德尔数$g_{\#}(A_{x_1}^{\dot{n}})$。由于不同形式对象的哥德尔编码是不同的，函数$f$的定义是合理的。根据第7章中已得到的结果，可知一元函数f是递归的，所以f在$\mathcal{N}$中是可表示的，设f在$\mathcal{N}$中由合式公式$B(x_1, x_2)$可表示。

现在考察合式公式$\forall x_2(B(x_1, x_2) \to \neg T(x_2))$，将其记为$A(x_1)$，并将其哥德尔数$g_{\#}(A(x_1))$记为$m$。则合式公式$A_{x_1}^{\dot{m}}=A(\dot{m})$为$\forall x_2(B(\dot{m}, x_2) \to \neg T(x_2))$，$A(\dot{m})$的哥德尔数$g_{\#}(A(\dot{m}))$记为$k$。根据函数$f$的定义，有$k=f(m)$，再根据$f$在$\mathcal{N}$中由合式公式$B(x_1, x_2)$可表示，有：

(1) $\vdash_{\mathcal{N}} B(\dot{m}, \dot{k})$。

(2) $\vdash_{\mathcal{N}} \exists ! x_2 B(\dot{m}, x_2)$。

若$\vdash_{\mathcal{N}} A(\dot{m})$，即

$$\vdash_{\mathcal{N}} \forall x_2(B(\dot{m}, x_2) \to \neg T(x_2))$$

则根据公理($\forall_1$)可得

$$\vdash_{\mathcal{N}} \forall x_2(B(\dot{m}, x_2) \to \neg T(x_2)) \to (B(\dot{m}, \dot{k}) \to \neg T(\dot{k}))$$

因而，根据规则(MP)可得

$$\vdash_{\mathcal{N}} (B(\dot{m}, \dot{k}) \to \neg T(\dot{k}))$$

再对上式结合(1)并应用(MP)可得

$$\vdash_{\mathcal{N}} \neg T(\dot{k})$$

若$\nvdash_{\mathcal{N}} A(\dot{m})$，则$A(\dot{m})$的哥德尔数$k \notin \mathrm{Th}$。因而，根据Th在$\mathcal{N}$中由合式公式$T(x_1)$可表示可得

$$\vdash_{\mathcal{N}} \neg T(\dot{k})$$

可见，无论哪种情况总有$\vdash_{\mathcal{N}} \neg T(\dot{k})$。

对于(2)，因为根据(1)已有$\vdash_{\mathcal{N}} B(\dot{m}, \dot{k})$，所以根据在7.1节中采用的类似推导，可得

(3) $\vdash_{\mathcal{N}} B(\dot{m}, x_2) \to x_2 = \dot{k}$。

根据命题 6.1.5 中关于等词的性质可得

$$\vdash_{\mathcal{N}} \dot{k} = x_2 \to (\neg T(\dot{k}) \to \neg T(x_2))$$

再根据已得出的 $\vdash_{\mathcal{N}} \neg T(\dot{k})$,并根据重言式 $(A \to (B \to C)) \to (B \to (A \to C))$,可得

(4) $\vdash_{\mathcal{N}} \dot{k} = x_2 \to \neg T(x_2)$。

对(3)和(4)应用规则(HS)可得

$$\vdash_{\mathcal{N}} B(\dot{m}, x_2) \to \neg T(x_2)$$

再根据命题 5.2.2 可得

$$\vdash_{\mathcal{N}} \forall x_2 (B(\dot{m}, x_2) \to \neg T(x_2))$$

此即为 $\vdash_{\mathcal{N}} A(\dot{m})$。所以 $g_{\#}(A(\dot{m})) = k \in \mathrm{Th}$,进而有 $\vdash_{\mathcal{N}} T(\dot{k})$。这就与 $\vdash_{\mathcal{N}} \neg T(\dot{k})$ 矛盾。

■

根据命题 8.4.1,对于任意的$\mathcal{N}$中的合式公式,不存在一个算法可以判断该合式公式是否是$\mathcal{N}$中的定理。

此外,8.1 节中曾提到,对于任意的$\mathcal{N}$中的合式公式,不存在一个算法可以判断该合式公式是否在$\mathbb{N}$下为真,这是因为所有在$\mathbb{N}$下为真的$\mathcal{N}$中的合式公式的哥德尔数构成的集合也不是递归集合。令 $\mathrm{Tr}(\mathcal{N})$ 表示这个所有在$\mathbb{N}$下为真的$\mathcal{N}$中的合式公式的哥德尔数构成的集合。$\mathrm{Th}(\mathcal{N}) \subsetneq \mathrm{Tr}(\mathcal{N})$,其原因:对于 $g_{\#}(A) \in \mathrm{Th}(\mathcal{N})$,有 $\vdash_{\mathcal{N}} A$,而这相当于 $\Gamma_{\mathrm{MaAx}} \vdash_{K^*} A$,其中 Γ_{MaAx} 是$\mathcal{N}$中所有数学公理构成的集合,根据 K^* 的广义可靠性,有 $\Gamma_{\mathrm{MaAx}} \vDash A$,而$\mathbb{N}$作为$\mathcal{N}$的模型,使得 Γ_{MaAx} 在模型$\mathbb{N}$下为真,进而 A 在$\mathbb{N}$下也为真,即 $g_{\#}(A) \in \mathrm{Tr}(\mathcal{N})$,因而 $\mathrm{Th}(\mathcal{N}) \subset \mathrm{Tr}(\mathcal{N})$;而根据哥德尔的不完全性定理,存在一个在模型$\mathbb{N}$下为真,却不是$\mathcal{N}$中定理的语句,所以 $\mathrm{Th}(\mathcal{N}) \neq \mathrm{Tr}(\mathcal{N})$。

8.5 递归可枚举性

在 8.4 节中,我们得到了一致的形式系统$\mathcal{N}$是不可判定的结论,也就是说,作为$\mathbb{N}$的子集的 $\mathrm{Th}(\mathcal{N})$ 不是递归的,因而,任意给定一个合式公式 A,不存在算法可以判定 A 是否为形式系统$\mathcal{N}$中的定理。给定一个元素和一个集合,总会有该元素属于这个集合,或者该元素不属于这个集合,但是这不代表总会存在判定该元

素属于或者不属于这个集合的算法。直观上，当 A 是$\mathcal{N}$中定理时，由于$\mathcal{N}$中所有证明的哥德尔数构成的集合 Prf 是递归的，因而存在判定合式公式的有限序列是否为$\mathcal{N}$中一段证明的算法，逐个将所有的证明列举出来，再将证明的最后一个合式公式拿出与 A 进行比对，就可以得到 A 为$\mathcal{N}$中定理的算法。但是，当 A 不是$\mathcal{N}$中定理时，这个过程会一直不停地进行下去，而不会给出任何结果。可见，存在判定结果为"是"的算法，但是不存在判定结果为"否"的算法，因而，这个过程可以看作"半可判定的(semi-decidable)"。从上面的讨论也可以看出，对于$\mathcal{N}$中的定理，存在算法可以按某种顺序将其全部列举出，从而引入如下的概念。

【定义 8.5.1】 对于$\mathbb{N}$的子集 M，如果其为空集或者其为一个递归函数 $f:\mathbb{N}\to\mathbb{N}$ 的值域，则称集合 M 是递归可枚举的(recursively enumerable)。

集合 M 是递归可枚举的有时也称集合 M 是能行可枚举的(effectively enumerable)，即存在一个能行的过程可以列举出集合 M 中的所有元素。相对于第 1 章中所提到的可列集，递归可枚举集的"枚举"是允许重复的，因为定义 8.5.1 中只要求递归函数 f 的值域是 M，而非要求 f 是$\mathbb{N}$到 M 的双射。由于 $\mathrm{ran}(f)=M$，而递归函数 f 在任意自然数 n 处的函数值 $f(n)$ 都是可以能行计算出来的，从而自然数列 $f(0),f(1),f(2),\cdots,f(n),\cdots$，就会把集合 M 的元素全部枚举出来，当然，这里允许重复，比如，可能有 $f(7)=f(1)$。

前面曾提到过，递归可枚举集是半可判定的，它只能给出判定结果为"是"的算法，因而相对于可判定的递归集，递归可枚举集在可判定性上就弱一些。

【命题 8.5.1】 若集合 M 是递归的，则 M 一定是递归可枚举的。

证明：若递归集合 M 为空集，它当然是递归可枚举的。若 M 不是空集，则存在 $m\in M$。由于 M 是递归的，其特征函数 χ_M 是递归的，进而就存在计算 χ_M 在任意自然数 n 处函数值 $\chi_M(n)$ 的算法，那么所有 $\chi_M(n)=1$ 的 n 就是集合 M 的元素。具体地，令

$$f(n)=n\times\chi_M(n)+m\times\overline{\mathrm{sg}}(\chi_M(n))$$

则函数 f 是递归的，且其值域是 M。

■

从之前直观上的讨论可以看出，集合 $\mathrm{Th}(\mathcal{N})$ 不是递归的，但是其为递归可枚举的，所以命题 8.5.1 的逆命题并不成立。

【命题 8.5.2】 集合 $\mathrm{Th}(\mathcal{N})$ 是递归可枚举的。

证明：$\mathrm{Th}(\mathcal{N})$ 不是空集，存在 $t\in\mathrm{Th}(\mathcal{N})$。构造递归函数 f 为

$$f(n)=f_e(n,f_l(n)\dot{-}1)\times\chi_{\mathrm{Prf}}(n)+t\times\overline{\mathrm{sg}}(\chi_{\mathrm{Prf}}(n))$$

则函数 f 的值域是 $\mathrm{Th}(\mathcal{N})$ 。

■

递归可枚举集是半可判定的,它只能给出判定结果为“是”的算法；如果它也能给出判定结果为“否”的算法,则该递归可枚举集就成为递归集了。对于一个元素和一个集合,该元素不属于该集合等价于该元素属于该集合的补集。当然,我们考虑的集合都是自然数集$\mathbb{N}$ 的子集,所以有如下命题。

【命题 8.5.3】 若集合 M 和其补集 M^c 都是递归可枚举的,则集合 M 是递归的。

证明：当集合 M 为空集或者自然数集$\mathbb{N}$ 时,显然 M 是递归的。当集合 M 和其补集 M^c 都不为空集时,由于它们都是递归可枚举集,所以存在递归函数 $f:\mathbb{N}\to\mathbb{N}$ 和递归函数 $g:\mathbb{N}\to\mathbb{N}$,满足 $\mathrm{ran}(f)=M$ 和 $\mathrm{ran}(g)=M^c$。对于任意的 $n\in\mathbb{N}$,当 $n\in M$ 时,则存在 $k\in\mathbb{N}$,满足 $f(k)=n$；当 $n\notin M$ 时,则 $n\in M^c$,进而会存在 $l\in\mathbb{N}$,满足 $g(l)=n$。因而,集合 M 的特征函数可以表示为

$$\chi_M(n)=\overline{\mathrm{sg}}(f(\mu k[(f(k)\dot{-}n)\times(g(k)\dot{-}n)=0])\dot{-}n)$$

可见,集合 M 的特征函数 χ_M 是递归的。

■

习题

1. 给出下列判定问题的算法：

(1) 自然数 n 是否为$\mathcal{N}$的项的哥德尔数；

(2) 自然数 n 是否为$\mathcal{N}$的合式公式的哥德尔数。

2. 设计三种图灵机,使得它们对于任意的输入都永不停机,其中,图灵机的符号表集合为 $A=\{\mathrm{B},1\}$。

3. 设计图灵机,它可以用来计算一元零函数 z。

4. 证明所有在$\mathbb{N}$ 下为假的$\mathcal{N}$中的合式公式的哥德尔数构成的集合不是递归集合。

5. 证明集合$\{g_{\#}(\neg A)\mid\ \vdash_{\mathcal{N}}A\}$不是递归的。

参考文献

[1] Hamilton A G. Logic for Mathematicians[M]. Cambridge: Cambridge University Press,1978.

[2] Mendelson E. Introduction to Mathematical Logic[M]. New York: D. Van Nostrand Company,1979.

[3] Kleene S C. Introduction to Metamathematics[M]. New York: Wolters-Noordhoff Publishing and North-Holland Publishing Company,1971.

[4] Bell J L, Machover M A Course in Mathematical Logic [M]. Amsterdam: North-Holland Publishing Company,1977.

[5] Shoenfield J R. Mathematical Logic[M]. Reading: Addison-Wesley Publishing Company,1967.

[6] Enderton H B. A Mathematical Introduction to Logic[M]. New York: Academic Press,2001.

[7] Smullyan R M. A Beginner's Guide to Mathematical Logic[M]. New York: Dover Publications,2014.

[8] Enderton H B. Elements of Set Theory[M]. New York: Academic Press,1977.

[9] Gamut L T F. Logic, Language, and Meaning [M]. Chicago: The University of Chicago Press,1991.

[10] Schwichtenberg H. Mathematical Logic[M]. New York: Springer,1990.

[11] Rautenberg W. A Concise Introduction to Mathematical Logic[M]. New York: Springer,2010.

[12] Rosen K H. Discrete Mathematics and Its Applications[M]. New York: McGraw-Hill Companies,2012.

[13] Hinman P G. Fundamentals of Mathematical Logic[M]. Natick: A K Peters,2005.

[14] 耿素云,屈婉玲. 离散数学[M]. 北京:高等教育出版社,1998.

[15] 耿素云,屈婉玲,王捍贫. 离散数学教程[M]. 北京:北京大学出版社,2002.

[16] 昂扬. 数理逻辑的思想和方法[M]. 上海:复旦大学出版社,1991.

[17] 胡世华,陆钟万. 数理逻辑基础:上、下[M]. 北京:科学出版社,2015.

[18] 俞瑞钊. 数理逻辑[M]. 杭州:浙江大学出版社,1990.

[19] 刘壮虎. 逻辑演算[M]. 北京:中国社会科学出版社,1993.

[20] 叶峰. 一阶逻辑与一阶理论[M]. 北京:中国社会科学出版社,1994.

[21] 汪芳庭. 数理逻辑[M]. 合肥:中国科学技术大学出版社,1990.

[22] 郝兆宽,杨睿之,杨跃. 数理逻辑:证明及其限度[M]. 上海:复旦大学出版社,2020.

[23] 徐明. 符号逻辑讲义[M]. 武汉:武汉大学出版社,2008.

[24] 王宪均. 数理逻辑引论[M]. 北京:北京大学出版社,1982.

[25] 王元元. 可计算性引论[M]. 南京:东南大学出版社,1990.

[26] 侯世达. 哥德尔、艾舍尔、巴赫:集异璧之大成[M]. 郭维德,等译. 北京:商务印书馆,1996.

[27] 汪芳庭. 数学基础[M]. 北京:科学出版社,2001.

[28] 欧几里得. 欧几里得几何原本[M]. 兰纪正,等译. 西安:陕西科学技术出版社,2020.

[29] 希尔伯特. 希尔伯特几何基础[M]. 江泽涵,等译. 北京:北京大学出版社,2009.

[30] 张峰,陶然. 集合论基础教程[M]. 北京:清华大学出版社,2021.